AutoCAD 2022中文版基础教程

李婧 涂远芳 唐秀 主编

中国青年出版社

图书在版编目(CIP)数据

AutoCAD 2022 中文版基础教程 / 李婧，涂远芳，唐秀主编. — 北京：中国青年出版社，2023.10
ISBN 978-7-5153-7017-0

I. ① A… II. ①李… ②涂… ③唐… III. ① AutoCAD 软件—教材 IV. ① TP391.72

中国国家版本馆 CIP 数据核字(2023)第 151041 号

AutoCAD 2022 中文版基础教程

主　　编：李婧 涂远芳 唐秀

出版发行：中国青年出版社
地　　址：北京市东城区东四十二条 21 号
网　　址：www.cyp.com.cn
电　　话：010-59231565
传　　真：010-59231381
编辑制作：北京中青雄狮数码传媒科技有限公司
策划编辑：张鹏
责任编辑：徐安维
执行编辑：张沣
封面设计：乌兰

印　　刷：天津旭非印刷有限公司
开　　本：787mm x 1092mm 1/16
印　　张：16
字　　数：472 千字
版　　次：2023 年 10 月北京第 1 版
印　　次：2023 年 10 月第 1 次印刷
书　　号：ISBN 978-7-5153-7017-0
定　　价：49.90 元（附赠超值资料，含教学视频 + 配套案例文件 +PPT 课件 + 额外赠送素材）

本书如有印装质量等问题，请与本社联系　电话：010-59231565
读者来信：reader@cypmedia.com　投稿邮箱：author@cypmedia.com
如有其他问题请访问我们的网站：http://www.cypmedia.com

前言

首先感谢您选择并阅读本书！

随着计算机技术的飞速发展，计算机绘图与计算机辅助设计技术作为现代科学技术，已广泛应用于各行各业，并对工程制图产生了重大的影响。AutoCAD是AutoDesk公司开发的一款计算机辅助制图与设计软件，它经过不断的完善，现已成为国际上广为流行的辅助制图工具。AutoCAD以简洁的用户界面、丰富的绘图命令、强大的编辑功能以及开放的体系结构，广泛应用于建筑、土木工程、机械、电子、轻工业、纺织、化工等诸多领域，赢得了各行各业绘图人士的青睐。

为了使读者能够快速掌握使用AutoCAD进行图纸绘制的方法和技能，本书以最新的AutoCAD 2022版本为基础，对软件的应用进行详细讲解，并在实例的挑选和结构设计上进行了精心的编排。

本书特色

本书的内容安排和结构设计都考虑了读者的实际需要，具有实用性、条理性等特点。内容讲解根据AutoCAD的功能进行划分，通过各种工作中的实际案例来对知识点进行讲解，便于读者在学习过程中直观、清晰地看到操作过程，更容易理解和掌握，从而轻松提升学习效率。

- 案例和知识点的安排由浅入深，循序渐进。在写作上采用图文并茂、一步一图、理论与实际相结合的形式，全面具体地对AutoCAD的功能应用、绘图技巧、实际应用等方面进行阐述。
- 书中的案例实现过程均提供扫码看视频，读者直接使用手机扫描对应位置的二维码，即可快速观看相关案例的教学视频。
- 案例丰富实用。本书以理论知识联系实际应用的形式进行讲解，将软件技术与行业应用相结合，从而开拓读者的设计思路，力求让读者即学即用。
- 赠送大量的CAD图块和建筑设计图纸，读者拿来即用，物超所值。

适用读者群体

本书内容深入浅出，语言通俗易懂，实例题材丰富多样，操作步骤准确清晰，是引导读者轻松快速掌握AutoCAD应用的有效途径，适用读者对象如下：

（1）各大中专院校相关专业的师生；

（2）参加计算机辅助设计培训的学员；

（3）从事CAD工作的初级工程技术人员；

（4）想快速掌握AutoCAD软件并应用于实际工作的初学者。

本书在编写过程中力求严谨，但由于时间和精力有限，书中纰漏和考虑不周之处在所难免，敬请广大读者予以批评、指正。

编　者

知识点导览

AutoCAD 2022
AutoCAD 2022入门
AutoCAD 2022的启动和退出
AutoCAD 2022工作界面
AutoCAD 2022新增功能
图形文件的基本操作
AutoCAD系统选项设置
坐标系统
应用辅助绘图功能
绘图环境设置
绘图辅助功能设置
视图的缩放与平移
绘制平面图形
点的绘制
线的绘制
多边形的绘制
圆和圆弧的绘制
图形图案的填充
编辑与修改二维图形
选择目标
图形位置与大小的改变
图形对象的复制
图形对象的修改
编辑多段线与多线
图块及设计中心
图块的概念和特点
创建与编辑图块
编辑与管理块属性
使用设计中心
绘制三维模型
切换三维工作空间
视觉样式
从二维草图生成三维实体
绘制三维实体
编辑三维实体
编辑三维模型
整体编辑三维模型
变更三维模型
尺寸标注与编辑
尺寸标注的要素
创建与修改标注样式
尺寸标注的类型
编辑标注对象
应用多重引线
文本标注与表格的应用
设置文本样式
创建与编辑单行文本
创建与编辑多行文本
创建与编辑表格
输出和打印图形
图形的导入/输出
绘图环境切换
管理布局
布局的页面设置
打印及打印预览
绘制室内施工图
绘制室内施工平面图
绘制室内施工立面图
绘制别墅结构图
绘制桩平面布置图
绘制基础平面布置图
绘制负一层墙柱定位图
绘制一层墙柱定位图
绘制其他层墙柱定位图
绘制一层梁配筋图和板配筋图
绘制其他层梁配筋图和板配筋图
绘制屋顶梁配筋图和板配筋图

目录

第4章 编辑与修改二维图形

第8章 尺寸标注与编辑

第9章 文本标注与表格的应用

第10章 输出和打印图形

第 11 章 绘制室内施工图

第 12 章 绘制别墅结构图

第 1 章 AutoCAD 2022 入门

课题概述 AutoCAD是由Autodesk公司开发的通用计算机绘图辅助设计软件，具有绘制二维图形、三维图形、标注图形、协同设计、图纸管理等功能，新版本操作更加便捷。目前，AutoCAD已普遍应用到建筑、机械、航天、化工、纺织等领域。

教学目标 本章将介绍AutoCAD的工作界面、图形文件的基本操作，以及系统选项设置等内容，便于用户快速掌握AutoCAD的入门操作。

核心知识点

★☆☆☆ | 坐标系统介绍
★★☆☆ | 软件工作界面介绍
★★★☆ | 系统选项设置
★★★★ | 图形文件基本操作

本章文件路径

上机实践：实例文件 \ 第 1 章 \ 综合实践：自定义界面颜色及拾取框光标的更改 .dwg
课后练习：实例文件 \ 第 1 章 \ 课后练习

注："★"个数越多表示难度越高，以下皆同。

本章内容图解链接

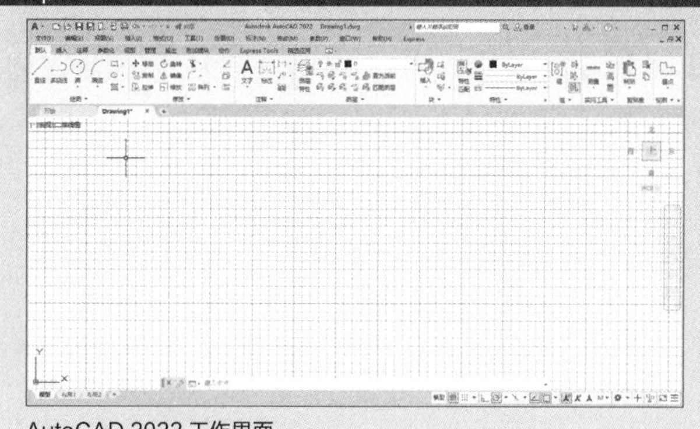
AutoCAD 2022 工作界面

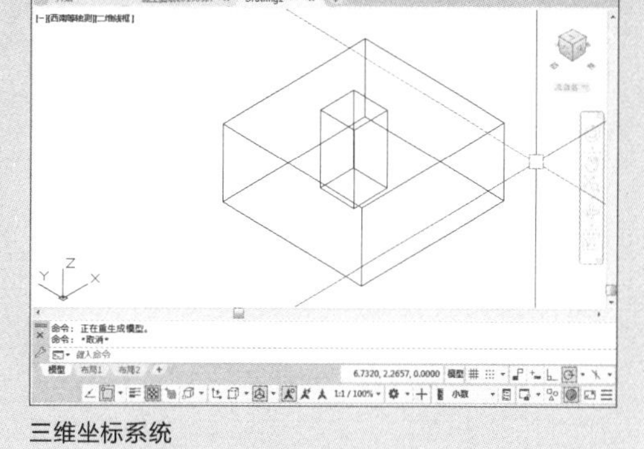
三维坐标系统

1.1 AutoCAD 2022 的启动和退出

成功安装AutoCAD 2022后，系统会在桌面上创建快捷启动图标，并在程序文件夹中创建AutoCAD程序组。用户可以通过下列方式启动AutoCAD 2022。

- 执行"开始> AutoCAD 2022-简体中文"命令，如图1-1所示。
- 双击桌面上的AutoCAD快捷启动图标，如图1-2所示。

图 1-1 从开始菜单启动 AutoCAD 2022

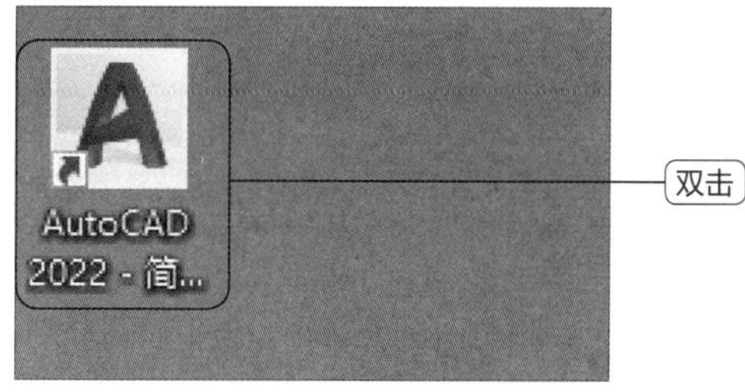

图 1-2 双击桌面 AutoCAD 2022 图标

● 选择已有的图纸文件，单击鼠标右键，在弹出的快捷菜单中选择“打开”命令，如图1-3所示。

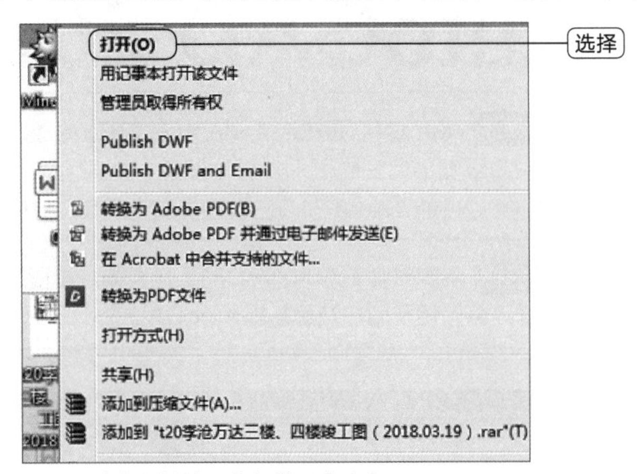

图 1-3　右击已有图纸，执行“打开”命令

完成操作，即可进入AutoCAD 2022的工作界面。其默认界面为黑色，在此将界面显示效果进行相应调整，主题更改为明色主题。软件各部分名称如图1-4所示。

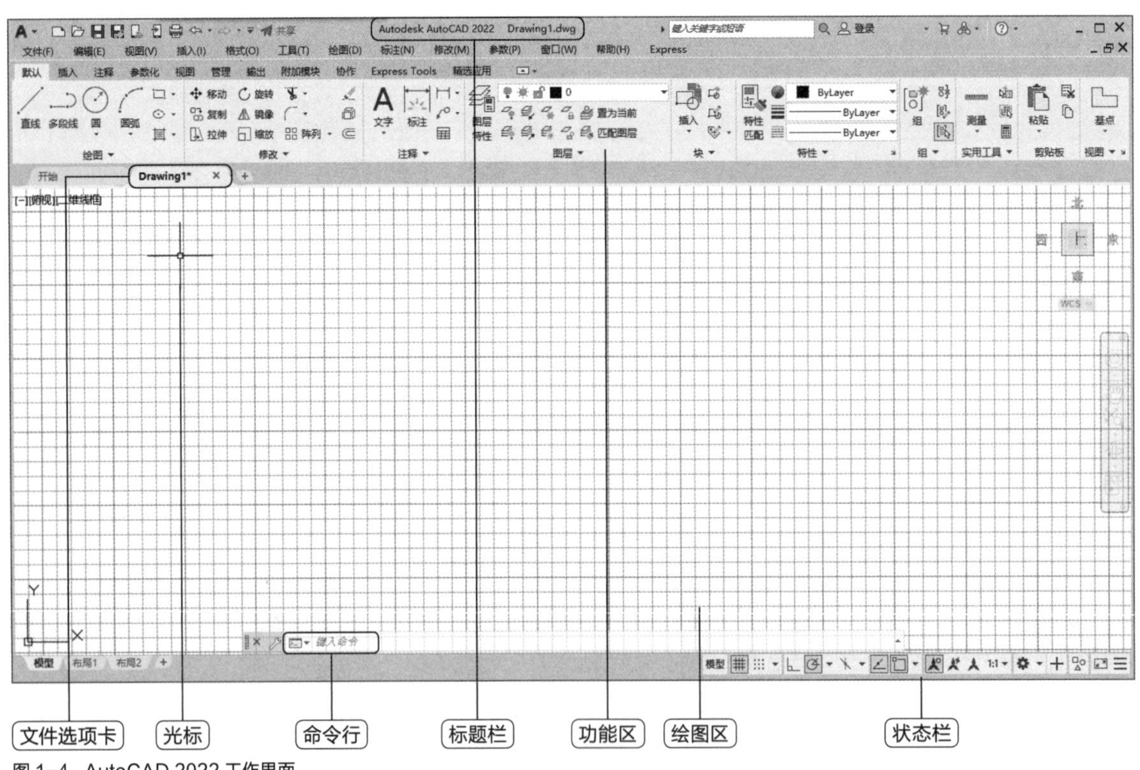

图 1-4　AutoCAD 2022 工作界面

图形绘制完毕并保存之后，可以通过下列方式退出AutoCAD 2022。

● 执行“文件>退出”命令，如下页图1-5所示。
● 单击文件菜单按钮A，在弹出的列表中单击“退出Autodesk AutoCAD 2022”按钮，如下页图1-6所示。
● 在标题栏空白位置单击鼠标右键，在弹出的快捷菜单中选择“关闭”命令，如图1-7所示。
● 按Ctrl+Q组合键。

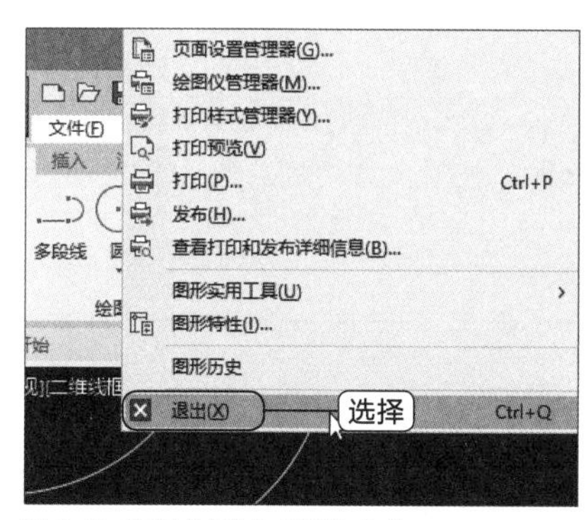

图 1-5 执行“文件 > 退出”命令

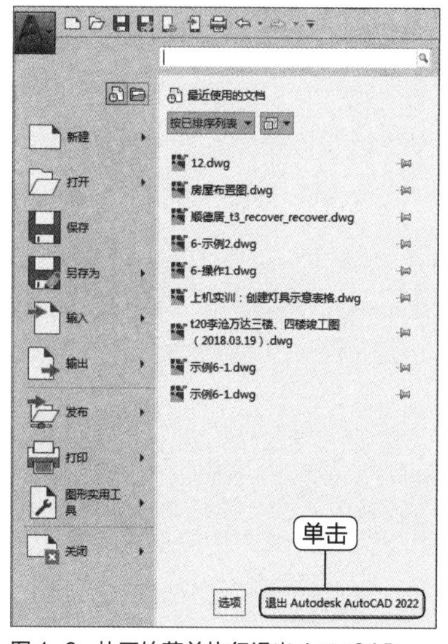

图 1-6 从开始菜单执行退出 AutoCAD

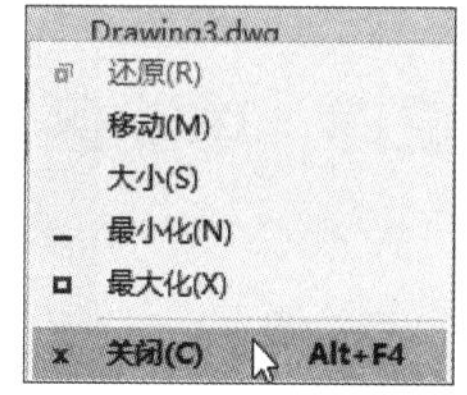

图 1-7 选择“关闭”命令

工程师点拨：未保存文件退出怎么办

AutoCAD退出之前我们通常会对文件进行保存，若不小心未对文件进行保存退出或因计算机死机导致未保存退出，可以将同名文件“xxx.bak”后缀更改为“xxx.dwg”，打开即可，此文件为AutoCAD的备份文件。

1.2 AutoCAD 2022 工作界面

AutoCAD的工作界面由标题栏、菜单栏、功能区、绘图区、命令窗口、状态栏、快捷菜单等组成，下面分别对各模块的功能进行详细介绍。

1.2.1 标题栏

标题栏位于工作界面最上方，由菜单浏览器按钮、快速访问工具栏、当前图形标题、搜索栏、Autodesk A360及窗口控制按钮等组成。将光标移至标题栏上，单击鼠标右键或按Alt+空格键，将弹出窗口控制菜单，可执行窗口的还原、移动、最小化、最大化、关闭等操作，如图1-8所示。

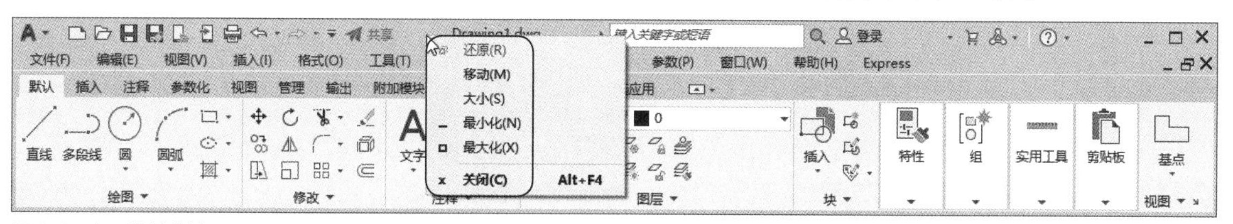

图 1-8 窗口控制菜单

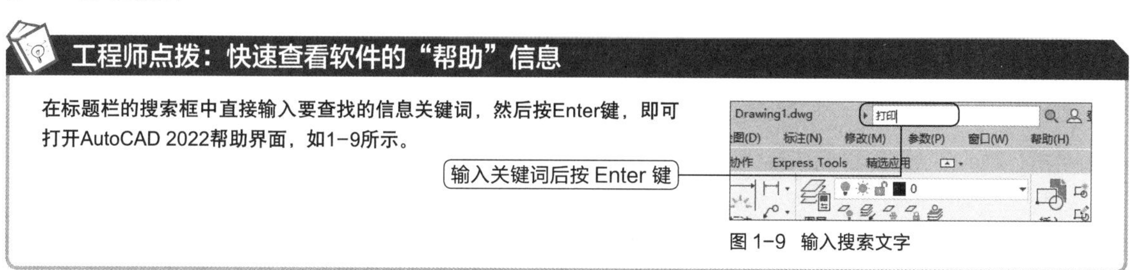

工程师点拨：快速查看软件的“帮助”信息

在标题栏的搜索框中直接输入要查找的信息关键词，然后按Enter键，即可打开AutoCAD 2022帮助界面，如1-9所示。

图 1-9 输入搜索文字

1.2.2 菜单栏

默认状态下，在“草图与注释”“三维基础”和“三维建模”工作界面中是不显示菜单栏的。若要显示菜单栏，可以在快速访问工具栏中单击 下拉按钮，在列表中选择“显示菜单栏”命令，将显示图1-10的菜单栏，其中包括文件、编辑、视图、插入、格式、工具、绘图、标注、修改、参数、窗口、帮助等菜单选项。

共享 Autodesk AutoCAD 2022 Drawing1.dwg 键入关键字或短语
文件(F) 编辑(E) 视图(V) 插入(I) 格式(O) 工具(T) 绘图(D) 标注(N) 修改(M) 参数(P) 窗口(W) 帮助(H) Express

图 1-10 菜单栏

1.2.3 功能区

AutoCAD的功能区由功能区选项卡、功能区面板和功能区按钮组等组成，其中功能区按钮是代替命令的简便工具，利用它们可以完成绘图过程中的大部分工作，而且使用工具进行操作的效率比使用菜单要高很多。使用功能区时无须显示多个工具栏，它通过单一紧凑的工作界面使应用程序变得简洁有序，使绘图窗口变得更大。

在功能区选项卡中单击面板标题右侧的按钮 ，可以设置不同的最小化选项，如图1-11所示。

图 1-11 功能区

1.2.4 绘图区

绘图区是用户的工作窗口，用户的所有绘图效果都反映在这个区域，相当于手工绘图的图纸。绘图区域的右侧和下侧有垂直方向和水平方向的滚动条，拖动滚动条可以垂直或水平移动视图。选项卡控制栏位于绘图区的下边缘，单击“模型”和“布局”选项，可以在模型空间和图纸空间之间进行切换。一般情况下，用户在模型空间绘制图形，然后转至布局空间安排图纸布局输出。AutoCAD 2022的绘图区如图1-12所示。

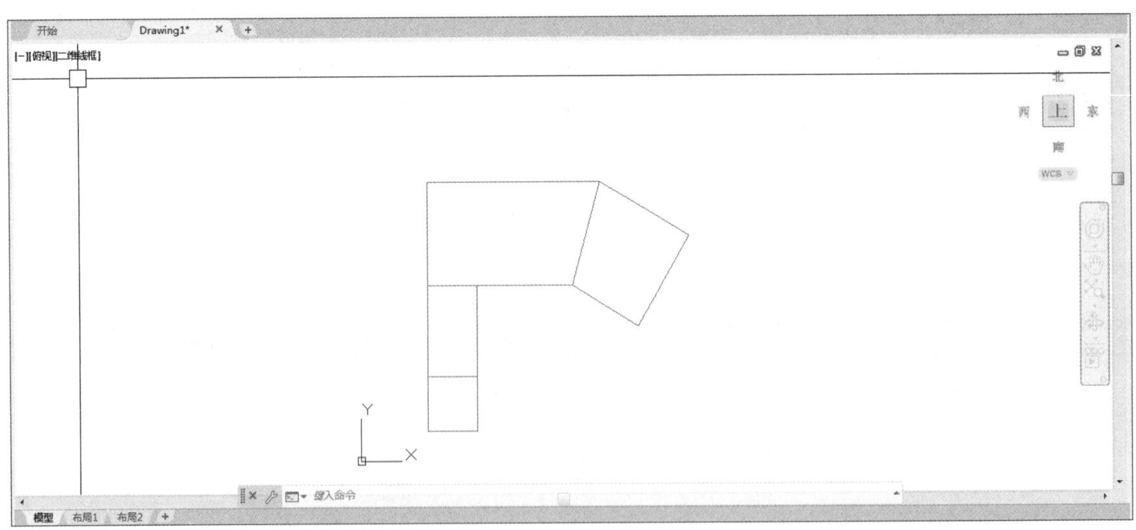

图 1-12 绘图区

1.2.5　命令窗口与文本窗口

除了单击工具栏绘图按钮外，用户还可以在命令行直接输入命令来执行绘图操作。命令行主要用来输入AutoCAD绘图命令、显示命令提示及其他相关信息。在使用AutoCAD进行绘图时，每执行一个命令，用户都可以在命令行查看相关提示及信息。命令行是进行人机对话的重要区域，它是显示执行AutoCAD命令的有效工具。初学者一定要养成随时观察命令行提示的好习惯。

在命令行输入命令后，需要按Enter键或空格键来执行或结束命令。输入的命令可以是命令的全称，也可以为相关的快捷命令，如执行“直线”命令时，可以输入“line”，也可以输入快捷命令“l”或“L”，输入的字母不分大小写。在逐渐熟悉AutoCAD的绘图命令后，使用命令比单击工具栏绘图按钮速度快得多，可以大大提高工作效率。在使用命令栏时，用户可以拖动命令窗口左边框至任意位置，如图1-13所示。

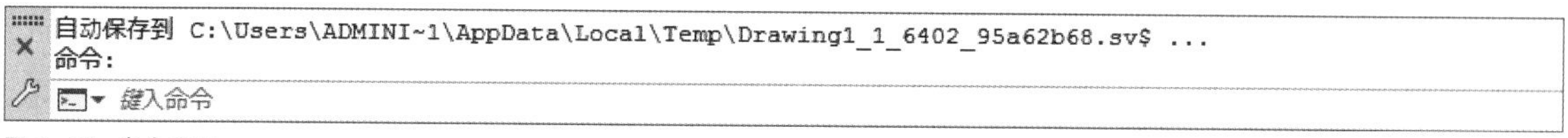

```
自动保存到 C:\Users\ADMINI~1\AppData\Local\Temp\Drawing1_1_6402_95a62b68.sv$ ...
命令:
键入命令
```

图 1-13　命令窗口

文本窗口是记录AutoCAD历史命令的窗口。用户可以通过按F2功能键打开AutoCAD文本窗口，以便快速访问完整的历史记录，如图1-14所示。

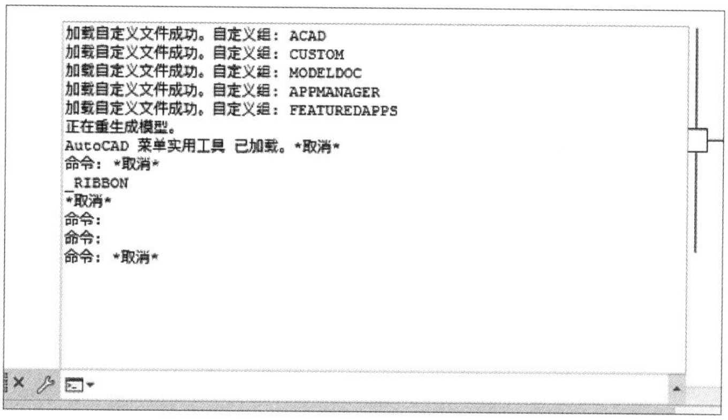

```
加载自定义文件成功。自定义组: ACAD
加载自定义文件成功。自定义组: CUSTOM
加载自定义文件成功。自定义组: MODELDOC
加载自定义文件成功。自定义组: APPMANAGER
加载自定义文件成功。自定义组: FEATUREDAPPS
正在重生成模型。
AutoCAD 菜单实用工具 已加载。*取消*
命令: *取消*
_RIBBON
*取消*
命令:
命令:
命令: *取消*
```

图 1-14　AutoCAD 2022 历史记录窗口

工程师点拨：调出文本窗口

AutoCAD的文本窗口默认是不显示的，常用的调出文本窗口的方法有以下两种。
方法1：在菜单栏中执行“视图>显示>文本窗口”命令。
方法2：直接按下F2功能键。

1.2.6　状态栏

状态栏位于工作界面最底端，当光标在绘图区域移动时，状态栏的左边区域可以实时显示当前光标的*X*、*Y*和*Z*三维坐标值。状态栏最左侧有“模式”和“布局”两个绘图模式，单击即可切换模式。状态栏右侧主要是用于显示光标坐标轴、控制绘图的辅助功能和控制图形状态的功能等多个按钮，如图1-15所示。

模型　布局1　布局2　+
409.7637, 330.8194, 0.0000　模型　1:1 / 100%　小数

图 1-15　状态栏

1.2.7 快捷菜单

一般情况下快捷菜单是隐藏的，在绘图区空白处单击鼠标右键，即可弹出快捷菜单。无操作状态下弹出的快捷菜单、操作状态下弹出的快捷菜单或者选择图形后弹出的快捷菜单是不同的，如图1-16、图1-17和图1-18所示。

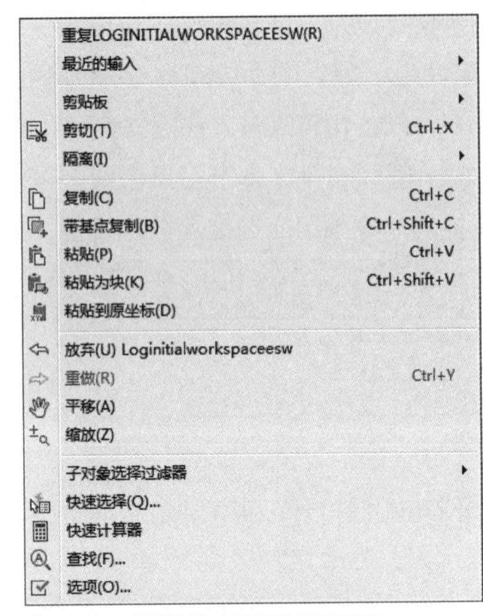

图 1-16 无操作状态弹出的快捷菜单

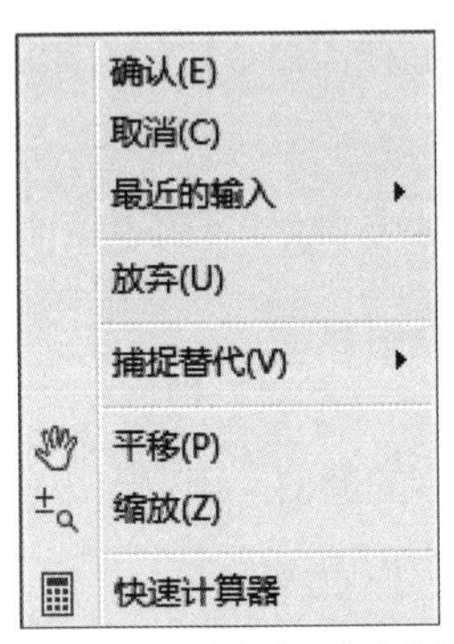

图 1-17 操作状态下弹出的快捷菜单

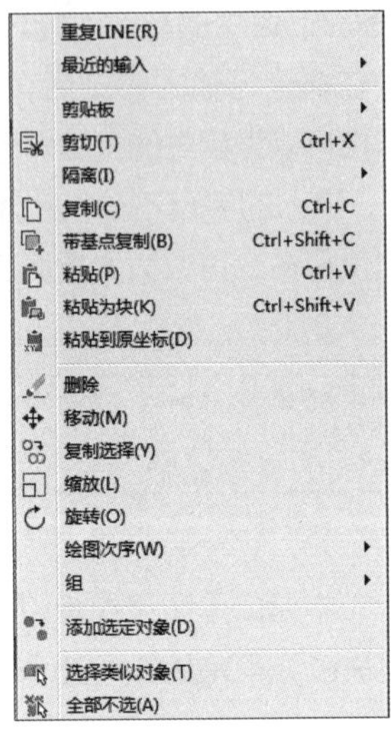

图 1-18 选择图形后弹出的快捷菜单

1.3 AutoCAD 2022 新增功能

相较于上一个版本，AutoCAD 2022不仅优化了安装过程，提供了更快、更可靠的安装体验，也更新了“开始”选项卡，同时还新增了“跟踪”“计数”“分享”等使绘图更加便捷的功能，下面将对其进行讲解。

1.3.1 “开始”选项卡

在打开AutoCAD 2022后，我们可以看到“开始”选项卡已经进行了全新的设计。“开始”选项卡会高亮显示一些最常见的需求，如图1-19所示。

- 在“开始”选项卡的左侧单击对应的按钮，可以快速打开或者创建图形文件。
- 在“开始”选项卡的中间，可以从上次离开的位置继续工作或者快速打开最近使用的图形文件。
- 在“开始”选项卡的右侧，可以发现产品中的更改内容或接收相关通知。

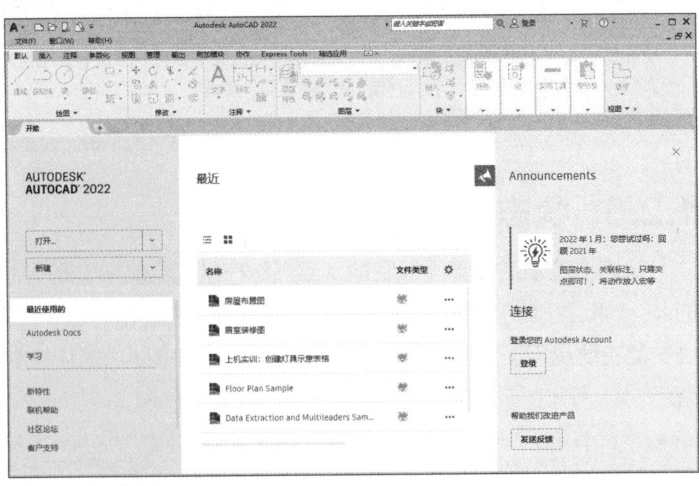

图 1-19 “开始”选项卡

1.3.2 “跟踪”功能

跟踪功能为用户提供了一个安全空间，可用于在AutoCAD Web以及移动应用程序中协作更改图形，而不必担心更改现有图形。“跟踪”功能如同一张覆盖在图形上的虚拟协作跟踪图纸，方便协作者直接在图形中添加反馈。

在Web和移动应用程序中创建跟踪，然后将图形发送或共享给协作者，以便他们可以查看跟踪及其内容。

工程师点拨：应用“跟踪”功能

“跟踪”功能需要用户登录AutoDesk账号才能启用。

1.3.3 “计数”功能

AutoCAD 2022新增的“计数”功能可以快速、准确地计数图形中对象的实例。在计数完成之后，可以将包含计数数据的表格插入到当前图形中。

在模型空间中指定单个块或对象，不仅可以统计单个块或对象中块的数量，还可以使用“计数”选项板来显示和管理当前图形中计数的块，如图1-20所示。

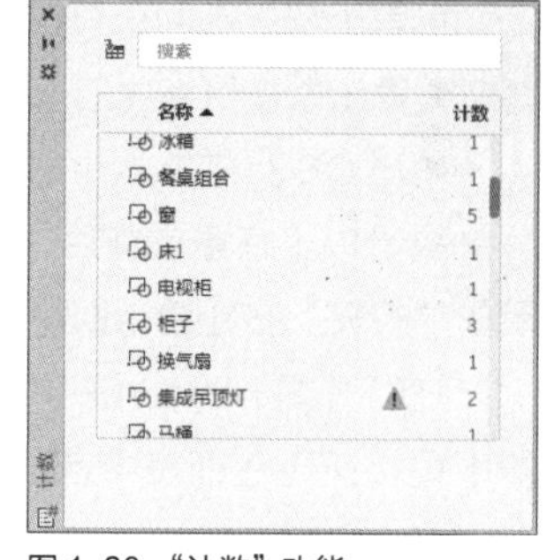

图 1-20 “计数”功能

1.3.4 浮动图形窗口

AutoCAD 2022新增的浮动图形窗口功能，可以将所需的单个或多个图形文件选项卡拖离AutoCAD应用程序窗口，进而创建一个浮动窗口，如图1-21所示。

- 应用浮动图形窗口可以同时显示多个图形文件，而无须在选项卡之间切换。
- 应用浮动图形窗口可以将一个或多个图形文件移动到另一个显示器上。

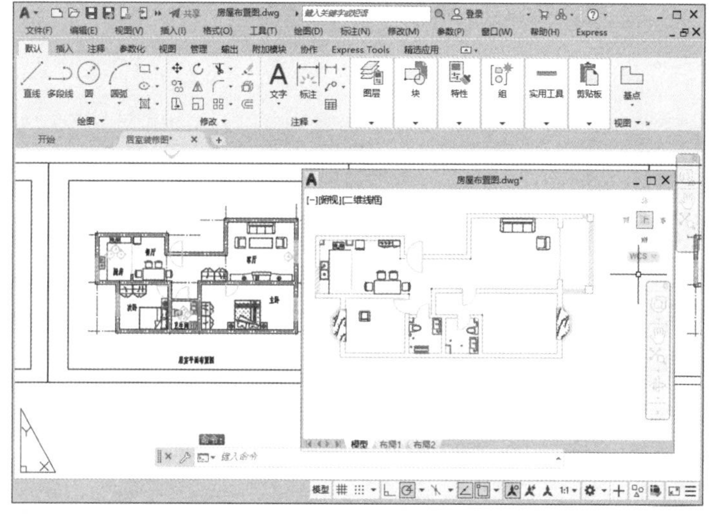

图 1-21 浮动图形窗口

1.4 图形文件的基本操作

图形文件的管理是设计过程中的重要环节，为了避免由于误操作导致图形文件的意外丢失，在绘图过程中，用户需要随时对文件进行保存。图形文件的基本操作包括图形文件的新建、打开、保存以及另存为等。

1.4.1 创建图形文件

启动AutoCAD 2022后，即可打开“开始”界面，单击“新建”按钮，新建一个空白图形文件，如图1-22所示。

除此之外，用户还可以通过以下方法来建立一个新的图形文件。

- 在菜单栏中执行“文件>新建”命令。
- 单击文件菜单按钮，在弹出的列表中执行“新建>图形”命令。
- 单击快速访问工具栏中的“新建”按钮。
- 单击绘图区域上方文件选项栏中的“新图形”按钮。
- 在命令行中输入new命令，然后按Enter键或空格键。

执行以上任意操作后，系统将自动打开“选择样板”对话框，从文件列表中选择所需样板❶，然后单击“打开”按钮❷，即可创建新的图形文件，如图1-23所示。

在打开图形时，用户可以在“选择样板”对话框中选择不同的计量标准，即单击“打开”按钮右侧的下拉按钮，在列表中若选择“无样板打开-英制”选项，则使用英制单位为计量标准绘制图形；若选择“无样板打开-公制”选项，则使用公制单位为计量标准绘制图形。

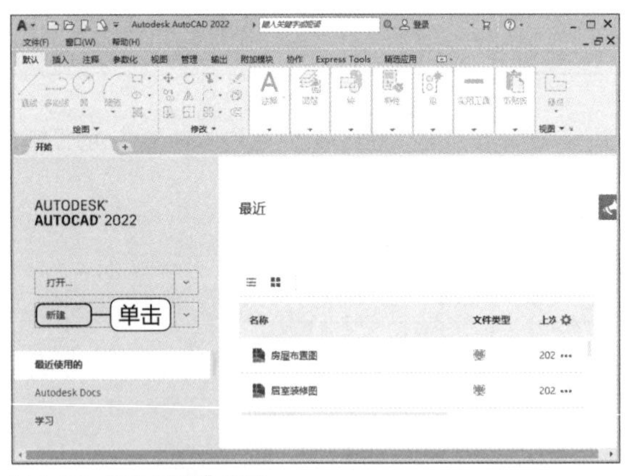

图 1-22 单击“新建”按钮

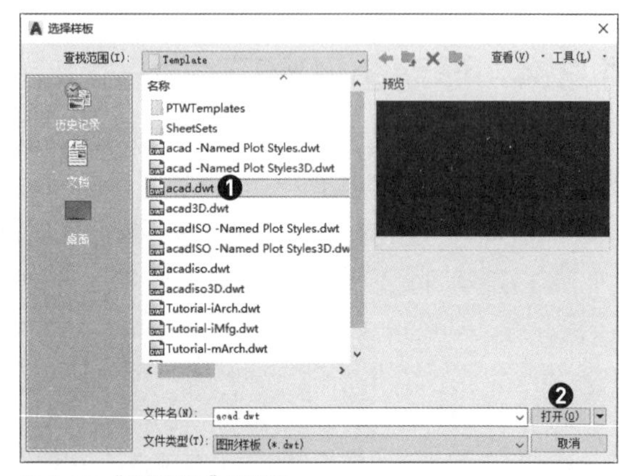

图 1-23 “选择样板”对话框

1.4.2 打开图形文件

启动AutoCAD 2022后，在打开的“开始”界面中单击“打开”按钮，在“选择文件”对话框中用户可以选择所需图形文件并将其打开。用户还可以通过以下方式打开已有的图形文件。

- 直接找到图形文件双击打开。
- 在菜单栏中执行“文件>打开”命令。
- 单击文件菜单按钮，在弹出的列表中执行“打开>图形”选项。
- 单击快速访问工具栏中的“打开”按钮。
- 在命令行中输入open命令，然后按Enter键或空格键。

● 按快捷键Ctrl+O。

执行以上任意操作后，系统会自动打开“选择文件”对话框，如图1-24所示。在“选择文件”对话框中单击“查找范围”下拉按钮，在弹出的下拉列表中选择要打开的图形文件夹❶，然后单击“打开”按钮❷或双击文件名，即可打开图形文件。

在“选择文件”对话框中，用户也可以单击“打开”按钮右侧的下拉按钮，在弹出的下拉列表中选择所需的方式来打开图形文件，如图1-25所示。

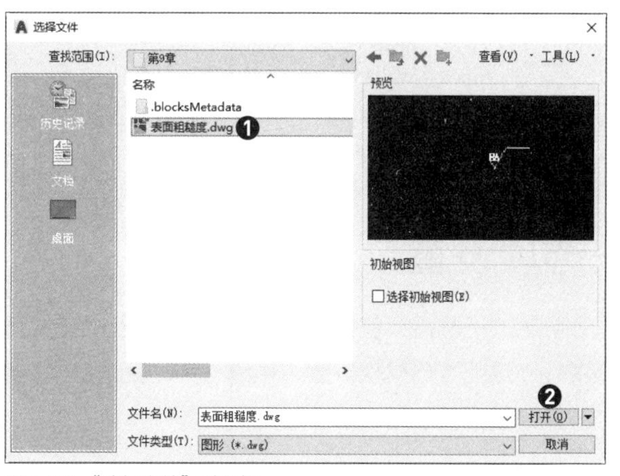

图 1-24 “选择文件”对话框

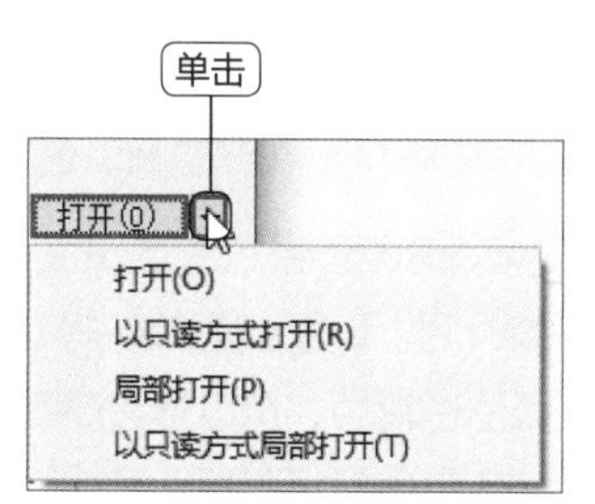

图 1-25 打开图形文件

AutoCAD 2022可以同时打开多个文件，在文件选项卡下可以切换、修改用户所打开的所有图形文件，还可以参照其他图形进行绘图、在图形之间复制和粘贴图形对象，或从一个图形向另一个图形移动对象。

1.4.3 保存图形文件

对图形文件进行编辑后，要对图形文件进行保存。用户可以直接执行保存操作，也可以更改名称后保存为另一个文件。为了防止突然断电等突发情况，用户应养成随时保存所绘图样的良好习惯。

（1）保存新建图形

用户可以通过下列方式保存新建的图形文件。

● 在菜单栏中执行“文件>保存”命令。

● 单击文件菜单按钮，在弹出的列表中执行“保存”命令。

● 单击快速访问工具栏中的“保存”按钮。

● 在命令行中输入save命令，然后按下Enter键或空格键。

执行以上任意一种操作，系统将自动打开“图形另存为”对话框。在“保存于”下拉列表中指定保存文件的文件夹，在“文件名”文本框中输入图形文件的名称，在“文件类型”下拉列表中选择保存文件的类型，最后单击“保存”按钮。

（2）图形换名保存

对于已保存的图形，用户可以更改名称保存为另一个图形文件。先打开该图形文件，然后通过下列任意方式进行另存为操作。

● 在菜单栏中执行“文件>另存为”命令。

● 单击文件菜单按钮，在弹出的列表中选择“另存为”命令。

- 在命令行中输入save命令，然后按Enter键或空格键。

执行以上任意一种操作后，系统将自动打开“图形另存为”对话框，输入文件名称❶并设置文件类型❷后，单击“保存”按钮❸，如图1-26所示。

图 1-26 “图形另存为”对话框

1.5 AutoCAD 系统选项设置

AutoCAD 2022的系统参数设置用于对系统进行配置，包括设置文件路径、更改绘图背景颜色、设置自动保存的时间、设置绘图单位等。安装AutoCAD 2022软件后，系统将自动完成默认的初始系统配置。用户在绘图过程中，可以通过下列方式进行系统配置。

- 在菜单栏中执行“工具>选项”命令。
- 单击文件菜单按钮A，在弹出的列表中选择“选项”命令。
- 在命令行中输入options命令或快捷命令op，然后按Enter键或空格键。
- 在绘图区域中单击鼠标右键，在弹出的快捷菜单中选择“选项”命令。

执行以上任意操作，系统都将打开“选项”对话框，用户可以在该对话框中设置所需要的系统配置。

1.5.1 显示设置

在“选项”对话框的“显示”选项卡中，可以设置窗口元素、布局元素、显示精度、显示性能、十字光标大小、淡入度控制等，如图1-27所示。

（1）窗口元素

“窗口元素”选项组主要用于设置窗口的颜色、窗口内容的显示方式等内容。例如，单击“颜色”按钮后，将弹出“图形窗口颜色”对话框，从中可以设置二维模型空间的颜色，单击“颜色”下拉按钮，选择需要的颜色即可，如图1-28所示。

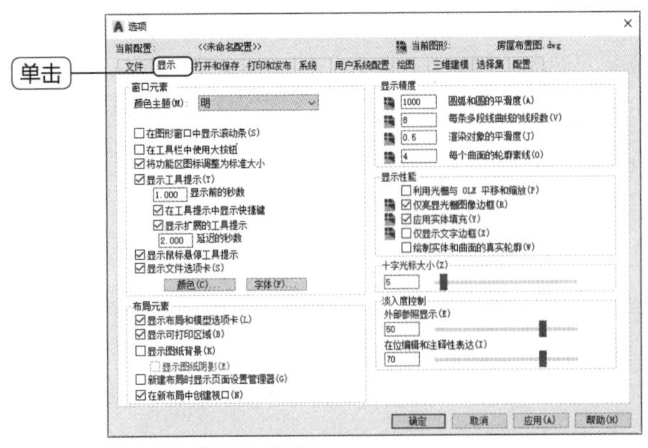

图 1-27 “显示”选项卡

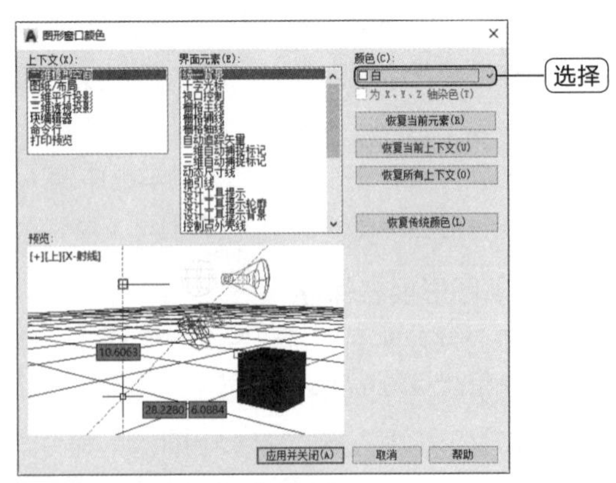

图 1-28 “图形窗口颜色”对话框

（2）显示精度

该选项组用于设置圆弧或圆的平滑度、每条多段线的段数等项目。

（3）布局元素

在“布局元素”选项组中，用户可以设置图纸布局的相关内容，并控制图纸布局的显示或隐藏。例如，勾选“显示可打印区域”复选框的布局，显示布局中的可打印区域（可打印区域是指虚线以内的区域），如图1-29所示；去掉勾选，不显示可打印区域的布局，如图1-30所示。

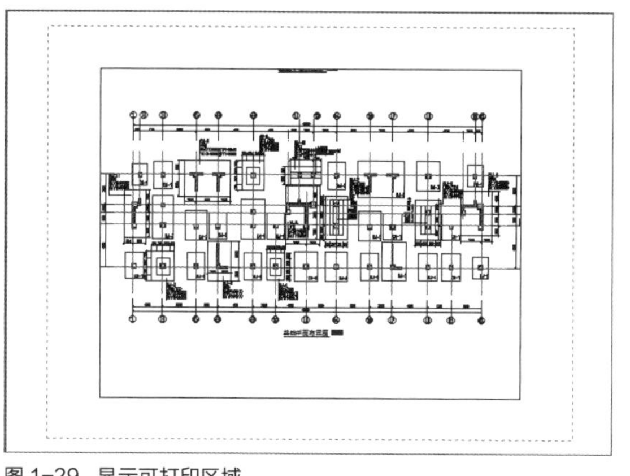

图 1-29　显示可打印区域

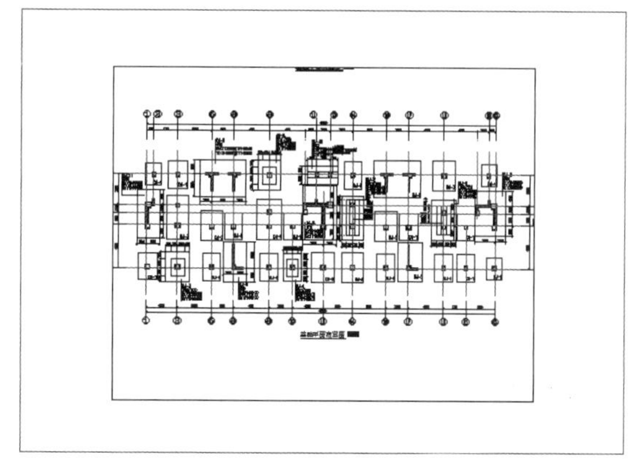

图 1-30　不显示可打印区域

（4）显示性能

在“显示性能”选项组中，用户可以进行利用光栅与OLE平移和缩放、仅亮显光栅图像边框、应用实体填充、仅显示文字边框等参数设置。

（5）十字光标大小

该选项组用于调整光标的十字大小。十字光标的值越大，光标两边的延长线就越长。十字光标为10时，效果如图1-31所示。十字光标为100时，效果如图1-32所示。

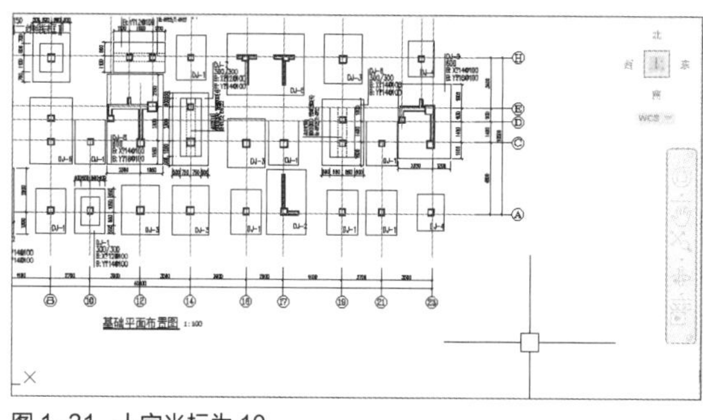

图 1-31　十字光标为 10

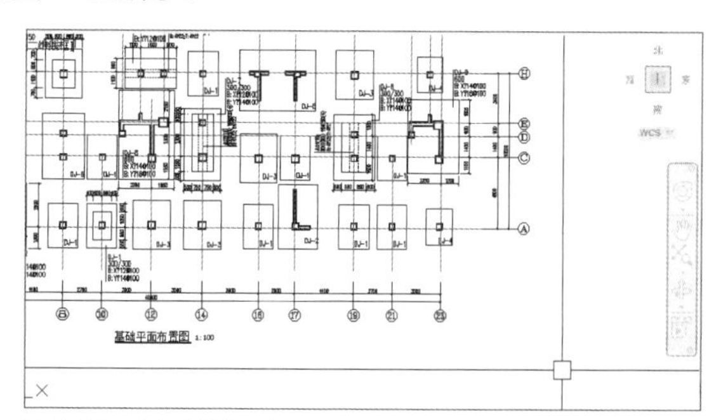

图 1-32　十字光标为 100

（6）淡入度控制

设置“淡入度控制”选项组中的参数，可以将不同类型的图形区分开来，操作更加方便。用户可以根据自己的习惯来调整这些淡入度参数。

1.5.2　打开和保存设置

在“打开和保存”选项卡中，用户可以进行文件保存、文件安全措施、文件打开和外部参照等方面的设置。

- 文件保存：该选项组可以设置文件保存的格式、缩略图预览以及增量保存百分比设置等参数。
- 文件安全措施：该选项组用于设置自动保存的间隔时间、是否创建副本，以及设置临时文件的扩展名等。
- 文件打开与应用程序菜单："文件打开"选项组可以设置在窗口中打开的文件数量等，"应用程序菜单"选项组可以设置最近打开的文件数量。
- 外部参照：该选项组可以设置调用外部参照时的状况，可以设置启动、禁用或使用副本。
- ObjectARX应用程序：该选项组可以设置加载ObjectARX应用程序和自定义对象的代理图层。

1.5.3 打印和发布设置

在"打印和发布"选项卡中，用户可以设置打印机和打印样式参数，包括出图设备的配置和选项，如图1-33所示。

- 新图形的默认打印设置：用于设置默认输出设备的名称以及是否使用上次的可用打印设置。
- 打印到文件：用于设置打印到文件操作的默认位置。
- 后台处理选项：用于设置何时启用后台打印。
- 打印和发布日志文件：用于设置打印和发布日志的方式及保存打印日志的方式。
- 自动发布：用于设置是否需要自动发布及自动发布的文件位置、类型等。
- 常规打印选项：用于设置修改打印设备时的图纸尺寸、后台打印警告、设置OLE打印质量以及是否隐藏系统打印机。
- 指定打印偏移时相对于：用于设置打印偏移时相对于对象为可打印区域还是图纸边缘。单击"打印戳记设置"按钮，将弹出"打印戳记"对话框，用户可以从中设置打印戳记的具体参数，如图1-34所示。

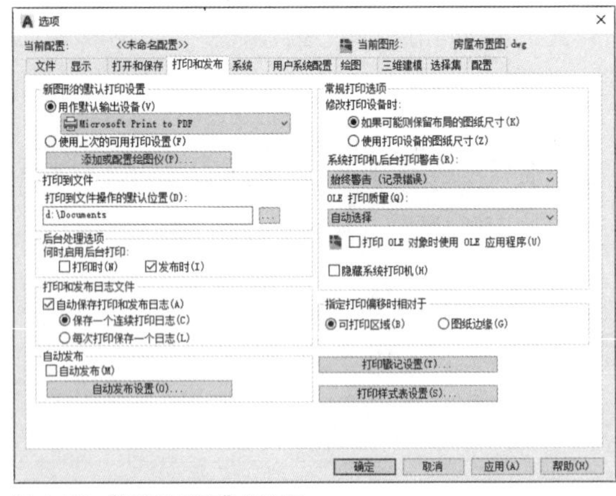

图 1-33 "打印和发布"选项卡

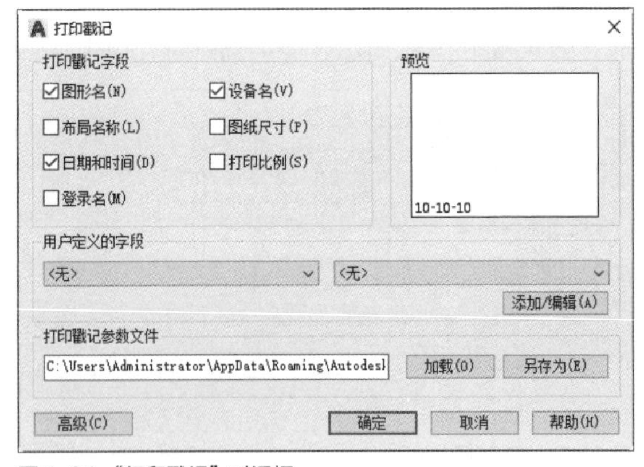

图 1-34 "打印戳记"对话框

1.5.4 系统与用户系统设置

在"系统"选项卡中，用户可以设置硬件加速、当前定点设备、数据库连接选项等选项，如下页图1-35所示。

而在"用户系统配置"选项卡中，用户可以设置Windows标准操作、插入比例、超链接、字段、坐标数据输入的优先级等。另外还可单击"块编辑器设置""线宽设置"和"默认比例列表"按钮，进行相应的参数设置，如图1-36所示。

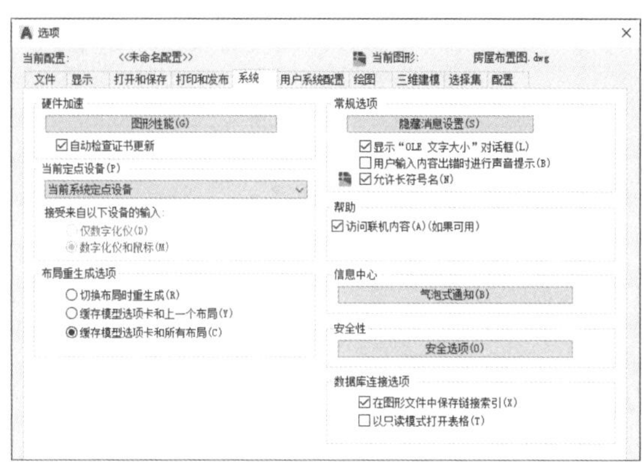

图 1-35 “系统”选项卡

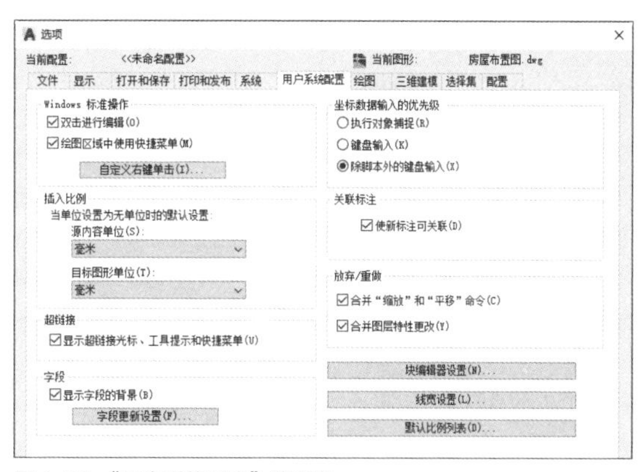

图 1-36 “用户系统配置”选项卡

- 硬件加速：在“系统”选项卡中单击“图形性能”按钮，可以进行相应的参数设置，如图1-37所示。
- 信息中心：在“系统”选项卡中单击“气泡式通知”按钮，打开“信息中心设置”对话框，从中可以对相应参数进行设置，如图1-38所示。

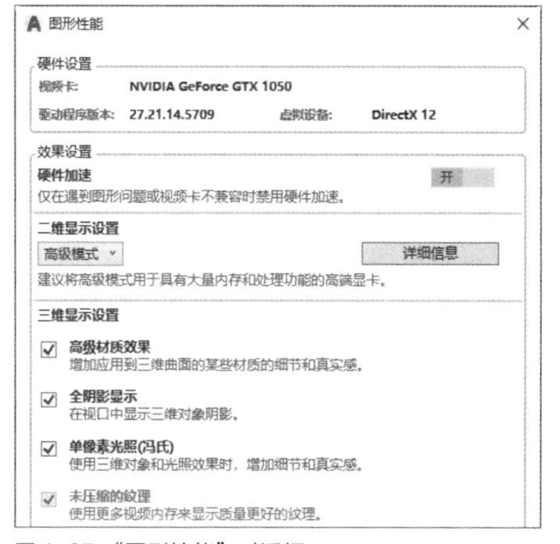

图 1-37 “图形性能”对话框

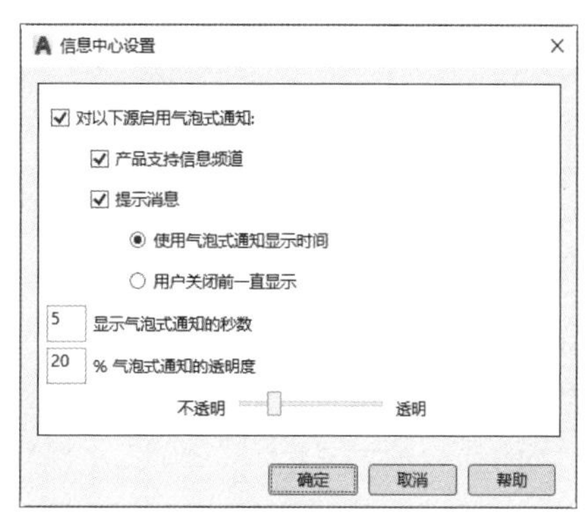

图 1-38 “信息中心设置”对话框

- 当前定点设备：在“系统”选项卡中的“当前定点设备”选项组，用户可以设置定点设备的类型，接受某些设备的输入。
- 布局重生成选项：在“系统”选项卡中的该选项组提供了“切换布局时重生成”“缓存模型选项卡和上一个布局”和“缓存模型选项卡和所有布局”3种布局重生成样式。
- 常规选项：“系统”选项卡中的“常规选项”选项组，用于设置消息的显示与隐藏及显示“OLE文字大小”对话框等项目。
- 数据库连接选项：“系统”选项卡中的“数据库连接选项”选项组中，用户可以选择在图形文件中保存连接索引和以只读模式打开表格。

1.5.5 绘图与三维建模

在“选项”对话框的“绘图”选项卡中，用户可以在“自动捕捉设置”和“AutoTrack设置”选项组中设置绘图时自动捕捉和自动追踪的相关内容。另外，用户还可以拖动滑块，调节自动捕捉标记和靶框的大小，如下页图1-39所示。

在“三维建模”选项卡中，用户可以设置三维十字光标、在视口中显示工具、三维对象和三维导航等选项，如图1-40所示。

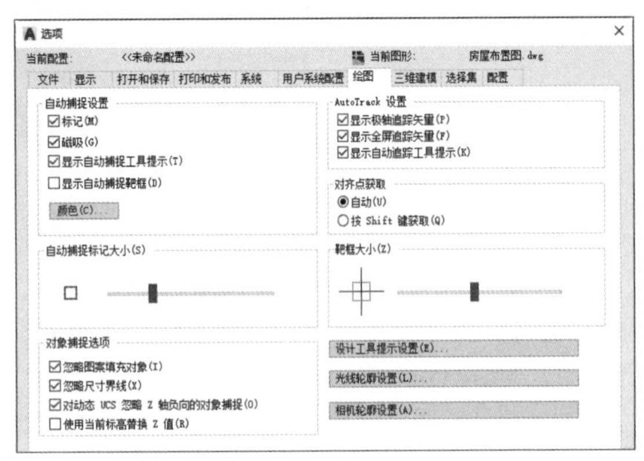

图 1-39 “绘图”选项卡

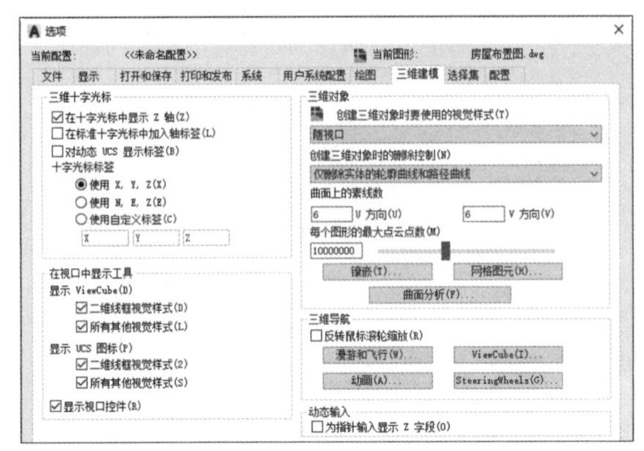

图 1-40 “三维建模”选项卡

（1）自动捕捉设置

“绘图”选项卡中的“自动捕捉设置”选项组用于设置在绘制图形时捕捉点的样式。

（2）对象捕捉选项

“绘图”选项卡中的“对象捕捉选项”选项组用于设置是否忽略图案填充对象或者是否使用当前标高替换*Z*值等项目。

（3）AutoTrack设置

“绘图”选项卡中的“AutoTrack设置”选项组可以设置是否显示极轴追踪矢量、是否显示全屏追踪矢量以及是否显示自动追踪工具提示等项目。

（4）三维十字光标

“三维建模”选项卡下的“三维十字光标”选项组可用于设置十字光标是否显示*Z*轴、是否在标准十字光标中加入轴标签以及十字光标标签的显示样式等。

（5）三维对象

“三维建模”选项卡下的“三维对象”选项组用于设置创建三维对象时要使用的视觉样式、曲面上的素线数、镶嵌和网格图元选项等。

1.5.6 选择集与配置

在“选项”对话框的“选择集”选项卡中，用户可以设置拾取框大小、选择集模式、夹点尺寸以及选择集预览等内容，如下页图1-41所示。

在“配置”选项卡中，用户可以针对不同的需求在此进行设置并保存，这样以后需要进行相同的设置时，只需调用该配置文件即可。

（1）拾取框大小

在“选择集”选项卡下，用户可以通过拖动滑块设置想要的拾取框的大小。

（2）选择集模式

在“选择集”选项卡下，用户可以设置先选择后执行、隐含选择窗口中的对象、窗口选择方法和选择效果颜色等选项，设置选择集模式。

（3）预览

“选择集”选项卡中的“预览”选项组用于设置命令处于活动状态时、未激活命令时的选择集预览效果等。单击“视觉效果设置”按钮后，用户可以在弹出的“视觉效果设置”对话框中调节视觉样式的各种参数，如图1-42所示。

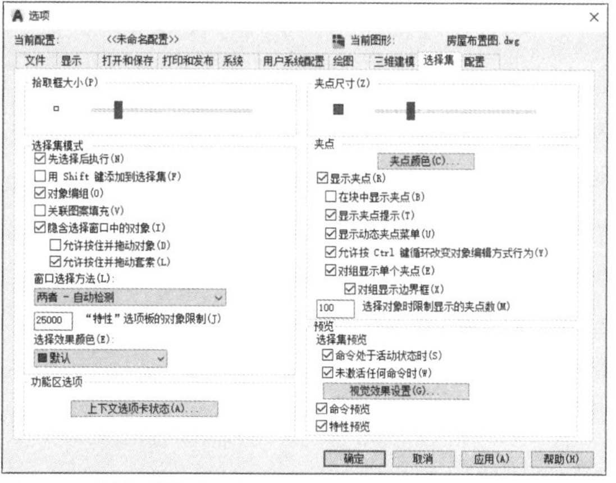

图 1-41 “选择集”选项卡

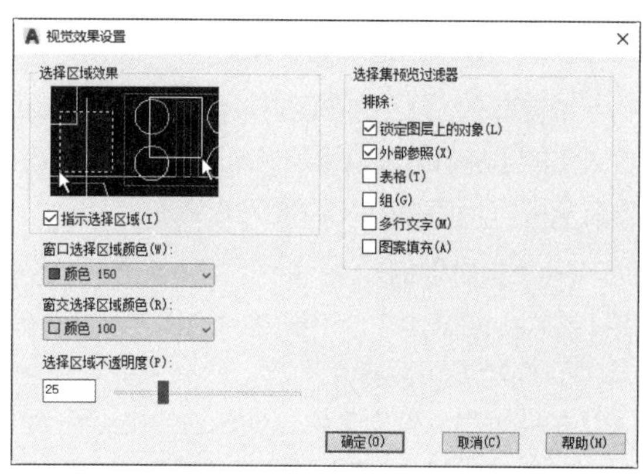

图 1-42 “视觉效果设置”对话框

1.6 坐标系统

在绘图时，AutoCAD通过坐标系统来确定点的位置。AutoCAD坐标系分世界坐标系（WCS）和用户坐标系（UCS），用户可以通过UCS命令进行坐标系的转换。

1.6.1 世界坐标系

世界坐标系也称为WCS坐标系，是AutoCAD默认的坐标系，通过3个互相垂直的坐标轴*X*、*Y*、*Z*来确定空间中的位置。世界坐标系的*X*轴为水平方向、*Y*轴为垂直方向、*Z*轴为正方向垂直屏幕向外，坐标原点位于绘图区左下角。图1-43为二维图形空间的坐标系。图1-44为三维图形空间的坐标系。

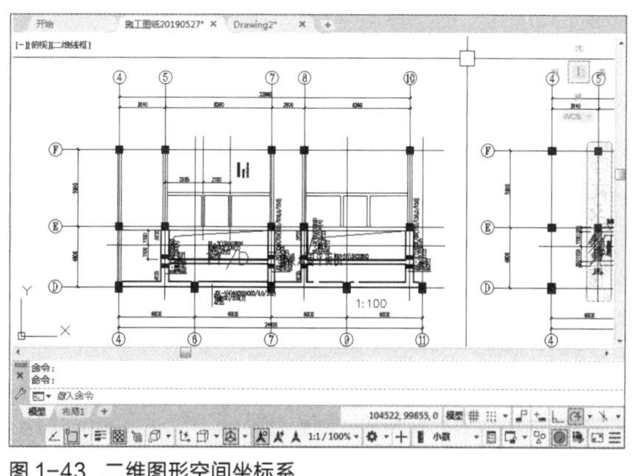

图 1-43 二维图形空间坐标系

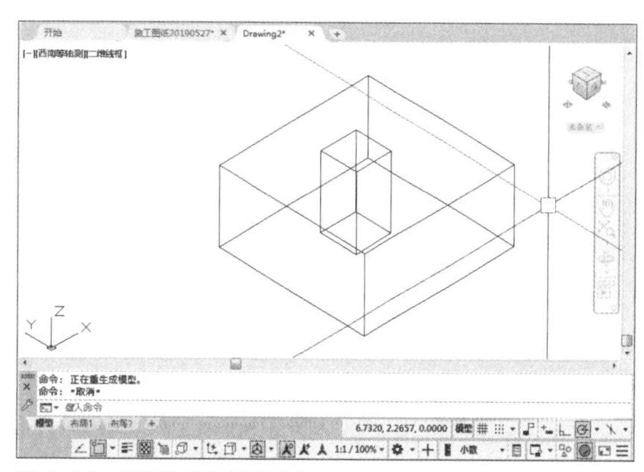

图 1-44 三维图形空间坐标系

工程师点拨：*Z* 值修改

在XOY平面上绘图或编辑二维图形时，用户只需要输入*X*轴和*Y*轴坐标，*Z*轴默认为0。当变成三维空间坐标系时，选择图形后右击，在快捷菜单中选择“特性>常规>厚度”命令，然后修改厚度值，则为*Z*轴坐标值。

1.6.2 用户坐标系

用户坐标系也称为UCS坐标系。用户坐标系是可以进行更改的，主要为图形的绘制提供参考。创建用户坐标系可以通过执行“工具>新建”菜单命令下的子命令来实现，也可以通过在命令窗口中输入UCS命令来完成。

1.6.3 坐标输入方法

不管多么复杂的建筑图形，都是通过点、直线、曲线等各种基本图形组成的，而这些都是需要通过输入点的坐标值来确定线条或图形的位置、大小和方向。输入点的坐标有4种方法：绝对直角坐标、相对直角坐标、绝对极坐标和相对极坐标。

（1）绝对坐标

在AutoCAD中，常用的绝对坐标表示方法有绝对直角坐标和绝对极坐标两种。

① 绝对直角坐标

在绝对直角坐标系中，坐标轴的交点称为原点，绝对坐标是指相对于当前坐标原点的坐标。在AutoCAD中，默认原点的位置在图形的左下角，当输入点的绝对直角坐标（*X*,*Y*,*Z*）值时，其中*X*、*Y*、*Z*的值就是输入点相对于原点的坐标距离。通常，在二维平面绘图中，*Z*坐标值默认等于0，所以用户可以只输入*X*和*Y*坐标值。当确切知道了某点的绝对直角坐标时，在命令行窗口用键盘直接输入*X*、*Y*坐标值来确定点的位置非常快捷。例如输入（40,50），如图1-45所示。

② 绝对极坐标

绝对极坐标是通过相对于坐标原点的距离和角度来定义点的位置。输入极坐标时，距离和角度之间用“<”符号隔开。如在命令行中输入（15<30），表示该点距离原点15个单位，与*X*轴形成30° 角。在默认情况下，AutoCAD以逆时针旋转为正、顺时针旋转为负。例如在命令行输入（50<30），表示从*X*轴正方向逆时针旋转30° 、距离原点50个图形单位，如图1-46所示。

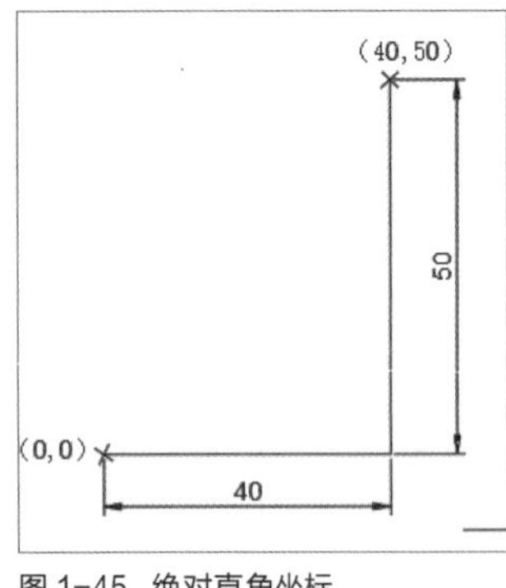

图 1-45 绝对直角坐标

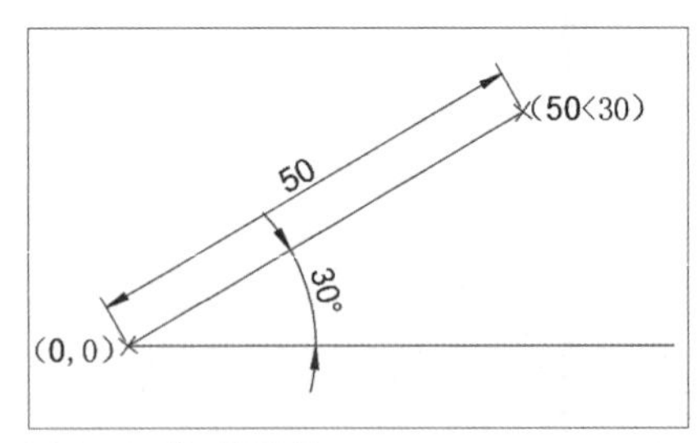

图 1-46 绝对极坐标

（2）相对坐标

在绘图过程中，有时只知道某一个点的坐标值，而其他点的坐标值要通过尺寸换算才能求出。如果用前面所述的绝对直角坐标输入，会很麻烦且显得笨拙。这时可以用相对直角坐标输入法来确定点的位置。

相对直角坐标就是用相对于上一个点的坐标来确定当前点，也就是说用上一个点的坐标加上一个偏移量来确定当前点的点坐标。相对直角坐标输入与绝对直角坐标输入的方法基本相同，只是*X*、*Y*坐标值表示的是相对于前一点的坐标差，并且要在输入的坐标值前面加上“@”符号。例如点坐标为（*X*,*Y*），输入（@n*X*,n*Y*），则该点的相对直角坐标为（n*X*,n*Y*），如下页图1-47所示。

相对极坐标也是指以某一点为参考极点，输入相对于坐标极点的距离和角度，来表示一个点的位置。相对极坐标在输入时要在距离值前面加上@符号，例如坐标（@15<60）是指相对于前一点，距离为15个图形单位、角度为60° 的一个点，如图1-48所示。

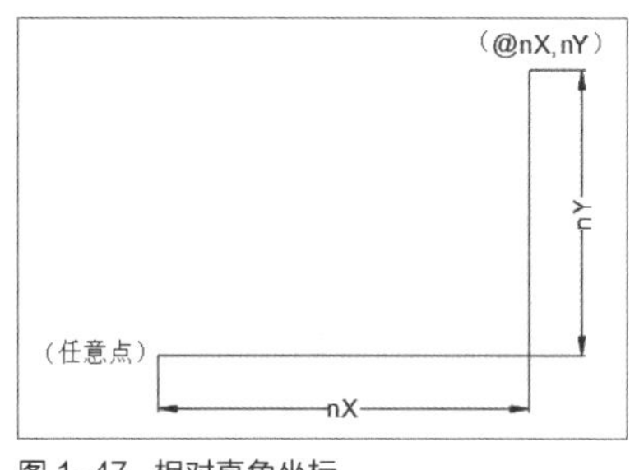

图 1-47 相对直角坐标

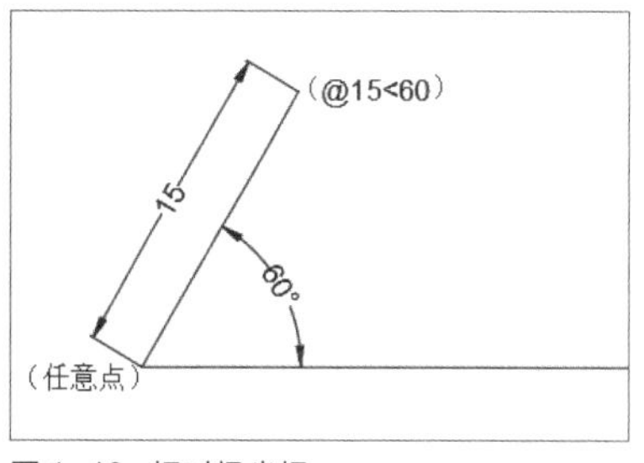

图 1-48 相对极坐标

综合实践 自定义界面颜色与拾取框光标

实践目的 掌握“选项”对话框的使用，为后期绘图做好准备。

实践内容 应用本章所学知识，根据自己的绘图习惯对AutoCAD的操作界面进行相应的修改。

步骤 01 启动AutoCAD 2022软件并打开所需的“综合实践：自定义界面颜色及拾取框光标的更改.dwg”文件，默认的工作界面为深色，如图1-49所示。

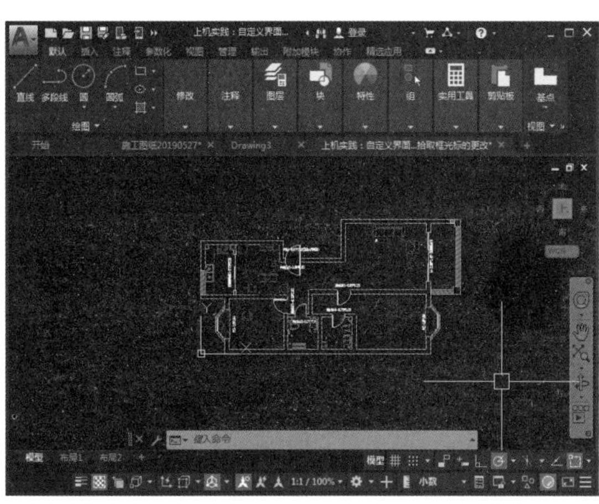

图 1-49 查看默认工作界面的颜色

步骤 02 在命令行中输入Options命令，按Enter键后打开“选项”对话框。在“显示”选项卡❶中单击“窗口元素”选项区的“颜色主题”下拉按钮，在打开的列表中选择“明”选项❷，然后单击“应用”按钮❸，如图1-50所示。

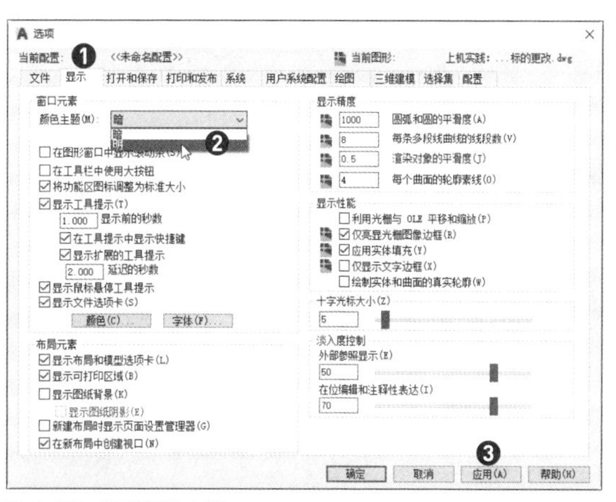

图 1-50 设置颜色主题

步骤 03 返回工作表中，可见工作界面的窗口元素变为浅灰色，效果如下页图1-51所示。

步骤 04 在“选项”对话框中单击“颜色”按钮，打开“图形窗口颜色”对话框，选择“界面元素”列表框中的“统一背景”选项❶，再单击“颜色”下拉按钮❷，选择需要替换的颜色❸，如下页图1-52所示。

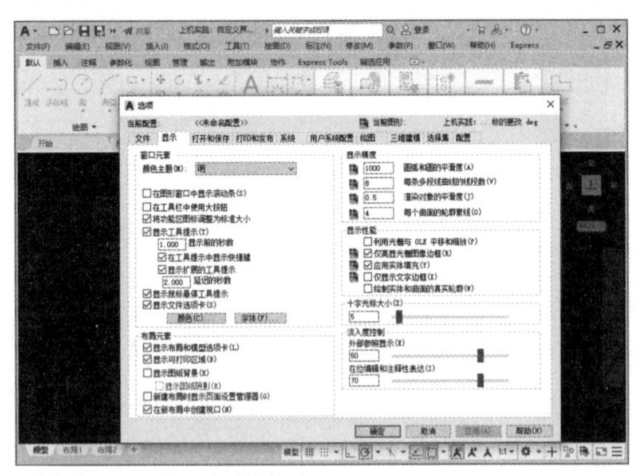

图 1-51　设置“工作界面”颜色

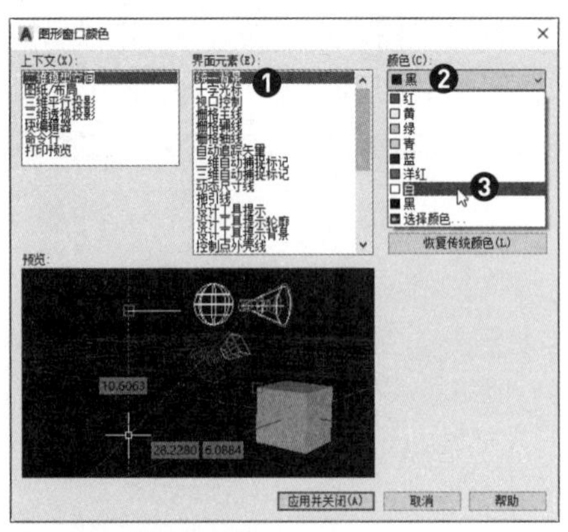

图 1-52　选择背景颜色

步骤 05 选择颜色后，在“预览”窗口中会显示预览效果。设置完成后单击“应用并关闭”按钮，如图1-53所示。

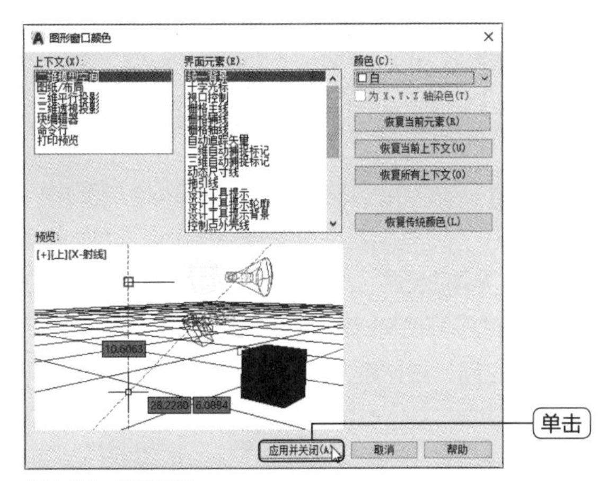

图 1-53　预览效果

步骤 06 返回到上一层对话框，单击“确定”按钮，完成设置操作。此时绘图区域的背景颜色已经变成用户所设置的颜色，如图1-54所示。

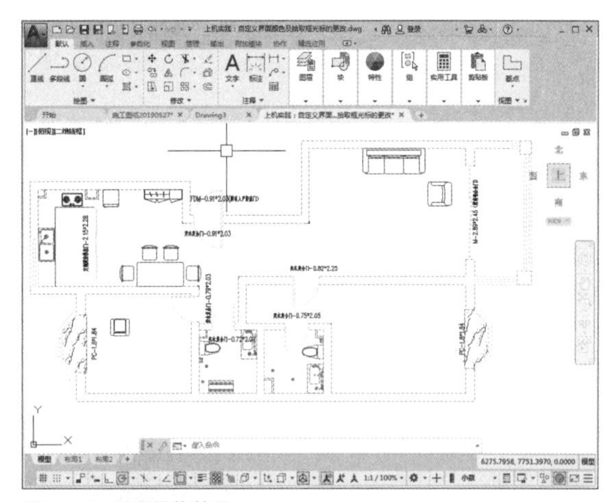

图 1-54　界面最终效果

步骤 07 打开“选项”对话框，在“显示”选项卡中❶单击“十字光标大小”选项区中的滑块❷，或修改数值❸，即可对十字光标的大小进行修改。单击“确定”按钮❹完成设置操作，如图1-55所示。

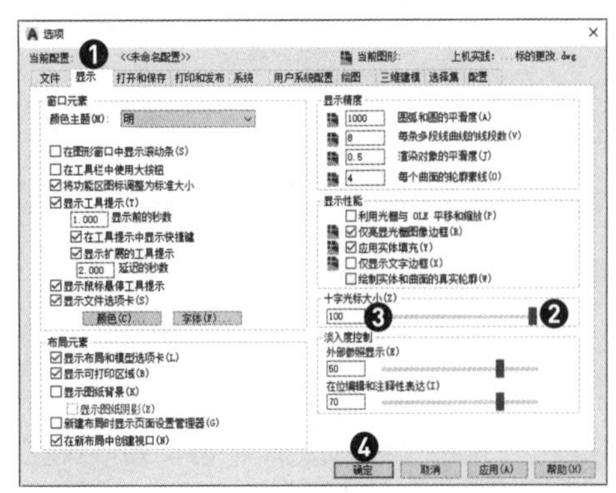

图 1-55　“十字光标大小”设置

步骤 08 此时绘图区域的十字光标已经变成用户所设置的大小，如图1-56所示。

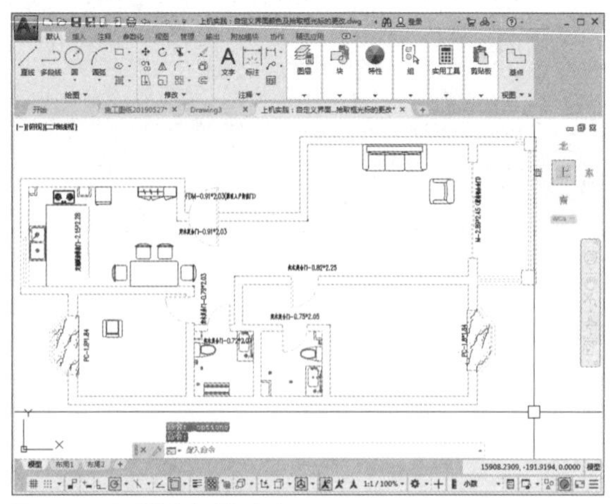

图 1-56　设置的十字光标大小

课后练习

通过本章的学习，用户对AutoCAD 2022的工作界面、文件的打开与保存，以及系统选项设置有了一定的认识。下面结合相应的练习习题，复习AutoCAD的常见操作知识。

一、选择题

（1）下列（　　）选项不能打开“选项”对话框。

A. 绘图区域鼠标右键　　B. 命令行输入Op命令

C. 单击文件菜单按钮▲中的“选项”　　D. 在状态栏中寻找“选项”

（2）在十字光标处被调用的菜单为（　　）。

A. 鼠标菜单　　B. 十字交叉线菜单　　C. 快捷菜单　　D. 没有菜单

（3）在“选项”对话框的（　　）中，可以调整十字光标的大小。

A. 显示　　B. 系统　　C. 绘图　　D. 选择集

（4）输入极坐标时，距离和角度之间用（　　）符号隔开。

A. >　　B. <　　C. [　　D.]

（5）在XOY平面上绘图或编辑图形时，只需要输入*X*轴和*Y*轴坐标，*Z*轴默认为（　　）。

A. 1　　B. 10　　C. 5　　D. 0

二、填空题

（1）AutoCAD 2022为用户提供了“__________”“三维基础”和“三维建模”3种工作空间。

（2）在AutoCAD 2022的“选项”对话框中，可以在____________选项卡中设置主题颜色。

（3）____________窗口是记录AutoCAD历史命令的窗口。

三、操作题

（1）在AutoCAD工作界面打开“选项”对话框，切换至“显示”选项卡，如图1-57所示。

（2）设置一个自己喜欢的绘图环境，如界面颜色、绘图背景、十字光标大小、拾取靶框大小及自动捕捉标记大小等，如图1-58所示。

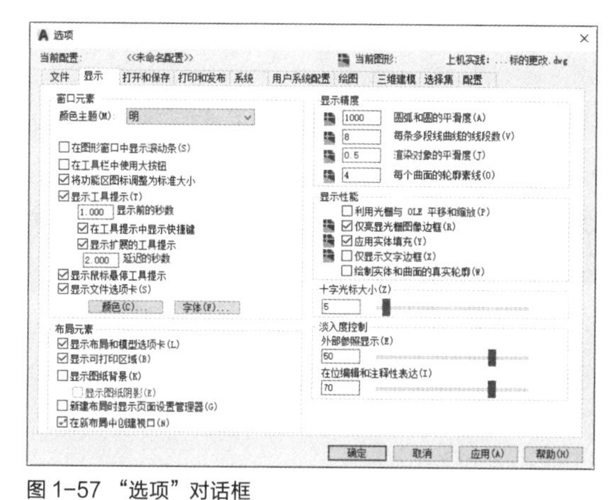

图 1-57 “选项”对话框

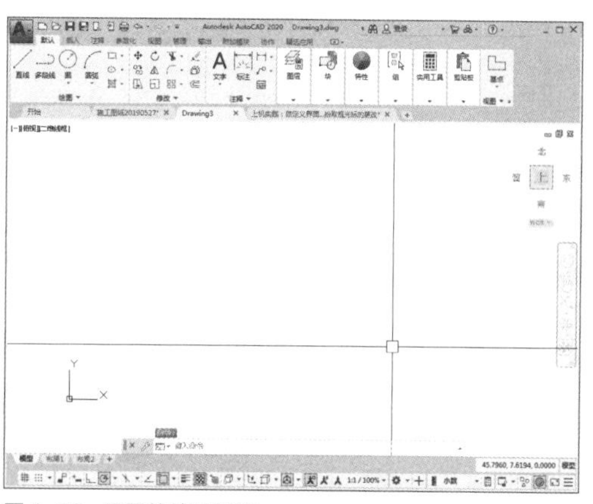

图 1-58 设置的绘图环境

第2章 应用辅助绘图功能

课题概述 在绘图之前，用户应该对绘图环境进行必要的设置，包括图形界限、图形单位、图层的创建与设置。例如，通过对图层进行设置，可以调节图形的颜色、线宽以及线型特性，从而提高绘图效率，也能更直观地查看图形。

教学目标 本章将讲解图形的管理以及辅助工具的调用等内容，熟悉并掌握这些知识是今后进行图形绘制的基础。

核心知识点

★☆☆☆ | 图形单位设置
★★☆☆ | 辅助绘图功能应用
★★★☆ | 绘图环境设置
★★★★ | 图层的应用

本章文件路径

上机实践：实例文件\第2章\综合实践：调整图形文件的图层.dwg

课后练习：实例文件\第2章\课后练习

本章内容图解链接

"图层"面板

显示栅格

2.1 绘图环境设置

创建一个新的图形文件，就相当于打开了一张绘图的白纸。在绘制工程图样之前，首先应该了解长度度量单位和图纸幅面的大小，我们称其为绘图环境设置。

2.1.1 设置图形单位

在系统默认情况下，AutoCAD 2022的图形单位为十进制单位，包括长度单位、角度单位、缩放单位、光源单位以及方向控制等。

用户可以通过以下命令执行图形单位命令。

- 执行"格式>单位"命令（在快速访问工具栏中单击按钮，单击下拉按钮"显示菜单栏"即可找到"格式"）。
- 在命令行中输入units命令，然后按Enter键或空格键。

执行以上任意一种操作后，系统将弹出“图形单位”对话框，如图2-1所示。

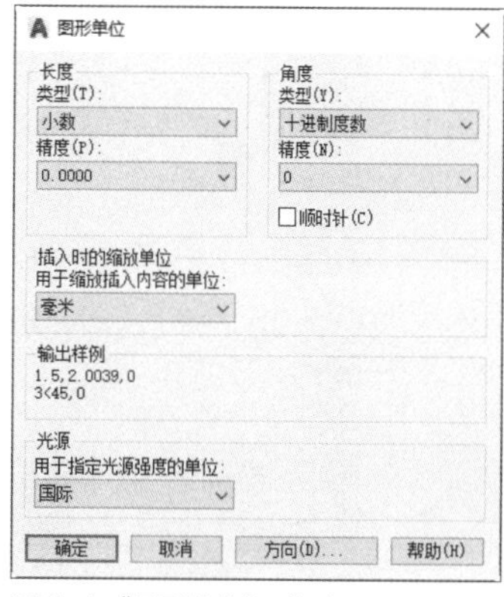

图 2-1 “图形单位”对话框

在“长度”选项区域单击“类型”下拉按钮，在下拉列表的5个选项中选择需要的单位格式，通常选择“小数”选项。单击“精度”下拉按钮，选择精度选项。当在“类型”列表中选择不同的选项时，“精度”列表的选项随之不同，选择“小数”时，最高精度可以显示小数点后8位，如果用户不对该项进行设置，系统默认显示小数点后4位。

在“角度”选项区域单击“类型”下拉按钮，在下拉列表中选择需要的单位格式；单击“精度”下拉按钮，在下拉列表中选择精度选项。“顺时针”复选框用来表示角度测量的旋转方向，勾选该复选框表示角度测量以顺时针旋转为正，否则以逆时针旋转为正。

工程师点拨：精度设置

“图形单位”对话框中的单位精度的设置，只是设置屏幕上的显示精度，并不影响AutoCAD系统本身的精度计算。

2.1.2 设置图形界限

图形界限又称绘图范围，主要用于限定绘图工作区和图纸边界，它是通过指定矩形区域的左下角点和右上角点来定义的。用户可以通过下列方法为绘图区域设置边界。

- 在菜单栏中执行“格式>图形界限”命令。
- 在命令行中输入limits命令，然后按Enter键或空格键。

在执行limits命令后，命令行有下列提示。

```
命令：limits                     // 执行“图形界限”命令
重新设置模型空间界限：
指定左下角点或 [ 开 (ON) / 关 (OFF) ]<0.0000,0.0000>：
  // 输入左下角点坐标或直接 Enter 取系统默认点 (0.0000,0.0000)
指定右上角点 <420.0000,297.0000>：
  // 输入右上角点坐标或直接 Enter 取系统默认点 (420.0000,297.0000)
```

在命令行提示“指定左下角点或[开（ON）/关（OFF）]<0.0000,0.0000>：”时，可以直接输入ON或OFF打开或关闭“出界检查”功能。ON表示用户只能在图形界限内绘图，超出该界限，在命令行会出现“**超出图形界限”的提示信息；OFF表示用户可以在图形界限之内或之外绘图，系统不会给出任何提示信息。

2.1.3 创建与删除图层

在AutoCAD中，创建图层、删除图层以及对图层的其他管理都是通过“图层特性管理器”选项板来实现的，如下页图2-2所示。用户可以通过以下方式打开“图层特性管理器”选项板。

- 在菜单栏中执行“格式>图层”命令，如下页图2-3所示。
- 在“默认”选项卡的“图层”面板中单击“图层特性”按钮。
- 在“视图”选项卡的“选项板”面板中单击“图层特性”按钮。
- 在命令行中输入layer命令，然后按Enter键或空格键。

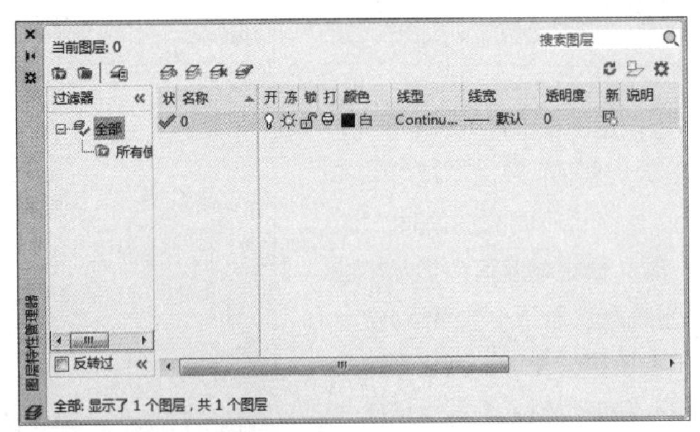

图 2-2 “图层特性管理器”选项板

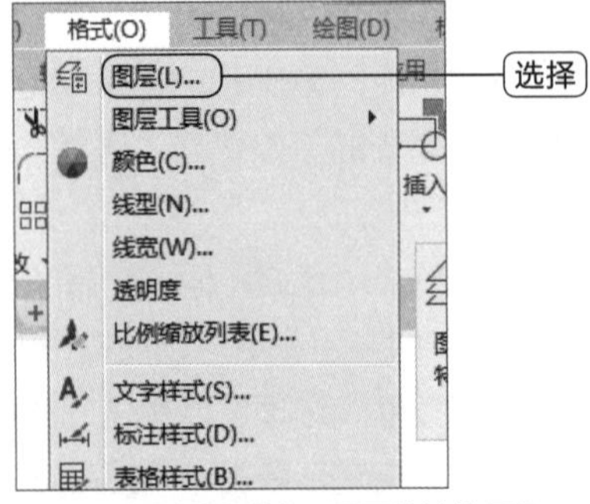

图 2-3 通过菜单栏打开图层特性管理器

工程师点拨：图层的特性

图层具有以下特性。

- **图名：每一个图层都有自己的名字，以便查找。**
- **颜色、线型、线宽：每个图层都有其颜色、线型、线宽，用户可以根据需要对图层的颜色、线型、线宽进行设置。**
- **图层的状态：可以对图层进行打开和关闭、冻结和解冻、锁定和解锁控制。**

（1）新建图层

在“图层特性管理器”选项板中，单击“新建图层”按钮❶，在列表中“0图层”的下面会显示一个新的名为“图层1”的图层❷，如图2-4所示。

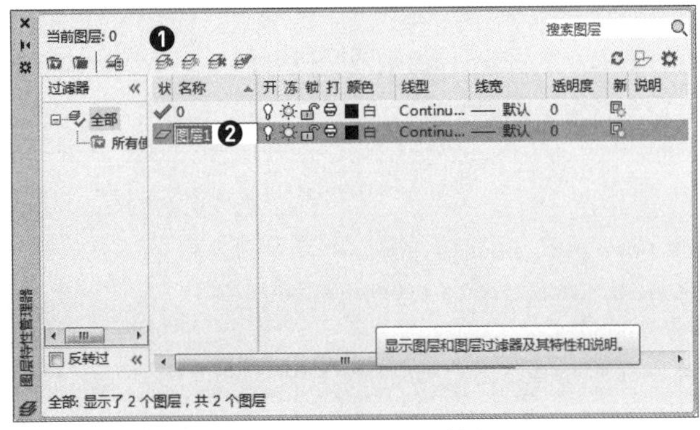

图 2-4 “图层特性管理器”选项板中的新图层创建

在“名称”栏填写新图层的名称后按Enter键，或在列表区的空白处单击即可。如果对图层名称不满意，还可以重新命名，下面介绍两种常用的图层重命名方法。

- 单击要重命名的图层，图层会亮显，然后单击“名称”栏中的图层名称，使之处于编辑状态并重新输入新图层名。
- 单击要重命名的图层，图层会亮显，此时按下F2功能键，也可以对图层名进行修改。

工程师点拨：图层名的设置

0图层是系统默认的图层，不能对其重新命名。同时，也不能对来自外部参照的图层重新命名。图层名最长可达255个字符，可以使用数字、字母，但不允许使用大于号、小于号、斜杠、反斜杠、引号、冒号、分号、问号、逗号、竖杠、等于号等符号；在当前图形文件中，图层名称必须是唯一的，不能与已有的图层重名；新建图层时，如果选中了图层名称列表中的某一图层（呈亮高显示），那么新建的图层将自动继承该图层的属性。

（2）删除图层

在“图层特性管理器”选项板中，选择某图层后，单击“删除图层”按钮；或右击图层，在弹出的快捷菜单中选择“删除图层”命令，即可删除该图层。

如果要删除正在使用的图层或当前图层，系统会弹出“图层-未删除”提示对话框，如图2-5所示。

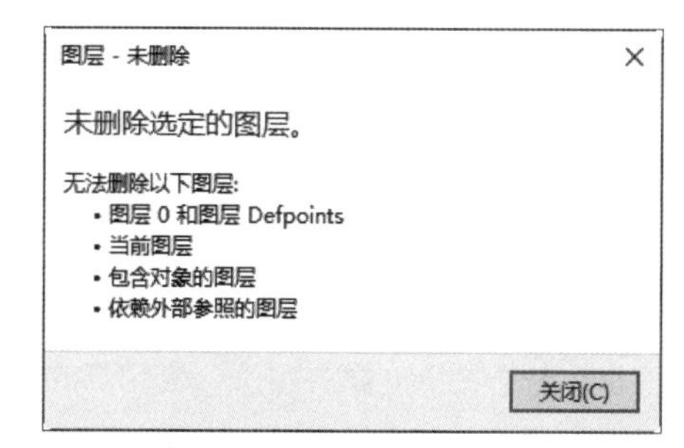

图 2-5 未删除图层提示对话框

在AutoCAD 2022中，用于参照的图层是不能被删除的，其中包括图层0、包含对象的图层、当前图层以及依赖外部参照的图层。此外，还有一些局部打开图形中的图层也被视为用于参照而不能删除。

2.1.4 管理图层

在“图层特性管理器”选项板中，用户除了可以创建图层并设置图层属性，还可以对创建好的图层进行管理操作，如图层的控制、置为当前层、改变图层属性等。

（1）图层的打开和关闭、冻结和解冻、锁定和解锁

在“图层特性管理器”选项板中有“开”“冻结”“锁定”三栏项目，它们可以控制图层在屏幕上能否显示、编辑、修改与打印。

① 图层的打开和关闭

该项可以打开和关闭选定的图层。当图标为时，说明图层被打开，是可见的，并且可以打印；当图标为时，说明图层被关闭，是不可见的，并且不能打印。若关闭当前图层，会弹出系统提示，只需选择“关闭当前图层”选项即可，如图2-6所示。关闭当前图层后，若要在该层中绘制图形，其结果将不显示。

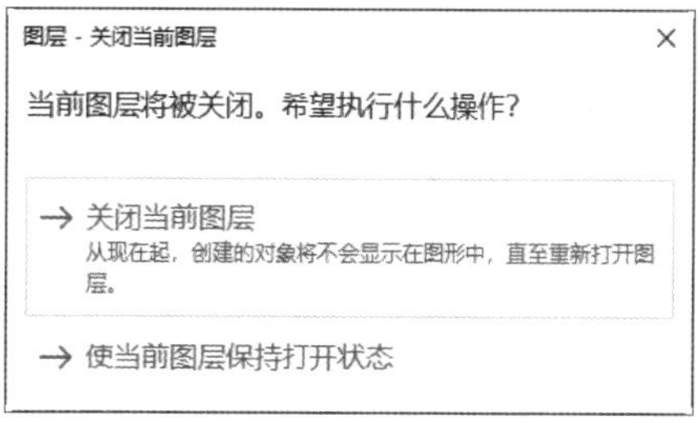

图 2-6 关闭当前图层提示

② 图层的冻结和解冻

该项可以冻结和解冻选定的图层。当图标为时，说明图层被冻结，图层不可见，不能重生成，并且不能进行打印；当图标为时，说明被冻结的图层解冻，图层可见，可以重生成，也可以进行打印。

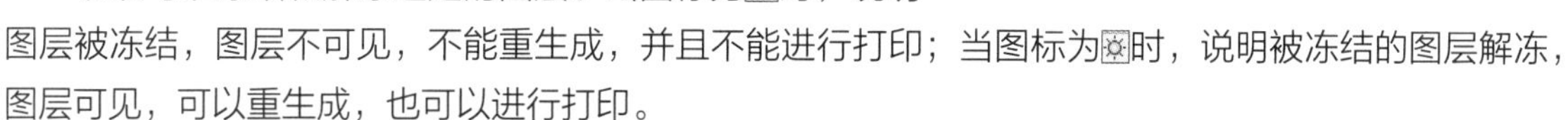

由于冻结的图层不参与图形的重生成，可以节约图形的生成时间，提高计算机的运行速度。因此对于绘制较大的图形，暂时冻结不需要的图层是十分必要的。

③ 图层的锁定和解锁

该项可以锁定和解锁选定的图层。当图标为时，说明图层被锁定，图层可见，但图层上的对象不能被编辑和修改。当图标为时，说明被锁定的图层解锁，图层可见，图层上的对象可以被选择、编辑和修改。

（2）置为当前图层

系统默认当前图层为0图层，且只可以在当前图层上绘制图形实体，用户可以通过下列方式将所需的图层设置为当前图层。

● 在“图层特性管理器”选项板中选中图层，然后单击“置为当前”按钮。

- 在“图层”面板中单击“图层”下拉按钮，然后选择图层名。
- 在“默认”选项卡的“图层”面板中单击“置为当前”按钮，根据命令行的提示选择一个实体对象，即可将选定对象所在的图层设置为当前图层。

（3）改变图形状态所在图层

用户可以通过下列方式更改图形对象所在的图层。

- 选中图形对象，然后在“图层”面板的下拉列表中选择所需图层。
- 选中图形对象并右击，在打开的快捷菜单中选择“特性”命令，在“特性”选项板的“常规”选项组中单击“图层”选项右侧的下拉按钮，从下拉列表中选择所需的图层，如图2-7所示。

（4）改变对象的默认属性

在默认情况下，用户所绘制的图形对象将使用当前图层的颜色、线型和线宽。用户也可以在选中图形对象后，利用“特性”选项板中“常规”选项组里面的选项为该图形对象设置不同于所在图层的相关属性。

（5）线宽显示控制

由于线宽属性属于打印设置，在默认情况下系统不显示线宽设置效果。要显示线宽设置效果，可以执行“格式>线宽”菜单命令，打开“线宽设置”对话框，勾选“显示线宽”复选框即可，如图2-8所示。

图 2-7 “特性”选项板

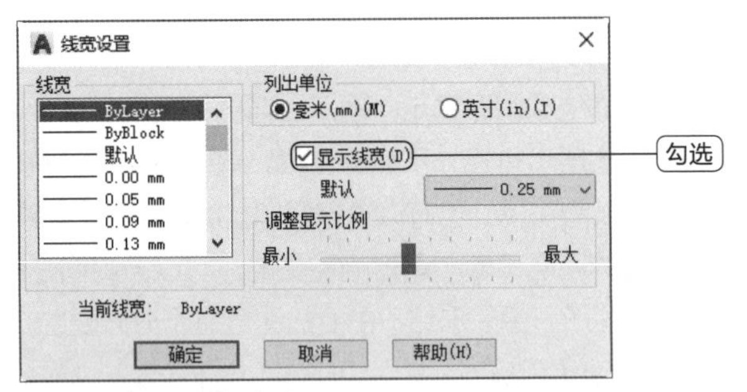

图 2-8 “线宽设置”对话框

2.1.5 设置图层的颜色、线型和线宽

在“图层特性管理器”选项板中，用户可以对图层的颜色、线型和线宽进行相应的设置。

（1）图层颜色设置

打开“图层特性管理器”选项板，单击颜色图标■白，打开“选择颜色”对话框，如下页图2-9所示，用户可以根据自己的需要在“索引颜色”“真彩色”和“配色系统”选项卡中选择所需的颜色。其中标准颜色名称仅适用于1～7号颜色，分别为红、黄、绿、青、蓝、洋红、白/黑。

（2）图层线型设置

在“图层特性管理器”选项板中，单击线性图标Continuous，系统将打开“选择线型”对话框，如图2-10所示。

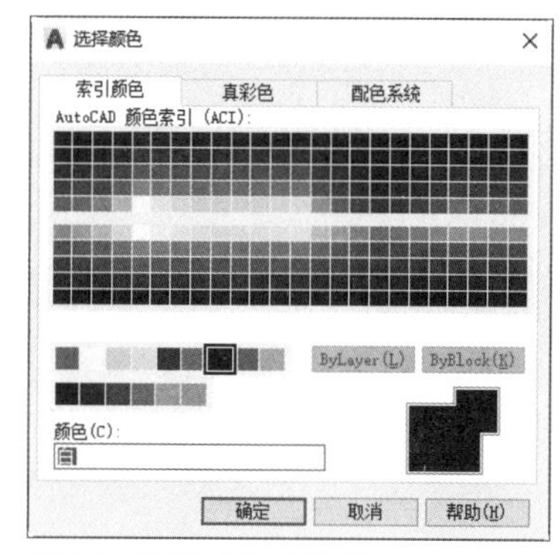

图 2-9 “选择颜色”对话框

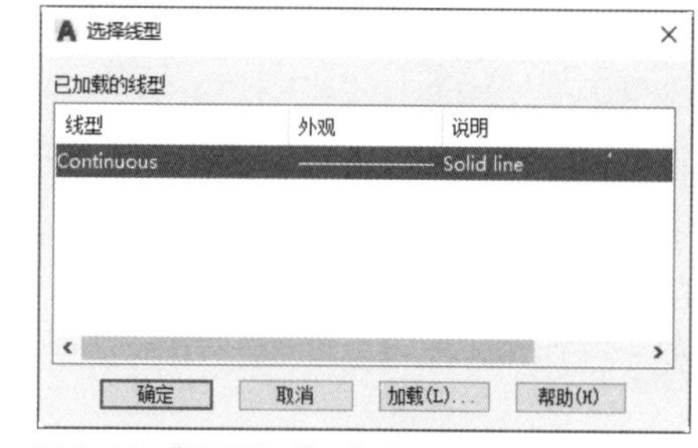

图 2-10 “选择线型”对话框

在默认情况下，系统仅加载一种Continuous（连续）线型。若需要其他线型，则要单击“加载”按钮，先加载该线型，弹出“加载或重载线型”对话框，如图2-11所示。选择所需的线型后，单击“确定”按钮，将其添加到“选择线型”对话框中，如图2-12所示。

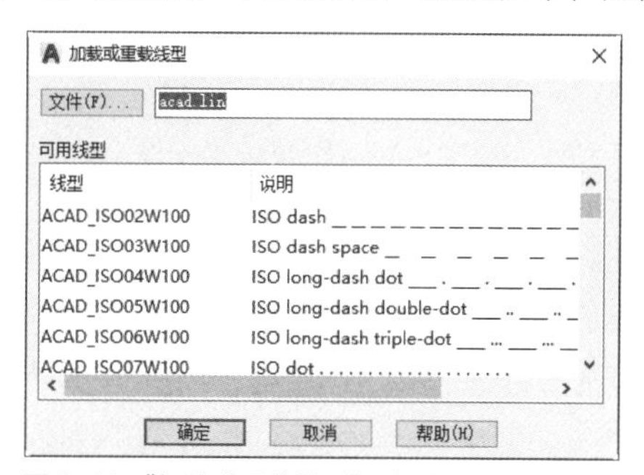

图 2-11 “加载或重载线型”对话框

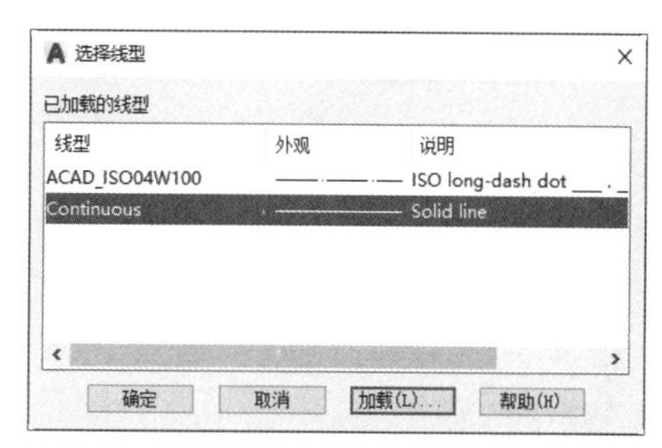

图 2-12 加载完线型之后的“选择线型”对话框

用户在绘制虚线或点划线时，可能会遇到所绘线型显示成实线的情况。这是因为线型的显示比例因子设置不合理所致。用户可以使用图2-13的“线型管理器”对话框进行调整。调用“线型管理器”对话框的方法如下。

- 在菜单栏中执行“格式>线型”菜单命令。
- 在命令行中输入linetype命令，按Enter键或空格键。

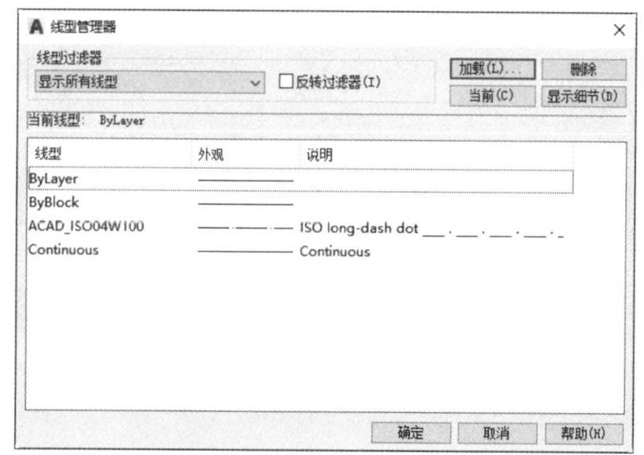

图 2-13 “线型管理器”对话框

在“线型管理器”对话框中选择需要调整的线型❶，然后单击“隐藏细节”按钮❷，在“详细信息”选项区域会显示该线型的名称和线型样式，如图2-14所示。“全局比例因子”和“当前对象缩放比例”编辑框中显示的是系统当前的设置值，用户可以对其进行修改。

当“全局比例因子”均为1，“当前对象缩放比例”分别为1、2和5，利用HIDDEN（虚线）线型绘制矩形线框时，用户会发现它们之间的显示效果是不同的。图2-15从左到右，“当前对象缩放比例”分别为1、2和5。

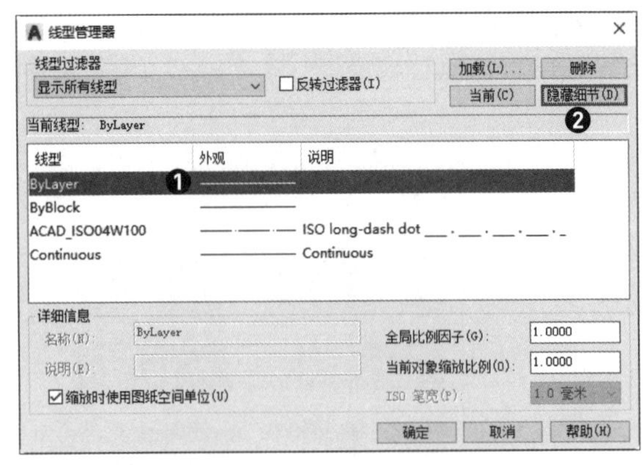

图 2-14 “详细信息”面板

图 2-15 缩放比例对线型显示效果的影响

（3）图层线宽设置

线宽是CAD图形的一个基本属性，用户可以通过图层来进行线宽设置，也可以直接对图形对象单独设置线宽。单击某一图层面板的线宽栏，会弹出图2-16的“线宽”对话框。通常，系统会将图层的线宽设定为默认值。用户可以根据需要在“线宽”对话框中选择合适的线宽选项❶，然后单击“确定”按钮❷，完成图层线宽的设置。

利用“线宽”对话框设置好图层的线宽后，在屏幕上若不能显示出该图层图线的线宽，可以执行“格式>线宽”命令，打开“线宽设置”对话框，勾选“显示线宽”复选框，系统才能显示图线的线宽，如图2-17所示。

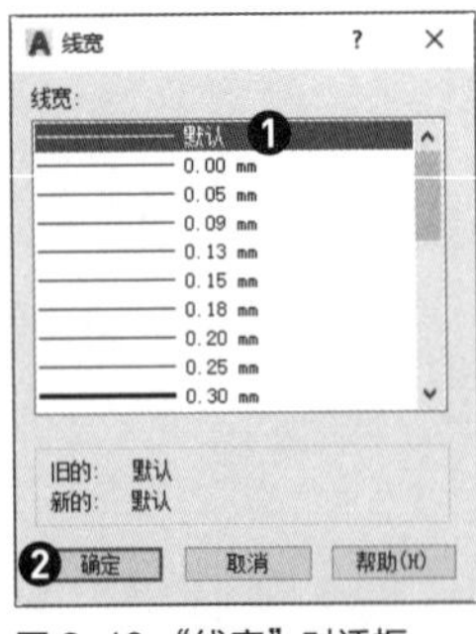

图 2-16 “线宽”对话框

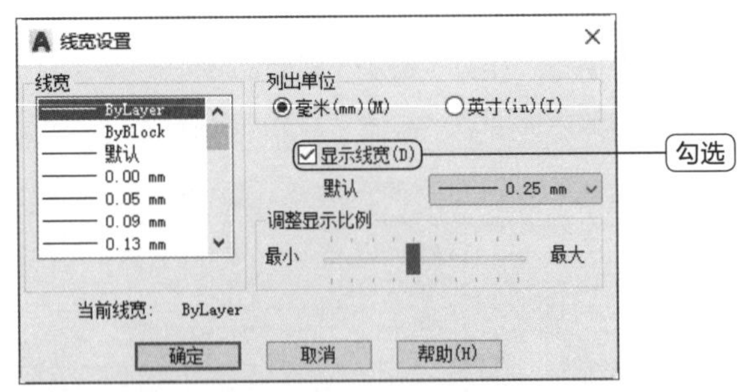

图 2-17 “线宽设置”对话框

工程师点拨：线宽的其他设置方法

用户还可以利用“选项”对话框，调用“线宽设置”对话框来调整线宽的显示比例。方法为：选择“工具>选项”命令或在命令行中输入op，按Enter键或空格键等方式打开“选项”对话框，选择“用户系统配置”选项卡，单击“线宽设置”按钮 线宽设置(L)... 。

2.1.6 “图层”面板与“特性”面板

在绘制图形时，将不同属性的图形放置在不同图层中，便于用户操作。而在图层中，用户可以对图形对象的各种特性进行更改，例如颜色、线型以及线宽等。熟练应用图层功能，不仅可以大大提高操作效率，还可以使图形的清晰度更高。

（1）“图层”面板

“图层”功能区主要是对图层进行控制，如图2-18所示。

（2）“特性”面板

“特性”面板主要是对颜色、线型和线宽进行控制，如图2-19所示。

通常，在“特性”面板的四个列表框中，均采用随层（ByLayer）控制选项。也就是说，在某一图层绘制图形对象时，图形对象采用该图层设置的特性。利用“特性”工具栏可以随时改变当前图形对象的特性，而不使用当前图层的特性。

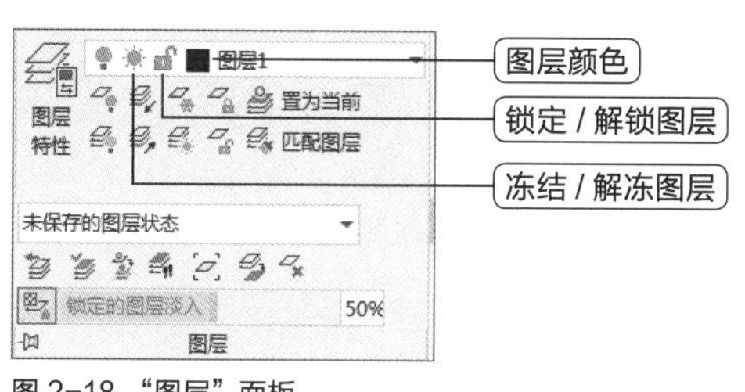

图 2-18 “图层”面板

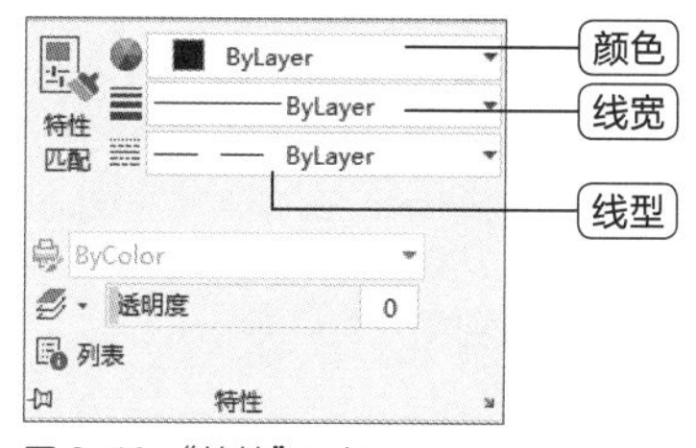

图 2-19 “特性”面板

2.2 绘图辅助功能设置

在绘图过程中，鼠标定位精度较低，用户可以利用状态栏中的显示图形栅格、捕捉模式、正交限制光标、极轴追踪、对象捕捉和对象捕捉追踪等绘图辅助工具来精确绘图。

2.2.1 显示图形栅格与捕捉模式

在绘制图形时，使用捕捉和栅格功能有助于创建和对齐图形中的对象。一般情况下，捕捉和栅格是配合使用的，即捕捉间距与栅格的*X*、*Y*轴间距分别一致，从而保证鼠标拾取到精确的位置。

（1）显示图形栅格

栅格是一种可见的位置参考图标，有助于绘图定位。显示栅格后，栅格则是按照设置的间距显示在图形区域中的点，可以起到坐标纸的作用，以提供直观的距离和位置参照，如图2-20所示。

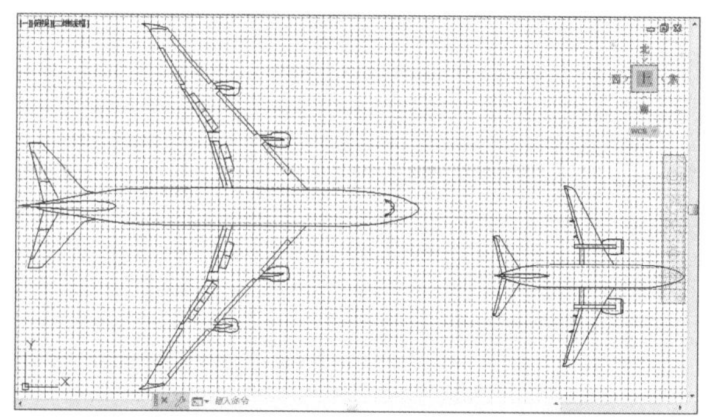

图 2-20 显示栅格

用户可以通过下列方式打开或关闭栅格功能。

- 在状态栏中单击“显示图形栅格”按钮▦。
- 在状态栏中右击“显示图形栅格”按钮，然后选择“网格设置”命令，在弹出来的“草图设置”对话框中勾选“启用栅格”复选框。
- 按F7功能键或Ctrl+G组合键进行切换。

（2）捕捉模式

栅格显示只能提供绘制图形的参考背景，捕捉才是约束光标移动的工具。栅格捕捉功能用于设置光标移动的固定步长，即栅格点阵的间距，使光标在*X*轴和*Y*轴方向上的移动总量是步长的整数倍，以提高绘图的精度。用户可以通过下列方式打开或关闭“栅格捕捉”功能。

- 在状态栏中单击“捕捉模式”按钮▦。
- 在状态栏中右击“捕捉模式”按钮，然后在弹出的列表中选择“栅格捕捉”选项。
- 按F9功能键进行切换。

工程师点拨：正交限制光标

正交限制光标是在任意角度和直角之间对约束线段进行切换的一种模式，在约束线段为水平或垂直的时候，可以使用正交模式。用户可以通过以下方法打开或关闭正交模式。

- **在状态栏中单击“正交限制光标”按钮▭。**
- **按F8功能键进行切换。**

2.2.2 用光标捕捉到二维参照点

用户在绘图过程中，往往需要借助图形对象上的一些特征来完成图形绘制，如短点、圆心、切点、交点等。想要准确地拾取这些点，只凭肉眼观察是非常困难的，如果用户此时作图不精确，将会给以后图形对象的修改和编辑带来麻烦。为此，AutoCAD向用户提供了能够准确、快速捕捉图形对象特征点的辅助作图工具，即“对象捕捉”。它可以大大地提高用户的绘图精度和工作效率。

对象捕捉功能是通过已存在的实体对象的特殊点或特殊位置来确定点的位置。对象捕捉有两种方式，一种是自动对象捕捉，另一种是临时对象捕捉。临时对象捕捉主要通过“对象捕捉”工具栏实现，用户可以执行“工具>工具栏>AutoCAD>对象捕捉”菜单命令，打开“对象捕捉”工具栏，也可以单击“对象捕捉”工具栏按钮。光标移至工具栏任意位置单击右键，弹出临时“对象捕捉”工具栏，如图2-21所示。

图 2-21 临时“对象捕捉”工具栏

光标移至绘图区，按住Shift键，单击鼠标右键，弹出下页图2-22的“对象捕捉”快捷菜单，选择需要的特征点的形式即可。

执行自动对象捕捉操作前，首先要设置好需要的对象捕捉点，当光标移动到这些对象捕捉点附近时，系统会自动捕捉到这些点。如果把光标放在捕捉点上多停留一会儿，系统还会显示捕捉的提示。这样，在选点之前，就可以预览和确认捕捉点。

用户可以通过以下方法打开或关闭对象捕捉模式。

- 单击状态栏中的“对象捕捉”按钮▢。
- 在状态栏中右击“对象捕捉”按钮，在弹出的快捷菜单中选择“对象捕捉设置”选项，然后在打开的“草图设置”对话框中勾选“启用对象捕捉”复选框。

- 在绘图区域按住Shift键同时单击鼠标右键，在弹出的快捷菜单栏中选择“对象捕捉设置”选项，打开“草图设置”对话框，勾选“启用对象捕捉”复选框。
- 按F3功能键进行切换。

在“草图设置”对话框中选择“对象捕捉”选项卡，可以设置自动对象捕捉模式。在该选项卡中，列出了14种对象捕捉模式和对应的捕捉标记，如图2-23所示。用户需要捕捉哪些对象捕捉点，勾选对应的复选框即可。

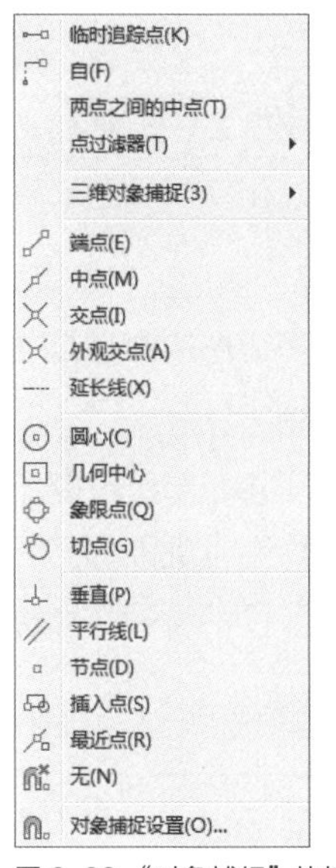

图 2-22 “对象捕捉”快捷菜单

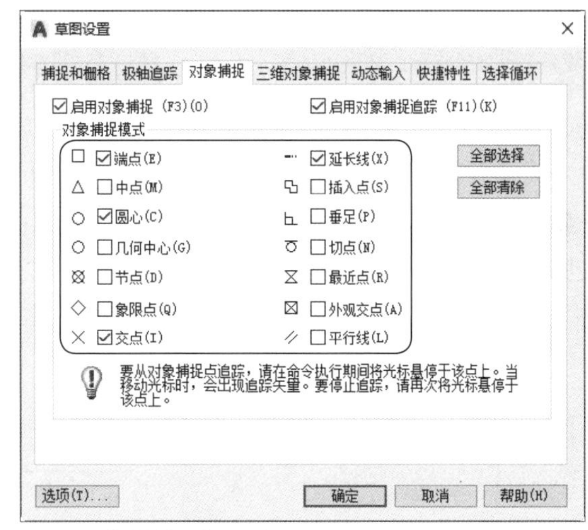

图 2-23 “对象捕捉”选项卡

下面将对“草图设置”对话框中“对象捕捉”选项卡下常用的捕捉模式进行介绍。

- 端点□：捕捉直线、圆弧或多段线离拾取点最近的端点，以及离拾取点最近的填充直线、填充多边形或3D面的封闭角点。
- 中点△：捕捉直线、多段线、圆弧的中点。
- 圆心○：捕捉圆弧、圆、椭圆的中心。
- 交点⊠：捕捉直线、圆弧、圆、多段线和另一直线、多段线、圆弧或圆的任何组合最近的交点。如果第一次拾取时选择了一个对象，命令行提示输入第二个对象，并捕捉两个对象真实的或延伸的交点。该模式不能和“外观交点”模式同时有效。
- 垂足⊾：捕捉直线、圆弧、圆、椭圆或多段线上的一点，已选定的点到该捕捉点的连线与所选择的实体垂直。
- 切点ꝏ：捕捉圆弧、圆或椭圆上的切点，该点和另一点的连线与捕捉对象相切。

示例2-1： 利用对象捕捉功能绘制圆内接正五边形及五角星图样

步骤 01 首先在“默认”选项卡的“绘图”面板中单击“圆”按钮，绘制半径为500mm的圆形，如下页图2-24所示。

步骤 02 在绘图区域按住Shift键的同时单击鼠标右键，在弹出的快捷菜单中选择“对象捕捉设置”选项，打开“草图设置”对话框，在“对象捕捉”选项卡中❶勾选“启用对象捕捉”“圆心”“交点”和“切点”复选框❷，再单击“确定”按钮❸，如下页图2-25所示。

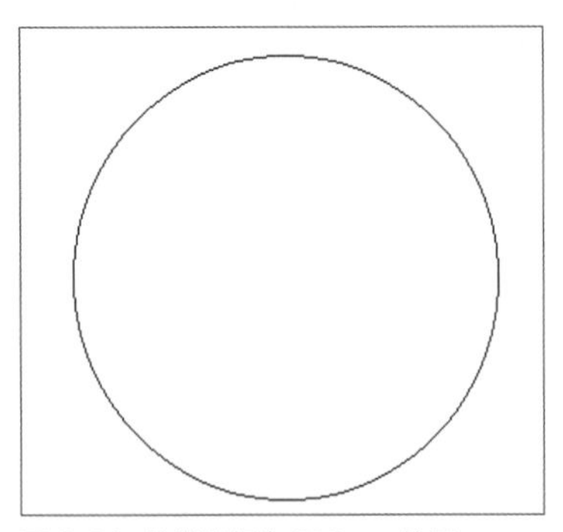

图 2-24　绘制半径为 500mm 的圆

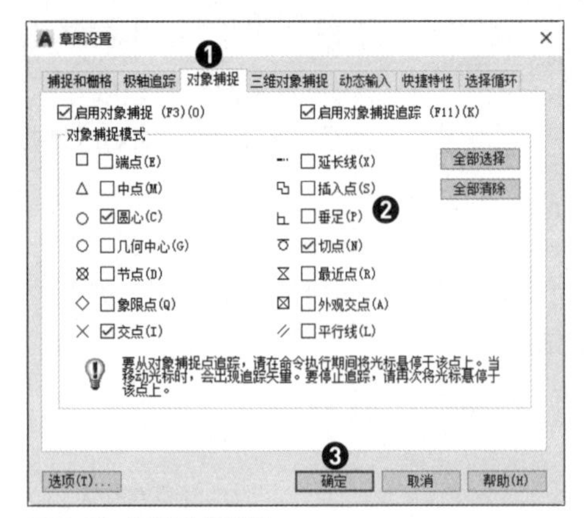

图 2-25　设置对象捕捉

步骤 03 单击“默认”选项卡“绘图”面板中的“矩形”下拉按钮，选择“多边形”选项。在命令行中输入边数为5，按空格键或Enter键，命令行中提示“POLYGON指定正多边形的中心或[边E]：”，选择圆心（即默认选项），将光标移至圆上，会自动捕捉圆的中心，如图2-26所示。

步骤 04 单击圆心，确定正多边形的中心点，命令行中提示“POLYGON输入选项[内接于圆（I）外切于圆（C）]<I>：”，输入“I”并按Enter键（此时命令默认是内接于圆“I”），如图2-27所示。

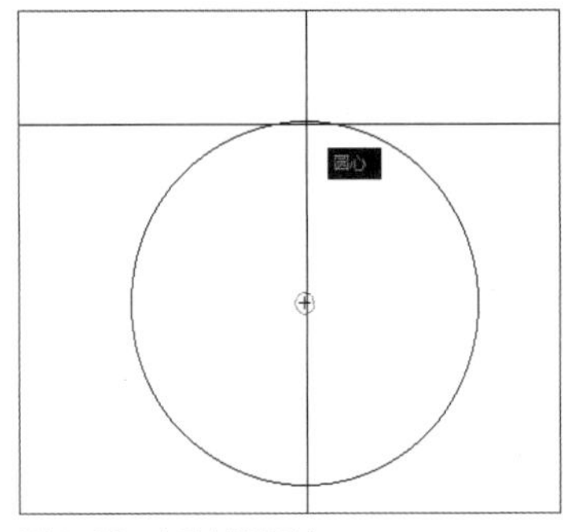

图 2-26　自动捕捉圆心

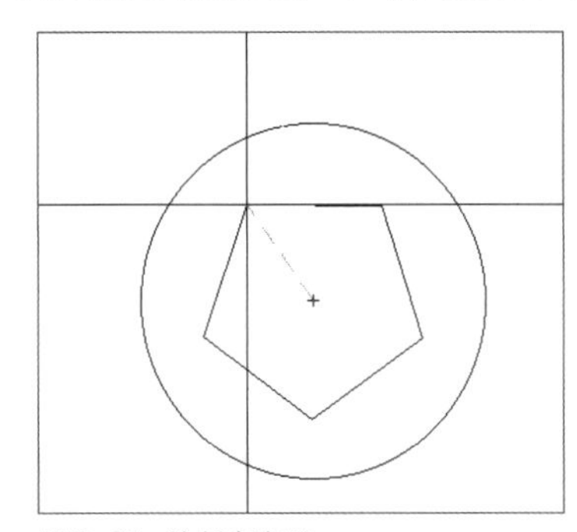

图 2-27　绘制多边形

步骤 05 此时命令行中提示“POLYGON指定圆的半径：”，输入圆半径为500，按空格键或Enter键，完成多边形内切圆的绘制，如图2-28所示。

步骤 06 在“默认”选项卡的“绘图”面板中单击“直线”按钮，捕捉多边形与圆的交点作为直线起点，再捕捉一个交点作为直线的端点，绘制一条直线，如图2-29所示。

步骤 07 按照同样的操作，继续捕捉其他交点来绘制直线，绘制出图2-30的图形。

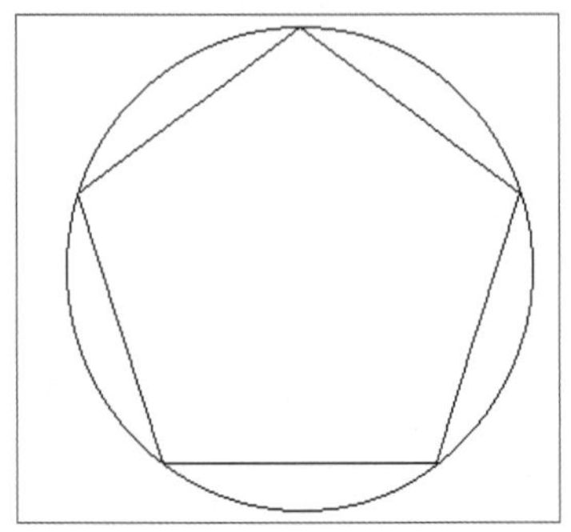

图 2-28　完成多边形的绘制

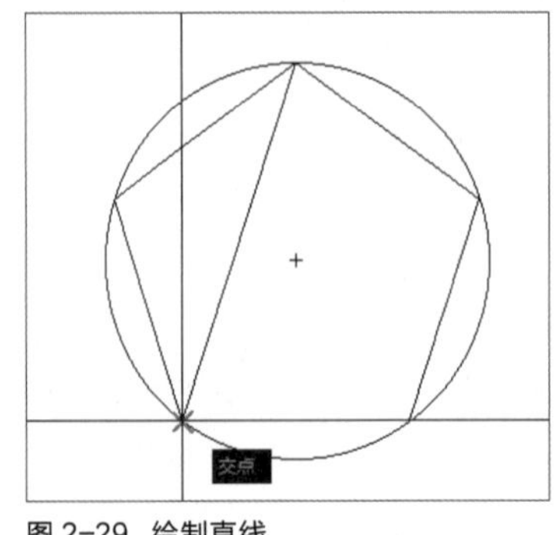

图 2-29　绘制直线

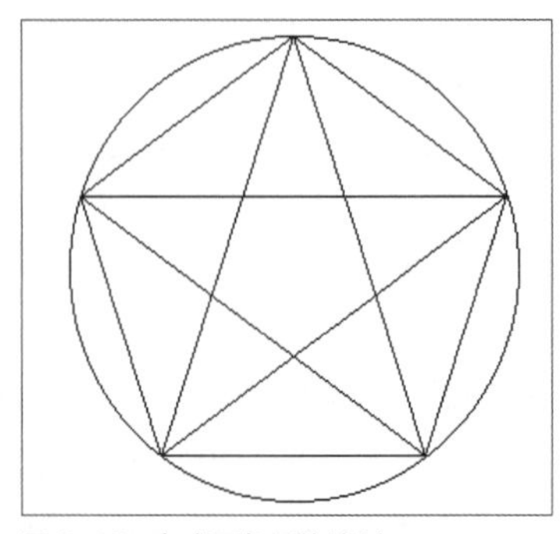

图 2-30　完成五角星的绘制

2.2.3 对象捕捉追踪

对象捕捉追踪与极轴追踪是AutoCAD 2022提供的两个可以进行自动追踪的辅助绘图功能，可以自动追踪记忆同一命令操作中光标所经过的捕捉点，实际上是将对象捕捉与方向追踪两种功能相结合。因此“对象捕捉追踪”必须与“对象捕捉”一起使用，以其中某一捕捉点的*X*坐标或*Y*坐标控制用户所要选择的定位点。

用户可以通过以下方法打开或关闭“对象捕捉追踪”功能。

- 在状态栏中单击“对象捕捉追踪”按钮。
- 在状态栏中右击“对象捕捉追踪”按钮，然后选择“对象捕捉追踪设置”选项，在弹出的“草图设置”对话框中勾选“启用对象捕捉追踪”复选框。
- 在绘图区域按住Shift键并单击鼠标右键，在弹出的快捷菜单中选择“对象捕捉设置”选项，打开“草图设置”对话框，勾选“启用对象捕捉追踪”复选框。
- 按F11功能键进行切换。

2.2.4 极轴追踪的追踪路径

极轴追踪的追踪路径是由相对于命令起点和端点的极轴定义的。极轴角是指极轴与*X*轴或前面绘制对象的夹角，如图2-31所示。

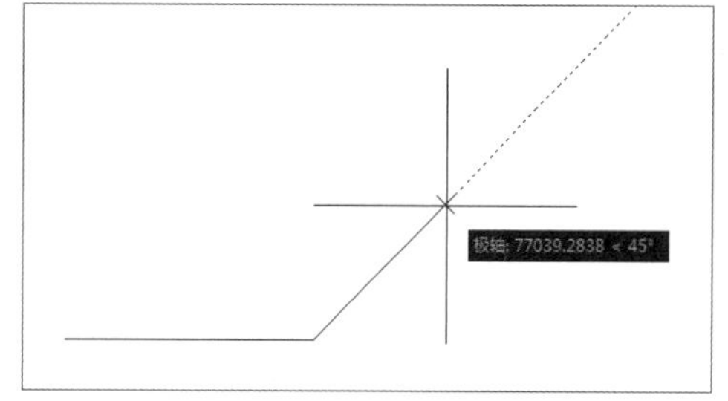

图 2-31 极轴追踪绘图

用户可以通过下列方法打开或关闭极轴追踪功能。

- 在状态栏中单击“极轴追踪”按钮。
- 在状态栏中右击“极轴追踪”按钮，在快捷菜单中选择“正在追踪设置”命令，在弹出的“草图设置”对话框中勾选“启用极轴追踪”复选框。
- 在绘图区域按住Shift键并单击鼠标右键，在弹出的快捷菜单中选择“对象捕捉设置”选项，在弹出的“草图设置”对话框中勾选“极轴追踪>启用极轴追踪”复选框。
- 按F10功能键进行切换。

在“草图设置”对话框的“极轴追踪”选项卡中，可以对极轴追踪进行相关设置，如图2-32所示。各选项功能介绍如下。

- 启用极轴追踪：打开或关闭极轴追踪模式。
- 增量角：选择极轴角的递增角度，AutoCAD 2022按增量角的整体倍数确定追踪路径。
- 附加角：勾选后，可沿某些特殊方法进行极轴追踪。如按30° 增量角的整数倍角度追踪的同时，追踪15° 角的路径，可勾选“附加角”复选框，单击“新建”按钮，在文本框中输入15即可。
- 对象捕捉追踪设置：设置对象捕捉追踪的方式。
- 极轴角测量：定义极轴角的测量方式。选择“绝对”单选按钮，以当前UCS的*X*轴为基准计算极轴角；选择“相对上一段”单选按钮，表示以最后创建的对象为基准计算极轴角。

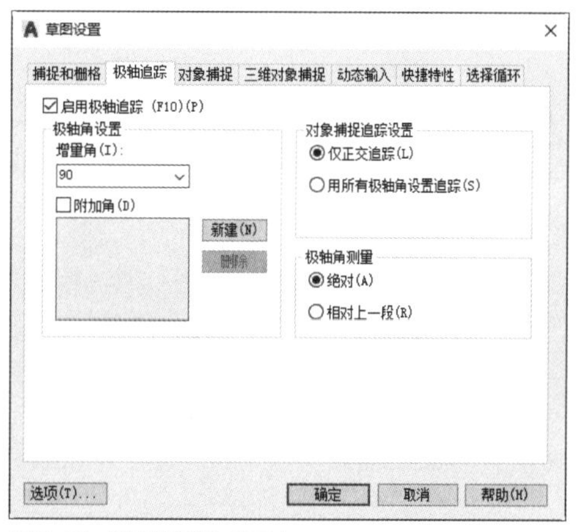

图 2-32 “极轴追踪”选项卡

示例2-2：利用“极轴追踪”功能绘制边长为200mm的正六边形

步骤 01 在绘图区域中按住Shift键并单击鼠标右键，在弹出的快捷菜单中选择“对象捕捉设置”命令，打开“草图设置”对话框的“极轴追踪”选项卡❶，勾选“启用极轴追踪”复选框❷，设置“增量”角为60❸，单击“确定”按钮❹返回到绘图区，如图2-33所示。

步骤 02 在“默认”选项卡的“绘图”面板中单击“直线”按钮，然后在绘图区域中指定直线的第一点，向右方移动光标直到捕捉到0°夹角虚线，根据提示输入长度值为200，如图2-34所示。

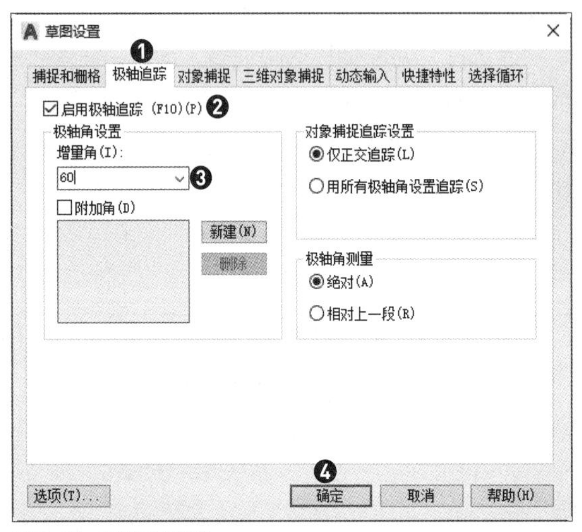

图 2-33 设置极轴追踪

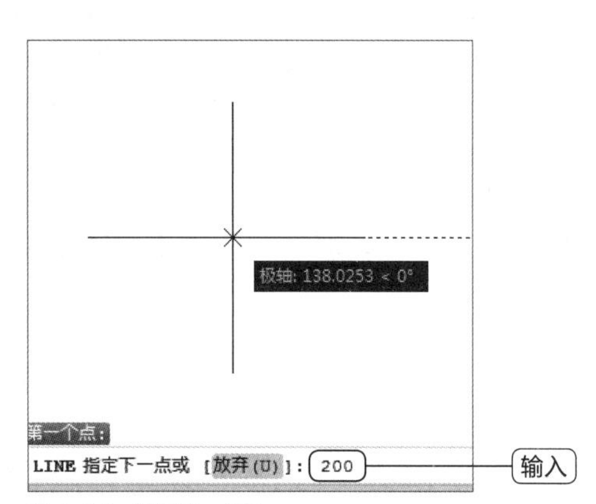

图 2-34 绘制第一条边

步骤 03 按Enter键或空格键确认，绘制出六边形的一条边。接着向右上方移动光标，捕捉60°夹角虚线，再输入长度值为200，如图2-35所示。

步骤 04 按Enter键或空格键确认，绘制出六边形的第二条边。接着向左上方移动光标，继续捕捉120°夹角虚线，再输入长度值为200，如图2-36所示。

步骤 05 按Enter键或空格键确认，绘制出六边形的第三条边。用同样的方法继续捕捉绘制正六边形的其他边，输入长度值为200。最后捕捉直线起点，再按Enter键或空格键，即可完成正六边形的绘制，如图2-37所示。

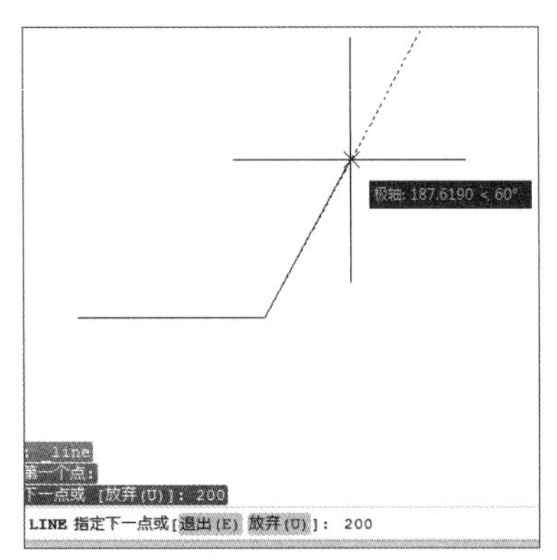

图 2-35 绘制第二条边

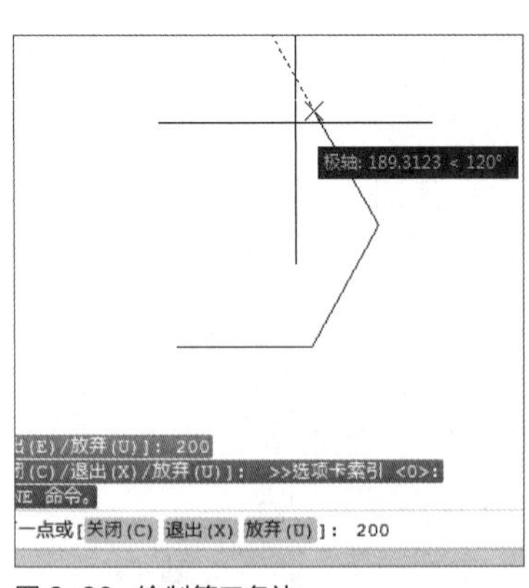

图 2-36 绘制第三条边

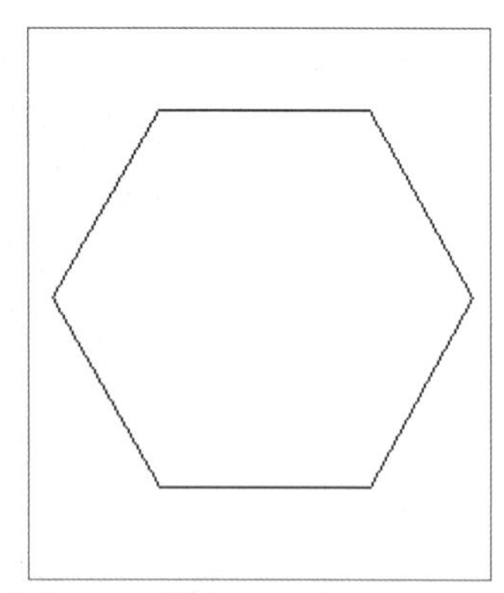

图 2-37 绘制正六边形

2.2.5 查询距离、面积和点坐标

使用AutoCAD进行图形绘制时，用户可以使用查询工具查询图形的距离、角度、面积以及点坐标等基本信息，如图2-38所示。

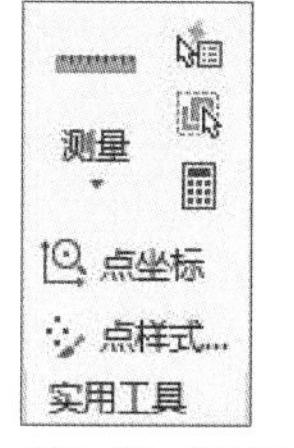

图 2-38 “实用工具”展开面板

（1）查询距离

查询距离是测量两个点之间的最短长度值，距离查询是最常用的查询方式。在使用距离查询工具时，只需指定要查询距离的两个端点，系统将自动显示出两个点之间的距离。用户可以通过以下方法执行“距离”命令。

- 在菜单栏中执行“工具>查询>距离”命令。
- 在“默认”选项卡的“实用工具”面板中单击“距离”按钮。
- 在命令行中输入dist命令，然后按Enter键。

（2）面积查询

利用查询面积功能，可以测量对象及所定义区域的面积和周长。用户可以通过以下方法调用面积查询功能。

- 在菜单栏中执行“工具>查询>面积”命令。
- 在“默认”选项卡的“实用工具”面板中单击“面积”按钮。
- 在命令行中输入area命令，然后按Enter键。

2.3 视图的缩放与平移

“缩放”命令用于增加或减少视图区域，对象的真实性保持不变。“平移”命令用于查看当前视图中的不同部分，不用改变视图大小。

（1）视图的缩放

缩放视图可以增加或减少图形对象的屏幕显示尺寸，方便用户观察图形的整体结构和局部细节。缩放视图不改变对象的真实尺寸，只改变显示的比例。用户可以通过以下方法执行“缩放”命令。

- 在“视图>缩放”命令的子菜单中选择要执行的视图缩放方式，如图2-39所示。
- 在绘图区域右侧的快捷菜单中选择所需选项，如图2-40所示。
- 在命令行中输入快捷命令zoom或z，然后按Enter键。

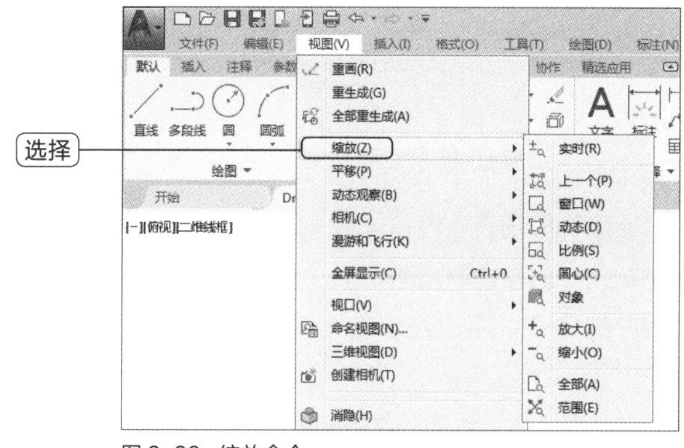

图 2-39 缩放命令

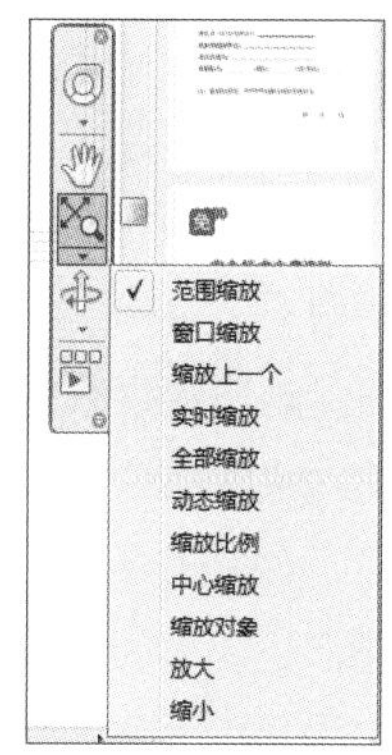

图 2-40 范围缩放

在命令行中输入快捷命令z，然后按Enter键或空格键，命令行提示内容如下页图2-41所示。

图 2-41　视图缩放命令行提示

命令行中各选项含义介绍如下。

- 全部：显示整个图形中的所有对象。
- 中心：在图形中指定一点，然后指定一个缩放比例因子或者指定高度值来显示一个新视图，指定的点将作为该视图的中心点。
- 动态：当进入动态缩放模式时，在屏幕中将显示一个带“×”的矩形方阵，如图2-42所示。单击鼠标左键，窗口中心的“×”消失，显示一个位于右边框的方向箭头，拖动鼠标可以改变选择窗口的大小，以确定选择区域，按Enter键即可缩放图形。
- 范围：在绘图区中尽可能大地显示所有图形对象。与全部缩放模式不同的是，范围缩放使用的显示边界只是图形范围而不是图形界限。

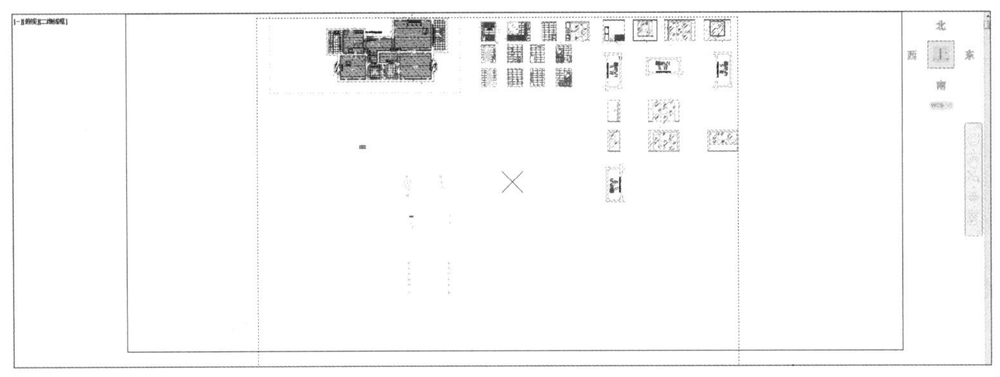

图 2-42　指定放大图形区域

- 窗口：用户通过在屏幕上拾取两个对角点以确定一个矩形窗口，系统将矩形范围内的图形放大至整个屏幕。
- 实时：在该模式下，光标变为放大镜符号。按住鼠标左键向上拖动，可以放大整个图形；向下拖动可以缩小整个图形；释放鼠标则停止缩放。

（2）视图的平移

在绘制图形的过程中，由于某些图形比较大，在进行放大绘制及编辑时，其余图形对象将不能进行显示。用户如果要显示绘图区边上或绘图区外的图形对象，但又不想改变图形对象的显示比例时，可以使用平移视图功能移动图形对象。

用户可以通过以下方法执行“平移”命令。

- 在“视图”菜单下“平移”子菜单中选择相应的命令。
- 在绘图区域右侧的快捷菜单中单击“平移”按钮。
- 在命令行中输入快捷命令pan，然后按Enter键或空格键。

在“视图>平移”命令子菜单中选择相应的命令，可以左、右、上、下平移视图，还可以使用实时和定点命令平移视图。

- 实时：光标变为手型时，按住鼠标左键拖动，窗口内的图形就可以按移动的方向移动。释放鼠标，即返回到平移等待状态。
- 定点：可以通过指定基点和位移值来平移视图。

综合实践　调整图形文件的图层

实践目的　通过本实训案例的学习，可以帮助读者掌握图层的创建与管理功能，以提高绘图效率。

实践内容　应用本章所学知识修改图形的图层，规范绘图。

步骤01 打开“厨房布置图.dwg”素材文件，如图2-43所示。

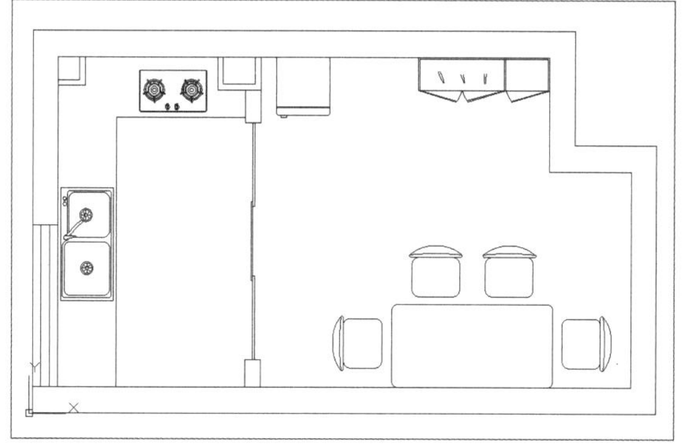

图 2-43　厨房布置图

步骤02 在“默认”选项卡的“图层”面板中单击“图层特性”按钮，打开“图层特性管理器”选项板，如图2-44所示。

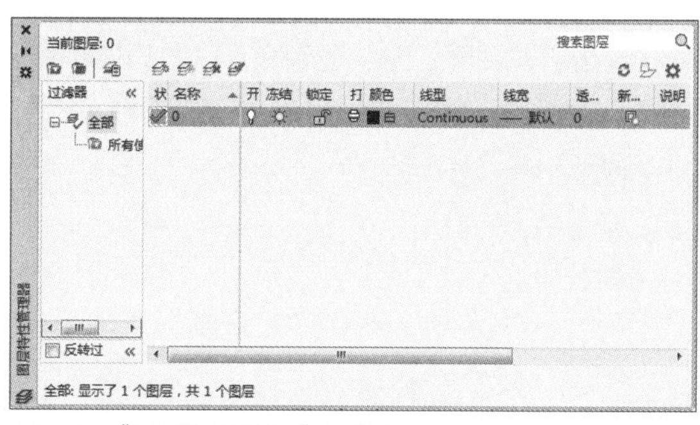

图 2-44　“图层特性管理器”选项板

步骤03 在“图层特性管理器”选项板中单击“新建图层”按钮❶，创建新图层，并将其命名为“墙体”❷，如图2-45所示。

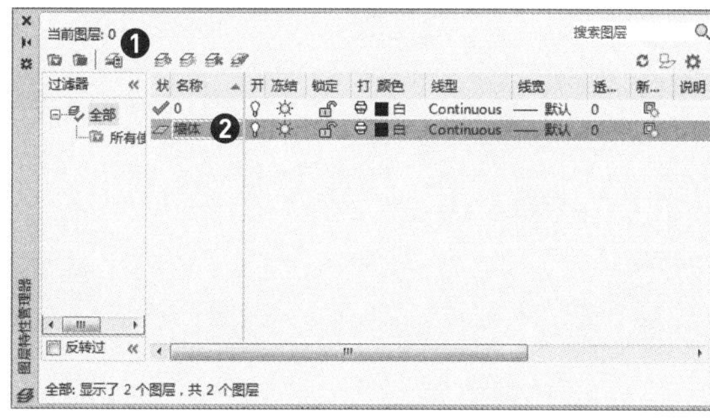

图 2-45　新建“墙体”图层

步骤04 单击“墙体”图层的“线宽”按钮，选择“0.30mm”的线宽❶，单击“确定”按钮❷，完成该图层的线宽设置，如图2-46所示。

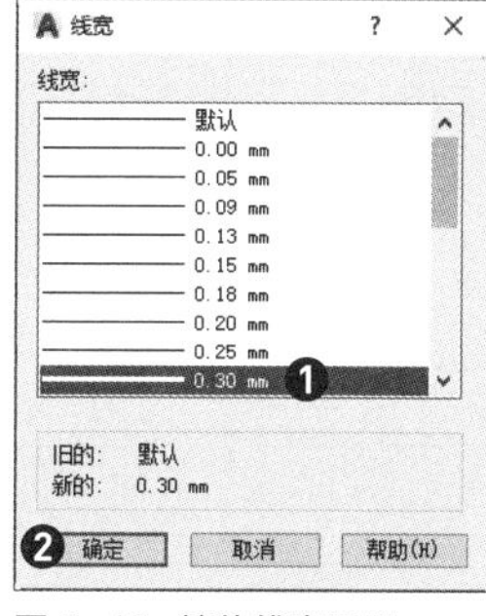

图 2-46　墙体线宽设置

步骤05 用同样的方法创建“门窗”图层，线型选择0图层默认线型，再单击“门窗”图层的“颜色”按钮，打开“选择颜色”对话框，选择“青色”❶，单击“确定”按钮❷，如图2-47所示。

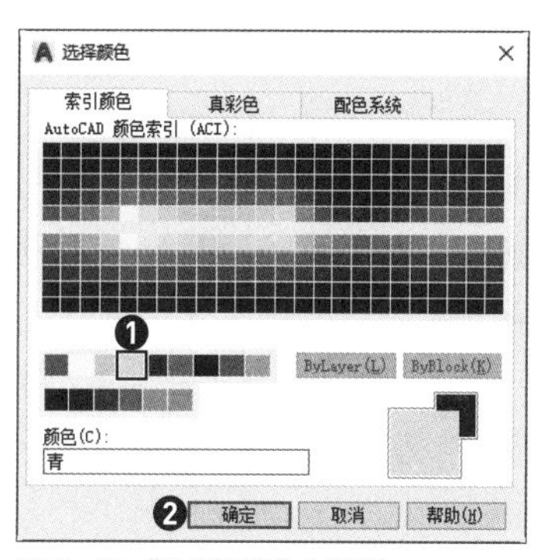

图 2-47　“选择颜色”对话框

步骤06 返回到“图层特性管理器”选项板，创建“家具”图层，设置该图层颜色为“蓝色”，如图2-48所示。

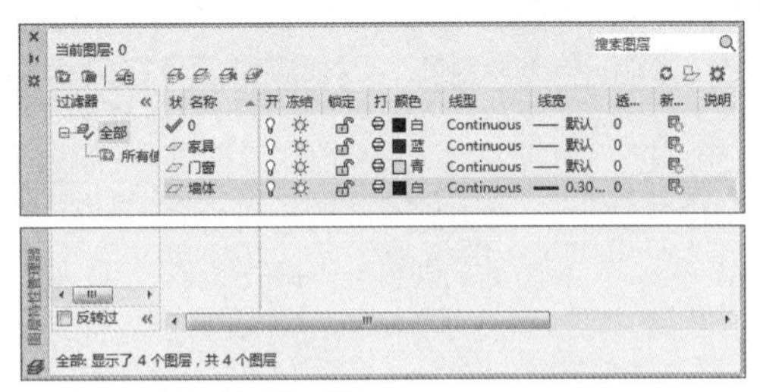

图2-48 创建“家具”图层

步骤07 创建“厨具”图层，设置该图层颜色为“洋红”。单击“线型”按钮，打开“选择线型”对话框，然后单击“加载”按钮，打开“加载或重载线型”对话框，从“可用线型”列表框中选择线型DASHED❶，单击“确定”按钮❷，如图2-49所示。

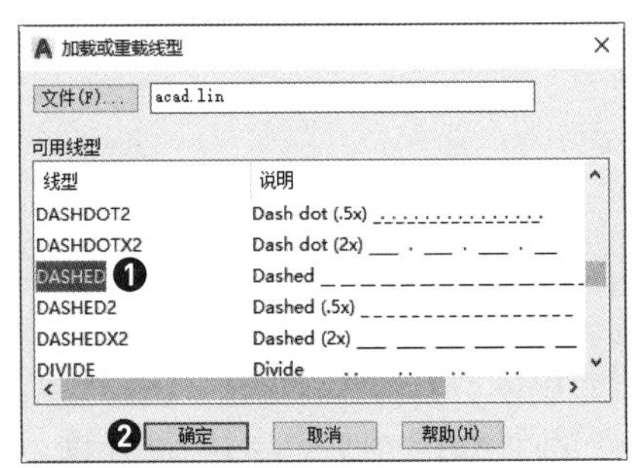

图2-49 选择加载线型

步骤08 返回“选择线型”对话框，从“已加载的线型”列表中选择线型DASHED❶，单击“确定”按钮❷，如图2-50所示。

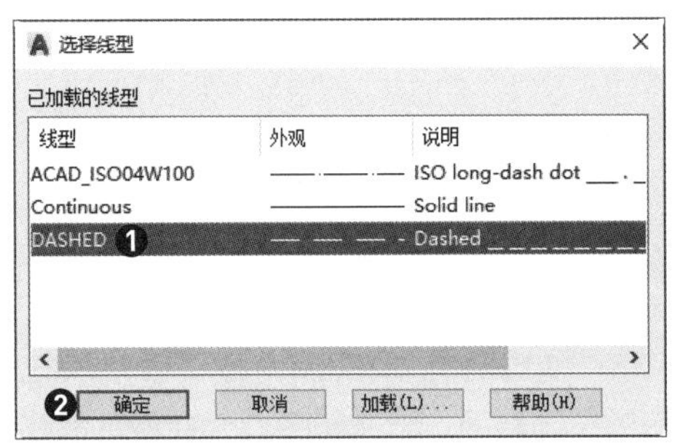

图2-50 选择已加载的线型

步骤09 返回“图层特性管理器”选项板，此时所有图层创建完毕，如图2-51所示。

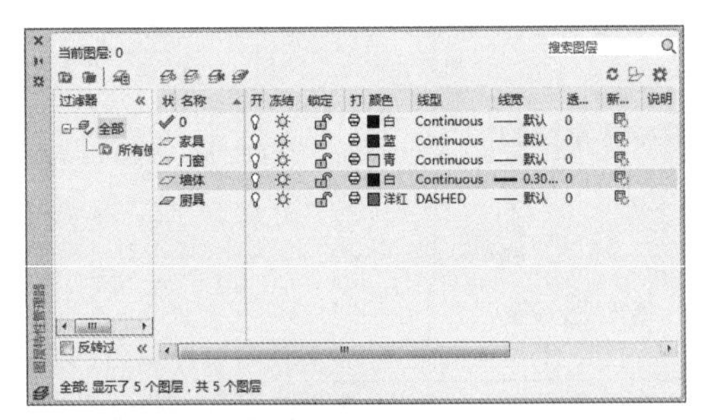

图2-51 图层特性管理器完成创建

步骤10 选择图形分别放入对应的图层，效果如图2-52所示。

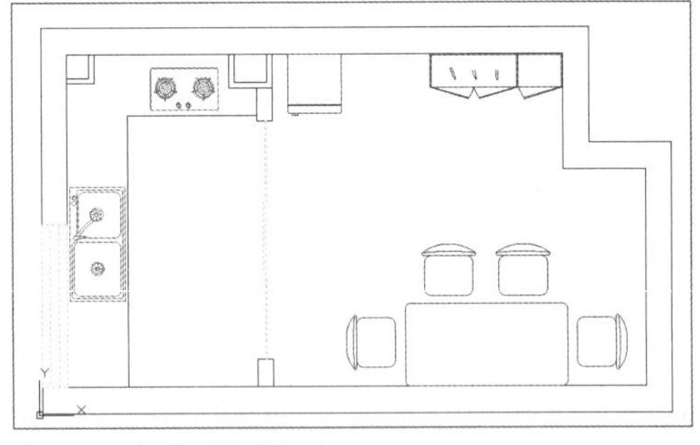
图2-52 设置图形到图层

步骤11 “墙体”线宽实际为0.3mm，但由于线宽属性属于打印设置，在默认情况下系统并未显示线宽设置效果。要显示线宽设置效果，可以执行“格式>线宽”菜单命令，打开“线宽设置”对话框，勾选“显示线宽”复选框即可，如图2-53所示。

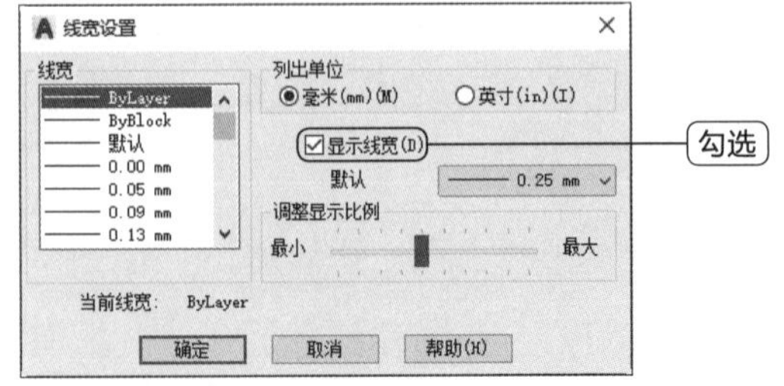

图2-53 “线宽”设置对话框

步骤 12 选择“厨具”图层，在功能区“默认”选项卡的“特性”面板中单击“特性”按钮，打开“特性”选项板，设置“线型比例”为100，如图2-54所示。

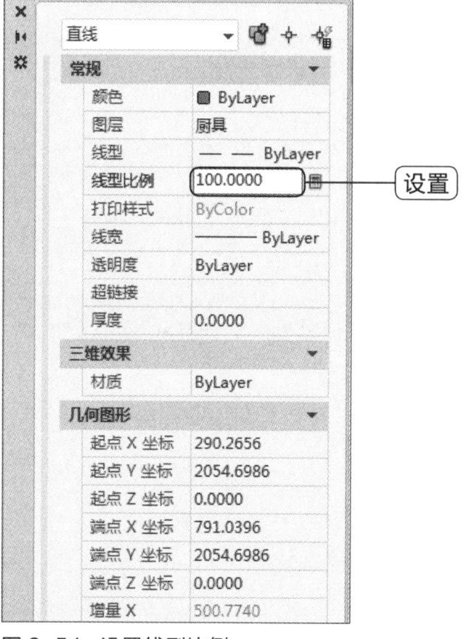

图 2-54 设置线型比例

步骤 13 在“特性”选项板中单击“快速选择”按钮，弹出“快速选择”对话框，在“应用到”下拉列表中选择“整个图形”❶，“对象类型”选择“所有图元”❷，“特性”选择“图层”❸，“值（V）”选择“厨具”❹，单击“确定”按钮❺，如图2-55所示。

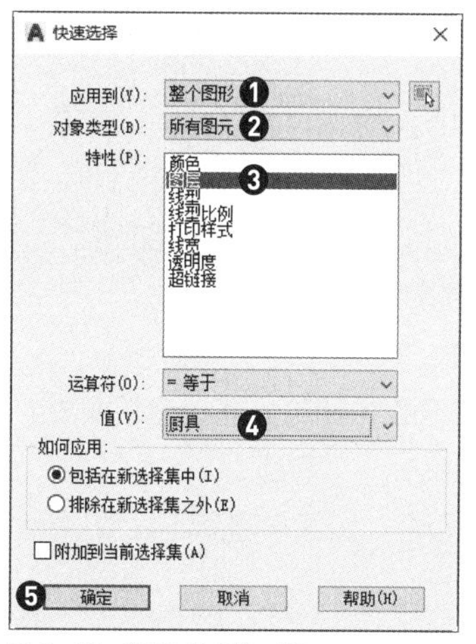

图 2-55 “快速选择”对话

步骤 14 即可选择“厨具”图层所有的图形，如图2-56所示。

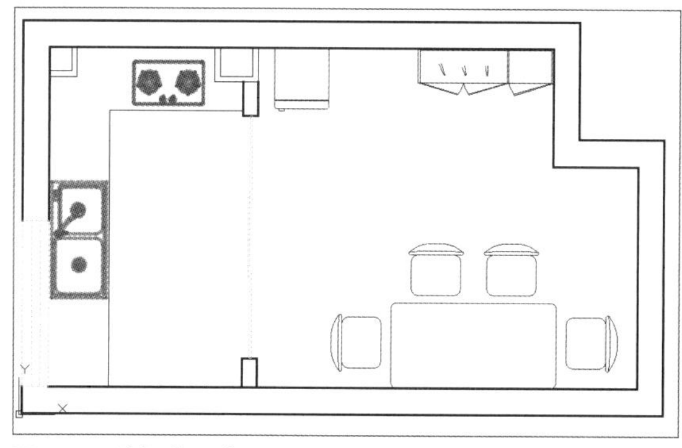

图 2-56 选择“厨具”图层下的所有图形

步骤 15 此时查看“特性”选项板，将“线型比例”修改成100，如图2-57所示。

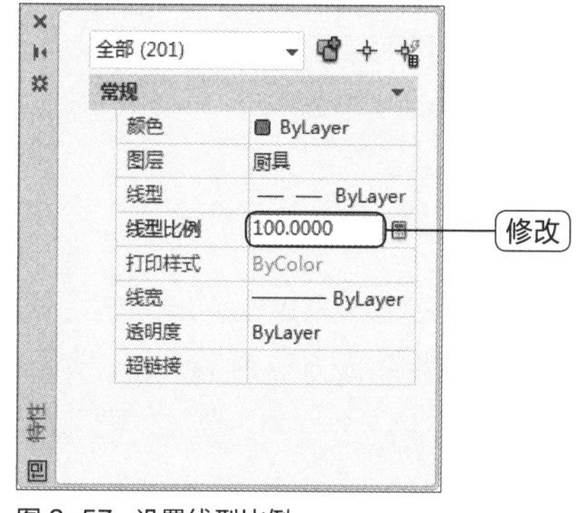

图 2-57 设置线型比例

步骤 16 将图层所有显示效果设置完成，图形最终效果如图2-58所示。

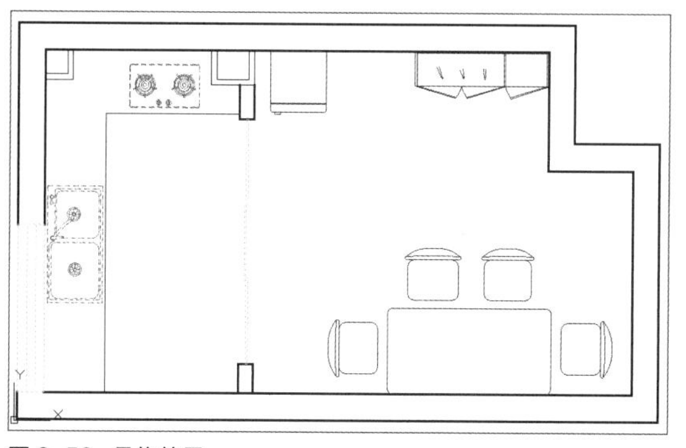

图 2-58 最终效果

课后练习

本章主要介绍了AutoCAD辅助绘图功能的应用，通过本章内容的学习，用户可以掌握图形绘制之前的相关处理，提高绘图效率。下面通过一些习题的练习，对所学知识进行巩固。

一、选择题

（1）对象捕捉追踪必须与（　　）同时使用。

A. 极轴追踪　　B. 对象捕捉　　C. 正交模式　　D. 动态输入

（2）打开和关闭正交模式，可以使用快捷键（　　）。

A. F8　　B. F11　　C. F3　　D. F4

（3）下面操作不能打开对象捕捉功能的是（　　）。

A. 按F3功能键　　B. 按住Shift键的同时单击鼠标右键并选择“对象捕捉设置”

C. 右键单击“对象捕捉”按钮　　D. 在命令行中输入x命令

（4）为了切换打开和关闭对象捕捉追踪模式，可以按功能键（　　）。

A. F8　　B. F11　　C. F3　　D. F4

（5）在AutoCAD中，如果栅格间距设置得太小，则会出现的提示为（　　）。

A. 不接受命令　　B. 产生错误提示

C. 自动调整栅格尺寸，使其显示出来　　D. 栅格太密无法显示

二、填空题

（1）要想更改已绘图形的比例因子，可以选择该对象，然后在绘图区域单击鼠标右键，选择快捷菜单中的__________命令进行更改。

（2）用户可以使用查询工具查询图形的距离、角度、__________以及点坐标等基本信息。

（3）在AutoCAD中，创建图层、删除图层以及对图层的其他管理都是通过__________选项板来实现。

三、操作题

（1）通过修改图层特性，来改变图形的显示效果，如图2-59所示。

（2）利用捕捉功能绘制正方形内切于圆，如图2-60所示。

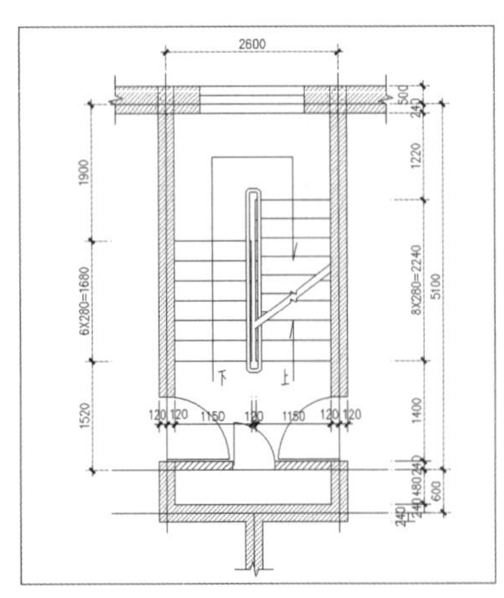

图 2-59　图形的显示

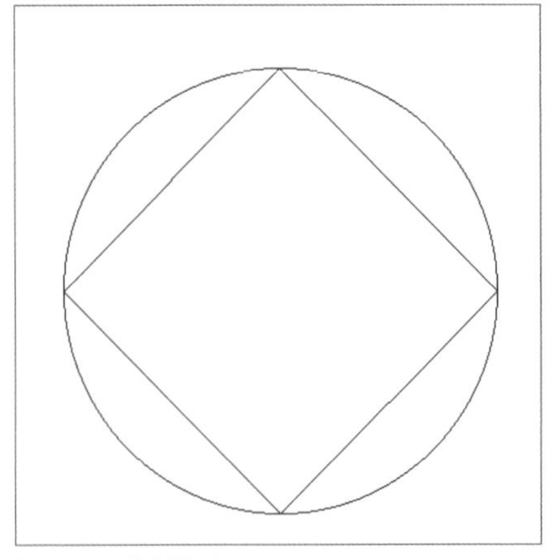

图 2-60　绘制图形

第 3 章 绘制平面图形

课题概述 本章将介绍如何利用AutoCAD 2022软件来绘制一些简单的二维图形，其中包括点、线、曲线、矩形以及正多边形等。

教学目标 通过对本章内容的学习，用户可以熟悉并掌握平面图形的绘制方法和操作技巧，以便能够更好地绘制出复杂的二维图形。

核心知识点

★☆☆☆ | 绘制点、线
★★☆☆ | 绘制圆弧、椭圆弧
★★★☆ | 绘制椭圆、多边形
★★★★ | 绘制圆、矩形
★★★★ | 图案填充

本章文件路径

上机实践：实例文件 \ 第 3 章 \ 综合实践：绘制单人床图形 .dwg
课后练习：实例文件 \ 第 3 章 \ 课后练习

本章内容图解链接

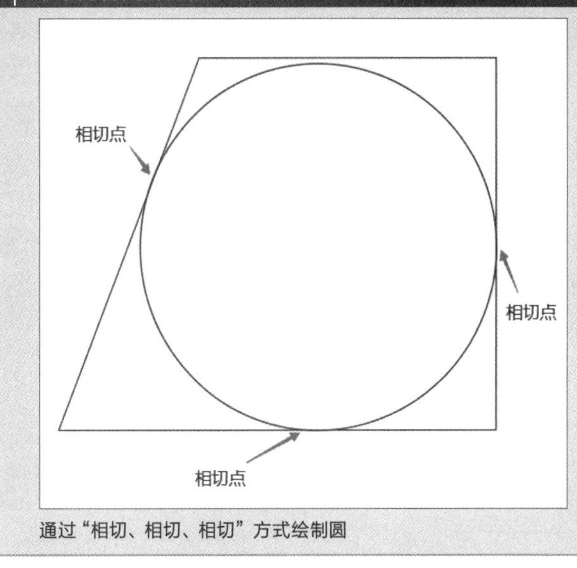

通过“相切、相切、相切”方式绘制圆

绘制单人床图形

3.1 点的绘制

点是构成图形的基础，任何复杂的曲线都是由无数个点构成的。点可以分为单个点和多个点，在绘制点之前需要设置点的样式。

3.1.1 绘制点

执行绘制单点命令，一次只能够绘制一个点，在AutoCAD中调用“单点”命令的方法有以下几种。

- 在命令行中输入point/po命令，并按下Enter键。
- 在菜单栏中执行“绘图>点>单点”命令。

执行上述任意一种操作启用“单点”命令后，在绘图区指定位置并单击，即可绘制一个点。

执行绘制多点命令后，可以连续绘制多个点，直到按Esc键结束命令为止。在AutoCAD 2022中调用“多点”命令的方法有以下几种。

- 在“默认”选项卡下，单击“绘图”面板中的“多点”工具按钮。
- 在菜单栏中执行“绘图>点>多点”命令。

执行上述任意一种操作启用“多点”命令后，移动光标在指定位置单击，即可创建多个点。

3.1.2 绘制定距等分点

使用“定距等分”命令，可以将指定的线段或曲线按照指定的长度进行等分。与“定数等分”的区别在于：因为等分后子线段的个数是线段总长除以等分距，所以等分距的不确定性在于进行“定距等分”后可能出现剩余线段。

用户可以通过以下方法执行“定距等分”命令。

- 在菜单栏中执行“绘图>点>定距等分”命令。
- 在“默认”选项卡的“绘图”面板中单击“定距等分”按钮。
- 在命令行中输入measure命令，然后按Enter键。

执行以上任意一种操作后，命令行提示内容如下。

```
命令：_measure
选择要定距等分的对象：                                    （选择等分图形）
指定线段长度或 [ 块 (B)]: 18                      （输入等分数值，按 Enter 键）
```

3.1.3 绘制定数等分点

使用“定数等分”命令，可以将线段或曲线按照指定的数量进行平均等分。这个操作并不能将对象实际等分为单独的对象，仅是标明定数等分点的位置，以便将它们作为几何参考点。

用户可以通过以下方法执行“定数等分”命令。

- 在菜单栏中执行“绘图>点>定数等分”命令。
- 在“默认”选项卡的“绘图”面板中单击“定数等分”按钮。
- 在命令行中输入divide命令，然后按Enter键。

执行以上任意一种操作后，命令行提示内容如下。

```
命令： _divide
选择要定数等分的对象：                                      （选择对象）
输入线段数目或 [ 块 (B)]:10                       （输入等分数量,按 Enter 键）
```

示例3-1： 使用“定数等分”命令将直线等分为10份

步骤 01 在“绘图”面板中单击“定数等分”按钮，根据命令行的提示，选择要等分的线段，这里选择直线，按Enter键后，输入等分数为10，如下页图3-1所示。

步骤 02 再次按Enter键，完成直线的等分操作。效果如下页图3-2所示。

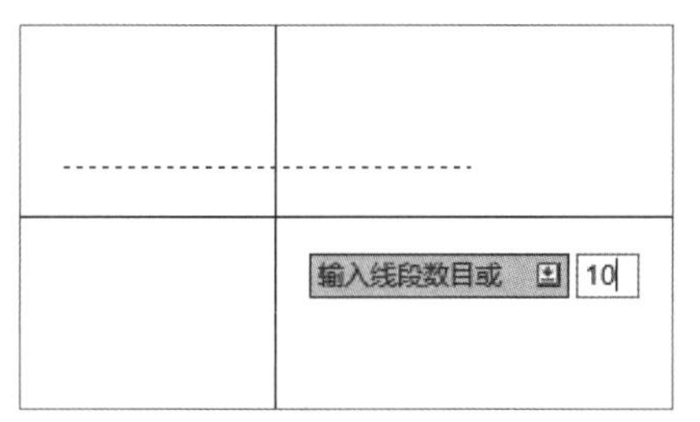

图 3-1　输入线段数目

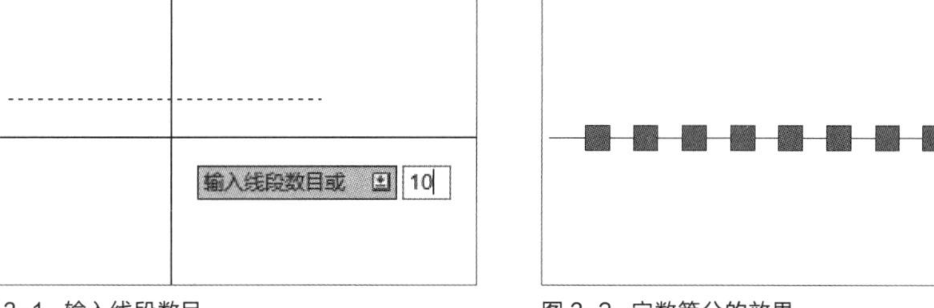

图 3-2　定数等分的效果

3.1.4　设置点样式

在系统默认情况下，点对象仅显示为一个小圆点，用户可以利用系统变量PDMODE和PDSIZE来更改点的显示类型和尺寸。用户可以通过以下方法打开“点样式”对话框。

- 在菜单栏中执行“格式 > 点样式”命令。
- 在“默认”选项卡的“实用工具”面板中，单击“点样式”按钮。
- 在命令行中输入ptype命令，然后按Enter键。

此时将打开“点样式”对话框，如图3-3所示。在该对话框中，用户可以根据需要选择相应的点样式。若选中“相对于屏幕设置大小”单选按钮，则在“点大小”数值框中输入的是百分数；若选中“按绝对单位设置大小”单选按钮，则在数值框中输入的是实际大小。

完成上述设置后，执行“点”命令，新绘制的点以及先前绘制的点的样式将会以新的点类型和尺寸显示。

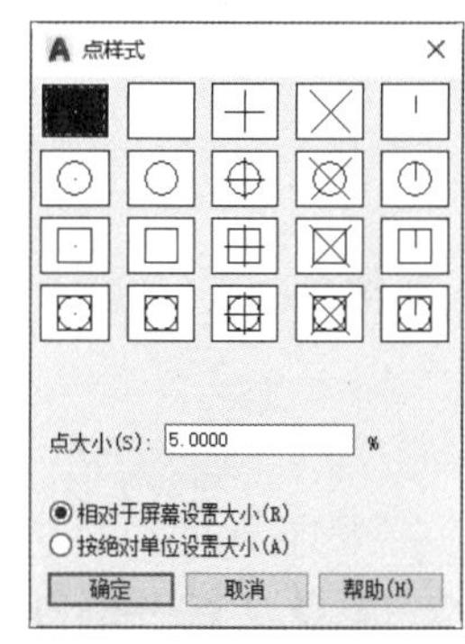

图 3-3　“点样式”对话框

工程师点拨：打开“点样式”对话框

在较早版本的软件中，在命令行中输入DDPTYPE命令，然后按Enter键确认，即可打开“点样式”对话框，在对话框中设置点的大小。

3.2　线的绘制

直线对象是绘制图形时最简单的一类图形对象。在AutoCAD中可以绘制直线、多段线、构造线、样条曲线等各种形式的线，使用这些元素对象就可以绘制出一些简单的图形。

3.2.1　绘制直线

“直线”命令是绘制图形过程中最基本、最常用的绘图命令。用户可以通过以下方法执行“直线”命令。

- 在菜单栏中执行“绘图>直线”命令。
- 在“默认”选项卡的“绘图”面板中单击“直线”按钮。
- 在命令行中输入快捷命令line（缩写命令为l），然后按Enter键。

示例3-2：使用“直线”命令绘制长500mm、宽300mm的矩形

步骤 01 在命令行输入L命令并按Enter键，根据命令行提示指定直线起点后，向右移动光标，并输入数值500，按Enter键，如下页图3-4所示。

步骤02 向下移动光标，并输入数值300，按Enter键，如图3-5所示。

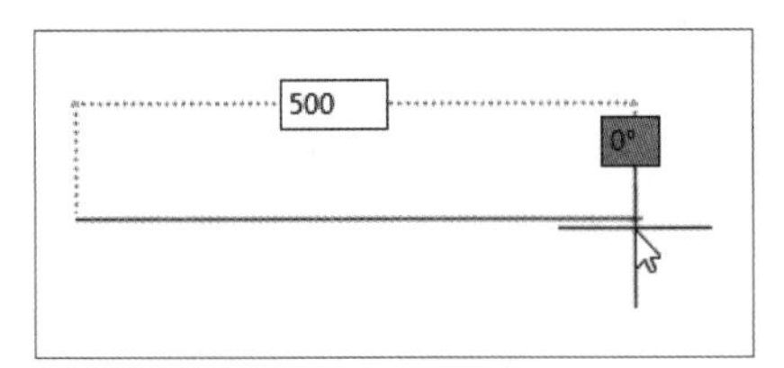

图 3-4　绘制 500mm 的水平直线

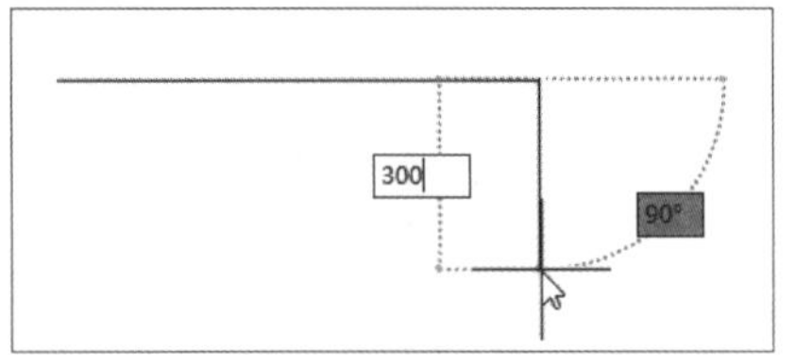

图 3-5　绘制 300mm 的垂直直线

步骤03 向左移动光标，并输入数值500，按Enter键，如图3-6所示。

步骤04 向上移动光标，并在命令行输入C，按Enter键，完成矩形的绘制，如图3-7所示。

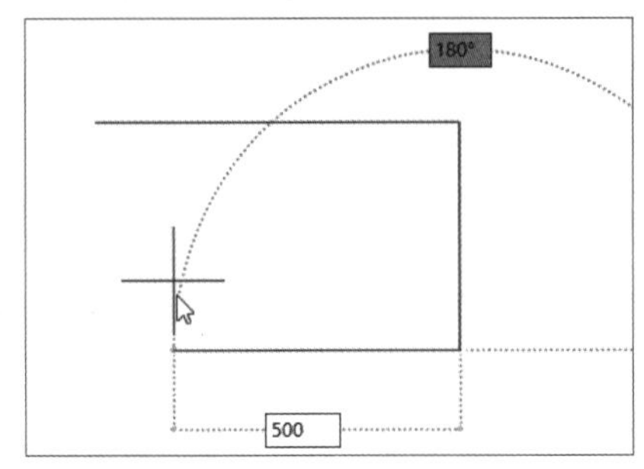

图 3-6　绘制 500mm 直线

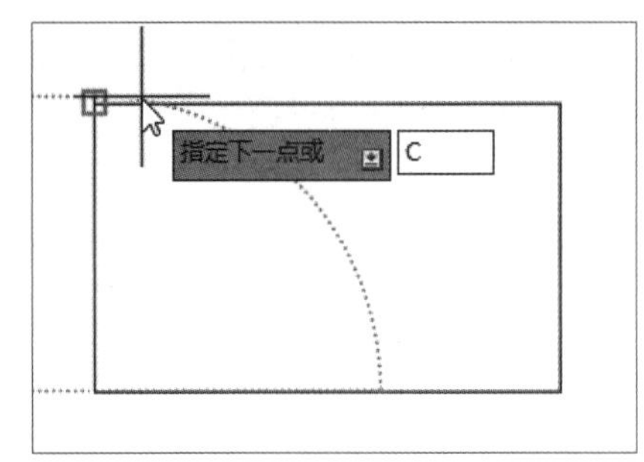

图 3-7　完成矩形绘制

3.2.2 绘制构造线

构造线是两端无限延伸的直线，没有起点和终点，可以作为创建对象时的辅助线。

用户可以通过以下方法执行“构造线”命令。

- 在菜单栏中执行“绘图 > 构造线”命令。
- 在“默认”选项卡的“绘图”面板中单击“构造线”按钮。
- 在命令行中输入快捷命令xline，然后按Enter键。

执行“构造线”命令后，根据命令行的提示指定线段的起始点和端点，即可创建出构造线，这两个点就是构造线上的点，命令行提示内容如图3-8所示。

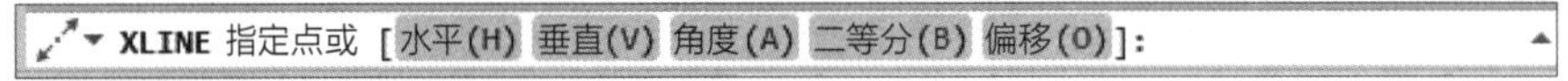

图 3-8　构造线命令行提示内容

命令行中各选项的含义介绍如下。

- 水平：绘制水平构造线。
- 垂直：绘制垂直构造线。
- 角度：通过指定角度，创建构造线。
- 二等分：用来创建已知角的角平分线。需要指定等分角的顶点、起点和端点。
- 偏移：用来创建平行于另一条基线的构造线，需要指定偏移距离、选择基线以及指定构造线位于基线的哪一侧。

3.2.3 绘制射线

射线是以一个起点为中心，向某方向无限延伸的直线。在AutoCAD中，射线经常作为绘图辅助线来使用。用户可以通过以下方法执行“射线”命令。

- 在菜单栏中执行“绘图>射线”命令。
- 在“默认”选项卡的“绘图”面板中单击“射线”按钮。
- 在命令行中输入ray命令，然后按Enter键。

3.2.4 绘制修订云线

修订云线是由连续圆弧组成的多段线，用于在检查阶段提醒用户注意图形的某个部分。

用户可以通过以下方法执行“修订云线”命令。

- 在菜单栏中执行“绘图 > 修订云线”命令。
- 在“默认”选项卡的“绘图”面板中单击“修订云线”下拉按钮，在列表中选择合适的选项。
- 在“注释”选项卡的“标记”面板中单击“修订云线”下拉按钮，在列表中选择合适的选项。
- 在命令行中输入revcloud命令，然后按Enter键。

执行以上任意一种操作后，命令行提示内容如下。

```
命令：_ revcloud
最小弧长：0.5       最大弧长：0.5      样式：普通       类型：矩形
指定第一个角点或 [ 弧长 (A) / 对象 (O) / 矩形 (R) 多边形 (P) 徒手画 (F) 样式 (S) 修改 (M)] <对象 >：
```

工程师点拨：revcloud 命令的使用

revcloud命令用于存储上一次使用的圆弧长度。当程序和使用不同比例因子的图形一起使用时，用DIMSCALE的值乘以此值来保持统一。

3.2.5 绘制多段线

在绘制多段线时，用户可以随时选择下一条线的宽度、线型和定位方法，来连续地绘制出不同属性线段的多段线。用户可以通过以下方法执行“多段线”命令。

- 在菜单栏中执行“绘图>多段线”命令。
- 在“默认”选项卡的“绘图”面板中单击“多段线”按钮。
- 在命令行中输入pline命令，然后按Enter键。

执行以上任意一种操作后，命令行提示内容如下。

```
命令：_pline
指定起点：                                                        （指定多段线起始点）
当前线宽为 0.0000
指定下一个点或 [ 圆弧 (A) / 半宽 (H) / 长度 (L) / 放弃 (U) / 宽度 (W)]：        （指定下一点，直至结束）
```

命令行中各选项的含义介绍如下。

- 圆弧：以圆弧的方式绘制多段线。
- 半宽：可以指定多段线的起点和终点半宽值。
- 长度：用于定义下一段多段线的长度。
- 宽度：可以设置多段线起点和端点的宽度。

3.2.6 绘制样条曲线

样条曲线是通过一系列指定点绘制而成的光滑曲线，主要用来表达一系列不规则变化曲率半径的曲线。AutoCAD中包括控制点样条曲线和拟合样条曲线两种，如图3-9和图3-10所示。

用户可以通过以下方法执行“样条曲线”命令。

- 在菜单栏中执行“绘图>样条曲线”命令。
- 在“默认”选项卡的“绘图”面板中单击“样条曲线拟合”按钮或“样条曲线控制点”按钮。
- 在命令行中输入spline命令，然后按Enter键。

执行“样条曲线”命令后，根据命令行提示依次指定起点、中间点和终点，即可绘制出样条曲线。

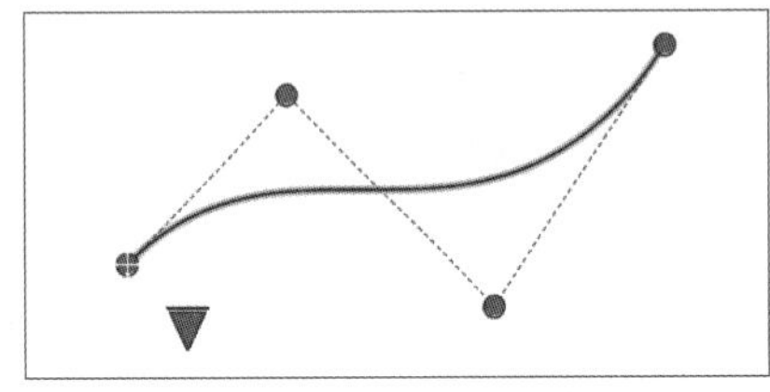

图 3-9 控制点样条曲线

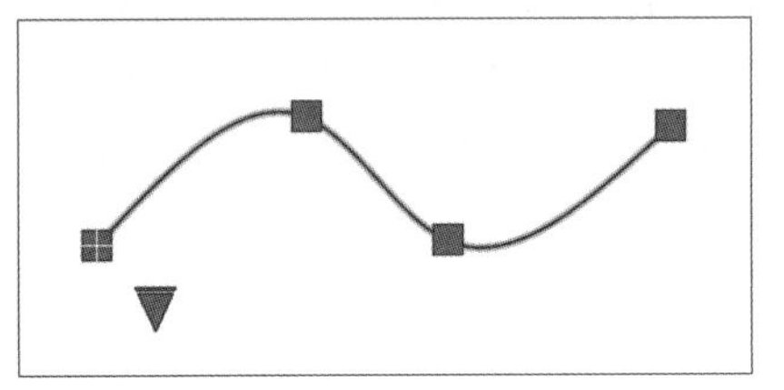

图 3-10 拟合样条曲线

样条曲线绘制完毕，可以对其进行修改。用户可以通过以下方法执行“编辑样条曲线”命令。

- 在菜单栏中执行“修改>对象>样条曲线”命令。
- 在“默认”选项卡的“修改”面板中单击“编辑样条曲线”按钮。
- 在命令行中输入splinedit命令，然后按Enter键。
- 双击样条曲线。

执行以上任意一种操作后，命令行提示内容如下。

```
命令：_ splinedit
选择样条曲线：
输入选项 [ 闭合 (C)/ 合并 (J)/ 拟合数据 (F) 编辑顶点 (E)/ 转换为多段线 (P)/ 反转 (R)/ 放弃 (U)/ 退出 (x)]< 退出 >
```

命令行中各选项的含义介绍如下。

- 闭合：用于封闭样条曲线。如样条曲线已封闭，此处显示“打开（O）”选项，用于打开封闭的样条曲线。
- 合并：用于闭合两条或两条以上的开放曲线。
- 拟合数据：用于修改样条曲线的拟合点。其中各子选项的含义为：“添加”表示将拟合点添加到样条曲线；“闭合”表示闭合样条曲线的两个端点；“删除”表示删除该拟合点或节点；“扭折”表示在样条曲线上的指定位置添加节点和拟合点，这不会保持在该点的相切或曲率连续性；“移动”表示移动拟合点到新位置；“切线”表示修改样条曲线的起点和端点切向；“公差”表示使用新的公差值将样条曲线重新拟合至现有的拟合点。
- 编辑顶点：用于移动样条曲线的控制点，调节样条曲线形状。其中子选项的含义为：“添加”用于添加顶点；“删除”用于删除顶点；“提高阶数”用于增大样条曲线的多项式阶数（阶数为4和26之间的整数）；“移动”用于重新定位选定的控制点；“权值”用于根据指定控制点的新权值重新计算样条曲线，权值越大，样条曲线越接近控制点。
- 转换为多段线：用于将样条曲线转化为多段线。
- 反转：反转样条曲线的方向，起点和终点互换。

3.2.7 定义多线样式

在绘制多线之前，用户可以设置其线条数目、对齐方式和线型等属性，以便绘制出符合要求的多线样式。用户可以通过以下方法执行“多线样式”命令。

- 在菜单栏中执行“格式>多线样式”命令。
- 在命令行中输入mlstyle命令，然后再按Enter键。

执行“多线样式”命令后，系统将弹出“多线样式”对话框，如图3-11所示。该对话框中各选项的含义介绍如下。

- 新建：用于新建多线样式。单击此按钮，打开“创建新的多线样式”对话框，如图3-12所示。
- 加载：从多线文件中加载已定义的多线。单击此按钮，打开“加载多线样式”对话框，如图3-13所示。
- 保存：用于将当前的多线样式保存到多线文件中。单击此按钮，打开“保存多线样式”对话框，从中可以对文件的保存位置与名称进行设置。

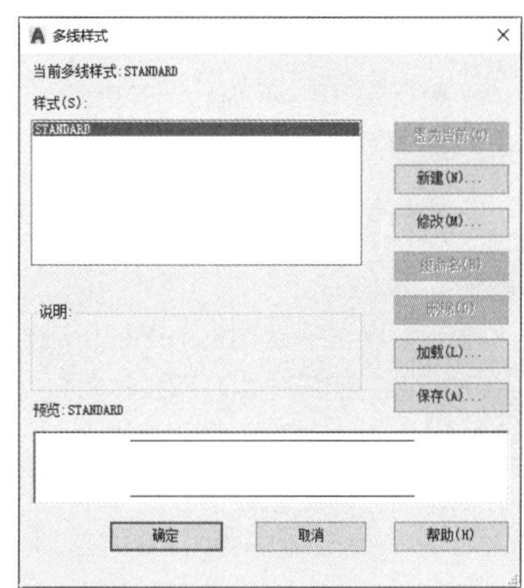

图 3-11 “多线样式”对话框

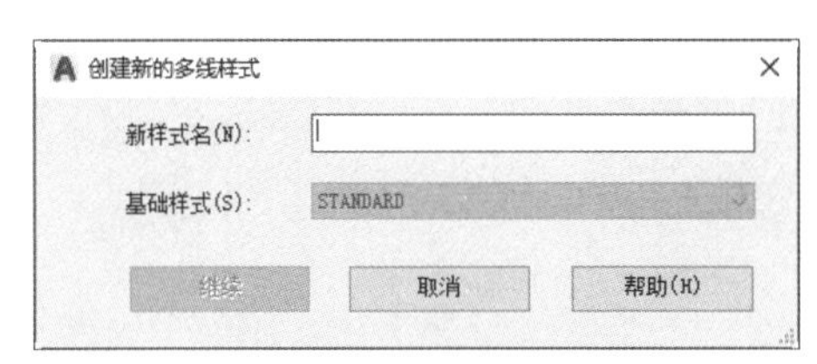

图 3-12 “创建新的多线样式”对话框

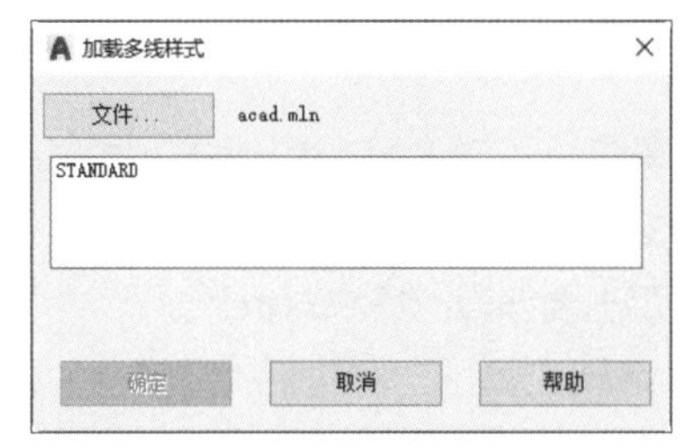

图 3-13 “加载多线样式”对话框

在“创建新的多线样式”对话框中输入样式名称（如“大门”），然后单击“继续”按钮，在打开“新建多线样式：大门”对话框中可以设置多线样式的特性，如填充颜色、多线颜色、线型等，如图3-14所示。

“新建多线样式”对话框中各选项的含义介绍如下。

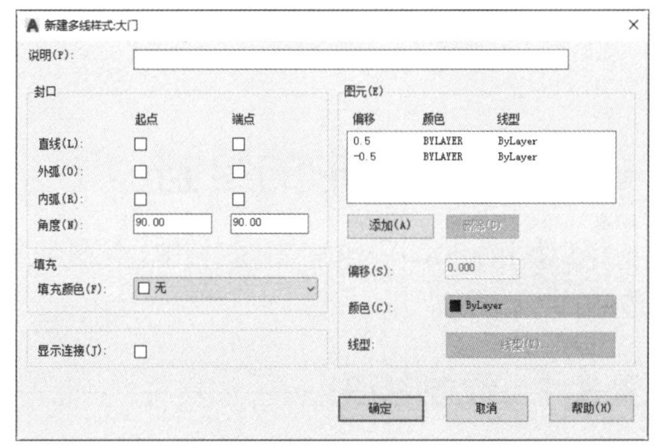

图 3-14 “新建多线样式：大门”对话框

- “说明”文本框：为多线样式添加说明。
- 填充：该选项组用于设置多线之间内部区域的颜色填充。
- 封口：该选项组用于设置多线起点和端点处的封口样式。“直线”表示多线起点或端点处以一条直线封口；“外弧”和“内弧”表示起点或端点处以外圆弧或内圆弧封口；“角度”用于设置圆弧包角。
- 图元：该选项组用于显示并设置多线的平行数量、距离、颜色和线型等属性。“添加”可以向其中添加新的平行线；“删除”可以删除选取的平行线；“偏移”数值框用于设置平行线相对于多线中心线的偏移距离；“颜色”和“线型”用于设置多线显示的颜色和线型。

3.2.8 绘制并编辑多线

多线是一种由多条平行线组成的对象，平行线之间的间距和数目是可以设置的。用户可以通过以下方法执行“多线”命令。

- 在菜单栏中执行“绘图>多线”命令。
- 在命令行中输入mline命令，然后按Enter键。

执行以上任意一种操作后，命令行的提示内容如下。

```
命令：_mline
当前设置：对正 = 上，比例 =20.00，样式 =STANDARD
指定起点或 [对正(J)/比例(S)/样式(ST)]:                    (设置对正方式、比例值、样式)
```

针对绘制完成的多线，用户可以根据需要进行编辑。一般可以通过编辑多线不同交点方式来修改多线，或者将其“分解”后利用“修剪”命令进行编辑。

用户可以通过以下几种方法调用“编辑多线”命令。

- 在菜单栏中执行“修改>对象>多线”命令。
- 在命令行输入mledit命令，按下Enter键。
- 在绘图区双击要编辑的多线对象。

弹出“多线编辑工具”对话框后，用户可以根据需要进行设置，如图3-15所示。

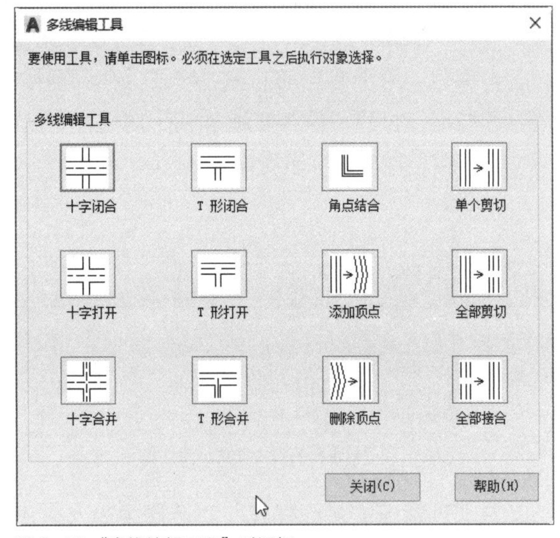

图 3-15 “多线编辑工具”对话框

3.3 多边形的绘制

在使用AutoCAD软件绘图过程中，矩形与多边形的绘制也是比较常用的，下面分别介绍矩形和多边形的绘制方法。

3.3.1 绘制矩形

“矩形”命令是AutoCAD中最常用的绘图命令之一，它是通过两个角点来定义的。用户可以通过以下方法执行“矩形”命令。

- 在菜单栏中执行“绘图>矩形”命令。
- 在“默认”选项卡的“绘图”面板中单击“矩形”按钮。
- 在命令行中输入rectang命令，然后按Enter键。

执行以上任意一种操作后，命令行提示内容如下。

```
命令：_ rectang
指定第一个角点或 [ 倒角 (C)/ 标高 (E)/ 圆角 (F)/ 厚度 (T)/ 宽度 (W)]：
指定另一个角点或 [ 面积 (A)/ 尺寸 (D)/ 旋转 (R)]：
```

（1）绘制坐标矩形

执行“矩形”命令后，先指定一个角点，随后指定另外一个角点，最基本的矩形绘制完成。

执行“矩形”命令后，根据命令行提示，指定起点、矩形尺寸，即可绘制出矩形。

工程师点拨：关于“矩形”命令的继承性

“矩形”命令具有继承性，即绘制矩形时，前一个命令设置的各项参数始终起作用，直至修改该参数或重新启动AutoCAD软件。

（2）绘制倒角、圆角和有宽度的矩形

执行“矩形”命令后，在命令行输入c并按Enter键，选择“倒角”选项，然后设置倒角距离，即可绘制倒角矩形，如图3-16所示。

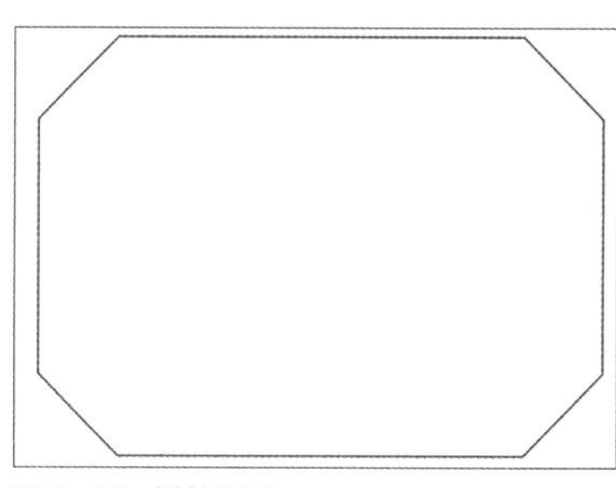

图 3-16 倒角矩形

3.3.2 绘制正多边形

正多边形是由多条边长相等的闭合线段组合而成的，其各边相等，各角也相等。默认情况下，正多边形的边数为4。用户可以通过以下方法执行“多边形”命令。

- 在菜单栏中选择“绘图>多边形”命令。
- 在“默认”选项卡的“绘图”面板中单击“多边形”按钮。
- 在命令行中输入polygon命令，然后按Enter键。

执行以上任意一种操作后， 命令行提示内容如下。

```
命令:_polygon 输入侧面数<4>: 5                    （输入多边形边数）
指定正多边形的中心点或 [边(E)]:                   （指定多边形中心位置）
输入选项 [内接于圆 (I)/外切于圆(C)] <I>:          （选择内接于圆或外切于圆）
指定圆的半径:                                    （输入圆半径值）
```

根据命令提示，正多边形可以通过与虚拟的圆内接或外切的方法来绘制，也可以通过指定正多边形某一边端点的方法来绘制。

（1）内接于圆

“内接于圆”方法是先确定正多边形的中心位置，然后输入内接圆的半径。所输入的半径值是多边形的中心点到多边形任意端点间的距离，整个多边形位于一个虚拟的圆中。

执行“多边形”命令后，根据命令行提示，依次指定侧面数、正多边形中心点和“内接于圆”，即可绘制出内接于圆的正六边形，如图3-17所示。

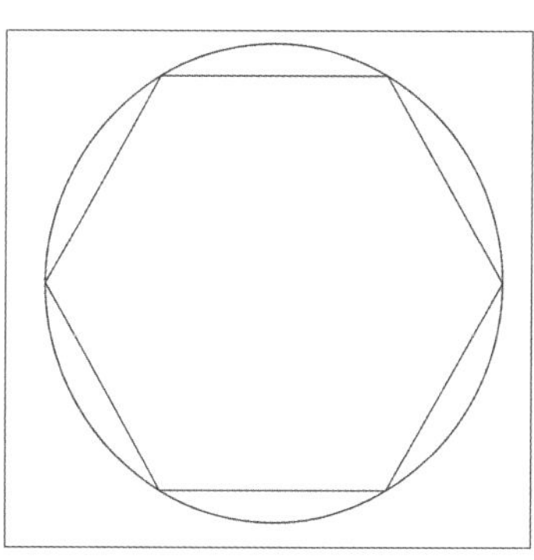

图 3-17 内接于圆的正六边形

（2）外切于圆

“外切于圆”方法同“内接于圆”的方法一样，即确定中心位置，输入圆的半径，但所输入的半径值

为多边形的中心点到边线中点的垂直距离。

执行“多边形”命令后，根据命令行提示，依次指定侧面数、正多边形中心点和“外切于圆”，即可绘制出外切于圆的正七边形，如图3-18所示。

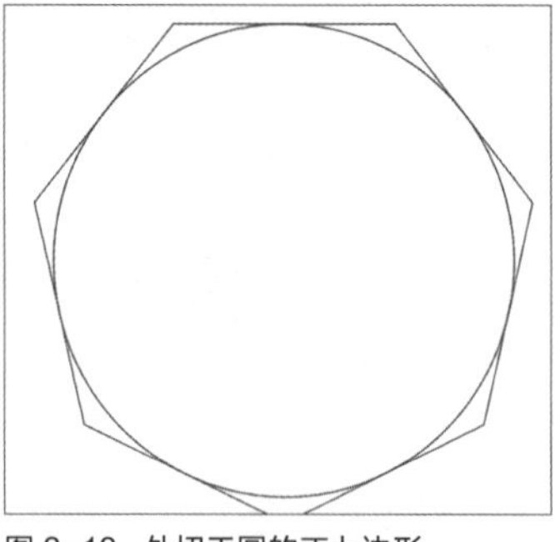

图 3-18　外切于圆的正七边形

（3）边长确定正多边形

该方法是通过输入长度数值或指定两个端点来确定正多边形的一条边，从而绘制正多边形。在绘图区域指定两点或在指定一点后输入边长数值，即可绘制出所需的正多边形。

执行“正多边形”命令后，根据命令行提示，确定其边数，然后输入E，确定多边形两个端点即可。命令行提示内容如下。

```
命令:_ polygon输入侧面数<4>:                    (输入边数,按Enter键。默认为4)
指定正多边形的中心点或[边(E)]: E                 (输入E,以指定边绘制)
指定边的第一个端点:指定边的第二个端点:            (指定多边形边线的两个端点)
```

3.4 圆和圆弧的绘制

使用AutoCAD软件，还可以绘制多种曲线对象，例如圆、圆弧、椭圆、椭圆弧和圆环等，其绘制方法比较复杂，用户在绘图过程中需灵活应用相关命令。

3.4.1 绘制圆

在绘图过程中，“圆”命令也是常用命令之一。圆弧是圆的一部分，用户可以通过以下方法执行“圆”命令。

- 在菜单栏中选择“绘图>圆”命令。
- 在“默认”选项卡的“绘图” 面板中单击“圆”下拉按钮，在展开的下拉菜单中显示了6种绘制圆的按钮，用户可以根据绘图需要进行选择。
- 在命令行中输入circle命令，然后按Enter键。

执行上述任意一种操作后，命令行将提示启用“圆”命令，AutoCAD提供了6种圆的绘制方法，下面分别进行介绍。

- 圆心、半径：先确定圆心，然后输入半径或者直径值，即可完成绘制操作，如图3-19所示。该方法为系统默认绘制圆的方式。
- 圆心、直径：指定圆心和直径位置绘制圆，具体操作方法同“圆心、半径”方式一致。
- 两点：指定两点的位置，并以两点间的距离为直径绘制圆。即根据命令行提示，进行两点圆的绘制，如下页图3-20所示。

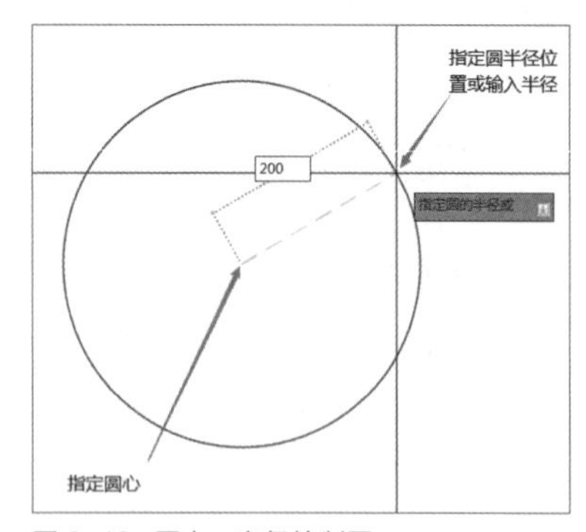

图 3-19　圆心、半径绘制圆

- 三点：通过指定圆周上的三点绘制圆。即根据系统提示指定第一点、第二点、第三点，完成圆的绘制，如下页图3-21所示。
- 相切、相切、半径：选择图形对象的两个相切点，再输入半径值，即可绘制圆，如图3-22所示。

- 相切、相切、相切：利用鼠标来拾取已知3个与圆相切的图形对象，即可完成圆形的绘制，如图3-23所示。

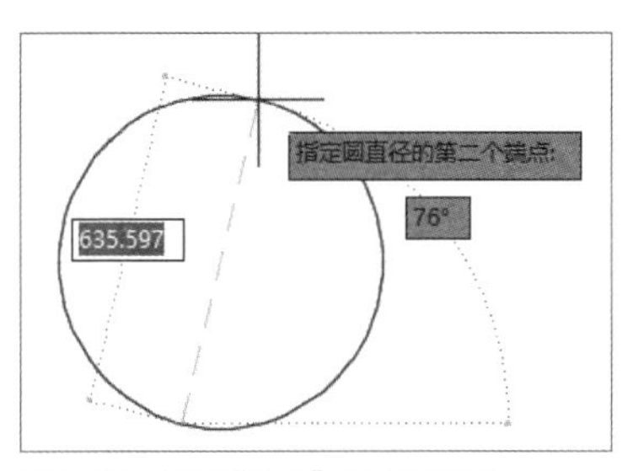

图 3-20 通过“两点”方式绘制圆

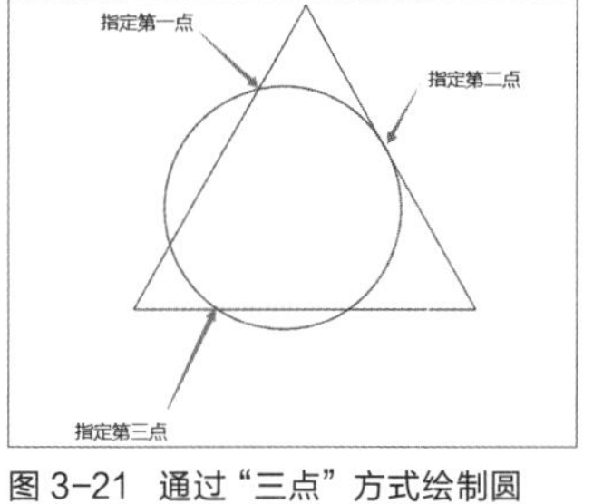

图 3-21 通过“三点”方式绘制圆

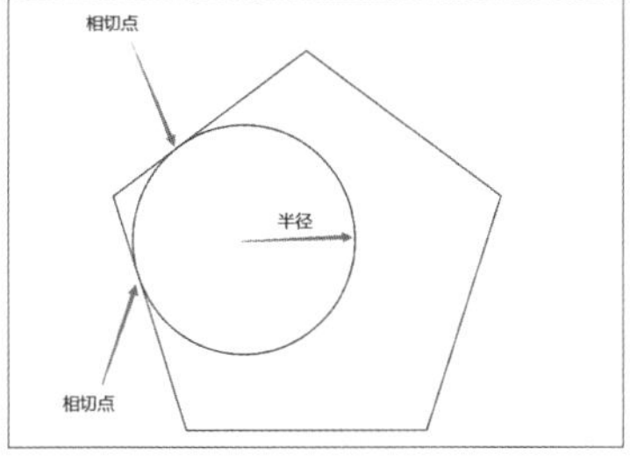

图 3-22 通过“相切、相切、半径”方式绘制圆

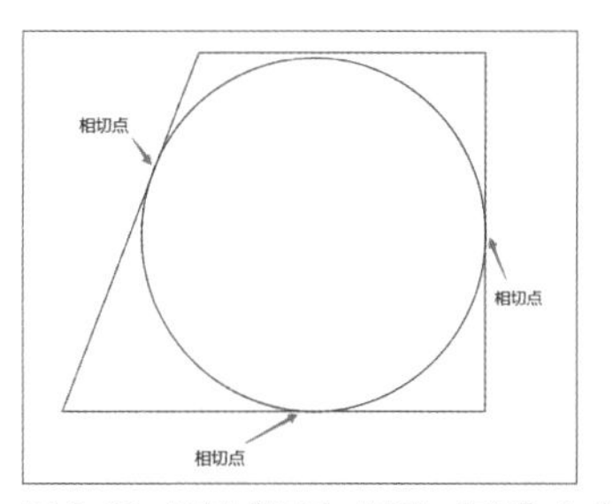

图 3-23 通过“相切、相切、相切”方式绘制圆

工程师点拨：“相切、相切、半径”命令的应用

在使用“相切、相切、半径”命令时，需要先指定与圆相切的两个对象，系统总是在距拾取点最近的位置绘制相切的圆。拾取相切对象时，所拾取的位置不同，最后得到的结果有可能也不同。

3.4.2 椭圆和椭圆弧的绘制

椭圆曲线有长半轴和短半轴之分，长半轴与短半轴的值决定了椭圆曲线的形状。设置椭圆的起始角度和终止角度可以绘制椭圆弧。用户可以通过以下方法执行“椭圆”命令。

- 在菜单栏中选择“绘图>椭圆”命令子菜单中的选项。
- 在“默认”选项卡的“绘图”面板中单击“椭圆”下拉按钮，在展开的下拉列表中选择“圆心”按钮、“轴、端点”按钮或“椭圆弧”按钮。
- 在命令行中输入ellipse命令，然后按Enter键。

下面介绍绘制椭圆的几种方法。

- 中心点方式：通过指定椭圆的圆心、长半轴的端点以及短半轴的长度绘制椭圆，如图3-24所示。
- 轴和端点方式：指定椭圆一轴的两个端点，并输入另一条半轴的长度，即可完成椭圆弧的绘制。
- 椭圆弧：椭圆的部分弧线，通过指定圆弧的起始角和终止角，即可绘制椭圆弧，如图3-25所示。

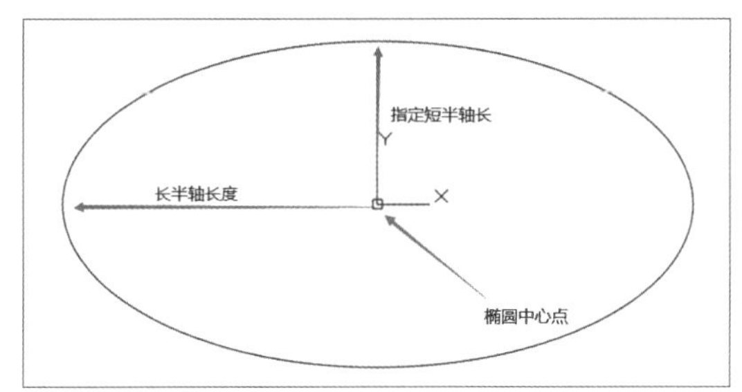

图 3-24 通过“中心点”方式绘制椭圆

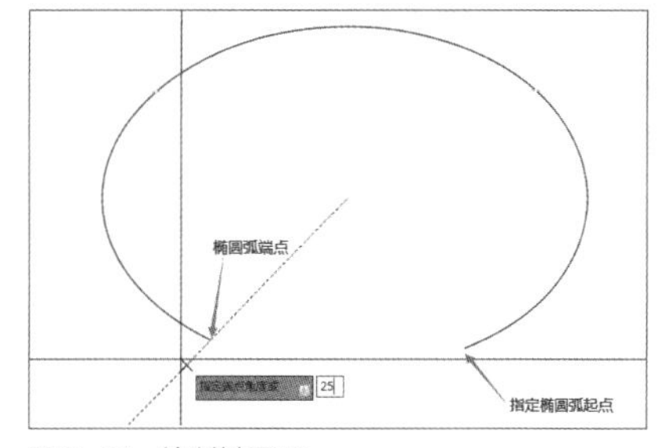

图 3-25 绘制椭圆弧

执行“绘图>椭圆弧”命令，或者在“默认”选项卡的“绘图”面板中单击“椭圆”下拉按钮，在展开的下拉菜单中选择“椭圆弧”按钮。命令行提示内容如下。

```
命令：_ellipse
指定椭圆的轴端点或 [ 圆弧 (A)/ 中心点 (C)]：_a
指定椭圆弧的轴端点或 [ 中心点 (C)]：
指定轴的另一个端点：
指定另一条半轴长度或 [ 旋转 (R)]：
指定起点角度或 [ 参数 (P)]：
指定端点角度或 [ 参数 (P)/ 夹角 (I)]：
```

命令行中部分选项功能介绍如下。

- 指定起点角度：通过给定椭圆弧的起点角度来确定椭圆弧，命令行将提示“指定端点角度或[参数（P）/夹角（I）]：”。其中，选择“指定端点角度”选项，确定椭圆弧另一端点的位置；选择“参数”选项，系统将通过参数确定椭圆弧的另一个端点的位置；选择“夹角”选项，系统将根据椭圆弧的夹角来确定椭圆弧。
- 参数：通过给定的参数来确定椭圆弧，命令行将提示“指定起点参数或[角度（A）]：”。其中，选择“角度”选项，将切换为用角度来确定椭圆弧的方式；如果输入参数，系统将使用公式P(n)=c+a*cos(n)+b*sin(n)来计算椭圆弧的起始角。其中，n是参数，c是椭圆弧的半焦距，a和b分别是椭圆的长半轴与短半轴的轴长。

工程师点拨：系统变量 Pellipse

系统变量Pellipse决定椭圆的类型，当该变量为0时，所绘制的椭圆是由NURBS曲线表示的真椭圆。当该变量为1时，所绘制的椭圆是由多段线近似表示的椭圆，调用ellipse命令后没有“圆弧”选项。

3.4.3 绘制圆弧的几种方式

绘制圆弧一般需要指定三个点，即圆弧的起点、圆弧上的点和圆弧的端点。在11种绘制方式中，“三点”命令为系统默认的绘制方式。

用户可以通过以下方法执行“圆弧”命令。

- 在菜单栏中选择“绘图>圆弧”命令子菜单中的选项。
- 在“默认”选项卡的“绘图”面板中单击“圆弧”下拉按钮，在展开的下拉列表中选择合适的方式即可，如图3-26所示。

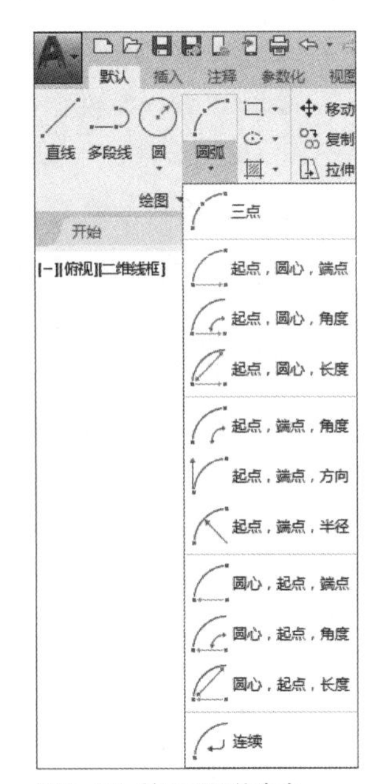

图 3-26　绘制圆弧的命令

下面将对“圆弧”下拉列表中几种常用命令的功能进行详细介绍。

- 三点：通过指定三个点来创建一条圆弧曲线。第一个点为圆弧的起点，第二个点为圆弧上的点，第三个点为圆弧的端点。
- 起点、圆心、端点：通过指定圆弧的起点、圆心和端点进行绘制。
- 起点、圆心、角度：通过指定圆弧的起点、圆心和角度进行绘制。在输入角度值时，若当前环境设置的角度方向为逆时针方向，且输入的角度值为正，则从起始点绕圆心沿逆时针方向绘制圆弧；若输入的角度值为负，则沿顺时针方向绘制圆弧。
- 起点、圆心、长度：通过指定圆弧的起点、圆心和长度绘制圆弧。

所指定的弦长不能超过起点到圆心距离的两倍。如果弦长的值为负值，则该值的绝对值将作为对应整圆的空缺部分圆弧的弦长。

- 圆心、起点命令组：指定圆弧的圆心和起点后，再根据需要指定圆弧的端点、角度或长度来进行绘制。
- 连续：使用该方式绘制的圆弧将与最后一个创建的对象相切。

示例3-3：使用“直线”和“圆”命令绘制机械零件图

步骤01 执行“文件>新建”命令，新建空白文件，如图3-27所示。

步骤02 将线型设置为CENTER，单击“绘图”面板中的“直线”按钮，绘制中心辅助线，如图3-28所示。

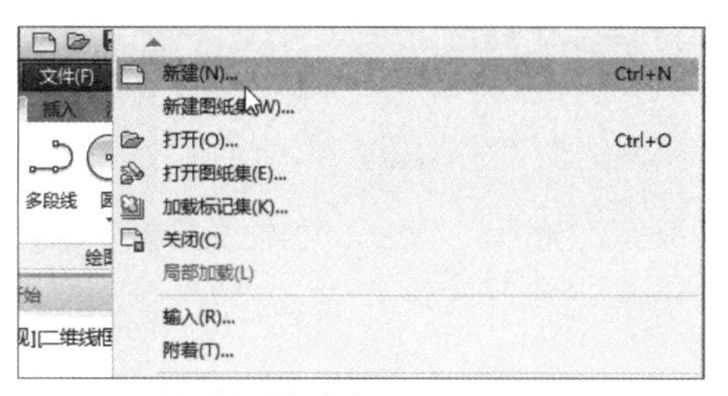

图 3-27 选择“新建”命令

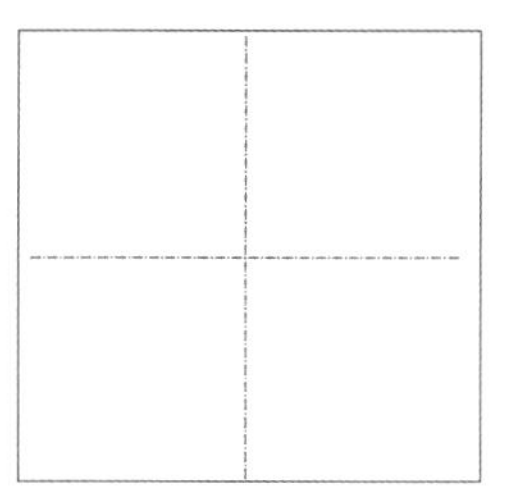

图 3-28 绘制直线

步骤03 调用“圆”命令，以中心线为圆心，绘制半径分别为10、20、35、50的圆，如图3-29所示。

步骤04 单击“修改”面板中的“偏移”按钮，以水平辅助线为偏移对象，向上下分别偏移5，如图3-30所示。

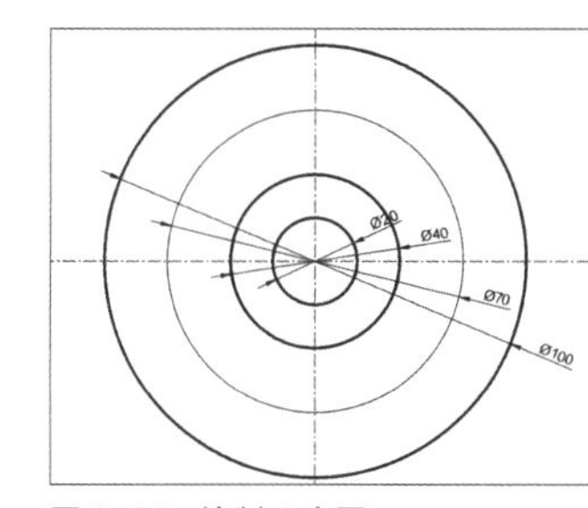

图 3-29 绘制 4 个圆

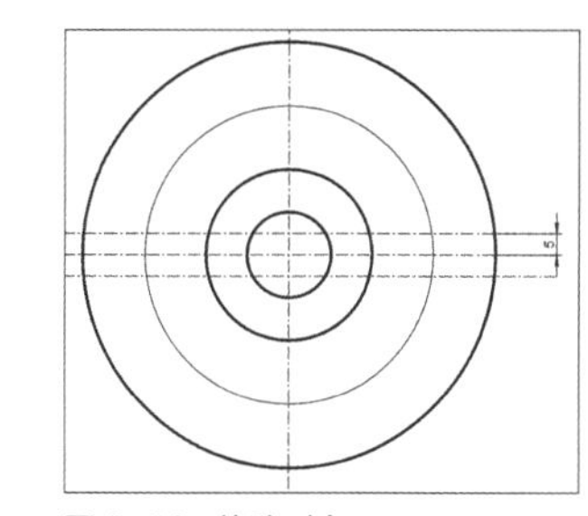

图 3-30 偏移对象

步骤05 调用“直线”命令，根据偏移的辅助线绘制直线，如图3-31所示。

步骤06 单击“修改”面板中的“环形阵列”按钮，根据命令行提示，选择阵列对象，并按Enter键，如图3-32所示。

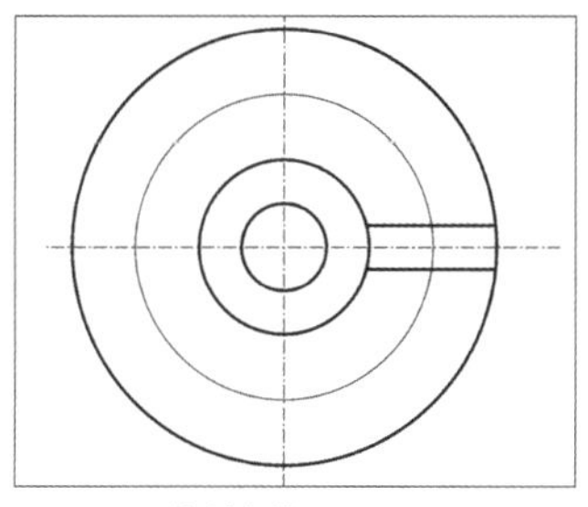

图 3-31 绘制直线

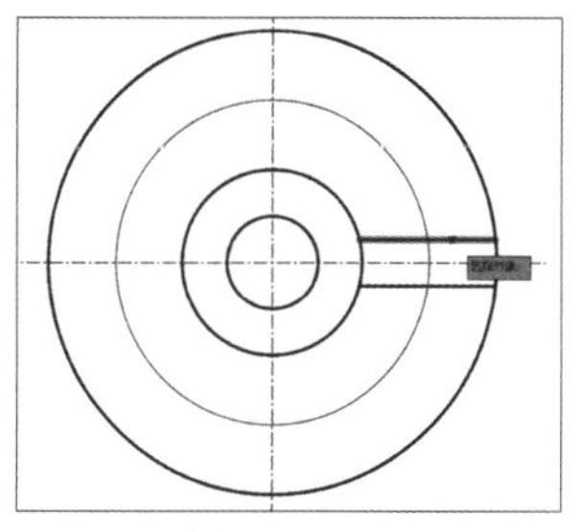

图 3-32 选择阵列对象

步骤 07 根据命令行的提示，选择阵列中心，单击圆心，弹出“阵列创建”选项卡，设置“项目数”为3，如图3-33所示。

步骤 08 按Enter键，完成阵列，如图3-34所示。

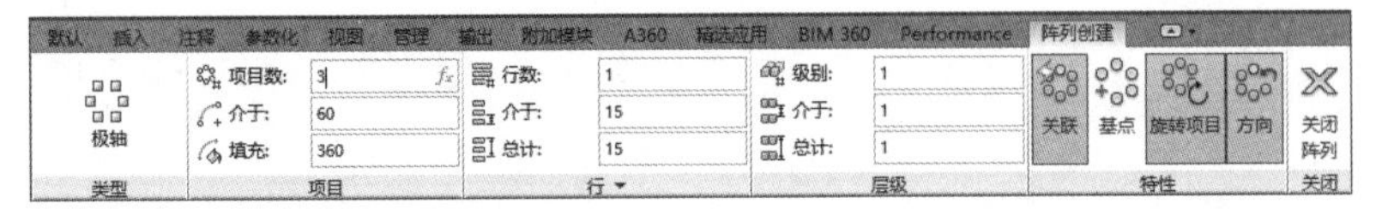

图 3-33 设置“项目数”

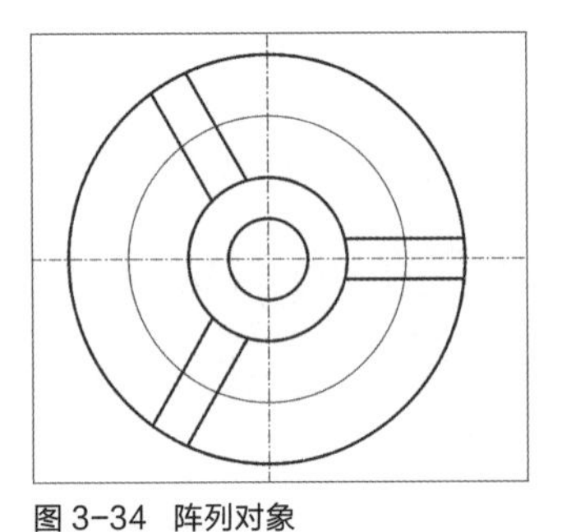

图 3-34 阵列对象

步骤 09 调用“圆”命令，以水平中心线与R35圆的交点为圆心，绘制半径为7.5的圆，如图3-35所示。

步骤 10 再次调用“环形阵列”命令，阵列半径为7.5的圆。至此，零件图绘制完毕，如图3-36所示。

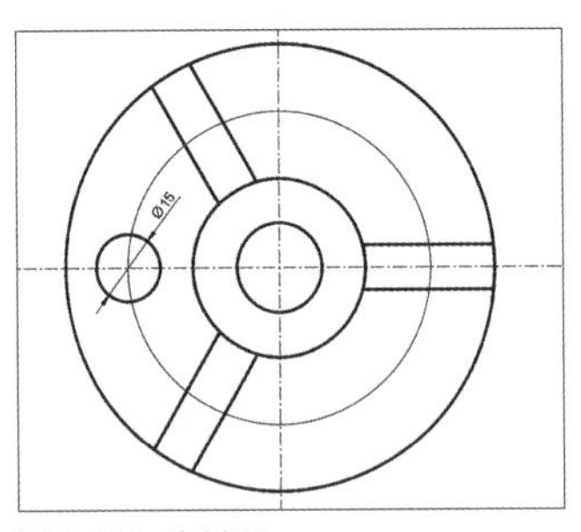

图 3-35 绘制圆

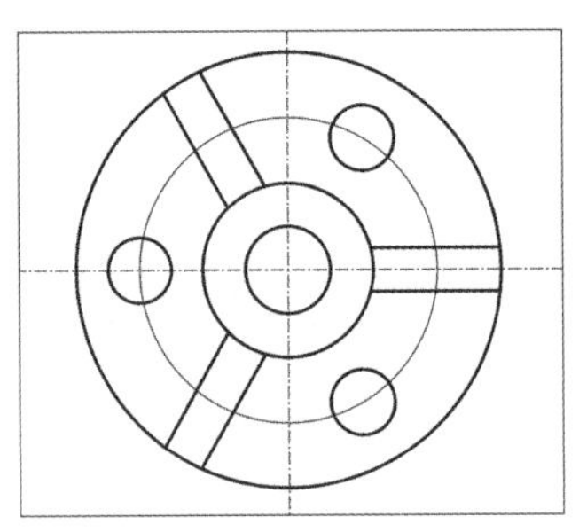

图 3-36 阵列圆形

3.4.4 绘制圆环

圆环是由两个圆心相同、半径不同的圆组成。“圆环”也是AutoCAD中常用的绘图命令之一，用户可以通过以下方法执行“圆环”命令。

- 在菜单栏中选择“绘图>圆环”命令。
- 在“默认”选项卡的“绘图”面板中单击“圆环”按钮◎。
- 在命令行输入donut命令，然后按Enter键。

执行以上任意一种操作后，命令行提示内容如下。

```
命令：_donut
指定圆环的内径 <0.5000>:
指定圆环的外径 <1.0000>:
指定圆环的中心点或 < 退出 >:
指定圆环的中心点或 < 退出 >:
```

工程师点拨：圆环的填充

系统默认状态下所绘制的圆环填充的是实心图形，在绘制圆环之前，用户可以通过fill命令来控制圆环填充的可见性。在命令行输入fill命令后，根据命令行提示进行选择。

选择开（ON）模式，表示绘制的圆或圆环要填充，如图3-37所示。
选择关（OFF）模式，表示绘制的圆或圆环不要填充，如图3-38所示。

图 3-37 选择 ON 模式

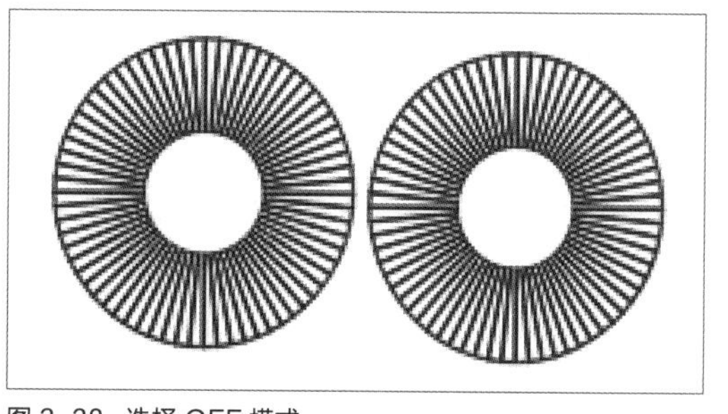
图 3-38 选择 OFF 模式

3.5 图形图案的填充

图案填充功能是使用线条或图案来填充指定的图形区域，这样可以清晰地表达出指定区域的外观纹理，以增加所绘图形的可读性。

3.5.1 创建填充图案

在绘图过程中，经常要将某种特定的图案填充到一个封闭的区域内，这就是图案填充。用户可以通过下列方法执行“图案填充”命令。

- 在菜单栏中选择“绘图>图案填充”命令。
- 在“默认”选项卡的“绘图”面板中单击“图案填充”按钮。
- 在命令行中输入hatch命令，然后按Enter键。

执行“图案填充”命令后，系统将自动打开“图案填充创建”选项卡，如图3-39所示。在该选项卡中用户可以设置图案填充的边界、图案、特性以及其他属性。

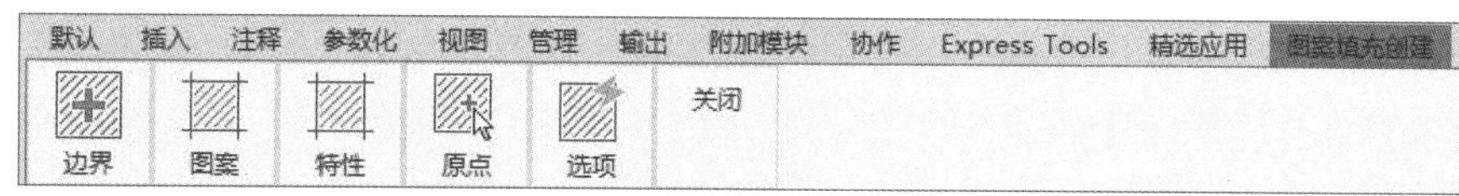

图 3-39 “图案填充创建”选项卡

3.5.2 “图案填充创建”选项卡

打开“图案填充创建”选项卡后，用户可以根据作图需要，设置相关参数以完成填充操作。其中各面板作用介绍如下。

（1）“边界”面板

“边界”面板用于选择填充的边界点或边界线段，也可以通过对边界的删除或重新创建等操作来直接改变区域填充的效果。

- 拾取点：单击“拾取点”按钮，可以根据指定点构成封闭区域的现有对象来确定边界。
- 选择：单击“选择”按钮，可以根据构成封闭区域的选定对象确定边界。使用该按钮时，“图案填充”命令不会自动检测内部对象，必须选择选定边界内的对象，以当前孤岛检测样式填充这些对象。

- 删除：单击“删除”按钮，可以从边界定义中删除之前添加的任何对象。
- 重新创建：单击“重新创建”按钮，可以围绕选定的图案填充或填充对象创建多段性或面域，并使其与图案对象相关联。

（2）“图案”面板

该面板用于显示所有预定义和自定义图案的预览。在“图案”选项组中单击其下拉按钮，在打开的下拉列表中选择图案的类型，如图3-40所示。

（3）“特性”面板

执行图案填充的第一步就是定义填充图案类型。在“特性”面板中，用户可根据需要设置填充类型、填充颜色、填充角度以及填充比例等，如图3-41所示。

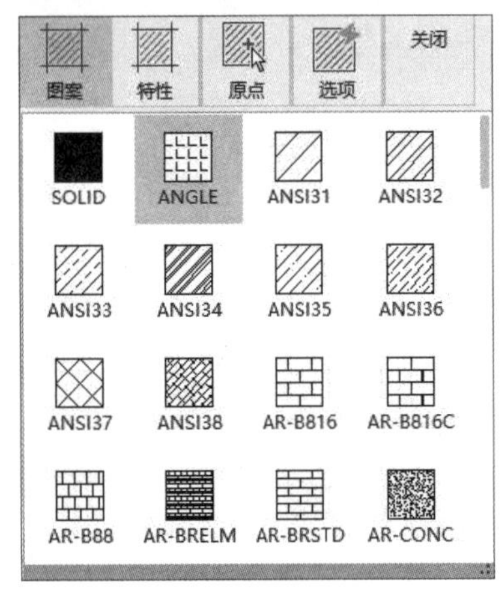

图 3-40 “图案”面板

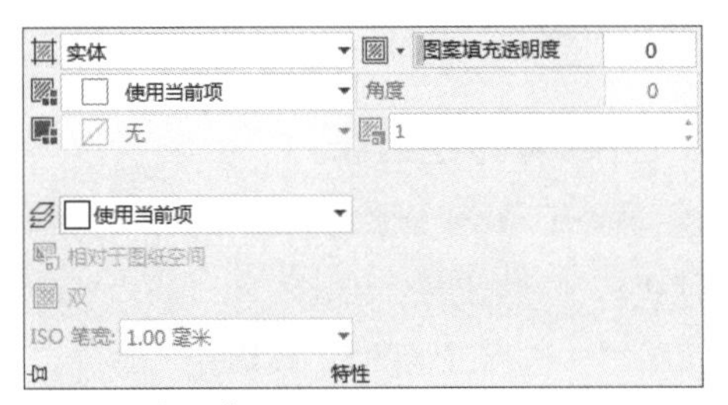

图 3-41 “特性”面板

其中常用选项的功能介绍如下。

① 图案填充类型

用于指定是创建实体填充、渐变填充、图案填充，还是创建用户自定义填充。

② 图案填充颜色或渐变色1（红色）

用于替代实体填充和填充图案的当前颜色，或指定两种渐变色中的第一种，图3-42为实体填充。

③ 背景色或渐变色2（黄色）

用于指定填充图案背景的颜色，或指定第二种渐变色。“图案填充类型”设定为“实体”时，“渐变色2”不可用。图3-43的填充类型为渐变色。

图 3-42 实体填充

图 3-43 渐变色填充

④ 填充透明度

设定新图案填充或填充的透明度，替代当前对象的透明度。选择“使用当前项”选项，可以使用当前对象的透明度设置。

⑤ 填充角度与比例

“图案填充角度”选项用于指定图案填充或填充的角度（相对于当前UCS的*X*轴）。有效值为0到359。

“填充图案比例”选项用于确定填充图案的比例，默认比例为1。用户可以在该数值框中输入相应的值，来放大或缩小填充的图案。只有将“图案填充类型”设定为“图案”时，此选项才可用。

图3-44为填充角度为0度、比例为20的效果。图3-45为填充角度为90度、比例为40的效果。

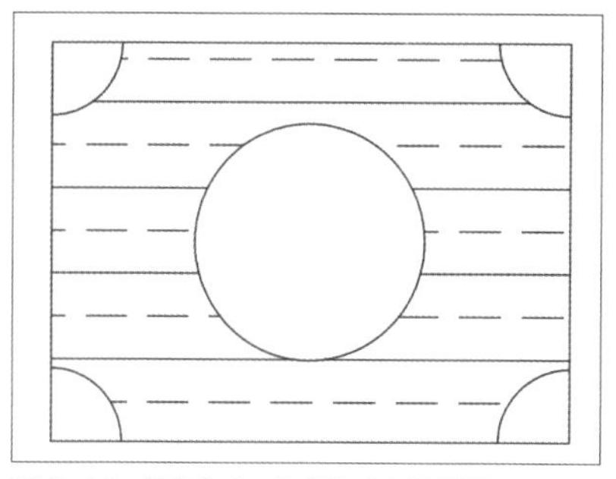

图 3-44 角度为 0、比例为 20 的效果

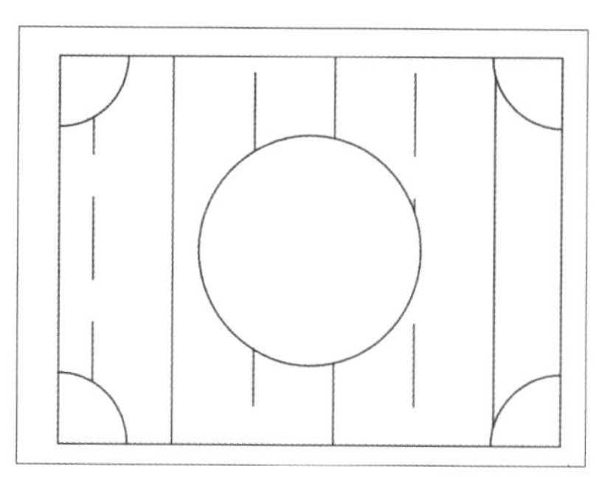

图 3-45 角度为 90、比例为 40 的效果

⑥ 相对图纸空间

相对于图纸空间单位缩放填充图案，此选项可以按适合于布局的比例显示填充图案。该选项仅适用于布局。

（4）“原点”面板

该面板用于控制填充图案生成的起始位置。某些图案填充（例如砖块图案）需要与图案填充边界上的一点对齐。默认情况下，所有图案填充原点都对应于当前的UCS原点。

（5）“选项”面板

“选项”面板用于控制几个常用的图案填充或填充选项，如选择是否自动更新图案、自动视口大小调整填充比例值，以及填充图案属性的设置等。

① 关联

指定图案填充或填充为关联图案填充。关联的图案填充或填充在用户修改其边界对象时将会更新。

② 注释性

指定图案填充为注释性。此特性会根据视口比例自动调整填充图案比例，从而使注释能够以正确的大小在图纸上打印或显示。

③ 特性匹配

特性匹配分为使用当前原点和使用源图案填充的原点两种。

- 使用当前原点：使用选定图案填充对象的特性设定图案填充的特性，图案填充原点除外。
- 使用源图案填充的原点：使用选定图案填充对象的特性来设定图案填充的特性，包括图案填充原点。

④ 创建独立的图案填充

控制指定多条闭合边界时，是创建单个图案填充对象，还是创建多个图案填充对象。

⑤ 孤岛

孤岛填充方式属于填充方式中的高级功能。在扩展列表中，该功能分为4种类型。

- 普通孤岛检测：从外部边界向内填充。如果遇到内部孤岛，填充将关闭，直到遇到孤岛中的另一个孤岛，如图3-46所示。
- 外部孤岛检测：从外部边界向内填充。此选项仅填充指定的区域，不会影响内部孤岛，如图3-47所示。
- 忽略孤岛检测：忽略所有内部的对象，填充图案时将通过这些对象，如图3-48所示。
- 无孤岛检测：关闭以使用传统孤岛检测方法。

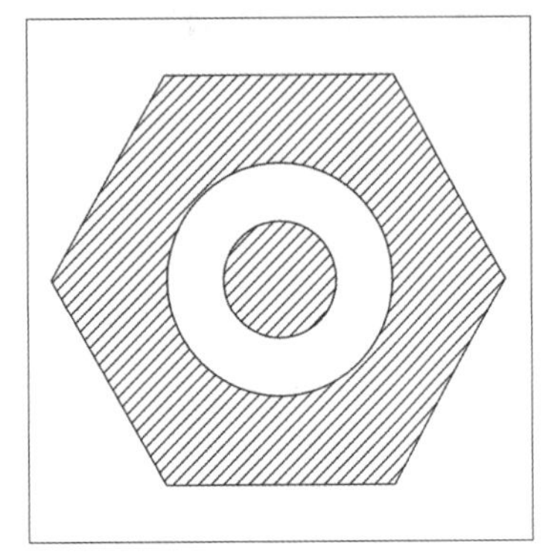

图 3-46　普通孤岛检测

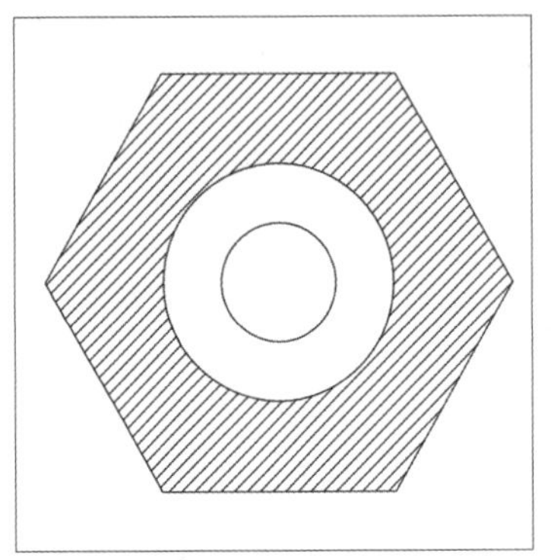

图 3-47　外部孤岛检测

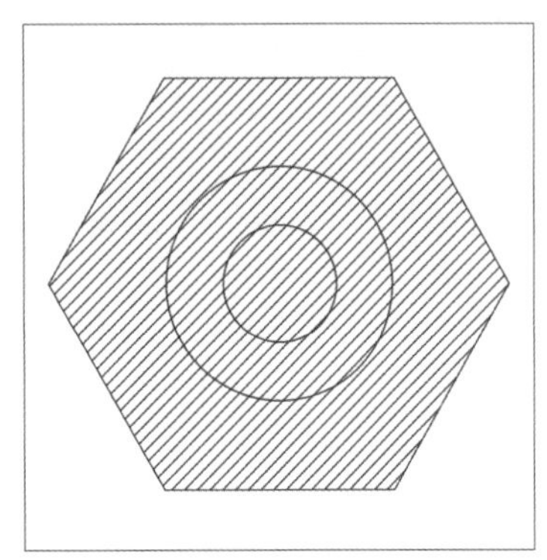

图 3-48　忽略孤岛检测

⑥ 绘图次序

为图案填充或填充指定绘图次序。图案填充可以放在所有其他对象之后、所有其他对象之前、图案填充边界之后或图案填充边界之前。

- 后置：选中需要设置的填充图案，选择“后置”选项，即可将选中的填充图案置于其他图形后方，如图3-49所示。
- 前置：选择需要设置的填充图案，选择“前置”选项，即可将选中的填充图案置于其他图形的前方，如图3-50所示。

图 3-49　后置示意图

图 3-50　前置示意图

- 置于边界之前：将填充的图案置于边界前方，不显示图形边界线，如下页图3-51所示。
- 置于边界之后：将填充的图案置于边界后方，显示图形边界线，如下页图3-52所示。

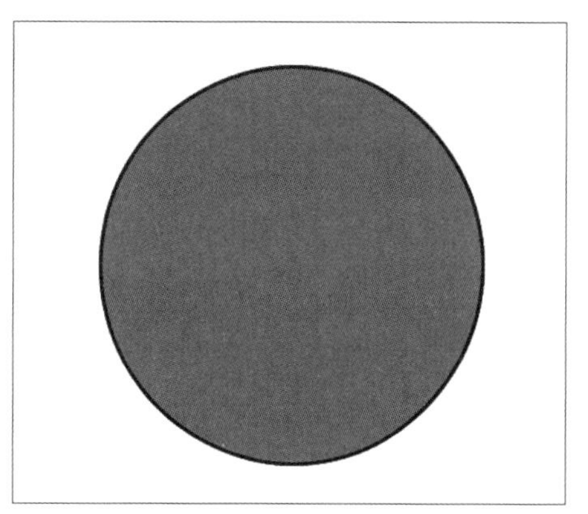

图 3-51 置于边界之前

图 3-52 置于边界之后

3.5.3 图案填充编辑命令

填充图形后，若用户对填充效果不满意，则可以通过图案填充编辑命令，对其进行修改编辑。用户可以通过以下方法执行图案填充编辑命令。

- 在菜单栏中执行“修改>对象>图案填充”命令。
- 在命令行中输入hatchedit命令，然后按Enter键。

执行以上任意一种操作后，选择需要编辑的图案填充对象，都将打开“图案填充和渐变色”对话框，如图3-53所示。在该对话框中，用户可以修改图案、比例、角度和关联性等，但对定义填充边界和对孤岛操作的按钮不可用。

另外，也可以单击需要编辑的图案填充图形，打开“图案填充编辑器”选项卡，然后根据需要对图案填充执行相应的编辑操作。

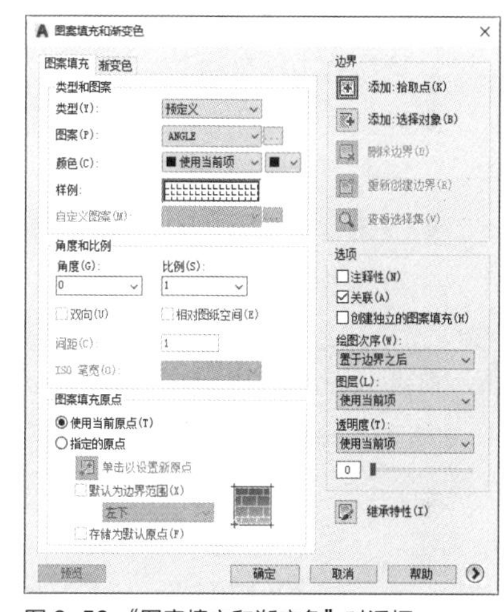

图 3-53 “图案填充和渐变色”对话框

工程师点拨：编辑图案填充

选择要编辑的填充图案，在命令行中输入ch命令并按Enter键，或者执行“修改>特性”命令，在打开的“特性”面板中修改填充图案的样式等属性。

3.5.4 控制图案填充的可见性

图案填充的可见性是可以控制的。用户可以使用两种方法控制图案填充的可见性：一种是利用fill命令，另一种是利用图层。

（1）使用fill命令

在命令行中输入fill命令，然后按Enter键，此时命令行提示内容如下。

```
命令：fill
输入模式 [开(ON)/关(OFF)] <开>:
```

此时，如果选择“开” 选项，则可以显示图案填充，如下页图3-54所示。如果选择“关”选项，则不显示图案填充，如下页图3-55所示。

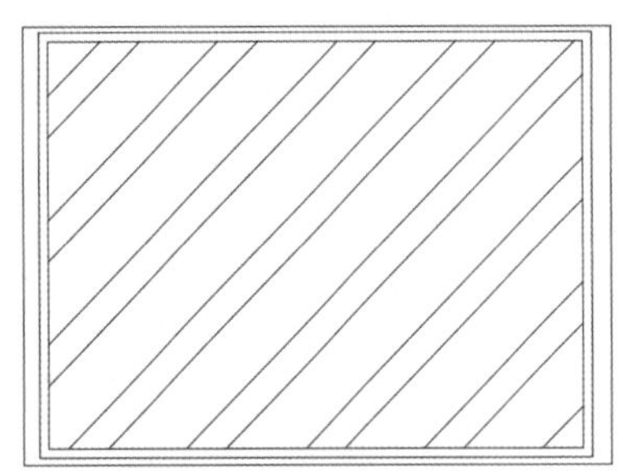

图 3-54　显示图案填充效果

图 3-55　不显示图案填充效果

（2）使用图层控制

用户可以将图案填充单放在一个图层上，利用图层控制功能来控制图案填充的可见性。当不需要显示图案填充时，将图案所在层关闭或者冻结即可。使用图层控制图案填充的可见性时，不同的控制方式会使图案填充与其边界的关联关系有所不同，其特点如下。

- 当图案填充所在的图层被关闭，图案与其边界仍保持着关联关系。即修改边界后，填充图案会根据新的边界自动调整位置。
- 当图案填充所在的图层被冻结，图案与其边界脱离关联关系。即修改边界后，填充图案不会根据新的边界自动调整位置。
- 当图案填充所在的图层被锁定，图案与其边界脱离关联关系。即修改边界后，填充图案不会根据新的边界自动调整位置。

工程师点拨：FILL 命令

在使用FILL命令设置填充模式后，执行“视图>重生成”命令，即可重新生成图形以观察效果。

综合实践　绘制单人床图形

实践目的　通过本实训，帮助用户掌握直线、多线、矩形、圆等命令的使用方法。

实践内容　运用本章所学知识绘制单人床图形。

步骤01 执行“矩形”命令，分别绘制尺寸为2000×1200和500×500的矩形，作为单人床轮廓和床头柜轮廓，如图3-56所示。

步骤02 执行“直线”命令，绘制下页图3-57的直线。

步骤03 执行“圆弧”命令，绘制一条弧线，制作出被面翻折的效果，如下页图3-58所示。

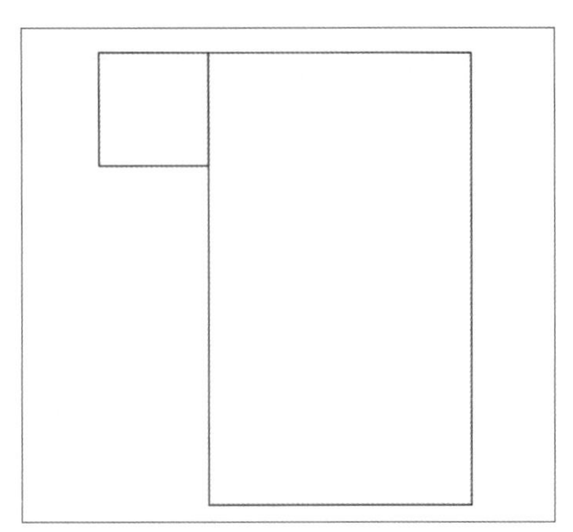

图 3-56　绘制矩形轮廓

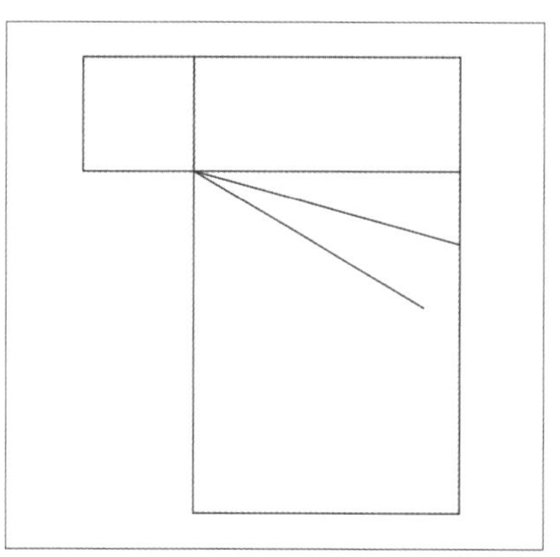

图 3-57 绘制直线

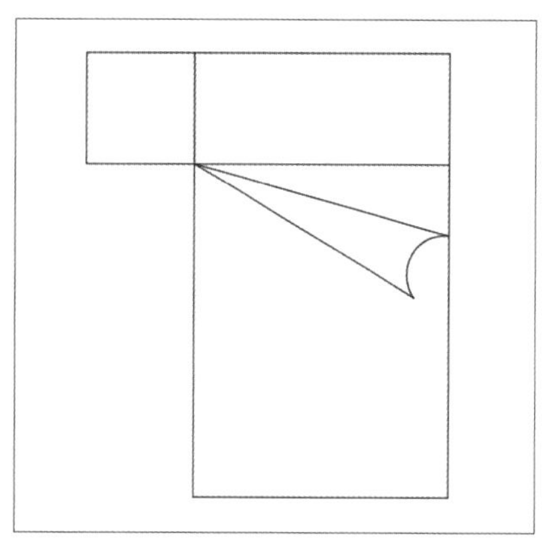

图 3-58 绘制圆弧

步骤 04 继续执行“圆弧”命令，绘制一个枕头图形，如图3-59所示。

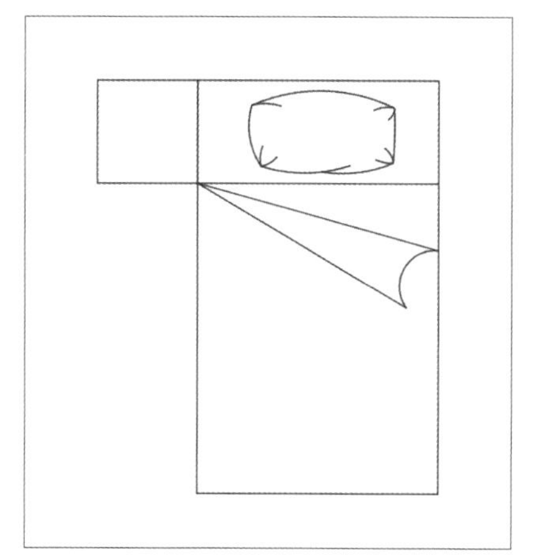

图 3-59 绘制枕头

步骤 05 执行“格式>多线样式”命令，打开“多线样式”对话框，单击“新建”按钮❶，打开“创建新的多线样式”对话框，输入新样式名❷，单击“继续”按钮❸，如图3-60所示。

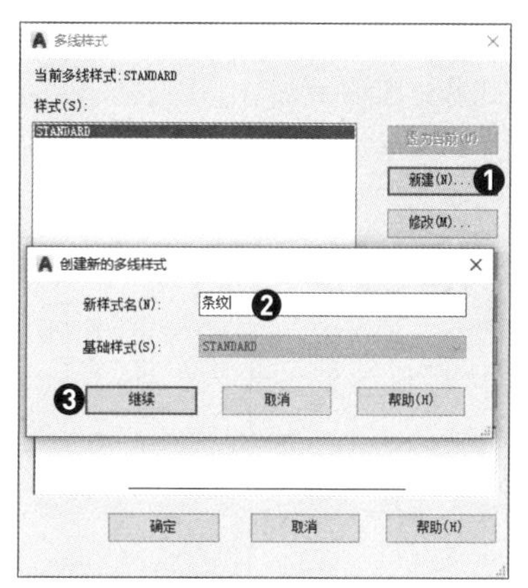

图 3-60 新建多线样式

步骤 06 打开“新建多线样式条纹”对话框，设置多线图元参数，如图3-61所示。

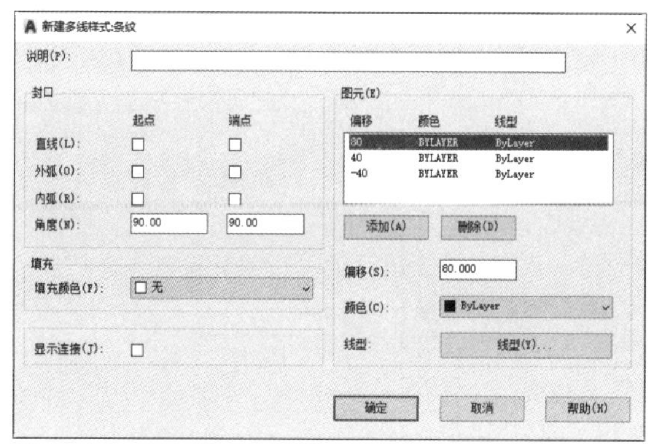

图 3-61 设置参数

步骤 07 设置完毕单击“确定”按钮，返回“多线样式”对话框，再依次单击“置为当前”按钮关闭对话框，如图3-62所示。

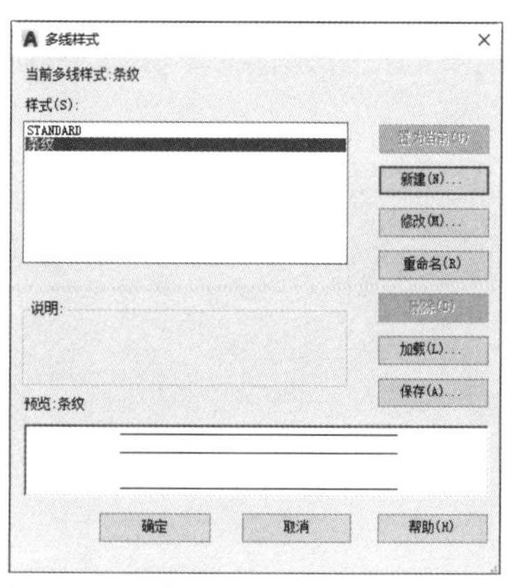

图 3-62 置为当前

步骤08 执行“绘图>多线”命令，根据命令行提示设置“对正”为“无”，设置“比例”为1，绘制横向和竖向多线，如图3-63所示。

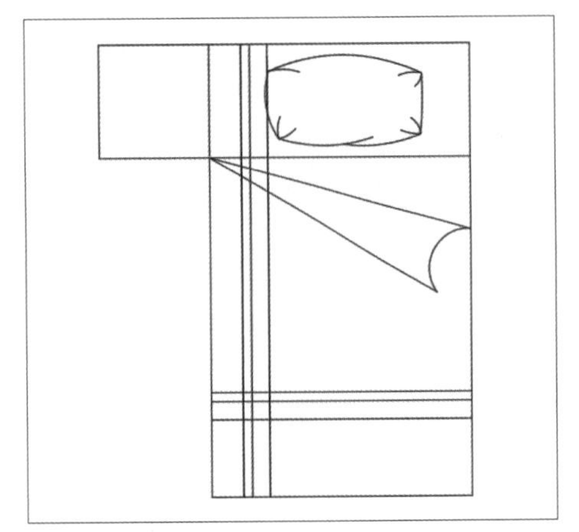

图 3-63 绘制多线

步骤09 执行“修剪”命令，修剪多余的图形，如图3-64所示。

图 3-64 修剪图形

步骤10 执行“偏移”命令，将单人床旁边的矩形向内偏移20，如图3-65所示。

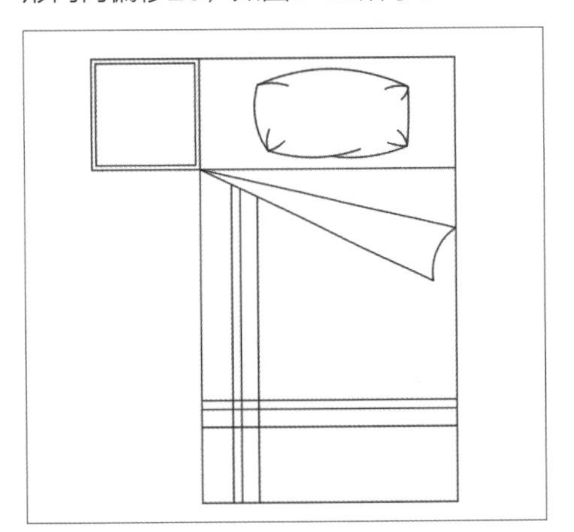

图 3-65 偏移图形

步骤11 执行“圆”命令，绘制两个半径分别为100和120的同心圆，如图3-66所示。

图 3-66 绘制同心圆

步骤12 执行“直线”命令，绘制相互垂直的两条直线，最终完成单人床图形的绘制，如图3-67所示。

图 3-67 完成单人床图形的绘制

课后练习

本章介绍了一些简单图形的绘制方法，通过这些内容的学习，用户可以掌握平面图形的绘制方法。下面再通过一些练习题来巩固一下所学的知识吧！

一、选择题

（1）用“直线”命令绘制一个三角形，该三角形有（　　）个图元实体。

A. 1个　　B. 2个　　C. 3个　　D. 4个

（2）系统默认的“多线”快捷命令是（　　）。

A. p　　B. ml　　C. pli　　D. pl

（3）系统默认的绘制构造线快捷命令是（　　）。

A. spl　　B. xl　　C. ml　　D. pl

（4）圆环是填充环或实体填充圆，即带有宽度的闭合多段线，用“圆环”命令创建圆环对象时（　　）。

A. 必须指定圆环的圆心　　B. 圆环内径必须大于0

C. 外径必须大于内径　　D. 运行一次圆环命令，只能创建一个圆环对象

（5）执行“样条曲线”命令后，下列（　　）选项用来输入曲线的偏差值。值越大，曲线越远离指定的点；值越小，曲线离指定的点越近。

A. 闭合　　B. 端点切向　　C. 拟合公差　　D. 起点切向

二、填空题

（1）用户可以使用__________和__________两种命令绘制窗户。

（2）“射线”的快捷命令是__________。

（3）在AutoCAD中，绘制多边形常用的有__________和__________两种方式。

（4）在AutoCAD中，绘制椭圆有__________、__________和__________三种方式。

三、操作题

（1）利用“多边形”和“圆”命令，绘制图3-68的卡座沙发图形。

（2）利用“矩形”和“圆弧”等命令绘制单人椅图形，如图3-69所示。

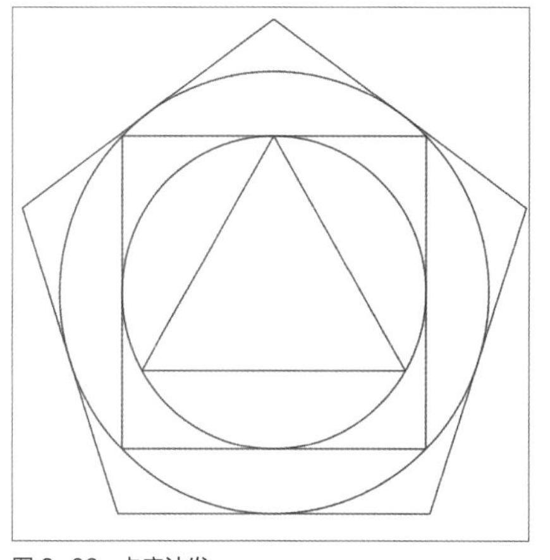

图 3-68　卡座沙发

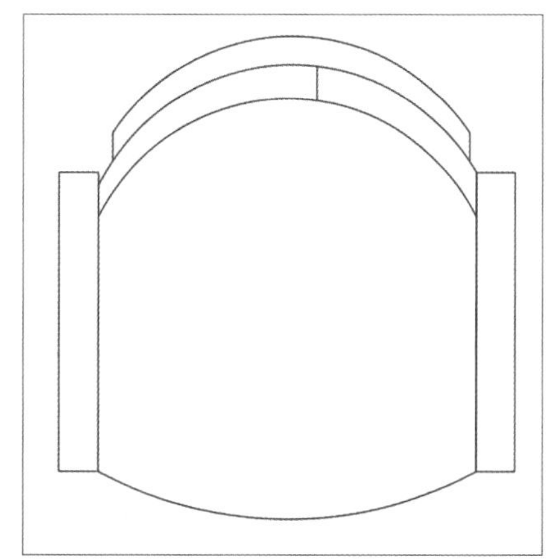

图 3-69　单人椅

第4章 编辑与修改二维图形

课题概述 在绘制较复杂的二维图形时，除了需要掌握基础的平面图形绘制方法外，还需要用户能够熟练使用各种二维图形的编辑和修改命令。

教学目标 通过本章的学习，用户可以熟悉掌握AutoCAD二维图形的各种编辑命令，包括复制、打断、镜像、偏移、阵列等。应用这些编辑命令可以非常方便地绘制出复杂的图形。

核心知识点	本章文件路径
★☆☆☆ | 夹点编辑与图形选择	**上机实践：**实例文件 \ 第 4 章 \ 综合实践：绘制楼梯平面图 .dwg
★★☆☆ | 编辑多段线	**课后练习：**实例文件 \ 第 4 章 \ 课后练习
★★★☆ | 图形的删除、拉伸、打断等	
★★★★ | 图形的移动、旋转、缩放、镜像、偏移等	

本章内容图解链接

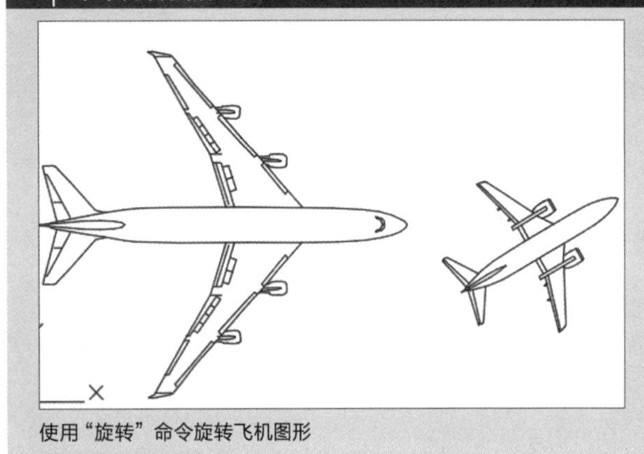

使用“旋转”命令旋转飞机图形

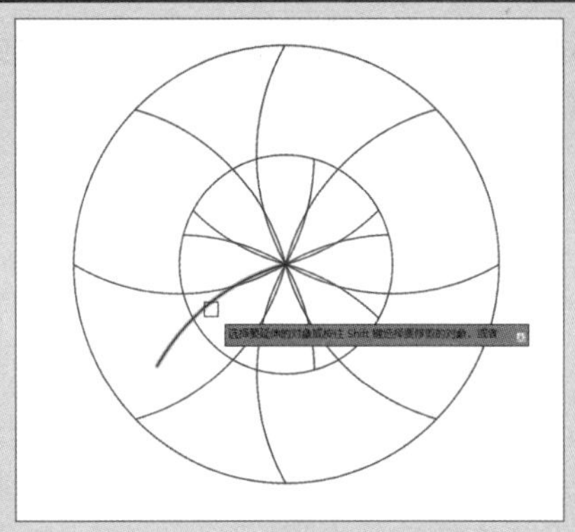

使用“延伸”命令延伸图形

4.1 选择目标

在编辑图形之前，要先对图形进行选择。在AutoCAD中，用虚线亮显表示所选择的对象。如果选择了多个对象，那么这些对象便构成了选择集。选择集包含单个对象，也包含多个对象。在AutoCAD中，常用的选择图形对象的方法有4种，分别是点选、窗口选择、窗交选择和套索选择。

4.1.1 选择图形

在AutoCAD中，利用“选项”对话框可以设置对象的选择模式，用户可以通过以下几种方式打开“选项”对话框。

- 在菜单栏中执行“工具>选项”命令。
- 在命令行中输入op命令，然后按Enter键。
- 在绘图区域中右击，在弹出的快捷菜单中选择“选项”命令。

执行以上任意一种操作，系统将打开“选项”对话框，在“选择集”选项卡中可以进行选择模式的设置，如图4-1所示。

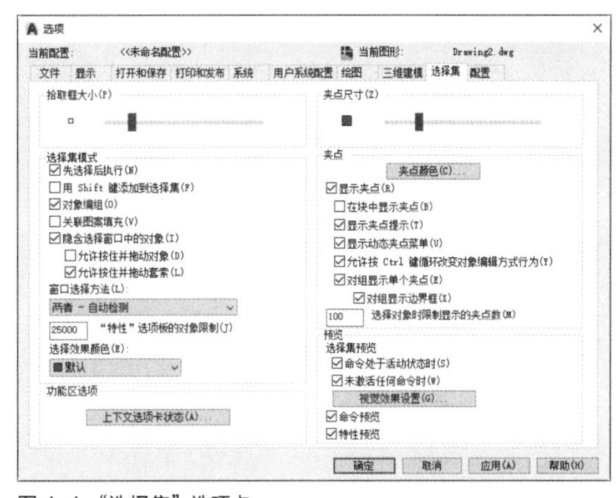

图 4-1 “选择集”选项卡

（1）点选对象

点选方式是绘制图形时比较常用的一种选择方法，一般用于选择单个图形对象时，直接将光标移动到选择对象上方，此时图形对象会以虚线的形式显示，单击鼠标左键即可完成选择操作。图形被选中后，将会显示图形的夹点。

（2）窗口方式选择图形

在AutoCAD 2022中，在图形窗口中选择第一个对角点单击，释放鼠标左键，从左向右移动鼠标显示出一个实线矩形，如图4-2所示（在之前版本的软件中，需要用户选择第一个对角点并按住鼠标左键不放的情况下移动鼠标直至选择完需要选择的对象，松开鼠标左键才可以选中对象）。选中第二个角点后，再次单击鼠标左键。此时选取的对象为完全封闭在矩形框中的所有对象，不在该窗口内或部分在窗口内的对象则不被选中，如图4-3所示。

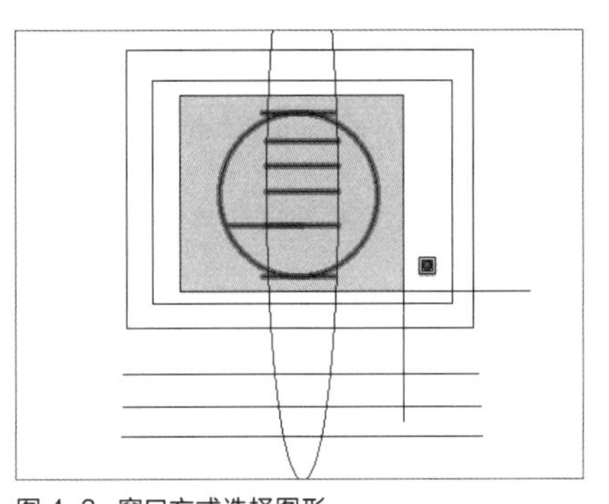
图 4-2 窗口方式选择图形

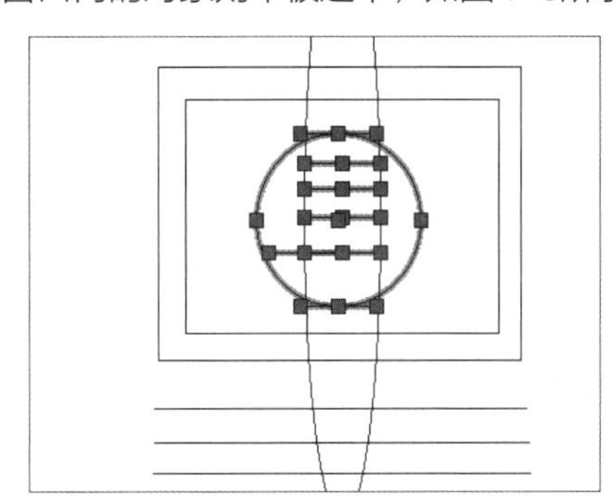
图 4-3 窗口方式的选择效果

（3）窗交方式选择图形

在图形窗口中选择第一个对角点并单击，松开鼠标左键，从右下向左上移动鼠标显示一个虚线矩形框，如图4-4所示。选择第二个角点后再次单击，全部位于窗口内的对象和窗口边界相交的对象都将被选中，如图4-5所示。

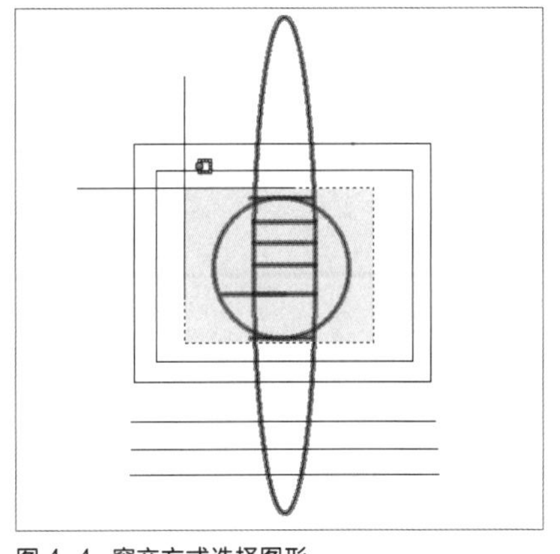
图 4-4 窗交方式选择图形

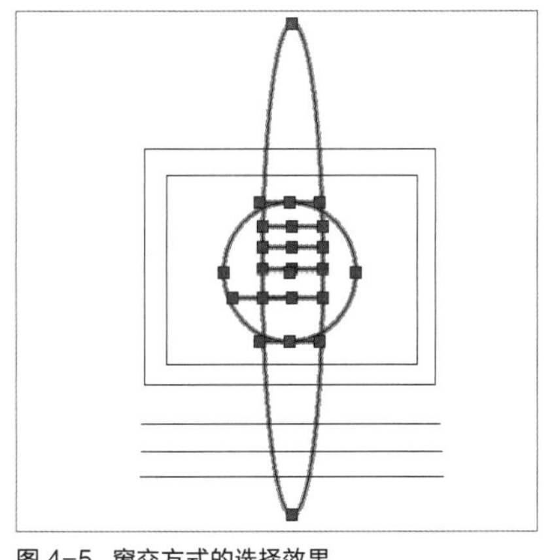
图 4-5 窗交方式的选择效果

用户还可以在命令行中输入select命令，按Enter键，然后输入“？”并按Enter键，根据命令行提示选择“窗交（C）”选项，此时也可以从左向右进行窗交选取图形对象。

（4）套索选择图形

低版本的AutoCAD中无套索选取工具，在AutoCAD 2022中，用户在绘图区进行套索选择对象时，也是单击鼠标左键进行选择，如图4-6所示。但是套索选择是按住鼠标左键不放，通过移动鼠标来选择所需要的图形对象，完成选择之后松开鼠标即可，如图4-7所示。使用套索选择方式时，用户可以按空格键在“窗口”“窗交”和“栏选”对象模式之间切换。

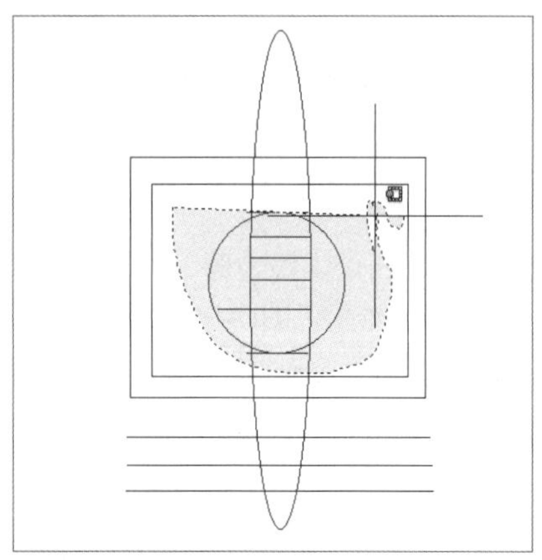

图 4-6　套索方式选择图形

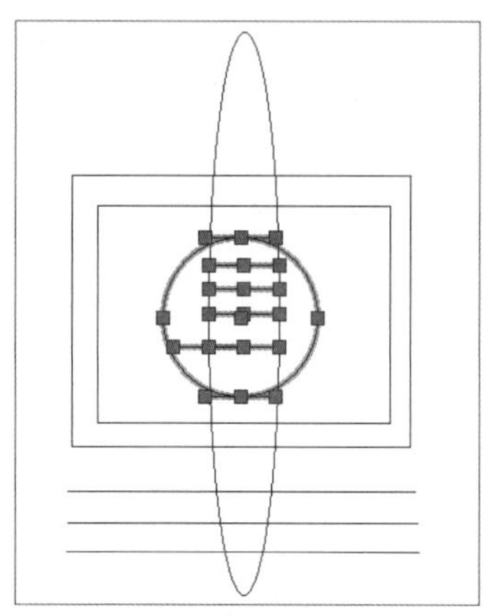

图 4-7　套索方式选择图形的效果

工程师点拨：窗口选择与窗交选择

一般情况下，若所选择对象过大，宜采用窗交选择方式。窗口选择方式与窗交选择方式的选择显示效果不同，窗口选择模式下边框为实线，选框为蓝色；窗交选择模式下边框为虚线，选框为绿色。

4.1.2　快速选择图形对象

当图形文件过大且图形复杂时，要选择某些特性一致的图形对象时，用户可以在“快速选择”对话框中进行相应的设置，根据图形对象的图层、颜色、填充等特性来创建选择集。

用户可以通过以下方式执行“快速选择”命令。

- 在菜单栏中执行“工具>快速选择”命令。
- 在“默认”选项卡的“实用工具”面板中单击“快速选择”按钮。
- 在命令行中输入qselect命令，然后按Enter键。
- 在图形中，用十字光标选择图形文件并右击，在弹出的快捷菜单中选择“特性”命令，在“特性”对话框中单击“快速选择”按钮。

执行以上任意一种操作，将打开“快速选择”对话框，如图4-8所示。

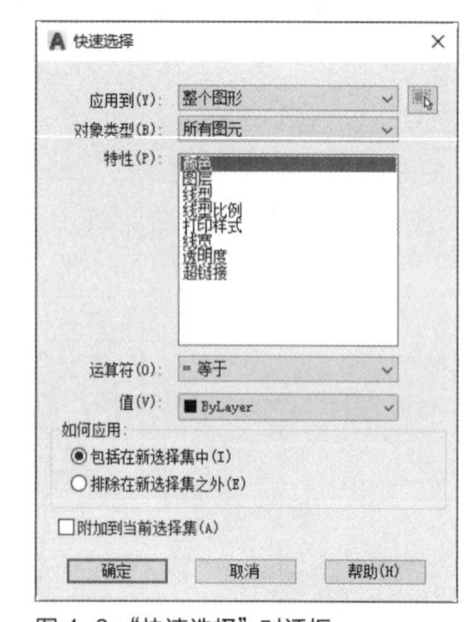

图 4-8 “快速选择”对话框

在“快速选择”对话框的“如何应用”选项组中，可以选择特性应用的范围。若选中“包括在新选择集中”单选按钮，则表示将按设定的条件创建新选择集；若选中“排除在新选择集之外”单选按钮，则表示将按设定条件选择对象，选择的对象将被排除在选择集之外，即对这些对象之外的其他对象创建选择集。

示例4-1： 利用“快速选择”对话框，快速选择所有轴号并将图层名修改为“轴号”

步骤01 打开“实例4-1.dwg”素材文件，如图4-9所示。

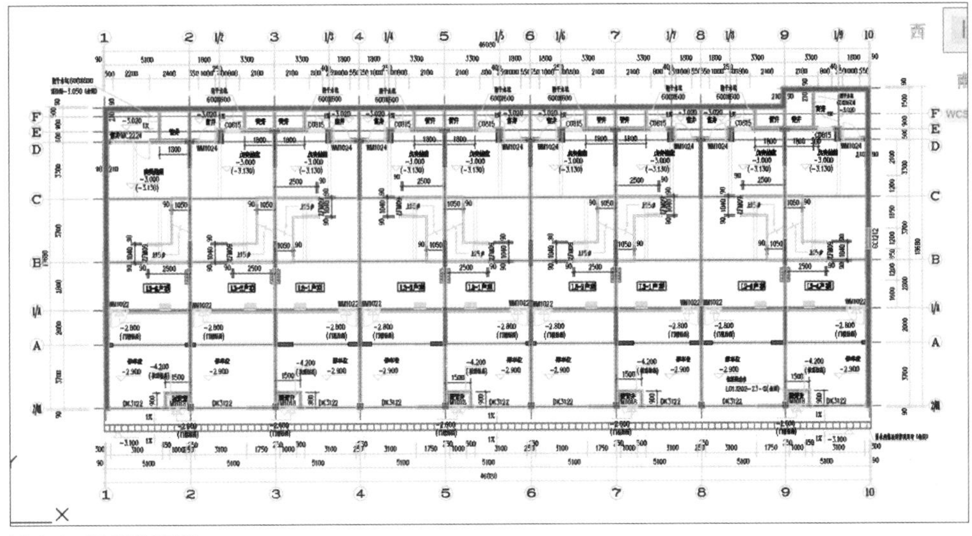

图 4-9 打开素材图形

步骤02 在绘图区域用十字光标单击选择轴号，再单击鼠标右键，在弹出的快捷菜单中选择“特性”选项，打开“特性”选项板，单击 “快速选择”按钮，如图4-10所示。

步骤03 打开“快速选择”对话框，在“应用到”下拉列表中选择“整个图形”❶，在“对象类型”下拉列表中选择“所有图元”❷，在“特性”列表框中选择“图层”❸，在“运算符（O）”下拉列表中选择“=等于”❹，在“值（V）”下拉列表中选择“AXIS”（即原轴号图层）❺，在“如何应用”选项组中选择“包括在新选择集中”❻，单击“确定”按钮❼，如图4-11所示。

图 4-10 打开“特性”选项板

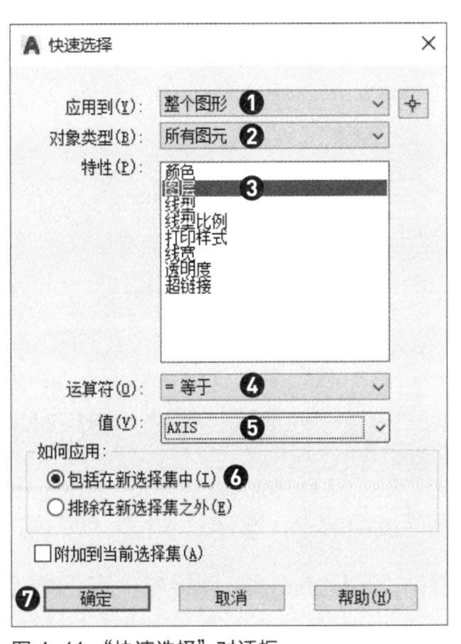

图 4-11 “快速选择”对话框

步骤04 此时，可以选中图形中所有的轴号图形，如下页图4-12所示。

步骤05 单击“默认”选项卡的“图层”下拉按钮，选择“轴号”图层，完成对轴号图层的修改，按Esc键退出选择，如图4-13所示。

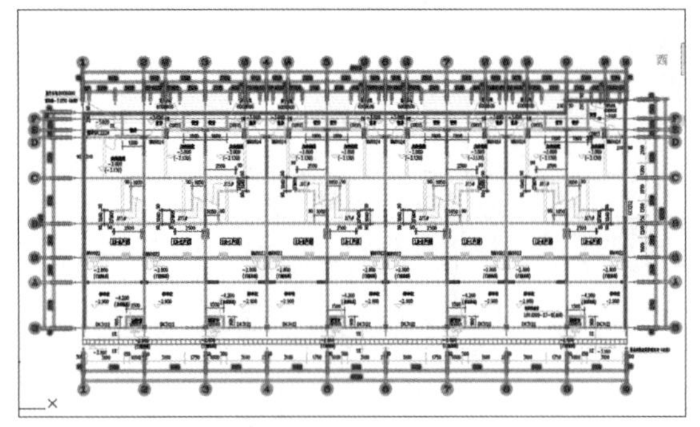

图 4-12　快速选择的结果

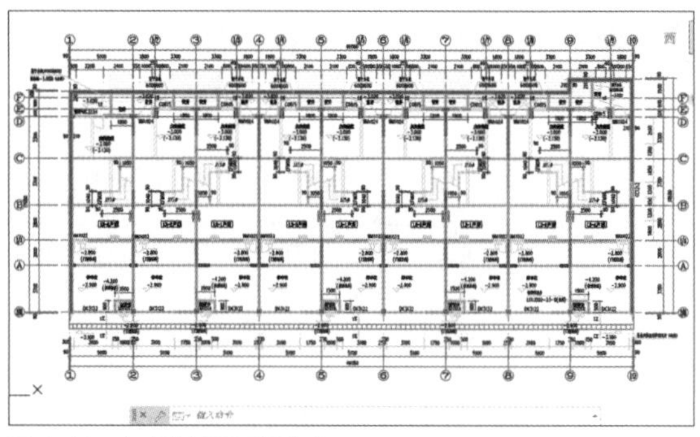

图 4-13　完成轴号图层的修改

4.2　图形位置与大小的改变

用户在利用AutoCAD进行图形绘制时，有时需要针对图形的位置、大小、方向、尺寸等进行调整。这时候就会用到“移动”“旋转”“缩放”“拉伸”等命令来完成相关操作，从而绘制出理想的图形对象。

4.2.1　移动图形

“移动”命令可以在不改变大小和方向的情况下，改变所选对象的位置，将对象从当前位置移动到新的位置。用户可以通过以下方法执行“移动”命令。

- 执行菜单栏中的“修改>移动”命令。
- 在“默认”选项卡的“修改”面板中单击“移动”按钮。
- 在命令行中输入快捷命令move或m，然后按Enter键。
- 选择要移动的图形，单击鼠标右键，在弹出的快捷菜单中选择“移动”命令（移动(M)）。

执行上述任意一种操作后，命令行提示内容如下。

```
命令：_move 找到 1 个
指定基点或 [位移(D)] <位移>:                    //指定移动基点
指定第二个点或 <使用第一个点作为位移>:          //指定目标点
```

示例4-2：使用“移动”命令移动衣柜图形

步骤01 打开“实例4-2.dwg”素材文件，按住Shift键并右击，在弹出的快捷菜单中选择“对象捕捉设置”命令，打开“草图设置”对话框，勾选“启用对象捕捉”“端点”和“圆心”复选框❶，单击“确定”按钮❷，如下页图4-14所示。

步骤02 然后在绘图区域中单击，选定“衣柜”块，如下页图4-15所示。

步骤03 输入快捷键m，按Enter键，捕捉衣柜左下角点，指定基点，如下页图4-16所示。

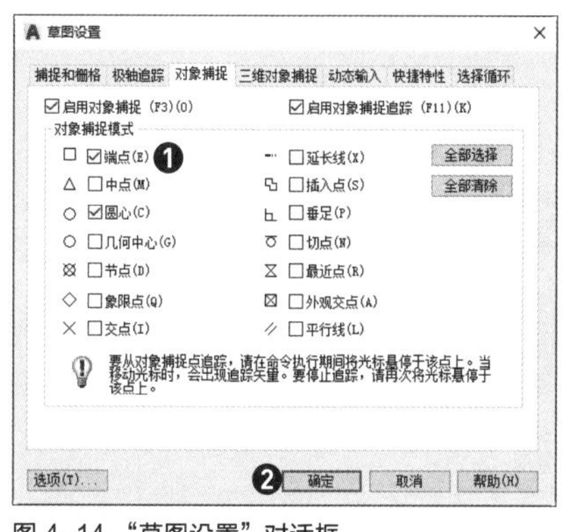
图 4-14 “草图设置”对话框

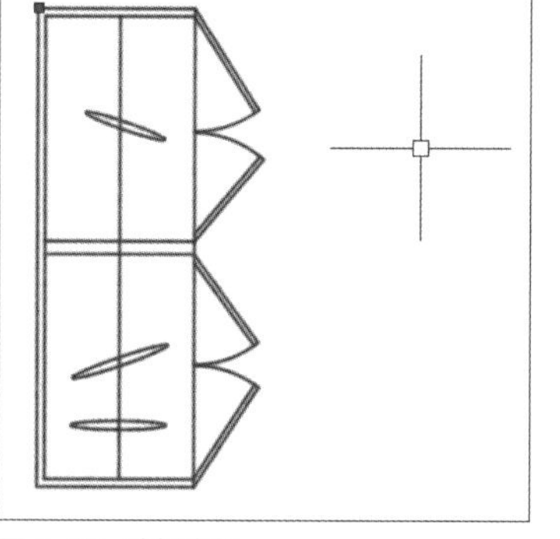
图 4-15 选择衣柜

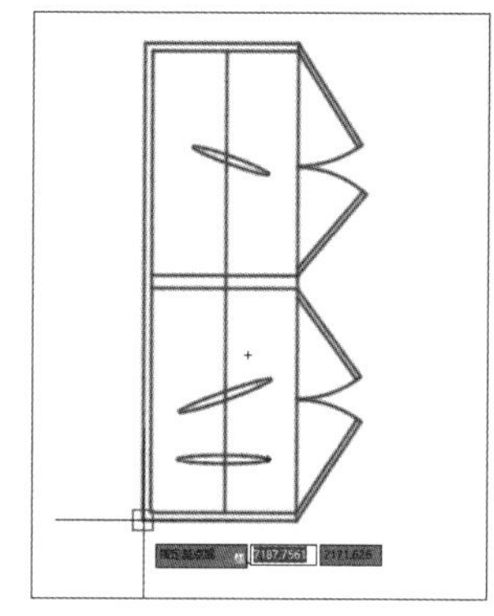
图 4-16 指定基点

步骤 04 单击左下角基点，移动光标至内墙线左下角点，自动捕捉该点，如图4-17所示。

步骤 05 单击内墙左下角点，完成柜子的移动操作，如图4-18所示。

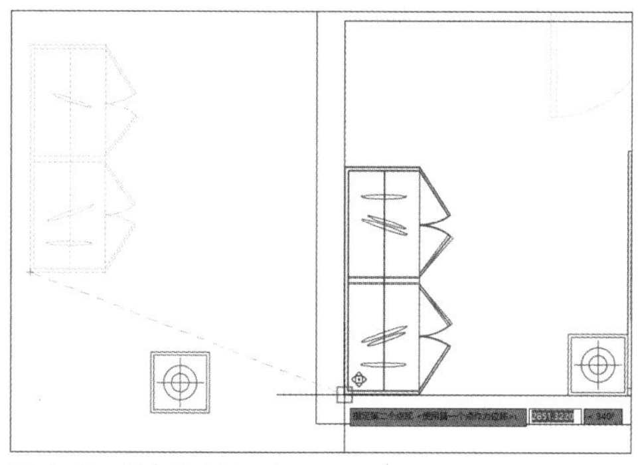
图 4-17 指定移动第二点

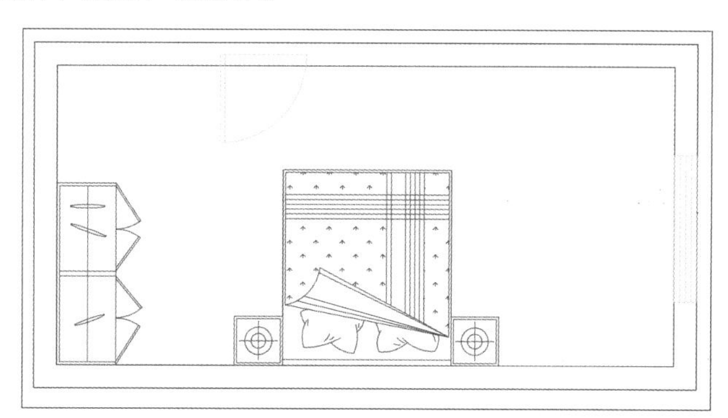
图 4-18 完成移动后的效果

4.2.2 旋转图形

利用“旋转”命令可以将对象绕指定的旋转中心旋转一定的角度，用户可以通过以下方法执行该命令。

- 在菜单栏中执行“修改>旋转”命令。
- 在“默认”选项卡的“修改”面板中单击“旋转”按钮。
- 在命令行中输入快捷命令rotate或ro，然后按Enter键。
- 选择要移动的图形，单击鼠标右键，在弹出的快捷菜单中选择“移动”命令 旋转(O)。

执行以上任意一种操作后，命令行的提示内容如下。

```
命令：_rotate
UCS 当前的正角方向：  ANGDIR=逆时针   ANGBASE=0
选择对象：找到 1 个
指定基点：
指定旋转角度，或 [复制(C)/参照(R)] <0>:                    //输入旋转角度
```

示例4-3： 使用“旋转”命令旋转飞机图形

步骤 01 打开“实例4-3.dwg”素材文件，如图下页4-19所示。

步骤 02 选择右侧小飞机图形，在命令行中输入ro命令，按Enter键后再指定基点位置，如下页图4-20所示。

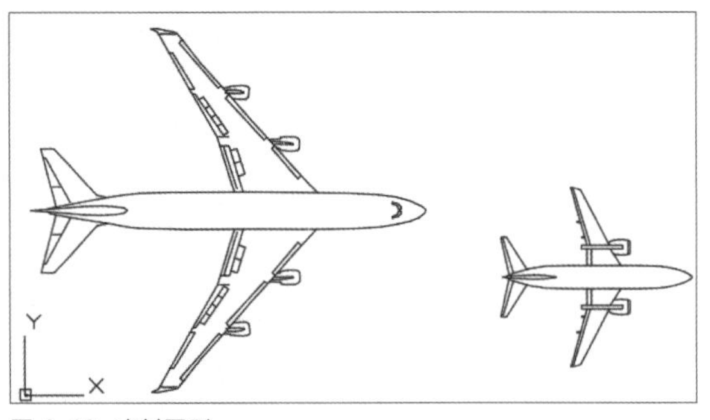

图 4-19　素材图形

图 4-20　指定旋转基点

步骤03 接着移动鼠标指定旋转角度，或直接输入旋转角度，如图4-21所示。

步骤04 指定旋转角度后单击鼠标左键，也可以直接按空格键或Enter键，即可完成图形的旋转操作，如图4-22所示。

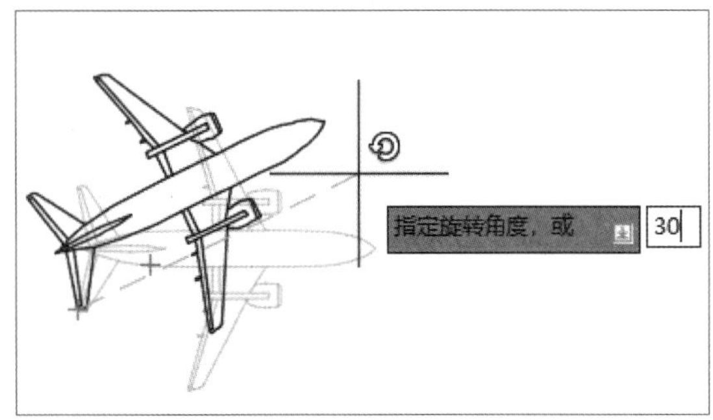

图 4-21　输入旋转角度

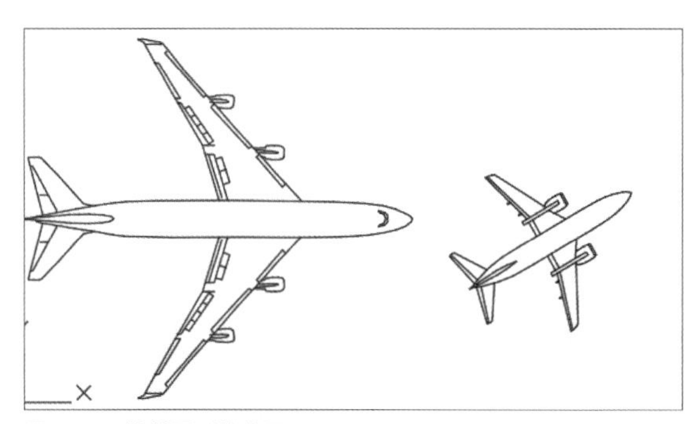

图 4-22　旋转图形的效果

4.2.3 缩放图形

“缩放”命令可以将图形对象按指定比例因子进行放大或缩小，该命令只改变图形对象的大小而不改变图形的形状，即图形对象在*X*、*Y*轴方向的缩放比例是相同的。用户可以通过以下方法调用“缩放”命令。

- 在菜单栏中执行“修改>缩放”命令。
- 在“默认”选项卡的“修改”面板中单击“缩放”按钮。
- 在命令行中输入scale或sc命令，然后按Enter键或空格键。

（1）比例缩放

执行“缩放”命令后，在命令行提示“指定比例因子或【参照（R）】：”时，可以直接输入已知的比例因子。比例因子大于1时，图形放大；比例因子小于1时，图形缩小。这种方法适用于比例因子已知的情况，命令行的提示如下。

```
命令：_scale 找到 1 个
指定基点：
指定比例因子或 [复制(C)/参照(R)]: 2
```

（2）参照缩放

如果用户不能事先确定缩放比例，只知道缩放后的尺寸或缩放前后的尺寸都不知道，可以使用参照缩放，使图形对象缩放后与图中某一边对齐，命令行的提示如下。

```
命令：_scale 找到 1 个
指定基点：
指定比例因子或 [复制(C)/参照(R)]: r
指定参照长度 <1.0000>: 100
指定新的长度或 [点(P)] <1.0000>:
```

工程师点拨：缩放与视图缩放

缩放与视图缩放不同。视图缩放只改变图形对象在屏幕上的显示大小，不改变图形本身的尺寸；缩放将改变图形本身的尺寸。

4.2.4 拉伸与拉长图形

“拉伸”命令用于拉伸窗交窗口部分包围的对象，而完全包含在窗交窗口中的对象或单独选定的对象会被移动，其中圆、椭圆和块无法拉伸。用户可以通过以下方法执行“拉伸”命令。

- 在菜单栏中执行“修改>拉伸”命令。
- 在“默认”选项卡的“修改”面板中单击“拉伸”按钮。
- 在命令行中输入stretch或s命令，然后按Enter键。

执行以上任意一种操作后，命令行提示如下。

```
命令：_stretch
以交叉窗口或交叉多边形选择要拉伸的对象...
选择对象：找到 1 个                                //窗交选择要拉伸对象的拉伸部位
选择对象：
指定基点或 [位移(D)] <位移>:
指定第二个点或 <使用第一个点作为位移>:               //指定目标点或输入拉伸距离
```

“拉长”命令用来改变直线的长度及弧线的长度和角度。用户可以通过下列方法执行“拉长”命令。

- 在菜单栏中执行“修改>拉长”命令。
- 在命令行中输入lengthen或len命令，然后按Enter键。

执行以上任意一种操作后，命令行提示如下。

```
命令：LEN
LENGTHEN
选择要测量的对象或 [增量(DE)/百分比(P)/总计(T)/动态(DY)] <总计(T)>:
当前长度：9.3077
选择要测量的对象或 [增量(DE)/百分比(P)/总计(T)/动态(DY)] <总计(T)>: de
输入长度增量或 [角度(A)] <0.0000>: 20
选择要修改的对象或 [放弃(U)]: u
命令已完全放弃。
```

工程师点拨：关于“拉伸”命令的应用

选择对象时，只能选择图形对象的一部分，当对象全部位于选择窗口内时（即全部选中），此时“拉伸”命令等同于“移动”命令。在使用“拉伸”命令时，AutoCAD只能识别最新的窗交窗口选择集，以前的选择集将被忽略。

4.2.5 延伸图形

“延伸”命令用于将图形对象延长到指定的边界。用户可以通过下列方法执行“延伸”命令。

- 在菜单栏中执行“修改>延伸”命令。
- 在“默认”选项卡的“修改”面板中单击“延伸”按钮。
- 在命令行中输入extend或ex命令，然后按Enter键。

示例4-4：使用“延伸”命令延伸图形

步骤01 打开“实例4-10.dwg”素材文件，如图4-23所示。

步骤02 输入ex命令，按Enter键确定，再按Enter键确定边界选择要延长的弧形，如图4-24所示。

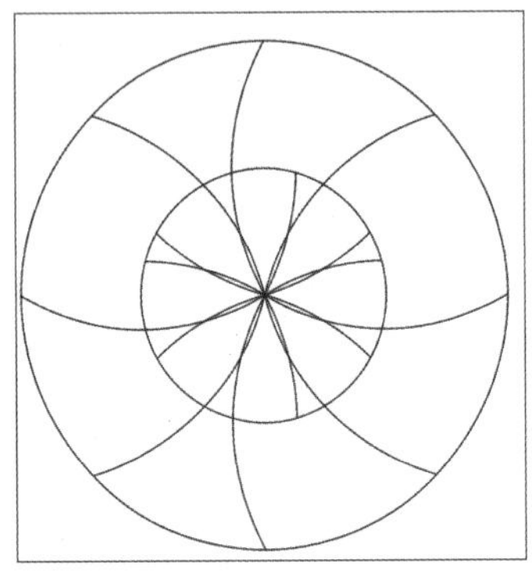

图 4-23 素材文件

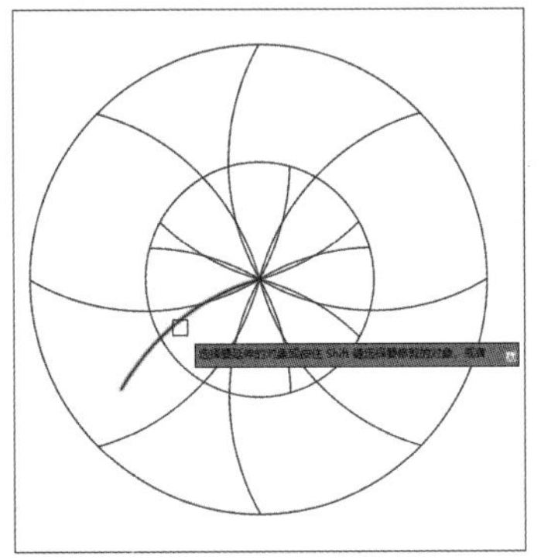

图 4-24 选择要延长的弧形

步骤03 单击鼠标左键，确定延长，接着继续选择要延长的弧形，如图4-25所示。

步骤04 单击鼠标左键确定延长，用同样的方法将其他弧形延长，最终效果如图4-26所示。

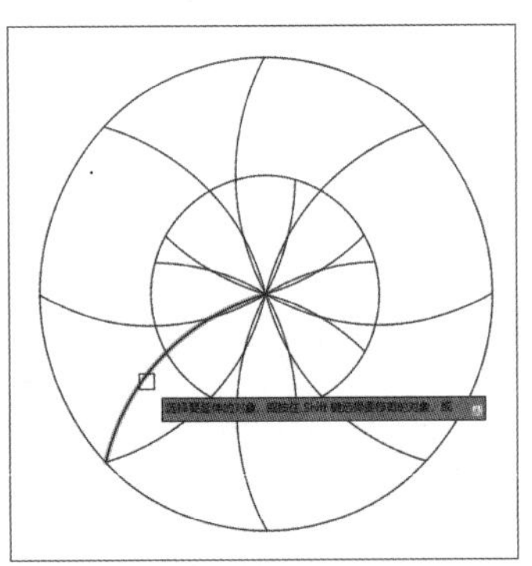

图 4-25 继续选择要延伸弧形

图 4-26 完成延伸操作

4.3 图形对象的复制

在利用AutoCAD绘图时，用户经常会遇到需要绘制多个图形相同但位置不同的图形对象的情况，这时候就可以应用复制、偏移、镜像以及阵列工具，快速创建这些相同的对象，以达到事半功倍的效果。

4.3.1 复制图形

复制图形是将原图形保留，移动原图形的副本图形，复制后的图形将继承原图形的属性。当需要绘制若干个相同或相近的图形对象时，用户可以使用“复制”命令在短时间内轻松、方便地完成绘制工作，免去了手工绘图中的大量重复操作。用户可以通过以下方法执行“复制”命令。

- 在菜单栏中执行“修改>复制”命令。
- 在“默认”选项卡的“修改”面板中单击“复制”按钮。
- 在命令行中输入快捷命令copy、co或cp，然后按Enter键。
- 选择要复制的图形，单击鼠标右键，在弹出的快捷菜单中选择“复制选择”命令 复制选择(Y)。

执行以上任意一种操作后，命令行提示如下。

```
命令：_copy 找到 1 个
当前设置：  复制模式 = 多个
指定基点或 [位移(D)/模式(O)] <位移>:                    //指定基点
指定第二个点或 [阵列(A)] <使用第一个点作为位移>:          //指定第二点
```

示例4-5：使用“复制”命令复制椅子图形

步骤 01 打开“实例4-4.dwg”素材文件，如图4-27所示。

步骤 02 选择椅子图形，在命令行中输入co命令，按Enter键后指定一点作为复制基点，如图4-28所示。

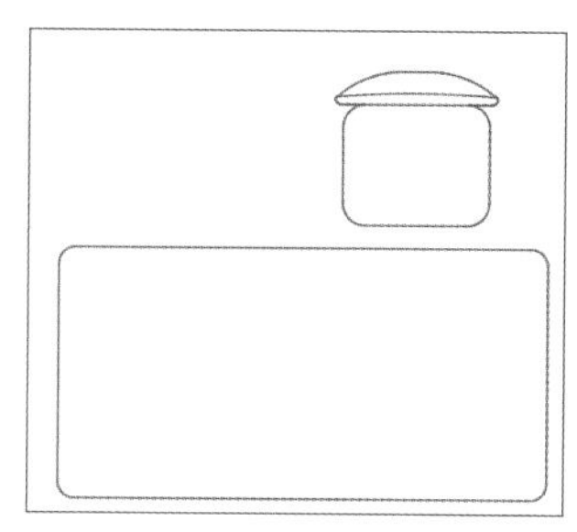

图 4-27 打开素材文件

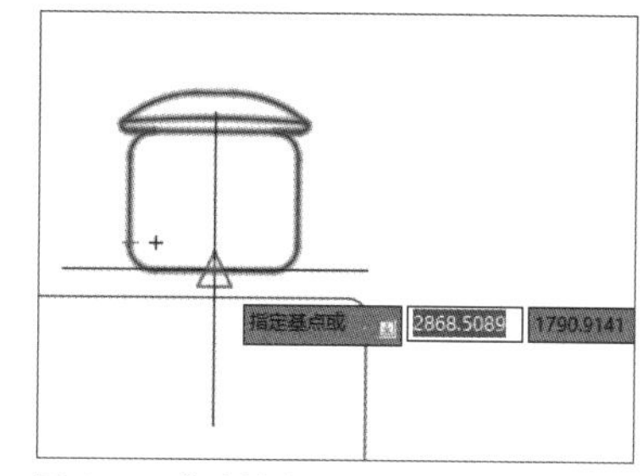

图 4-28 指定基点

步骤 03 接着移动鼠标指定复制的目标点，如图4-29所示。

步骤 04 若要复制多个，可以陆续指定第三点、第四点等，直至全部复制完成，然后按空格键或Enter键完成椅子复制，如图4-30所示。

步骤 05 选择下方椅子，对其进行“旋转”180度操作，最终完成椅子绘制，如图4-31所示。

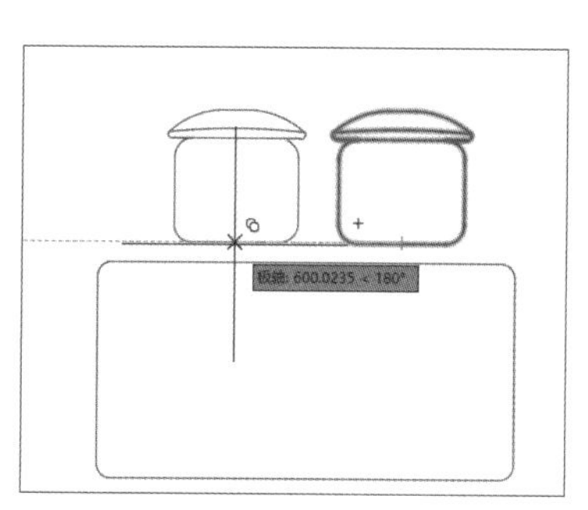

图 4-29 指定第二点

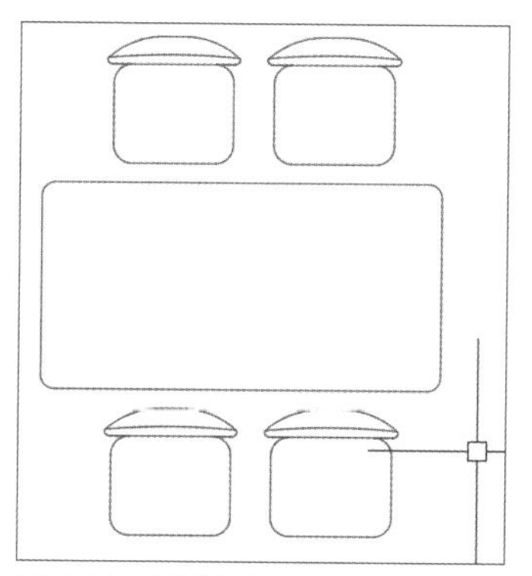

图 4-30 复制效果

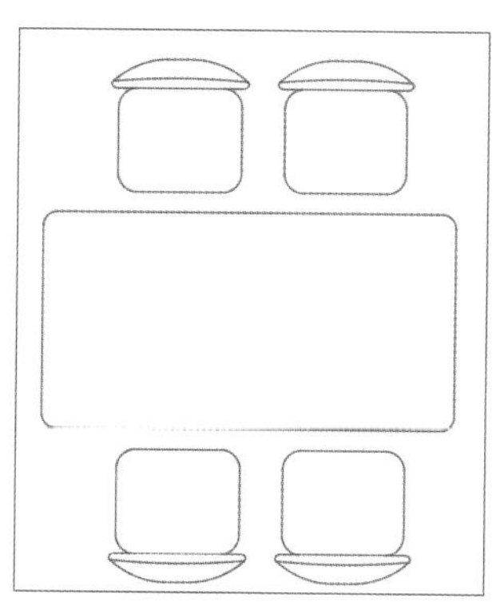

图 4-31 最终椅子图形效果

4.3.2 镜像图像

“镜像”命令可以沿着一根对称中轴线（镜像线）对称复制图形对象。该功能是“复制”命令加“旋转”180度命令的结合，可以大大节约设计人员的绘图时间，减小劳动强度，提高工作效率。用户可以通过以下方法执行“镜像”命令。

- 在菜单栏中执行“修改>镜像”命令。
- 在“默认”选项卡的“修改”面板中单击“镜像”按钮⚠。
- 在命令行中输入快捷命令mirror或mi，然后按Enter键。

执行以上任意一种操作后，命令行提示内容如下。

```
命令： MI
MIRROR 找到 29 个
指定镜像线的第一点：
指定镜像线的第二点：
要删除源对象吗？ [是(Y)/否(N)] <否>: N                    //选择是否删除原对象
```

示例4-6：使用“镜像”命令将机械图形绘制完整

步骤01 打开“实例4-5.dwg”素材文件，选择机械图形，如图4-32所示。

步骤02 在命令行中输入mi命令，按空格键或Enter键后，指定虚线辅助线的一点作为镜像线的第一点，如图4-33所示。

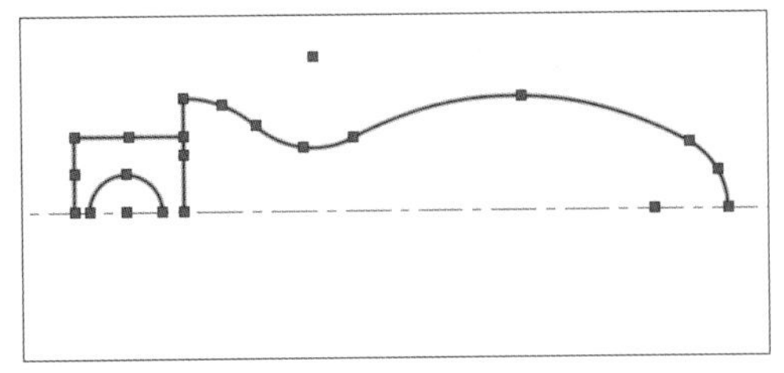

图 4-32 选择对象

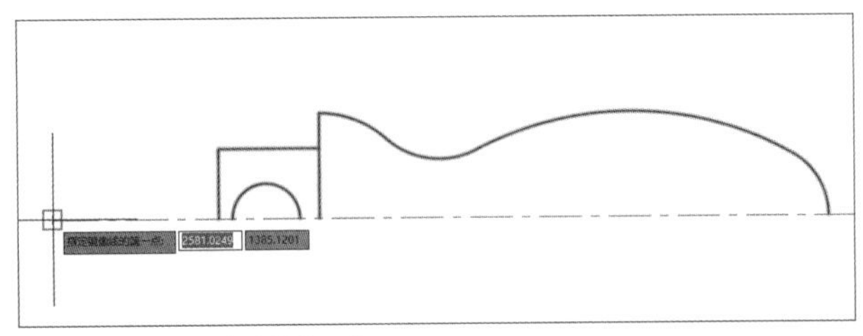

图 4-33 指定镜像线的第一点

步骤03 接着指定辅助线另一侧作为镜像线的第二点，此时可以看到追踪的镜像图像，如图4-34所示。

步骤04 确定镜像第二点后，会提示“要删除源对象吗？”选项，输入n并按空格键或Enter键，完成镜像操作，如图4-35所示。

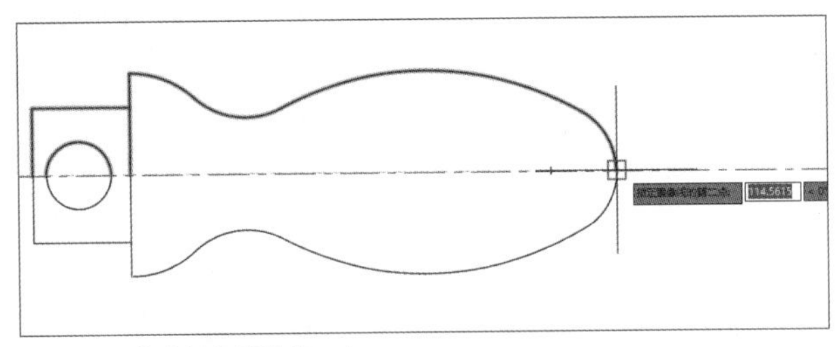

图 4-34 指定镜像线的第二点

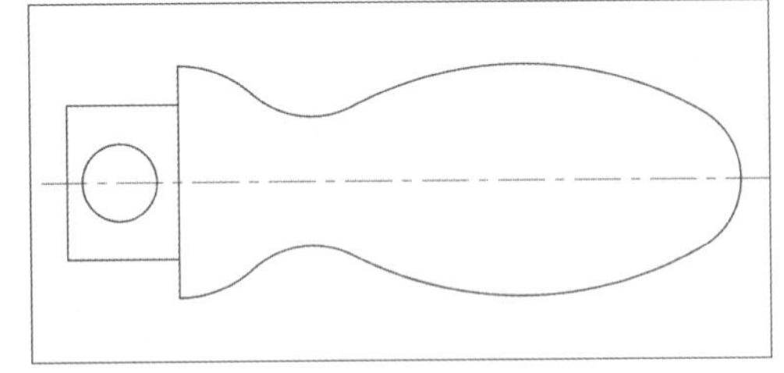

图 4-35 镜像效果

4.3.3 偏移图形

利用“偏移”命令对直线、圆或矩形等图形对象进行偏移，可以绘制一组平行直线、同心圆或同心矩形等。用户可以通过下列方式执行“偏移”命令。

- 在菜单栏中执行“修改>偏移”命令。
- 在“默认”选项卡的“修改”面板中单击“偏移”按钮。
- 在命令行中输入快捷命令offset或o，然后按Enter键。

执行以上任意一种操作后，命令行提示内容如下。

```
命令： O
OFFSET
当前设置： 删除源＝否　图层＝源　OFFSETGAPTYPE=0
指定偏移距离或 [通过(T)/删除(E)/图层(L)] <通过>:  10                    //输入偏移距离
指定要偏移的那一侧上的点，或 [退出(E)/多个(M)/放弃(U)] <退出>:
选择要偏移的对象，或 [退出(E)/放弃(U)] <退出>:
```

示例4-7：使用“偏移”命令对圆形进行偏移操作

步骤 01 打开“实例4-6.dwg”素材文件，如图4-36所示。

步骤 02 选择圆形图形，输入o命令，按空格键或Enter键后，根据提示输入偏移距离为50，如图4-37所示。

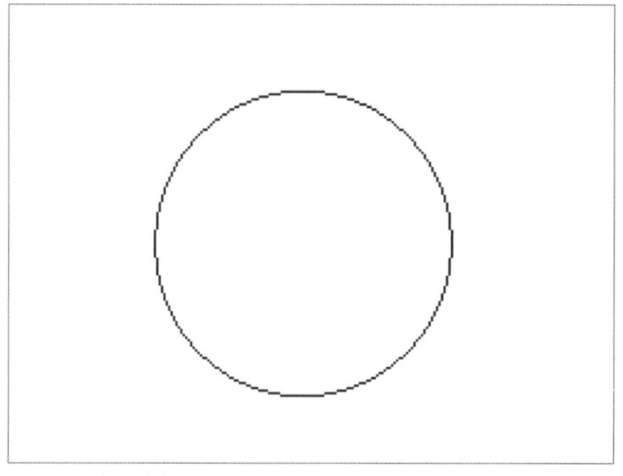

图 4-36　打开素材图形

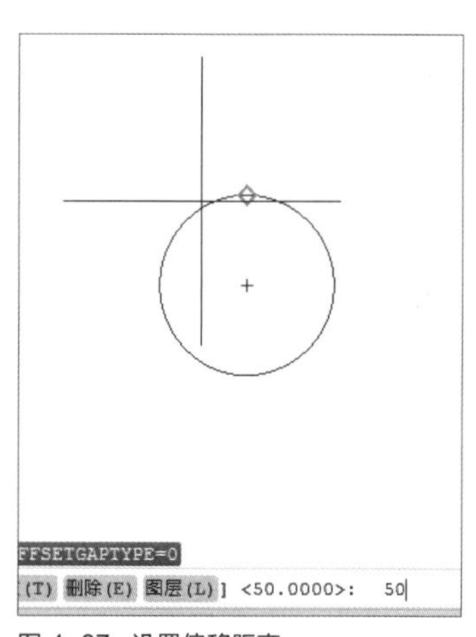

图 4-37　设置偏移距离

步骤 03 接着将光标移动到圆形外围，选择偏移方向，如图4-38所示。

步骤 04 单击鼠标左键，确定偏移操作，按Enter键或空格键结束偏移命令，如图4-39所示。

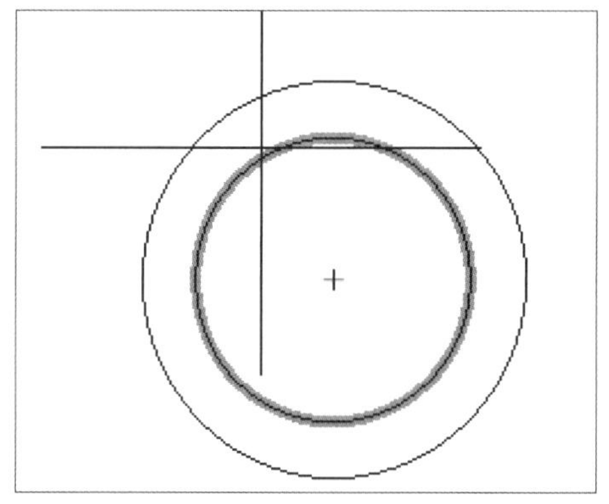

图 4-38　指定偏移方向

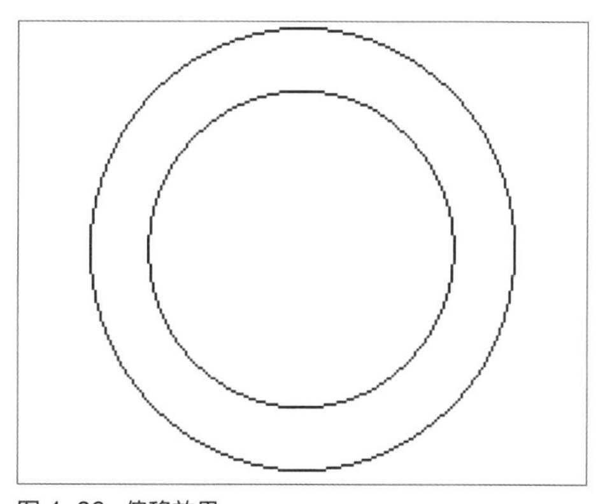

图 4-39　偏移效果

工程师点拨：关于图形的偏移

在执行图形偏移操作过程中，用户也可以先输入O命令，然后按空格键或Enter键，输入偏移距离，再按Enter键或空格键，最后选择要偏移的对象，指定偏移方向，单击鼠标左键即可完成偏移操作。若要一直重复偏移操作，则可以重复选择偏移对象以及偏移方向，直至完成偏移操作再按Enter键或空格键。

4.3.4 阵列图形

在绘制工程图样时，经常遇到按照一定规则排列的重复图形，例如建筑立面图中窗的布置、建筑平面图中柱网的布置、装修施工图中各种装饰花样的布置。当这些图形是矩形或环形阵列布局时，AutoCAD向用户提供了快速进行阵列复制的命令。其阵列方式包括矩形阵列、路径阵列和环形阵列3种。

（1）矩形阵列

矩形阵列是按任意行、列和层级组合分布的对象副本。用户可以通过下列方法执行“矩形阵列”命令。

- 在菜单栏中执行“修改>阵列>矩形阵列”命令。
- 在“默认”选项卡的“修改”面板中单击“矩形阵列”按钮。
- 在命令行中输入arrayrect或ar命令，然后按Enter键。

执行以上任意一种操作后，命令行的提示如下。

```
命令：AR
ARRAY 找到 2 个                                    //选择阵列复制对象
输入阵列类型 [矩形(R)/路径(PA)/极轴(PO)] <矩形>:
类型 = 矩形  关联 = 是
选择夹点以编辑阵列或 [关联(AS)/基点(B)/计数(COU)/间距(S)/列数(COL)/行数(R)/层数(L)/退出(X)] <
退出>:                                             //设置行数、列数等参数
```

执行“矩形阵列”命令后，系统将自动生成3行4列的矩形阵列，在“阵列创建”选项卡中，用户可以对阵列的参数进行设置，如图4-40所示。

图 4-40 “阵列创建”选项卡

示例4-8：使用“矩形阵列”命令绘制五环图

步骤01 打开“实例4-7.dwg”素材文件，如图4-41所示。

步骤02 在命令行输入ar命令，选择上方圆形，按Enter键确定选择对象。再输入r命令，选择“矩形”阵列并按Enter键，弹出参数设置选项卡，如图4-42所示。

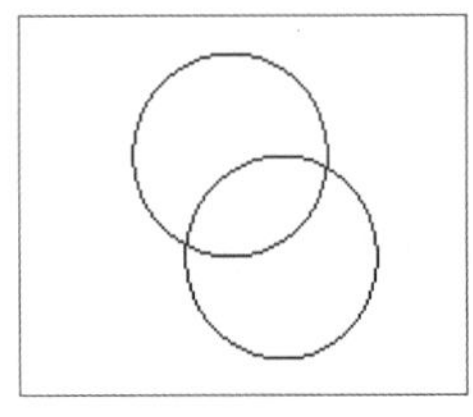

图 4-41 素材图形

图 4-42 设置三环矩阵属性

步骤03 在“列数”数值框中输入3，在“行数”数值框中输入1，在“介于”（列间距）数值框中输入160，单击“关闭阵列”按钮完成三环绘制，如图4-43所示。

步骤04 在命令行输入ar命令，选择下方圆形，按Enter键确定选择对象。再输入R命令，选择“矩形”阵列并按Enter键，弹出参数设置选项卡，在“列数”数值框中输入2❶，在“行数”数值框中输入1❷，在“介于”（列间距）数值框中输入160❸，单击“关闭阵列”按钮❹，如图4-44所示。

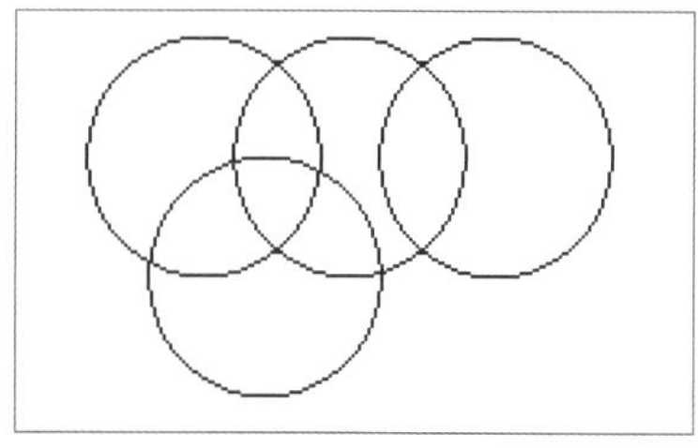

图 4-43 三环绘制效果

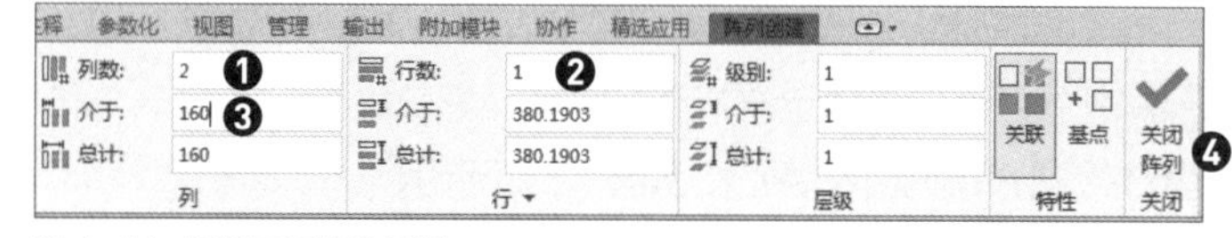

图 4-44 设置二环矩阵属性

步骤05 即可完成五环绘制，如图4-45所示。

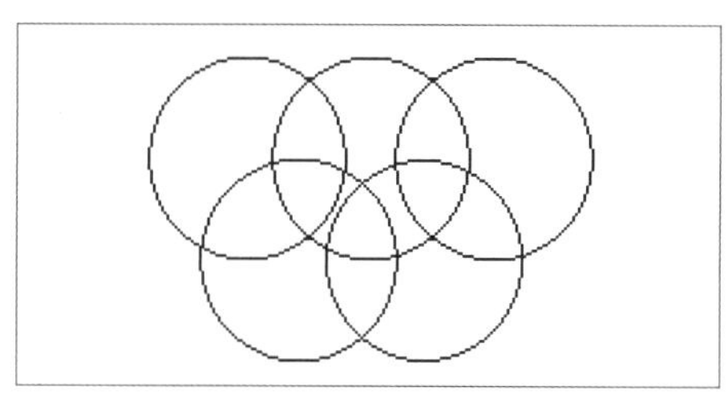

图 4-45 五环最终绘制效果

（2）路径阵列

路径阵列是沿整个路径或部分路径来平均分布对象的副本，路径可以是曲线、弧线、折线等开放型线段。用户可以通过以下方法执行“路径阵列”命令。

- 在菜单栏中执行“修改>阵列>路径阵列”命令。
- 在“默认”选项卡的“修改”面板中单击“路径阵列”按钮。
- 在命令行中输入arraypath命令，然后按Enter键。

执行以上任意一种操作后，命令行提示如下。

```
命令：_arraypath 找到 1 个
类型 = 路径  关联 = 是
选择路径曲线：
选择夹点以编辑阵列或 [关联(AS)/方法(M)/基点(B)/切向(T)/项目(I)/行(R)/层(L)/对齐项目(A)/z 方向(Z)/退出(X)] <退出>:
```

（3）环形阵列

环形阵列是绕某个中心点或旋转轴形成的环形图案平均分布的对象副本。用户可以通过以下方法执行“环形阵列”命令。

- 在菜单栏中执行“修改>阵列>环形阵列”命令。
- 在“默认”选项卡的“修改”面板中单击“环形阵列”按钮。
- 在命令行中输入arraypolar命令，然后按Enter键。

执行以上任意一种操作后，命令行提示如下。

```
命令：_arraypolar 找到 3 个
类型 = 极轴  关联 = 是
指定阵列的中心点或 [基点(B)/旋转轴(A)]:
选择夹点以编辑阵列或 [关联(AS)/基点(B)/项目(I)/项目间角度(A)/填充角度(F)/行(ROW)/层(L)/旋转项目(ROT)/退出(X)] <退出>:
```

示例4-9：使用“环形阵列”命令对圆弧图形进行阵列复制

步骤 01 打开“实例4-8.dwg”素材文件，输入ar命令，根据命令行提示，选择弧形对象，如图4-46所示。

步骤 02 按Enter键确定选择对象，输入PO命令，选择环形阵列选项，按Enter键后选择阵列中心点，这里选择圆心作为阵列中心，如图4-47所示。

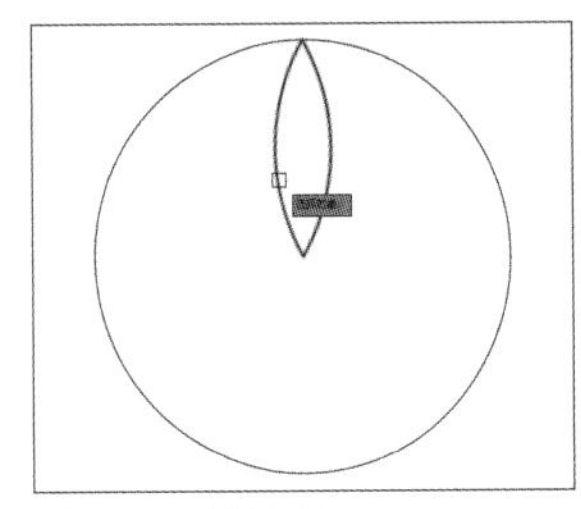

图 4-46　选择对象

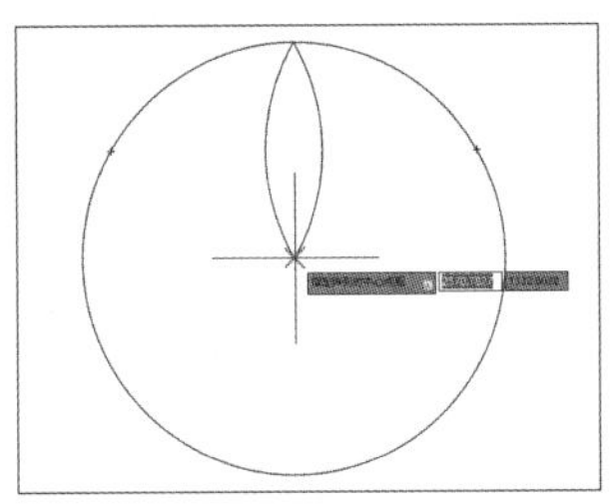

图 4-47　选择阵列中心

步骤 03 指定阵列中心后进入“阵列创建”选项卡，设置“项目数”为13，如图4-48所示。

步骤 04 在“阵列创建”选项卡中单击“关闭阵列”按钮，即可完成环形阵列操作，效果如图4-49所示。

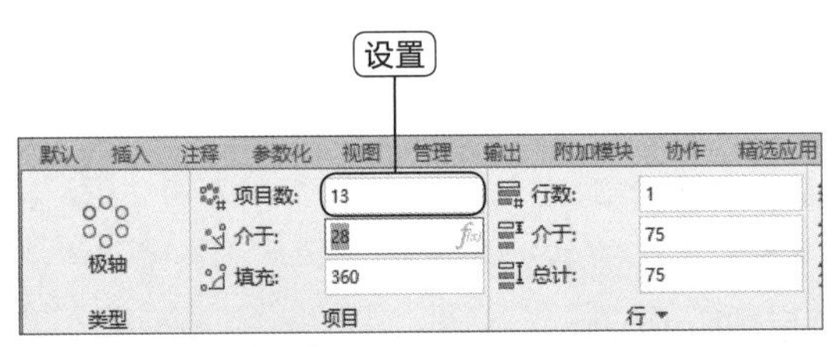

图 4-48　设置阵列参数

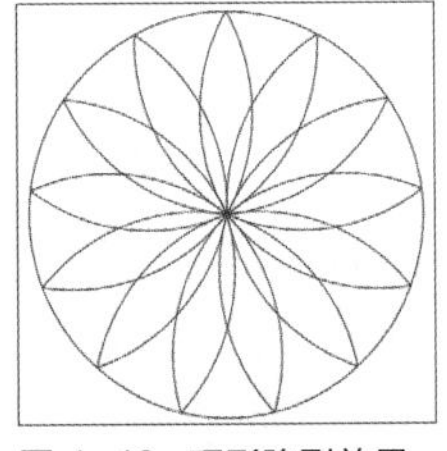

图 4-49　环形阵列效果

工程师点拨：环形阵列的方向

在环形阵列选项卡中的“方向”按钮，可以控制阵列的方向为顺时针还是逆时针。在默认情况下，填充角度若为正值，表示沿逆时针方向环形阵列对象，若为负值表示沿顺时针方向环形阵列对象。

4.4　图形对象的修改

图形对象绘制完成后，用户可以根据需要对图形进行相应的修改操作。AutoCAD 2022提供了多种修改命令，包括“倒角”“倒圆角”“分解”“合并”“打断”等，本节将对这些命令的应用方法进行详细介绍。

4.4.1　删除图形

在绘图过程中，经常需要删除一些辅助或错误的图形，用户可以通过以下方法执行“删除”命令。

- 在菜单栏中执行“修改>删除”命令。
- 在“默认”选项卡的“修改”面板中单击“删除”按钮，如图4-50所示。
- 在命令行中输入快捷命令erase，然后按Enter键。
- 选中要删除的图形，单击鼠标右键，在弹出的快捷菜单中选择“删除”命令，如图4-51所示。
- 选中要删除的图形，按下键盘上的Delete键。

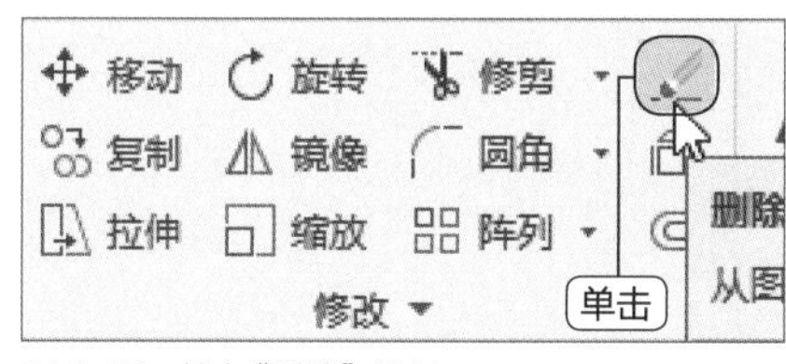

图 4-50 单击“删除”按钮

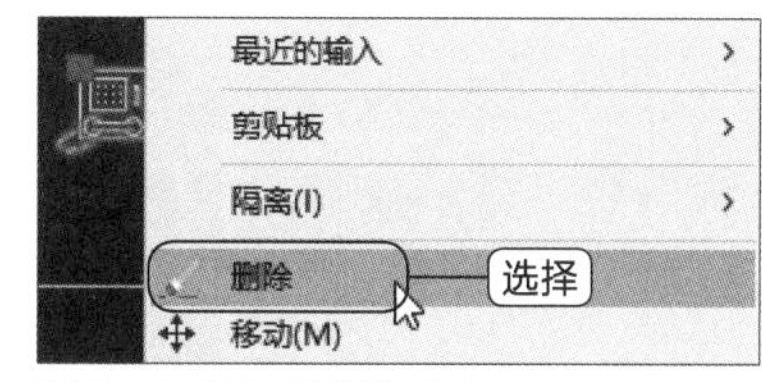

图 4-51 选择“删除”命令

使用以上任意一种方法调用“删除”命令后，命令行提示如下。

```
命令： ERASE                                         //调用（删除）命令
选择对象：                                            //选择要删除的对象按 Enter 键
```

工程师点拨：不小心删除了有用的图形该怎么办

在作图时，我们有时候会不小心删除了有用的图形，可以通过下列方法恢复。

- 在命令行中输入oops命令，可以启动恢复删除的对象，但只能恢复最后一次利用“删除”命令删除的对象。
- 按住Ctrl+Z组合键，可以恢复上一步操作，包括删除操作或其他操作。
- 单击标题栏的“撤销”按钮。

4.4.2 修剪图形

当用户需要删除图形对象超出某一边界的部分时，如果使用“删除”命令，则会将整个图形对象删除，这时可以使用“修剪”命令来完成。“修剪”命令可以准确地剪切掉超出指定边界的部分，这个边界称为剪切边。用户可以通过以下方法执行“修剪”命令。

- 在菜单栏中执行“修改>修剪”命令。
- 在“默认”选项卡的“修改”面板中单击“修剪”按钮。
- 在命令行中输入trim或tr命令，然后按Enter键。

执行以上任意一种操作后，命令行提示如下。

```
命令：_trim
当前设置：投影=UCS，边=无
选择剪切边...
选择对象或 <全部选择>： 找到 1 个                                //选择参考边界
选择对象：
选择要修剪的对象或按住 Shift 键选择要延伸的对象，或者
[栏选(F)/窗交(C)/投影(P)/边(E)/删除(R)]:
选择要修剪的对象，或按住 Shift 键选择要延伸的对象，或
[栏选(F)/窗交(C)/投影(P)/边(E)/删除(R)/放弃(U)]:
```

示例4-10：使用“修剪”命令剪切机械图的多余线条

步骤01 打开“实例4-9.dwg”素材文件，如图4-52所示。

步骤02 输入tr命令，按Enter键，再选择要修剪的对象，如图4-53所示。

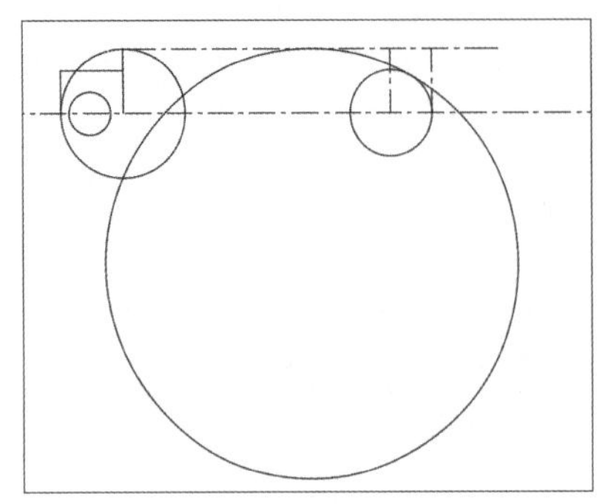

图 4-52　机械图

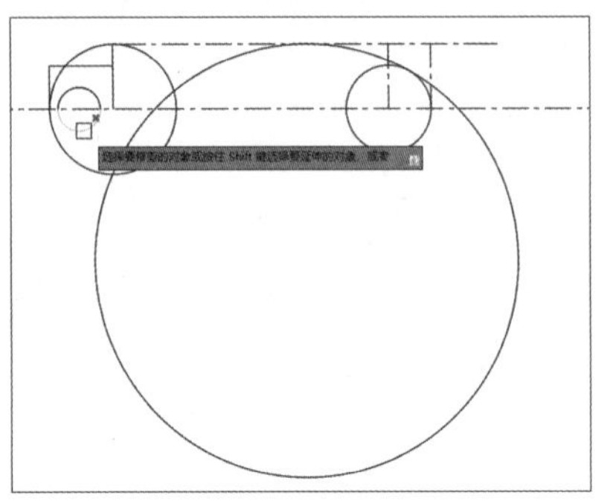

图 4-53　选择要剪切的对象

步骤03 单击鼠标左键完成修剪，如图4-54所示。

步骤04 此时光标已变成拾取框，继续单击选择要修剪的圆，完成第二个圆的修剪，如图4-55所示。

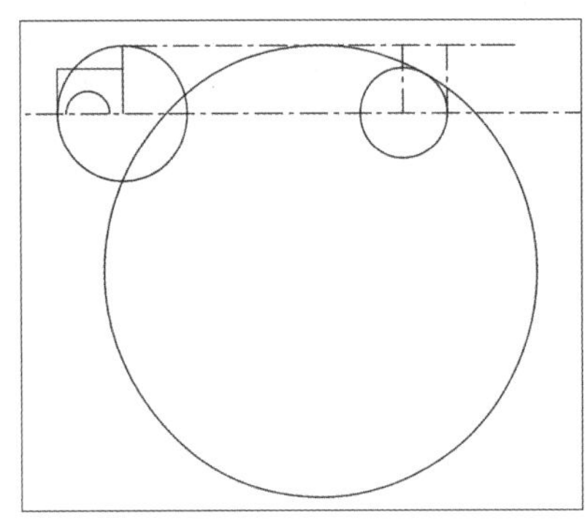

图 4-54　完成第一个圆修剪

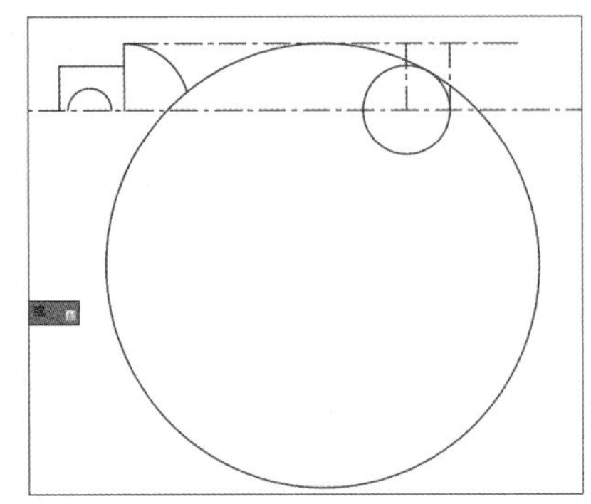

图 4-55　完成第二个圆修剪

步骤05 继续单击选择要修剪的圆，完成所有圆的修剪，如图4-56所示。

步骤06 按Enter键完成修剪操作，删除辅助线，输入f快捷命令后按Enter键，再输入R快捷命令后按Enter键，输入半径值12并按Enter键，根据命令行提示分别选择两个圆弧，对两个相交圆弧进行倒角，完成机械平面图的最终绘制，如图5-57所示。

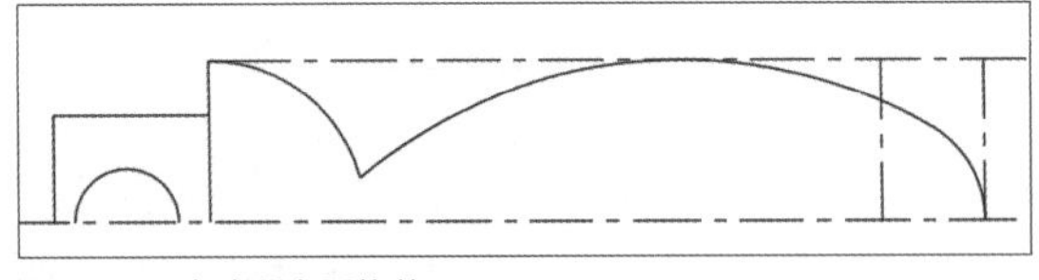

图 4-56　完成所有圆修剪

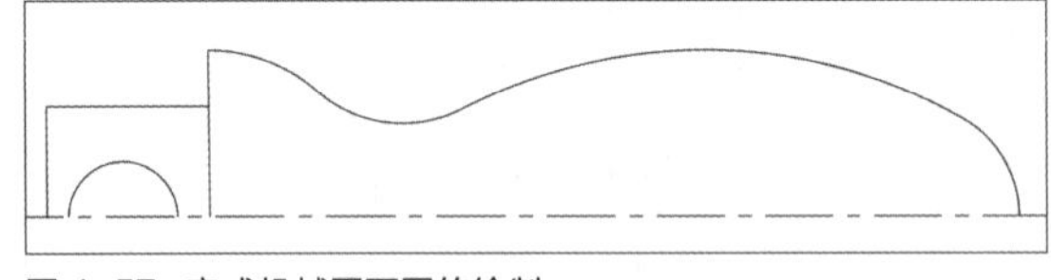

图 4-57　完成机械平面图的绘制

4.4.3 打断图形

打断图形指的是删除图形上的某一部分或将图形分成两部分。用户可以通过以下方法执行“打断”命令。

- 在菜单栏中执行“修改>打断”命令。
- 在“默认”选项卡的“修改”面板中单击“打断”按钮。
- 在命令行中输入break命令，然后按Enter键。

执行以上任意一种操作后，命令行提示如下。

```
命令：_break
选择对象：                                  //选择对象以确定第一个断点
指定第二个打断点 或 [第一点(F)]：           //指定第二个打断点
```

工程师点拨：打断点重合

当两个打断点重合时，对象被分解为两个对象，与“打断于点”命令等效。

4.4.4 图形的倒角与圆角

图形的倒角与圆角操作主要是用来对图形进行修饰。倒角是对相邻的两条直角边进行倒角，而圆角则是通过指定的半径圆弧来进行倒角。圆角与倒角的区别如图4-58、图4-59所示。

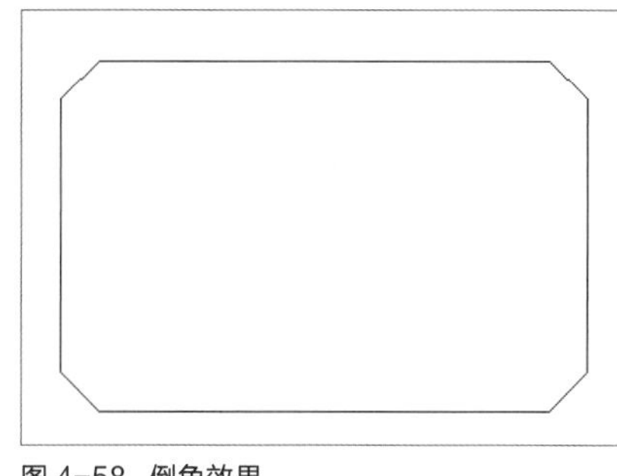

图4-58 倒角效果

图4-59 圆角效果

(1)倒角

“倒角”命令是通过斜线连接两个不平行的线型对象，可以用“倒角”命令的对象有：直线、多段线、构造线和射线等。用户可以通过以下方法执行“倒角”命令。

- 在菜单栏中执行“修改>倒角”命令。
- 在“默认”选项卡的“修改”面板中单击“倒角”按钮。
- 在命令行中输入快捷命令chamfer或cha，然后按Enter键。

执行以上任意一种操作后，命令行提示如下。

```
命令：_chamfer
("修剪"模式) 当前倒角距离 1 = 0.0000，距离 2 = 0.0000
选择第一条直线或 [放弃(U)/多段线(P)/距离(D)/角度(A)/修剪(T)/方式(E)/多个(M)]：
选择第二条直线，或按住 Shift 键选择直线以应用角点或 [距离(D)/角度(A)/方法(M)]：
```

命令行中部分选项含义介绍如下。

- 多段线：选择该选项，可以对整个多段线全部执行“倒角”命令。在上述命令行的提示下，输入快捷命令p并按Enter键，命令行提示如下。

```
选择二维多段线：                    //选择对象
```

在选择对象时，除了可以选择利用“多段线”命令绘制的图形对象，还可以选择“矩形”命令、“正多边形”命令绘制的图形对象。

- 角度：在chamfer命令行的提示下，输入快捷命令a并按Enter键进行倒角的角度设置。

- 修剪：该选项用来设置执行“倒角”命令时是否使用修剪模式。在chamfer命令行的提示下，输入快捷命令t并按Enter键，命令行提示如下。

```
选择二维多段线：                                    // 选择对象
```

（2）圆角

“圆角”命令可以用指定半径的圆弧将两个对象平滑地连接起来，可以用“圆角”命令的对象有：直线、多段线、构造线和射线等。用户可通过下列方法执行“圆角”命令。

- 在菜单栏中执行“修改>圆角”命令。
- 在“默认”选项卡的“修改”面板中单击“圆角”按钮。
- 在命令行中输入快捷命令fillet或f，然后按Enter键。

4.4.5 分解图形

“分解”命令可以将一个合成对象分解为组成它的部件对象。例如，使用“矩形”命令绘制一个矩形后执行“分解”命令，则矩形由原来的一个整体对象分解为组成它的四个直线对象。用户可以通过下列方法执行“分解”命令。

- 在菜单栏中执行“修改>分解”命令。
- 在“默认”选项卡的“修改”面板中单击“分解”按钮。
- 在命令行中输入快捷命令explode或x，然后按Enter键。

执行以上任意一种操作后，命令行提示如下。

```
命令：X
EXPLODE
选择对象：找到 1 个
选择对象：
```

4.5 编辑多段线与多线

绘制多段线或多线后，为了使绘制的图形更符合要求，用户可以对多段线或多线进行编辑，下面分别进行介绍。

4.5.1 编辑多段线

多段线绘制完毕，通常还需要对多段线进行相应的编辑操作，用户可以通过下列方法编辑多段线。

- 在菜单栏中执行“修改>对象>多段线”命令。
- 在“默认”选项卡的“修改”面板中单击“编辑多段线”按钮。
- 在命令行中输入快捷命令pedit或pe，然后按Enter键。

执行以上任意一种操作后，命令行提示如下。

```
命令：_pedit
选择多段线或 [多条(M)]:
输入选项 [闭合(C)/合并(J)/宽度(W)/编辑顶点(E)/拟合(F)/样条曲线(S)/非曲线化(D)/线型生成(L)/反转(R)/放弃(U)]:
```

命令行中部分选项含义介绍如下。

- 合并：只用于二维多段线，该选项可以把其他圆弧、直线、多段线连接到已有的多段线上，不过连接端点必须精确重合。
- 宽度：只用于二维多段线，指定多段线的宽度。当输入新宽度值后，先前生成的宽度不同的多段线都统一使用该宽度值。
- 编辑顶点：用于提供一组子选项，使用户能够编辑顶点和与顶点相邻的线段。
- 拟合：用于创建圆弧拟合多段线，该曲线将通过多段线的所有顶点并使用指定的切线方向。
- 样条曲线：可以生成由多段线顶点控制的样条曲线，回到初始状态。
- 线型生成：可以控制非连续线性多段线顶点处的线型。该选项若为关闭状态，则在多段线顶点处将采用连续线型，否则在多段线顶点处将采用多段线自身的非连续线型。
- 反转：用于反转多段线。

4.5.2 编辑多线

利用“多线”命令绘制的图形对象不一定满足绘图要求，这时就需要对其进行编辑。用户可以通过添加或删除顶点，并且控制角点接头的显示来编辑多线，还可以通过编辑多线样式来改变单个直线元素的属性，或改变多线的末端封口和背景填充。

用户可以通过下列方法调用编辑多线命令。

- 在菜单栏中执行“修改>对象>多线”命令。
- 在命令行中输入快捷命令mledit，然后按Enter键。
- 双击多线图形对象。

使用“多线”命令绘制图形时，线段难免会有交叉、重叠的现象，此时可以利用“多线编辑工具”功能，对线段进行修改编辑。

执行编辑多线命令后，弹出“多线编辑工具”对话框，如图4-60所示。部分功能介绍如下。

图 4-60 “多线编辑工具”对话框

- 十字闭合：在两条多线间创建一个十字闭合的交点，选择的第一条多线将被剪切。
- 十字打开：在两条多线间创建一个十字打开的交点，如果选择的第一条多线的元素超过两个，则内部元素也被剪切。
- 十字合并：在两个多线间创建一个十字合并的交点，与所选的多线顺序无关。
- T形闭合：在两条多线间创建一个T形闭合的交点。
- T形打开：在两条多线间创建一个T形打开的交点。
- T形合并：在两条多线间创建一个T形合并的交点。
- 角点结合：在两条多线间创建一个角点结合，修剪或拉伸第一条多线，与第二条多线相交。

综合实践　绘制楼梯平面图

实践目的　通过本实训练习，掌握二维图形编辑命令的使用方法。

实践内容　应用本章所学知识，利用图形偏移、多线绘制、图形修剪、图形镜像等命令，绘制楼梯平面图。

步骤 01 在“图层特性管理器”面板中新建“轴线”“墙体”及“装饰线”图层❶，并对图层的颜色、线型、线宽进行设置❷，如图4-61所示。

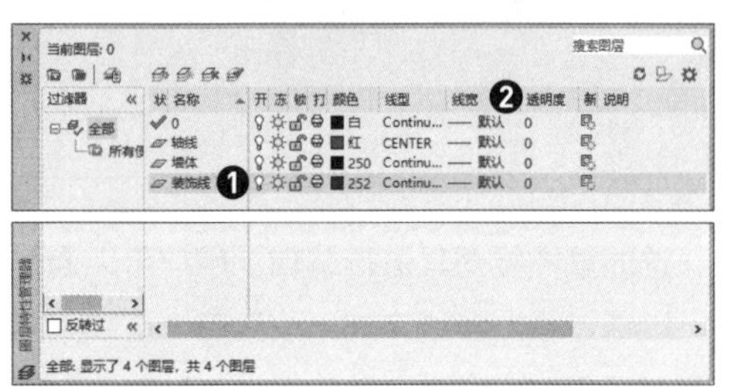

图 4-61　创建图层

步骤 02 双击“轴线”图层，将其设置为当前图层，输入L快捷命令来绘制轴线。利用“偏移”命令，将轴线绘制完整，如图4-62所示。

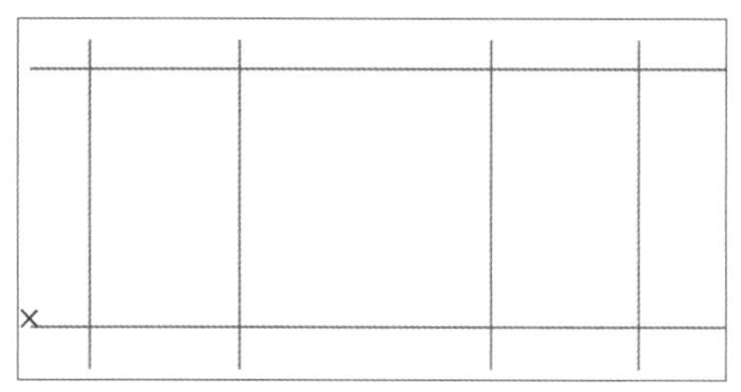

图 4-62　绘制轴线

步骤 03 双击“墙体”图层，将其设置为当前图层，执行“绘图>多线”命令，根据命令行提示，选择“对正>无”，再选择“比例>240”，按Enter键后捕捉轴线交点绘制外墙，如图4-63所示。

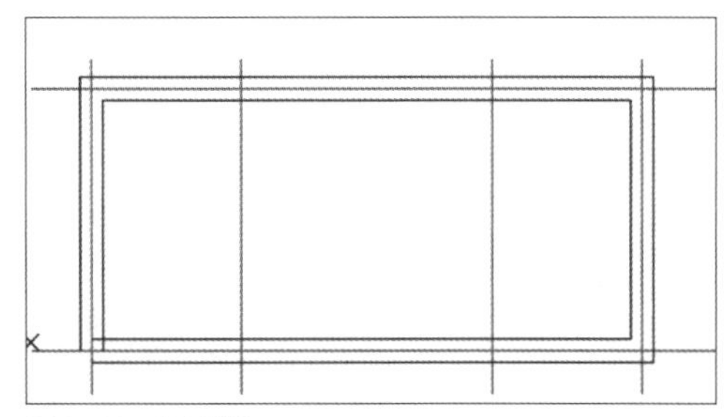

图 4-63　绘制外墙

步骤 04 执行“修改>对象>多线”命令，打开“多线编辑工具”对话框，选择“角点结合”选项，将外墙角点结合，如图4-64所示。

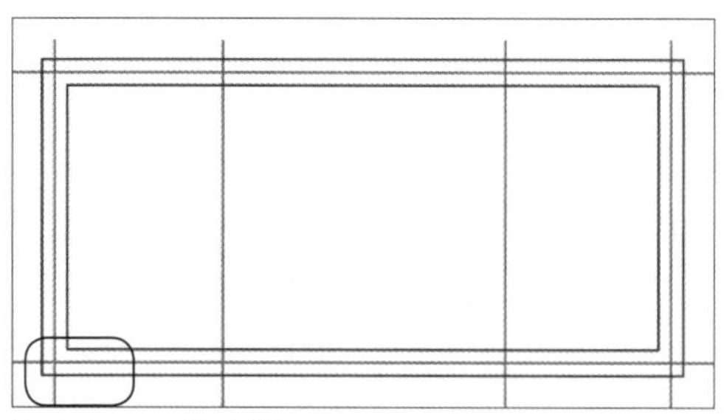

图 4-64　角点结合效果

步骤 05 输入l快捷命令，绘制门洞辅助线，确定门洞位置，执行“修剪”命令，对外墙进行修剪处理，抠出门洞口，如图4-65所示。

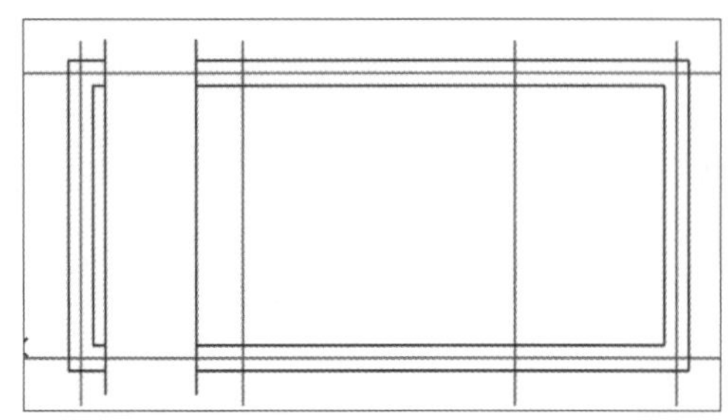

图 4-65　修剪门洞

步骤 06 利用“修剪”命令将多余辅助线删除，完成外墙的修改，如图4-66所示。

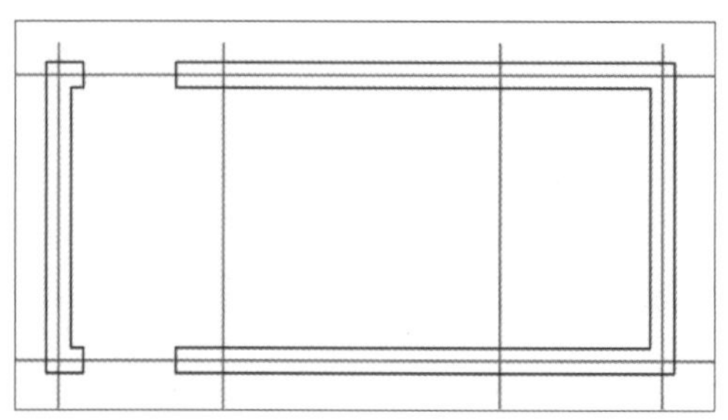

图 4-66　完成外墙修改

步骤07 双击“装饰线”图层，将其设置为当前图层。在“默认”选项卡的“绘图”面板中单击“矩形”按钮，绘制楼梯扶手平面图，如图4-67所示。

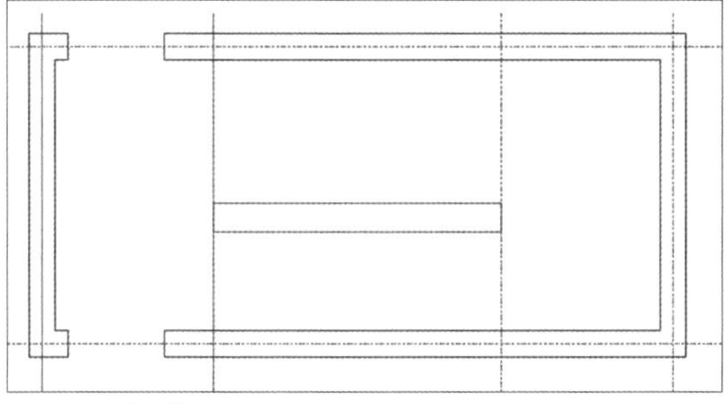

图 4-67 绘制扶手矩形

步骤08 因为自动捕捉绘制的矩形角点在轴线中点，因此我们需要把楼梯扶手线向上移动130mm，输入m快捷命令，捕捉矩形左侧边框中点并单击，作为基点，鼠标垂直向上移动，捕捉到原矩形上角点并单击，完成移动，如图4-68所示。

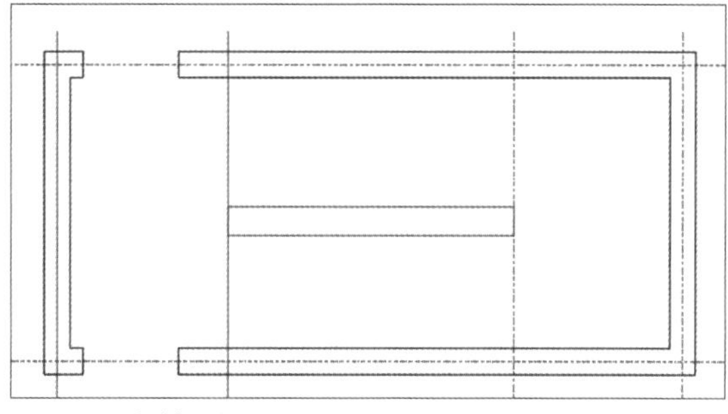

图 4-68 移动矩形

步骤09 执行“修改>偏移”命令，选择矩形扶手，向内偏移50mm，如图4-69所示。

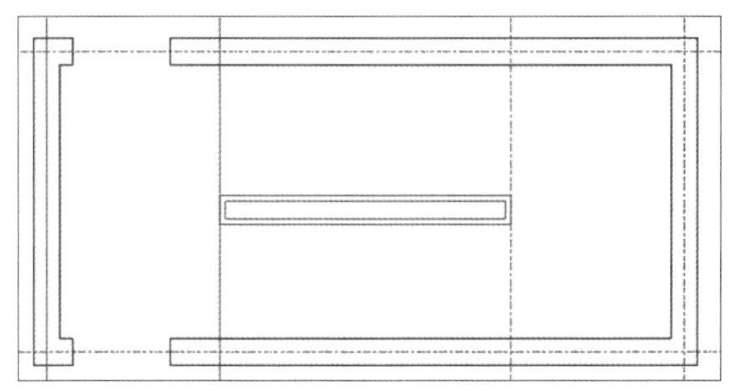

图 4-69 偏移矩形

步骤10 输入l快捷命令，绘制楼梯台阶平面图，如图4-70所示。在绘制过程中，按F8功能键打开正交模式，启用“垂足”捕捉模式，捕捉内墙垂足绘制台阶线。

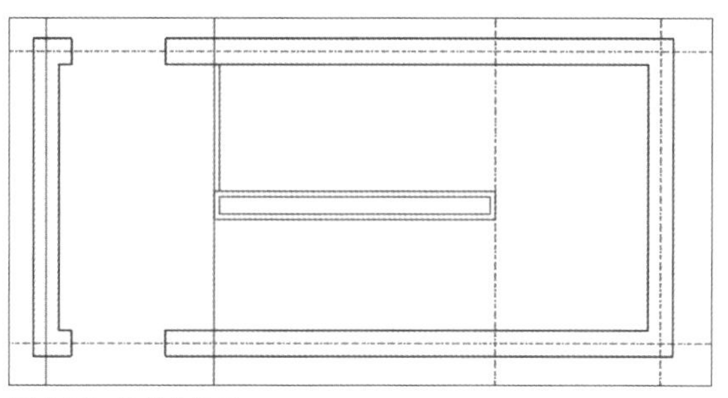

图 4-70 绘制台阶线

步骤11 执行“修改>偏移”命令，选择台阶线，输入偏移距离为300mm，绘制出一侧台阶线，如图4-71所示。

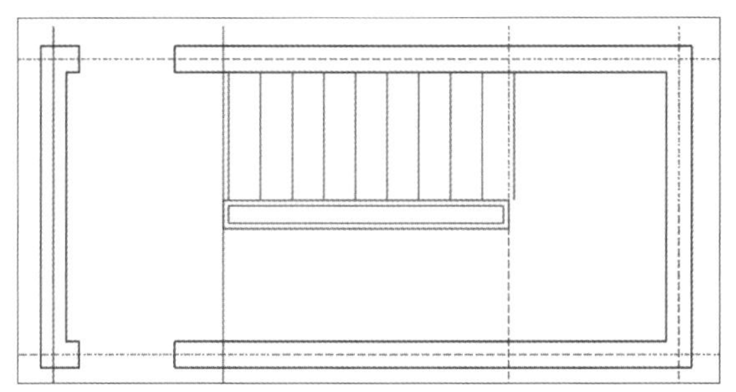

图 4-71 一侧台阶线绘制完成

步骤12 执行“修改>镜像”命令，选择中点作为镜像线，不删除源对象，将另一侧台阶线绘制完成，此时楼梯平面图绘制完成，如图4-72所示。

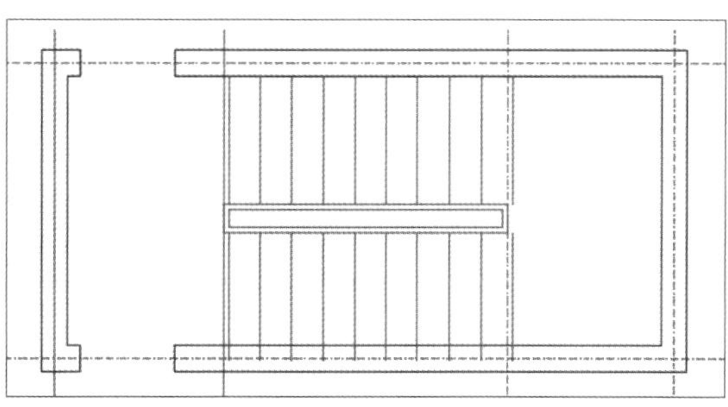

图 4-72 完成楼梯平面图的绘制

课后练习

通过本章内容的学习，相信用户已经能够使用AutoCAD 2022的二维图形编辑命令来绘制出更复杂的图形。下面将结合相应的习题，对本章所学知识进行巩固练习。

一、选择题

（1）在命令行中输入（　　）快捷命令，可以启用恢复删除命令。

A. oops　　B. op　　C. m　　D. mi

（2）使用“多线”命令绘图时，会有线段交叉重叠的现象，需要用（　　）功能对线段进行修改编辑。

A. 多线设置　　B. 多线段　　C. 多线编辑器　　D. 修剪

（3）以下不能应用“修剪”命令进行修剪的是（　　）。

A. 文字　　B. 圆弧　　C. 圆　　D. 多线段

（4）使用旋转命令旋转图形对象时（　　）。

A. 必须指定旋转角度　　B. 必须指定基点

C. 必须指定参考方式　　D. 必须是三维空间才能旋转

（5）co是（　　）命令的快捷指令。

A. 剪切　　B. 移动　　C. 旋转　　D. 复制

二、填空题

（1）阵列命令包括__________、__________、__________三种类型。

（2）m是__________命令的快捷指令。

（3）使用__________命令可以按指定的镜像线反转对象，创建出对称的图形。

三、操作题

（1）使用“偏移”命令和“打断”命令，完成电梯井及其门洞口的绘制，如图4-73所示。

（2）利用“矩形”“偏移”“倒角”命令绘制餐桌，利用“镜像”“旋转”“复制”等命令绘制椅子，绘制完成的效果如图4-74所示。

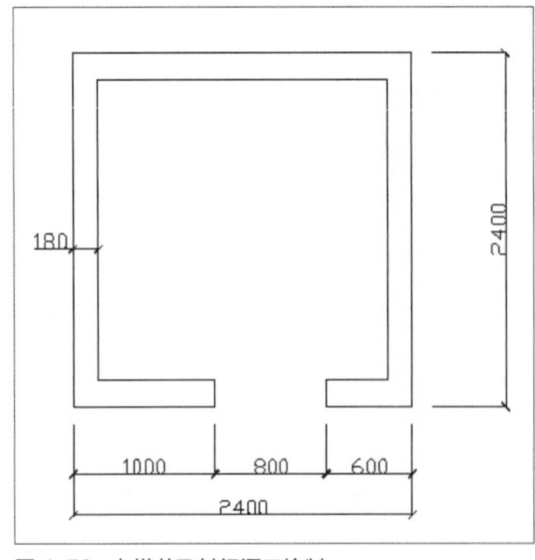

图 4-73　电梯井及其门洞口绘制

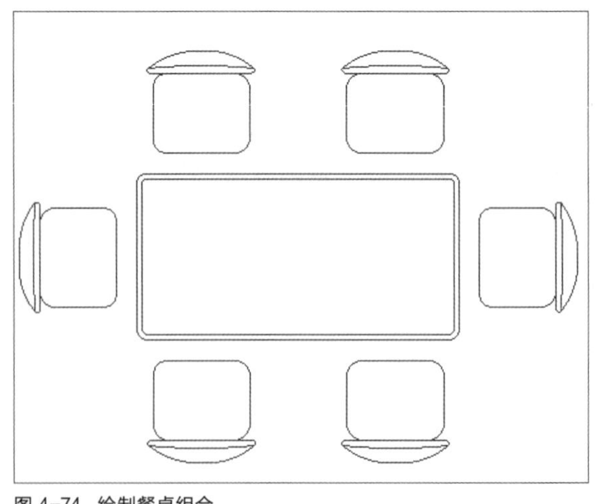

图 4-74　绘制餐桌组合

第5章 图块及设计中心

课题概述 在需要绘制大量重复图形时，除了可以应用图形的复制或阵列等命令外，用户还可以使用AutoCAD的图块功能，将定义好的图形快速插入到当前绘制的图纸中。而使用AutoCAD的设计中心功能，可以让用户方便地访问图块、图案填充或其他图形内容。

教学目标 通过本章内容的学习，用户可以熟悉并掌握块的创建、插入与编辑，块的属性设置，外部参照及设计中心的应用。

核心知识点

★☆☆☆ | 设计中心的使用
★★☆☆ | 编辑与管理块的属性
★★★☆ | 块的插入及储存
★★★★ | 内部块和外部块的创建

本章文件路径

上机实践： 实例文件 \ 第 5 章 \ 综合实践：创建带属性的轴线符号块及插入所创建的块 .dwg

课后练习： 实例文件 \ 第 5 章 \ 课后练习

本章内容图解链接

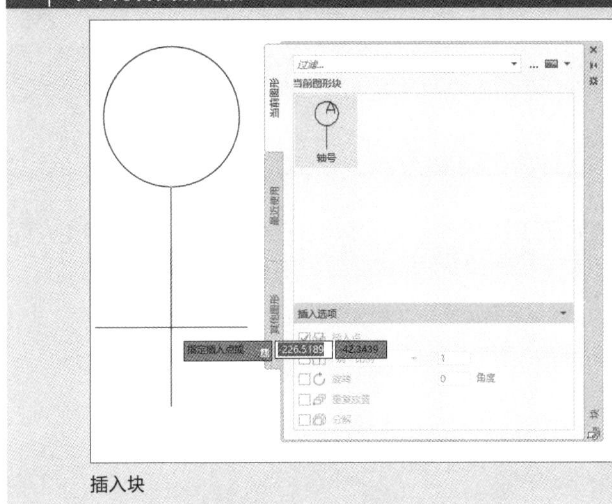

插入块

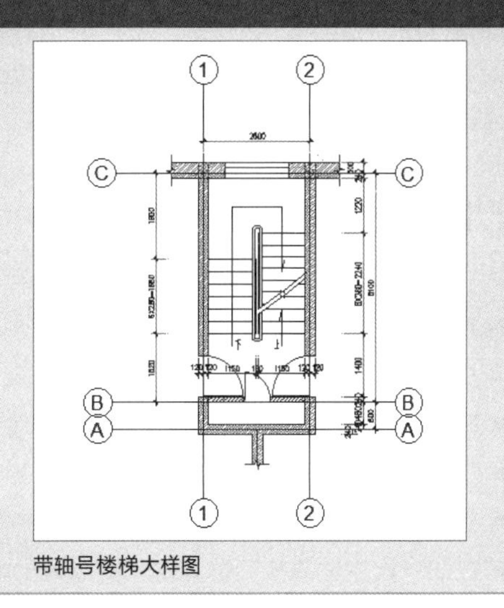

带轴号楼梯大样图

5.1 图块的概念和特点

图块就是将一个或多个对象结合起来形成的整体对象，命名并保存后，用户可以在绘图过程中将其视为一个独立、完整的对象进行调用和编辑。

用户可以通过执行图块的插入命令，将图块插入到图形的需要位置。图块的每次插入都称为图块参照，它不仅仅是从图块定义复制到绘图区域，更重要的是建立了图块参照与图块定义间的链接。因此，如果修改了图块定义，所有的图块参照也将自动更新。同时，每一个插入的图块参照都是作为一个整体对象进行处理的。

在AutoCAD中，使用图块具有如下特点。

- 提高绘图效率：可以快捷地完成大量的复制工作。

- 节省储存空间：AutoCAD在图块定义表中只储存一次组成图块的所有对象信息，对于其余图块参照，系统只记录图块的名称、插入点、比例因子和旋转角度等信息。
- 便于图形的修改：建筑工程图纸往往需要多次修改。比如，在建筑设计中要修改标高符号的尺寸，如果要一一修改每一个标高符号，既费时又不方便，但如果原来的标高符号是通过插入图块的方式绘制，那么只要简单地对图块进行再定义，就可以对图中的所有标高进行修改。
- 可以添加属性：很多图块还要求有文字信息来进一步解释其用途。此外，用户还可以从图形中提取这些信息并传送到数据库中。

工程师点拨：创建块的快捷命令区别

在创建块时，我们一般直接输入快捷命令对块进行创建，大大提高了绘图效率。创建块的快捷命令有两个：一个是W键，一个是B键。W键用于创建外部参照块，创建的块需要输入保存路径，以“xxx.dwg”的形式保存；而B键用于创建内部块，不需要输入保存路径，它只是保存在这个图形文件内部，如果其他图形文件需要此块，我们可以将此块创建成外部块或通过复制粘贴命令来复制到另一个图形文件中。

5.2 创建与编辑图块

AutoCAD提供了两种创建块的方法。一种是使用block命令，通过“块定义”对话框创建内部块；另一种是使用wblock命令，通过“写块”对话框创建外部块。前者是将块储存在当前图形文件中，只能本图形文件调用或使用设计中心共享。后者是将块写入磁盘保存为一个图形文件，所有的AutoCAD图形文件都可以调用。

5.2.1 创建内部块

内部图块是跟随定义它的图形文件一起存储在图形文件内部，因此只能在当前图形文件中调用，而不能在其他图形文件中调用。

用户可以通过以下方法来创建块。

- 在菜单栏中执行“绘图>块>创建”命令。
- 在“默认”选项卡的“块”面板中单击“创建块”按钮。
- 在“插入”选项卡的“块定义”面板中单击“创建块”按钮。
- 在命令行中输入快捷命令block，按Enter键或空格键。
- 在命令行中输入快捷命令b，按Enter键或空格键。

执行以上任意一种操作，即可打开“块定义”对话框，如图5-1所示。通过该对话框可以设置每个块定义的块名、一个或多个对象、用于插入块的基点坐标值和所有相关的属性数据等。

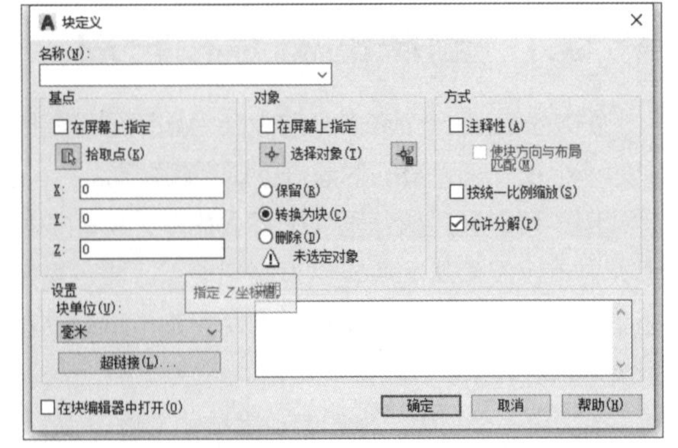

图 5-1 “块定义”对话框

下面将对“块定义”对话框中一些主要选项的含义进行介绍，具体如下。

- 基点：该选项区域中的选项用于指定图块的插入基点。系统默认图块的插入基点值为（0,0,0），用户可以直接在*X*、*Y*和*Z*数值框中输入坐标相对应的数值，也可以单击“拾取点”按钮，切换到绘图区中的指定基点。

- 对象：该选项区域中的选项用于指定新块中要包含的对象，以及创建块之后，是保留选定对象、删除选定的对象，或者是将它们转换成块实例。
- 方式：该选项区域中的选项用于设置插入后的图块是否允许被分解、是否统一比例缩放等。
- 在块编辑器中打开：勾选该复选框，当创建图块后，可以进行块编辑器窗口中“参数”“参数集”等选项的设置。

示例5-1： 创建床图块

步骤01 打开“示例5-1.dwg”素材图形，执行“绘图>块>创建”命令，打开“块定义”对话框，在对话框中单击“选择对象”按钮，如图5-2所示。

步骤02 在绘图区中选择要创建图块的对象，如图5-3所示。

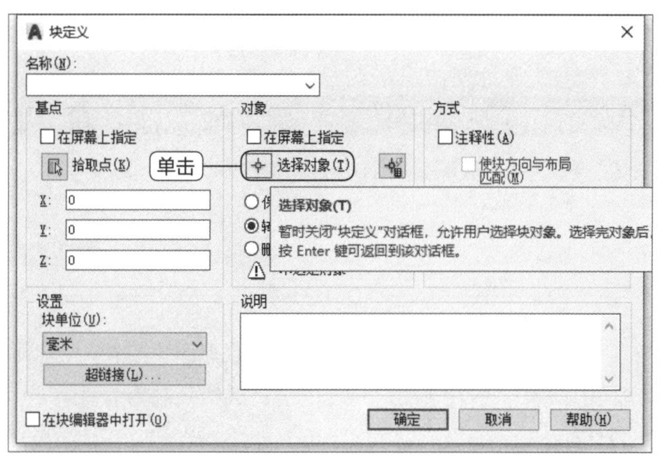

图 5-2 单击“选择对象”按钮

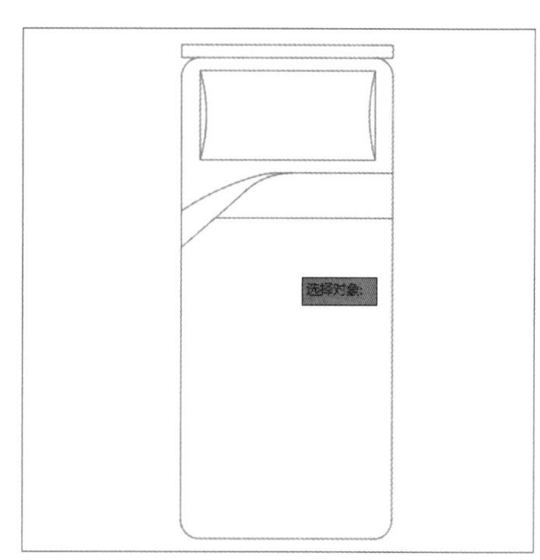

图 5-3 选取对象

步骤03 按Enter键、空格键或鼠标右键返回至“块定义”对话框，然后单击“拾取点”按钮，如图5-4所示。

步骤04 在绘图窗口中指定图形的一点作为块的基点，单击“确定”按钮，效果如图5-5所示。

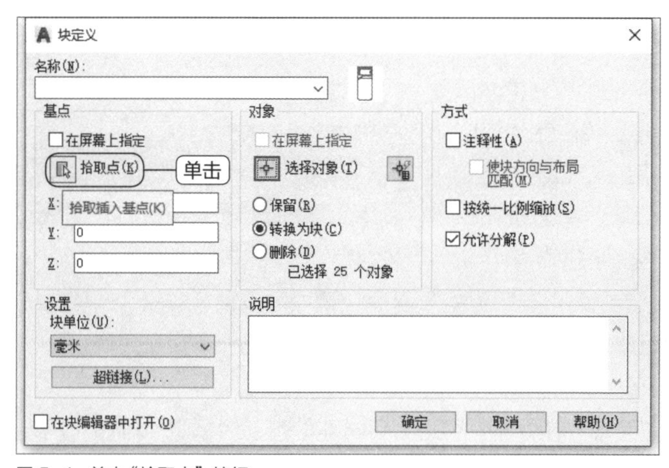

图 5-4 单击“拾取点”按钮

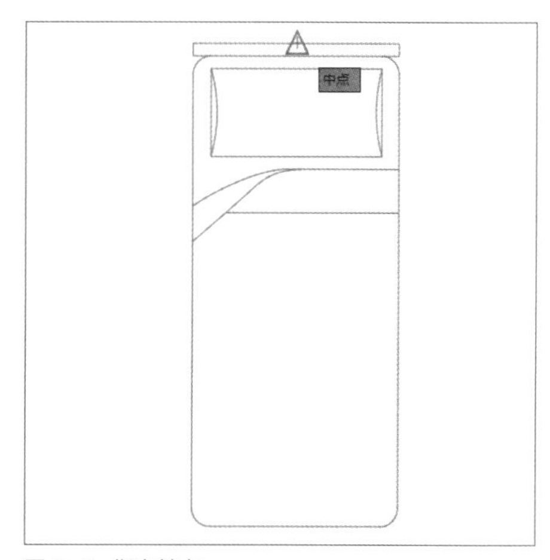

图 5-5 指定基点

步骤05 即可返回到对话框中，接着输入块名称❶，单击“确定”按钮关闭对话框❷，完成图块的创建，如下页图5-6所示。

步骤06 选择创建好的图块并将光标放置在图块上，会看到“块参照”的提示，如图5-7所示。

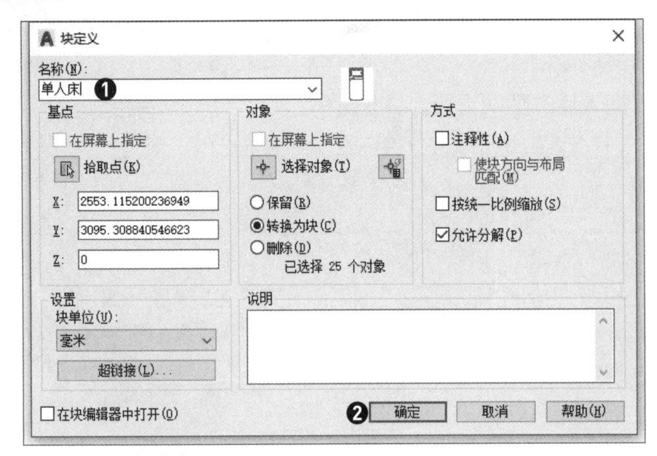

图5-6 输入块名称

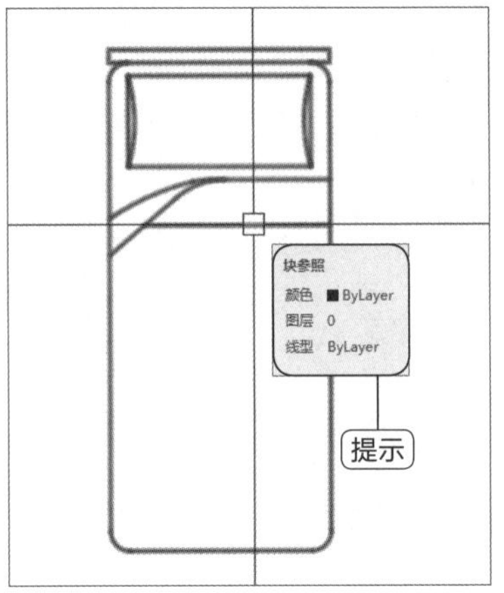

图5-7 完成图块的创建

工程师点拨：“块定义”对话框

在“块定义”对话框的“对象”中选项区域，选择“保留”单选按钮，则将原示例素材仍保留为非块属性图形；选择“转换为块”单选按钮，则将原素材转换成块。在完成块创建之后，将光标放在素材上，会看到“块参照”的提示。

5.2.2 创建外部块

除了使用上述的block命令创建内部块之外，用户还可以使用wblock命令来创建用作块的单独图形文件，保存在磁盘中，任何AutoCAD图形文件都可以调用，这对于协同工作的设计成员来说特别有用。

下面介绍调用wblock命令创建块的方法，具体如下。

- 在命令行中输入快捷命令wblock，按Enter键或空格键。
- 在命令行中输入快捷命令w，按Enter键或空格键。

执行上述命令后，弹出图5-8的“写块”对话框，用户可以通过该对话框完成外部块的创建。

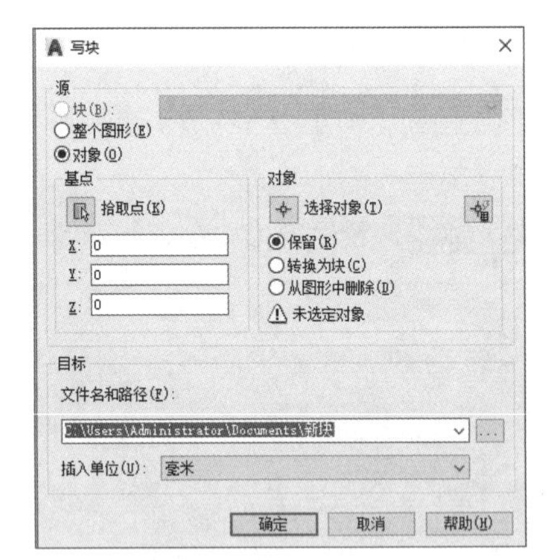

图5-8 “写块”对话框

下面将对“写块”对话框中一些主要选项的含义进行介绍，具体如下。

- 源：用来指定需要保存到磁盘中的块或块的组成对象。该选项区域有以下三个单选按钮：“块”表示将以定义过的块保存为图形文件，选中该单选按钮以后，从右侧的下拉列表可选择已有块的名称，一旦选中“块”单选按钮，“基点”和“对象”选项区域不可用；“整个图形”表示将绘图区域的所有图形作为块保存起来，选中该单选按钮后，“基点”选项区域和“对象”选项区域不可用；“对象”表示用拾取框来选择组成块的图形对象，因为素材案例事先没有定义为块，所以选择该单选按钮。
- 基点：该选项区域的内容及功能与“块定义”对话框中的完全相同。单击“拾取点”按钮，用光标捕捉基点，单击“确定”按钮插入基点。
- 对象：该选项区域的内容及功能与“块定义”对话框中的完全相同。单击“选择对象”按钮，选择要创建的块图形。

示例5-2：绘制标高图块

步骤 01 首先在绘图区域绘制一个标高符号，如图5-9所示。

步骤 02 在命令行输入w或wblock快捷命令，按Enter键或空格键，打开“写块”对话框，单击“选择对象”按钮，如图5-10所示。

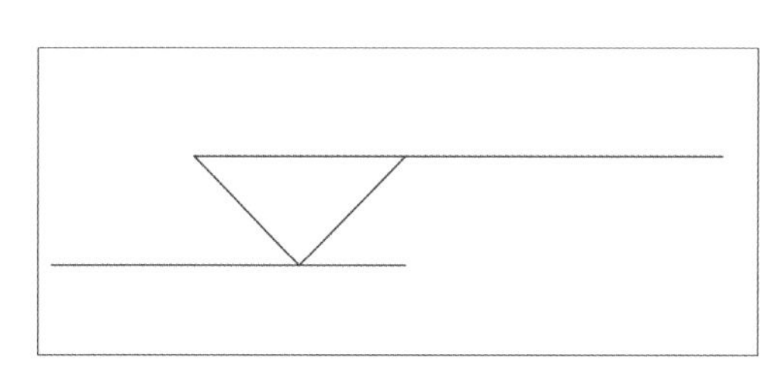

图 5-9 绘制标高符号

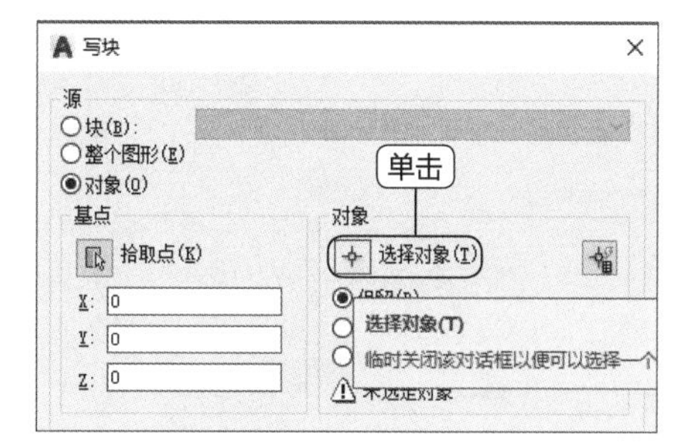

图 5-10 单击“选择对象”按钮

步骤 03 在绘图区域选定整个标高符号图形，如图5-11所示。

步骤 04 按Enter键或单击鼠标右键，返回“写块”对话框，单击“拾取点”按钮，如图5-12所示。

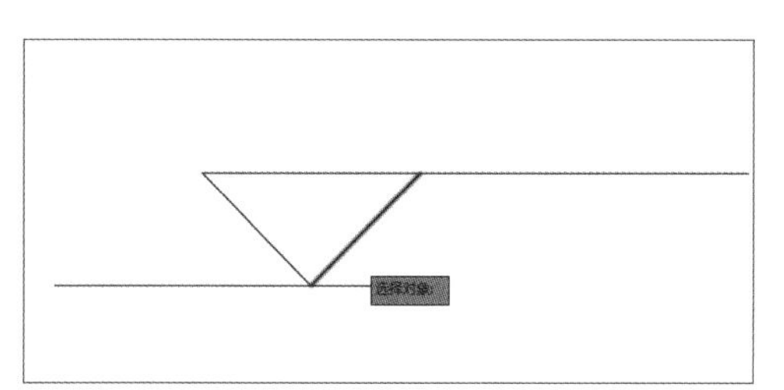

图 5-11 选取对象

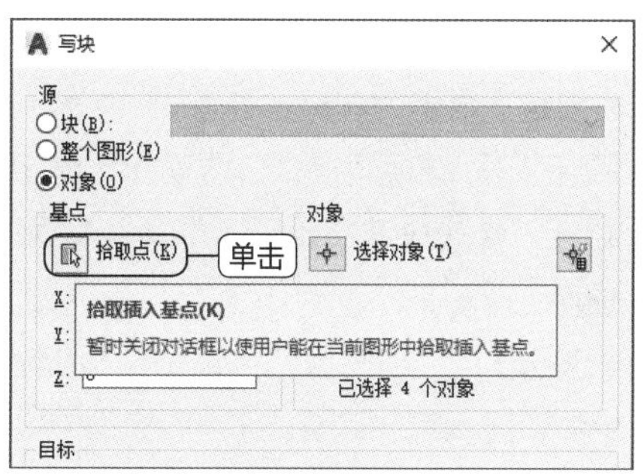

图 5-12 单击“拾取点”按钮

步骤 05 在绘图区域中，用光标捕捉标高符号的三角形尖点作为基点，如图5-13所示。

步骤 06 单击“目标>文件名和路径”右侧的按钮，选择保存块的位置，弹出“浏览图形文件”对话框，在“文件名”文本框中输入“标高符号.dwg”❶，单击“保存”按钮❷，如图5-14所示。返回“写块”对话框，单击“确定”按钮关闭对话框，完成写块，在所选保存目录中会出现“标高符号.dwg”图形文件。

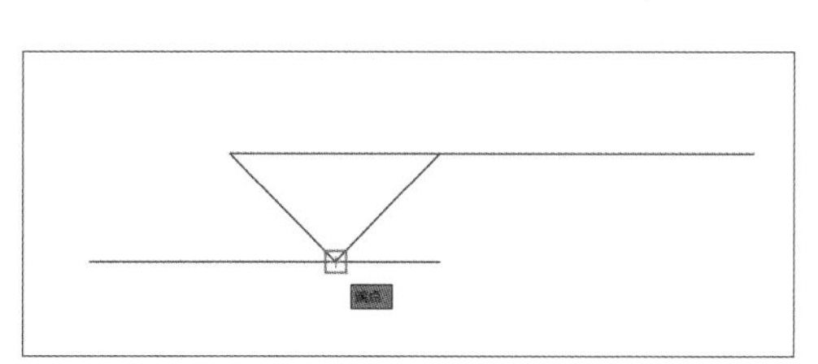

图 5-13 指定基点

图 5-14 “浏览图形文件”对话框

5.2.3 插入块

当图形文件被定义为块后，用户可以使用“插入”命令直接将图块插入到图形中。插入块时可以一次插入一个，也可以一次插入呈矩形阵列排列的多个块参照。

下面介绍在AutoCAD 2022中执行插入块操作的方法，具体如下。

- 在“默认”选项卡的“块”面板中单击“插入”按钮。
- 在菜单栏中执行“插入>块选项板”命令。
- 在命令行中输入快捷命令blockspalette，按Enter键或空格键。
- 在命令行中输入快捷命令insert，按Enter键或空格键。

执行以上任意一种操作，即可打开“块”选项板。用户可以通过“当前图形”“最近使用”“其他图形”三个选项面板访问图块，如图5-15所示。

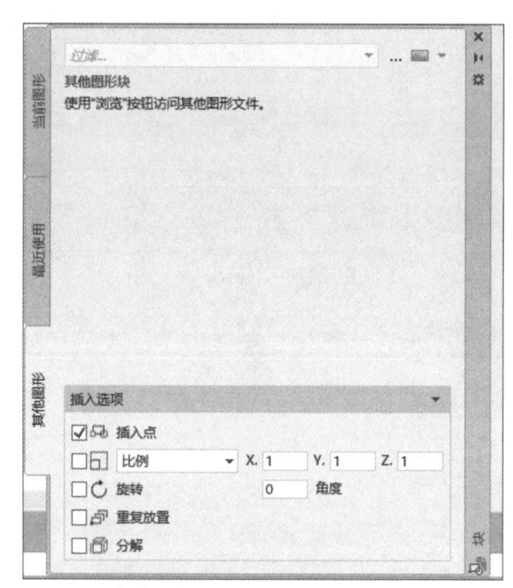

图 5-15 “块”选项板

下面将对“块”选项板中一些主要选项的含义进行介绍，具体如下。

- “当前图形”选项面板：该选项面板将当前图形中的所有块定义显示为图标或列表。
- “最近使用”选项面板：该选项面板显示所有最近插入的块，这些块定义来源可能是当前图文件，也可能是其他图形文件。
- “其他图形”选项面板：该选项面板提供了一种导航到文件夹的方法，用户也可以从其中选择图形作为块插入或从这些图形定义的块中进行选择。

5.3 编辑与管理块属性

在“示例5-2”中对标高标注时，是先插入标高图块，再使用单行文字命令添加标高数字。AutoCAD可以帮助用户将两步操作合并在一起，实现在插入块的同时根据命令提示输入相关的数字和文字。

这就是为“块”添加属性。块的属性是包含在块定义中的对象，用来存储字幕、数字型数据，属性值可以预定义，也可以在插入块时由命令行指定。要创建一个带属性的块，应该经历两个过程：先定义块的属性，再将属性和组成块的图形对象一起选中创建成一个带属性的块。

5.3.1 属性块的创建

图形绘制完成后（甚至在绘制完成前），调用attext命令可以将块属性数据从图形中提取出来，并将这些数据写入到一个文件中，即可从图形数据库文件中获取数据信息了。属性块具有如下特点。

- 块属性由属性标记名和属性值两部分组成。如可以把名称定义为属性标记名，而具体的命名就是属性值及属性。
- 定义块前，应先定义该块的每个属性，即规定每个属性的标记名、属性提示、属性默认值、属性的显示格式（可见或不可见）及属性在图中的位置等。一旦定义了属性，该属性以其标记名将在图中显示出来，并保存有关信息。

- 定义块时，应将图形对象和表示属性定义的属性标记名一起用来定义块对象。
- 插入有属性的块时，系统将提示用户输入需要的属性值。插入块后，属性用它的值表示。因此，同一个块在不同点插入时，可以有不同的属性值。如果属性值在属性定义时规定为常量，系统将不再询问其属性值。
- 插入块后，用户可以修改属性的显示可见性，把属性单独提取出来写入文件，不仅可以在统计、制表时使用，还可以与其他高级语言或数据库进行数据通信。

5.3.2 创建并使用带属性的块

属性是与块相关联的文字信息。属性定义是创建属性的样板，它指定属性的特性及插入块时系统将显示什么样的提示信息。定义块的属性是通过“属性定义”对话框来实现的，先建立一个属性定义来描述特征，包括标记、提示符、属性值、文本格式、位置以及可选模式等。

用户可以通过以下方法执行“定义属性”命令。

- 在菜单栏中执行“绘图>块>定义属性”命令。
- 在“默认”选项卡的“块”面板中单击“定义属性”按钮。
- 在“插入”选项卡的“块定义”面板中单击“定义属性”按钮。
- 在命令行中输入快捷命令attdef，按Enter键或空格键。

执行以上任意一种操作后，即可打开“属性定义”对话框，如图5-16所示。

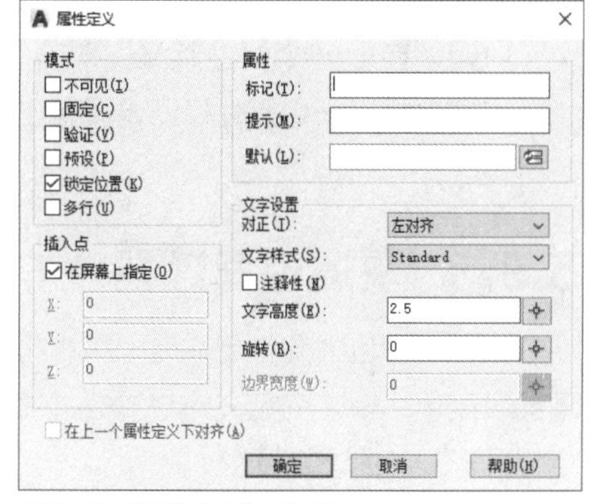

图 5-16 “属性定义”对话框

下面将对“属性定义”对话框中各选项的含义进行介绍，具体如下。

(1)“模式”选项组

“模式”选项组用于在图形中插入块时，设定与块关联的属性值选项。

- 不可见：勾选该复选框，可以指定插入块时不显示或打印属性值。
- 固定：在插入块时赋予属性固定值。勾选该复选框，插入块时属性值不发生变化。
- 验证：插入块时提示验证属性值是否正确。勾选该复选框，插入块时系统将提示用户验证所输入的属性值是否正确。
- 预设：插入包含预设属性值的块时，将属性设定为默认值。勾选该复选框，插入块时，系统将把“默认”文本框中输入的默认值自动设置为实际属性值，不再要求用户输入新值。
- 锁定位置：勾选该复选框，可以锁定块参照中属性的位置。解锁后，属性可以相对于使用节点编辑的块的其他部分移动，并且可以调整多行文字属性的大小。
- 多行：指定属性值可以包含多行文字。勾选该复选框后，可以指定属性的边界宽度。

(2)“属性”选项组

“属性”选项组用于设定属性数据。

- 标记：标识图形中每次出现的属性。
- 提示：指定插入包含该属性定义的块时显示的提示。如果不输入提示，属性标记将用作提示。如果在“模式”选项组中选择“固定”模式，“提示”选项将不可用。

- 默认：指定默认属性值，单击后面的“插入字段”按钮，显示“字段”对话框，可以插入一个字段作为属性的全部或部分值；选定“多行”模式后，显示“多行编辑器”按钮，单击此按钮将弹出具有“文字格式”工具栏和标尺的在位文字编辑器。

（3）“插入点”选项组

“插入点”选项组用于指定属性位置。输入坐标值或勾选“在屏幕上指定”复选框，并使用定点设备根据与属性关联的对象指定属性的位置。

（4）“文字设置”选项组

“文字设置”选项组用于设定属性文字的对正、样式、高度和旋转。

- 对正：用于设置属性文字相对于参照点的排列方式。
- 文字样式：指定属性文字的预定义样式。显示当前加载的文字样式。
- 注释性：指定属性为注释性。如果块是注释性的，则属性将与块的方向相匹配。
- 文字高度：指定属性文字的高度。
- 旋转：指定属性文字的旋转角度。
- 边界宽度：换行至下一行前，指定多行文字属性中一行文字的最大长度。

（5）“在上一个属性定义下对齐”复选框

该复选框用于将属性标记直接置于之前定义的属性下面。如果之前没有创建属性定义，则此复选框不可用。

5.3.3 块属性管理器

当图块中包含属性定义时，属性将作为一种特殊的文本对象一同被插入。此时即可使用“块属性管理器”工具编辑之前定义的块属性，然后使用“增强属性编辑器”工具对属性标记赋予新值，使之符合相似图形对象的设置要求。

（1）块属性管理器

编辑图形文件中多个图块的属性定义时，可以使用块属性管理器重新设置属性定义的构成、文字特性和图形特性等属性。

在AutoCAD 2022中，用户可以通过以下方法打开图5-17的“块属性管理器”对话框。

图 5-17 “块属性管理器”对话框

- 在菜单栏中执行“修改>对象>属性>块属性管理器”命令。
- 在“插入”选项卡的“块定义”面板中单击“管理属性”按钮。
- 在命令行中输入battman快捷命令，然后按Enter键或空格键。

在“块属性管理器”对话框中，各主要选项含义介绍如下。

- 块：列出具有属性的当前图形中的所有块定义。可以选择要修改属性的块。
- 属性列表：显示所选块中每个属性的特性。
- 同步：单击该按钮，更新具有当前定义的属性特性的选定块的全部实例。
- 上移：单击该按钮，在提示序列的早期阶段移动选定的属性标签。选择固定属性时，“上移”按钮不可用。

- 下移：单击该按钮，在提示序列的后期阶段移动选定的属性标签。选择常量属性时，“下移”按钮不可用。
- 编辑：单击该按钮，可以打开“编辑属性”对话框，从中修改属性特性，如图5-18所示。
- 删除：单击该按钮，可以从块定义中删除选定的属性。
- 设置：单击该按钮，可以打开“块属性设置”对话框，定义“块属性管理器”中属性信息的显示方式，如图5-19所示。

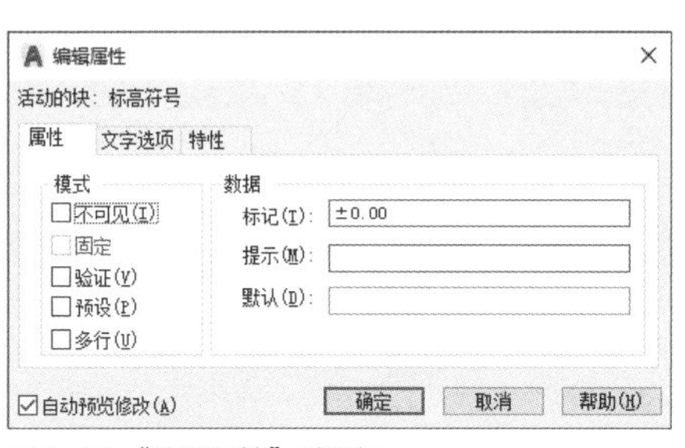

图 5-18 “编辑属性”对话框

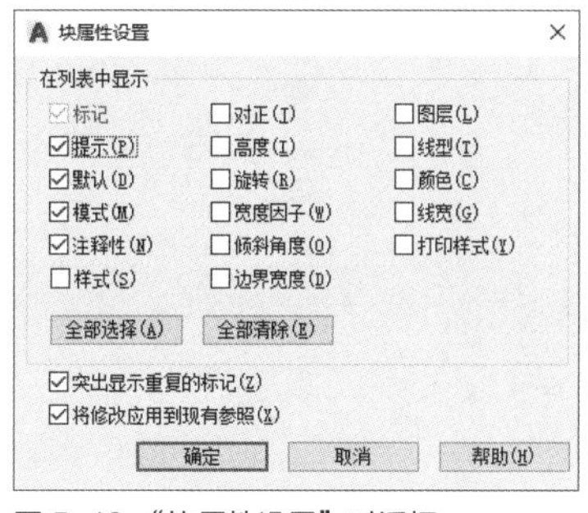

图 5-19 “块属性设置”对话框

（2）增强属性编辑器

增强属性编辑器功能主要用于编辑块定义的标记和值属性，与块属性管理器设置方法基本相同。在“增强属性编辑器”对话框的顶部显示所选块参照的名称和属性的标记，如图5-20所示。

该对话框共包含三个选项卡，“属性”选项卡用来显示属性的标记、插入块时命令行的提示和属性值，在“值”编辑框中可以修改当前块参照中属性的值；“文字选项”选项卡用来修改所选块参照所带属性的文字特性；“特性”选项卡用来修改所选块参照所带属性的基本特性。用户可以通过下列方法打开“增强属性编辑器”对话框。

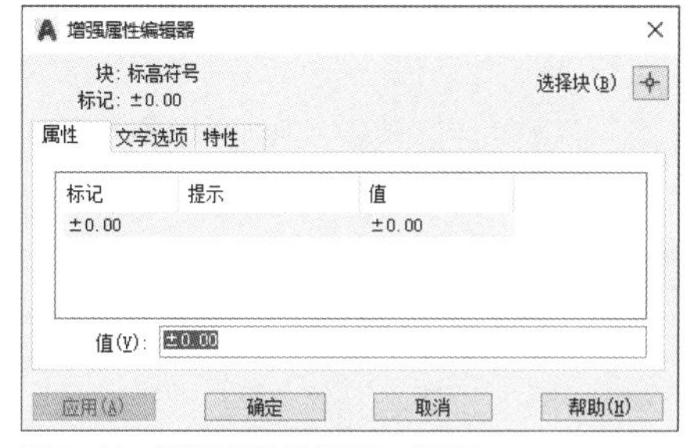

图 5-20 “增强属性编辑器”对话框

- 在菜单栏中执行“修改>对象>属性>单个”命令。
- 在“插入”选项卡的“块”面板中单击“编辑属性”下拉按钮，在展开的下拉列表中单击“单个”按钮。
- 双击属性块。
- 在命令行中输入eattedit命令后，按Enter键或空格键。

5.4 使用设计中心

应用AutoCAD的设计中心，用户可以访问图形、块、图案填充及其他图形内容，也可以将原图形中的任何内容拖动到当前图形中使用，还可以在图形之间复制、粘贴对象属性，以避免重复操作。

5.4.1 设计中心选项板

设计中心选项板用于浏览、查找、预览以及插入内容，包括块、图案填充和外部参照。在AutoCAD 2022中，用户可以通过以下方法打开设计中心选项板。

- 执行“工具>选项板>设计中心”命令。
- 在“视图”选项卡的“选项板”面板中单击“设计中心”按钮。

● 按Ctrl+2组合键。

设计中心选项板主要由工具栏、选项卡、内容窗口、树状视图窗口、预览窗口和说明窗口6个部分组成，如图5-21所示。

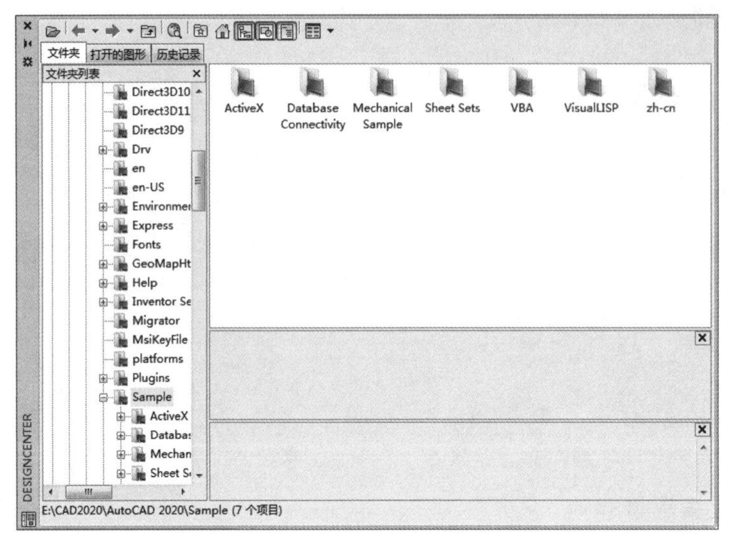

图 5-21　设计中心选项板

下面对该选项板主要功能的应用进行介绍。

（1）工具栏

工具栏控制着树状图和内容区中信息的显示，各选项作用如下。

● 加载：单击该按钮，将显示“加载”对话框（标准文件选择对话框）。使用“加载”对话框浏览本地、网络驱动器或Web上的文件，然后选择内容加载到内容区域。

● 上一级：单击该按钮，将会在内容窗口或树状视图中显示上一级内容、内容类型、内容源、文件夹、驱动器等内容。

● 搜索：单击该按钮，在“搜索”对话框中可以快速查找诸如图形、块、图层及尺寸样式等图形内容。

● 主页：单击该按钮，将设计中心返回到默认文件夹。用户可以使用树状图中的快捷菜单更改默认文件夹。

● 树状图切换：单击该按钮，显示和隐藏树状视图。若绘图区域需要更多的空间，则可以隐藏树状图。树状图隐藏后，可以使用内容区域浏览容器加载内容。在树状图中使用“历史记录”列表时，“树状图切换”按钮不可用。

● 预览：单击该按钮，显示和隐藏内容区域窗格中选定项目的预览。

● 说明：单击该按钮，显示和隐藏内容区域窗格中选定项目的文字说明。

● 视图：单击该按钮，在下拉列表中可以选择显示的视图类型。

（2）选项卡

设计中心共由3个选项卡组成，分别为“文件夹”“打开的图形”和“历史记录”。

● 文件夹：该选项卡可方便用户浏览本地磁盘或局域网中所有文件夹、图形和项目内容。

● 打开的图形：该选项卡显示了所有打开的图形，以便用户查看或复制图形内容。

● 历史记录：该选项卡主要用于显示最近编辑过的图形名称及目录。

5.4.2 插入设计中心内容

应用AutoCAD 2022的设计中心，用户可以很方便地在当前图形中插入图块、引用图像和外部参照，还可以在图形之间复制图层、图块、线型、文字样式、标注样式和用户定义等内容。

打开设计中心选项板，用户可以在“文件夹列表”中查找文件的保存目录，并在内容区域选择需要插入为块的图形并右击❶，在打开的快捷菜单中选择“插入为块”命令❷，如图5-22所示。在打开的“插入”对话框中进行相关设置，如图5-23所示。

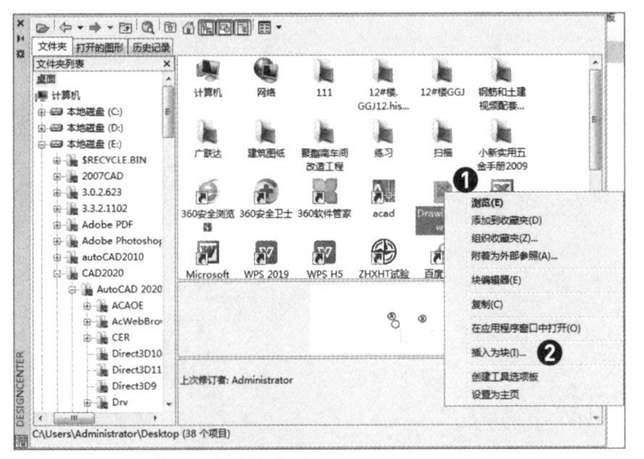

图 5-22　选择“插入为块”命令

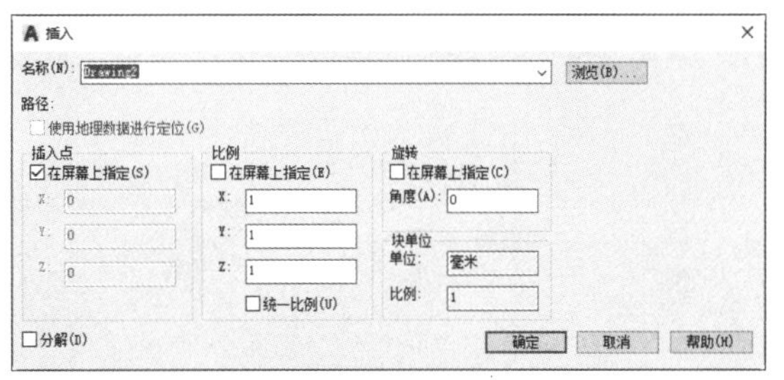

图 5-23　“插入”对话框

综合实践　创建并应用带属性的轴线符号块

实践目的　通过本章内容的学习，利用块的属性功能创建一个带属性的内部块。

实践内容　应用本章所学知识，创建并应用轴线符号属性块。

步骤 01 在“默认”选项卡的“绘图”面板中单击“圆”按钮，在绘图区域中单击，确定圆心，根据提示输入半径值为20mm，完成圆的绘制，如图5-24所示。

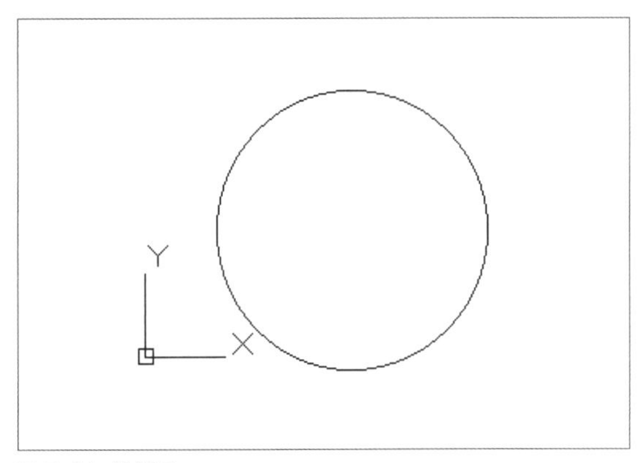

图 5-24　绘制圆

步骤 02 在绘图区域按住Shift键的同时单击鼠标右键，选择“对象捕捉设置”命令，打开“草图设置”对话框。在“对象捕捉”选项卡下❶勾选“启用对象捕捉”“圆心”“端点”和“象限点”❷复选框，如图5-25所示。

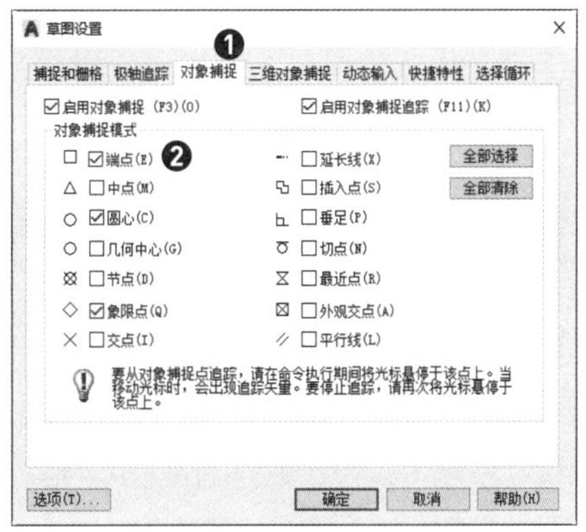

图 5-25　“对象捕捉”选项卡

步骤03 单击“确定”按钮返回绘图区域后，在“默认”选项卡的“绘图”面板中单击“直线”按钮，在绘图区域中捕捉圆的下象限点，绘制40mm的直线，如图5-26所示。

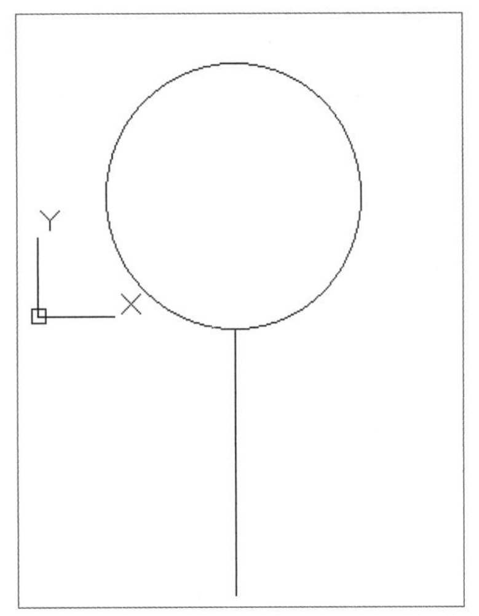

图 5-26 绘制直线

步骤04 在“默认”选项卡的“块”面板中单击“定义属性”按钮，打开“属性定义”对话框。在“属性”选项区域中输入“标记”为“A”❶，输入“提示”为“请输入轴号”❷，选择“对正”为“中间”❸，设置“文字高度”为“20”❹，单击“确定”按钮❺，如图5-27所示。

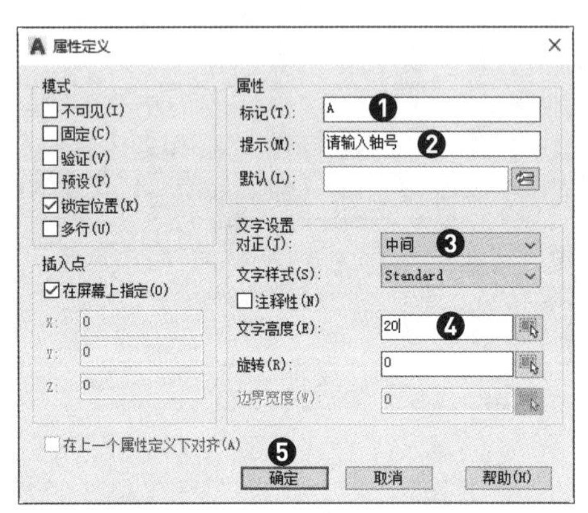

图 5-27 “属性定义”对话框

步骤05 返回绘图区域，光标捕捉圆心，在圆心处单击鼠标左键确定插入属性定义，效果如图5-28所示。

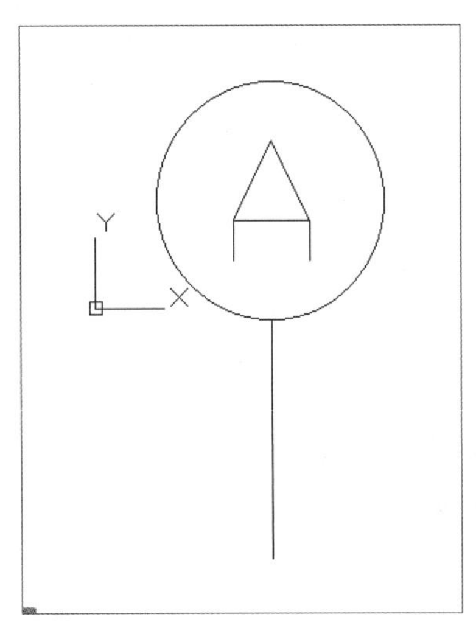

图 5-28 插入属性定义

步骤06 在命令行中输入快捷命令“b”，按Enter键，打开“块定义”对话框创建内部块，设置“名称”为“轴号”❶，单击“基点”选项组中的“拾取点”按钮❷，在绘图区域拾取直线最底端，单击鼠标右键返回“块定义”对话框，如图5-29所示。

图 5-29 打开“块定义”对话框

步骤07 单击“对象”选项组的“选择对象”按钮，在绘图区域框选图形，按Enter键返回“块定义”对话框，单击“确定”按钮，将弹出“编辑属性”对话框。设置“请输入轴号”为“A”❶，单击“确定”按钮❷，如下页图5-30所示。

步骤08 完成内容块的创建后，此时绘图区域中的图形已成为块，如下页图5-31所示。

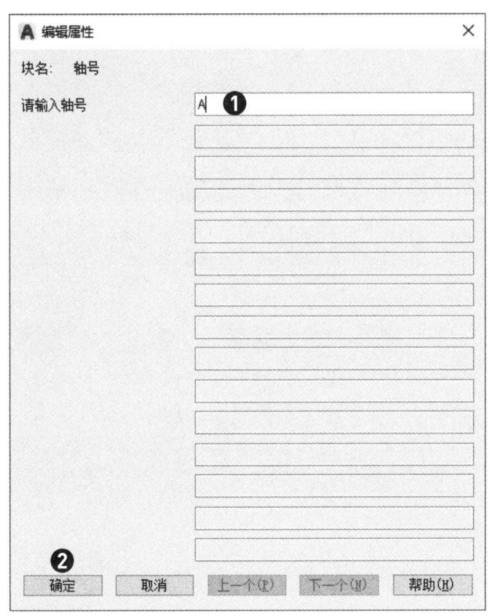

图 5-30 打开“编辑属性”对话框

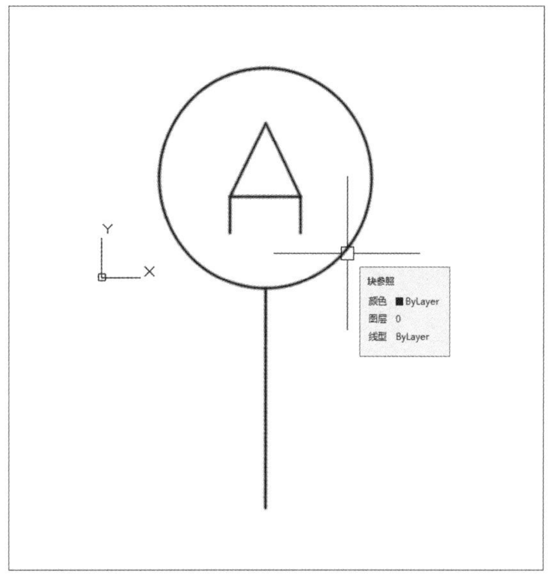

图 5-31 完成块的创建

步骤 09 要验证创建的块为带属性的块，则在命令行中输入快捷命令insert，按Enter键，弹出“块”选项板，单击“轴号”块，在绘图区域的光标上将显示该块，如图5-32所示。

步骤 10 在绘图区域单击进行块的插入，命令行中显示“请输入轴号”的提示，在命令行中输入“B”，按Enter键确定键入轴号，完成带属性块的插入，如图5-33所示。

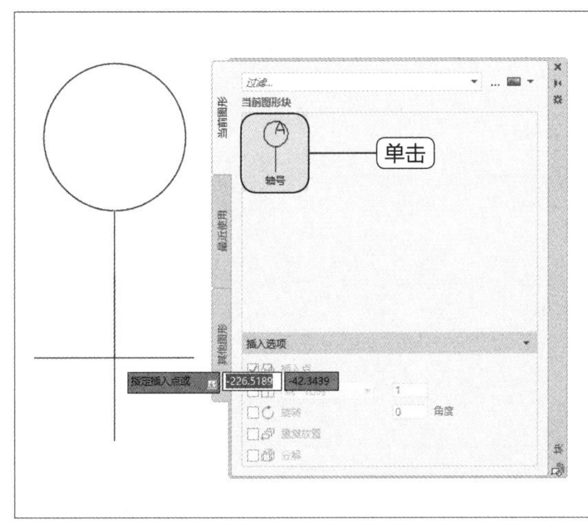

图 5-32 插入块

图 5-33 完成块的插入

步骤 11 若输入轴号错误，可以双击带属性的块，对块进行重新定义。这里对“值”进行修改，则可修改轴号文字，如图5-34所示。

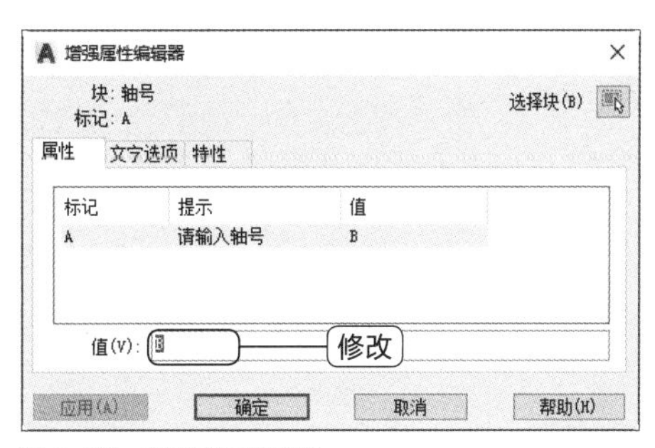

图 5-34 修改带属性的块

课后练习

在绘图过程中，常常需要绘制一些重复的图形。为了避免重复绘制，可以将图形定义成块，在需要的时候插入即可。下面通过一些习题的练习，对本章所学知识进行巩固。

一、选择题

（1）AutoCAD创建内部块的快捷键是（　　）。

A. Ctrl+1　　B. B　　C. W　　D. X

（2）在块定义中，系统默认图块的插入基点值为（　　）。

A.（0,0,0）　　B.（1,1,1,）　　C. 左下角　　D. 右上角

（3）如果要删除一个无用块，可以执行（　　）命令。

A. purge　　B. delete　　C. esc　　D. update

（4）下面（　　）项不可以执行插入块操作。

A. 在“默认”选项卡的“块”面板中单击“插入”按钮

B. 在命令行中输入快捷命令insert

C. 执行“插入>块选项板”命令

D. 按F2功能键

（5）应用“存储块”命令定义块时保存的位置是（　　）。

A. 当前图形文件中　　B. 块定义文件中

C. 外部参照文件中　　D. 样板文件中

二、填空题

（1）属性块是由图形对象和__________组成。

（2）在“默认”选项卡的“块”面板中单击“__________”按钮，可以打开“块定义”对话框。

（3）设计中心由3个选项卡组成，分别为“__________”“打开的图形”和“历史记录”。

三、操作题

（1）打开“飞机模型.dwg”图形文件，将飞机模型存储为外部块，如图5-35所示。

（2）打开“楼梯大样图.dwg”图形文件，将“上机实践”制作的“轴号”带属性的块插入图形文件中，形成有轴号的楼梯大样图，如图5-36所示。

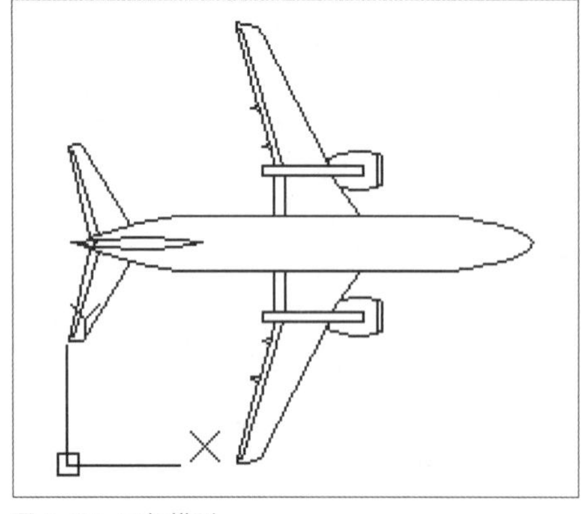

图 5-35　飞机模型

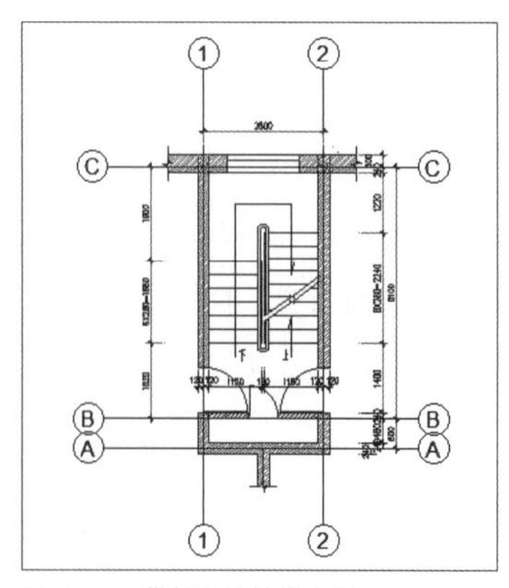

图 5-36　带轴号的楼梯大样图

第 6 章 绘制三维模型

课题概述 使用AutoCAD不仅可以绘制二维草图，也可以绘制三维模型。二维草图是在*X*轴和*Y*轴构成的平面绘制，而三维模型是在*X*轴、*Y*轴和*Z*轴构成的空间内绘制，三维模型在表现效果上更加直观。

教学目标 本章将带领用户熟悉并掌握绘制三维模型的基础知识，同时学习基础三维实体的绘制、从二维草图生成三维模型等相关知识。

核心知识点

★★☆☆ | 设置视觉样式
★★★☆ | 绘制基础三维实体
★★★★ | 从二维草图生成三维模型
★★★★ | 绘制与编辑三维实体

本章文件路径

上机实践：实例文件 \ 第 6 章 \ 综合实践：绘制承台三维模型 .dwg
课后练习：实例文件 \ 第 6 章 \ 课后练习

本章内容图解链接

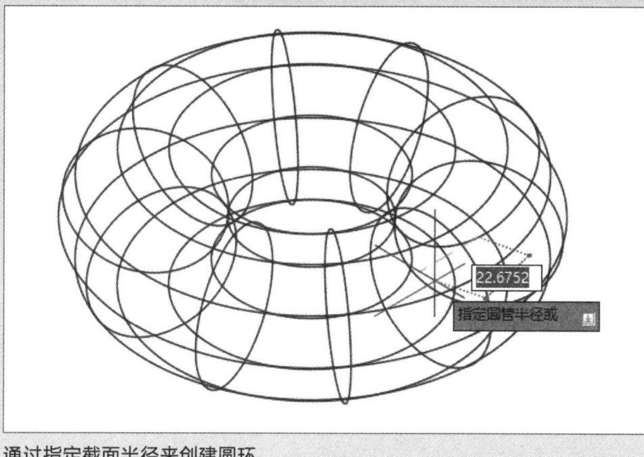

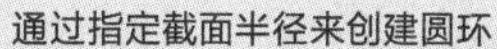
通过指定截面半径来创建圆环

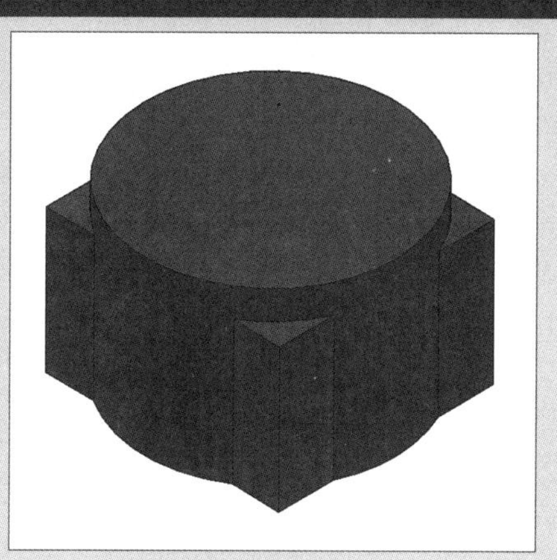

通过合并两个实体来创建模型

6.1 切换三维工作空间

在使用AutoCAD 2022绘制三维模型之前，需要将工作空间切换到“三维建模”工作空间，如下页图6-1所示。在绘制三维模型的过程中，用户需要掌握三维建模的相关基础知识，如三维视图的设置、三维坐标系的切换以及视觉样式的设置等，掌握这些基础设置，才能更准确、快速地完成三维模型的绘制。

用户可以通过以下方法切换工作空间。

- 单击快速访问工具栏中的“工作空间”下拉按钮[三维建模]，在弹出的下拉列表中选择“三维建模”选项，切换到“三维建模”工作空间。
- 在菜单栏中执行“工具❶>工作空间❷>三维建模❸”命令，如下页图6-2所示。
- 单击界面下方状态栏中的“切换工作空间”按钮❶，在弹出的快捷菜单中选择“三维建模”选项❷，即可切换到“三维建模”工作空间，如下页图6-3所示。

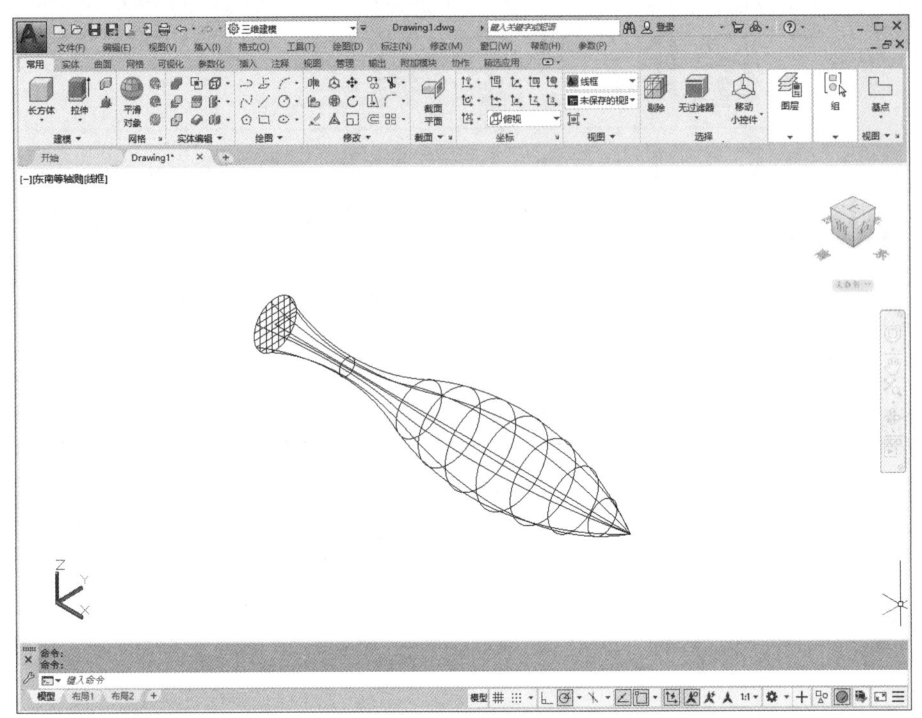

图 6-1 “三维建模”工作空间

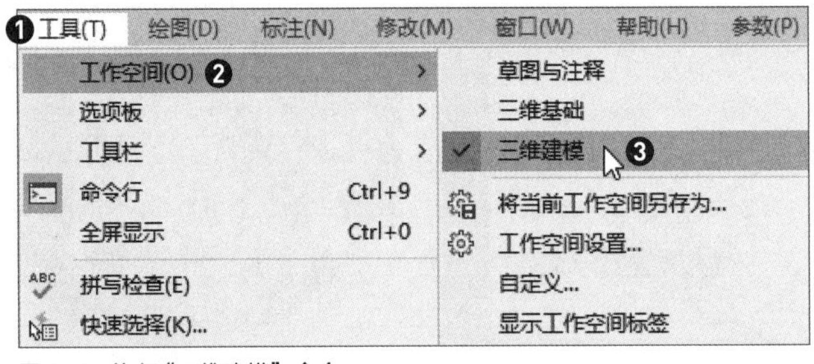

图 6-2 执行“三维建模”命令

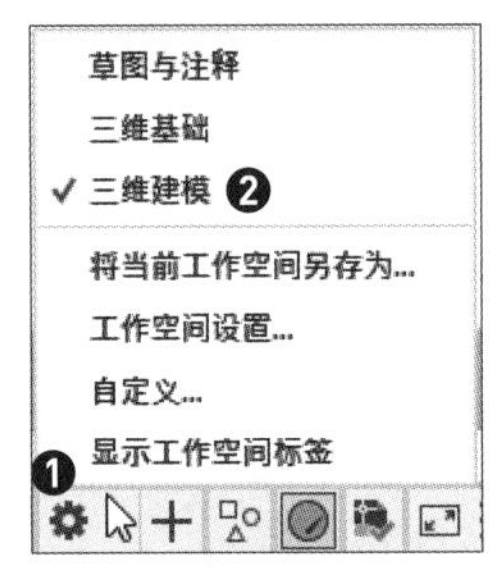

图 6-3 单击“切换工作空间”按钮

6.1.1 设置三维视图

在绘制三维模型时，通过一个角度是不能看到三维模型的其他面的，因此需要用户根据实际情况选择一个合适的角度来观察模型。在AutoCAD中可以选择的角度及三维视图有多种，包括俯视、仰视、左视、右视、前视、后视、西南等轴测、东南等轴测、东北等轴测以及西北等轴测等。

在绘制三维模型的过程中，用户可以通过以下方法来设置三维视图。

- 在菜单栏中执行“视图>三维视图”命令，然后在弹出的子菜单中选择所需的视图。
- 在“常用”选项卡的“视图”面板中单击“三维导航”下拉按钮，在打开的下拉列表中选择相应的视图选项，如下页图6-4所示。
- 在“可视化”选项卡的“命名视图”面板中单击“三维导航”下拉按钮，选择所需的视图选项即可。
- 在“视图”选项卡的“命名视图”面板中单击“三维导航”下拉按钮，选择所需的视图选项。
- 在绘图窗口的左上角单击视图控件图标，在弹出的列表中选择所需的视图选项，如下页图6-5所示。

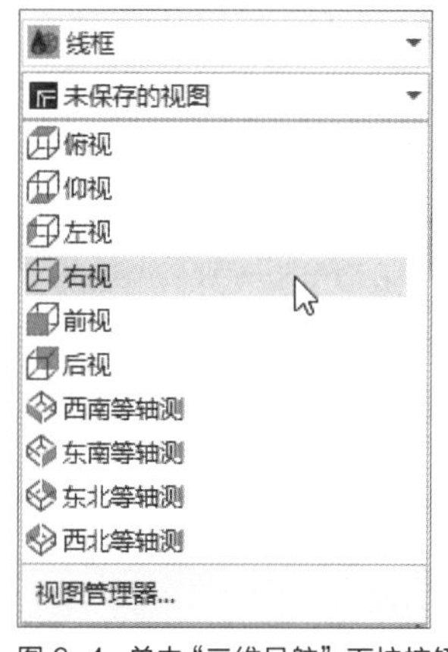

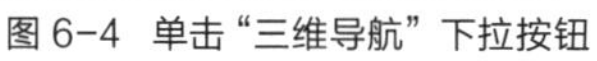
图 6-4 单击“三维导航”下拉按钮

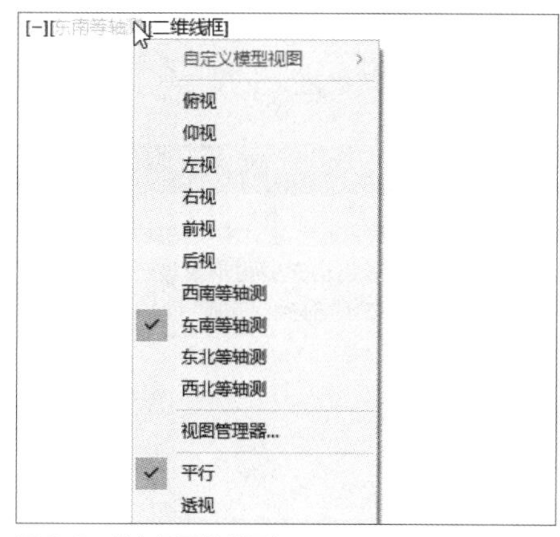

图 6-5 单击视图控件图标

6.1.2 设置三维坐标系

在AutoCAD中，三维坐标分为世界坐标系和用户坐标系两种，默认状态下的系统坐标系为世界坐标系，它的方向和坐标原点是固定不动的。而用户坐标系（UCS）则可以根据绘图的需要对方向和坐标原点进行调整，在使用时更为灵活。

下面对调用UCS命令的几种常用方法进行介绍。

- 在菜单栏中执行“工具>新建UCS”命令，在弹出的子菜单中进行选择。
- 在“常用”选项卡的“坐标”面板中单击相关的新建UCS按钮即可。
- 在命令行中输入UCS快捷命令并按Enter键，其命令行提示内容如图6-6所示。

```
命令: UCS
当前 UCS 名称: *俯视*
UCS 指定 UCS 的原点或 [面(F) 命名(NA) 对象(OB) 上一个(P) 视图(V) 世界(W) X Y Z Z 轴(ZA)] <世界>:
```

图 6-6 命令行提示内容

在命令行提示内容中，各主要选项的含义介绍如下。

- 指定UCS的原点：使用一点、两点或三点定义一个新的UCS，指定单个点后，命令提示行将提示“指定*X*轴上的点或<接受>：”。这时，按Enter键选择“接受”选项，当前UCS的原点将会移动而不会更改*X*、*Y*和*Z*轴的方向；如果在此提示下指定第二个点，UCS将绕先前指定的原点进旋转，以使UCS的*X*正半轴通过该点；如果指定第三点，UCS将绕*X*轴选择，以使UCS的*Y*正半轴包含该点。
- 面：将 UCS 动态对齐到三维对象的面。将光标移到某个面上，以预览UCS的对齐方式。
- 命名：恢复通常使用的UCS坐标系并按照命名进行保存。
- 对象：根据所选的三维模型对象定义新的坐标系，新UCS的拉伸方向为选定对象的方向。在选择三维多段线、三维网格以及构造线时，该选项不可用。
- 上一个：返回上一个UCS坐标系，程序能够保存图纸空间中创建的最后10个坐标系以及在模型空间中创建的最后10个坐标系。
- 视图：以平行于屏幕的平面作为*XY*平面建立新的坐标系，UCS的原点保持不变。
- 世界：将当前用户坐标系设置为世界坐标系，UCS是所有用户坐标系的基准，是不能被重新定义的。
- *X*/*Y*/*Z*：通过指定原点、*X*轴、*Y*轴和*Z*轴旋转当前UCS坐标系。

- Z轴：用指定的Z正半轴定义新的坐标系。选择该选项之后，可以指定新原点；也可以选择一个对象，将Z轴与离选定对象最近的端点切线方向对齐。

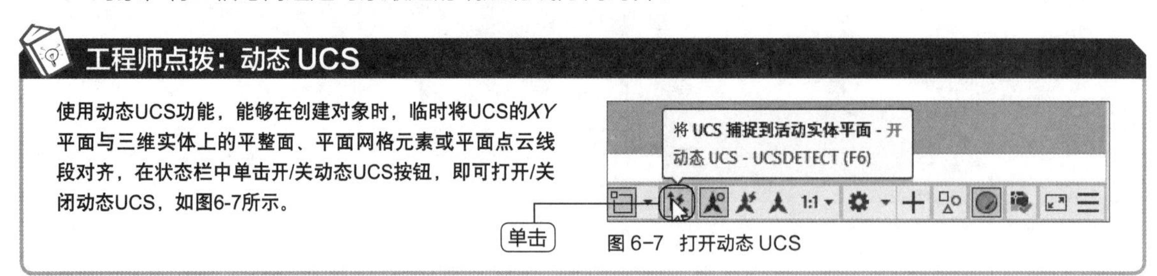

图 6-7 打开动态 UCS

6.2 视觉样式

在等轴测视图中绘制三维模型时，默认的视觉样式是“二维线框”样式，用户可以根据需要选择不同的视觉样式来观察三维模型，如“概念”视觉样式、“隐藏”视觉样式、“真实”视觉样式等。

用户可以通过以下方式来设置所需的视觉样式。

- 在菜单栏中执行“视图>视觉样式”命令❶，在弹出的子菜单中进行选择❷，如图6-8所示。
- 在“常用”选项卡的“视图”面板中单击“视觉样式”按钮，在下拉菜单中选择所需的视觉样式即可，如图6-9所示。
- 在“可视化”选项卡中的“视觉样式”面板中单击“视觉样式”按钮，并在下拉菜单中选择所需的视觉样式即可。
- 在绘图窗口的左上角单击“视图样式”图标，并在打开的快捷菜单中选择所需的视觉样式即可。

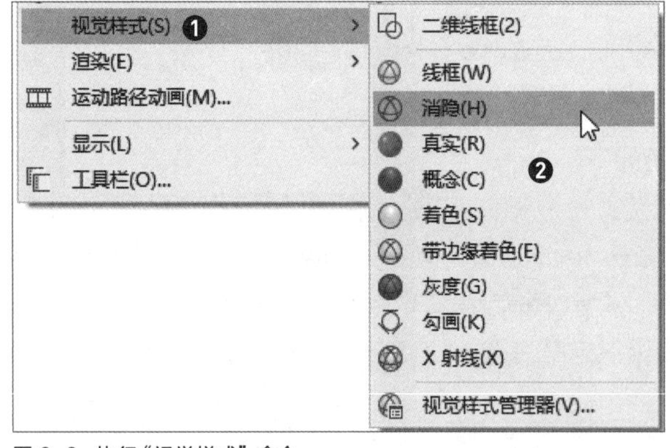

图 6-8 执行“视觉样式”命令

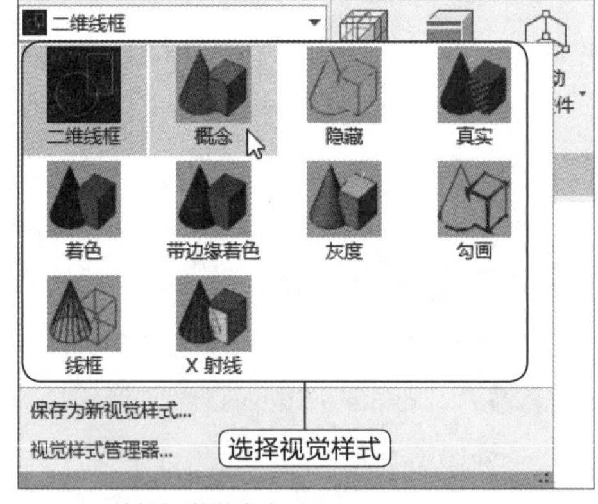

图 6-9 选择视觉样式选项

（1）二维线框样式

二维线框样式是指使用直线和曲线来显示三维对象，该视觉样式针对高保真度的二维绘图环境进行了优化，线型、线宽、光栅以及嵌入对象都是可见的，如下页图6-10所示。

（2）概念样式

概念样式是指使用平滑着色和古氏面样式来显示三维对象，平滑着色可以使对象的边平滑，而古氏面样式在冷暖颜色而不是明暗效果之间转换。因此，该视觉样式缺乏真实感，但是可以更方便用户查看三维模型的细节，如下页图6-11所示。

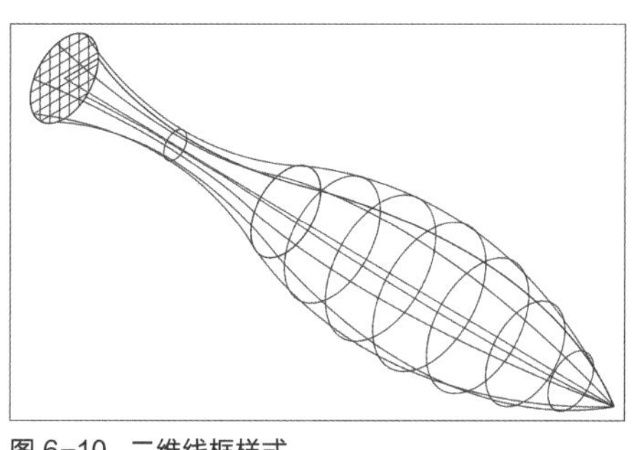

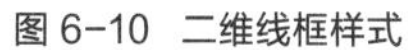
图 6-10 二维线框样式

图 6-11 概念样式

（3）隐藏样式

隐藏样式是指使用线框来显示三维对象，并隐藏表示背面的直线。隐藏样式与概念视觉样式相似，区别在于：隐藏视觉样式以白色显示三维模型，而概念视觉样式以灰度（非单一灰度）显示三维模型，如图6-12所示。

（4）真实样式

真实样式是指使用平滑着色和材质显示三维对象，对于可见的三维模型表面提供平滑的颜色过渡，同时进一步提高其表现效果，如图6-13所示。

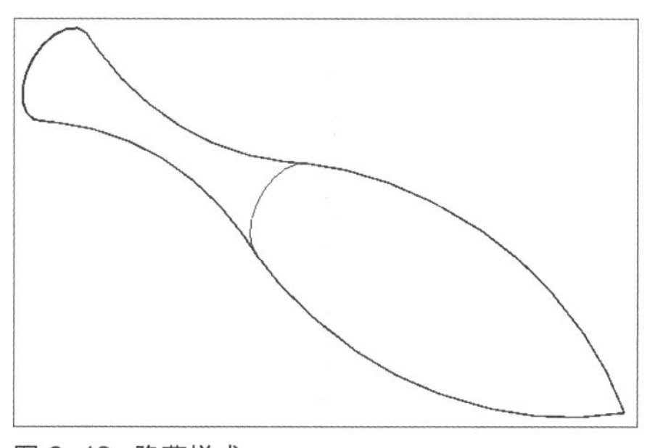
图 6-12 隐藏样式

图 6-13 真实样式

（5）着色样式

着色样式是指使用平滑着色显示三维对象，能够使实体表现出平滑的着色效果，如图6-14所示。

（6）带边缘着色样式

带边缘着色是指使用平滑着色和可见边显示三维对象，如图6-15所示。

图 6-14 着色样式

图 6-15 带边缘着色样式

（7）灰度样式

灰度样式是指使用平滑着色和单色灰度显示三维对象，这里要与概念视觉样式区别开，如下页图6-16所示。

（8）勾画样式

勾画样式是指使用线延伸和抖动边修改器显示二维和三维对象的手绘效果，如图6-17所示。

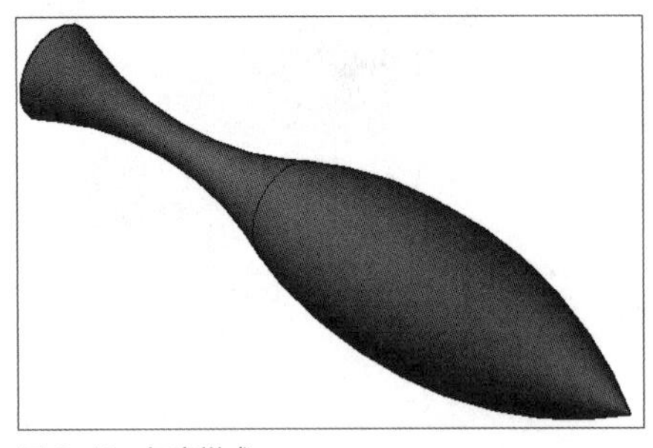

图 6-16　灰度样式

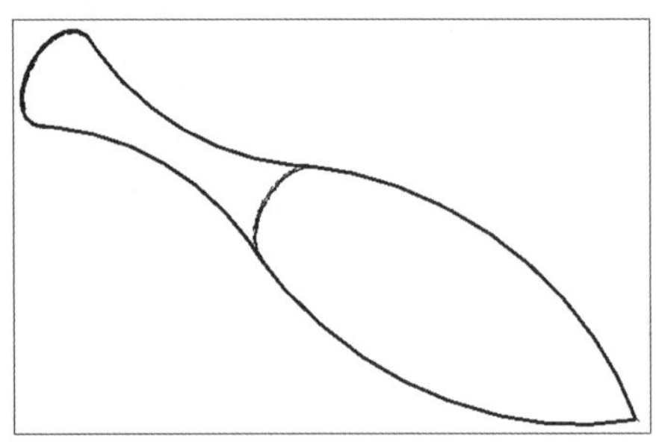

图 6-17　勾画样式

（9）线框样式

线框样式是指仅使用直线和曲线显示三维对象。该视觉样式不显示二维实体对象的绘制顺序和填充，如图6-18所示。与二维线框视觉样式一样，更改视图方向时，线框视觉样式不会导致重新生成视图。

（10）X射线样式

X射线样式是指以局部透明度显示三维对象，如图6-19所示。

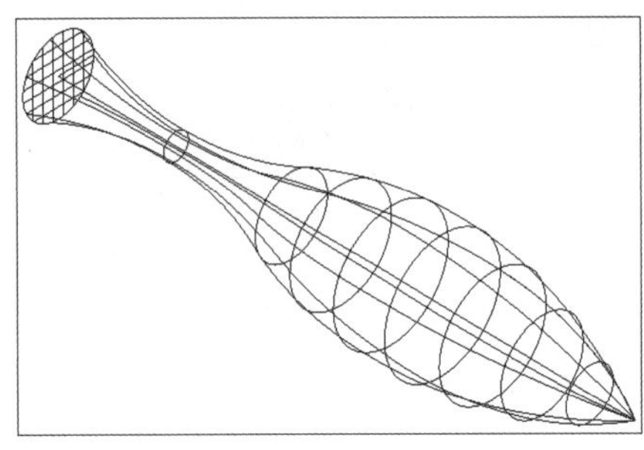

图 6-18　线框样式

图 6-19　X 射线样式

6.3 从二维草图生成三维实体

在AutoCAD 2022中，用户可以对绘制好的二维草图进行拉伸、放样、旋转或者扫掠，转换为三维模型，下面对几种常用的从二维草图生成三维实体的方法进行详细讲解。

6.3.1 拉伸实体

拉伸实体是指将绘制好的闭合二维草图沿着指定的路径拉伸成三维实体，在拉伸开放草图时仅能形成曲面。用户可以使用以下方法执行“拉伸”命令。

- 在菜单栏中执行“绘图>建模>拉伸”命令。
- 在“常用”选项卡的“建模”面板中单击“拉伸”按钮。
- 在“实体”选项卡的“实体”面板中单击“拉伸”按钮。
- 在命令行中输入extrude快捷命令，然后按Enter键。

在绘制好闭合草图之后，使用上述任意一种方法执行“拉伸”命令，并根据命令行中的提示拉伸实体，如下页图6-20、图6-21所示。

当前线框密度：ISOLINES=10，闭合轮廓创建模式 = 实体
选择要拉伸的对象或 [模式（MO）]：_MO 闭合轮廓创建模式 [实体（SO）/ 曲面（SU）]< 实体 >：_SO
选择要拉伸的对象或 [模式（MO）]：1 个
选择要拉伸的对象或 [模式（MO）]：选择对象
指定拉伸的高度或 [方向（D）/ 路径（P）/ 倾斜角（T）/ 表达式（E）]：指定拉伸的高度

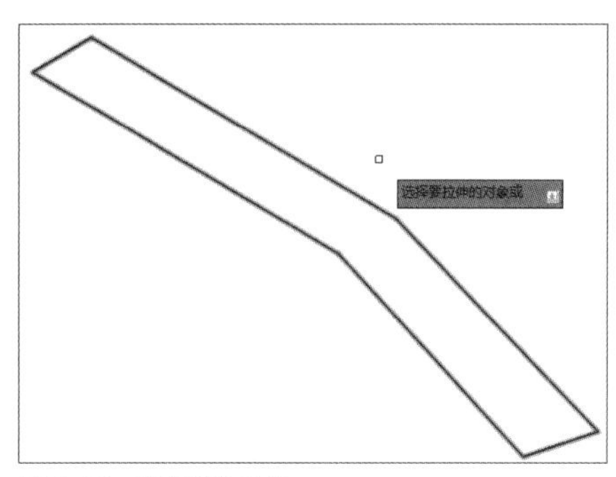

图 6-20　指定拉伸对象

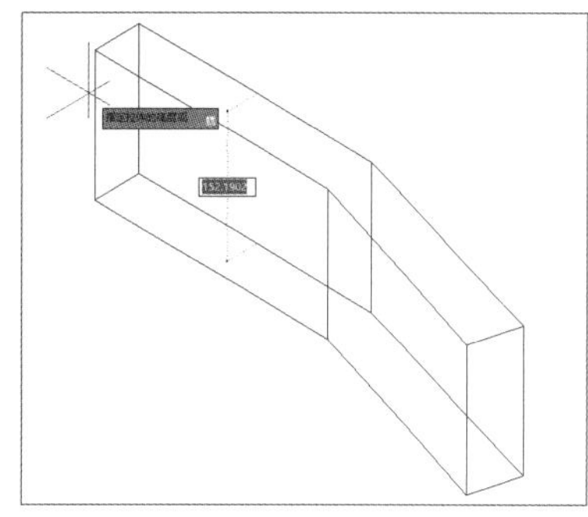

图 6-21　指定拉伸高度

6.3.2 放样实体

放样实体是指将两个横截面之间的空间绘制成实体，若横截面为非闭合草图，则会被绘制成曲面。在放样实体时，必须选择两个不在同一平面的横截面，用户可以使用以下方法执行“放样”命令。

- 在菜单栏中执行“绘图>建模>放样”命令。
- 在“常用”选项卡的“建模”面板中单击“放样”按钮。
- 在“实体”选项卡的“实体”面板中单击“放样”按钮。
- 在命令行中输入loft快捷命令，然后按Enter键。

在绘制好需要放样的两个横截面之后，执行“放样”命令，并根据命令行中的提示放样实体，如图6-22、图6-23、图6-24所示。

当前线框密度：ISOLINES=10，闭合轮廓创建模式 = 实体
选择要放样的对象或 [模式（MO）]：_MO 闭合轮廓创建模式 [实体（SO）/ 曲面（SU）]< 实体 >：_SO
按放样次序选择横截面或 [点（PO）/ 合并多条边（J）/ 模式（MO）]：选择第一个横截面
按放样次序选择横截面或 [点（PO）/ 合并多条边（J）/ 模式（MO）]：找到 1 个
按放样次序选择横截面或 [点（PO）/ 合并多条边（J）/ 模式（MO）]：找到 1 个，总计 2 个
选中了 2 个横截面
输入选项 [导向（G）路径（P）仅横截面（C）设置（S）]< 仅横截面 >：按回车键

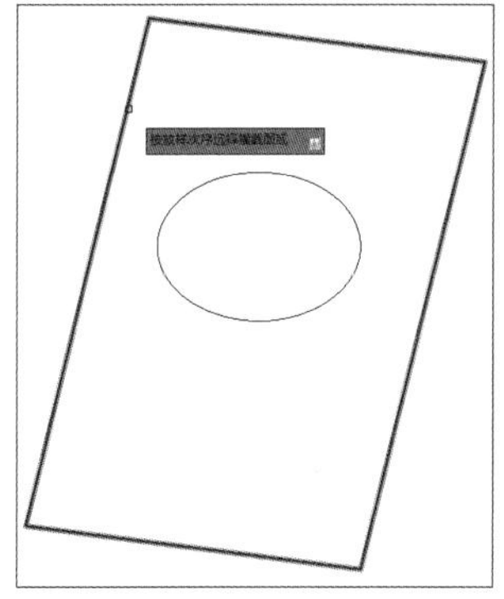

图 6-22　选择第一个截面

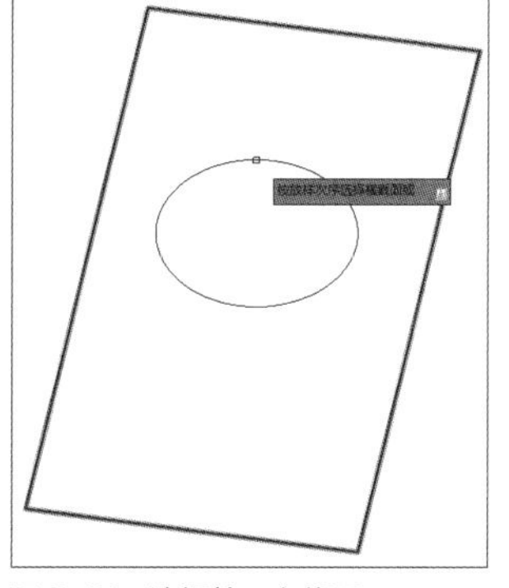

图 6-23　选择第二个截面

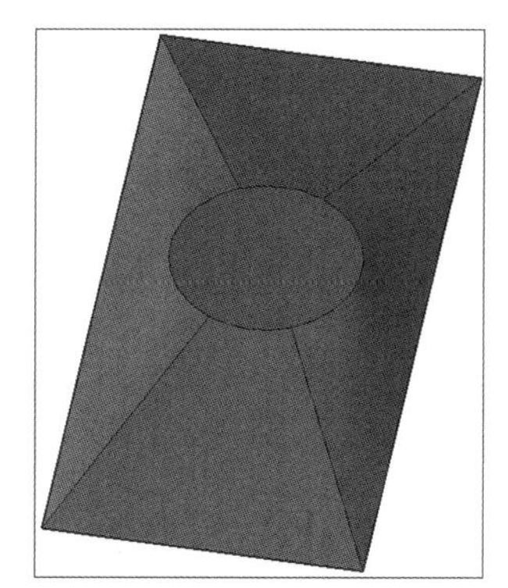

图 6-24　放样得到的三维实体

6.3.3 旋转实体

通过旋转实体，可以将绘制好的闭合二维草图沿着指定中心轴进行旋转并形成三维实体。用户可以使用以下方法执行“旋转”命令。

- 在菜单栏中执行“绘图>建模>旋转”命令。
- 在“常用”选项卡的“建模”面板中单击“旋转”按钮。
- 在“实体”选项卡的“实体”面板中单击“旋转”按钮。
- 在命令行中输入revolve快捷命令，然后按Enter键。

绘制好需要旋转的二维草图和中心轴之后，执行“旋转”命令，并根据命令行中的提示旋转实体，如图6-25、图6-26、图6-27所示。

当前线框密度：ISOLINES=10，闭合轮廓创建模式 = 实体	
选择要旋转的对象或 [模式（MO）]：_MO 闭合轮廓创建模式 [实体（SO）/ 曲面（SU）]<实体>：_SO	
选择要旋转的对象或 [模式（MO）]：找到 1 个	选择旋转的对象
选择要旋转的对象或 [模式（MO）]：	按回车键
指定轴起点或根据以下选择之一定义轴 [对象（O）/X/Y/Z]：	单击中心轴上端点
指定轴端点：	单击中心轴下端点
指定旋转角度或 [起点角度（ST）/ 反转（R）/ 表达式（EX）]<360>：	按回车键，指定旋转角度 360°

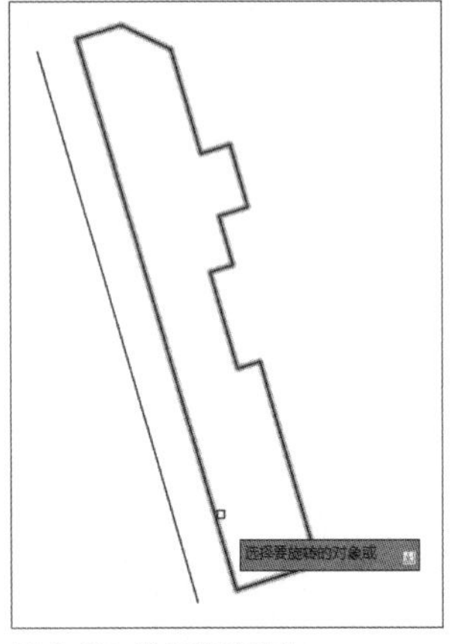

图 6-25 选择旋转对象

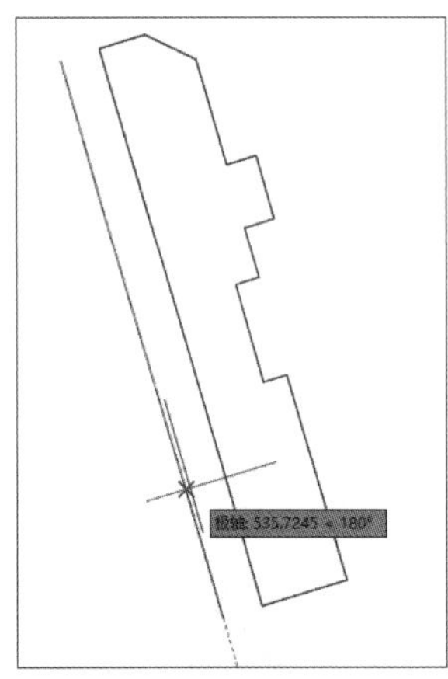
图 6-26 指定旋转轴

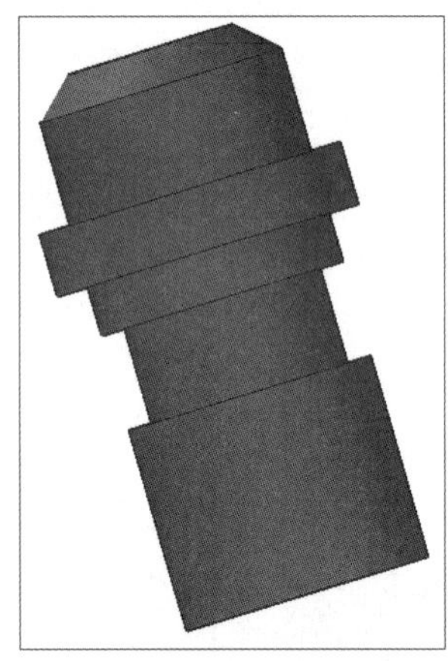
图 6-27 旋转得到的三维实体

6.3.4 扫掠实体

扫掠实体是指沿着指定的路径以及横截面对象进行实体或曲面的绘制。用户可以使用以下方法执行“扫掠”命令。

- 在菜单栏中执行“绘图>建模>扫掠”命令。
- 在“常用”选项卡的“建模”面板中单击“扫掠”按钮。
- 在“实体”选项卡的“实体”面板中单击“扫掠”按钮。
- 在命令行中输入sweep快捷命令，然后按Enter键。

在绘制好需要扫掠的草图和路径之后，执行“扫掠”命令，并根据命令行中的提示扫掠实体，如下页图6-28、图6-29、图6-30所示。

命令行
当前线框密度：ISOLINES=10，闭合轮廓创建模式 = 实体
选择要扫掠的对象或 [模式（MO）]：_MO 闭合轮廓创建模式 [实体（SO）/ 曲面（SU）]<实体>：_SO

选择要扫掠的对象或［模式（MO）］：找到 1 个	选择需要扫掠的对象
选择要扫掠的对象或［模式（MO）］：找到 1 个	
选择扫掠路径［对齐（A）基点（B）比例（S）扭曲（T）］：	选择扫掠的路径

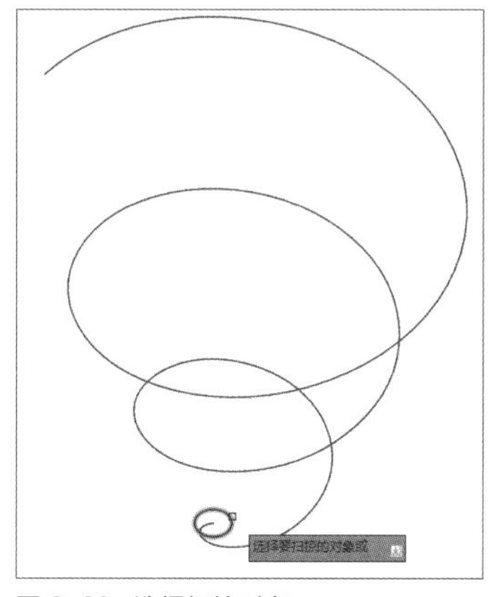

图 6-28　选择扫掠对象

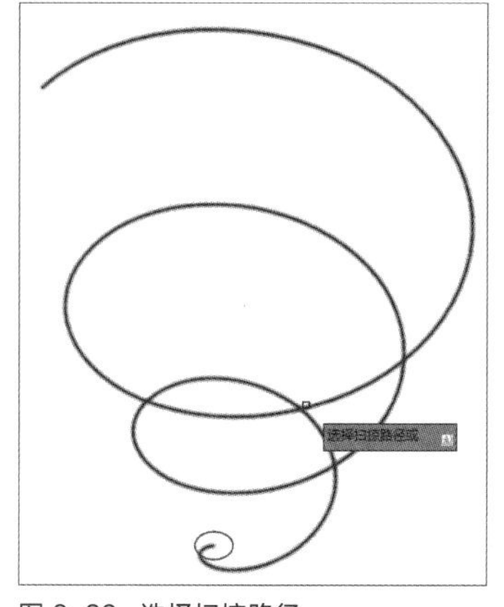

图 6-29　选择扫掠路径

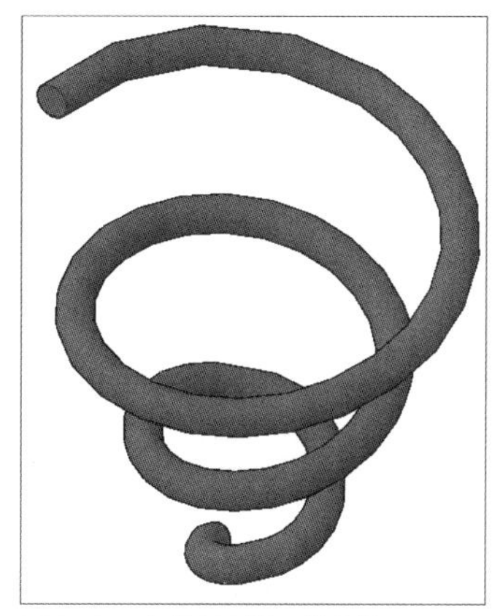
图 6-30　扫掠得到的三维实体

工程师点拨：ISOLINES

ISOLINES是一个系统变量值，表示曲面等高线的数量，默认数值为4，有效取值范围是0～2047，该参数的数值越高，模型的精度越高。这个数值可以在视觉样式管理器中的“轮廓素线”数值框中进行修改，如图6-31所示。

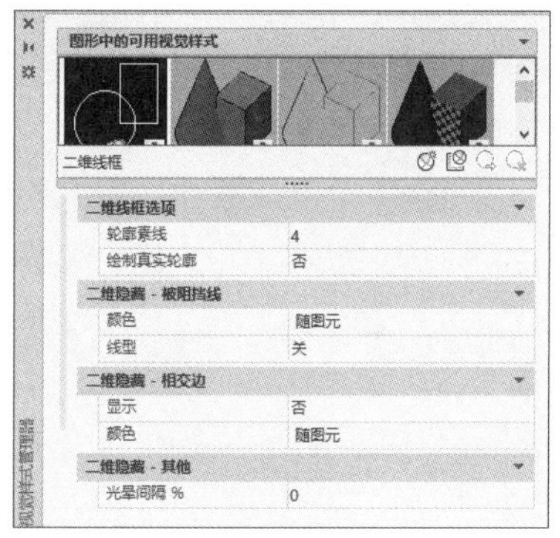

图 6-31　视觉样式管理器

6.4 绘制三维实体

常见的三维实体包括长方体、圆柱体、圆锥体、球体、棱锥体、楔体、圆环体等，下面将介绍这几种常见实体的绘制方法。

6.4.1 绘制长方体

长方体是最基本也是最常见的三维实体，它是由截面为长方形或者正方形并沿截面的法线拉伸形成的三维实体。用户可以使用以下方法执行“长方体”命令。

- 在菜单栏中执行“绘图>建模>长方体”命令。
- 在“常用”选项卡的“建模”面板中单击“长方体”按钮。
- 在“实体”选项卡的“图元”面板中单击“长方体”按钮。
- 在命令行中输入box快捷命令，然后按Enter键。

在执行“长方体”命令之后，根据命令行中的提示绘制长方体，如下页图6-32、图6-33所示。

指定第一个角点或［中心（C）］：指定底面矩形第一个角点
指定其他角点或［立方体（C）/长度（L）］：指定底面矩形其他的角点
指定高度或［两点（2P）］：指定长方体的高度

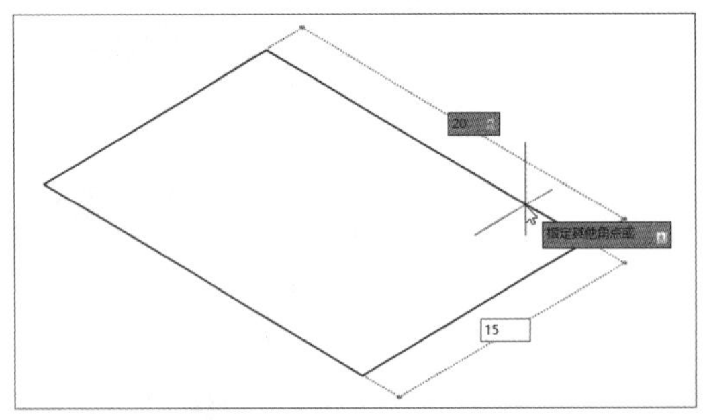

图 6-32 指定长方体的长度和宽度

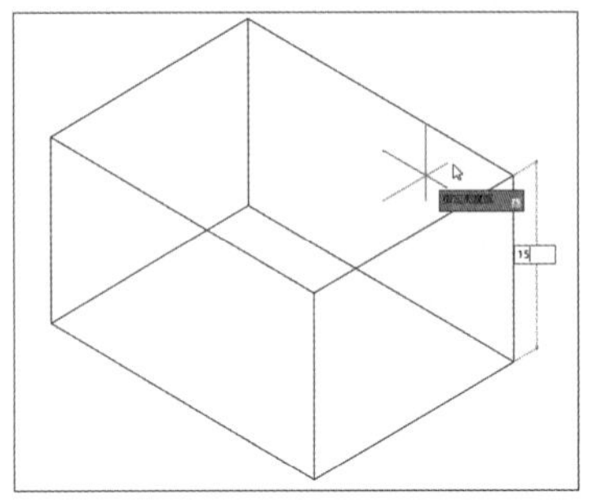

图 6-33 指定长方体的高度

6.4.2 绘制圆柱体

圆柱体也是较为常见的基础三维实体，它是以圆或者椭圆为截面形状并沿着该截面的法线拉伸形成的三维实体。用户可以使用以下方法执行“圆柱体”命令。

- 在菜单栏中执行“绘图>建模>圆柱体”命令。
- 在“常用”选项卡的“建模”面板中单击“圆柱体”按钮。
- 在“实体”选项卡的“图元”面板中单击“圆柱体”按钮。
- 在命令行中输入cylinder快捷命令，然后按Enter键。

执行“圆柱体”命令之后，根据命令行中的提示绘制圆柱体，如图6-34、图6-35所示。

指定底面的中心点或［三点（3P）/两点（2P）/切点、切点、半径（T）/椭圆（E）］：指定底面圆心
指定底面半径［直径（D）］：指定底面圆半径
指定高度或［两点（2P）/轴端点（A）］：指定圆柱体的高度

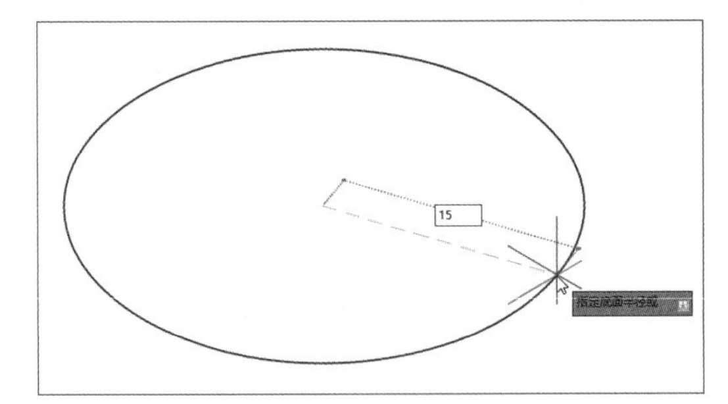

图 6-34 指定圆柱体的半径

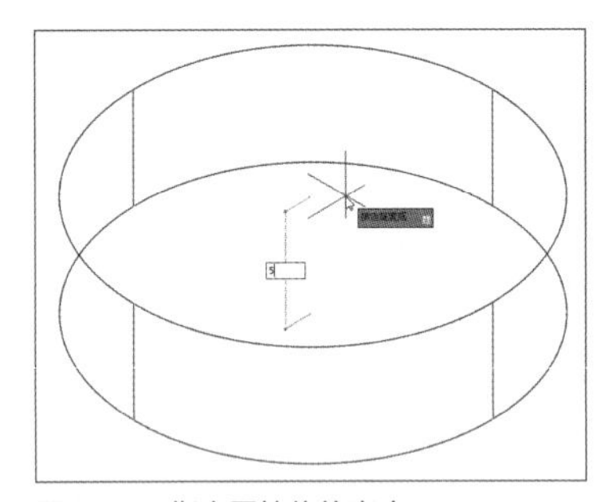

图 6-35 指定圆柱体的高度

6.4.3 绘制圆锥体

圆锥体是指以圆或椭圆为底面，以对称方式形成锥体表面，最后交于一点，或交于一个圆或椭圆平面的三维实体。用户可以使用以下方法执行“圆锥体”命令。

- 在菜单栏中执行“绘图>建模>圆锥体”命令。
- 在“常用”选项卡的“建模”面板中单击“圆锥体”按钮。
- 在“实体”选项卡的“图元”面板中单击“圆锥体”按钮。
- 在命令行中输入cone快捷命令，然后按Enter键。

执行“圆锥体”命令之后，根据命令行中的提示绘制圆锥体，如图6-36、图6-37所示。

指定底面的中心点或［三点（3P）/两点（2P）/切点、切点、半径（T）/椭圆（E）］：指定底面圆心 指定底面半径［直径（D）］：指定底面圆半径 指定高度或［两点（2P）/轴端点（A）］：指定圆锥体的高度

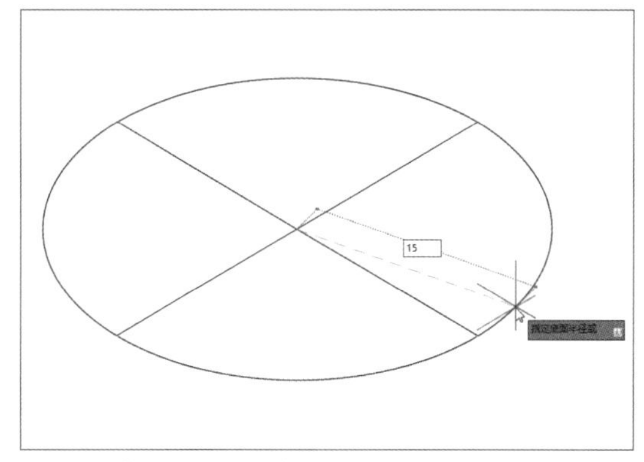

图6-36　指定圆锥体的半径

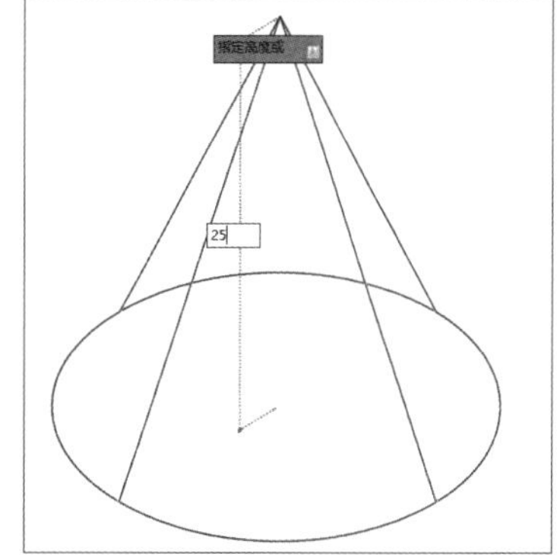

图6-37　指定圆锥体的高度

6.4.4 绘制球体

球体是由多个点的集合所形成的实体，从这些点到球心的距离都是相等的。用户可以使用以下方法执行“球体”命令。

- 在菜单栏中执行“绘图>建模>球体”命令。
- 在“常用”选项卡的“建模”面板中单击“球体”按钮。
- 在“实体”选项卡的“图元”面板中单击“球体”按钮。
- 在命令行中输入sphere快捷命令，然后按Enter键。

执行“球体”命令之后，根据命令行提示绘制球体，如图6-38所示。

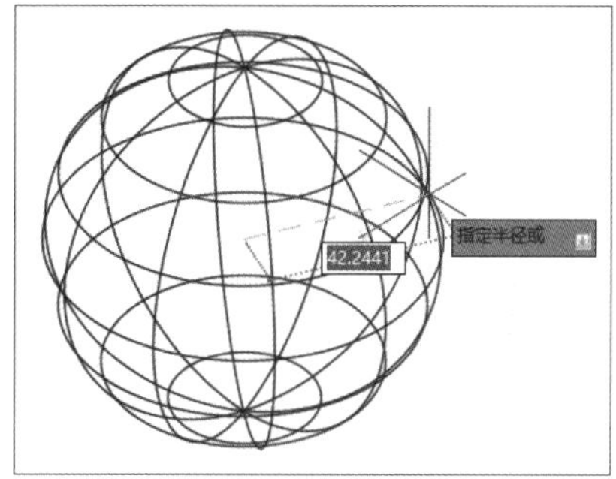

图6-38　指定底面角点及圆球的半径

6.4.5 绘制棱锥体

棱锥体可以看作是一个底面为多边形，并以多边形的中心点为起点绘制垂直于底面所在平面的法线轴线，沿着该法线轴线拉伸得到的三维实体。用户可以使用以下方法执行“棱锥体”命令。

- 在菜单栏中执行“绘图>建模>棱锥体”命令。
- 在“常用”选项卡的“建模”面板中单击“棱锥体”按钮。
- 在“实体”选项卡的“图元”面板中单击“棱锥体”按钮。
- 在命令行中输入pypamid快捷命令，然后按Enter键。

在使用上述任意一种方法执行“棱锥体”命令之后，根据命令行中的提示绘制棱锥体，如下页图6-39、图6-40所示。

指定底面的中心点或［边（E）/侧面（S）］：指定底面中心点 指定底面半径［内接（I）］：指定底面矩形的大小 指定高度或［两点（2P）/轴端点（A）/顶面半径（T）］：指定棱锥体的高度

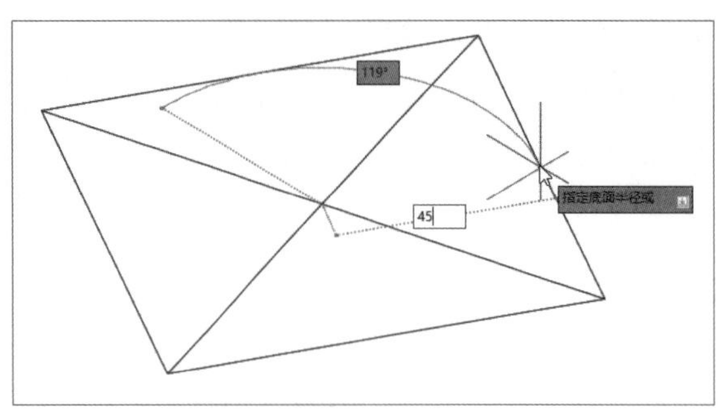

图 6-39　指定棱锥体的角度及长度

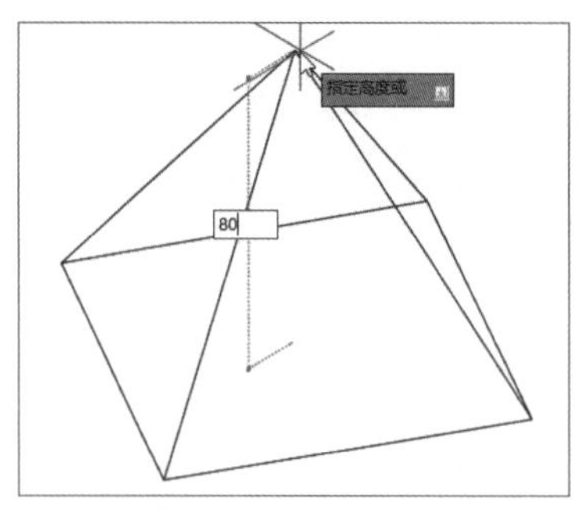

图 6-40　指定棱锥体的高度

6.4.6　绘制楔体

楔体是一个具有楔状特征的三维实体，是由一个底面为矩形并沿着矩形的边线的法线方向拉伸得来的三维实体。用户可以使用以下方法执行“楔体”命令。

- 在菜单栏中执行“绘图>建模>楔体”命令。
- 在“常用”选项卡的“建模”面板中单击“楔体”按钮。
- 在“实体”选项卡的“图元”面板中单击“楔体”按钮。
- 在命令行中输入wedge快捷命令，然后按Enter键。

执行“楔体”命令之后，根据命令行中的提示绘制楔体，如图6-41、图6-42所示。

```
指定第一个角点 [ 中心 ( C ) ] : 指定第一个角点
指定其他角点或 [ 立方体 ( C ) / 长度 ( L ) ] : 指定底面矩形的另外一个角点
指定高度或 [ 两点 ( 2P ) ] : 指定楔体高度
```

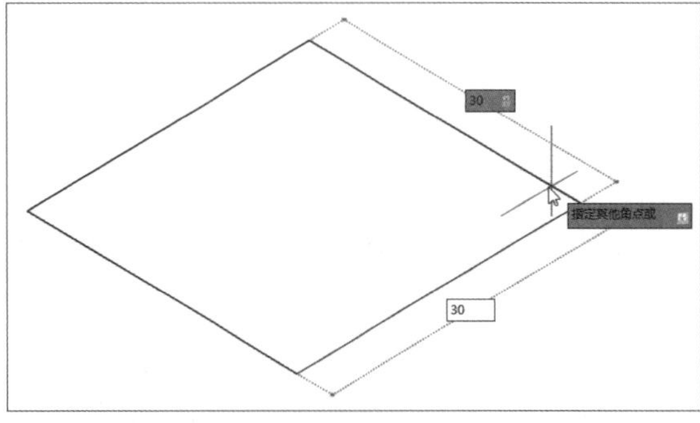

图 6-41　指定楔体底面的长度及宽度

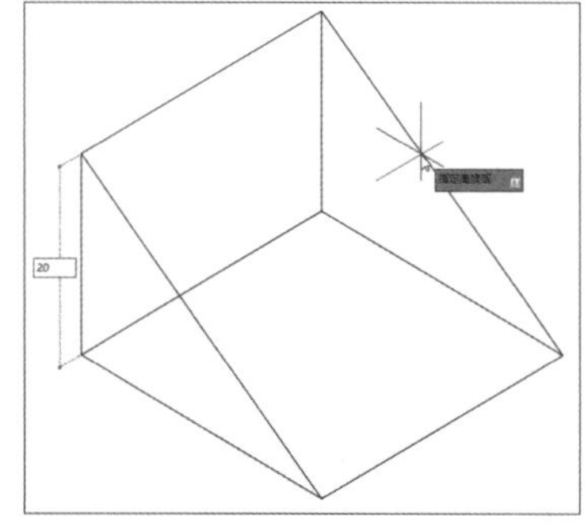

图 6-42　指定楔体的高度

6.4.7　绘制圆环体

圆环体可以看作是一个截面为圆形且绕着一个中心环绕得到的三维实体。用户可以使用以下方法执行“圆环体”命令。

- 在菜单栏中执行“绘图>建模>圆环体”命令。
- 在“常用”选项卡的“建模”面板中单击“圆环体”按钮。
- 在“实体”选项卡的“图元”面板中单击“圆环体”按钮。
- 在命令行中输入torus快捷命令，然后按Enter键。

执行“圆环体”命令之后，根据命令行中的提示绘制圆环体，如下页图6-43、图6-44所示。

指定底面的中心点或 [三点 (3P) / 两点 (2P) / 切点、切点、半径 (T)] : 指定圆环中心圆的圆心
指定半径 [直径 (D)] : 指定中心圆的半径 / 直径
指定圆管半径或 [两点 (2P) / 直径 (D)] : 指定圆环截面圆管的半径

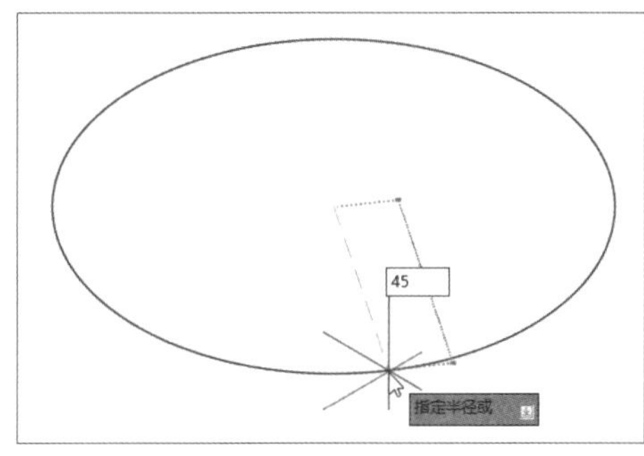

图 6-43 指定圆环中心圆的半径

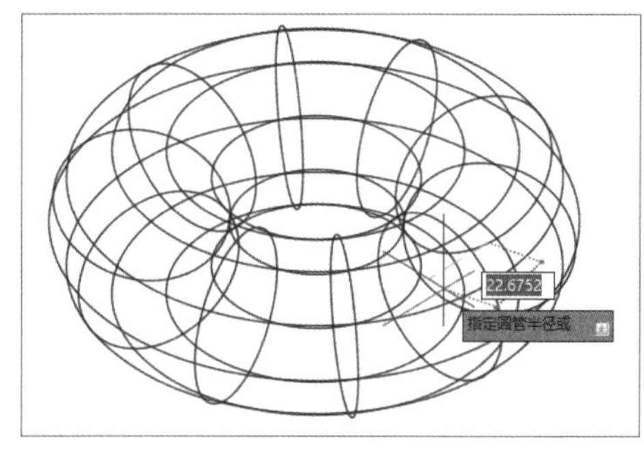

图 6-44 指定圆环截面的半径

6.5 编辑三维实体

在绘制完三维实体之后，还需要对实体进行编辑。本节介绍的布尔运算是在三维实体编辑过程中较为重要的功能，主要包括并集操作、差集操作以及交集操作，下面分别介绍具体的操作方法。

6.5.1 实体的并集操作

并集操作是指将两个及两个以上的实体合并成一个新的实体，新实体没有重合的部分。用户可以使用以下方法执行“并集”命令。

- 在菜单栏中执行“修改>实体编辑>并集”命令。
- 在“常用”选项卡的“实体编辑”面板中单击“并集”按钮。
- 在“实体”选项卡的“布尔值”面板中单击“并集”按钮。
- 在命令行中输入union快捷命令，然后按Enter键。

绘制好需要合并的多个实体之后，执行“并集”命令，并根据命令行中的提示合并实体，如图6-45、图6-46所示。

选择对象 :	选择第一个需要合并的对象
选择对象 : 找到 1 个	
选择对象 : 找到 2 个	选择第二个需要合并的对象并按回车键

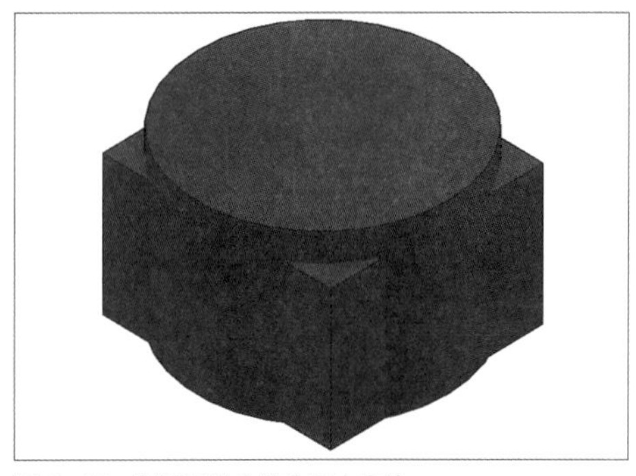

图 6-45 选择需要合并的两个实体

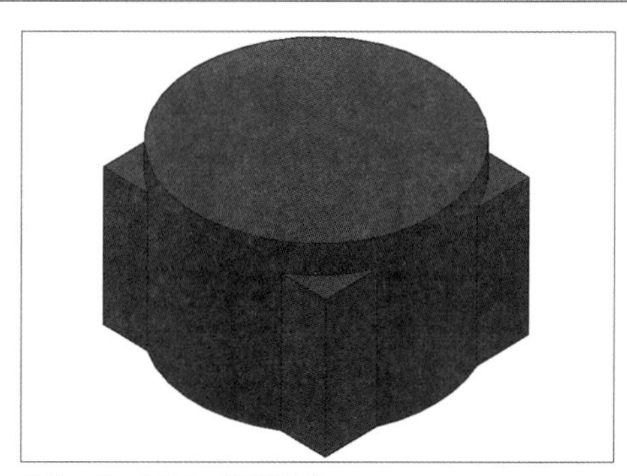

图 6-46 合并完成后的实体

6.5.2 实体的差集操作

差集操作是指从一个或多个实体中减去其中的一部分，并得到一个新实体。用户可以使用以下方法执行“差集”命令。

- 在菜单栏中执行“修改>实体编辑>差集”命令。
- 在“常用”选项卡的“实体编辑”面板中单击“差集”按钮。
- 在“实体”选项卡的“布尔值”面板中单击“差集”按钮。
- 在命令行中输入subtract命令，然后按Enter键。

绘制好需要进行差集操作的多个实体之后，执行“差集”命令，并根据命令行中的提示减去实体，如图6-47、图6-48所示。

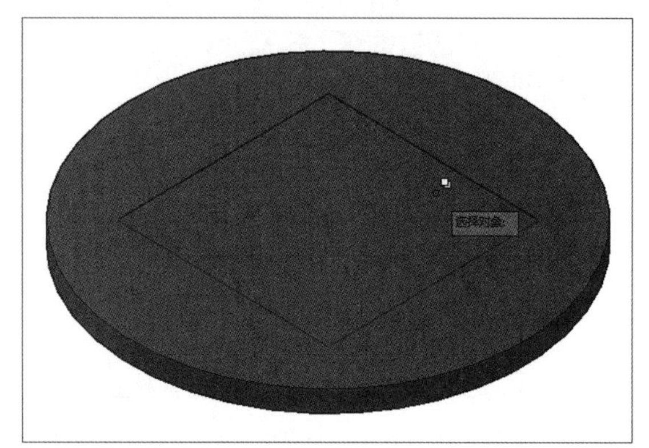

图 6-47　选择需要执行差集操作的实体

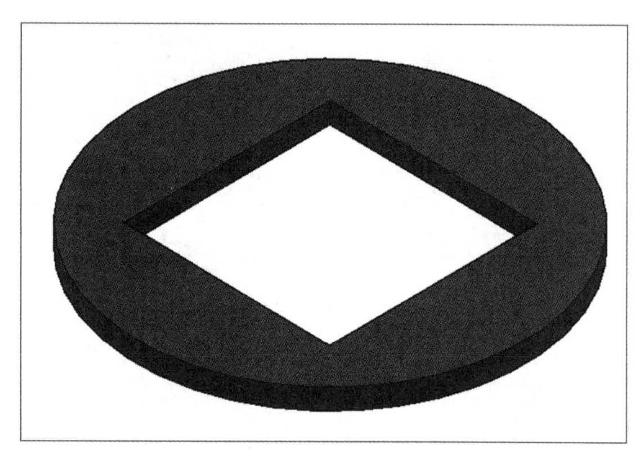

图 6-48　差集效果

示例6-1： 使用“并集”命令绘制纺锤体

步骤 01 首先打开纺锤式手柄平面图，接下来在命令行中输入bo命令并按Enter键，弹出“边界创建”对话框，如图6-49所示。

步骤 02 单击“拾取点”按钮，在绘图区域用单击矩形与弧形中间，确定图形边界，并删除多余线条，如图6-50所示。

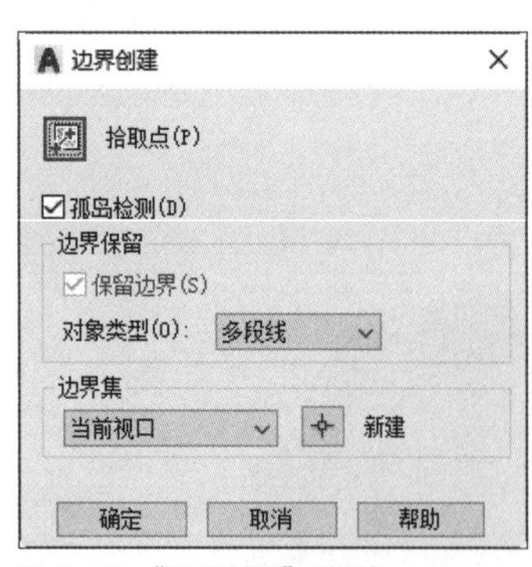

图 6-49　“边界创建”对话框

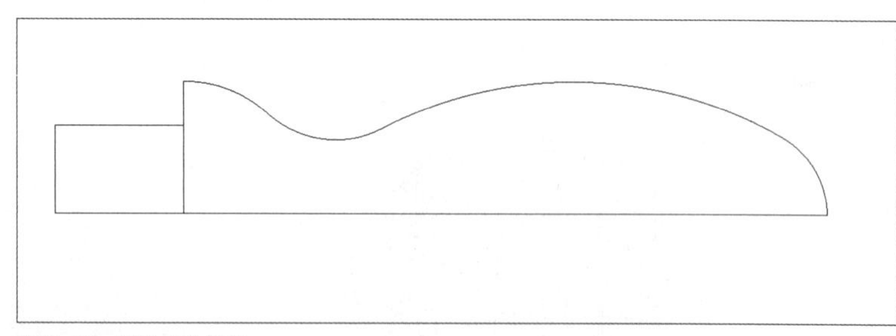

图 6-50　删除多余线条

步骤 03 选择图形，输入rev命令，按Enter键确定，选择底线作为旋转轴线，输入旋转角度为360按Enter键，完成旋转，如下页图6-51所示。

步骤 04 在菜单栏中执行“视图>视觉样式”命令，选择“着色”选项，效果如下页图6-52所示。

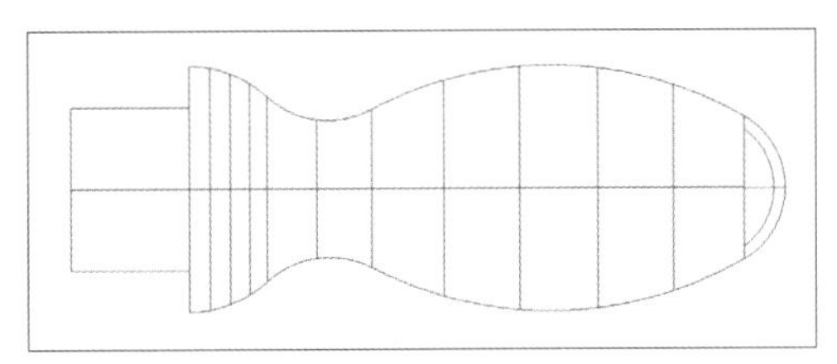
图 6-51 选择得到三维实体

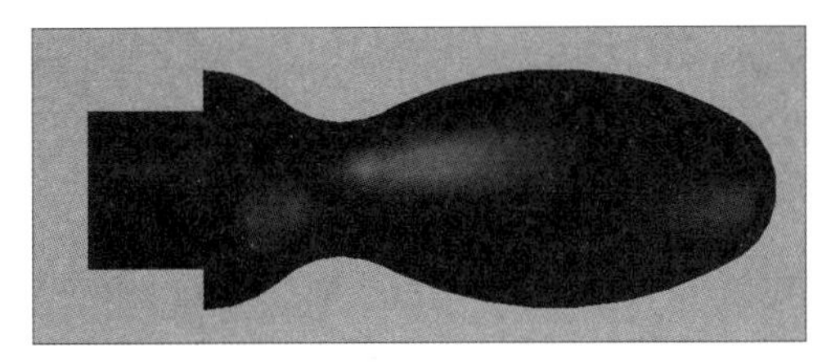
图 6-52 着色视觉样式

步骤 05 执行“绘图>直线”命令，在工作区左侧绘制辅助线，如图6-53所示。

步骤 06 执行“绘图>圆”命令，绘制直径为5mm的圆，输入reg命令，按Enter键。选择圆，为其创建面域，命令行提示如图6-54所示。

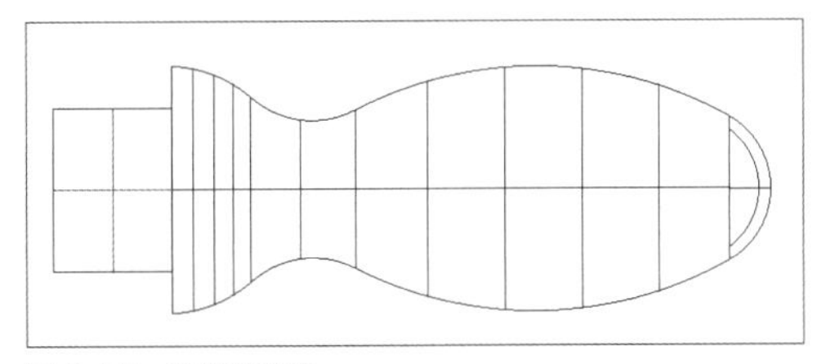
图 6-53 绘制辅助线

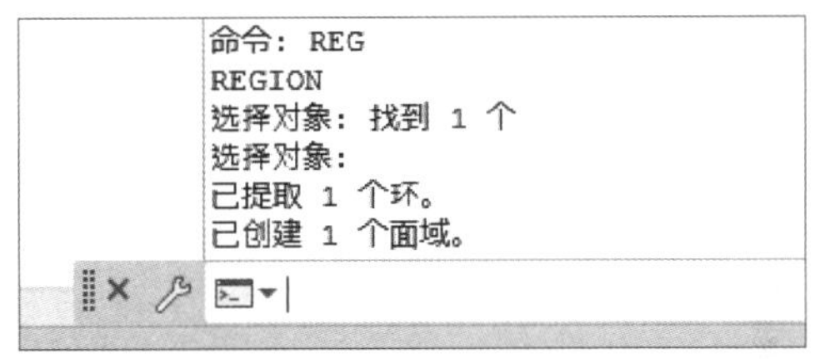

图 6-54 绘制圆并创建面域

步骤 07 选中圆，在命令行输入ext命令，按Enter键，将圆拉伸形成圆柱，如图6-55所示。

步骤 08 选择圆，将圆心复制到辅助线交点上，如图6-56所示。

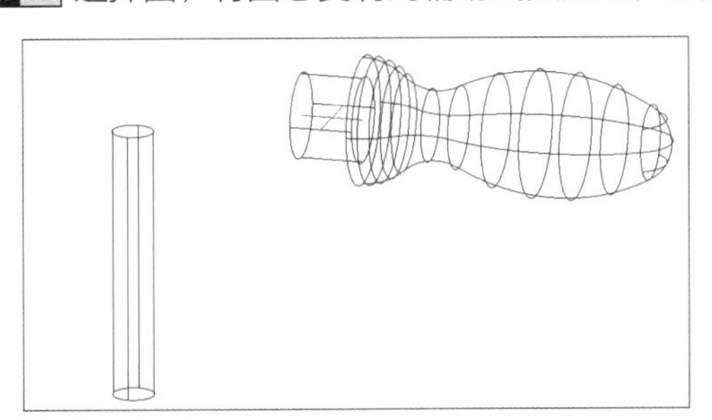
图 6-55 拉伸得到三维实体

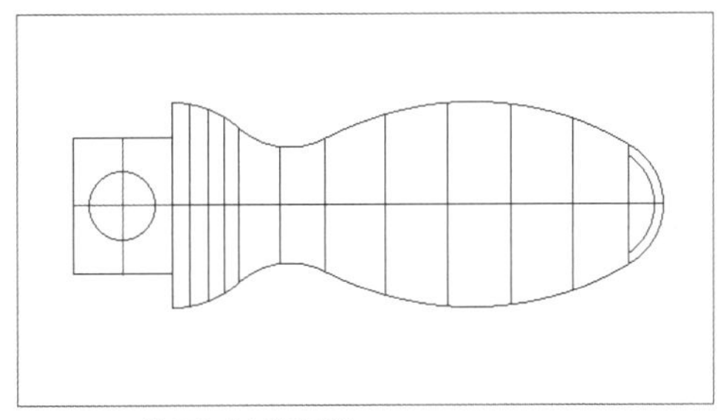
图 6-56 将圆复制到图形上

步骤 09 在菜单栏中执行“视图>视觉样式”命令，选择“真实”选项，效果如图6-57所示。

步骤 10 将圆柱向下移动，按F8功能键开启正交模式，在命令行输入m命令，对圆柱进行移动并穿透图形，如图6-58所示。

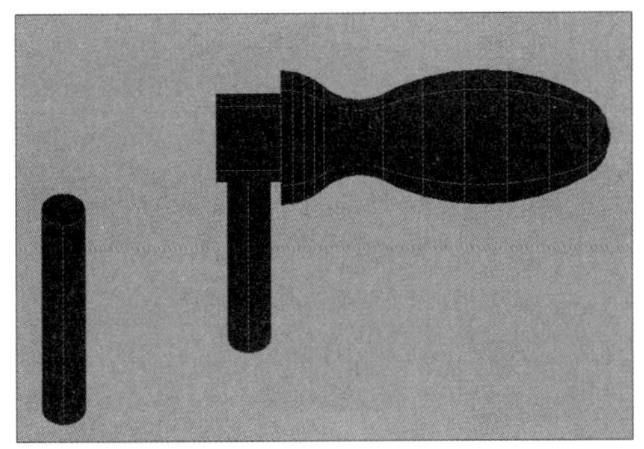
图 6-57 真实视觉样式

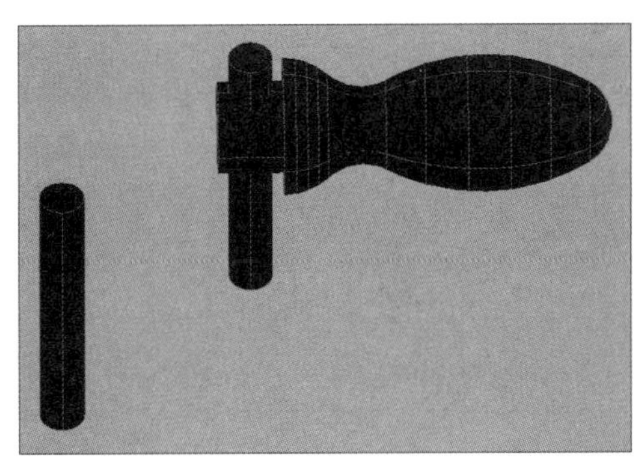
图 6-58 移动圆柱

步骤 11 在俯视图的二维线框视觉样式下，删除辅助线。选择“工作空间”为“三维基础”，其工具栏如图6-59所示。用户也可以通过右击空白处，在弹出的快捷菜单中选择“显示选项卡>三维工具”命令，切换到三维工具面板。

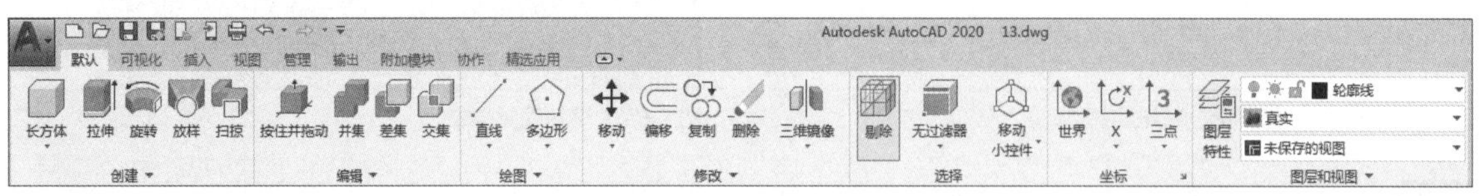

图 6-59 三维工具面板

步骤 12 在命令行中输入su命令，执行差集操作，先选择要保留的图形为“被贯穿的圆柱”并按Enter键，再选择圆柱作为“选择要减去的实体”并按Enter键，如图6-60所示。

步骤 13 选择着色视觉样式，在西南等轴视图下观察三维图形，如图6-61所示。

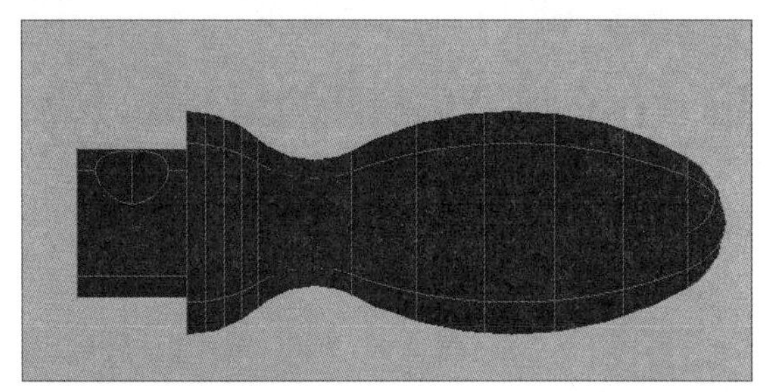

图 6-60 执行差集操作

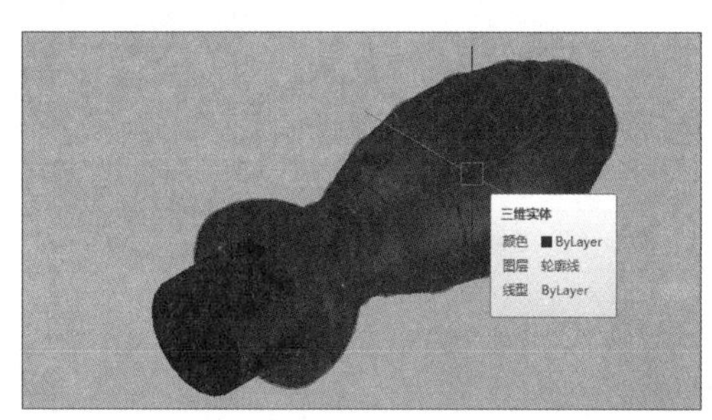

图 6-61 观察图形

步骤 14 在命令行输入uni命令，按Enter键执行“并集”命令，选中两个图形，按Enter键，完成模型制作，如图6-62所示。

步骤 15 至此，完成纺锤式手柄的三维模型制作，最终效果如图6-63所示。

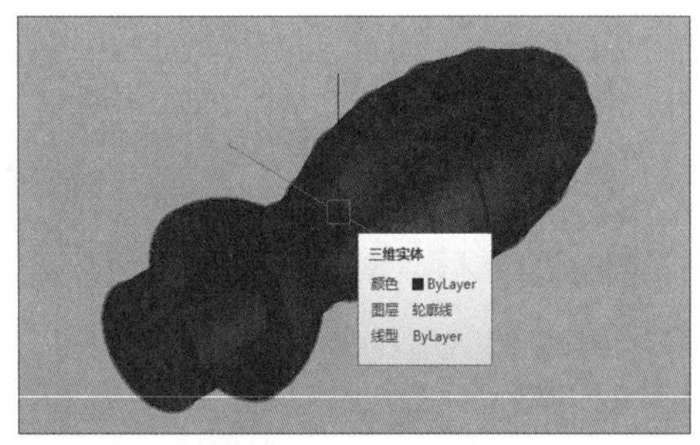

图 6-62 执行并集操作

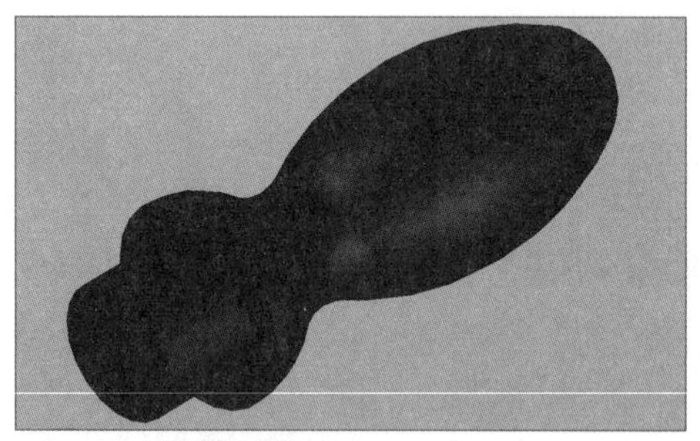

图 6-63 最终效果图

6.5.3 实体的交集操作

交集操作可以保留两个实体相交的部分，并将不相交的部分删除。用户可以使用以下方法执行“交集”命令。

- 在菜单栏中执行“修改>实体编辑>交集”命令。
- 在“常用”选项卡的“实体编辑”面板中单击“交集”按钮。
- 在“实体”选项卡的“布尔值”面板中单击“交集”按钮。

在绘制好需要进行交集操作的多个实体之后，执行“交集”命令，并根据命令行中的提示依次选择需进行相交的三维实体，如下页图6-64、图6-65所示。

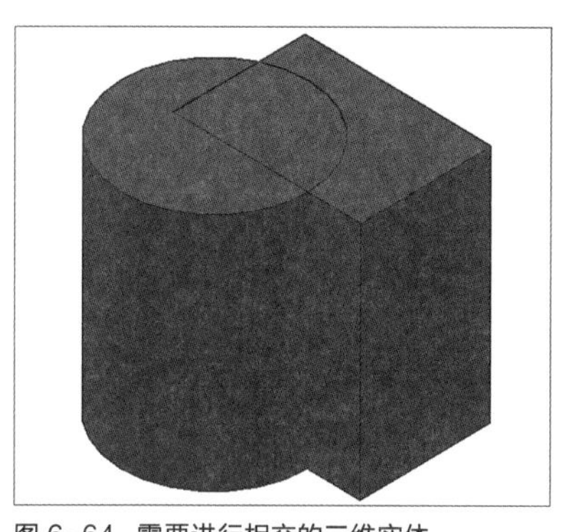

图 6-64 需要进行相交的三维实体

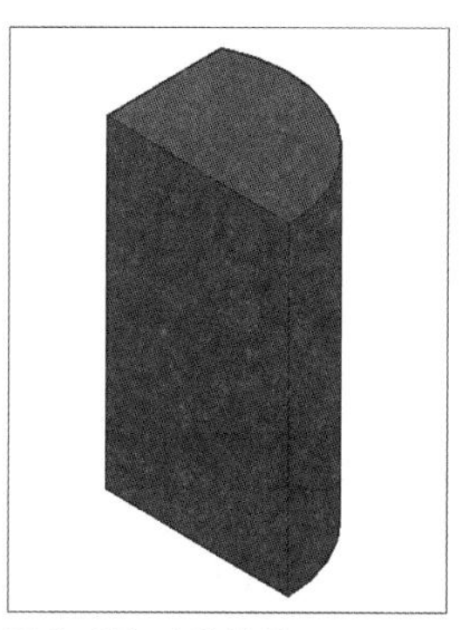

图 6-65 交集效果

综合实践 绘制承台三维模型

实践目的 通过综合实践的练习，进一步巩固本章学习的内容，从而掌握绘制三维模型的方法。

实践内容 应用本章所学的知识，绘制承台三维模型。

步骤 01 打开AutoCAD之后，在状态栏中将工作空间切换为“草图与注释”，如图6-66所示。

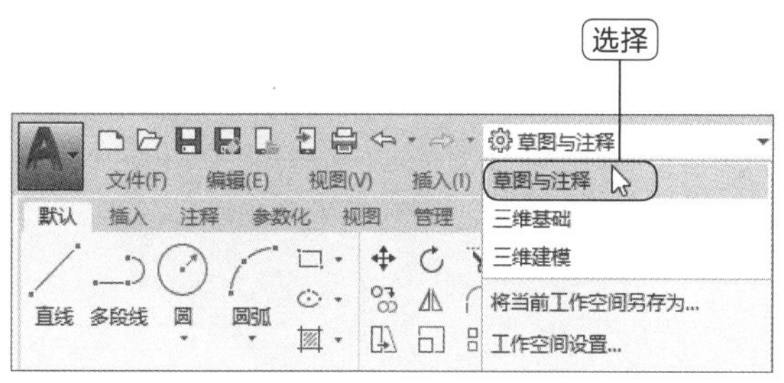

图 6-66 切换工作空间

步骤 02 调用“圆”命令和“矩形”命令，绘制图6-67的二维草图。

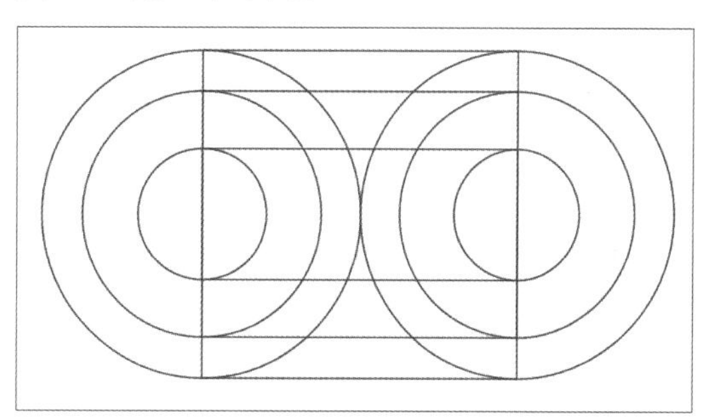

图 6-67 绘制二维草图

步骤 03 使用“线性标注”命令和“直径标注”命令，分别对圆形和矩形进行相应的标注，如图6-68所示。

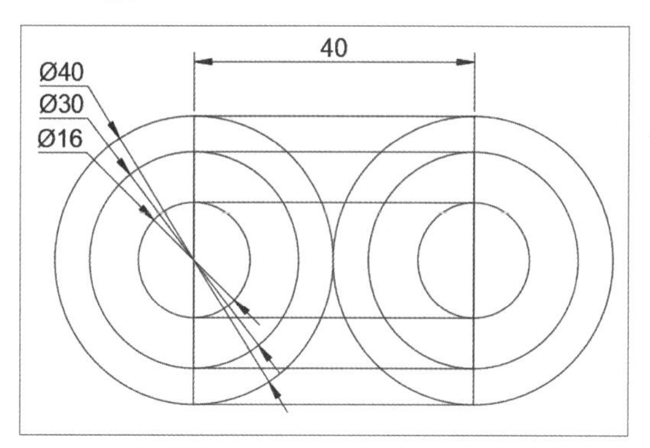

图 6-68 标注图形

步骤 04 将工作空间切换为“三维建模”，同时将视图切换为西南等轴测。执行“绘图>建模>拉伸”命令，选择两个最大的圆以及一个最大的矩形进行拉伸，设置拉伸高度为8，如图6-69所示。

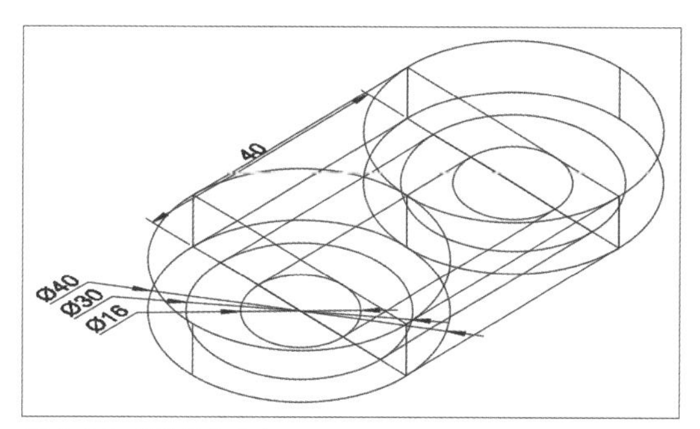

图 6-69 拉伸承台底座

步骤05 执行“修改>实体编辑>并集”命令，选择上一步中拉伸得到的三维实体，进行并集操作。同时将视觉样式切换为灰度，如图6-70所示。

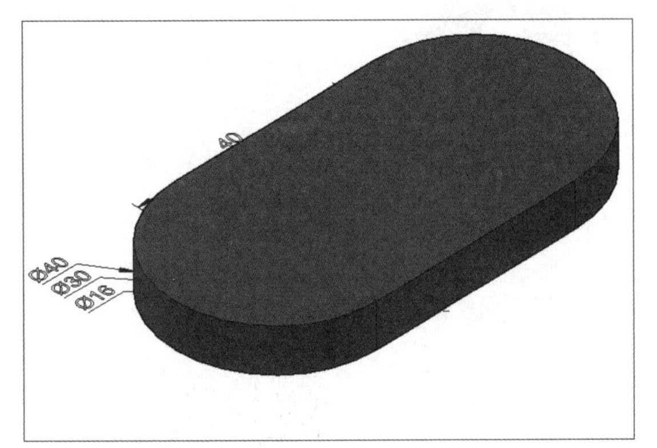

图 6-70　合并三维实体

步骤06 接下来将视觉样式切换为二维线框，再次执行“绘图>建模>拉伸”命令，选择两个次大的圆以及一个次大的矩形进行拉伸，设置拉伸高度为30，如图6-71所示。

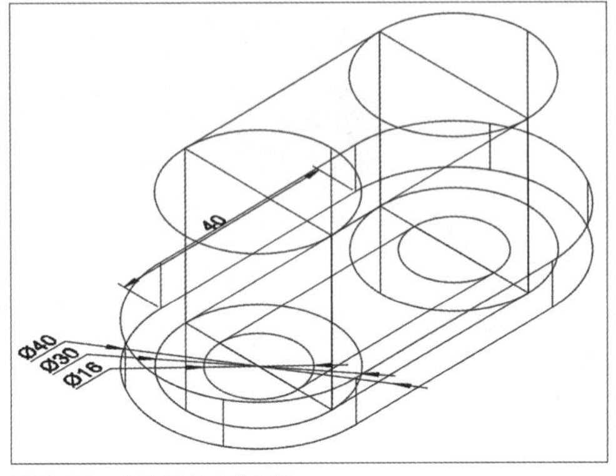

图 6-71　拉伸承台主体部分

步骤07 执行“修改>实体编辑>并集”命令，选择上一步拉伸得到的三维实体，进行并集操作，同时将视觉样式切换为“灰度”，如图6-72所示。

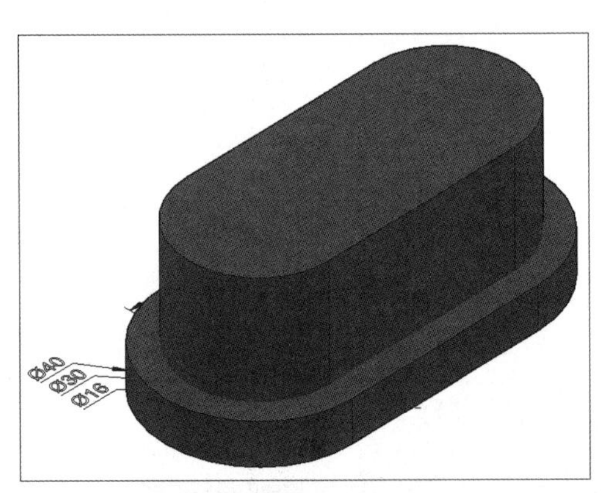

图 6-72　设置灰度视觉样式

步骤08 将视觉样式切换为二维线框，再次执行“绘图>建模>拉伸”命令，选择两个最小的圆以及一个最小的矩形进行拉伸，设置拉伸高度为30，并对三维实体进行并集操作，如图6-73所示。

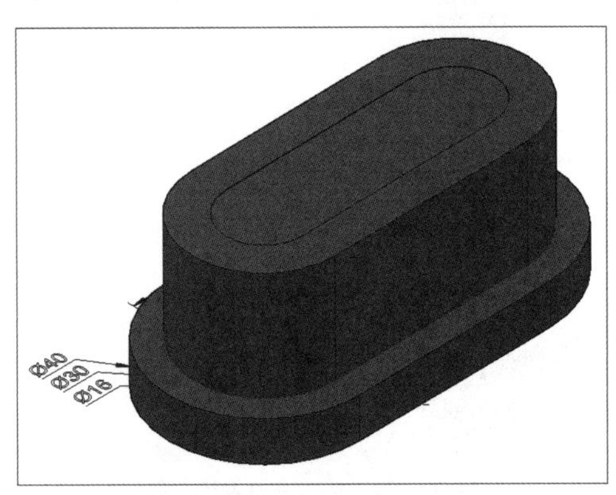

图 6-73　合并三维实体

步骤09 在菜单栏中执行“修改>实体编辑>差集”命令，并依次选择除底座以外的两个三维实体。首先选择需要进行差集操作的三维实体，接着选择要减去的三维实体，即可完成差集操作。至此，本案例已经制作完成，如图6-74所示。

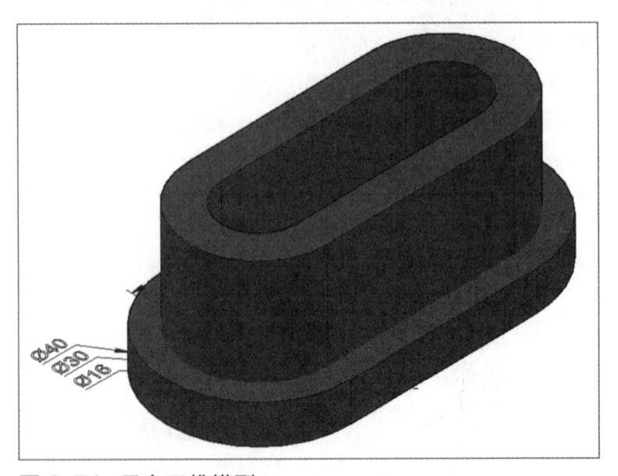

图 6-74　承台三维模型

课后练习

通过本章内容的学习，用户对于如何绘制三维模型并对其进行编辑已经有了一定的认识。下面结合习题练习，巩固本章所学知识。

一、选择题

（1）通过（　　），可以将绘制好的闭合二维草图沿着指定中心轴进行旋转并形成三维实体。

A. 扫掠实体　　B. 旋转实体　　C. 放样实体　　D. 拉伸实体

（2）（　　）是指使用平滑着色和材质显示三维对象。

A. 真实样式　　B. 概念样式　　C. 灰度样式　　D. 勾画样式

（3）（　　）可以保留两个三维实体的相交部分。

A. 交集　　B. 并集　　C. 差集　　D. 干涉

（4）默认ISOLINES的值是（　　）。

A. 10　　B. 4　　C. 15　　D. 20

（5）AutoCAD中默认的坐标系是（　　）。

A. 用户坐标系　　B. 三维坐标系

C. 动态UCS　　D. 世界坐标系

二、填空题

（1）____________是以圆或椭圆为底面，以对称方式形成锥体表面，最后交于一点的实体。

（2）通过布尔运算中的____________，可以将两个及两个以上的三维实体进行合并。

（3）通过____________，可以将两个横截面之间的空间绘制成实体。

三、操作题

（1）执行“螺旋线”命令和“扫掠”命令绘制弹簧，效果如图6-75所示。

（2）执行“圆柱体”命令和“差集”命令绘制法兰，效果如图6-76所示。

图 6-75　绘制弹簧三维模型

图 6-76　绘图法兰

第7章 编辑三维模型

课题概述 用户可以使用三维编辑命令，对三维模型进行移动、旋转、复制、镜像、对齐等操作，也可以对实体进行剖切，以获取它的截面并对其进行编辑。

教学目标 通过对三维实体编辑的学习，快速绘制出复杂的三维实体。

核心知识点

★☆☆☆ | 编辑三维实体边

★★☆☆ | 编辑三维实体面、抽壳

★★★☆ | 倒圆角、倒直角

★★★★ | 三维移动、三维旋转、三维镜像、三维阵列

本章文件路径

上机实践：实例文件\第7章\综合实践：绘制篮子.dwg

课后练习：实例文件\第7章\课后练习

本章内容图解链接

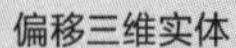

偏移三维实体

阵列三维实体

7.1 整体编辑三维模型

在上一章，我们学习了如何创建基础的三维模型以及简单的三维模型编辑，本节将学习如何对三维模型进行编辑，如对三维模型进行移动、旋转、复制、镜像等。

7.1.1 移动三维模型

要在三维空间移动三维模型，用户可以使用以下方法执行“三维移动”命令。

- 在菜单栏中执行“修改>三维操作>三维移动”命令。
- 在“常用”选项卡的“修改”面板中单击“三维移动”按钮。
- 在命令行中输入3dmove命令，然后按Enter键。

执行“三维移动”命令之后，选择需要移动的三维实体，将其移动到所需的位置即可，如下页图7-1、图7-2所示。

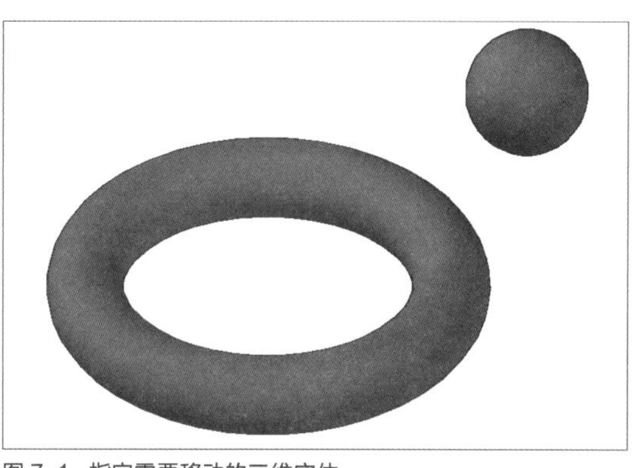

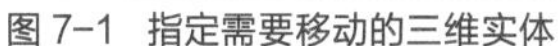

图 7-1 指定需要移动的三维实体

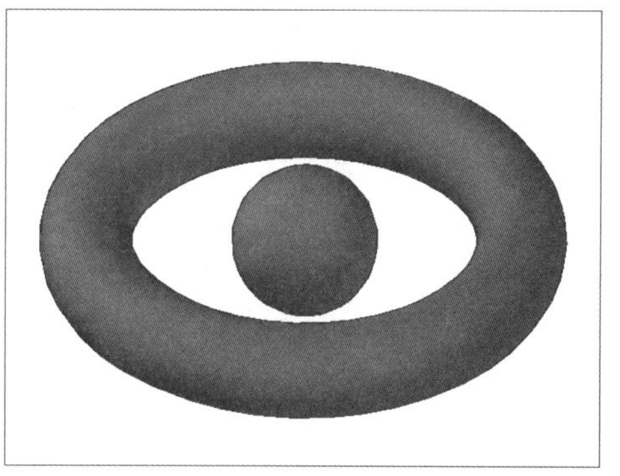

图 7-2 移动后的三维实体

工程师点拨：三维移动和移动

除了上述的“三维移动”命令外，在需要移动三维模型时还可以使用“移动”命令。这两个命令的区别在于“三维移动”命令不仅可以对三维模型进行任意移动，也可以指定轴进行移动，或者指定平面进行移动，但是“移动”命令仅可以任意移动，不能明确地指定轴或者平面。

7.1.2 旋转三维模型

三维旋转操作可以将三维模型按照指定的角度绕三维空间定义的任意轴（*X*轴、*Y*轴、*Z*轴）进行旋转。用户可以使用以下方法执行“三维旋转”命令。

- 在菜单栏中执行“修改>三维操作>三维移动”命令。
- 在“常用”选项卡的“修改”面板中单击“三维旋转”按钮。
- 在命令行中输入3drotate命令，然后按Enter键。

执行“三维实体”命令之后，根据命令行中的提示对三维实体进行旋转操作，如图7-3、图7-4所示。

```
UCS 当前的正角方向：ANGDIR= 逆时针    ANGBSR=0
指定对象：找到 1 个              指定旋转对象
指定对象：
指定基点：                       指定旋转轴上的一个点
**   旋转   **
指定旋转角度或 [ 基点（B）/ 复制（C）/ 放弃（U）/ 参照（R）/ 退出（X）]：指定旋转角度
```

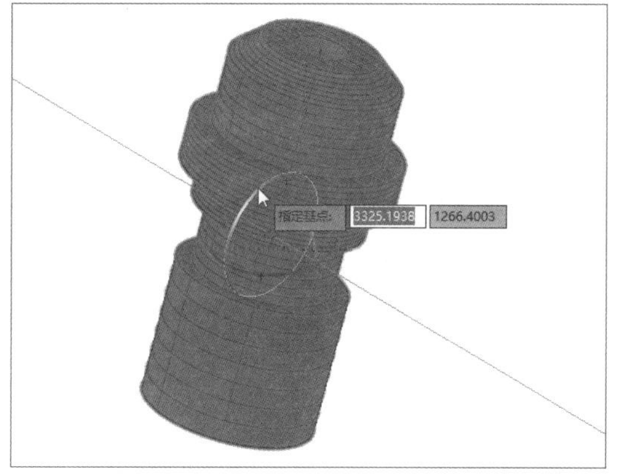

图 7-3 指定需要旋转的实体及旋转轴

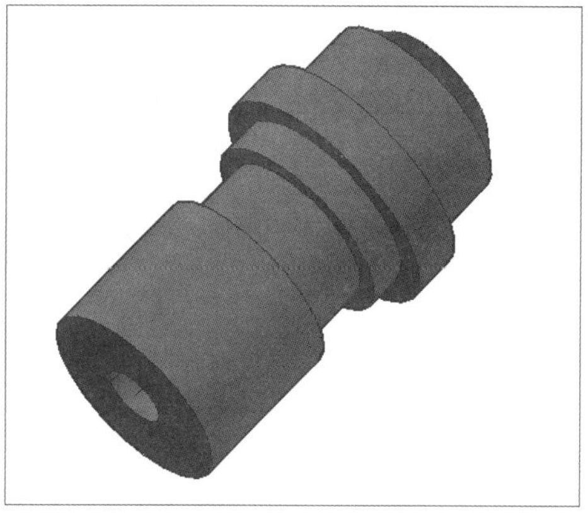

图 7-4 旋转后的三维实体

7.1.3 复制三维模型

使用“复制”命令，可以将选中的三维实体沿着指定的基线方向和指定的距离进行复制。用户可以通过以下方法执行“复制”命令。

- 在菜单栏中执行“修改>复制”命令。
- 在“常用”选项卡的“修改”面板中单击“复制”按钮。
- 在命令行中输入copy命令，然后按Enter键。

执行“复制”命令之后，根据命令行中的提示选择需要复制的三维实体，并将其沿着指定的方向和距离进行复制。

7.1.4 镜像三维模型

在AutoCAD中，用户可以对选中的三维模型沿着指定的平面进行镜像操作，该平面为两个三维模型的对称面。用户可以使用以下方法执行“三维镜像”命令。

- 在菜单栏中执行“修改>三维操作>三维镜像”命令。
- 在“常用”选项卡的“修改”面板中单击“三维镜像”按钮。
- 在命令行中输入mirror3d命令，然后按Enter键。

执行“三维镜像”命令之后，根据命令行中的提示对三维实体进行镜像操作。

```
指定对象：找到 1 个          指定需要镜像的三维模型
指定对象：
指定镜像平面(三点)的第一个点或 [对象(O)/最近的(L)/Z 轴(Z)/视图(V)XY 平面(XY)/YZ 平面(YZ)/ZX 平面(ZX)/三点(3)]<三点>:
指定镜像平面上第二点：
指定镜像平面上第三点：
是否删除源对象 [是(Y)/否(N)]<否>: 输入 N 并按 Enter 键
```

7.1.5 阵列三维模型

三维模型的阵列操作包括矩形阵列和环形阵列，通过指定需要阵列的对象和阵列形式可以得到我们需要的效果。用户可以使用以下方法执行“阵列”命令。

- 在菜单栏中执行“修改>三维操作>三维阵列”命令。
- 在命令行中输入3darray命令，然后按Enter键。

（1）矩形阵列

矩形阵列可以将选中的三维模型沿着指定的方向和数量进行阵列，这与二维草图的矩形阵列类似。

（2）环形阵列

环形阵列可以将选中的三维实体沿着指定的圆心和中心圆进行圆周阵列，这与二维草图的环形阵列类似。

执行“三维阵列”命令之后，根据命令行中的提示对三维实体进行阵列，这里以环形阵列为例，如下页图7-5、图7-6所示。

```
指定对象：指定对角点：找到 1 个
指定对象：
```

输入阵列类型 [矩形（R）/ 环形（R）/] : < 环形 >
** 旋转 **
指定旋转角度或 [基点（B）/ 复制（C）/ 放弃（U）/ 参照（R）/ 退出（X）]：指定旋转角度

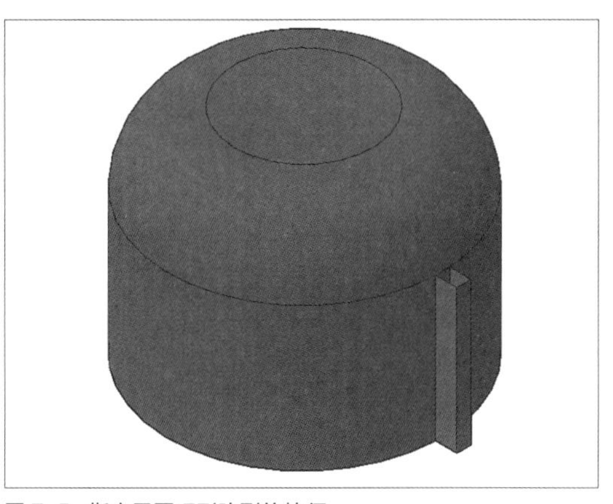
图 7-5 指定需要环形阵列的特征

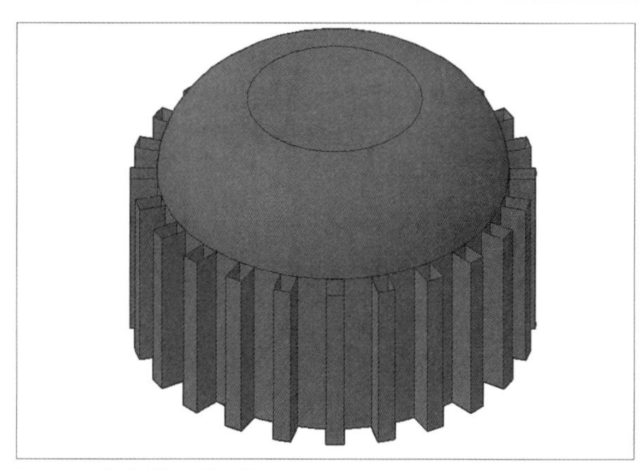
图 7-6 阵列后的三维实体

7.1.6 倒圆角

倒角处理是较为常用的三维实体编辑，倒角处理中的倒圆角是指将棱边转换为圆弧面。用户可以使用以下方法执行“圆角边”命令。

- 在菜单栏中执行“修改>实体编辑>圆角边”命令。
- 在“实体”选项卡的“实体修改”面板中单击“圆角边”按钮。
- 在命令行中输入filletedge命令，然后按Enter键。

执行“圆角边”命令之后，根据命令行中的提示指定需要编辑的边，指定“半径R”选项，设置半径为100，按Enter键，即可完成倒圆角操作，如图7-7、图7-8所示。

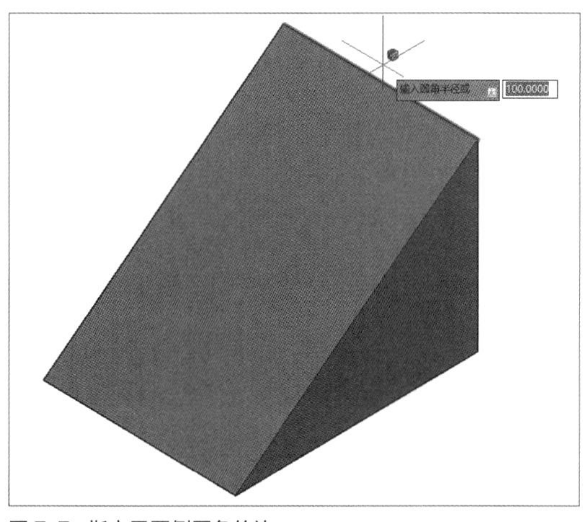

图 7-7 指定需要倒圆角的边

图 7-8 倒圆角后的三维实体

示例7-1：绘制双水槽试验台

步骤01 将工作空间切换至“草图和注释”，绘制所需的二维草图，如下页图7-9所示。

步骤02 然后将工作空间切换至“三维建模”，同时将视图修改为“西南等轴测”，如下页图7-10所示。

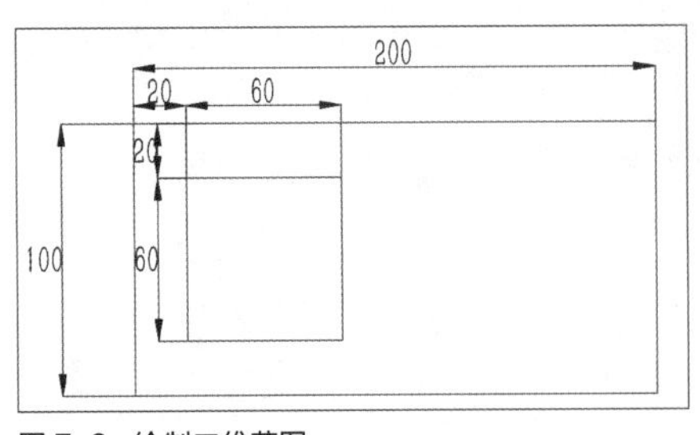

图 7-9　绘制二维草图

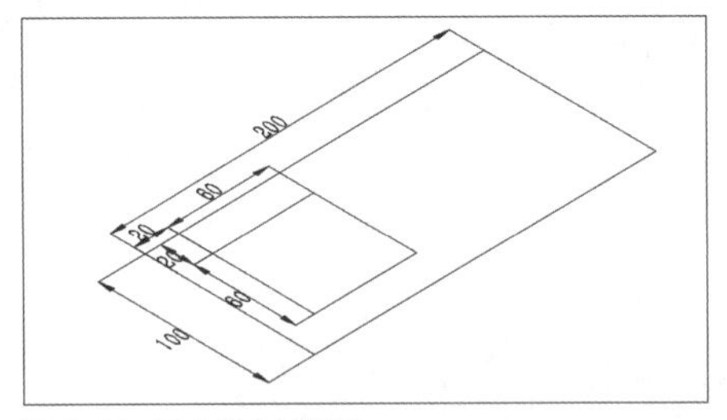

图 7-10　西南等轴测视图

步骤 03 接下来分别选择两个矩形，并执行“拉伸”命令，较大的矩形向下拉伸80，较小的矩形向下拉伸50，同时将标注隐藏，如图7-11所示。

步骤 04 选择较小矩形，拉伸得到三维实体，对其内边缘进行倒圆角处理，设置圆角半径为8，如图7-12所示。

步骤 05 将视觉样式切换为“灰度”，如图7-13所示。

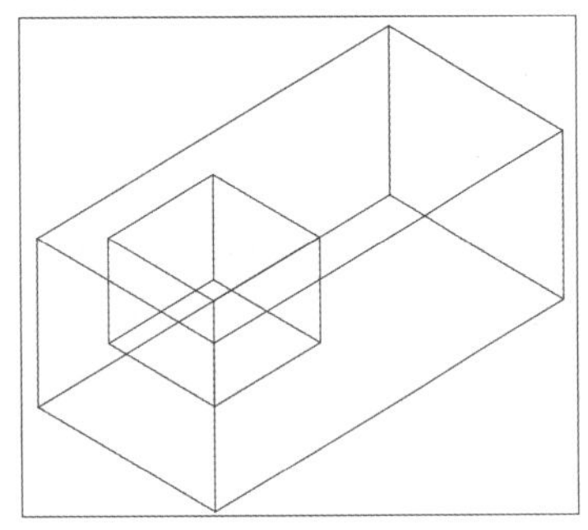
图 7-11　拉伸得到三维实体

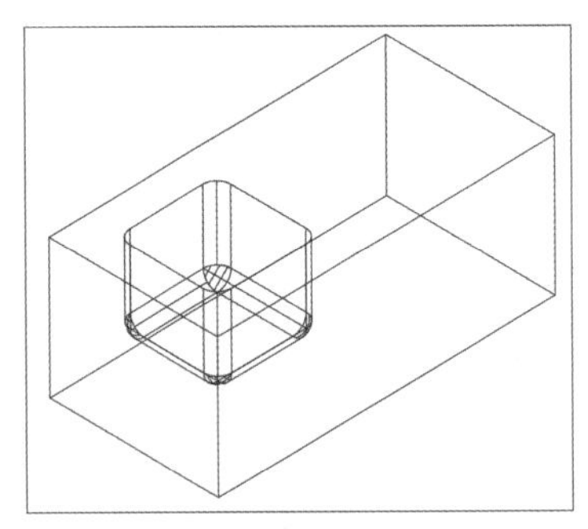
图 7-12　倒圆角处理

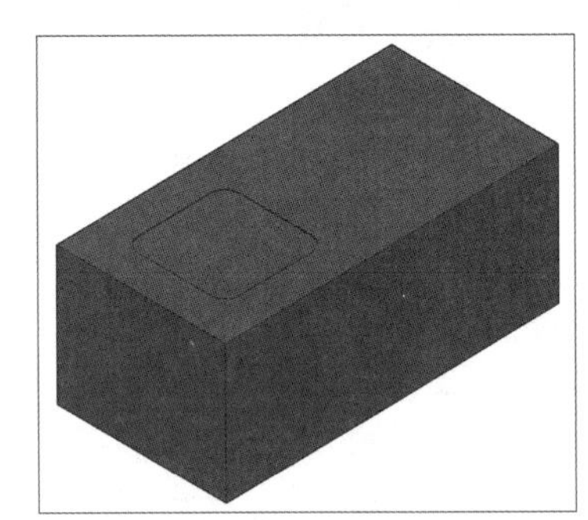
图 7-13　切换视觉样式

步骤 06 然后执行“三维镜像”命令，选择倒圆角处理好的矩形作为镜像对象，按下空格键后根据命令行中提示，依次选择试验台两个两边的中点以及右侧面底边的中点，按下Enter键，即可完成镜像处理，如图7-14所示。

步骤 07 最后执行“差集”命令，选择需要进行差集操作的试验台矩形，按下Enter键后依次选择两个水槽，并按下Enter键，即可完成双水槽试验台的绘制，如图7-15所示。

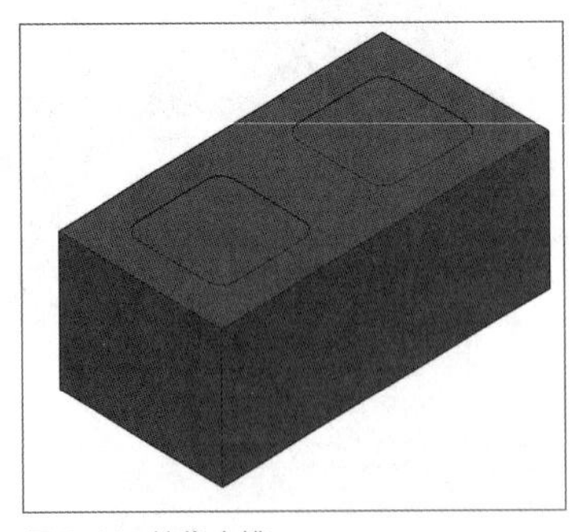
图 7-14　镜像水槽

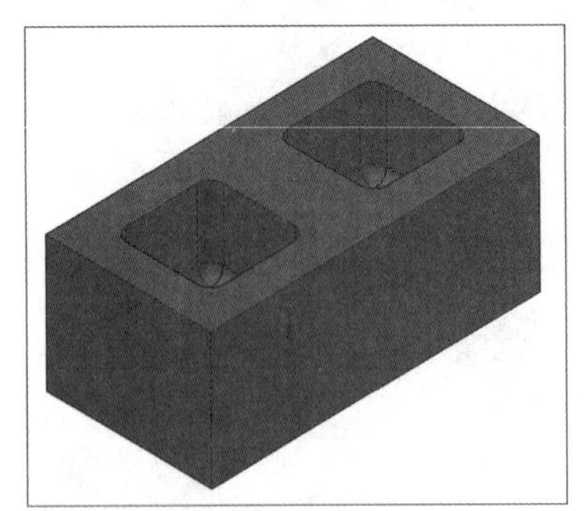
图 7-15　双水槽试验台效果

7.1.7　倒直角

在AutoCAD 2022中，用户可以使用以下方法执行“倒角边”命令。

- 在菜单栏中执行“修改>实体编辑>倒角边”命令。

● 在“实体”选项卡的“实体修改”面板中单击“倒角边”按钮。

● 在命令行中输入chamferedge命令，然后按Enter键。

执行“倒角边”命令之后，根据命令行中的提示指定“距离”选项，并对倒角边的两个距离进行指定。接下来指定需要进行倒角边的边，按Enter键，即可完成倒直角的处理。

7.2 变更三维模型

在AutoCAD中，除了可以对三维模型整体进行编辑，也可以对三维模型的边、面进行编辑，还可以对三维实体进行剖切、抽壳等操作。下面将对几种常见的三维模型编辑方法进行详细讲解。

7.2.1 编辑三维实体面

在对三维实体进行编辑时，可以通过表面移动、拉伸、旋转、复制、偏移等命令来改变三维实体的尺寸、形状等。下面将分别对几种常见的三维实体面编辑命令进行详细讲解。

（1）“移动面”命令

使用“移动面”命令，可以沿指定的高度或距离移动三维实体中指定的面，可以同时移动一个面或多个面，但“移动面”命令不能改变指定的面的方向。用户可以通过以下方法执行“移动面”命令。

● 在菜单栏中执行“修改>实体编辑>移动面”命令。

● 在“常用”选项卡的“实体编辑”面板中单击“移动面”按钮。

● 在命令行中输入solidedit命令，按Enter键后依次指定“面”“移动”选项。

执行“移动面”命令后，根据命令行中的提示指定要移动的面并按Enter键，选择指定面的中心点作为基点，同时在极轴方向设置移动的高度为10，即可完成对三维实体面的移动，如图7-16、图7-17所示。

图 7-16　指定需要移动的面

图 7-17　移动完成后的三维实体

（2）“拉伸面”命令

使用“拉伸面”命令，可以沿着指定的高度或距离拉伸三维实体中指定的面，可以同时拉伸一个面或多个面，但“拉伸面”命令不能改变指定面的方向。用户可以通过以下方法执行“拉伸面”命令。

● 在菜单栏中执行“修改>实体编辑>拉伸面”命令。

● 在“常用”选项卡的“实体编辑”面板中单击“拉伸面”按钮。

● 在命令行中输入solidedit命令，按Enter键后依次指定“面”“拉伸”选项。

执行“拉伸面”命令之后，根据命令行中的提示指定要拉伸的面并按Enter键，然后指定拉伸的高度为50，指定倾斜角度为70度，即可完成对指定面的拉伸，如下页图7-18、图7-19所示。

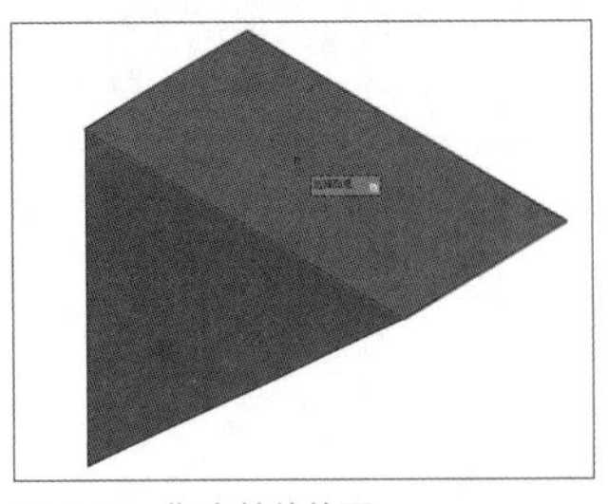

图 7-18　指定拉伸的面

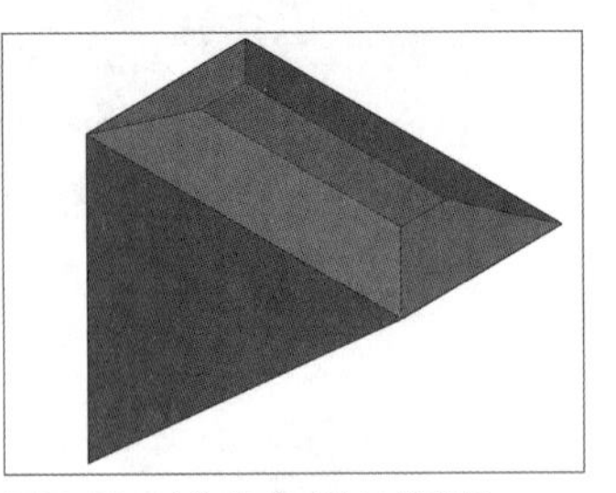

图 7-19　拉伸完成后的三维实体

（3）“旋转面”命令

使用“旋转面”命令，可以将指定的面绕着选定的轴旋转指定的角度。用户可以通过以下方法执行“旋转面”命令。

- 在菜单栏中执行“修改>实体编辑>旋转面”命令。
- 在“常用”选项卡的“实体编辑”面板中单击“旋转面”按钮。
- 在命令行中输入solidedit命令，按Enter键后依次指定“面”“旋转”选项。

执行“旋转面”命令之后，根据命令行中的提示指定需要进行旋转的面，同时指定旋转轴和旋转角度，按Enter键，即可完成对实体面的旋转。

（4）“倾斜面”命令

使用“倾斜面”命令，可以将三维实体中选定的面沿着指定的基点构成的基线以及指定角度进行倾斜。用户可以通过以下方法执行“倾斜面”命令。

- 在菜单栏中执行“修改>实体编辑>倾斜面”命令。
- 在“常用”选项卡的“实体编辑”面板中单击“倾斜面”按钮。
- 在命令行中输入solidedit命令，按Enter键后依次指定“面”“倾斜”选项。

执行“倾斜面”命令之后，根据命令行中的提示指定要倾斜的面并按Enter键。接下来依次指定基点和倾斜的角度，即可完成对指定面的倾斜。

（5）“偏移面”命令

使用“偏移面”命令，可以按照指定的距离或点均匀地偏移面。在指定偏移的距离时，正值可以增大实体的尺寸或体积，负值则会减小实体的尺寸或体积。用户可以通过以下方法执行“偏移面”命令。

- 在菜单栏中执行“修改>实体编辑>偏移面”命令。
- 在“常用”选项卡的“实体编辑”面板中单击“偏移面”按钮。
- 在命令行中输入solidedit命令，按Enter键后依次指定“面”“偏移”选项。

执行“偏移面”命令之后，根据命令行中的提示指定要偏移的面并按Enter键，指定偏移的距离为7，按Enter键，即可完成对指定面的偏移，如图7-20、图7-21所示。

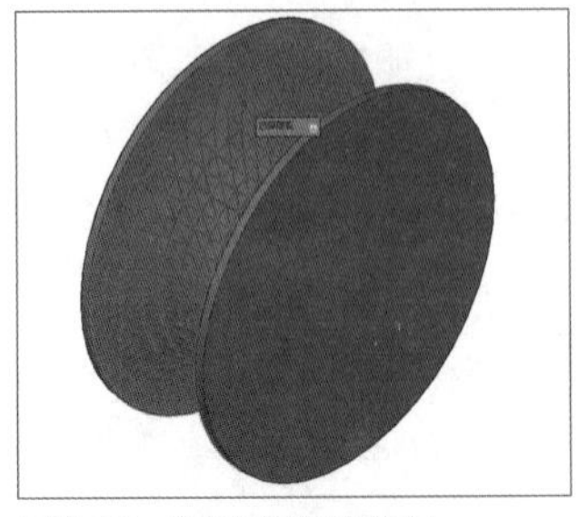

图 7-20　指定需要偏移的面

图 7-21　偏移完成后的三维实体

7.2.2 编辑三维实体边

对三维实体进行编辑时，可以通过对三维实体的边编辑来完成实体边的复制、提取、着色等操作，所有三维实体的边都可以复制为直线、圆、椭圆或样条曲线。下面对几种常见的三维实体边的编辑命令进行详细讲解。

（1）“复制边”命令

使用“复制边”命令，可以将三维实体上的单个或多个边偏移至指定位置，根据复制后的边线，创建新的三维实体。用户可以通过以下方法执行“复制边”命令。

- 在菜单栏中执行“修改>实体编辑>复制边”命令。
- 在“常用”选项卡的“实体编辑”面板中单击“复制边”按钮。
- 在命令行中输入solidedit命令，按Enter键后依次指定“边”“复制”选项。

执行“复制边”命令之后，根据命令行中的提示指定要复制的边并按Enter键，指定基点和位移的第二点，即可完成对指定边的复制，如图7-22、图7-23所示。

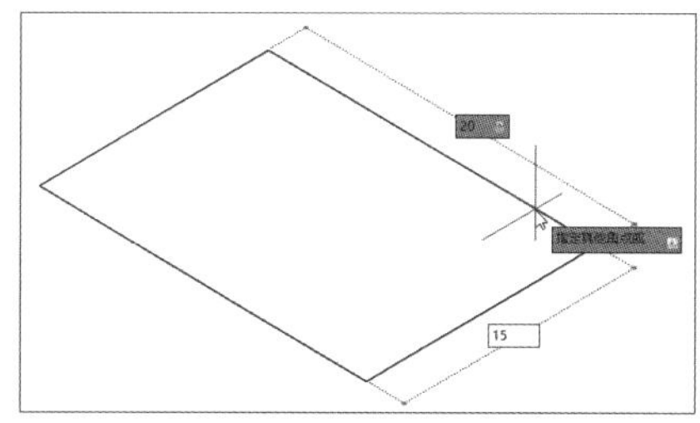

图 7-22 选择需要复制的边

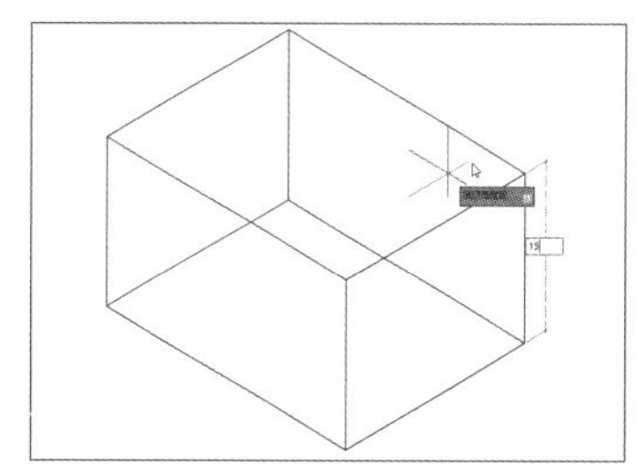
图 7-23 三维实体边复制后的效果

（2）“提取边”命令

使用“提取边”命令，可以从三维实体、曲面、网格、子对象或者面域的边创建几何图形。用户可以通过以下方法执行“提取边”命令。

- 在菜单栏中执行“修改>实体编辑>提取边”命令。
- 在“常用”选项卡的“实体编辑”面板中单击“提取边”按钮。
- 在命令行中输入solidedit命令，按Enter键后依次指定“边”“提取”选项。

执行“提取边”命令之后，根据命令行中的提示指定要提取的边并按Enter键，即可完成提取边并创建几何图形的操作。为了对比效果，这里将三维实体向上移动，如图7-24、图7-25所示。

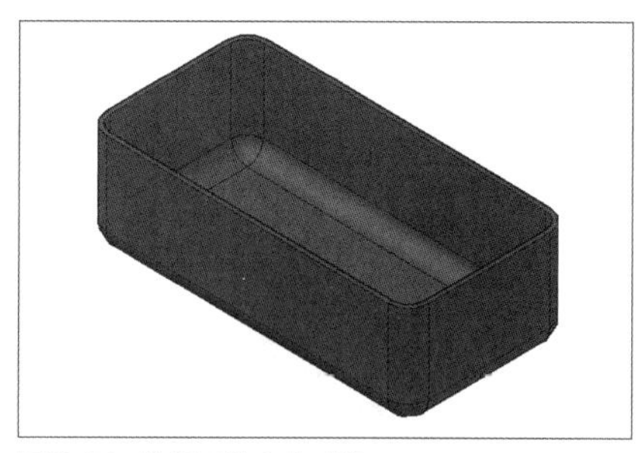
图 7-24 选择三维实体对象

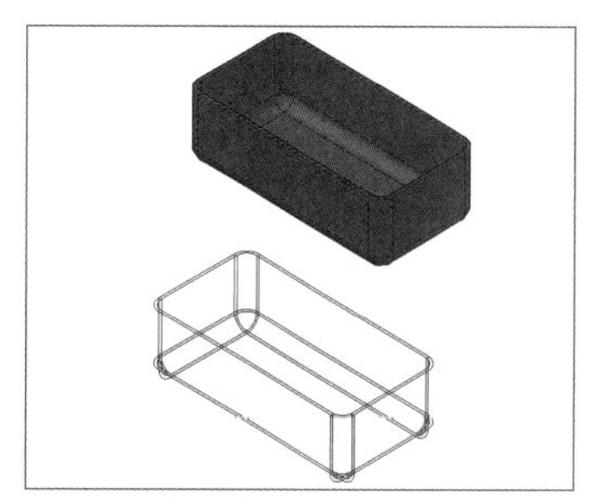
图 7-25 提取边效果

（3）“着色边”命令

使用“着色边”命令，可以对选定的三维实体边进行着色处理。用户可以通过以下方法执行“着色边”命令。

- 在菜单栏中执行“修改>实体编辑>着色边”命令。
- 在“常用”选项卡的“实体编辑”面板中单击“着色边”按钮。
- 在命令行中输入solidedit命令，按Enter键后依次指定“边”“着色”选项。

执行“着色边”命令之后，根据命令行中的提示指定要着色的边并按Enter键，在弹出的“选择颜色”对话框中选择需要的颜色，然后单击“确定”按钮，即完成对所选边进行着色。

7.2.3 剖切三维实体

要对三维实体进行剖切处理，用户可以使用以下方法执行“剖切”命令。

- 在菜单栏中执行“修改>三维操作>剖切”命令。
- 在“常用”选项卡的“实体编辑”面板中单击“剖切”按钮。
- 在“实体”选项卡的“实体编辑”面板中单击“剖切”按钮。
- 在命令行中输入sl命令，然后按Enter键。

执行“剖切”命令之后，根据命令行中的提示进行三维实体剖切，依次在三维实体上指定两点，即可对三维实体进行剖切，如图7-26、图7-27所示。

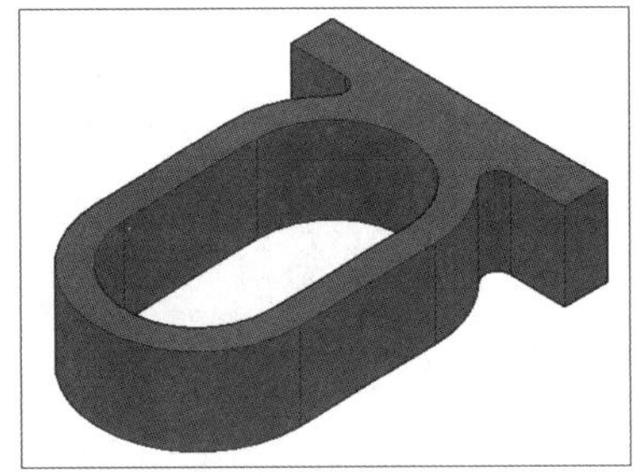
图 7-26　选择需要剖切的三维实体并指定两点

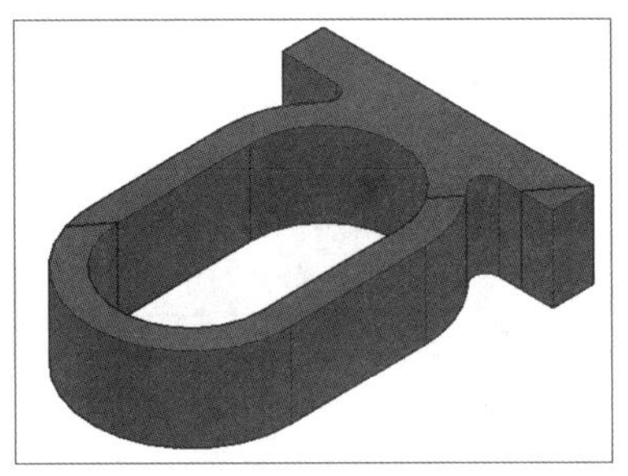
图 7-27　剖切完成后的三维实体

7.2.4 三维实体抽壳

通常我们绘制的三维实体是实心的，如果需要将其转换为壳体或者中空薄壁，可以使用“抽壳”命令来实现。该命令可以对三维实体上选中的面进行偏移，形成中空效果。用户可以使用以下方法执行“抽壳”命令。

- 在菜单栏中执行“修改>三维操作>抽壳”命令。
- 在“常用”选项卡的“实体编辑”面板中单击“抽壳”按钮。
- 在“实体”选项卡的“实体编辑”面板中单击“抽壳”按钮。

执行“抽壳”命令之后，根据命令行中的提示，选择需要进行抽壳的三维实体上的面，然后按空格键。接下来设置壳体为2，按下Enter键，即可完成抽壳处理，如图7-28、图7-29所示。

图 7-28　指定要删除的面

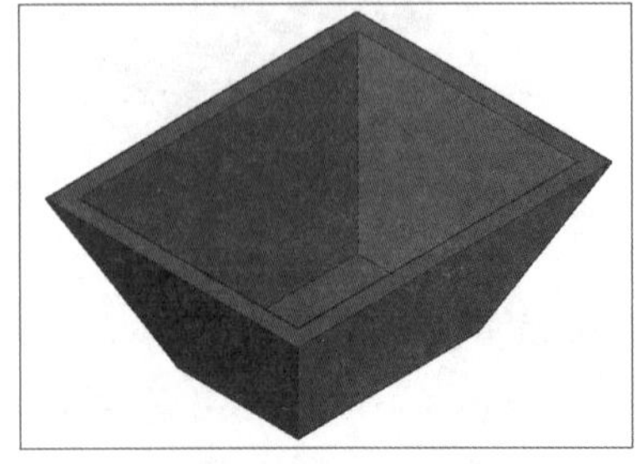
图 7-29　抽壳后的效果

综合实践 创建篮子模型

实践目的 通过本实训练习的学习，使用户熟悉并掌握三维模型的创建与编辑操作，对本章所学知识进行巩固。

实践内容 应用本章所学知识，创建篮子模型。

步骤01 首先将工作空间切换至“草图和注释”，根据需要绘制二维草图，如图7-30所示。

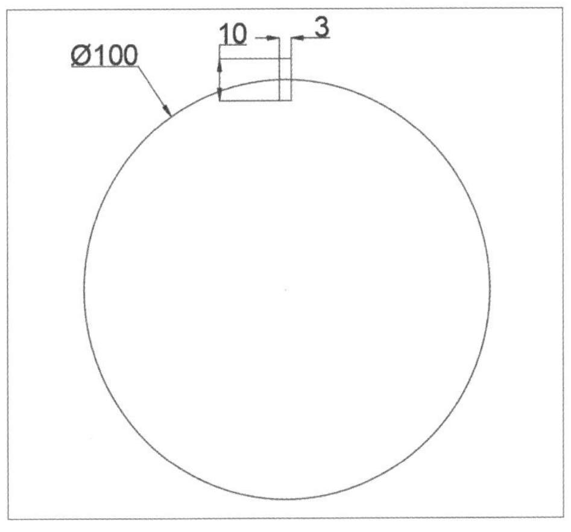

图 7-30 绘制二维草图

步骤02 接下来将工作空间切换至“三维建模”，同时将视图方向切换至“西南等轴测”，选择视觉样式为灰度。选择圆形并执行“拉伸”命令，拉伸高度设置为40，如图7-31所示。

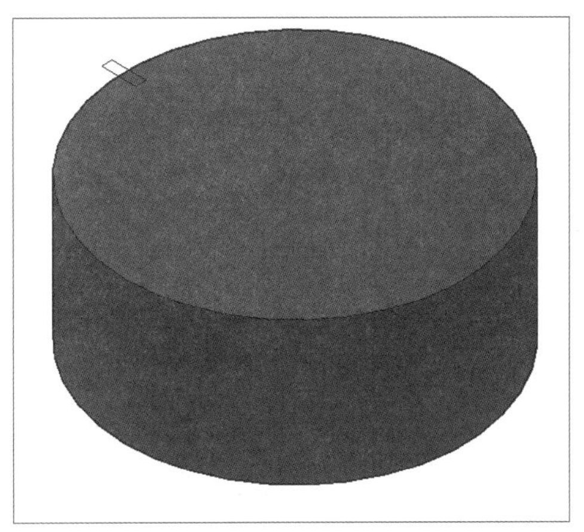

图 7-31 执行“拉伸”命令

步骤03 选择拉伸的圆柱体的侧面，执行“倾斜面”命令，分别指定顶面和顶面的中心点作为基点，同时指定倾斜角度为10°，如图7-32所示。

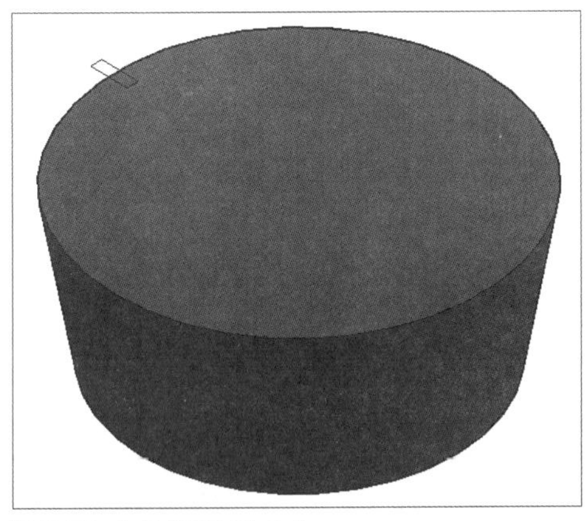

图 7-32 执行“倾斜面”命令

步骤04 选择三维实体底面的外边，执行“圆角”命令，指定圆角半径为10，如图7-33所示。

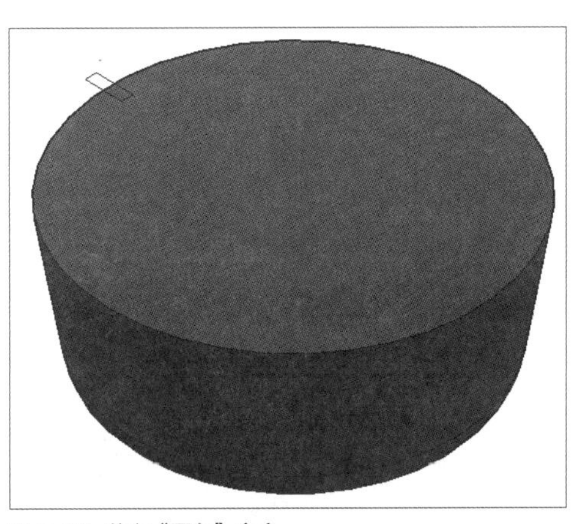

图 7-33 执行“圆角”命令

步骤05 执行“抽壳”命令，选择三维实体的上表面作为抽壳的面，指定壳体厚度为2，如下页图7-34所示。

步骤06 选择矩形，执行“拉伸”命令，设置拉伸高度为10，如下页图7-35所示。

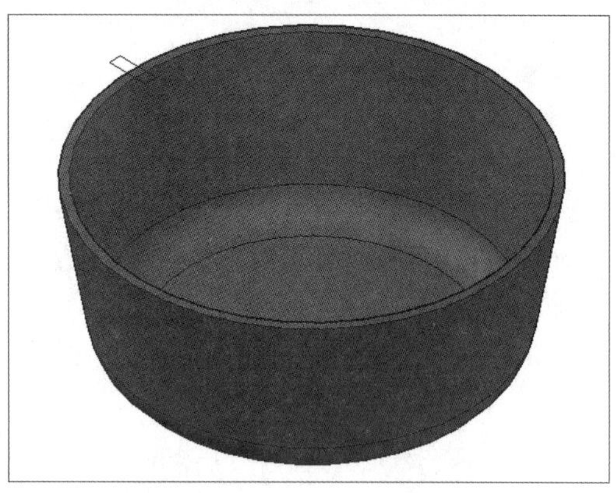

图 7-34 执行“抽壳”命令

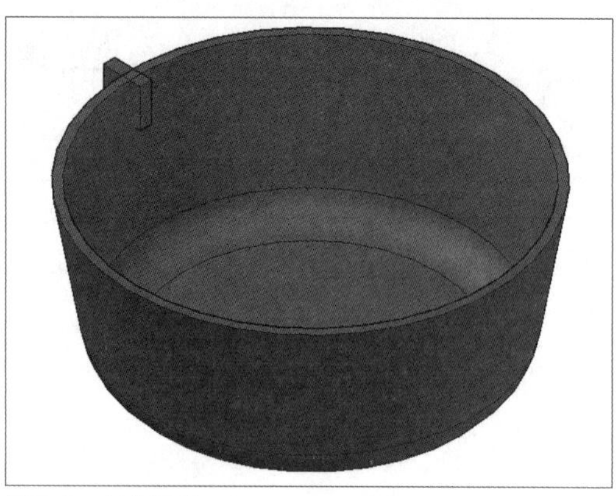

图 7-35 拉伸矩形

步骤 07 执行“移动面”命令，选择矩形的顶面，设置移动距离为-5。选择内侧面，再次执行“移动面”命令，设置移动距离为10，如图7-36所示。

步骤 08 选择矩形，执行“阵列”命令，设置阵列类型为“环形”，设置项目数量为24，如图7-37所示。

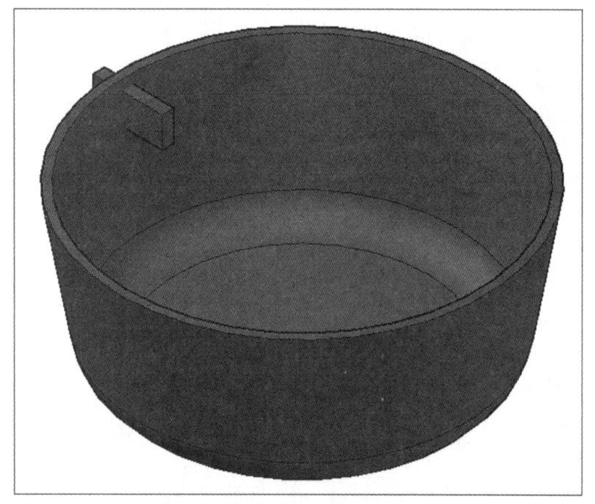

图 7-36 执行“移动面”命令

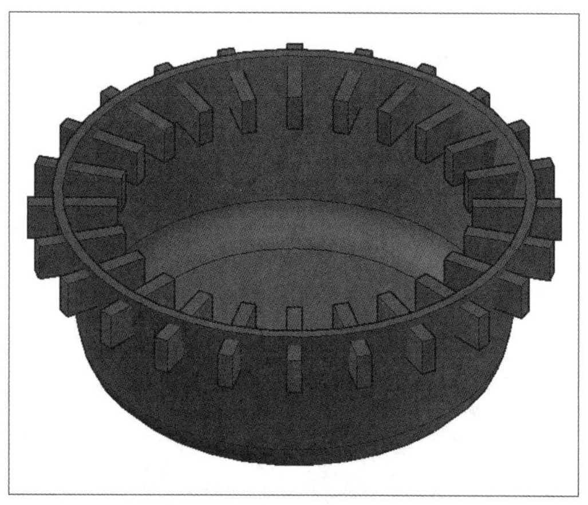

图 7-37 执行“阵列”命令

步骤 09 选择阵列图形，执行“复制”命令，设置向下复制的距离为15，如图7-38所示。

步骤 10 最后将三个阵列分解，并执行“差集”命令，得到最终效果，如图7-39所示。

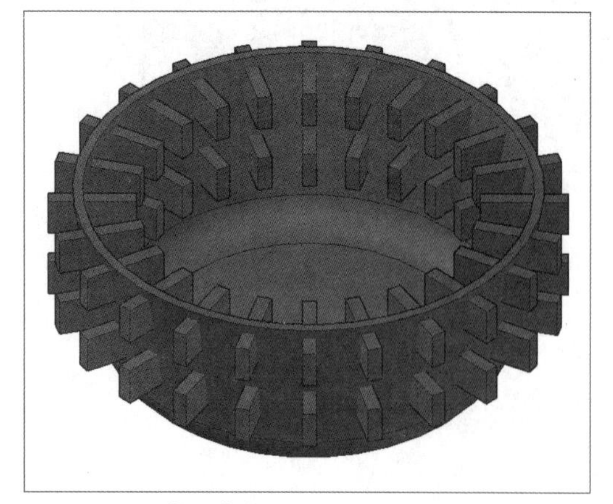

图 7-38 执行“复制”命令

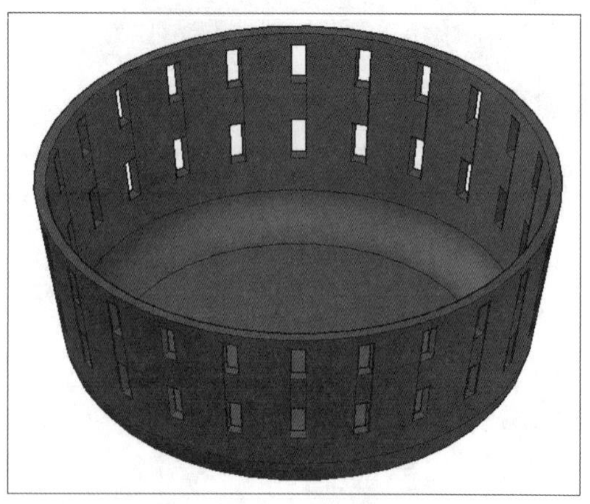

图 7-39 执行“差集”命令

课后练习

通过本章的学习，相信用户对于如何编辑三维模型有了一定的认识。下面再结合习题练习，巩固本章所学的知识。

一、选择题

（1）（　　）命令可以创建一个对称的三维模型。

A. 抽壳　　B. 倒圆角　　C. 阵列　　D. 镜像

（2）在编辑三维实体的面时，可以执行（　　）操作。

A. 移动面　　B. 拉伸面　　C. 旋转面　　D. 以上都是

（3）在操作提取边时，可以从（　　）中提取边。

A. 三维实体　　B. 曲面　　C. 网格　　D. 以上都是

（4）在拉伸面时，除了需要指定拉伸高度外，还需要指定（　　）。

A. 拉伸角度　　B. 倾斜角度　　C. 基点　　D. 基线

二、填空题

（1）通过三维阵列可以得到__________和__________。

（2）如果需要将一个三维实体分为两个三维实体，需要执行__________命令。

（3）__________可以从三维实体、曲面、网格、子对象或面域的边创建几何图形。

三、操作题

（1）使用“拉伸”命令、“三维阵列”命令、“差集”命令绘制直线轴承，如图7-40所示。

（2）使用“拉伸”命令、“差集”命令、“镜像”命令等绘制联轴器，如图7-41所示。

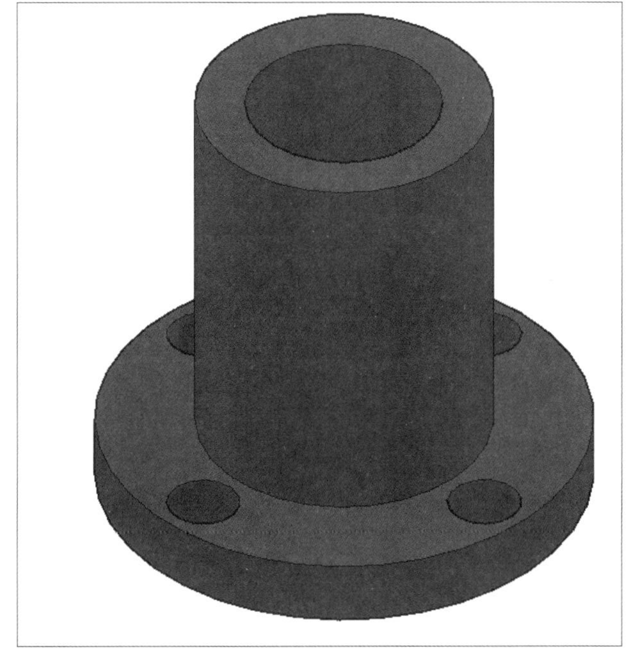

图 7-40　绘制直线轴承

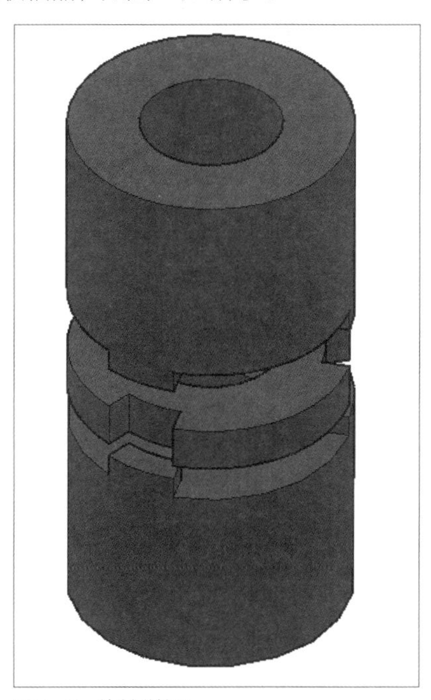

图 7-41　绘制联轴器

第8章 尺寸标注与编辑

课题概述 尺寸标注是绘图过程中的一个重要环节，通过它可以使用户更直观地读取图形的尺寸及说明。在绘图时使用尺寸标注，能够为图形的各个部分添加提示和注释等辅助信息。

教学目标 本章将介绍绘图结束后如何对尺寸的标注方式及样式进行设置、绘制多重引线标注、如何编辑标注对象等内容，从而更直观地展示绘制的图形。

核心知识点

★★☆☆ | 尺寸标注的规则与组成
★★★☆ | 编辑标注对象
★★★☆ | 创建与设置标注样式
★★★★ | 设置尺寸标注与引线类型

本章文件路径

上机实践： 实例文件 \ 第 8 章 \ 综合实践：为厨房立面图添加标注 .dwg

课后练习： 实例文件 \ 第 8 章 \ 课后练习

本章内容图解链接

连续标注

线性标注

8.1 尺寸标注的要素

尺寸标注是工程绘图设计中的一项重要内容，描述了图形对象的真实大小、形状和位置，是提供给施工和加工人员进行施工的重要依据。

8.1.1 尺寸标注的组成

一个完整的尺寸标注具有尺寸界线、尺寸线、尺寸起止符号和尺寸数字4个要素，如下页图8-1所示。各基本要素的作用与含义介绍如下。

- 尺寸界线：也称为投影线，即从被标注的对象延伸到尺寸线。尺寸界线一般与尺寸线垂直，特殊情况下也可以将尺寸界线倾斜。有时也用对象的轮廓线或中心线代替尺寸界线。
- 尺寸线：标识尺寸标注的范围。通常与所标注的对象平行，一端或两端带有终端号，如箭头或斜线。角度标注的尺寸线为圆弧线。

- 尺寸起止符号：位于尺寸线两端，用于标记标注的起始和终止位置。箭头的范围很广，既可以是短划线、点或其他标记，也可以是块，还可以是用户创建的自定义符号。
- 尺寸数字：用于指示测量的字符串，一般位于尺寸线上方或中断处。标注文字可以反映基本尺寸，也可以包含前缀、后缀和公差，还可以按极限尺寸形式标注。如果尺寸界线内放不下尺寸文字，AutoCAD将会自动将其放到外部。

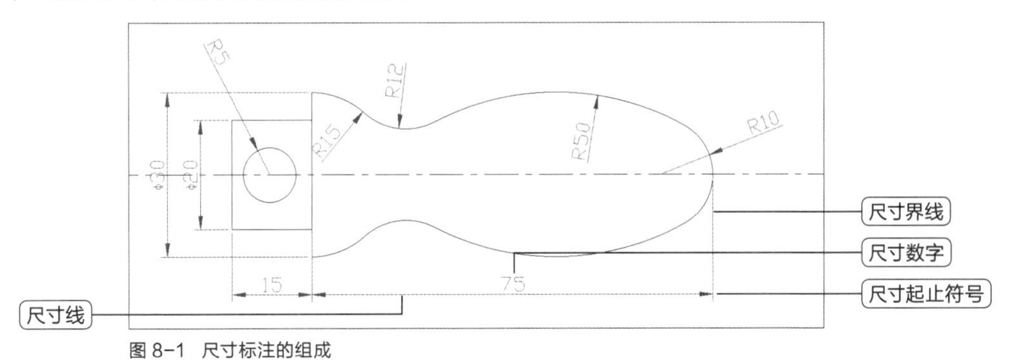

图 8-1 尺寸标注的组成

8.1.2 尺寸标注的步骤

尺寸标注是一项系统化的工作，涉及尺寸线、尺寸界线、指引线所在的图层、尺寸文本的样式、尺寸样式、尺寸公差样式等。在AutoCAD中对图形进行尺寸标注时，通常按照以下步骤进行。

- 创建或设置尺寸标注图层，将尺寸标注在该图层上。
- 创建或设置尺寸标注的文字样式。
- 创建或设置尺寸标注的样式。
- 使用对象捕捉等功能，对图形中的元素进行标注。
- 设置尺寸公差样式。
- 标注带公差的尺寸。
- 设置形位公差样式。
- 标注形位工程。
- 修改或调整尺寸标注。

8.2 创建与修改标注样式

在AutoCAD中，利用“标注样式管理器”对话框可以创建与设置标注样式，用户可通过下列方法打开该对话框。

- 在菜单栏中执行“格式>标注样式”命令。
- 在“默认”选项卡的“注释”面板中单击“标注样式”按钮。
- 在“注释”选项卡的“标注”面板中单击右下角箭头。
- 在命令行中输入快捷命令dinstyle，然后按Enter键。

执行以上任意一种操作，都将打开“标注样式管理器”对话框，如下页图8-2所示。在该对话框中，用户可以创建新的标注样式，也可以对已定义的标注样式进行修改。“标注样式管理器”对话框中各主要参数含义介绍如下。

- 样式：列出图形中的标注样式，当前样式被亮显。在列表中单击鼠标右键，在弹出的快捷菜单中，可以将样式置为当前、重命名或删除。

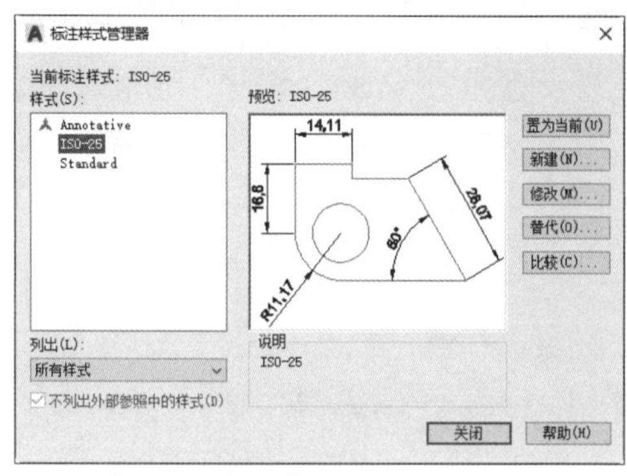

图 8-2 “标注样式管理器”对话框

- 列出：在“样式”列表中控制样式显示。如果要查看图形中所有的标注样式，请选择“所有样式”选项。如果只希望查看图形中标注当前使用的标注样式，则选择“正在使用的样式”选项。
- 预览：显示“样式”列表中所选定样式的图示。
- 置为当前：单击该按钮，将“样式”列表框中选定的标注样式设定为当前标注样式，并应用于所创建的标注。
- 新建：单击该按钮，将打开“创建新标注样式”对话框，从中可以定义新的标注样式。
- 修改：单击该按钮，将打开“修改标注样式”对话框，从中可以对样式的尺寸线、符号和箭头样式、文字和单位等进行修改。
- 替代：单击该按钮，将打开“替代当前样式”对话框，从中可以设定标注样式的临时替代值，与“新建标注样式”对话框中的选项相同。
- 比较：单击该按钮，将打开“比较标注样式”对话框，从中可以比较两个标注样式或列出一个标注样式的所有特性。

8.2.1 新建标注样式

在“标注样式管理器”对话框中单击“新建”按钮，可以打开“创建新标注样式”对话框，如图8-3所示。其中各选项含义介绍如下。

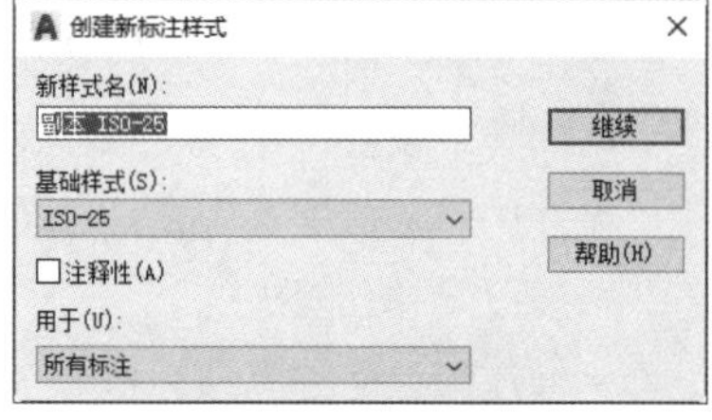

图 8-3 “创建新标注样式”对话框

- 新样式名：指定新标注的样式名。
- 基础样式：设定作为新样式的基础样式。对于新样式，仅更改那些与基础特性不同的特性。
- 用于：创建一种仅适用于特定标注类型的标注样式。
- 继续：单击该按钮，将打开“新建标注样式”对话框，从中可以定义新的标注样式特性。

“新建标注样式”对话框中包含了7个选项卡，各个选项卡分别可对标注样式进行相关设置，图8-4为“符号和箭头”选项卡，图8-5为“文字”选项卡。

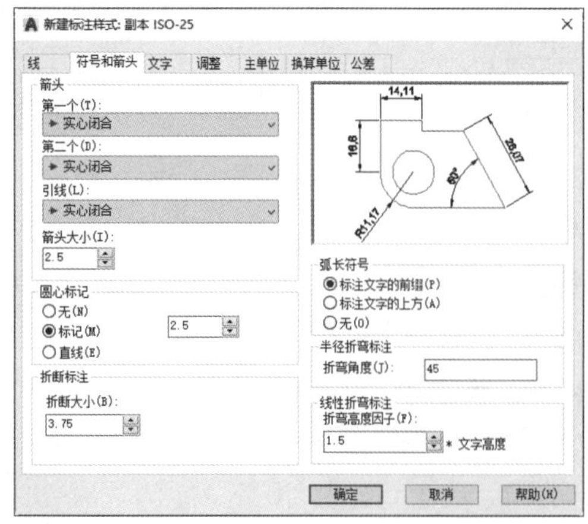

图 8-4 “符号和箭头”选项卡

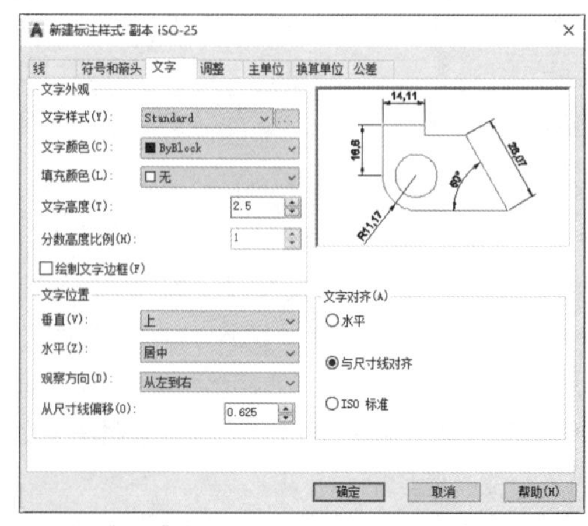

图 8-5 “文字”选项卡

各选项卡的功能介绍如下。

- 线：该选项卡主要用于设置尺寸线、尺寸界线的相关参数。
- 箭头和符号：该选项卡主要用于设置箭头、圆心标记、弧长符号和折弯半径标注的格式和位置。
- 文字：该选项卡主要用于设置文字的外观、位置和对齐方式。
- 调整：该选项卡主要用于控制标注文字、箭头、引线和尺寸线的放置。
- 主单位：该选项卡主要用于设定主标注单位的格式和精度，并设定标注文字的前缀和后缀。
- 换算单位：该选项卡主要用于指定标注测量值中换算单位的显示并设定其格式和精度。
- 公差：该选项卡主要用于指定标注文字中公差的显示及格式。

8.2.2 修改标注样式

用户新建标注样式后，在使用过程中可以随时在“标注样式管理器”对话框中单击“修改”按钮，然后在打开的“修改标注样式”对话框的各选项卡下进行所需设置。

(1) 修改线

在“修改标注样式”对话框的“线”选项卡中，用户可以对尺寸线、尺寸界线、超出尺寸线长度值以及起点偏移量等进行设置，如图8-6所示。

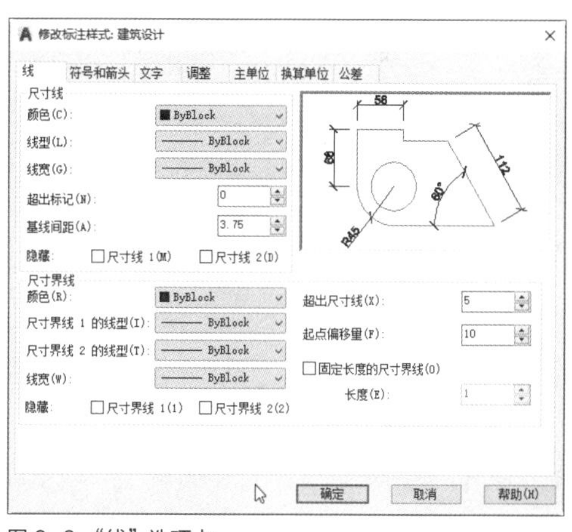

图 8-6 “线”选项卡

“尺寸线”选项组用于设置尺寸线的特性，包括颜色、线宽、基线间距等参数，还可以控制是否隐藏尺寸线。

- 颜色：显示并设定尺寸线的颜色。
- 线型：设定尺寸线的线型。
- 线宽：设定尺寸线的线宽。
- 超出标记：指定当箭头使用倾斜、建筑标记和无标记时，尺寸线超过尺寸界限的距离。
- 基线间距：设定基线标注的尺寸线之间的间距。
- 隐藏：不显示尺寸线。

“尺寸界线”选项组用于控制尺寸界线的外观，用户可以设置尺寸界线的颜色、线宽、超出尺寸线、起点偏移量等特征参数。

- 隐藏：不显示尺寸界线。
- 超出尺寸线：指定尺寸界线超出尺寸线的距离。
- 起点偏移量：定义标注的点到尺寸界线的偏移距离。
- 固定长度的尺寸界线：勾选该复选框，可以激活“长度”选项，设定尺寸界线的总长度。

(2) 修改符号和箭头

在“符号和箭头”选项卡中，用户可以设置箭头的类型、大小、引线类型、圆心标记以及折断标注等。下面介绍各选项组的含义。

- “箭头”选项组：用于设置尺寸线和引线箭头的大小和类型，一般情况下第一个箭头与第二个箭头大小相等、类型相同。
- “圆心标记”选项组：用于设置圆或圆心标记类型，包括“标记”“直线”以及“无”。

- “弧长符号”选项组：用于设置符号的显示位置，包括“标注文字的前缀”“标注文字的上方”和“无”三种形式。
- “半径折弯”选项组：在“折弯角度”数值框中输入连接半径标注的尺寸线和尺寸界线的角度。
- “线性折弯”选项组：用于设置折弯高度因子的文字高度。

（3）修改文本

在“修改标注样式”对话框的“文字”选项卡中，用户可以设置标注文字的格式、位置和对齐方式。下面介绍各选项组的含义。

- “文字外观”选项组：用于控制标注文字的样式、颜色、高度等属性。
- “文字位置”该选项组：可以设置文字的垂直和水平位置、观察方向以及文字从尺寸线偏移的距离。“垂直”参数用于控制标注文字相对尺寸线的垂直位置，如图8-7、图8-8、图8-9所示。

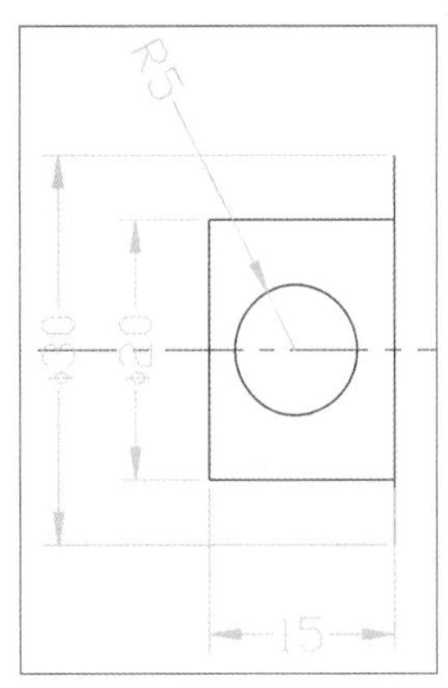

图 8-7　居中

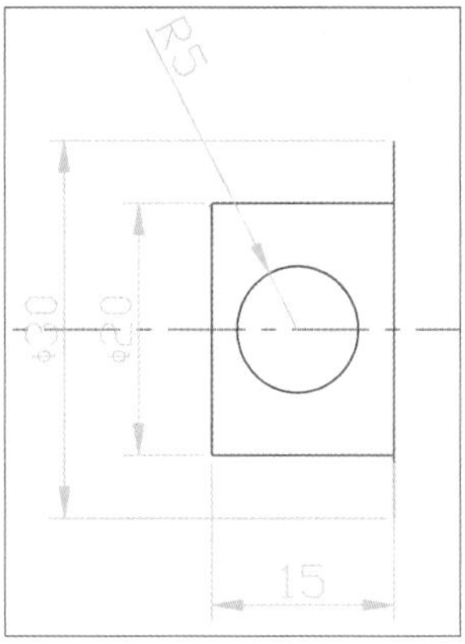

图 8-8　上方

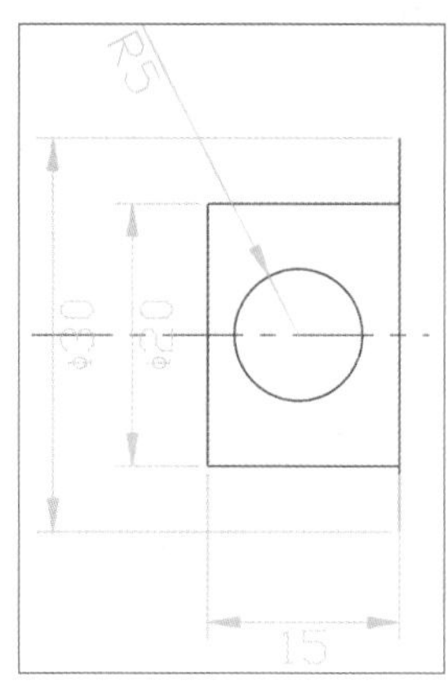

图 8-9　下方

- “水平”用于控制标注文字在尺寸线上相对于尺寸界线的水平位置，如图8-10、图8-11、图8-12所示。

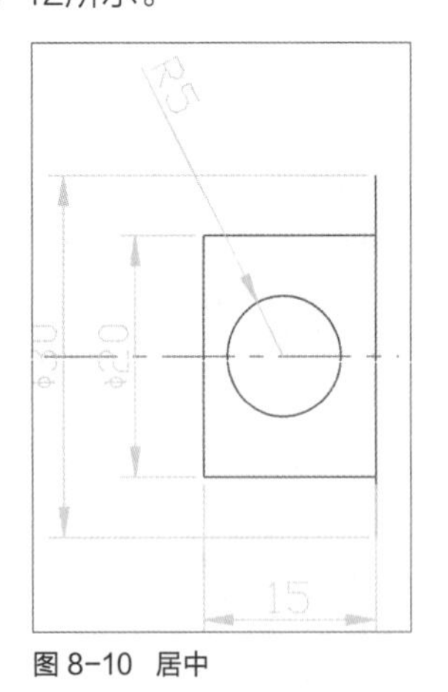

图 8-10　居中

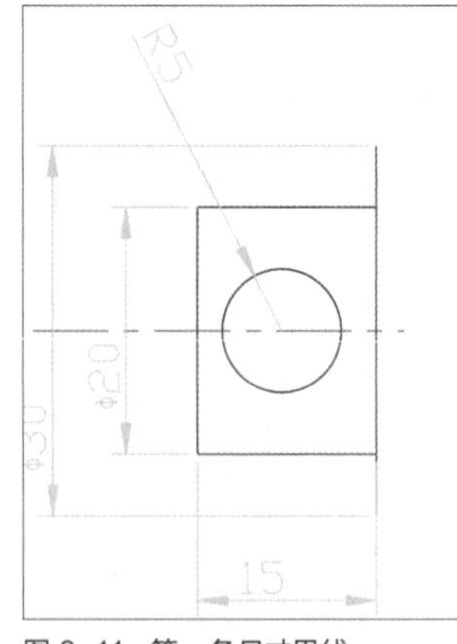

图 8-11　第一条尺寸界线

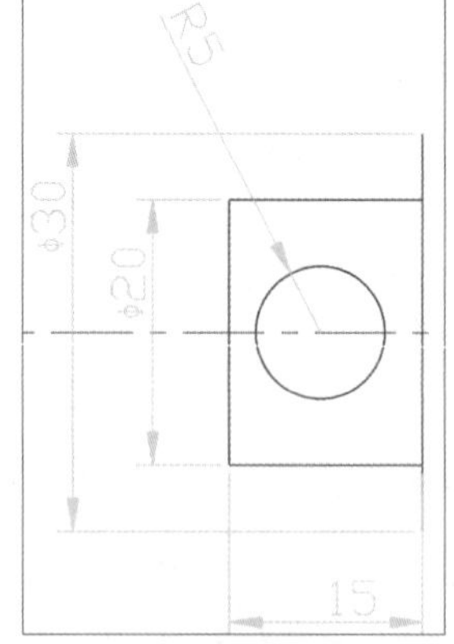

图 8-12　第二条尺寸界线

- “观察方向”用于控制标注文字的观察方向。“从左到右”选项是按从左到右阅读的方式放置文字。“从右到左”选项是按从右到左阅读的方式放置文字。“从尺寸线偏移”用于设定当前文字的间距。
- “文字对象”选项组：用于控制标注文字放置在尺寸界线外侧或者里侧时的方向是保持水平还是与尺寸界线平行。

8.3 尺寸标注的类型

在AutoCAD中，系统提供了多种尺寸标注类型，用于在图形中标注任意两点间的距离，如圆或圆弧的半径或直径，圆心位置或相交直线的角度等。

8.3.1 线性标注

线性标注是最基本的标注类型，可以在图形中创建水平、垂直或倾斜的尺寸标注。线性标注有三种类型，分别为水平、垂直和旋转，如图8-13所示。

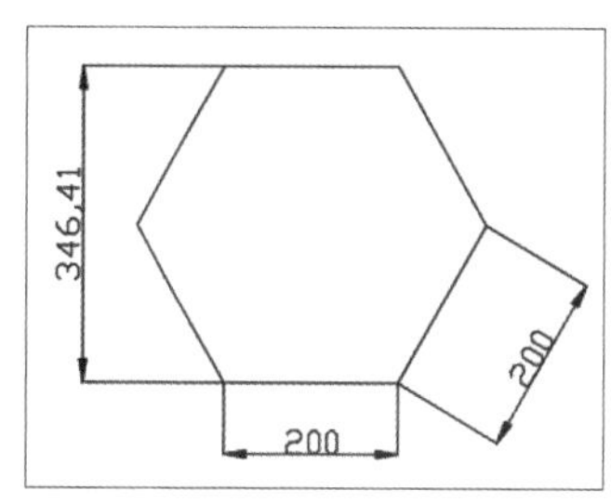

图 8-13 线性标注

- 水平：标注平行于X轴的两点之间的距离。
- 垂直：标注平行于Y轴的两点之间的距离。
- 旋转：标注指定方向上两点之间的距离。

用户可以通过下列方法执行“线性”标注命令。

- 执行“标注>线性”命令。
- 在“默认”选项卡的“注释”面板中单击“线性”按钮。
- 在“注释”选项卡的“标注”面板中单击“线性”按钮。
- 在命令行中输入快捷命令DIMLINER，然后按Enter键。

8.3.2 对齐标注

对齐标注是尺寸线平行于尺寸界线原点连成的直线，它是线性标注尺寸的一种特殊形式，如图8-14所示。

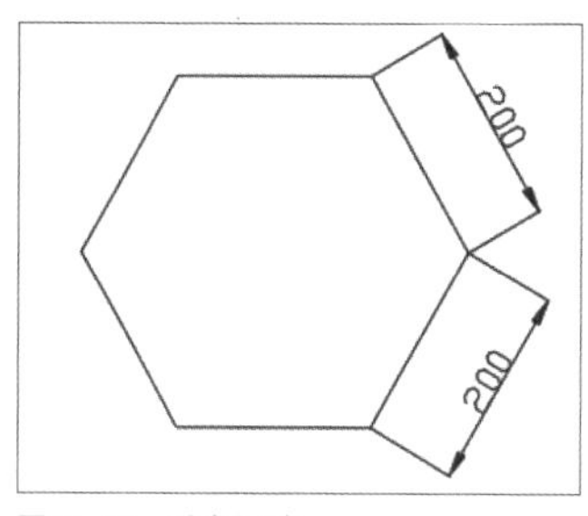

图 8-14 对齐标注

用户可以通过下列方法执行“对齐”标注命令。

- 执行“标注>对齐”命令。
- 在“默认”选项卡的“注释”面板中单击“对齐”按钮。
- 在“注释”选项卡的“标注”面板中单击“对齐”按钮。
- 在命令行中输入快捷命令DIMALIGNED，然后按Enter键。

8.3.3 半径 / 直径标注

半径标注主要是标注圆或圆弧的半径尺寸，如下页图8-15所示。用户可以通过下列方法执行“半径”标注命令。

- 在菜单栏中执行“标注>半径”命令。
- 在“默认”选项卡的“注释”面板中单击“半径”按钮。
- 在“注释”选项卡的“标注”面板中单击“半径”按钮。
- 在命令行中输入快捷命令DIMRADIUS，然后按Fnter键。

执行“半径”标注命令后，在绘图窗口中选择所需标注的圆或圆弧，并指定好标注尺寸的位置，即可完成半径标注。

直径标注主要用于标注圆或圆弧的直径尺寸，如下页图8-16所示。用户可以通过下列方法执行“直径”标注命令。

- 在菜单栏中执行“标注>直径”命令。

- 在“默认”选项卡的“注释”面板中单击“直径”按钮。
- 在“注释”选项卡的“标注”面板中单击“直径”按钮。
- 在命令行中输入快捷命令dimdiameter，然后按Enter键。

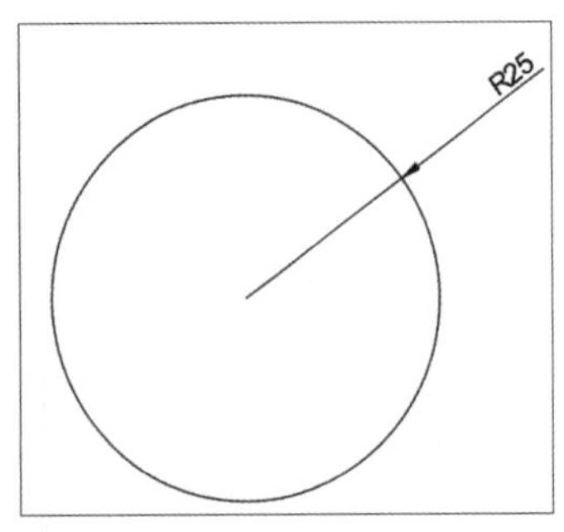

图 8-15 半径标注

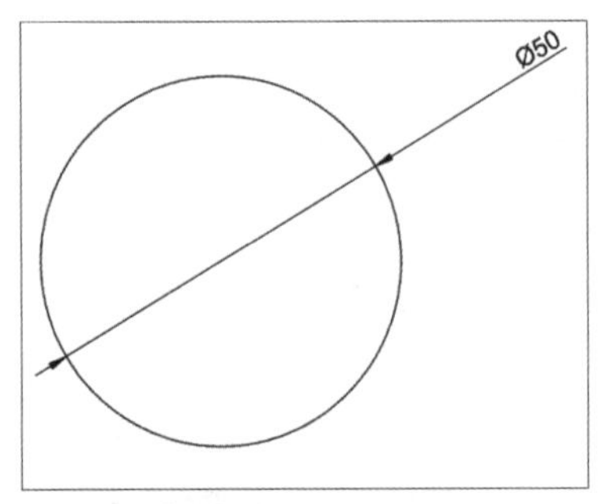

图 8-16 直径标注

工程师点拨：拾取框的应用

在“选择对象”模式下，系统只允许用拾取框选择标注对象，不支持其他方式。选择标注对象后，AutoCAD将自动把标注对象的两个端点作为尺寸界线的起点。

8.3.4 角度标注

角度标注用于标注圆和圆弧的角度、两条非平行线之间的夹角或者不共线三点之间的夹角，如图8-17、图8-18所示。

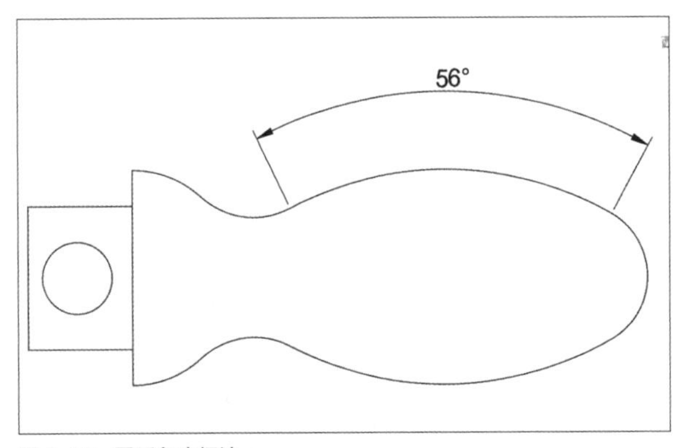

图 8-17 圆弧角度标注

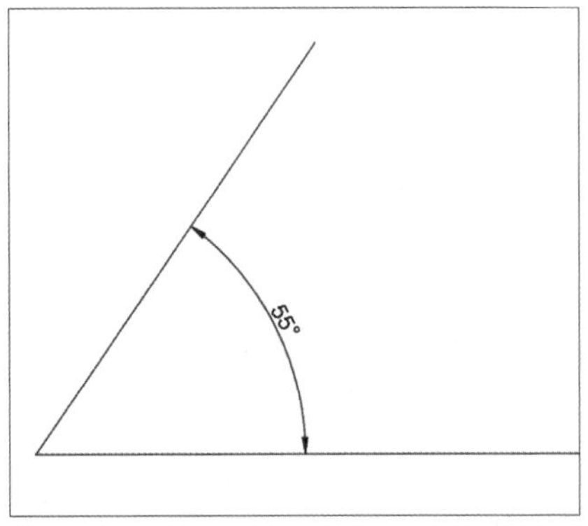

图 8-18 夹角角度标注

用户可以通过下列方法执行“角度”标注命令。

- 执行“标注>角度”命令。
- 在“注释”选项卡的“标注”面板中单击“角度”按钮。
- 在命令行中输入快捷命令dimangular，然后按Enter键。

示例8-1：绘制纺锤式手柄并添加标注

步骤 01 启动AutoCAD 2022应用程序，打开“图层特性管理器”选项板，新建“辅助线”图层与“轮廓线”图层❶，并设置图层颜色、线型、线宽等参数❷，如下页图8-19所示。

步骤 02 选择“辅助线”图层，执行“绘图>直线”命令，按F8功能键打开正交模式，绘制长度为115mm的辅助线，如下页图8-20所示。

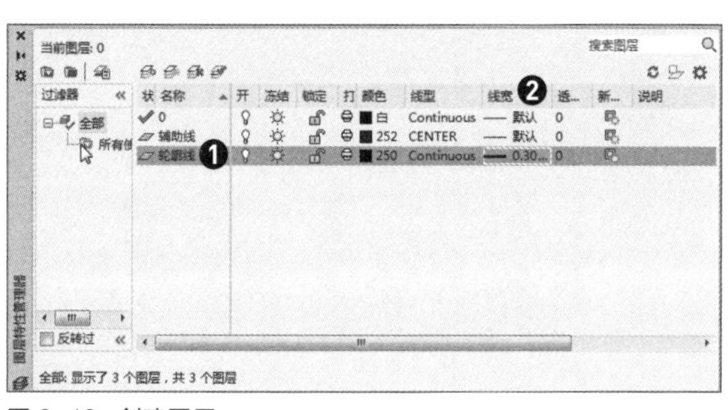

图 8-19　创建图层

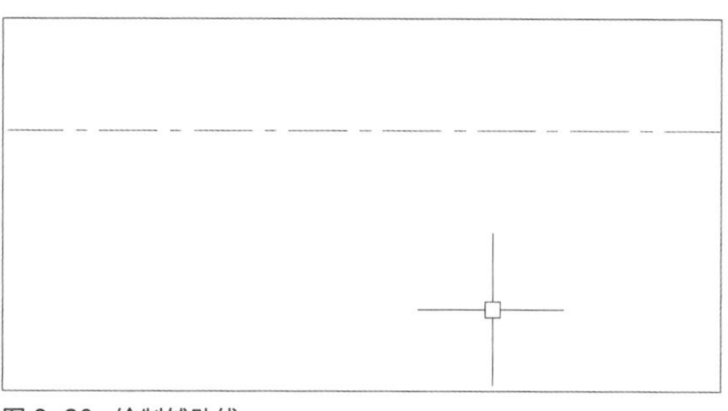
图 8-20　绘制辅助线

步骤 03 选择“轮廓线”图层，执行“绘图>直线”命令，按F8功能键打开正交模式，绘制轮廓线，如图8-21所示。

步骤 04 执行“绘图>圆”命令，按F8功能键打开正交模式，绘制半径为15mm的圆，如图8-22所示。

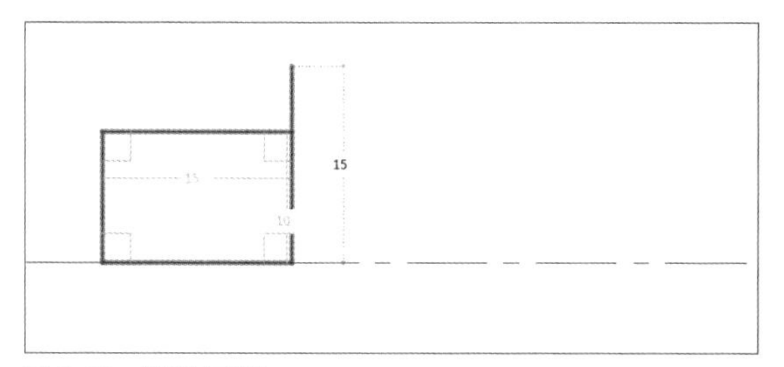

图 8-21　绘制轮廓线

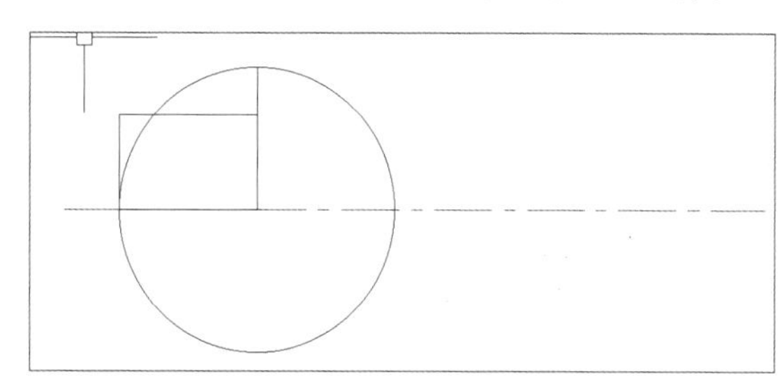
图 8-22　绘制圆

步骤 05 执行“修改>修剪”命令，将圆修剪为所需要的圆弧，如图8-23所示。

步骤 06 执行“修改>偏移”命令，将15mm长的直线向右偏移75mm，确定手柄端点，如图8-24所示。

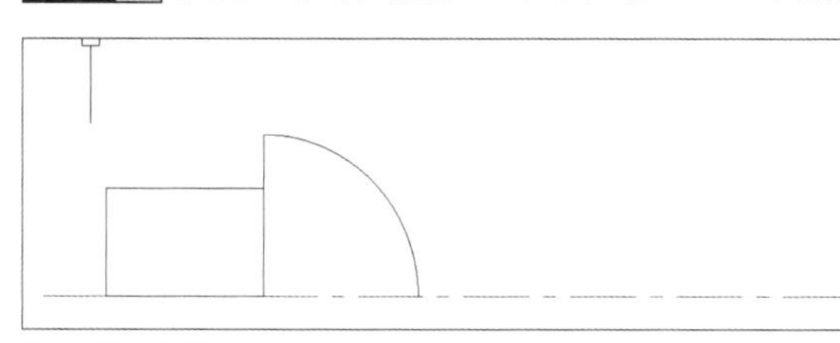
图 8-23　修剪圆

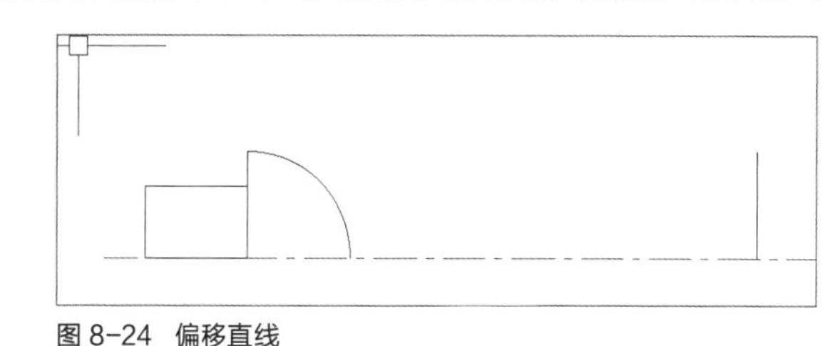
图 8-24　偏移直线

步骤 07 执行“修改>偏移”命令，将最右侧直线向左偏移10mm，确定圆弧的圆心，如图8-25所示。

步骤 08 执行“绘图>圆”命令，绘制半径为10mm的圆，如图8-26所示。

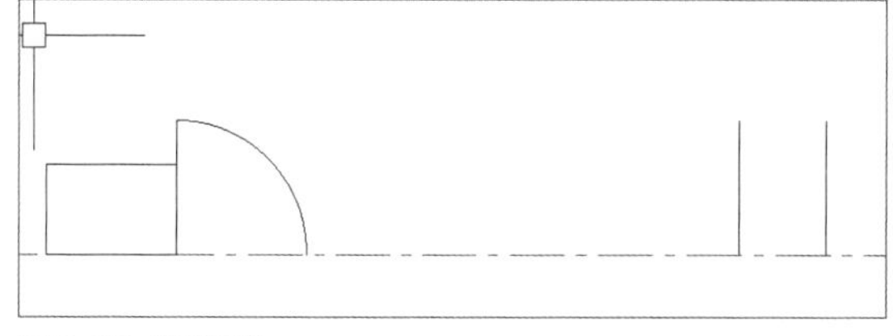
图 8-25　确定圆心

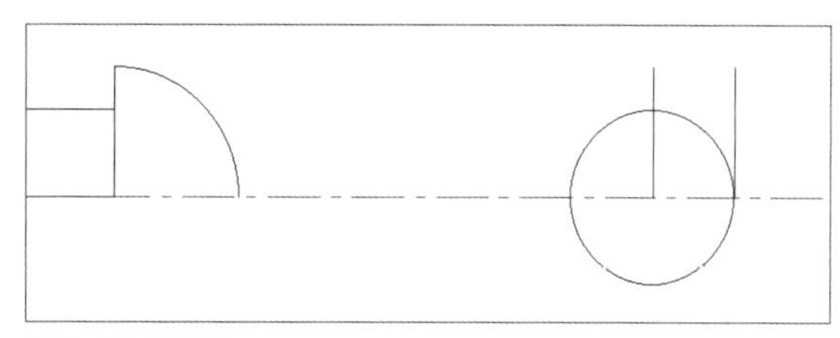
图 8-26　绘制圆

步骤 09 执行“绘图>直线”命令，绘制与半径50mm的圆相切的辅助线，如下页图8-27所示。

步骤 10 执行“绘图>圆>相切，相切，半径”命令，绘制半径为50mm的圆，如下页图8-28所示。

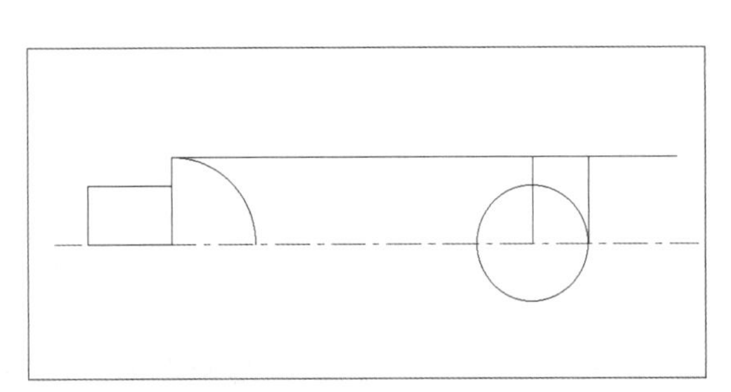

图 8-27　绘制相切辅助线

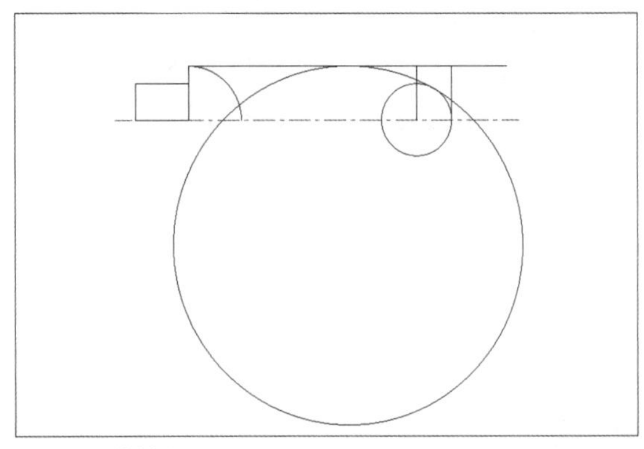

图 8-28　绘制圆

步骤 11 执行“修改>修剪”命令，修剪多余的圆弧，删除辅助线，如图8-29所示。

步骤 12 输入f命令，按Enter键，再输入r命令并按Enter键，设置倒角半径为12mm，按Enter键，分别单击两相交的圆弧，对其进行倒角，如图8-30所示。

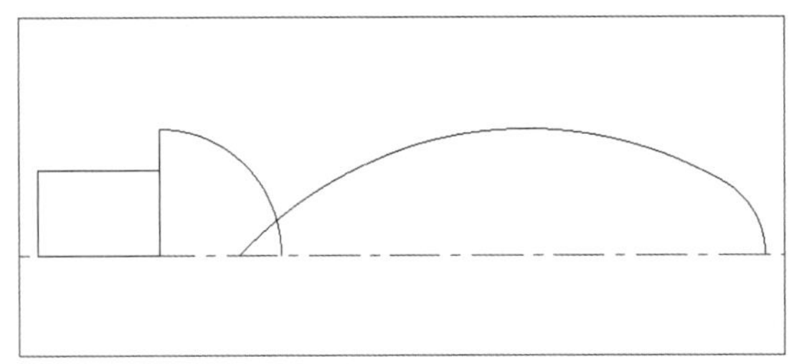

图 8-29　修剪多余的圆弧

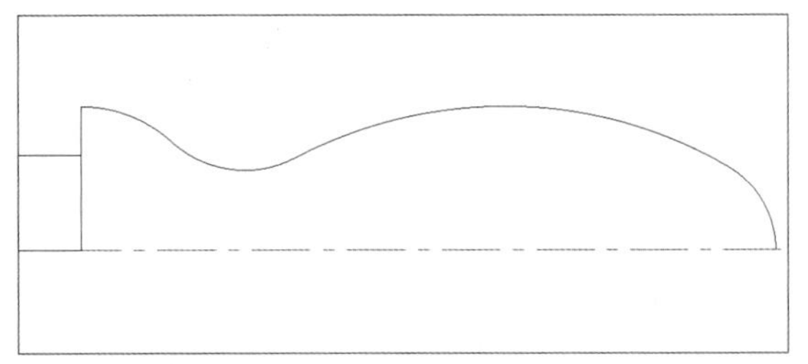

图 8-30　倒角

步骤 13 绘制一半的机械平面图后，执行“修改>镜像”命令，选择上半部分图形，按Enter键，选择辅助线作为轴线，按Enter键完成镜像操作，如图8-31所示。

步骤 14 在“图层特性管理器”选项板中选择“标注”图层，执行“标注>标注样式”命令，对标注样式进行修改，设置文字高度为2.5，设置箭头大小为2.5，如图8-32所示。

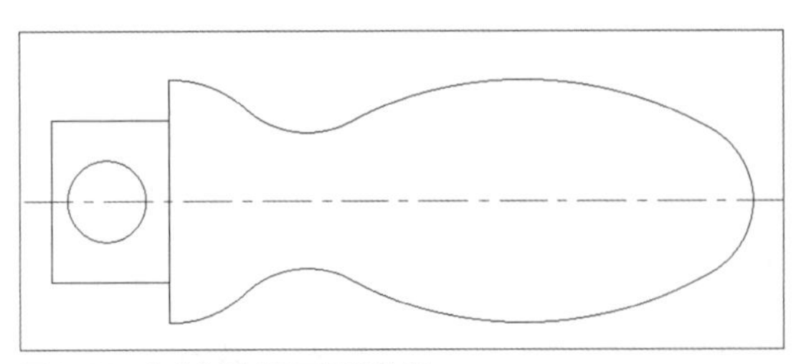

图 8-31　完成纺锤式平面图的绘制

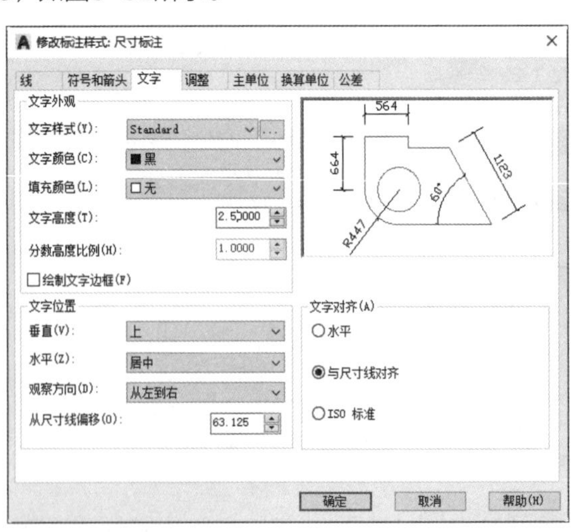

图 8-32　修改标注样式

步骤 15 执行“标注>线性”命令，捕捉左侧平面图的两侧，添加左侧圆柱平面图标注，如图8-33所示。

步骤 16 接下来标注圆柱的直径或半径，即双击标注的数字，对其进行修改，并添加直径符号，如图8-34所示。

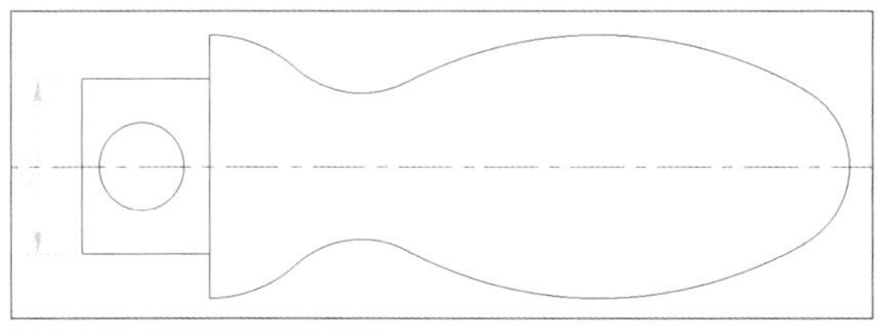

图 8-33　标注左侧圆柱直径

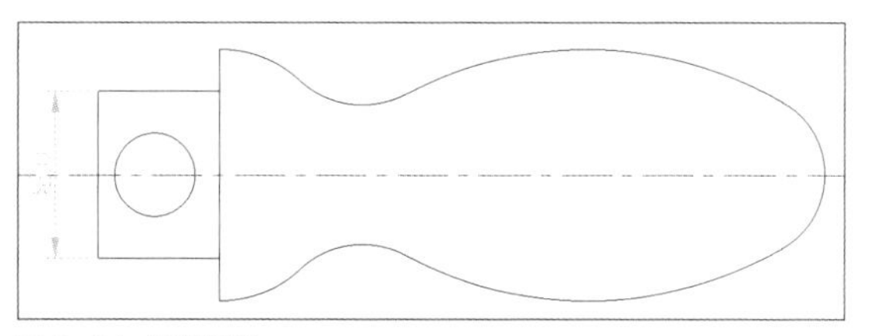

图 8-34　编辑标注

步骤 17 用同样的方法绘制出其他标注，执行“标注>连续”命令，从左侧开始捕捉两点创建线性标注，如图8-35所示。

步骤 18 执行“标注>半径”命令，根据命令行提示选择圆或圆弧，如图8-36所示。

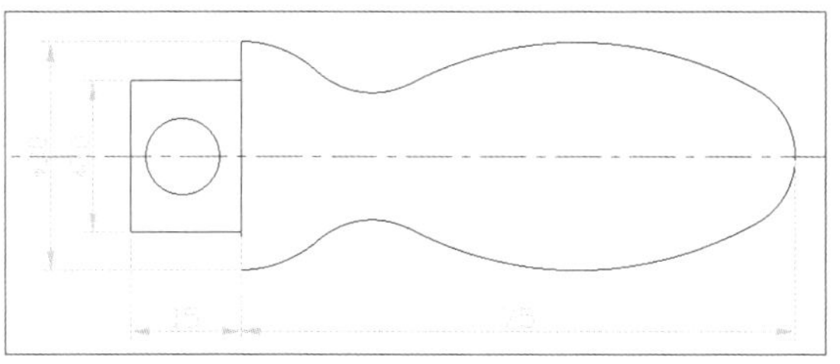

图 8-35　完成线性标注及连续标注

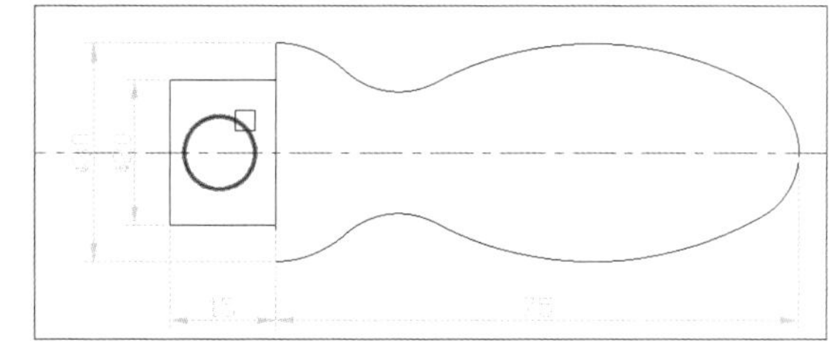

图 8-36　选择圆

步骤 19 移动光标来选择标注位置，如图8-37所示。

步骤 20 单击鼠标左键确定标注位置完成标注，如图8-38所示。

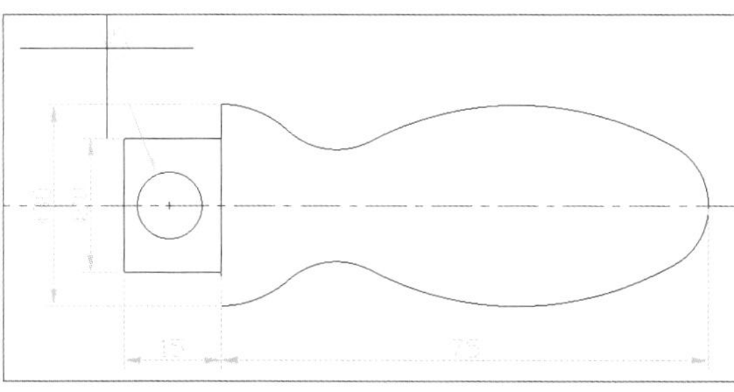

图 8-37　选择标注位置

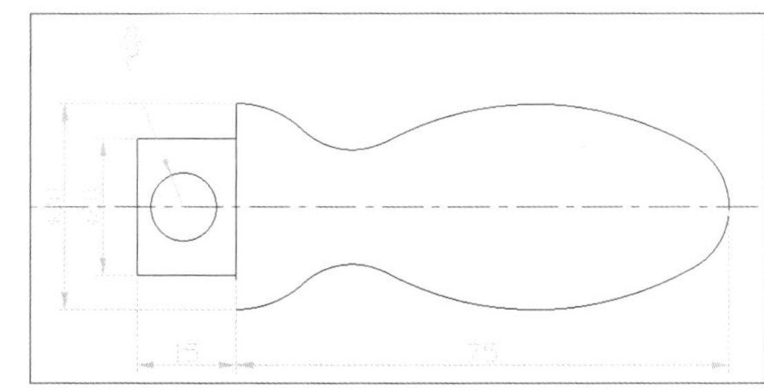

图 8-38　完成标注

步骤 21 用同样的方法完成其他圆弧的标注，如图8-39所示。

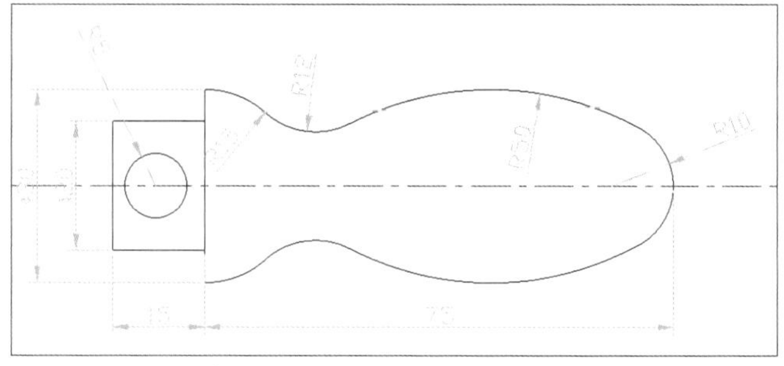

图 8-39　完成纺锤式平面图标注

8.3.5 基线标注与连续标注

基线标注是从一个标注或选定标注的基线名创建线性、角度或坐标标注。系统会使每一条新的尺寸线偏移一段距离，以避免与前一段尺寸线重合，如图8-40所示。

用户可以通过以下方法执行“基线”标注命令。

- 在菜单栏中执行“标注>基线”命令。
- 在“注释”选项卡的“标注”面板中单击“基线”按钮。
- 在命令行中输入快捷命令dimbaseline，然后按Enter键。

连续标注可以创建一系列连续的线性、对齐、角度或坐标标注，每一个尺寸的第二个尺寸界线的原点是下一个尺寸的第一个尺寸界线的原点。在进行连续标注之前，要标注的对象必须有一个尺寸标注，如图8-41所示。

用户可以通过下列方法执行“连续”标注命令。

- 在菜单栏中执行“标注>连续”命令。
- 在“注释”选项卡的“标注”面板中单击“连续”按钮。
- 在命令行中输入快捷命令dimcontinue，然后按Enter键。

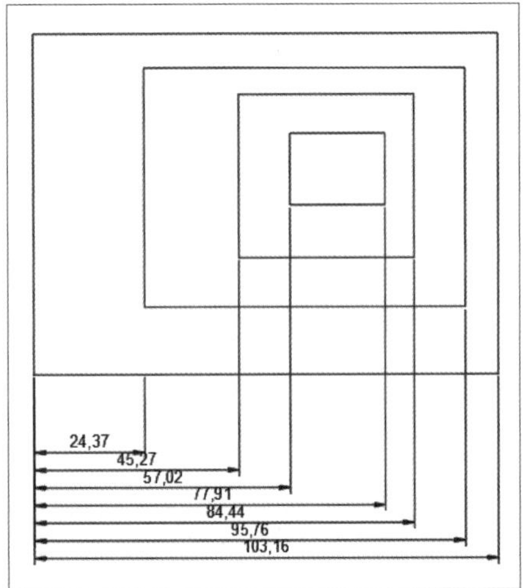

图 8-40 基线标注

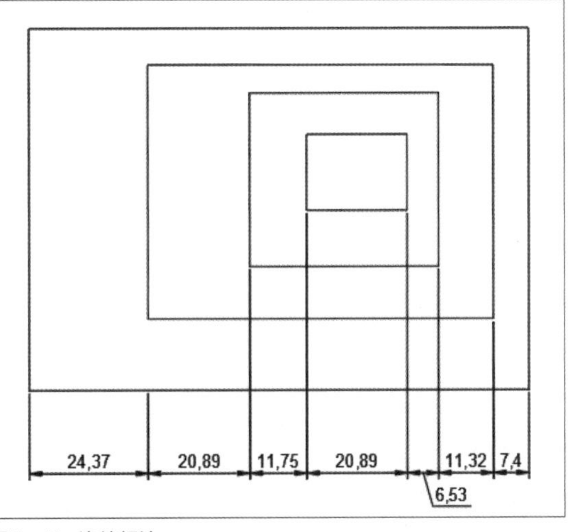

图 8-41 连续标注

工程师点拨：连续标注与基线标注的区别

在建筑绘图中，经常使用连续标注。连续标注与基线标注区别在于，基线标注可以避免与前一尺寸线重合，而连续标注则是与尺寸线重合成一条直线进行标注。

示例8-2：为楼梯大样图添加尺寸标注

步骤01 打开“示例8-1.dwg”素材文件，执行“格式>标注样式”命令，打开“标注样式管理器”对话框，单击“新建”按钮，在打开的对话框中新建DIMN标注样式后❶，单击“继续”按钮❷，如下页图8-42所示。

步骤02 弹出“新建标注样式”对话框，在“主单位”选项卡中设置标注精度为0，在“调整”选项卡中单击“文字始终保持在尺寸界线之间”单选按钮❶，勾选“若箭头不能放在尺寸界限内，则将其消除”复选框❷，如下页图8-43所示。

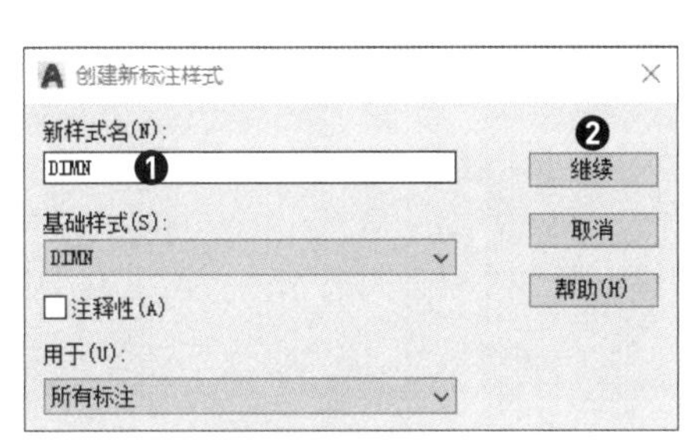

图 8-42 “创建新标注样式”对话框

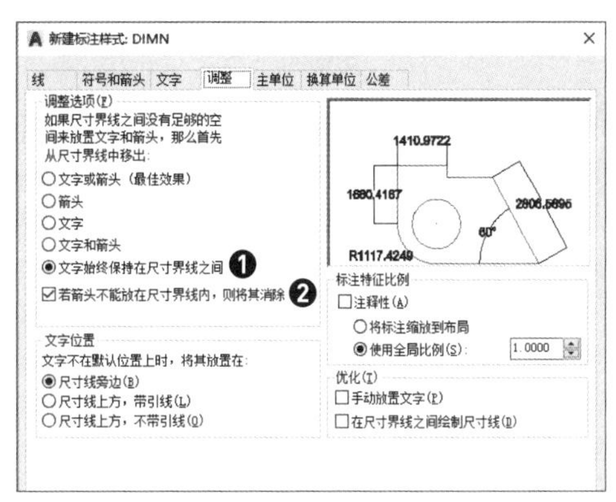

图 8-43 “新建标注样式”对话框

步骤 03 在“文字”选项卡中设置“文字高度”❶和“从尺寸线偏移”值❷，如图8-44所示。

步骤 04 在“符号和箭头”选项卡中设置箭头类型为“建筑标记”❶，设置“箭头大小”为200❷，如图8-45所示。

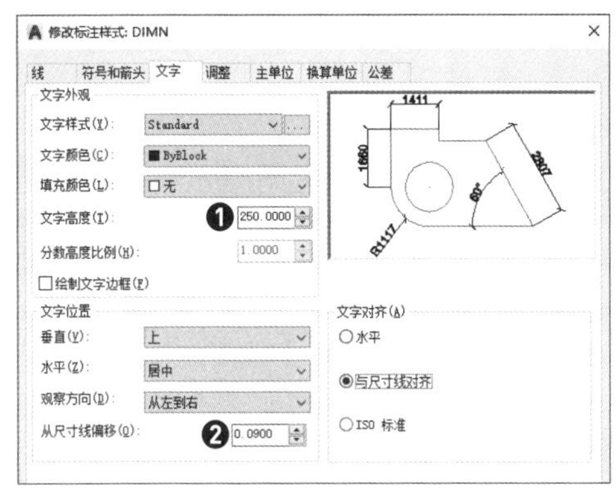

图 8-44 设置文字样式

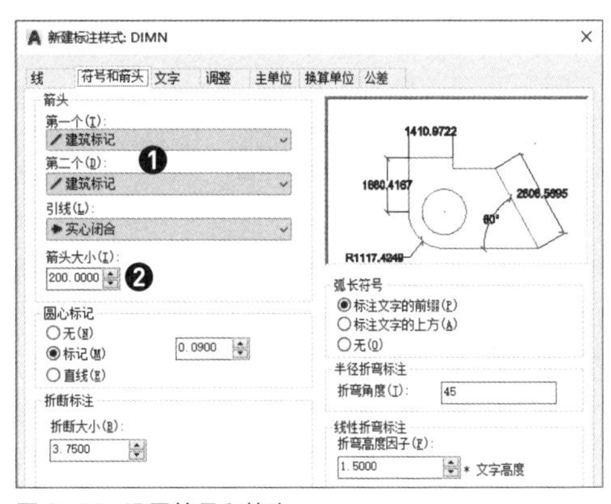

图 8-45 设置符号和箭头

步骤 05 在“线”选项卡中依次设置尺寸界线参数❶，设置完毕单击“确定”按钮❷，关闭对话框，具体如图8-46所示。

步骤 06 执行“标注>线性”命令，从左侧开始捕捉两点创建线性标注，如图8-47所示。

步骤 07 执行“标注>连续”命令，根据提示指定第二个尺寸界线原点，如图8-48所示。

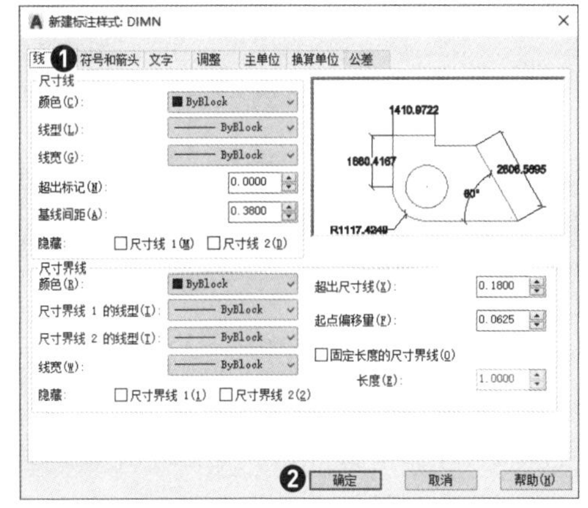

图 8-46 设置尺寸界线参数

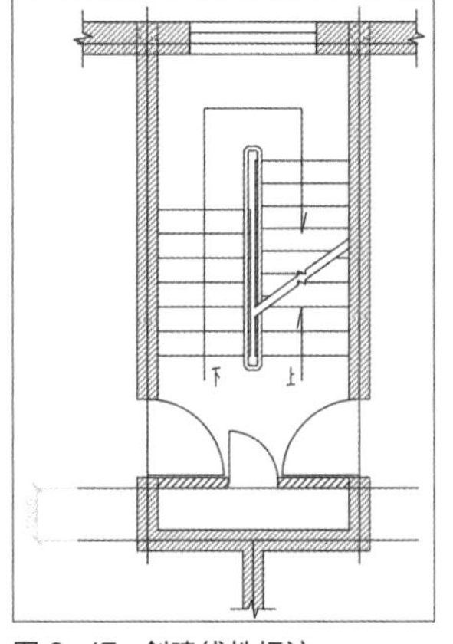

图 8-47 创建线性标注

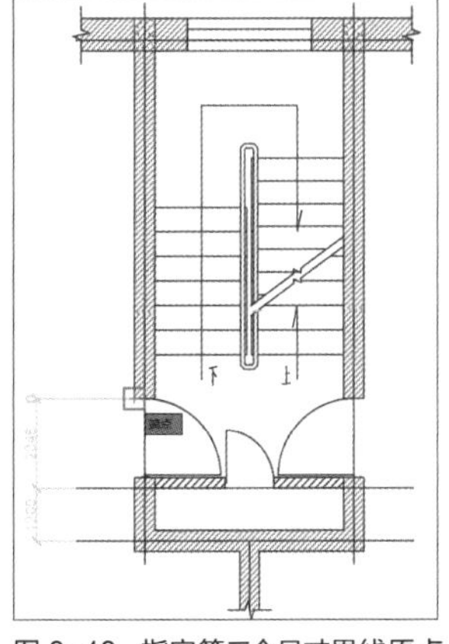

图 8-48 指定第二个尺寸界线原点

步骤08 继续向上标注出连续的内部尺寸，如图8-49所示。

步骤09 执行“标注>线性”命令，标注出总长，如图8-50所示。

步骤10 按照上述操作方法，为楼梯大样图标注横向尺寸，如图8-51所示。

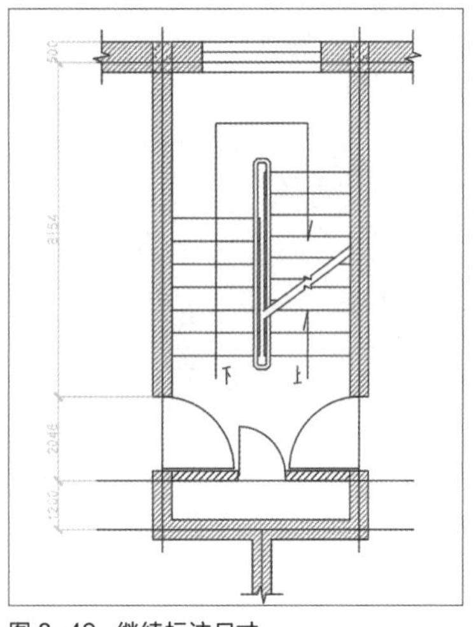

图 8-49 继续标注尺寸

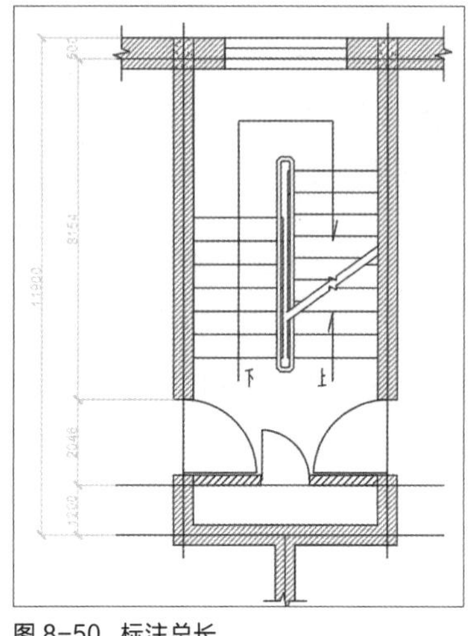

图 8-50 标注总长

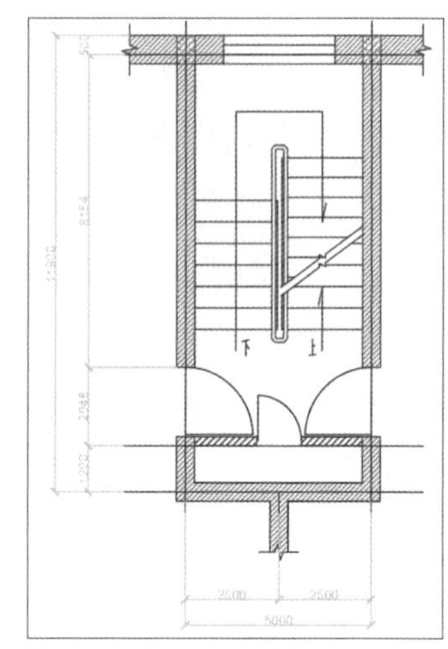

图 8-51 完成所有尺寸标注

8.3.6 快速标注

使用AutoCAD的快速标注功能，可以快速创建一系列的基线、连续、阶梯和坐标标注，还可以快速标注多个圆、圆弧或编辑现有标注的布局。用户可以通过下列方法执行“快速标注”命令。

- 在快捷菜单中执行“标注>快速标注”命令。
- 在“注释”选项卡的“标注”面板中单击“快速标注”按钮。
- 在命令行中输入qdim快捷命令，然后按Enter键。

8.3.7 智能中心线

AutoCAD的智能中心线功能，主要用于创建与选定直线和多线段关联的指定线型的中心线几何图形。使用该命令可以快速创建平行线的中心线或相交直线的角平分线，如图8-52、8-53所示。

用户可以通过下列方法执行“中心线”命令。

- 在“注释”选项卡的“中心线”面板中单击“中心线”按钮。
- 在命令行中输入centerline快捷命令，然后按Enter键。

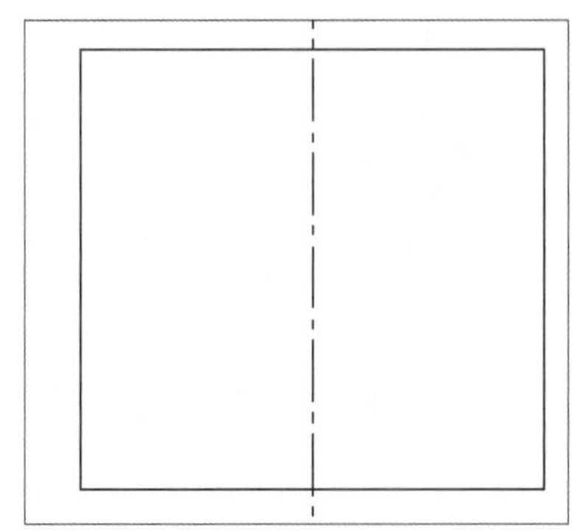

图 8-52 中心线

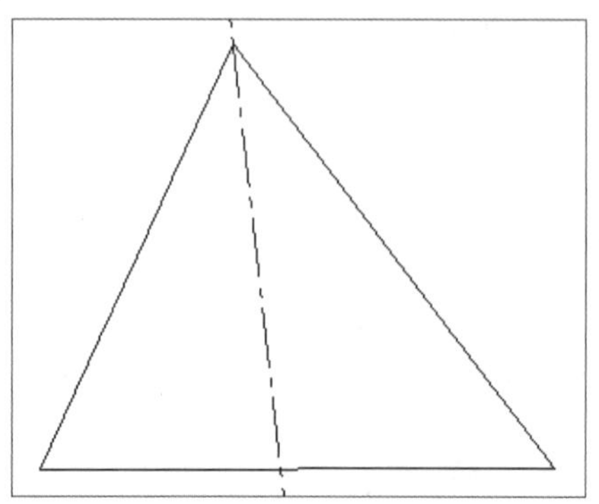

图 8-53 角平分线

8.4 编辑标注对象

编辑标注对象操作包括编辑标注、替代标注、更新标注等内容，下面将为用户介绍标注对象的编辑方法。

8.4.1 编辑标注

使用AutoCAD的编辑标注功能，可以改变尺寸文本，或者强制尺寸界线旋转一定的角度。在命令行中输入快捷命令ded，按Enter键，根据命令行提示选择需要编辑的标注，即可进行编辑标注操作。

命令行提示内容如下。

```
命令 : DED
DIMEDIT
输入标注编辑类型 [ 默认 (H)/ 新建 (N)/ 旋转 (R)/ 倾斜 (O)] < 默认 >:
```

- 默认：将旋转标注文字移回默认位置。选定的标注文字移回到指定的默认位置和旋转角。
- 新建：使用在位文字编辑器更改标注文字。
- 旋转：用于旋转指定对象中的标注文字。选择该项后，系统将提示用户指定旋转角度，如果输入0，则把标注文字按缺省方向放置。
- 倾斜：设置线性标注尺寸界线的倾斜角度。选择该项后，系统将提示用户选择对象并指定倾斜角度。当尺寸界线与图形的其他要素冲突时，“倾斜”选项将很有用处。

8.4.2 编辑标注文本的位置

AutoCAD的编辑标注文字功能，可以改变标注文字的位置或是放置标注文字。用户可以通过下列方法执行编辑标注文字的命令。

- 在菜单栏中执行“标注>对齐文字”命令下的子命令。
- 在命令行中输入dimtedit命令，然后按Enter键

执行以上任意一种操作后，命令行提示如下。

```
命令 : DIMTEDIT
选择标注 :
为标注文字指定新位置或 [ 左对齐 (L)/ 右对齐 (R)/ 居中 (C)/ 默认 (H)/ 角度 (A)]:
```

- 左对齐：沿尺寸线左对齐标注文字。
- 右对齐：沿尺寸线右对齐标注文字。
- 居中：将标注文字放在尺寸线的中间。
- 默认：将标注文字移回默认位置。
- 角度：修改标注文字的角度。文字的中心位置并没有改变。

8.4.3 替代标注

当少数尺寸标注与其他大多数尺寸标注在样式上有差别时，若不想创建新的标注样式，可以创建标注样式替代。

在“标注样式管理器”对话框中单击“替代”按钮，打开“替代当前样式”对话框，如下页图8-54

所示。从中对所需的参数进行设置❶，然后单击“确定”按钮❷。返回到上一对话框，在“样式”列表中显示了所设置的样式替代，如图8-55所示。

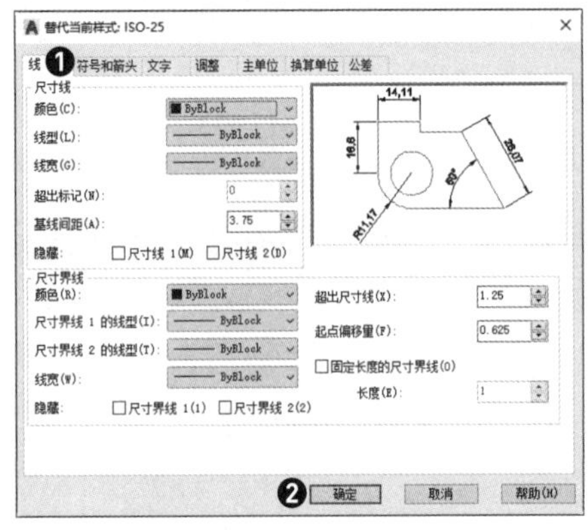

图 8-54 “替代当前样式”对话框

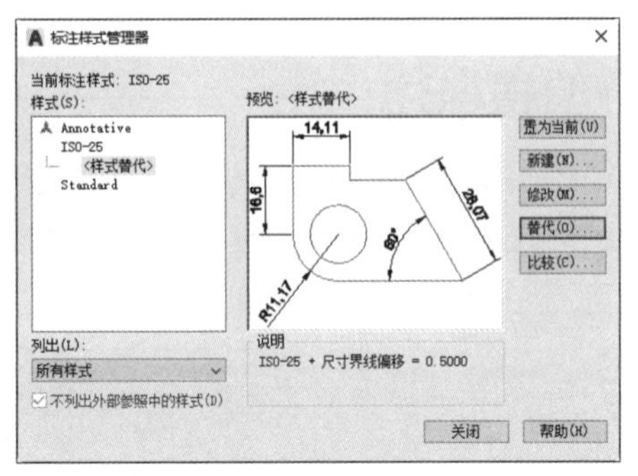

图 8-55 显示所设置的样式替代

8.5 应用多重引线

引线对象是一条线或样条曲线，其一端带有箭头或设置没有箭头，另一端带有多行文字对象或块。多重引线标注命令常用于对图形中某些特定对象的说明，使图形表达更清楚。

8.5.1 多重引线样式

在为AutoCAD图形添加多重引线时，单一的印象样式往往不能满足设计的要求，需要预先定义新的引线样式，制定基线、引线、箭头和注释内容的格式，用于控制多重引线对象的外观。

在AutoCAD中，通过“标注样式管理器”对话框可以创建并设置多重引线样式。用户可以通过以下方法打开该对话框。

- 在菜单栏中执行“格式>多重引线样式”命令。
- 在“默认”选项卡的“注释”面板中单击“多重引线样式”按钮。
- 在“注释”选项卡的“引线”面板中单击右下角的箭头按钮。
- 在命令行中输入mleaderstyle命令，然后按Enter键。

执行以上任意一种操作，可以打开“多重引线样式管理器”对话框，如图8-56所示。单击“新建”按钮❶，打开“创建新多重引线样式”对话框，在“新样式名”文本框中输入样式名❷，选择基础样式❸，单击“继续”按钮❹，如图8-57所示。即可打开“修改多重引线样式”对话框，对各选项卡下的参数进行详细设置。

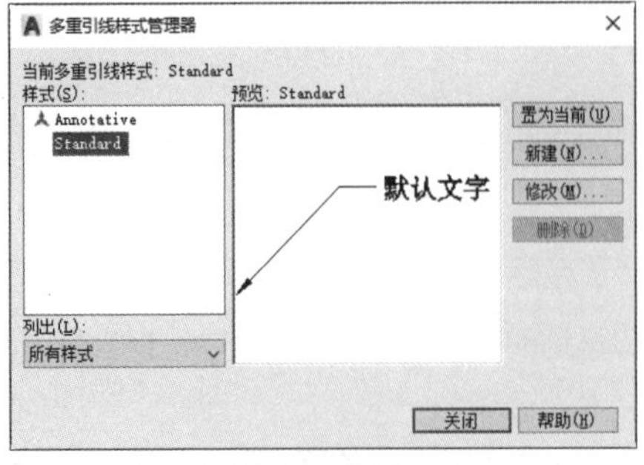

图 8-56 “多重引线样式管理器”对话框

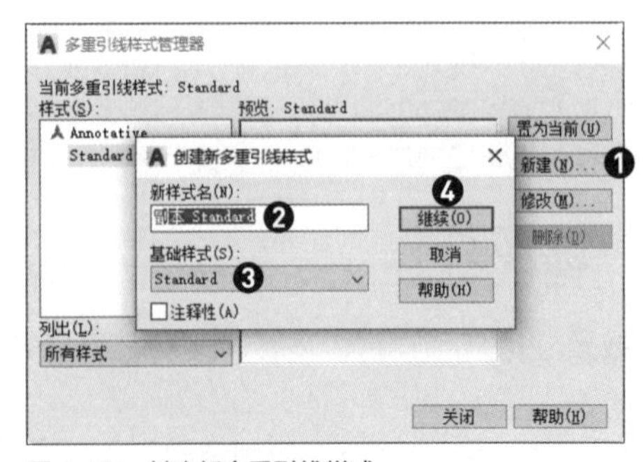

图 8-57 创建新多重引线样式

（1）引线格式

在“修改多重引线样式”对话框中，“引线格式”选项卡用于设置引线的类型及箭头形状，如图8-58所示。其中各选项组的作用如下。

- 常规：主要用来设置引线的类型、颜色、线型、线宽。
- 箭头：主要用来设置箭头符号和大小。
- 引线打断：主要用来设置引线打断大小。

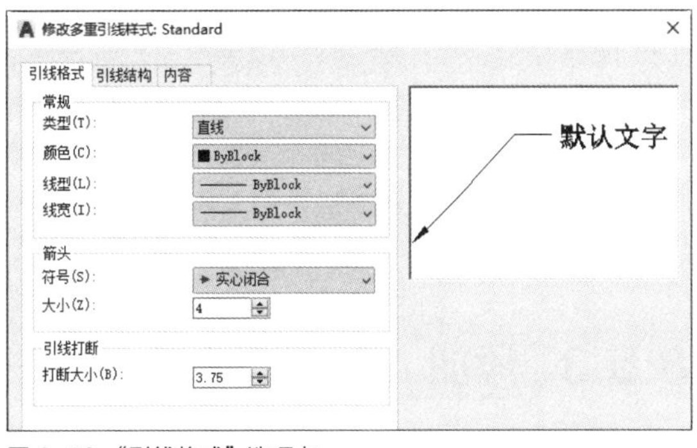

图 8-58 “引线格式”选项卡

（2）引线结构

在“引线结构”选项卡中，用户可以设置引线的段数、引线每一段的倾斜角度及引线的显示属性，如图8-59所示。其中各选项组的作用如下。

- 约束：在该选项组中勾选相应的复选框，可以指定点数目和角度值。
- 基线设置：可以指定是否自动包含基线及多重引线的固定距离。
- 比例：勾选相应的复选框或选择相应的单选按钮，可以确定引线比例的显示方式。

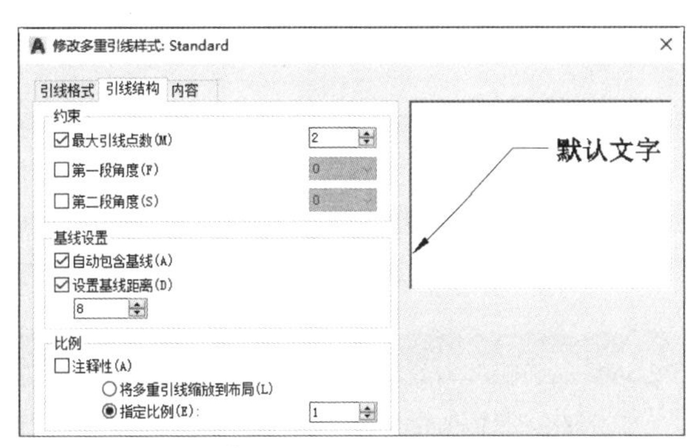

图 8-59 “引线结构”选项卡

（3）内容

在“内容”选项卡中，用户可以设置引线标注的文字属性，如图8-60所示。在引线中既可以标注多行文字，也可以插入块，这两个类型的内容主要是通过“多重引线类型”下拉列表来切换。

- 多行文字：选择该选项后，选项卡中各选项用来设置文字的属性，与“文字样式”对话框类似。单击“文字选项”选项组中“文字样式”列表框右侧的按钮，可以直接访问“文字样式”对话框。“引线连接”选项组主要用于控制多重引线的引线连接设置。
- 块：选择“块”选项后，可以在“源块”列表框中指定块内容，并在“附着”列表框中指定块的中心范围或插入点，还可以在“颜色”列表框中指定多重引线块内容的颜色，如图8-61所示。

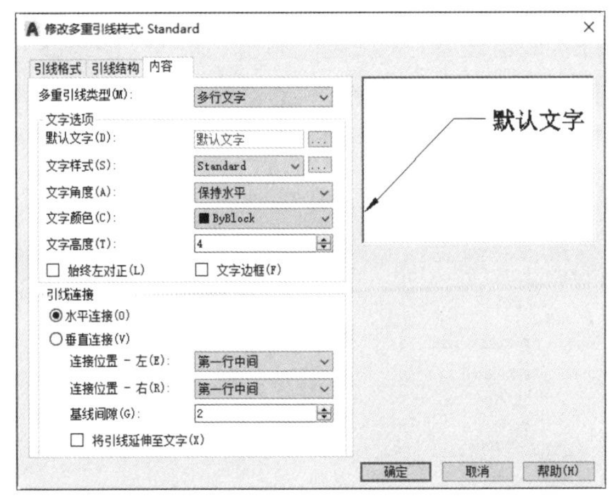

图 8-60 引线类型为“多行文字”选项

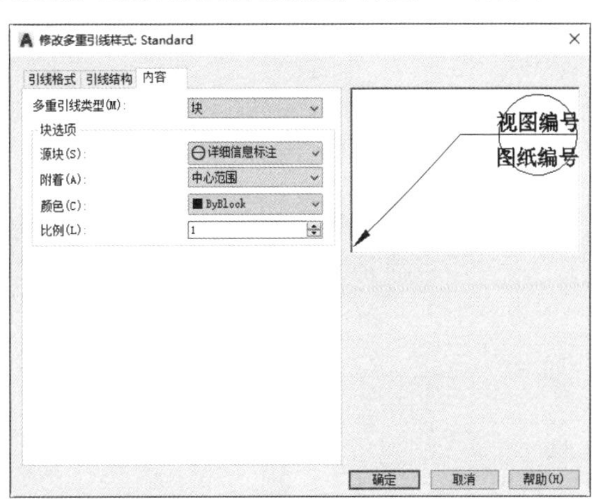

图 8-61 引线类型为“块”选项

8.5.2 创建多重引线

设置好引线样式后，就可以创建引线标注了。用户可以通过下列方法调用“多重引线”命令。

- 在菜单栏中执行“标注>多重引线”命令。
- 在“默认”选项卡的“注释”面板中单击“引线”按钮。
- 在“注释”选项卡的“引线”面板中单击“多重引线”按钮。
- 在命令行输入mleader命令，然后按Enter键。

8.5.3 添加 / 删除引线

如果添加的引线还未达到要求，用户需要对其进行标记操作。在AutoCAD中，用户可以在“多重引线”选项板中编辑多重引线，也可以利用菜单命令或者“注释”选项卡的“引线”面板中的按钮进行编辑操作。

用户可以通过以下方法调用编辑多重引线命令。

- 在菜单栏中执行“修改>对象>多重引线”命令的子菜单命令。
- 在“默认”选项卡的“注释”面板中单击“引线”按钮右侧的下拉按钮，从中选择相应的编辑方式。
- 在“注释”选项卡的“引线”面板中，单击相应的按钮。

工程师点拨：删除引线

要想删除多余的引线标注，用户可以执行“注释>标注>删除引线”命令，根据命令行中的提示，选择需删除的引线，按Enter键即可。

综合实践　为厨房立面图添加标注

实践目的　通过本实训案例的学习，掌握尺寸标注样式、多重引线标注、标注对象编辑等操作，使厨房立面图看上去更加直观、清晰。

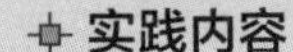

实践内容　应用本章所学知识，为图纸添加标注。

步骤 01 打开厨房立面图素材文件，如图8-62所示。

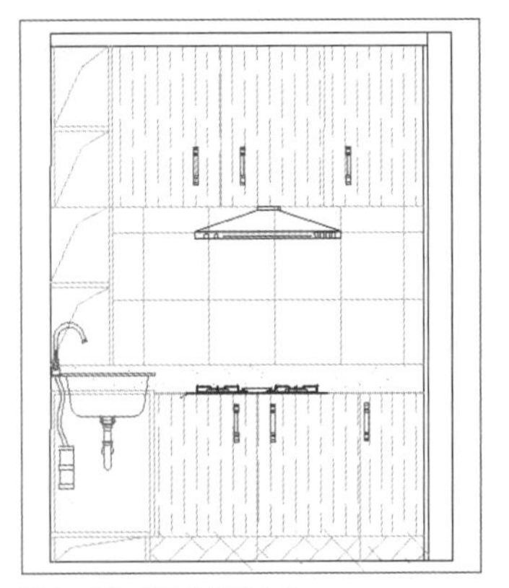

图 8-62　打开素材文件

步骤 02 执行“格式>标注样式”命令，打开“标注样式管理器”对话框，单击“新建”按钮❶，打开“创建新标注样式”对话框，单击“继续”按钮❷，如图8-63所示。

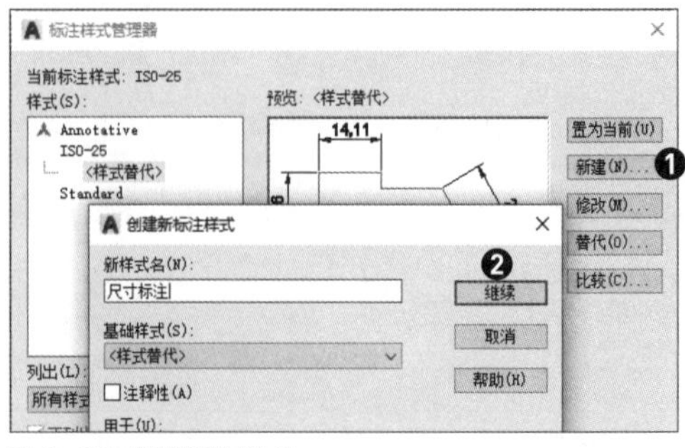

图 8-63　新建标注样式

步骤 03 单击“文字”选项卡❶，设置文字高度为100❷，设置文字位置为“上”❸，设置从尺寸线偏移为63.125❹，如图8-64所示。

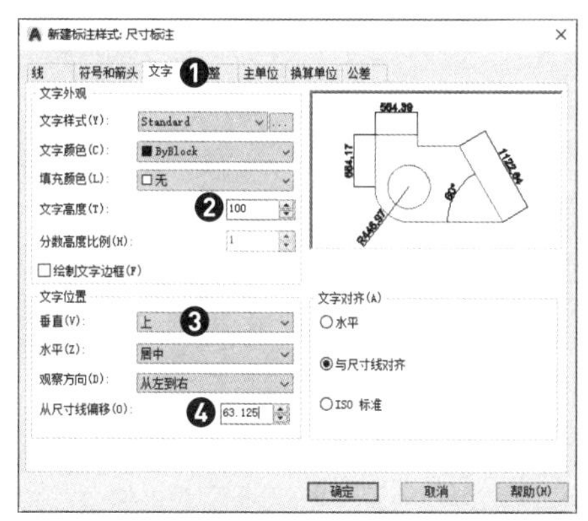

图 8-64 “文字”选项卡

步骤 04 单击“线”选项卡❶，设置“超出尺寸线”为125❷，设置“起点偏移量”为150❸，如图8-65所示。

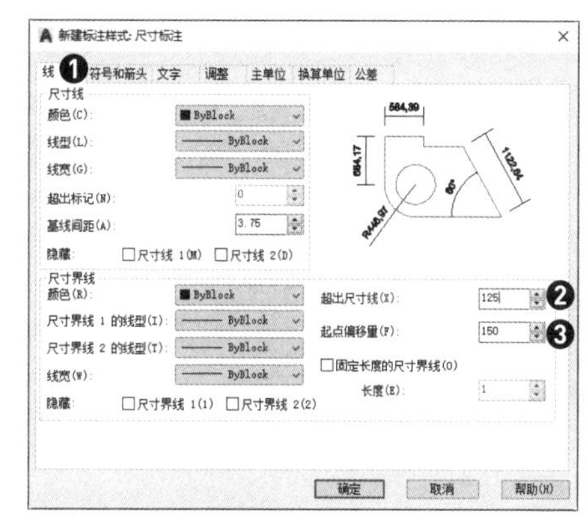

图 8-65 “线”选项卡

步骤 05 单击“符号和箭头”选项卡❶，设置箭头为“建筑标记”❷，设置“箭头大小”为50❸，如图8-66所示。

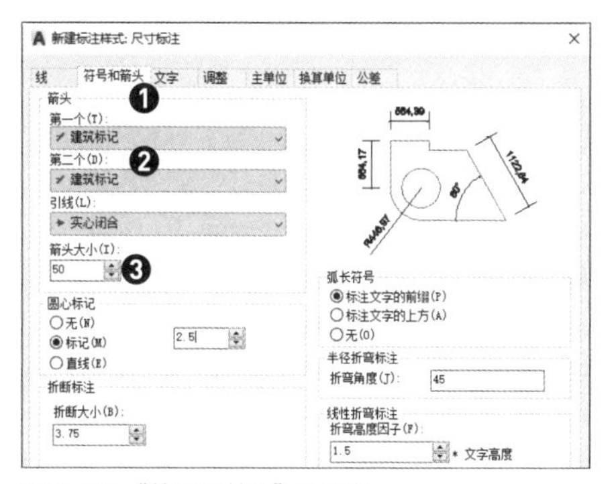

图 8-66 “符号和箭头”选项卡

步骤 06 单击“调整”选项卡❶，设置文字位置后❷，选择“文字始终保持在尺寸界线之间”单选按钮❸，勾选相应的复选框❹，如图8-67所示。

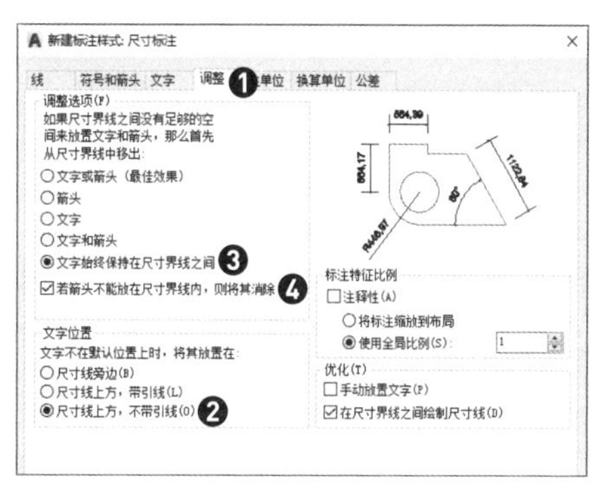

图 8-67 “调整”选项卡

步骤 07 单击“主单位”选项卡❶，设置单位格式为“小数”❷，设置精度为0❸，单击“确定”按钮❹后，单击“关闭”按钮，如图8-68所示。

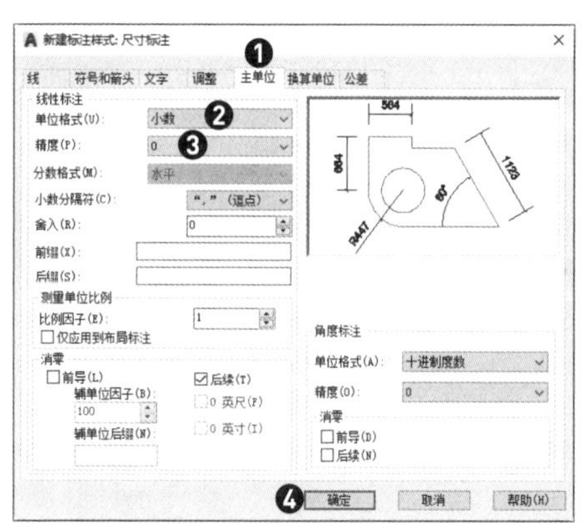

图 8-68 “主单位”选项卡

步骤 08 返回绘图区域，双击“标注”图层，执行“标注>线性”命令，在绘图区域中为厨房立面图添加竖向标注，如图8-69所示。

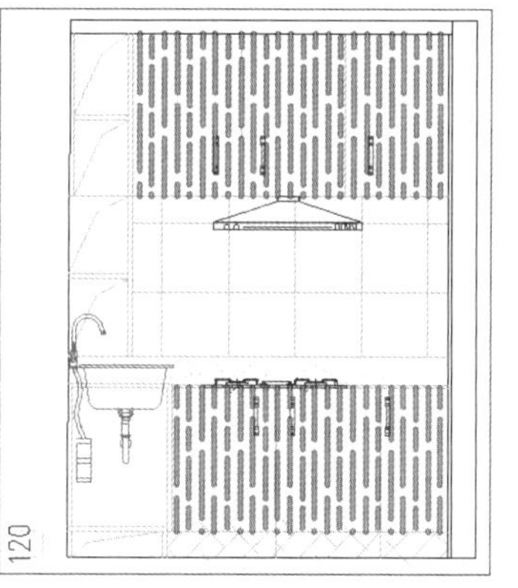

图 8-69 线性标注尺寸

步骤 09 执行“标注>连续”命令，继续完成竖向标注，如图8-70所示。

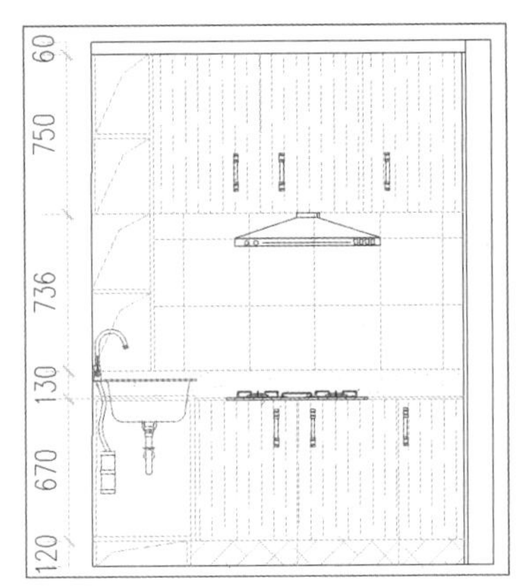

图 8-70　连续标注

步骤 11 用同样的方法绘制出横向标注，如图8-72所示。

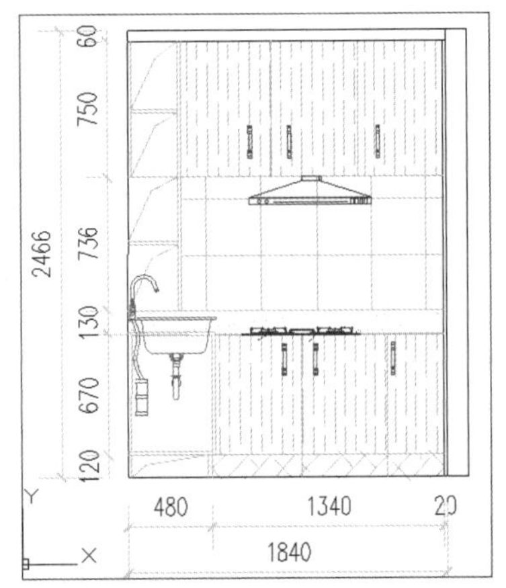

图 8-72　完成尺寸标注

步骤 13 在打开的对话框的“引线格式”选项卡中，设置箭头大小为40，如图8-74所示。

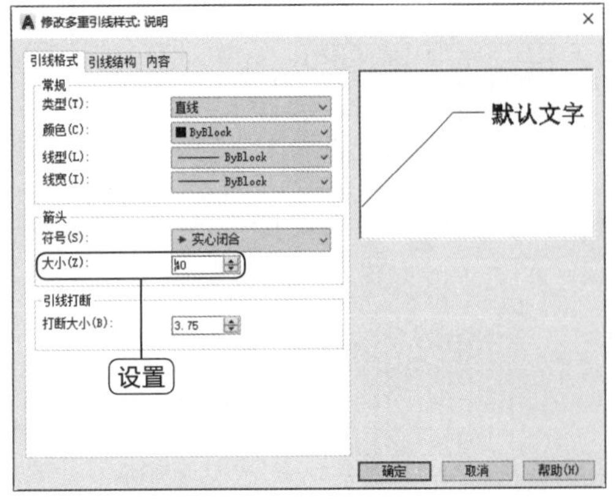

图 8-74 “引线格式”选项卡

步骤 10 执行“标注>线性”命令，对厨房立面图进行高度总标注，如图8-71所示。

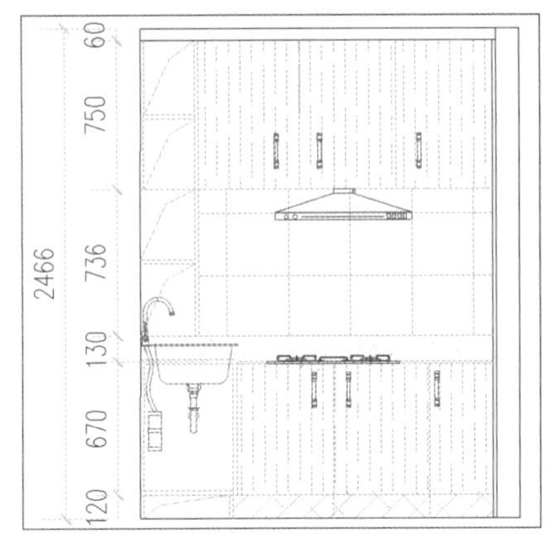

图 8-71　完成竖向标注

步骤 12 执行“格式>引线”命令，打开“多重引线样式管理器”对话框，单击“新建”按钮❶，新建“说明”样式❷，再单击“继续”按钮❸，如图8-73所示。

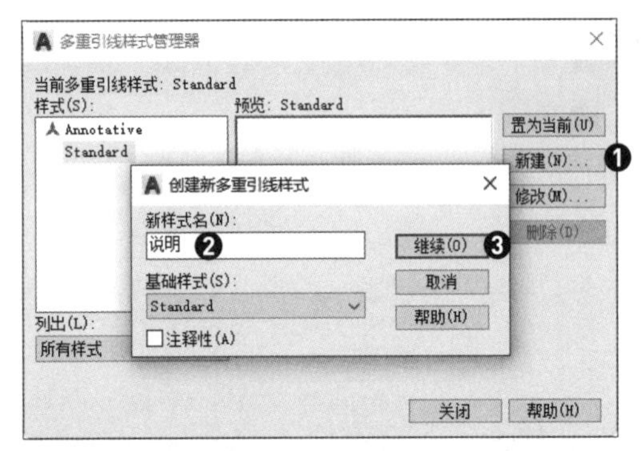

图 8-73　新建引线样式

步骤 14 单击“引线结构”选项卡❶，设置基线距离为100❷，如图8-75所示。

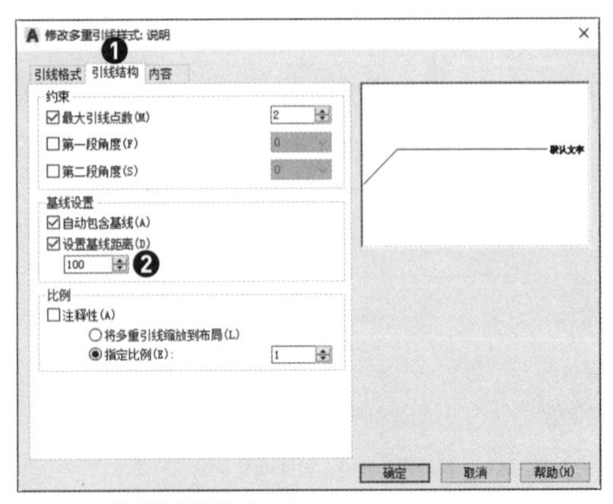

图 8-75 “引线结构”选项卡

步骤 15 单击“内容”选项卡❶，设置文字高度为80 ❷，单击“确定”按钮❸，如图8-76所示。

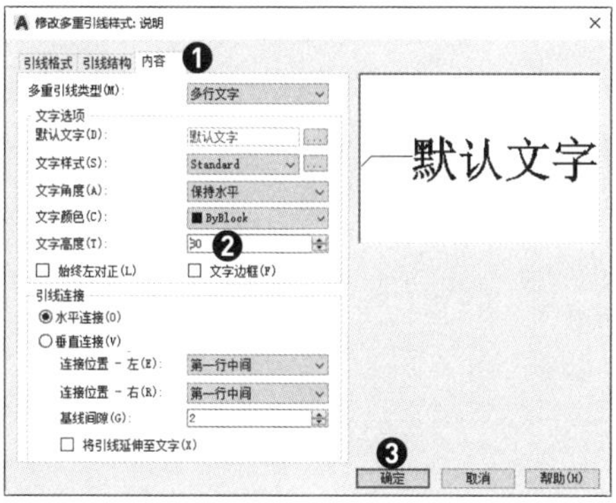

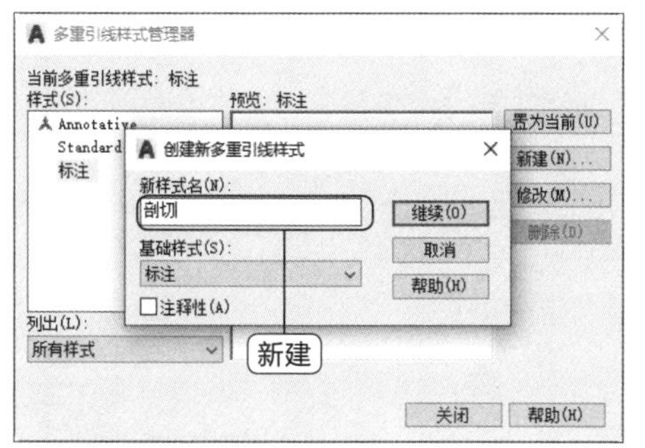

图 8-76 “内容”选项卡

步骤 16 关闭对话框后，执行“标注>多重引线”命令，为立面图添加引线标注，如图8-77所示。

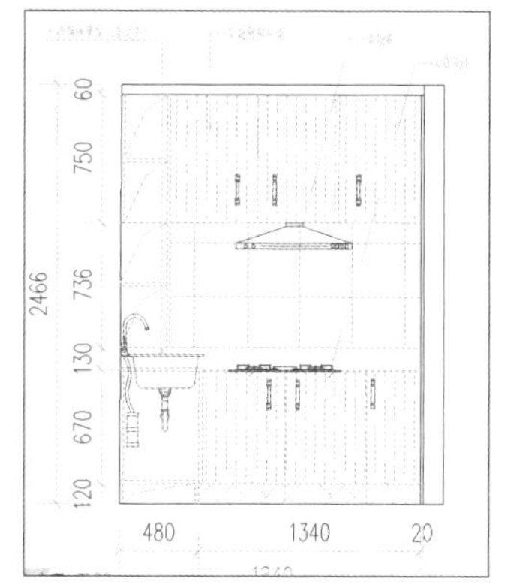

图 8-77 完成多重引线标注

步骤 17 再次执行“格式>多重引线样式”命令，新建“剖切”多重引线样式，如图8-78所示。

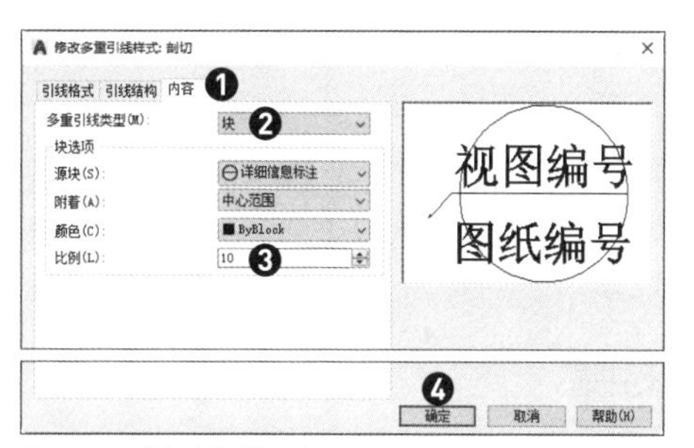

图 8-78 新建“剖切”样式

步骤 18 单击“内容”选项卡❶，设置多重引线类型❷和块比例❸，单击“确定”按钮后❹，单击“关闭”按钮，如图8-79所示。

图 8-79 “内容”选项卡

步骤 19 执行“多重引线”命令，绘制多重引线标注，根据命令行提示，输入“视图编号”为A，按Enter键。再输入“图纸编号”为P-01，按Enter键，完成引线标注，如图8-80所示。

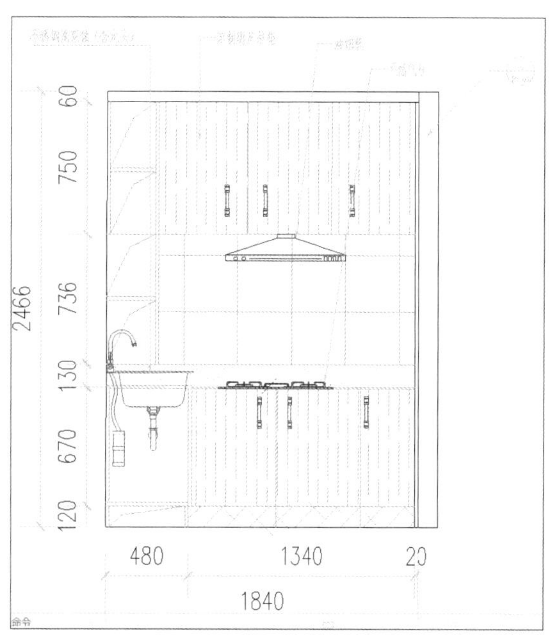

图 8-80 完成所有标注的绘制

课后练习

通过学习本章内容，用户熟悉了尺寸标注的概念和用途，并掌握了尺寸标注的方法，从而可以在绘图中利用尺寸标注更形象直观地标示图纸。

一、选择题

（1）下列（　　）选项是创建多重引线的命令。

A. tolerance　　B. mleaderstyle

C. ded　　D. mleader

（2）在AutoCAD中，用于设置尺寸界线超出尺寸线的变量是（　　）。

A. dimclre　　B. dimlwe

C. dimexe　　D. dimxo

（3）下面不属于基本标注类型的标注是（　　）。

A. 基线标注　　B. 对齐标注

C. 快速标注　　D. 线性标注

（4）使用“快速标注”命令标注圆或圆弧，不能自动标注（　　）。

A. 半径　　B. 圆心

C. 基线　　D. 直径

（5）直径标注的快捷键是（　　）。

A. doc　　B. ded

C. dim　　D. ddi

二、填空题

（1）尺寸标注创建完成后，用户可以对其进行修改编辑，在命令行中输入＿＿＿＿＿＿命令，然后按Enter键，即可打开“特性”选项板，在选项板中对其进行修改。

（2）在“选择对象”模式下，系统只允许用＿＿＿＿＿＿选择标注对象，不支持其他方式。

（3）要想标注倾斜直线的实际长度，应该使用＿＿＿＿＿＿命令。

三、操作题

（1）使用标注及引线命令，为居室平面图添加尺寸标注及引线标注，如图8-81所示。

（2）使用标注命令，对机械零件图添加尺寸标注，如图8-82所示。

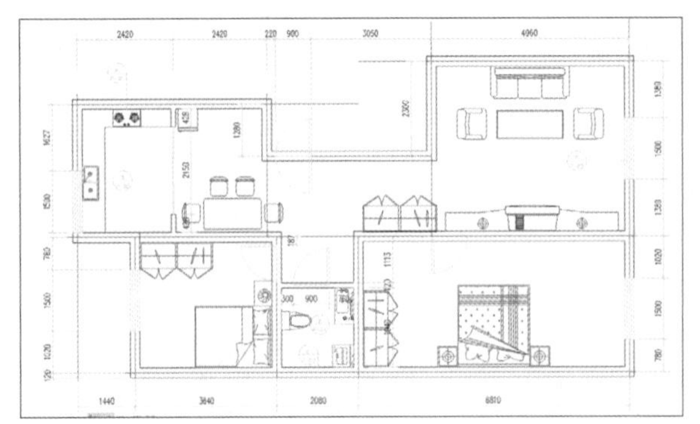

图 8-81　居室平面图

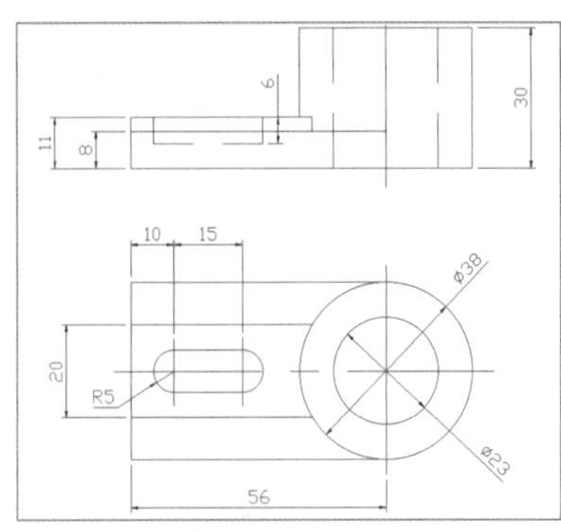

图 8-82　机械零件图

第9章 文本标注与表格的应用

课题概述 文字对象是AutoCAD图形中很重要的元素，是图纸中不可缺少的组成部分。添加文字标注时，用户可以通过键盘键入而并不需要“画”出文字，从而提高绘图效率。

教学目标 通过学习本章内容，用户可以熟悉并掌握文字的标注与编辑、文字样式的设置、单行与多行文本的应用等内容，从而轻松地绘制出更加完善的图纸。

核心知识点

★☆☆☆ | 创建和编辑表格
★★☆☆ | 使用文字控制符
★★★☆ | 设置文字样式
★★★★ | 创建单行与多行文本

本章文件路径

上机实践： 实例文件\第9章\综合实践：制作土建施工钢筋加工表.dwg
课后练习： 实例文件\第9章\课后练习

本章内容图解链接

建筑总说明
一、本工程系青岛市的宝珠山庄工程33号楼，建筑面积为500平方米，层数为六层。
二、本工程设计依据：《住宅设计规范》
《建筑设计防火规范》
《青岛市住宅设计有关规定》
《建设单位统一技术标准》
三、墙体：
1、本工程建筑定级为室内首层地坪±0.000相当于绝对坐标关系见总图。
2、平面图中未标注尺寸墙体均为240厚，为标注尺寸的门垛均为120后。
住宅平面构造图的尺寸及位置详见结构平面布置图。

输入说明性文本

序号	编号	型号	形式	长度cm	数量	重量kg	说明
1	1-1	Φ22	1495	1495	5	223	
2	1-2	Φ25	1495	1495	5	288	
3	2	Φ25		1658	4	255.5	
4	3	Φ10		200	110	135.6	
5						合计 902.1	
6							
7							

制作土建施工钢筋加工表

9.1 设置文本样式

在进行文字标注之前，应先对文字样式进行设置，从而可以更方便、快捷地对图形对象进行标注。在AutoCAD中，定义文字样式包括选择字体文件、设置文字高度、设置宽度比例等。

在AutoCAD 2022中，可以使用“文字样式”对话框来创建和修改文本样式。用户可以通过以下方法打开“文字样式”对话框。

- 在菜单栏中执行“格式>文字样式”命令。
- 在“默认”选项卡的“注释”面板中单击“文字样式”按钮。
- 在“注释”选项卡的“文字”面板中单击右下角箭头按钮。
- 在命令行中输入快捷命令style，然后按Enter键。

执行以上任意一种操作，都将打开“文字样式”对话框，如下页图9-1所示。在该对话框中，用户可以创建新的文字样式，也可以对已定义的文字样式进行编辑。

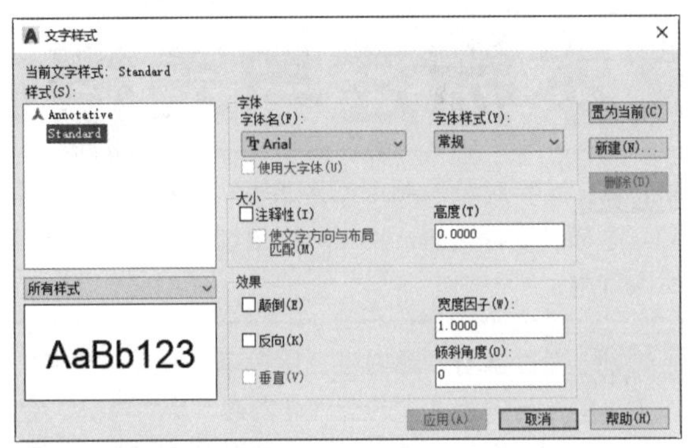

图 9-1 “文字样式”对话框

Standard是AutoCAD默认的文字样式，既不能删除，也不能重命名。另外，当前图形文件中正在使用的文字样式也不能删除。

9.1.1 设置文本样式名

在AutoCAD 2022的“文字样式”对话框中，用户可以对文字样式名进行设置，包括新建文字样式名、更改已定义的文字样式，以及删除文字样式等。其中：

- 新建：该按钮用于创建新文字样式。单击“新建”按钮，打开“新建文字样式”对话框，如图9-2所示。在该对话框的“样式名”文本框中输入新的样式名❶，然后单击“确定”按钮❷。
- 删除：用于删除在样式名下拉列表中所选择的文字样式。单击“删除”按钮，在弹出的对话框中单击“确定”按钮即可，如图9-3所示。
- 修改文字样式名：对已有的文字样式，通过双击文字样式名，可以对文字样式名进行修改，或者右击选中文字样式❶，选择“重命名”命令❷，如图9-4所示。

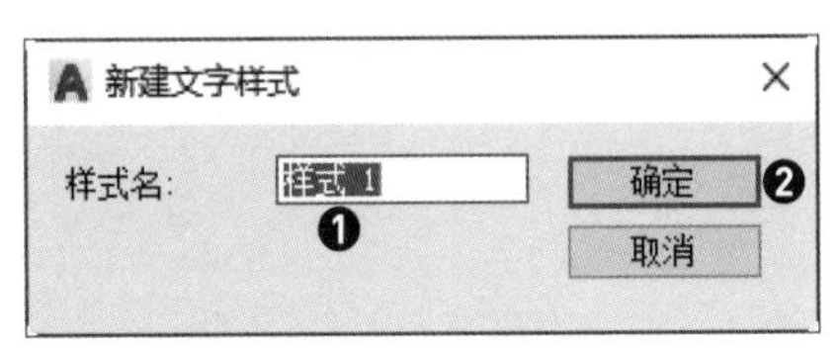

图 9-2 “新建文字样式”对话框

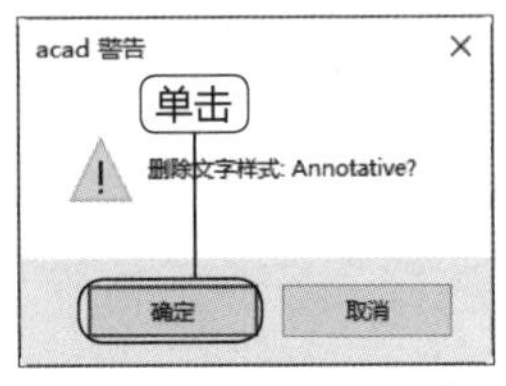

图 9-3 确认删除文字样式

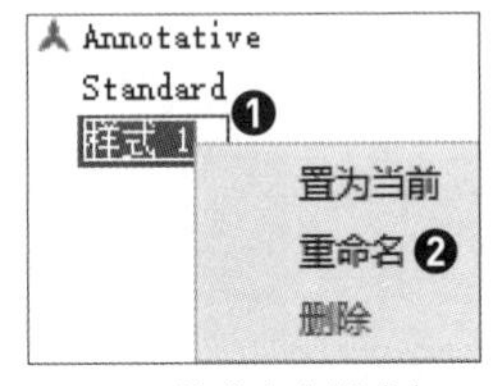

图 9-4 修改文字样式名

9.1.2 设置文本字体

在AutoCAD中，对文本字体的设置主要是指选择字体文件和定义文字高度。系统中可以使用的字体文件分为两种：一种是普通字体，即True Type字体文件；另一种是AutoCAD特有的字体文件（.shx）。

在“文字样式”对话框的“字体”和“大小”选项组中，各选项功能介绍如下。

- 字体名：下拉列表中列出了Windows注册的True Type字体文件和AutoCAD特有的字体文件（.shx）。
- 字体样式：指定字体格式，比如斜体、粗体、粗斜体或常规字体。
- 注释性：指定文字为注释性。
- 使文字方向与布局匹配：指定图纸空间视口中的文字方向与布局方向匹配。如果未勾选“注释性”复选框，则该复选框不可用。
- 高度：用于设置文字的高度，默认值为0。如果设置为默认值，在文本标注时，AutoCAD定义文字高度为2.5mm。

在字体名选项列表中，有一类字体前带有“@”符号，如果选择了该类字体样式，则标注的文字效果为逆时针旋转90°。

9.1.3 设置文本效果

在AutoCAD中，字体的特性包括颠倒、反向、垂直、宽度因子及倾斜角度等，在“文字样式”对话框的“效果”选项组中，各选项功能介绍如下。

- 颠倒：颠倒显示字符。用于将文字在底部水平线镜像显示，如图9-5所示。
- 反向：用于反向显示文字，即将文字以垂直线为对称轴镜像显示，如图9-6所示。

图 9-5 颠倒效果

图 9-6 反向效果

- 垂直：显示垂直对齐的字符。只有在选定字体支持双向时“垂直”才可用。True Type 字体的垂直定位不可用。
- 宽度因子：设置字符间距。输入小于1.0的值，将挤窄文字。输入大于1.0的值，将拉宽文字。图9-7是设置“宽度因子”为0.5的效果，图9-8是设置“宽度因子”为2.0的效果。
- 倾斜角度：设置文字的倾斜角度，输入-85到85之间的值将使文字倾斜。设置字体的“倾斜角度”为30的效果，如图9-9所示。

图 9-7 “宽度因子”为 0.5

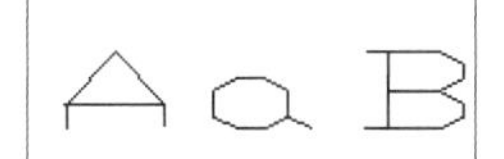

图 9-8 “宽度因子”为 2.0

图 9-9 “倾斜角度”为 30

工程师点拨：预览与应用文本样式

在AutoCAD中，对文字样式的设置效果，用户可以在“文字样式”对话框的左下角区域进行预览。单击“应用”按钮，可以将当前设置的文字样式应用到AutoCAD正在编辑的图形中，作为当前文字样式。在“文字样式”对话框中，“应用”“取消”和“关闭”按钮的含义介绍如下。

- 应用：用于将当前的文字样式应用到AutoCAD正在编辑的图形中。
- 取消：放弃文字样式的设置并关闭“文字样式”对话框。
- 关闭：关闭“文字样式”对话框，同时保存对文字样式的设置。

9.2 创建与编辑单行文本

单行文字就是将每一行作为一个文字对象，一次性地在图纸中的任意位置添加所需的文本内容，并可对每个文字对象进行单独修改。本节将向用户介绍单行文本的标注与编辑，以及在文本标注中使用控制符输入特殊字符的方法。

9.2.1 创建单行文本

在AutoCAD中，一般通过文字来对图纸进行说明，创建单行文本是使用文字说明的一种方法，用

户可以通过下列方法执行“单行文字”命令。

- 在菜单栏中执行“绘图>文字>单行文字”命令。
- 在“默认”选项卡的“注释”面板中单击“单行文字”按钮。
- 在“注释”选项卡的“文字”面板中单击“单行文字”按钮。
- 在命令行中输入快捷命令TEXT，然后按Enter键或空格键。

执行上述命令后，命令行的提示如图9-10所示。

图 9-10 执行 text 命令后命令行的提示

其中，命令行各选项含义介绍如下。

（1）指定文字的起点

在绘图区域单击一点，确定文字的高度后，指定文字的旋转角度，按Enter键，即可完成创建。

在执行“单行文字”命令过程中，用户可以随时用鼠标确定下一行文字的起点，也可以按Enter键换行，但输入的文字与前面的文字属于不同的实体。

（2）“对正”选项

该选项用于确定文本的排列方式和排列方向。AutoCAD用直线确定文本的位置，分别是顶线、中线、基线和底线。

输入“J”，按Enter键或空格键，命令行的提示图9-11所示。

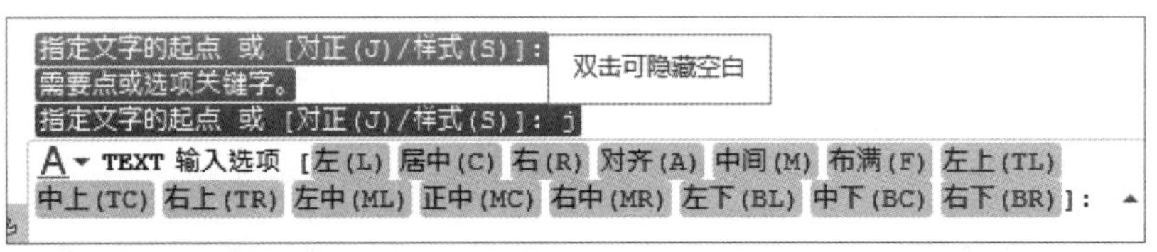

图 9-11 “对正”命令行提示

- 正中：用于确定文本基线的中点。选择该选项后，输入的文本均匀分布在该中点的两侧。
- 中间：文字在基线的水平中点和指定高度的垂直中点上对齐。“中间”选项与“正中”选项不同，“中间”选项使用的中点是所有文字（包括下行文字在内）的中点。

（3）“样式”选项

文字样式确定文字字符的外观，指定文字样式，创建的文字将使用当前文字样式。输入“？”后，系统将列出当前文字样式、关联的字体文件、字体高度及其他的参数。

在该提示下按Enter键，系统将自动打开AutoCAD文本窗口，在命令行中输入样式名，此窗口便可列出指定文字样式的具体设置。用户还可通过下列方法打开AutoCAD 文本窗口。

- 在菜单栏中执行“视图>显示>文本窗口”命令。
- 使用快捷键Ctrl+F2。
- 单击命令行右侧的上拉按钮。

若不输入文字样式名称直接按Enter键，则窗口中列出的是当前AutoCAD图形文件中所有文字样式的具体设置，如下页图9-12所示。

```
命令:
命令: TEXT
当前文字样式: "Standard" 文字高度: 2.5000 注释性: 否 对正: 左
指定文字的起点 或 [对正(J)/样式(S)]: s
输入样式名或 [?] <Standard>: ?
输入要列出的文字样式 <*>:
文字样式:
样式名: "Standard"     字体文件: txt,gbcbig.shx
   高度: 0.0000 宽度因子: 1.0000 倾斜角度: 0
   生成方式: 常规
样式名: "样式 1"        字体文件: txt.shx,gbcbig.shx
   高度: 0.0000 宽度因子: 1.0000 倾斜角度: 10
   生成方式: 常规
样式名: "样式 2"        字体文件: txt.shx,gbcbig.shx
   高度: 10.0000 宽度因子: 1.0000 倾斜角度: 10
   生成方式: 常规
当前文字样式: Standard
当前文字样式: "Standard" 文字高度: 2.5000 注释性: 否 对正: 左
```

图 9-12 AutoCAD 文本窗口

工程师点拨：夹点的作用

标注的文本都有两个夹点，即基线的起点和终点，拖动夹点可以快速改变文字字符的高度和宽度。

9.2.2 使用文字控制符

在文本标注中，经常需要标注一些不能直接利用键盘输入的特殊字符，如直径“φ”、角度“°”等，AutoCAD为输入这些字符提供了控制符，如表9-1所示。用户可以通过输入控制符来输入特殊的字符。在单行文本标注和多行文本标注中，控制符的使用方法有所不同。

表9-1 特殊字符控制符

控制符	对应特殊字符	控制符	对应特殊字符
%%C	直径（φ）符号	%%D	度（°）符号
%%O	上划线符号	%%P	正负公差（±）符号
%%U	下划线符号	\U+2238	约等于（≈）符号
%%%	百分号（%）符号	\U+2220	角度（∠）符号

（1）在单行文本中输入控制符

在需要使用特殊字符的位置直接输入相应的控制符，那么输入的控制符将会显示在图中特殊字符的位置上。单行文本标注命令执行结束后，控制符会自动转换为相应的特殊字符。

（2）在多行文本中输入控制符

标注多行文本时，可以灵活地输入特殊字符，因为其本身具有一些格式化选项。在“多行文字编辑器”选项卡的“插入”面板中单击“符号”下拉按钮，在展开的下拉列表中列出了特殊字符的控制符选项（也可在编辑多行文字时，单击鼠标右键，选择“符号”命令），如下页图9-13所示。

另外，在“符号”下拉列表中选择“其他”选项，将弹出“字符映射表”对话框，从中选择所需字符进行输入即可，如下页图9-14所示。

在“字符映射表”对话框中，通过“字体”下拉列表选择不同的字体后，选择所需的字符，单击该字符❶，可以进行预览，然后单击“选择”按钮❷，如下页图9-15所示。用户也可以直接双击所需要的字符，此时字符会显示在“复制字符”文本框中，如下页图9-16所示。打开多行文本编辑框，执行粘贴命令，即可插入所选字符。

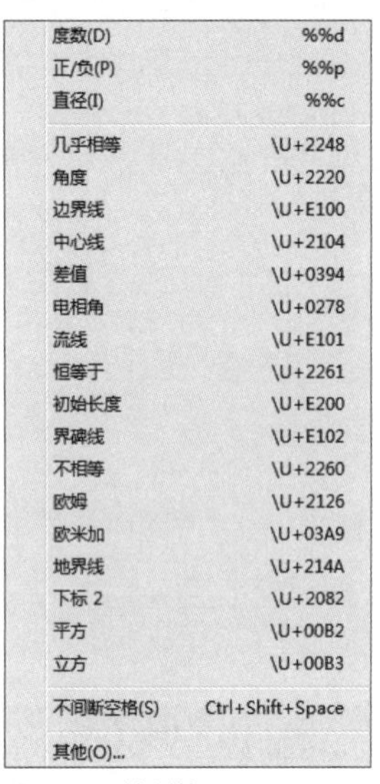

图 9-13 控制符

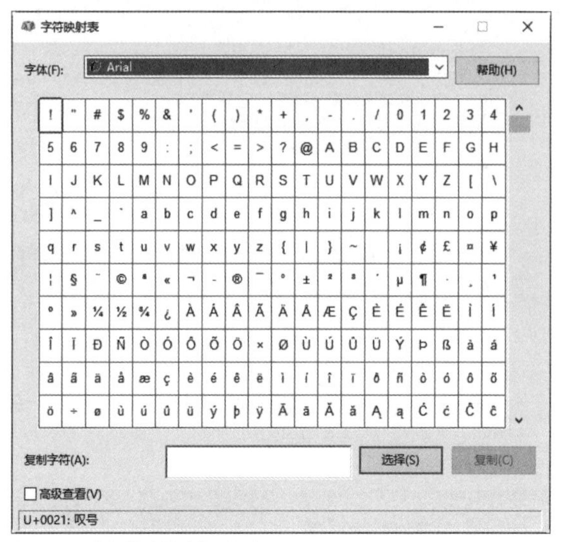

图 9-14 “字符映射表”对话框

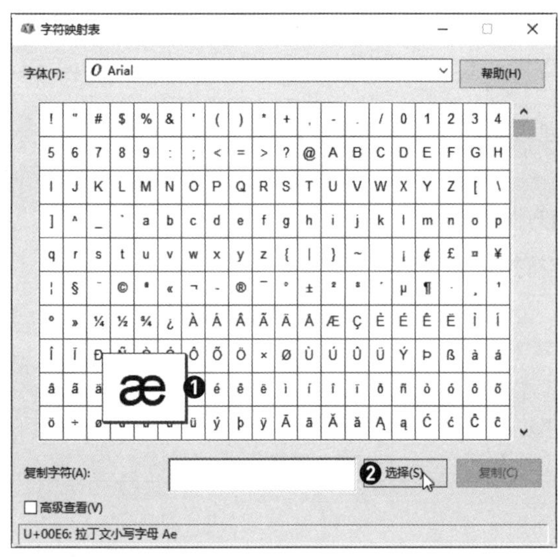

图 9-15 控制符预览

图 9-16 复制字符

工程师点拨：文字控制符输入法切换

在单行文字中，需要用英文输入法输入控制符才可以显示特殊字符，如直接用中文输入法输入控制符，则输入完毕需要右击文字，选择“特性”命令，在“文字>内容”中修改控制符。而在多行文字中，中英文输入法都可以直接输入控制符。

9.2.3 编辑单行文本

在需要对已标注的文本进行修改时，如文字的内容、对正方式以及缩放比例等，可以通过ddedit命令和“特性”选项板进行编辑。

（1）用ddedit命令编辑单行文本

在AutoCAD中，用户可以通过以下方法执行文本编辑命令。

- 在菜单栏中执行“修改>对象>文字>编辑”命令。

- 在命令行中直接输入ddedit命令，然后按Enter键或空格键。
- 双击文本，即可进入文本编辑状态。

执行以上任意一种操作后，在绘图窗口中单击要编辑的单行文字，即可进入文字编辑状态，对文本内容进行相应的修改，如图9-17所示。

图 9-17　单行文字编辑状态

（2）用“特性”选项板编辑单行文本

选择要编辑的单行文本，右击，在弹出的快捷菜单中选择“特性”命令，打开“特性”选项板，即可对文字进行修改，如图9-18所示。

图 9-18　单行文字“特性”选项板

该选项板中各主要选项作用介绍如下。

- 常规：用于修改文本颜色和所属的图层。
- 三维效果：用于设置三维材质。
- 文字：用于修改文字的内容、样式、对正方式、高度、旋转角度、倾斜角度和宽度比例。

9.3　创建与编辑多行文本

单行文字手动换行之后，所编辑的文字即为两个对象而非单一的对象。多行文字标注前需要先指定文字边框的对角点，文字边框用于定义多行文字对象中段落的宽度显示，可以自动换行，也可手动换行，但最终编辑文字始终为单一对象。多行文本可用“文字编辑器”面板进行编辑。

9.3.1　创建多行文本

多行文字包含一个或多个文字段落，可以作为单一的对象处理。在AutoCAD中，用户可以通过以下方法执行“多行文字”命令。

- 在菜单栏中执行“绘图>文字>多行文字”命令。
- 在“默认”选项卡的“注释”面板中单击“多行文字”按钮。
- 在“注释”选项卡的“文字”面板中单击“多行文字”按钮。
- 在命令行中输入快捷命令mtext，然后按Enter键或空格键。命令行提示如图9-19所示。

其中，命令行中各主要选项的含义介绍如下。

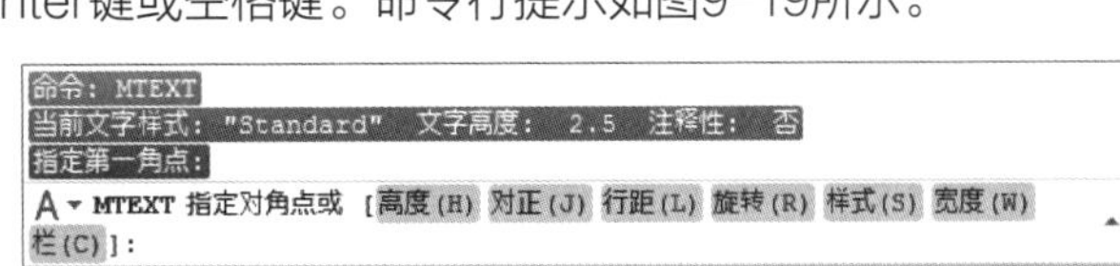

图 9-19　“多行文字”命令行提示

- 对正：用于设置文本的排列方式。
- 行距：指定多行文字对象的行距。行距是一行文字的底部（或基线）与下一行文字底部之间的垂直距离。
- 样式：用于指定多行文字的文字样式。
- 栏：指定多行文字对象的栏选项。“静态”指定总栏宽、栏数、栏间距宽度（栏之间的间距）和栏高；“动态”指定栏宽、栏间距宽度和栏高。动态栏由文字驱动。

通过指定对角点框选处文字的输入范围，如图9-20所示，即可在文本框中输入文字，如图9-21所示。

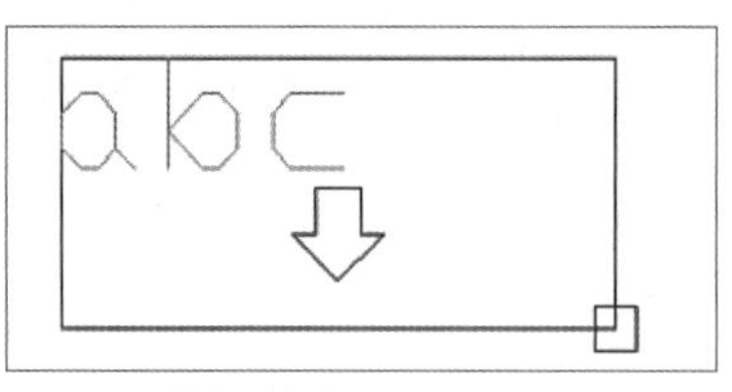

图 9-20　指定对角点

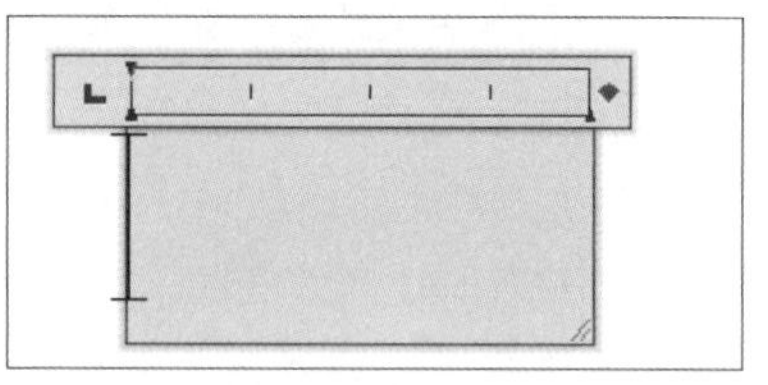

图 9-21　文本框

在打开的“文本编辑器”选项卡中，用户可以对文字的样式、格式、段落等属性进行设置，如图9-22所示。

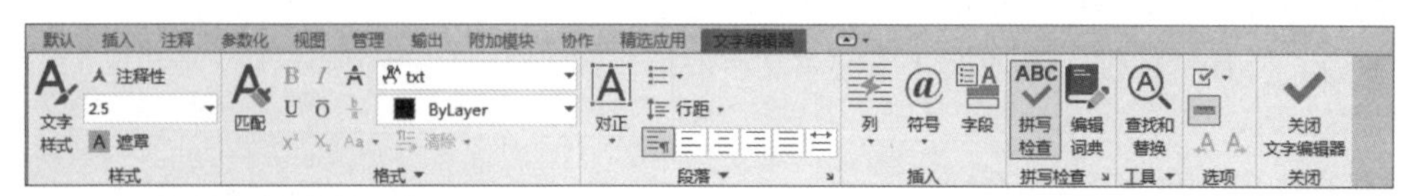

图 9-22　多行文字“文本编辑器”选项卡

示例9-1：利用单行文字与多行文字为图纸创建文字说明

步骤 01 打开“房屋布置图.dwg”素材图形，如图9-23所示。

步骤 02 执行“格式>文字样式”命令，在打开的对话框中单击“新建”按钮❶，新建文字样式。将新文字样式命名为“说明文字”❷，单击“确定”新建文字❸，如图9-24所示。设置字体名和字体样式后❹，单击“应用”❺和“置为当前”按钮❻。

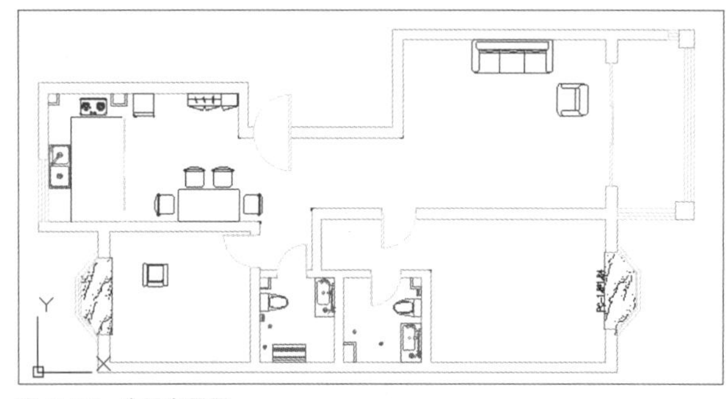

图 9-23　房屋布置图

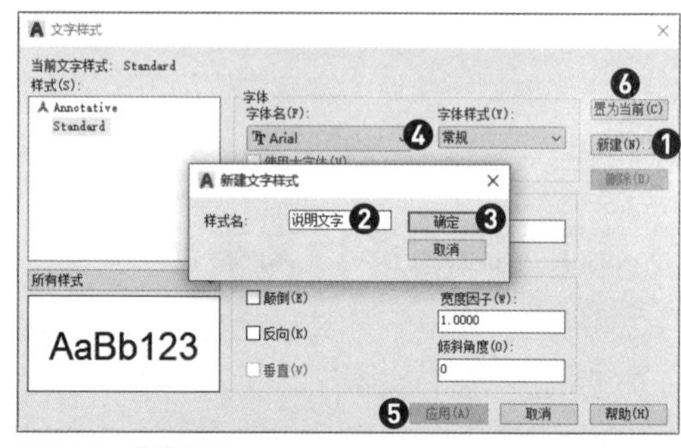

图 9-24　新建文字

步骤 03 关闭对话框后，执行“绘图>文字>单行文字”命令，在门窗图形旁单击，设置文字高度为150、角度为90，如图9-25所示。

步骤 04 输入文字“定制厨房推拉门-2.15*2.28”，输入完毕在其他区域单击，按Esc键完成输入，如图9-26所示。

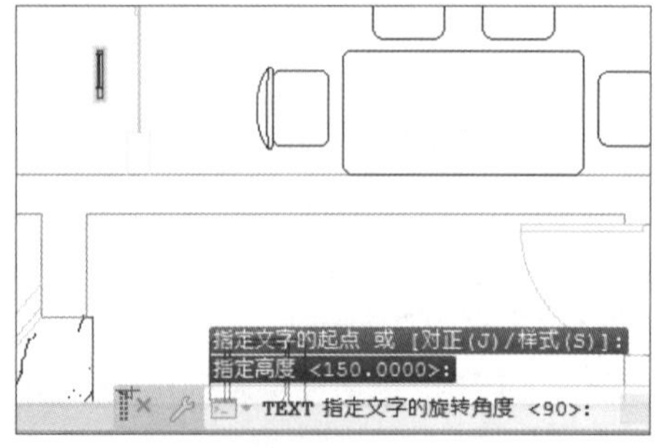

图 9-25　设置文字高度及角度

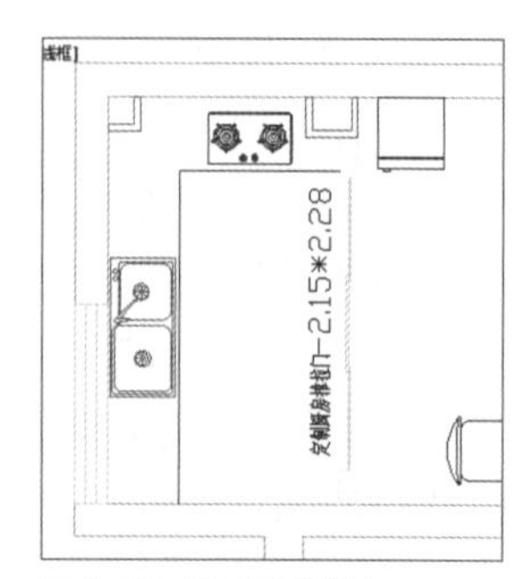

图 9-26　完成文字输入

步骤 05 用同样的方法改变文字角度，输入其他门窗信息，如图9-27所示。

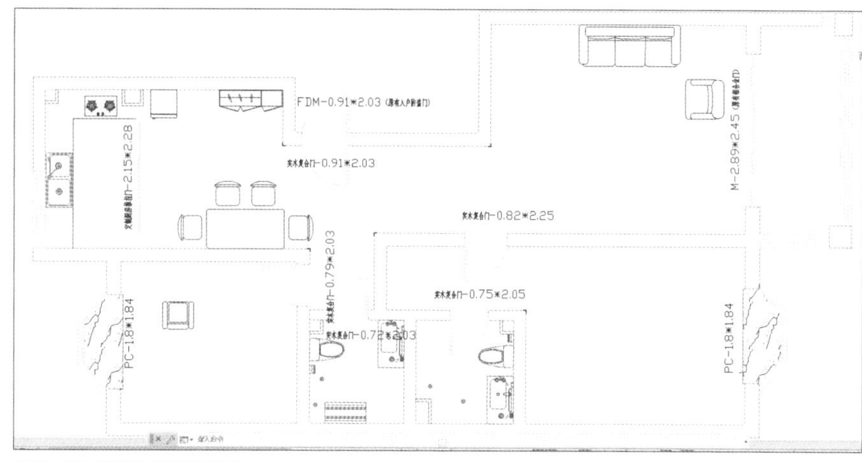

图 9-27　完成门窗信息输入

步骤 06 执行“绘图>文字>多行文字”命令，在房间布置图旁边框选出文字输入范围，如图9-28所示。

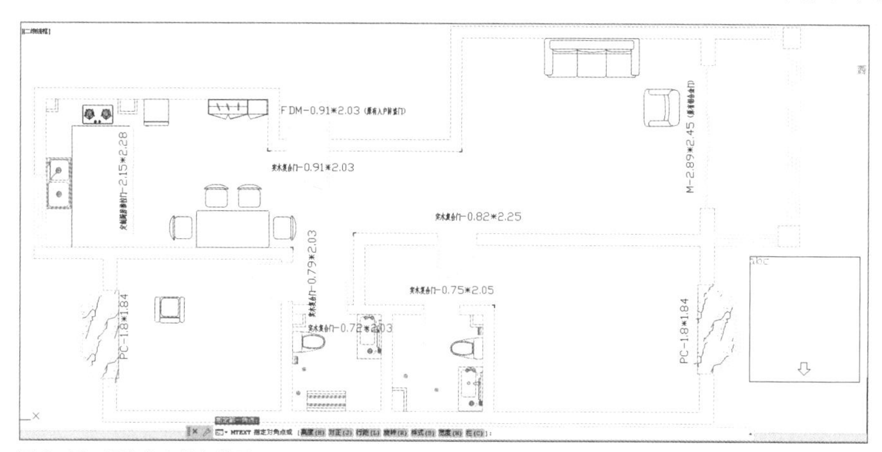

图 9-28　框选文字输入范围

步骤 07 在文字输入框内输入说明文字，如图9-29所示。

步骤 08 选择“建筑总说明”文字，在“文字编辑器”选项卡的“段落”面板中单击“居中”按钮，将文字居中显示。也可选择要居中的文字，单击鼠标右键，选择“段落”命令，在打开的“段落”对话框中勾选“段落对齐”复选框后❶，选中“居中”单选按钮❷，单击“确定”按钮❸，如图9-30所示。

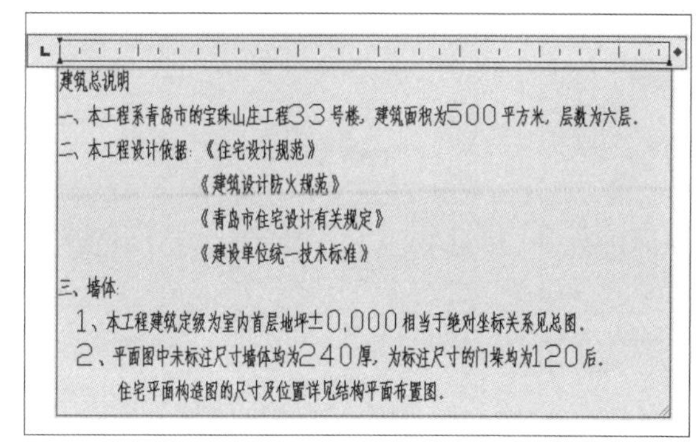

建筑总说明
一、本工程系青岛市的宝珠山庄工程33号楼，建筑面积为500平方米，层数为六层。
二、本工程设计依据：《住宅设计规范》
《建筑设计防火规范》
《青岛市住宅设计有关规定》
《建设单位统一技术标准》
三、墙体
1、本工程建筑定级为室内首层地坪±0.000相当于绝对坐标关系见总图。
2、平面图中未标注尺寸墙体均为240厚，为标注尺寸的门垛均为120后。
住宅平面构造图的尺寸及位置详见结构平面布置图。

图 9-29　输入文字说明

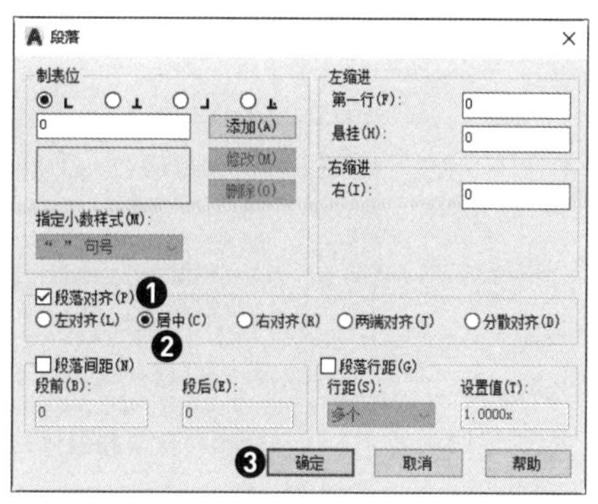

图 9-30　“段落”对话框

步骤09 设置后，在“文字编辑器”选项卡中单击“关闭文字编辑器”按钮，完成说明文字的创建，如图9-31所示。

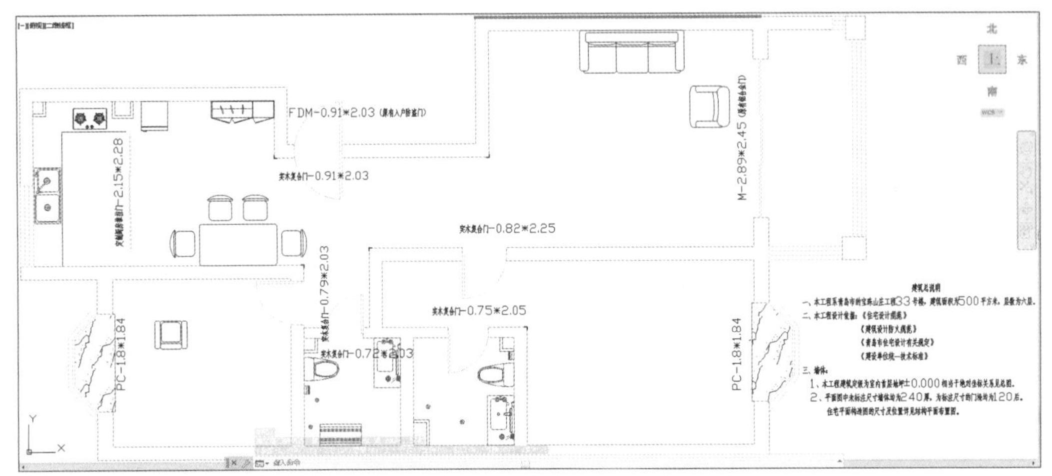

图 9-31　说明文字效果

9.3.2 编辑多行文本

多行文本与单行文本一样，在输入或输入后会因为一些原因需要修改。编辑多行文本与编辑单行文本一样，可以使用ddedit命令和“特性”选项板进行设置。

（1）用ddedit命令编辑多行文本

在命令行中输入ddedit命令，按Enter键或空格键后选择多行文本作为编辑对象，将会弹出“文字编辑器”选项卡和文本编辑框，如图9-32所示。同创建多行文字一样，在“文字编辑器”选项卡中，可对多行文字进行字体属性的设置。

（2）用“特性”选项板编辑多行文字

选取多行文本后右击，打开“特性”选项板，用户可在该选项板中设置多行文字的内容、文字高度、旋转角度、行间距等参数。

与单行文本的“特性”选项板不同，多行文本的“特性”选项板没有“其他”选项组，“文字”选项组中增加了“行距比例”“行间距”“行距样式”3个选项，如图9-33所示。

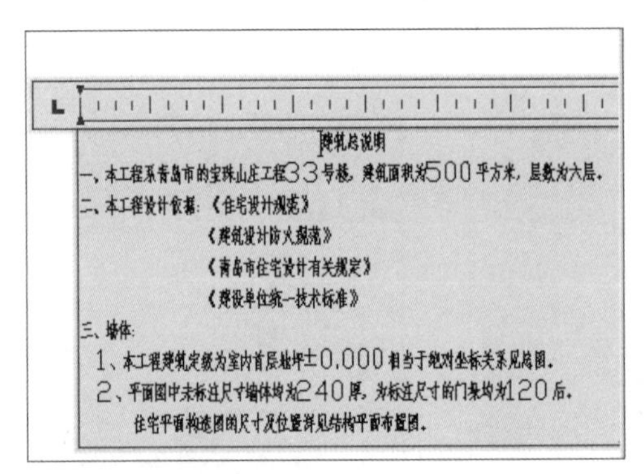

建筑总说明

一、本工程系青岛市的宝珠山庄工程33号楼，建筑面积为500平方米，层数为六层。

二、本工程设计依据：《住宅设计规范》

《建筑设计防火规范》

《青岛市住宅设计有关规定》

《建设单位统一技术标准》

三、墙体

1、本工程建筑定标为室内首层地坪±0.000相当于绝对坐标关系见总图。

2、平面图中未标注尺寸墙体均为240厚，为标注尺寸的门垛均为120后。

住宅平面构造图的尺寸及位置详见结构平面布置图。

图 9-32　编辑多行文字

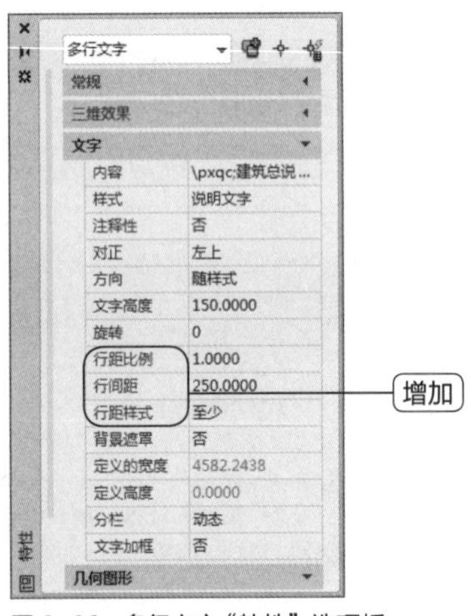

图 9-33　多行文字“特性”选项板

9.4 创建与编辑表格

在绘制图纸时，常常需要用表格来标识图纸中的参数，如占地面积、容积率、插座示意图、门窗表等。在AutoCAD中，用户可以使用表格命令，直接插入表格，而不须通过单独绘制线来制作表格。

9.4.1 设置表格样式

在插入表格之前，需要对表格样式进行设定，其方法与设置文字样式相似。在AutoCAD中，用户可以通过以下方式来设置表格样式。

- 在菜单栏中执行“格式>表格样式”命令。
- 在“默认”选项卡的“注释”面板中，单击下拉箭头后，单击“表格样式”按钮。
- 在“注释”选项卡的“表格”面板中，单击右下角箭头。
- 在命令行中输入tablestyle命令，然后按Enter键或空格键。

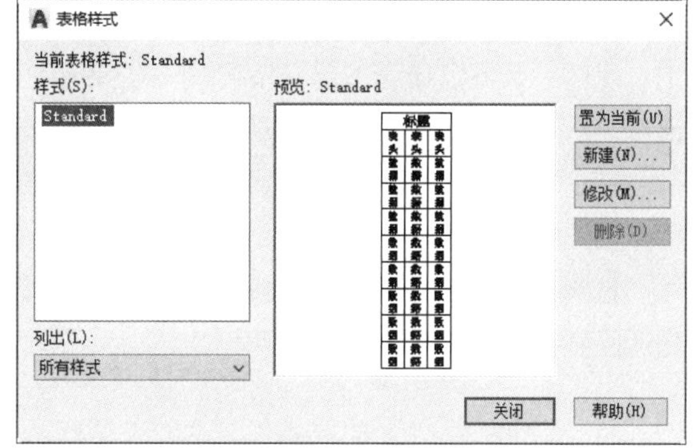

图 9-34 “表格样式”对话框

通过以上任意一种方式都能打开“表格样式”对话框，在该对话框中，用户可以对表格的表头、数据以及标题样式进行设置，如图9-34所示。

9.4.2 创建与编辑表格

表格样式设置完成后，可以使用表格功能插入表格。在AutoCAD中，用户可以通过以下方式执行表格命令。

- 执行菜单栏中的“绘图>表格”命令。
- 在“注释”选项卡的“表格”面板中，单击“表格”按钮。
- 在“默认”选项卡的“注释”面板中，单击“表格”按钮”。
- 在命令行中输入table命令，然后按Enter键或空格键。

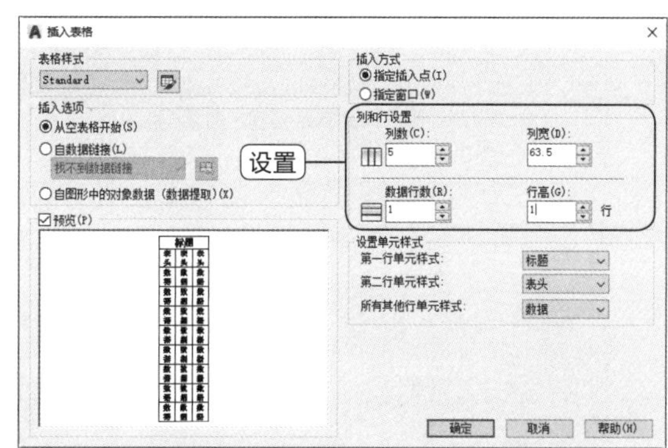

图 9-35 “插入表格”对话框

执行以上任意一种命令，都会打开“插入表格”对话框，在对话框中设置表格的列数和行数即可，如图9-35所示。

表格创建完成后，用户可以对表格进行编辑修改操作。单击表格内部任意单元格，系统会打开“表格单元”选项卡，在该选项卡中，用户可以根据需要对表格的行、列以及单元格样式等参数进行设置，如图9-36所示。

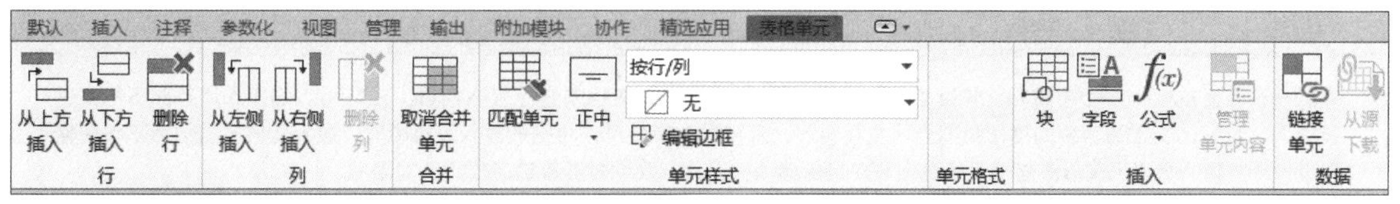

图 9-36 “表格单元”选项卡

工程师点拨：编辑表格

在AutoCAD 2022中，编辑表格的方式同Excel相似，可以选中表格并单击鼠标右键进行编辑。若想合并单元格，可以选定要合并的单元格并单击鼠标右键，在弹出的快捷菜单中选择相应的命令来对表格进行编辑。

9.4.3 调用外部表格

用户可以将其他办公软件中制作好的表格调入至AutoCAD图纸中，从而提高工作效率。

执行“绘图>表格”命令，在打开的“插入表格”对话框中选中“自数据链接”单选按钮❶，并单击右侧的“数据链接管理器”按钮，在弹出的“选择数据链接”对话框中选择“创建新的Excel数据链接”选项❷，打开“输入数据链接名称”对话框，输入文件名❸，如图9-37所示。

在“新建Excel数据链接”对话框中，单击“浏览”按钮，如图9-38所示。打开“另存为”对话框，如图9-39所示。

选择所需的Excel文件❶，单击“打开”按钮❷，返回到上一层对话框，最后依次单击“确定”按钮返回到绘图区。在绘图区指定表格插入点，即可插入表格，如图9-40所示。

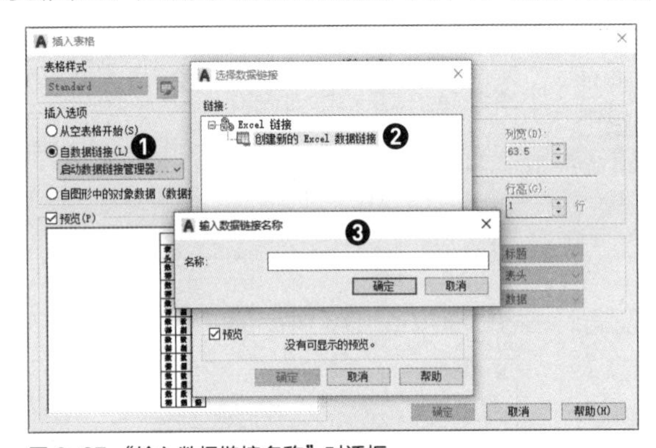

图 9-37 “输入数据链接名称”对话框

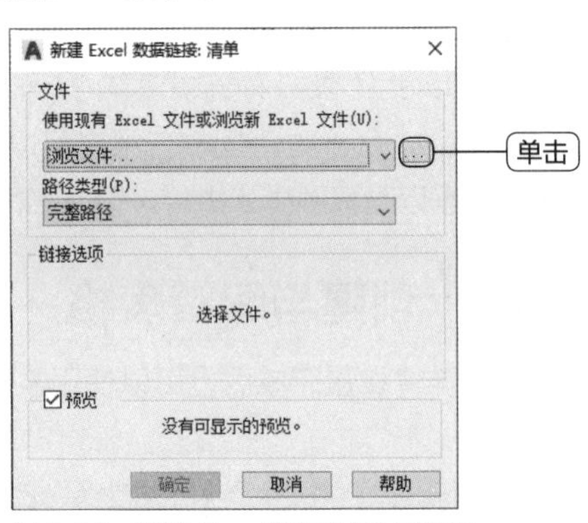

图 9-38 “新建 Excel 数据链接”对话框

图 9-39 “另存为”对话框

工程量清单				
序号	名称及规格型号	单位	数量	备注
1	镀锌钢管 DN25	m	868.60	
2	镀锌钢管 DN32	m	240.00	
3	镀锌钢管 DN40	m	80.00	
4	镀锌钢管 DN50	m	80.00	
5	镀锌钢管 DN70	m	188.40	
6	镀锌钢管 DN80	m	70.00	
7	镀锌钢管 DN100	m	50.00	
8	镀锌钢管 DN150	m	240.00	
9	橡塑保温管	m	2144.00	
10	吊顶式风机盘管	台	92.00	
11	塑料管 DN25	m	240.00	
12	塑料管 DN32	m	160.00	
13	配管	m	355.60	
14	配线 1.5mm2	m	1010.40	
15	配线 6mm2内	m	380.00	
16	铜球阀 DN20	个	300.00	
17	连接器 DN20	条	184.00	
18	出回风口	套	184.00	
19	涡轮蝶阀 DN100	套	12.00	
20	软连接	m²	210.00	

图 9-40 完成外部表格的插入

工程师点拨：表格的应用

有时一些表格在AutoCAD中编辑比较麻烦，我们可以通过外部Excel表格来进行表格编辑，在AutoCAD中调用外部表格来进行插入。而AutoCAD表格中的图形我们无法直接输入，直接插入块即可，将图形放入表格中时，放入表格中的图形不与表格形成一个整体，相当于图形覆盖于表格之上可以自由移动。因此，我们需要单独选择插入的图形。

综合实践 制作土建施工钢筋加工表

实践目的 通过本实训的学习，掌握文本和表格的创建与应用。

实践内容 首先绘制钢筋图形，再添加相关文本，最后通过创建表格来详细说明钢筋加工的内容。

步骤01 执行“文件>新建”命令，在打开的对话框中设置参数，新建空白文件。单击“特性”面板中“线宽”下三角按钮，选择线宽为“0.30毫米”，如图9-41所示。

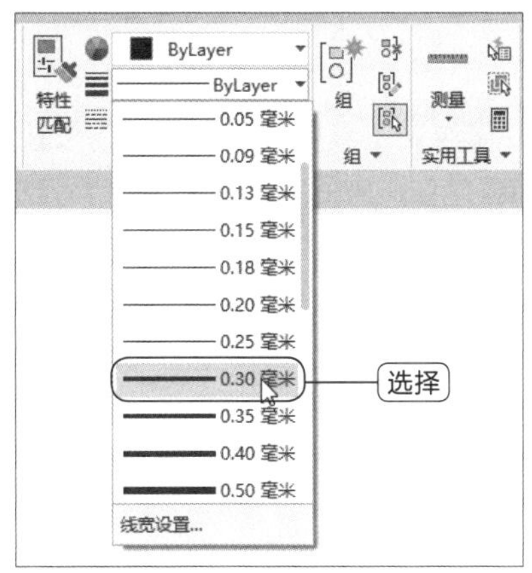

图 9-41 设置线的格式

步骤02 单击“绘图”工具栏中的“直线”按钮，绘制两条垂直相交的直线，作为两条绘图辅助线，如图9-42所示。

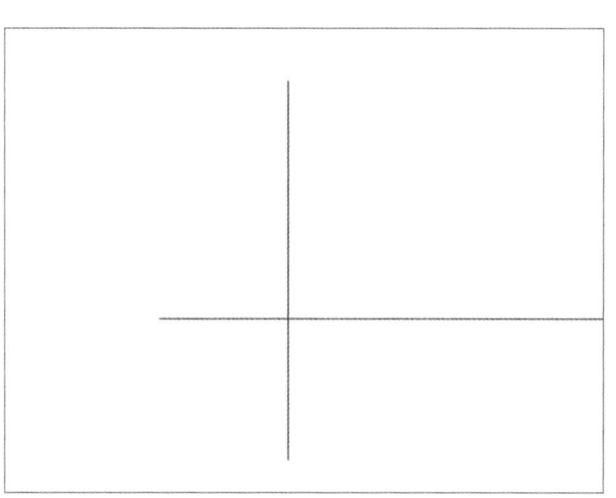

图 9-42 绘制直线

步骤03 单击“修改”工具栏中的“偏移”按钮，在命令行中输入5，按Enter键。然后选中垂直线并在右侧单击。根据相同的方法，将移动的垂直线向右侧移动，如图9-43所示。

图 9-43 偏移垂直线

步骤04 单击“修改”工具栏中的“旋转”按钮，选择中间一条垂直线并右击确定。然后单击交点处作为旋转基点，如图9-44所示。

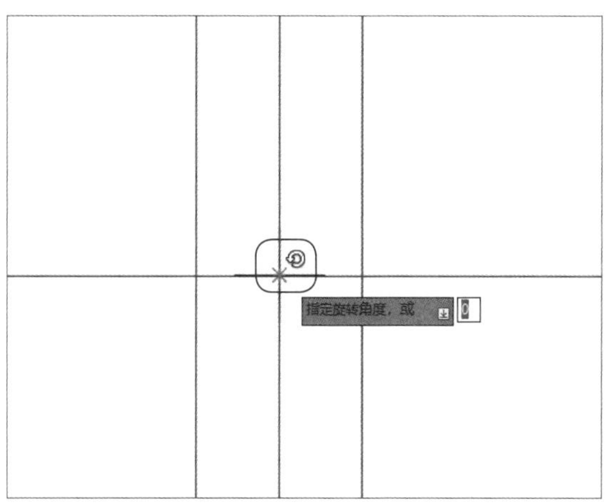

图 9-44 指定旋转基点

步骤 05 在命令行中输入旋转角度为-75，按Enter键，可见中间垂直的直线以确定的基点为中心顺时针旋转，效果如图9-45所示。

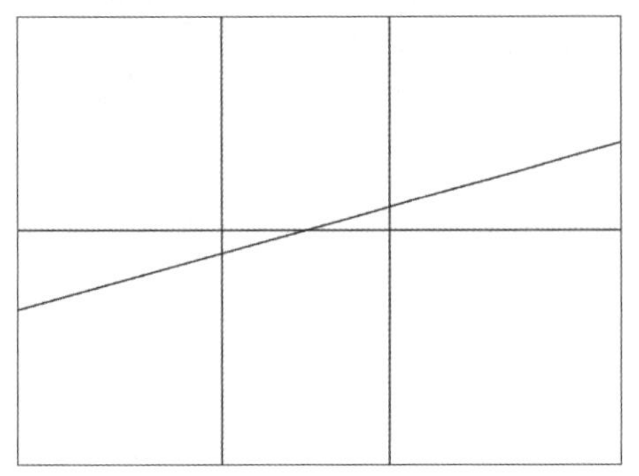

图 9-45　旋转直线

步骤 06 通过右侧直线与斜线交点绘制一条水平线，长度超过左右两条垂直线间的距离。将右侧垂直线向右偏移10mm，效果如图9-46所示。

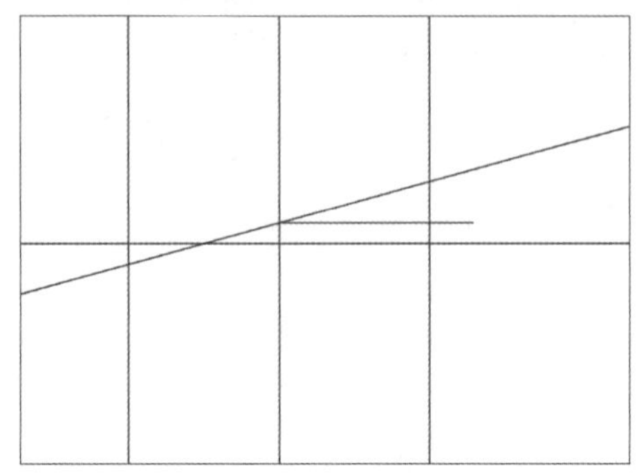

图 9-46　绘制直线

步骤 07 单击“注释”工具栏中的“单行文字”按钮，任意选择一点，设置输入文字高度为1，设置旋转角度为0，然后输入1。单击“修改”工具栏中“移动”按钮，将数字1移到左侧第一个水平线和垂直线交叉点处，如图9-47所示。

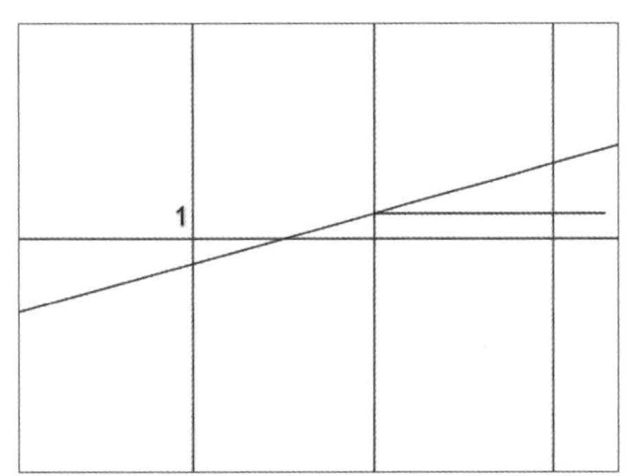

图 9-47　移动文本

步骤 08 单击“修改”工具栏中的“复制”按钮，复制数字1到图9-48的几个位置。然后分别将后面几个数字改为2、3、4、5。

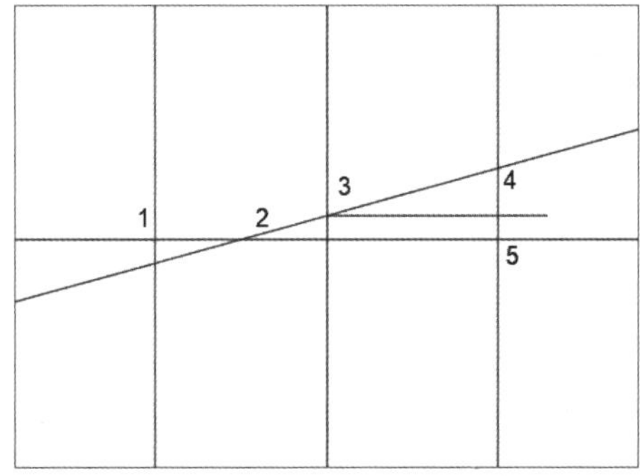

图 9-47　复制文本

步骤 09 单击“修改”工具栏中的“修剪”按钮，选中横线并按空格键确认。该条线作为修剪参考，然后单击数字5左侧竖线，将多余线条修剪掉，如图9-49所示。

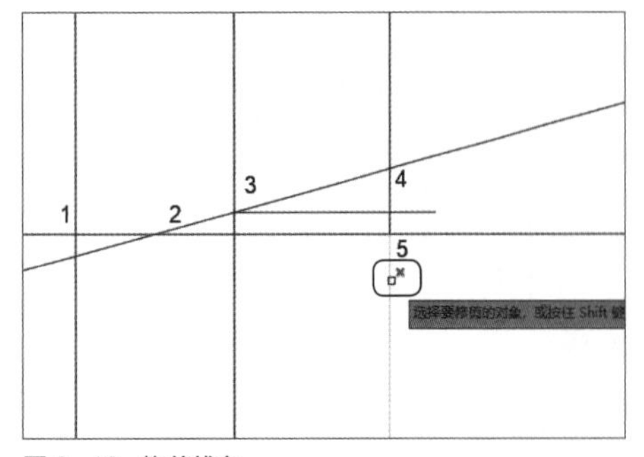

图 9-49　修剪线条

步骤 10 使用相同的方法修剪其他多余的线，最终效果如图9-50所示。

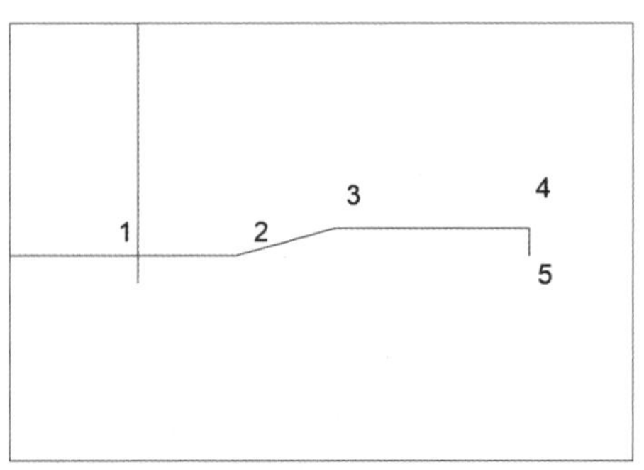

图 9-50　查看修剪线条后的效果

步骤11 使用“偏移”命令将两条水平线和斜线分别偏移5个单位，效果如图9-51所示。

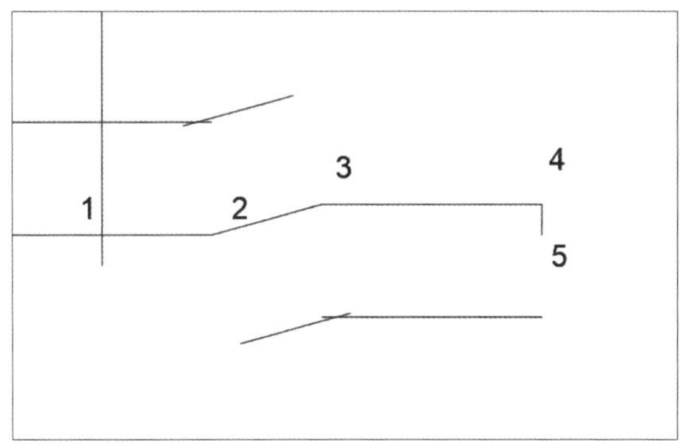

图 9-51 偏移直线

步骤12 单击“绘图”工具栏中的“圆”按钮，在上方两条线交叉点单击作为圆心，在命令行中输入5，按Enter键来创建一个半径为5的圆。复制一个圆，将圆心移到下方交叉点，如图9-52所示。

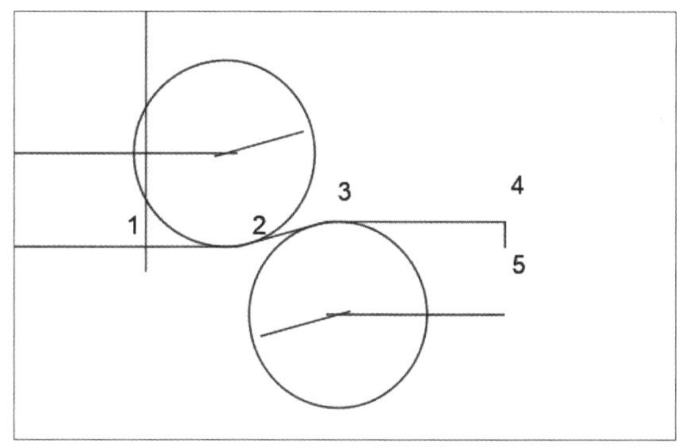

图 9-52 创建并复制圆

步骤13 单击“修改”工具栏中的“修剪”按钮，选择中间横线和斜线并确定，再修剪圆的上半部分，右击确定。然后以圆为对象，修剪与其相切的两条直线，如图9-53所示。

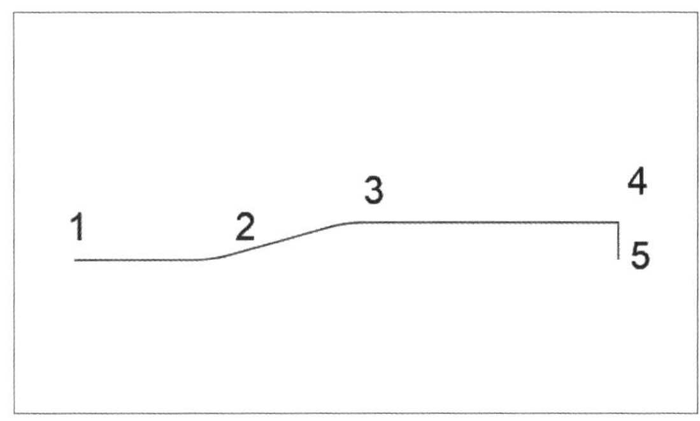

图 9-53 修剪图形

步骤14 根据相同的方法修剪第二个圆。单击“修改”工具栏中的“圆角”按钮，在命令行中输入r命令，按Enter键，输入半径值为0.2，然后选中数字4左下角的两条线，如图9-54所示。

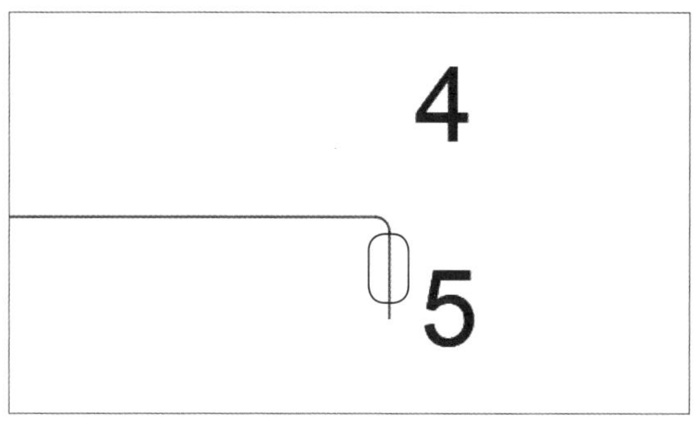

图 9-54 修剪第二个圆

步骤15 删除创建圆时的多余辅助线，选中绘制的所有图形，单击“修改”工具栏中的“镜像”按钮，如图9-55所示。

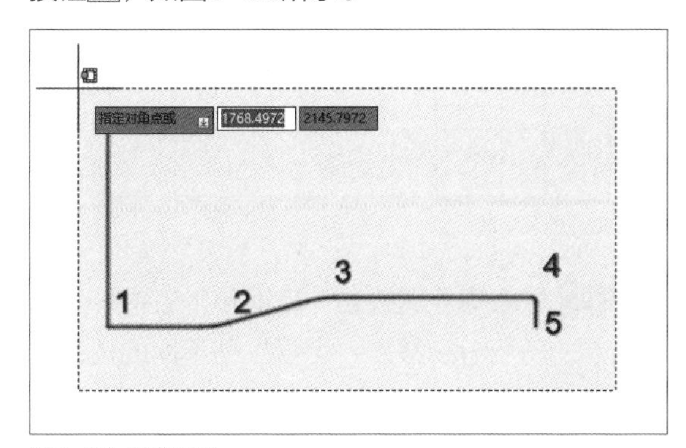

图 9-55 镜像图形

步骤16 然后单击垂直线上的两点，将垂直线作为参考线，按Enter键确定，如图9-56所示。

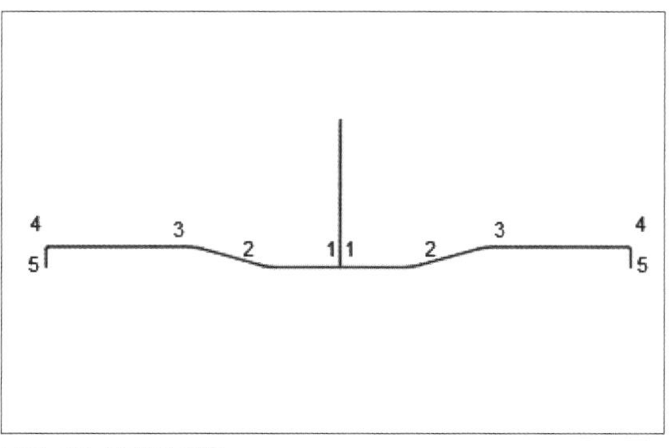

图 9-56 确定参考线

步骤17 删除垂直线，即可绘制完整的典型元宝筋平面图，如图9-57所示。

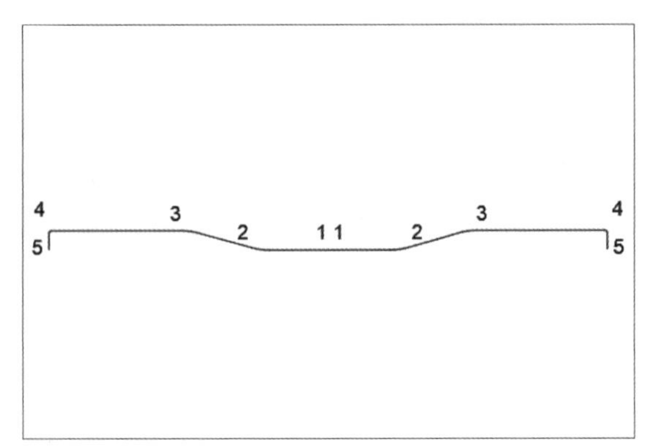

图 9-57 查看元宝筋平面图的效果

步骤18 单击“绘图”工具栏中的“直线”按钮，在绘制的钢筋图右侧绘制两条垂直相交的直线（长度超过300mm）。然后使用“偏移”工具将垂直线偏移210mm、水平线偏移297mm，制作一个标准A4表，并删除多余的线条，结果如图9-58所示。

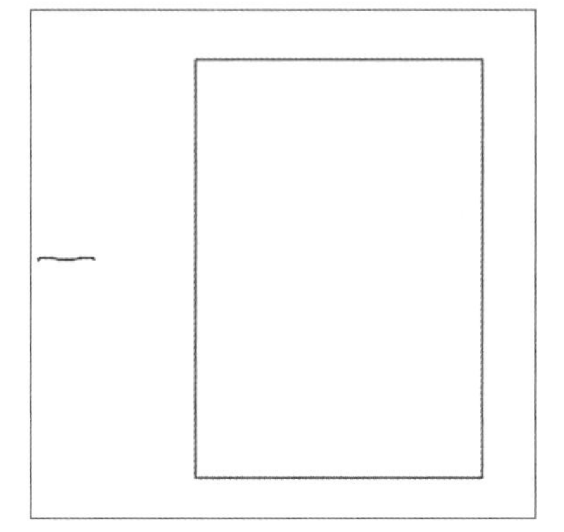
图 9-58 制作 A4 表

步骤19 利用“偏移”工具将表格四边分别向内偏移15mm，作为钢筋表边线，修剪四个角连接部位。然后从表上边线开始向下以15mm依次向下偏移直至底部。左边线向右依次以10mm、15mm、10mm、50mm、15mm、15mm、15mm、60mm进行偏移，绘制出图9-59的表。钢筋表格内容包括：序号、编号、型号、加工形式、重量、说明等。

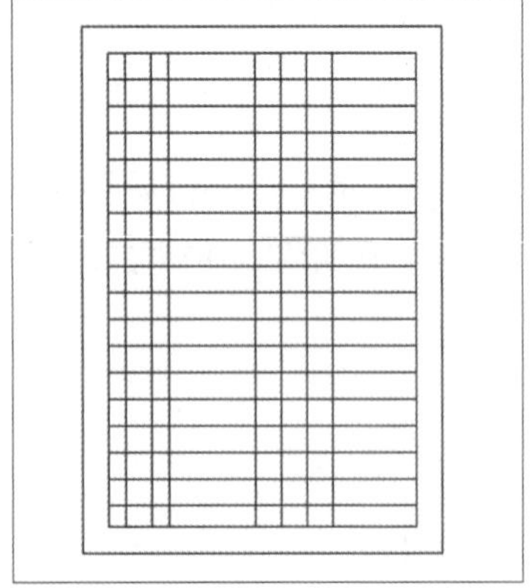
图 9-59 绘制表格

步骤20 执行“单行文字”命令，将光标定位在左上角第一个方格，设置文字高度为3mm、旋转角度为0，然后输入“序号”文字。使用“移动”工具调整文字的位置，如图9-60所示。

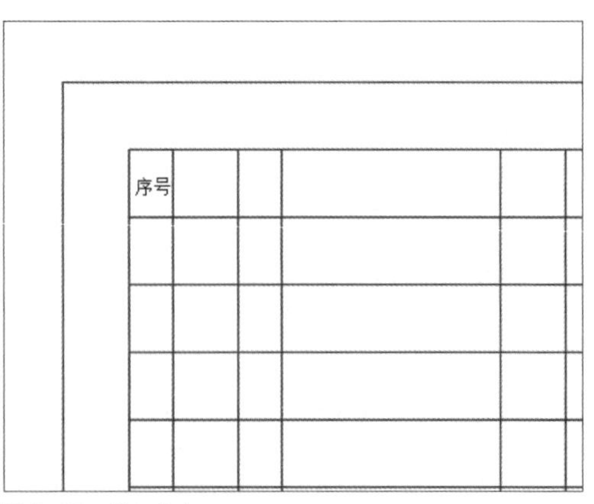

图 9-60 输入文本

步骤21 依次在第一行和第一列中输入相关的数据信息，并调整各文字的位置。复制第一列1至4行数字到第二列，并修改第一列文字内容，效果如下页图9-61所示。

步骤22 在表格外侧绘制一级钢和二级钢符号。将绘制的符号分别移到“型号”列不同的位置，并将钢筋直径分别标注为22、25、25、10，如下页图9-62所示。

序号	编号	型号	形式	长度	数量	重量	说明
1	1-1						
2	1-2						
3	2						
4	3						
5							

图 9-61 输入数据信息

序号	编号	型号	形式	长度cm	数量	重量kg	说明
1	1-1	Φ22					
2	1-2	Φ25					
3	2	Φ25					
4	3	Φ10					
5							
6							
7							

图 9-62 复制并修改文本

步骤23 上下排主筋为不带弯曲的直筋，在表格序号的1、2行第4列内分别绘制两条40mm的直线，使用“移动”工具调整横线到合适的位置，如图9-63所示。

步骤24 将绘制的元宝筋复制并移到表格“形式”列的第3排。箍筋为中间间距200mm、两端间距10mm的方框，在图9-64中以高为8mm、长为40mm的矩形框表示，在右下角伸出两个弯钩。

序号	编号	型号	形式	长度cm	数量	重量kg	说明
1	1-1	Φ22					
2	1-2	Φ25					
3	2	Φ25					
4	3	Φ10					
5							
6							
7							
8							

图 9-63 标注钢筋的直径

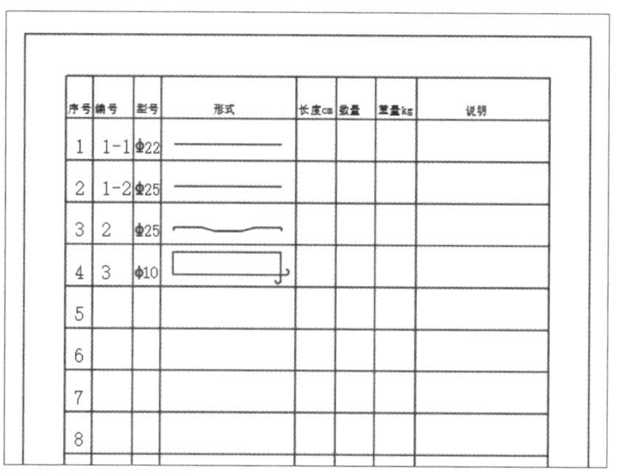

序号	编号	型号	形式	长度cm	数量	重量kg	说明
1	1-1	Φ22					
2	1-2	Φ25					
3	2	Φ25					
4	3	Φ10					
5							
6							
7							
8							

图 9-64 移动横线

工程师点拨：关于本钢筋表

本钢筋表结合一个长1500cm、宽40cm、高60cm的横梁中主要的上排主筋、下排主筋、元宝筋、箍筋为例做简要说明。钢筋保护层为25mm。上排主筋为直径22mm的二级钢，下排主筋为直径25mm的二级钢，箍筋为10mm的一级钢，元宝筋为25mm的二级钢。表中钢筋排列顺序依次是上排主筋、下排主筋、元宝筋、箍筋。表中“序号”是钢筋的编号，“编号”是钢筋设计的编号，便于安装查询，“型号”指钢筋级别，“形式”是钢筋加工的形状，“长度”为钢筋加工的前下料长度，“数量”为钢筋加工的根数，“重量”为该型号钢筋的总重量。

步骤25 然后分别输入钢筋长度为1495、1495、1658、200。复制任意数字到箍筋左边并右击，在快捷菜单中选择“旋转”命令，单击钢筋左下角作为基点，输入90，按Enter键确认，如下页图9-65所示。

步骤26 单击“修改”工具栏内的“缩放”按钮，选中数字200并确定，单击钢筋左下角作为基点，设置比例因子为0.5，按Enter键，将数字缩小，然后将数字修改为35，并移动到合适的位置，如下页图9-66所示。

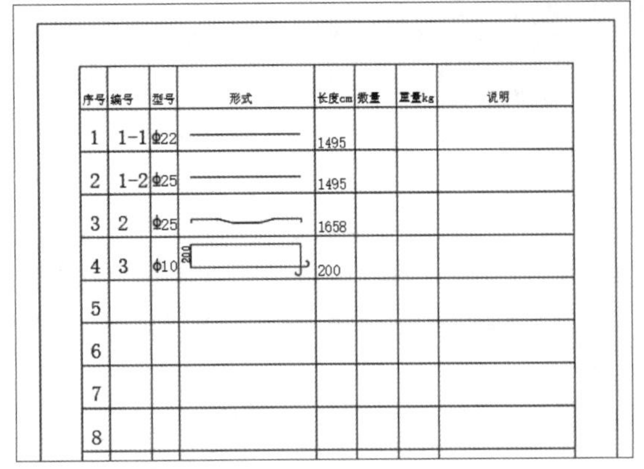

序号	编号	型号	形式	长度cm	数量	重量kg	说明
1	1-1	Φ22		1495			
2	1-2	Φ25		1495			
3	2	Φ25		1658			
4	3	Φ10		200			
5							
6							
7							
8							

图 9-65 放置文本

序号	编号	型号	形式	长度cm	数量	重量kg	说明
1	1-1	Φ22		1495			
2	1-2	Φ25		1495			
3	2	Φ25		1658			
4	3	Φ10		200			
5							
6							
7							
8							

图 9-66 缩小文本

步骤 27 使用相同的方法标注其余钢筋。直钢筋直接标注，弯曲钢筋根据相应角度旋转并标注。字体长度、大小可以适当修改，如图9-67所示。

序号	编号	型号	形式	长度cm	数量	重量kg	说明
1	1-1	Φ22	1495	1495			
2	1-2	Φ25	1495	1495			
3	2	Φ25		1658			
4	3	Φ10		200			
5							
6							
7							
8							

图 9-67 标注其他钢筋

步骤 28 在"数量"栏和"重量"栏中输入对应的数字，重量根据钢筋断面和长度算出体积，然后乘以根数，用总体积乘以9.85kg/立方分米，结果如图9-68所示。

序号	编号	型号	形式	长度cm	数量	重量kg	说明
1	1-1	Φ22	1495	1495	5	223	
2	1-2	Φ25	1495	1495	5	288	
3	2	Φ25		1658	4	255.5	
4	3	Φ10		200	110	135.6	
5							
6							
7							
8							

图 9-68 计算重量

步骤 29 表中"说明"部分用于对钢筋安装工序和注意事项进行说明，因属于技术部分，这里不再附加。对于"重量"部分，一般在表格下部进行汇总，便于统计，结果如图9-69所示。

序号	编号	型号	形式	长度cm	数量	重量kg	说明
1	1-1	Φ22	1495	1495	5	223	
2	1-2	Φ25	1495	1495	5	288	
3	2	Φ25		1658	4	255.5	
4	3	Φ10		200	110	135.6	
5						合计 902.1	
6							
7							

图 9-69 计算合计值

课后练习

本章主要学习了文本及表格的创建与修改，使用户可以熟悉并掌握文字的创建与编辑、表格的创建、文字样式的设置等操作。下面再通过一些习题的练习，对所学知识进行巩固。

一、选择题

（1）下划线符号控制符为（　　）。

A. %%U　　B. %%O　　C. %%D　　D. %%C

（2）度（°）符号控制符为（　　）。

A. %%U　　B. %%O　　C. %%D　　D. %%C

（3）创建多行文本时，在命令行中输入的快捷命令为（　　）。

A. tex　　B. mtext　　C. op　　D. x

（4）下列（　　）类字体是中文字体。

A. gbenor.shx　　B. gbcbig.shx　　C. gbeitc.sgx　　D. txt.shx

（5）定义文字样式时，符合国标要求的大字体是（　　）。

A. gbenor.shx　　B. gbenor.shx　　C. gbeitc.sgx　　D. gbcbig.shx

二、填空题

（1）直径（ϕ）符号的控制符为__________。

（2）在"多行文字编辑器"选项卡的"插入"面板中单击"__________"下拉按钮，在展开的下拉列表中列出了特殊字符的控制符选项。

（3）用"单行文字"命令书写正负符号时，控制符为__________。

三、操作题

（1）创建门窗总表，其中标题栏为黑体、高度为25；表头栏为黑体，高度为20；数据栏为宋体，高度为20，如图9-70所示。

（2）将外部Excel表格"门窗表.xls"插入绘图区域，并在表格下方输入相关说明文字，如图9-71所示。

门窗总表				
序号	名称编号	洞口尺寸（mm）宽*高	数量	备注
1	DM1	1500*2100	2	对讲电控防盗门
2	M1	1000*2100	20	多功能防火防盗分户门
3	M2	800*2100	44	木质夹板门
4	M3	900*2100	36	木质夹板门
5	C1	1500*1600	22	塑钢推拉窗

图 9-70　绘制门窗表

门窗表					
序号	名称编号	洞口尺寸（mm）		数量	备注
		宽	高		
1	M1	1000	2100	20	多功能防火防盗门
2	M2	800	2100	44	木质夹板门
3	M3	900	2100	36	木质夹板门
4	C1	1500	1500	2	塑钢推拉窗
5	C2	1200	1600	16	塑钢推拉窗
6	C3	1500	1600	24	塑钢推拉窗
7	C4	3360	2200	16	塑钢推拉窗
8	GC1	1140	1400	6	披卢克斯窗
9	GC2	2150	H	4	南立面阳棱窗
10	GC3	1800	H	4	北立面阳棱窗

建筑说明

1、工程概况：

本建筑地上五层；室内外高差450mm，建筑高度：22.050m设计标高±0.000相当于绝对标高的数值11.600，主体结构为框架结构。

2、使用年限：

本工程原设计使用年限为50年，经加固改造后其后续使用年限为50年。

3、承包方要求：

本工程加固应由具有特种工程（结构补强）施工资质的专业公司进行施工。

图 9-71　插入外部表格并编辑相关说明

第10章 输出和打印图形

课题概述 在AutoCAD中，图形绘制完成后，用户不仅可以通过切换模型空间和图纸空间来查看图形，也可以将图形文件保存为其他格式的文件以便在其他程序中进行查看和编辑，还可以在打印输出时，进行相应的打印参数设置。

教学目标 本章将对图形的输入与输出、软件的工作环境切换、页面的布局管理，以及打印布局的设置进行详细讲解。

核心知识点

★☆☆☆ | 图形的输入 / 输出
★★☆☆ | 模型空间的切换
★★★☆ | 图形打印的设置
★★★★ | 布局的页面设置

本章文件路径

上机实践： 实例文件 \ 第 10 章 \ 综合实践：打印机械图纸 .dwg

课后练习： 实例文件 \ 第 10 章 \ 课后练习

本章内容图解链接

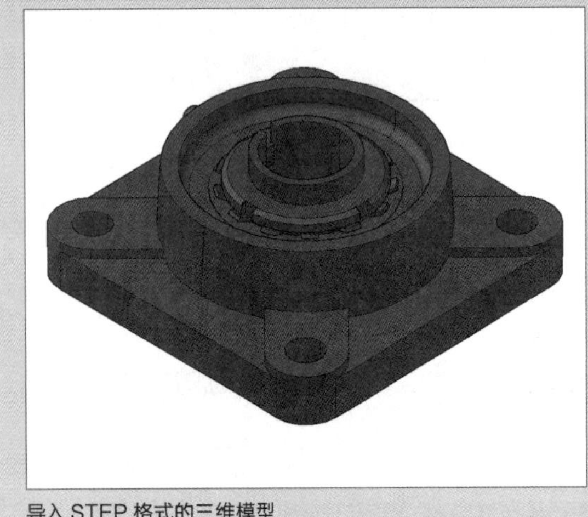

导入 STEP 格式的三维模型

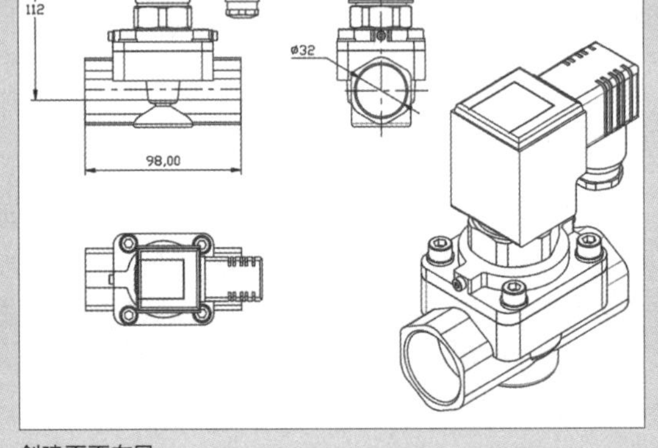

创建页面布局

10.1 图形的导入 / 输出

执行导入图形操作，可以将外部的参考引入；而执行输出图形操作，则可以将使用AutoCAD绘制的图形保存为其他格式，以供其他软件调用。这一节将对导入和输出图形的操作方法进行详细讲解。

10.1.1 图形的导入

在AutoCAD中，用户可以将其他格式的文件导入到当前的图形文件中。执行“文件>输入”命令，在弹出的对话框中选择所需的文件，单击“打开”按钮，如下页图10-1所示。即可将选中的文件导入到当前图形中。

当“输入文件”对话框参考文件夹中文件过多时，也可以在“文件类型”下拉列表中选择需要导入文件的类型，这样可以缩小搜索范围，如图10-2所示。

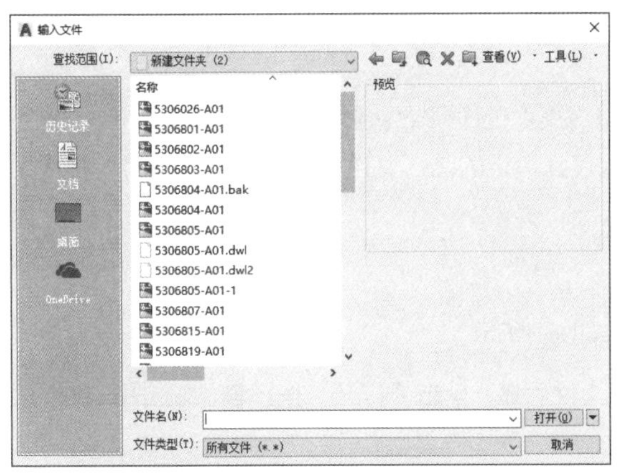

图 10-1 “输入文件”对话框

图 10-2 输入文件类型

下面将对部分输入文件的类型进行讲解。

- 3D Studio文件：该格式的文件是由3ds Max软件创建的，保留了三维几何图形、视图、光源和材质等图形特征。
- IGES文件：初始图形交换规范（IGES）是一种Neutral文件格式，可以在不同的CAD系统中传输二维和三维图形。
- PDF文件：是发布和共享设计数据以供查看和标记时的一种常用文件格式。
- Solidworks文件：Solidworks文件是由Solidworks软件创建的零件或装配体文件。
- STEP文件：即产品模型数据的交换标准（步骤），是用于计算机可转换产品制造数据表达（CAD数据和元数据）和交换的ISO标准，一般用于在不同的CAD系统中传输三维模型。

10.1.2 图形的输出

在AutoCAD中，用户可以将创建的文件保存为其他格式的文件以供其他软件调用。在菜单栏中执行“文件>输出”命令，弹出“输出数据”对话框，如图10-3所示。然后在“文件类型”下拉列表中选择不同的输出文件类型，如图10-4所示。

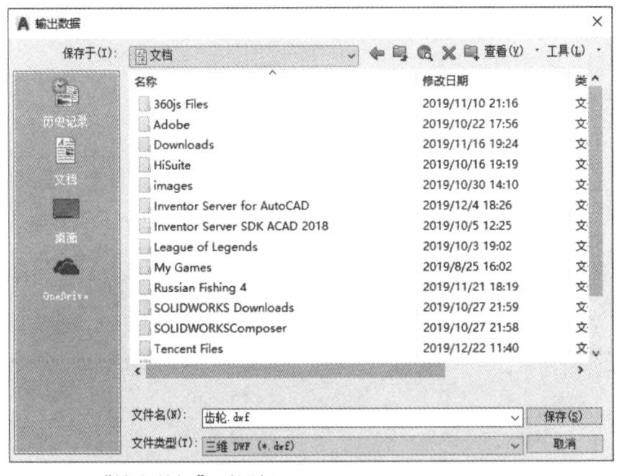

图 10-3 “输出数据”对话框

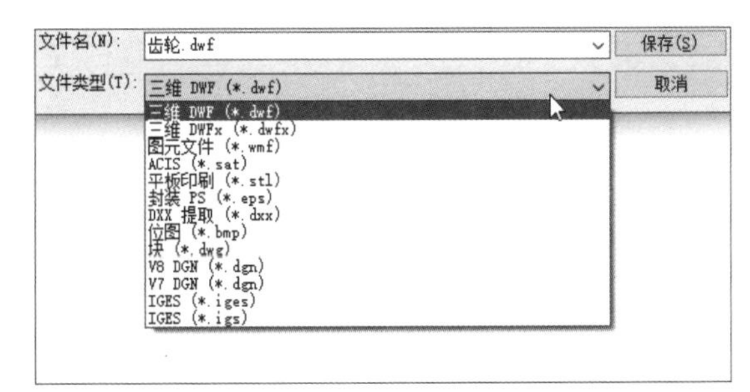

图 10-4 输出文件类型

下面将对部分输出文件的类型进行讲解。

- DWF文件：这是一种高度压缩的Web格式图形文件，用户可以通过这种格式的文件将图形发布

到因特网或局域网中。

- 图元文件：这里的图元文件是指WMF格式文件，即Windows图元文件格式，这种格式的文件包含了光栅几何图形以及屏幕矢量几何图形。
- 位图文件：这里的位图格式文件是BMP格式文件，在图像处理领域中应用非常广泛。
- 块文件：通过输出块文件，可以将指定的对象保存到指定的图形文件中，同时也可以将块转换为指定的图形文件。

示例10-1：导入STEP格式的文件

步骤01 在菜单栏中执行"文件❶>输入❷"命令，如图10-5所示。

步骤02 在弹出的对话框中选择需要导入的STEP格式文件后❶，单击"打开"按钮❷，如图10-6所示。

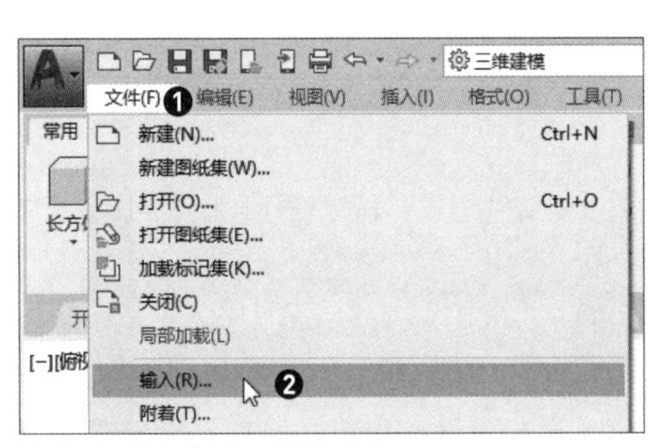

图 10-5 执行"文件 > 输入"命令

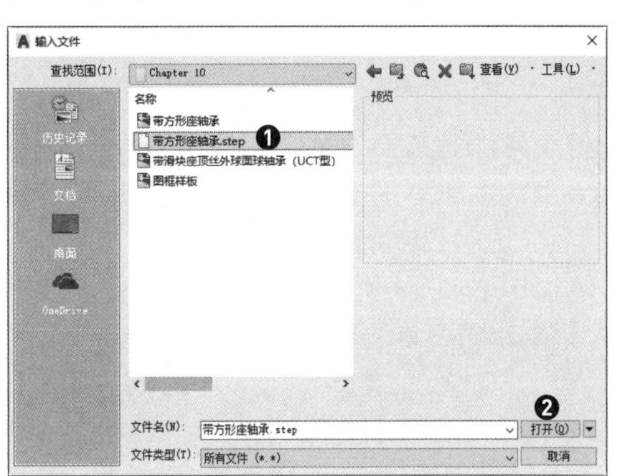

图 10-6 选择 STEP 格式文件

步骤03 会弹出"输入-正在处理后台作业"对话框，这里仅需单击"关闭"按钮即可，如图10-7所示。

步骤04 之后会在绘图窗口的右下角弹出"输入文件处理完成"提示框，如图10-8所示。

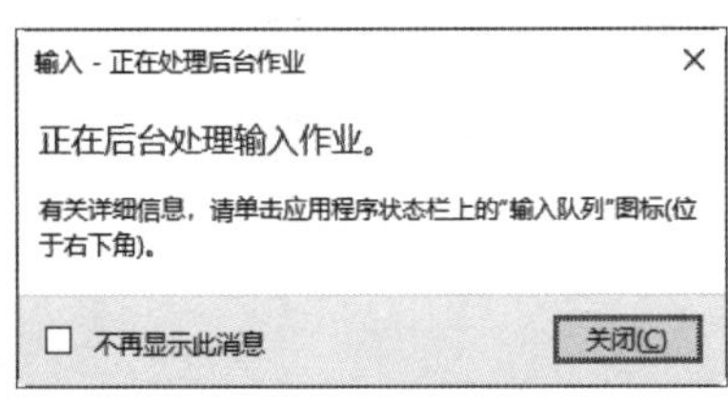

图 10-7 "输入 - 正在处理后台作业"对话框

图 10-8 "输入文件处理完成"提示框

步骤05 接下来等待软件加载模型后，即可查看导入的三维模型，如图10-9所示。

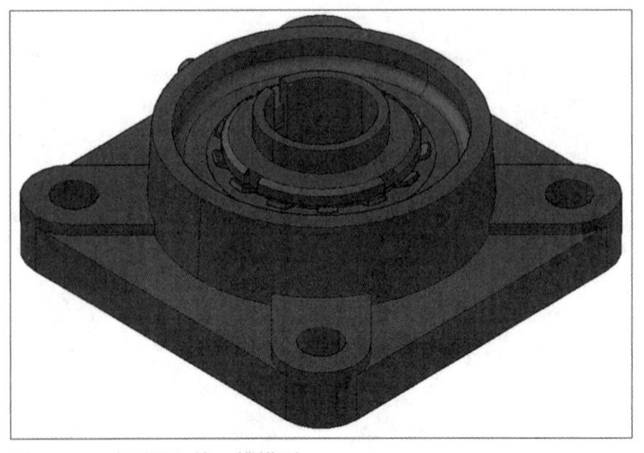

图 10-9 查看导入的三维模型

10.2 绘图环境切换

AutoCAD 提供了两种不同的工作环境，即“模型空间”和“图纸空间”，默认情况下的工作环境是“模型空间”。下面将对这两种工作环境以及如何切换进行讲解。

10.2.1 模型空间和图纸空间

AutoCAD软件打开时的工作环境一般默认为“模型空间”，如图10-10所示。在这个工作环境下，用户可以在一个无限的三维绘图空间中建立对象模型。将“模型空间”切换至“图纸空间”后，效果如图10-11所示。这里显示的是二维或三维对象的投射视图，方向取决于用户的观察方向，在这个工作环境内，用户可以根据需要按比例将图纸摆放在界限内的任何位置。

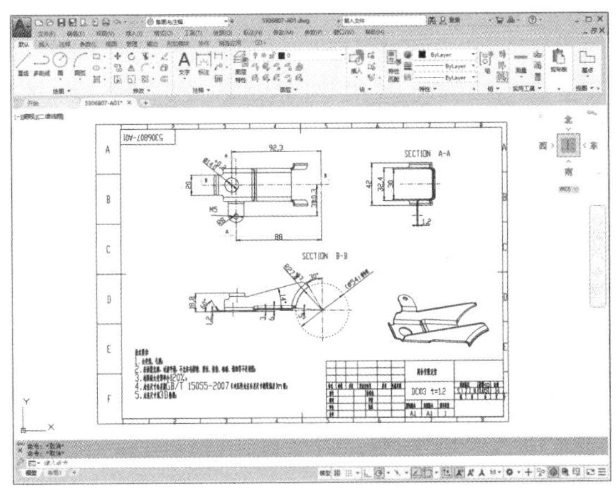

图 10-10 模型空间

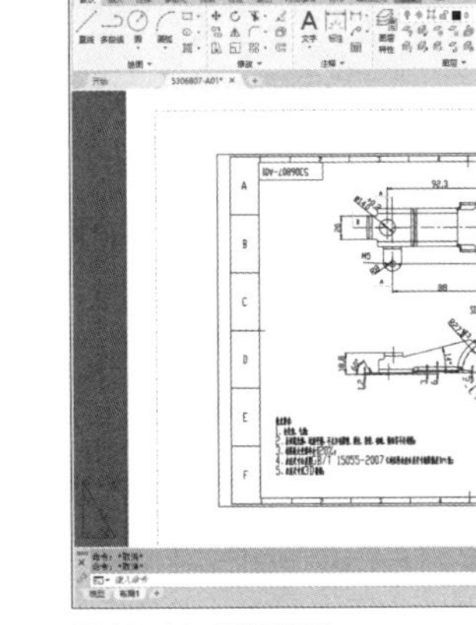

图 10-11 图纸空间

10.2.2 模型空间和图纸空间之间的切换

本小节将对如何切换“模型空间”和“图纸空间”进行讲解。用户可以通过以下方法进行工作环境的切换。

- 默认状态下，单击“布局”选项卡，即可从“模型空间”切换至“图纸空间”；而在“图纸空间”工作环境下，在图形窗口的左下角，单击“模型”选项卡，即可切换回“模型空间”。
- 在默认状态下，单击状态栏的“模型”按钮 模型，该按钮将会变为“图纸”按钮 图纸，此时“模型空间”已经切换至“图纸空间”。

10.3 管理布局

在模型空间中绘制的图形的不同视图，可以通过布局管理输入到不同的图纸空间，以进行排版出图。将光标移动到布局标签上并右击❶，在弹出的菜单中执行对应的命令❷，即可完成对布局的管理，如图10-12所示。

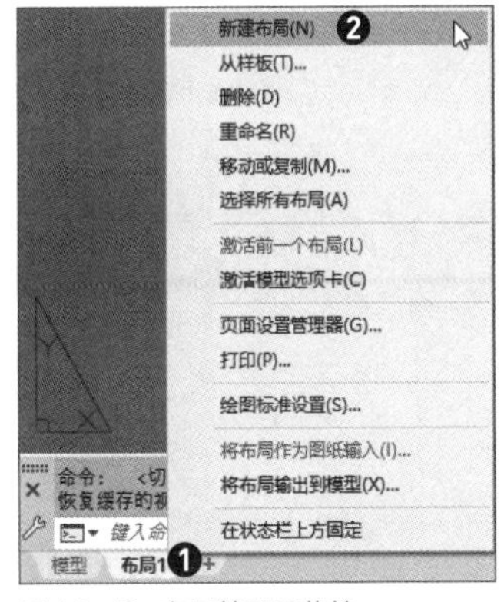

图 10-12 布局管理子菜单

工程师点拨：新建布局

除了上文介绍的在布局标签上右击，在弹出的菜单中执行“新建布局”命令之外，用户还可以在标签栏的空白处右击，在弹出的菜单中执行“新建布局”命令，同样可以新建布局。

10.4 布局的页面设置

在建好的布局中或者需要进行新建布局时，页面设置可以对图纸的大小及绘图设备进行设置，这里的页面设置包括打印设备的设置以及其他影响最终出图效果的设置。页面设置修改完成之后，用户可以将其应用到其他布局中。

首先需要打开“页面设置管理器”对话框，用户可以通过以下方法打开。

- 在菜单栏中执行“文件>页面设置管理器”命令。
- 在“输出”选项卡的“打印”面板中单击“页面设置管理器”按钮。
- 在命令行中输入PAGESETUP命令，然后按Enter键。

执行以上任意一种操作，将打开“页面设置管理器”对话框，如图10-13所示。单击“修改”按钮，即可打开“页面设置对话框，如图10-14所示。

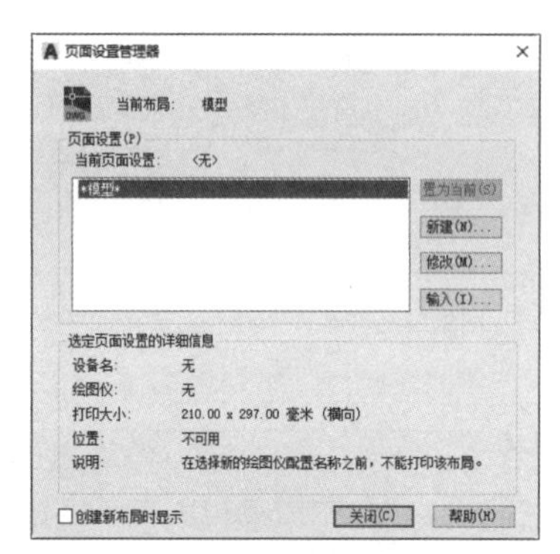

图 10-13 “页面设置管理器”对话框

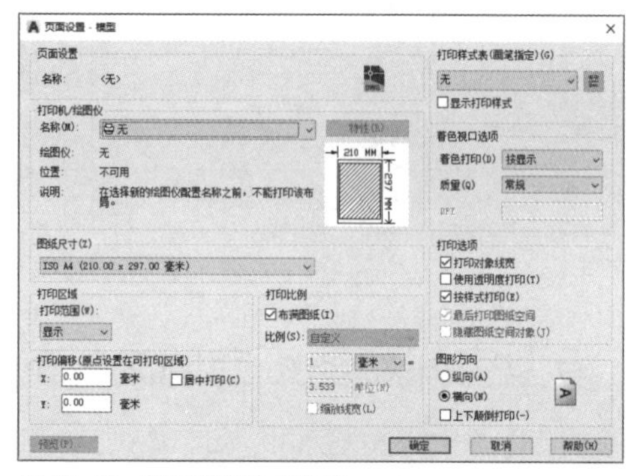

图 10-14 “页面设置”对话框

10.4.1 修改打印环境

在“页面设置”对话框的“打印机/绘图仪”选项组中，单击名称右侧的下拉按钮❶，在这里可以选择需要的打印机/绘图仪❷，如图10-15所示。选择好所需的打印机/绘图仪之后，单击左侧的“特性”按钮，打开“绘图仪配置编辑器”对话框，对相关参数进行设置即可，如图10-16所示。

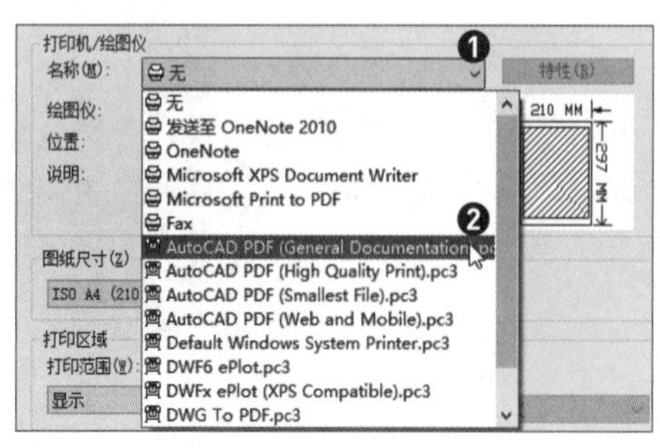

图 10-15 打印机 / 绘图仪下拉列表

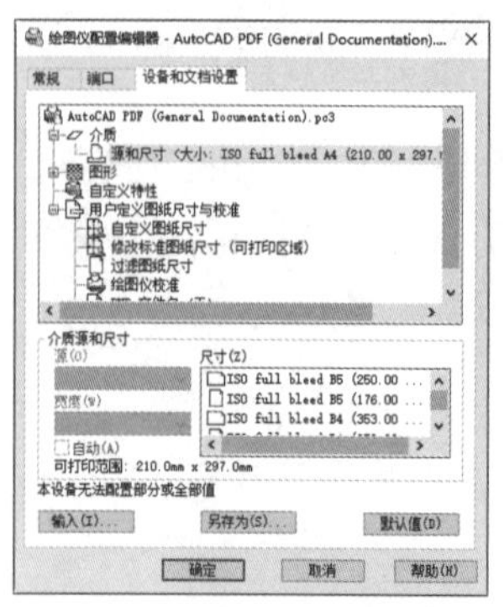

图 10-16 “绘图仪配置编辑器”对话框

10.4.2 创建打印布局

在对打印环境进行设置之后，用户还可以对打印布局进行设置，包括图纸尺寸、打印区域和打印比例等，这些设置在“页面设置”对话框中。下面将对其中主要选项的应用进行详细讲解。

（1）图纸尺寸

在“图纸尺寸”下拉列表中，可以选择打印输出图形时的图纸尺寸。需要注意的是，列表中可用的图纸尺寸取决于当前配置的打印设备，即上一节中选择的打印机/绘图仪。

（2）打印区域

在打印之前，需要对打印的区域进行选择，即设置打印范围。在“打印范围”下拉列表中，包括“窗口”“范围”“图形界限”以及“显示”这几个选项。

- 选择“窗口”选项时，右边将出现“窗口”按钮。单击“窗口”按钮，即可在模型空间中框选需要打印/输出的范围。
- 选择“范围”选项时，将打印/输出模型空间中所有可见对象。
- 选择“图形界限”选项时，选择的是栅格界限定义的整个绘图区域，这一部分将被打印/输出。
- 选择“显示”选项时，将打印/输出整个视口中的所有对象。

（3）打印偏移

“打印偏移”选项组可以以左下角点（0,0）为基准，通过设置X值和Y值来确定实际打印区域相对于这个基准点的偏移量。

（4）打印比例

“打印比例”选项组一般用于确定需要打印图形的比例，默认为布满图纸。勾选“布满图纸”复选框后，可以在下拉列表中选择需要的打印比例，也可以在文本框中自定义打印比例。

（5）图形方向

“图形方向”选项组中有“纵向”“横向”“上下颠倒打印”属性，可以指定图形打印/输出的方向。

10.4.3 保存命令页面设置

在AutoCAD中，用户可以根据需要将绘制好的图形作为样板图形进行保存，所有的几何图形和布局设置都将以DWT格式文件的形式保存。

在命令行中输入layout命令并按Enter键，根据命令行的提示，选择“另存为”选项，并按Enter键，在弹出的“创建图形文件”对话框中对样板文件进行命名，选择合适的保存路径，然后单击“保存”按钮，如图10-17所示。

图 10-17 “创建图形文件”对话框

10.4.4 导入已保存的页面设置

在保存好样板文件之后，如需调用，可以在菜单栏中执行“插入>布局>来自样板的布局”命令。打开“从文件选择样板”对话框之后，根据需要选择图形文件并单击“打开”按钮，如图10-18所示。接下来会弹出“插入布局”对话框，在“布局名称”列表框中显示了当前所选图形文件中布局模板的名称，单击“确定”按钮，即可插入该布局，如图10-19所示。

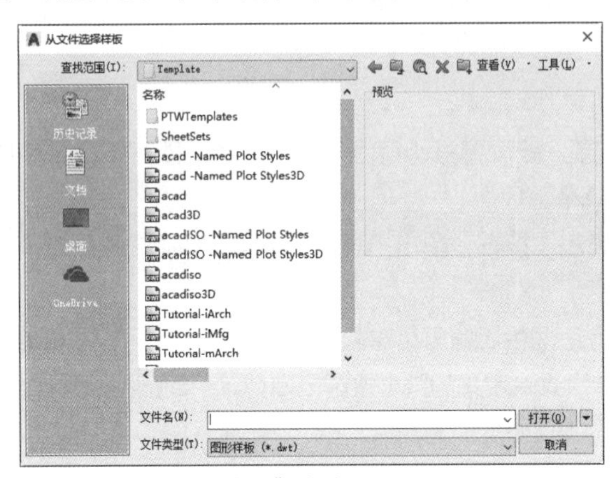

图 10-18 “从文件选择样板”对话框

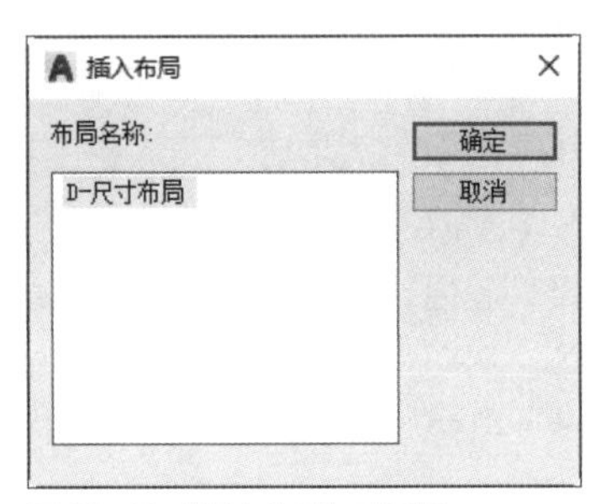

图 10-19 “插入布局”对话框

10.5 打印及打印预览

在模型空间完成图形的绘制，在布局中对页面设置进行对应的参数调整之后，即可开始打印出图。用户可以通过以下方法打开“打印”对话框。

- 在菜单栏中执行“文件>打印”命令。
- 在“输出”选项卡的“打印”面板中单击“打印”按钮。
- 在命令行中输入plot命令，然后按Enter键。

执行“打印”命令之后，会弹出“打印”对话框，如图10-20所示。在这里可以根据需要对相关参数进行设置。用户也可以从布局模式中进行打印。在“打印”对话框左下角单击“预览”按钮 ，即可在绘图窗口显示打印预览效果，如图10-21所示。

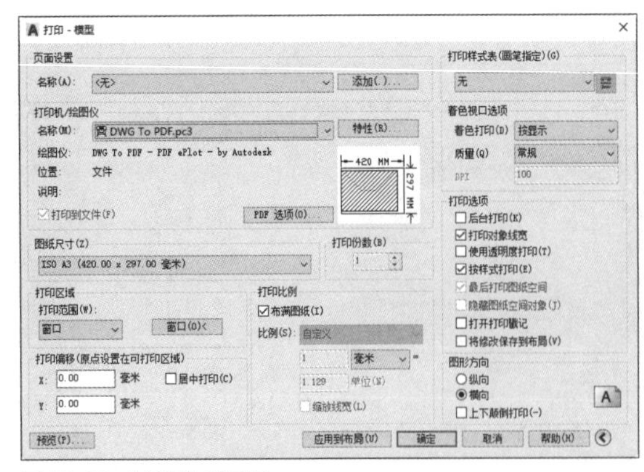

图 10-20 “打印”对话框

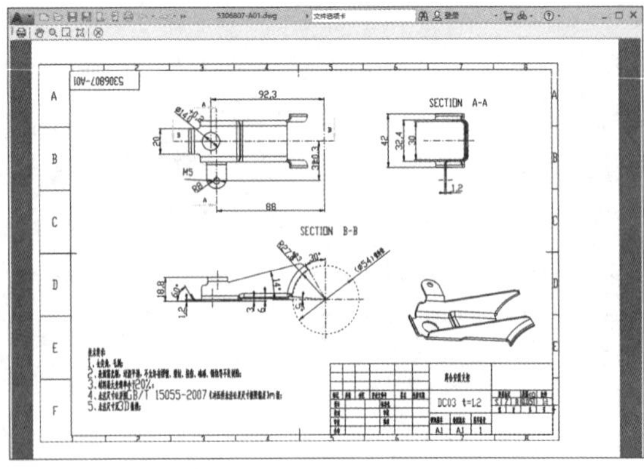

图 10-21 打印预览效果

综合实践 打印机械图纸

实践目的 通过本实训的练习，使用户掌握如何配置绘图设备和如何输出图形。

实践内容 应用本章所学知识，对图形布局页面设置中的参数进行设置并打印输出图形文件。

步骤 01 打开“图框样板.dwg”素材文件，如图10-22所示。

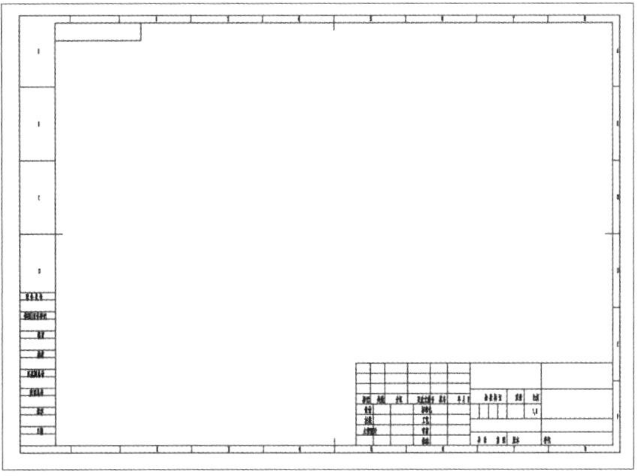

图 10-22 图框样本文件

步骤 02 执行“文件>另存为”命令，在弹出的“图形另存为”对话框中对文件的保存格式❶及文件名称进行设置❷，设置完成之后单击“保存”按钮❸，如图10-23所示。之后在弹出的“样板选项”对话框中单击“确定”按钮即可。

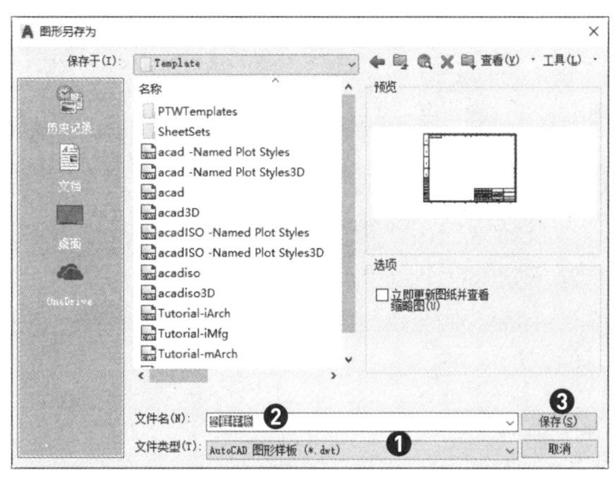

图 10-23 “图形另存为”对话框

步骤 03 接下来执行“文件>新建”命令，在弹出的“选择样板”对话框中，选择刚刚创建的图框样板❶，并单击“打开”按钮❷，如图10-24所示。

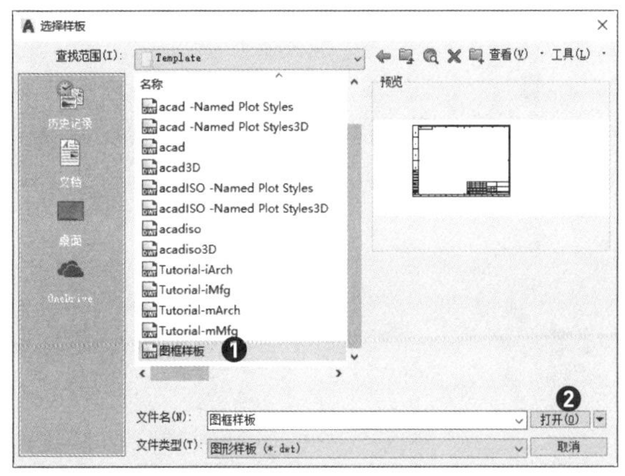

图 10-24 “选择样板”对话框

步骤 04 在菜单栏中执行“文件>打开”命令，在弹出的“打开”对话框中选择“带滑块座球轴承.dwg”素材文件，将其打开，如图10-25所示。

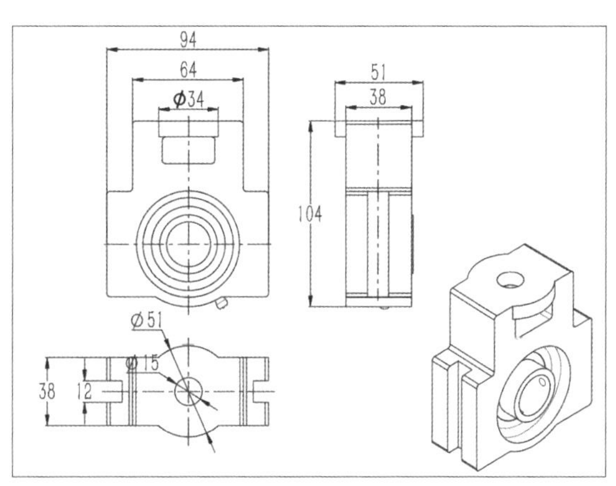

图 10-25 打开素材文件

步骤05 将上一步骤打开的素材文件复制并粘贴到新建的图形文件中，然后根据需要进行适当的排版，如图10-26所示。

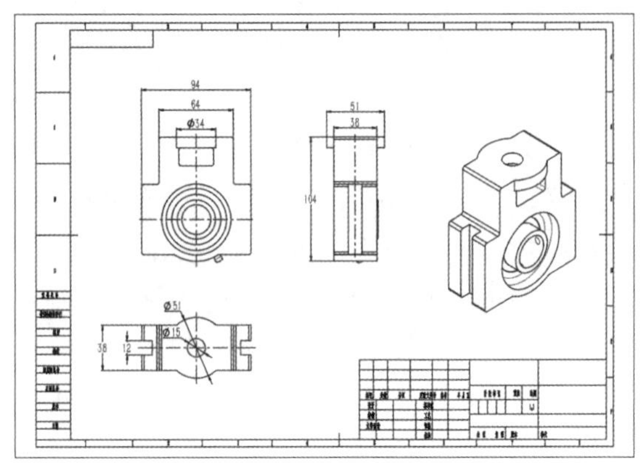

图 10-26　查看效果

步骤06 排版完成之后，执行“文件>打印”命令，打开“打印”对话框，对“打印区域”选项组中的属性进行设置，这里设置打印范围为“窗口”，如图10-27所示。

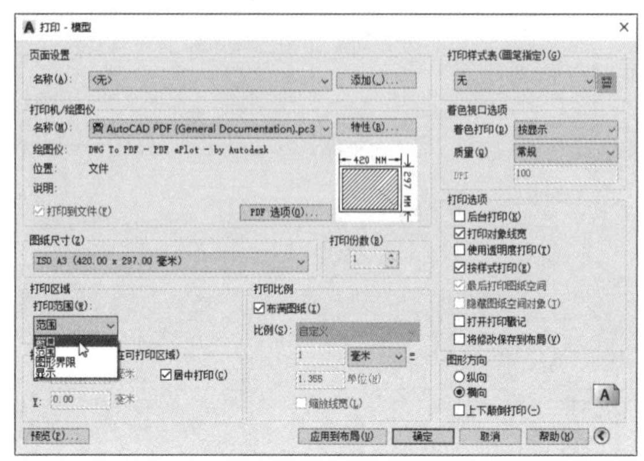

图 10-27　“打印”对话框

步骤07 接下来会在下拉列表的右侧出现“窗口”按钮，单击该按钮之后，需要在绘图窗口中指定窗口的两个对角点，如图10-28所示。

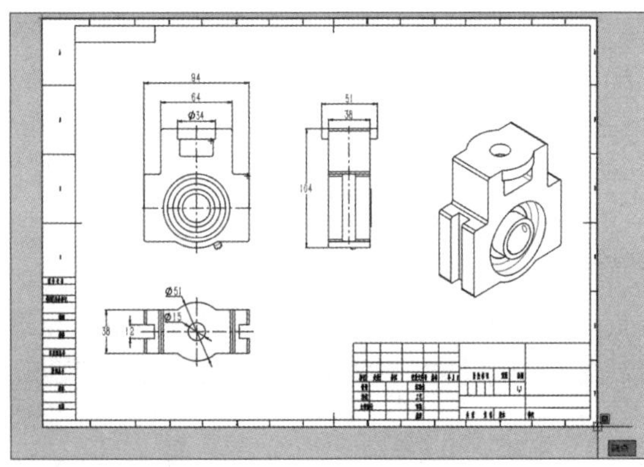

图 10-28　指定打印范围

步骤08 单击“预览”按钮，会出现预览窗口，检查输出设置是否正确，如图10-29所示。

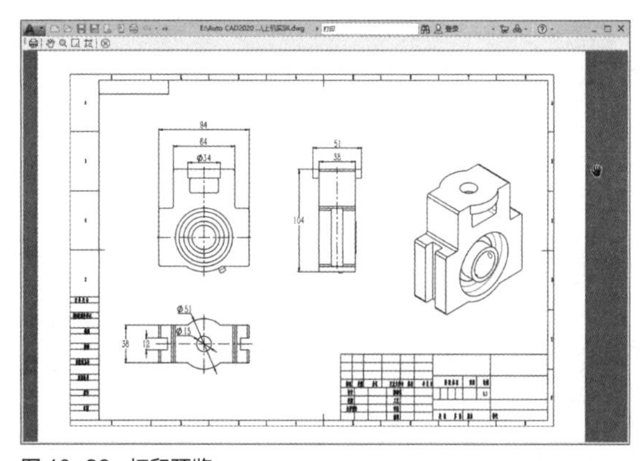

图 10-29　打印预览

步骤09 最后按Enter键，在弹出的“浏览打印文件”对话框中对保存路径及文件名称等参数进行设置。设置完成之后单击“保存”按钮，如图10-30所示。

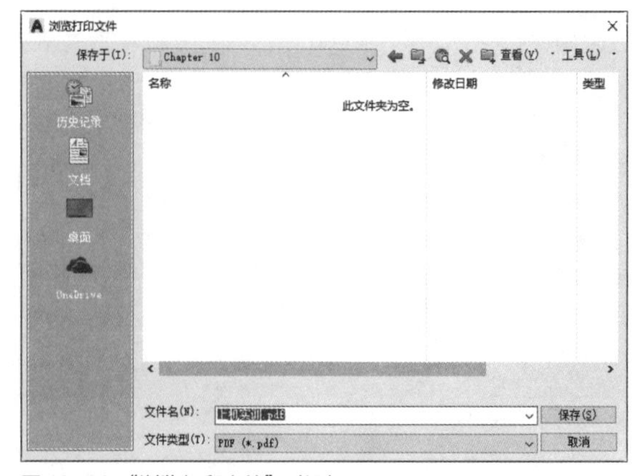

图 10-30　“浏览打印文件”对话框

课后练习

通过学习本章内容，相信用户对于图形文件的导入、输出以及打印布局的设置有了基本的了解。下面将通过一些习题演练，对所学知识进行巩固。

一、选择题

（1）（　　）格式是样板格式。

A. dwg　　B. dxf　　C. dwfx　　D. dwt

（2）在“页面设置”对话框中，（　　）选项组可以选择打印设备。

A. 打印比例　　B. 打印区域　　C. 打印机/绘图仪　　D. 图纸尺寸

（3）在进行页面布局时，如果在预览中发现图形不居中，需要在（　　）选项组中进行设置。

A. 打印偏移　　B. 打印比例　　C. 打印样式表　　D. 图形方向

（4）在输出图形时，不能选择（　　）格式输出。

A. eps　　B. STEP　　C. bmp　　D. dwg

（5）以下选项中，（　　）不是“打印范围”选项组中的选项。

A. 窗口　　B. 范围　　C. 显示　　D. 区域

二、填空题

（1）AutoCAD 2022为用户提供了＿＿＿＿＿＿和＿＿＿＿＿＿两种工作环境。

（2）在“页面设置”对话框中，＿＿＿＿＿＿选项组可以更改图形打印/输出的方向。

（3）通过执行＿＿＿＿＿＿命令，可以调出“打印”对话框。

三、操作题

（1）对机械零件的三视图进行设置，创建含有图框的页面布局，如图10-31所示。

（2）使用AutoCAD的图形输出功能，将机械零件三维图输出为BMP格式的文件，如图10-32所示。

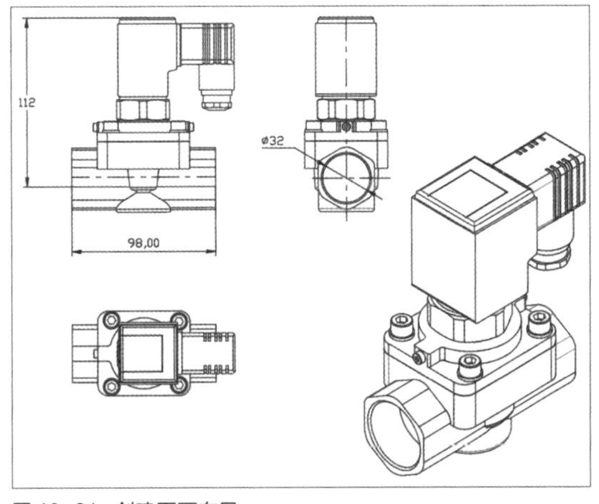

图 10-31 创建页面布局

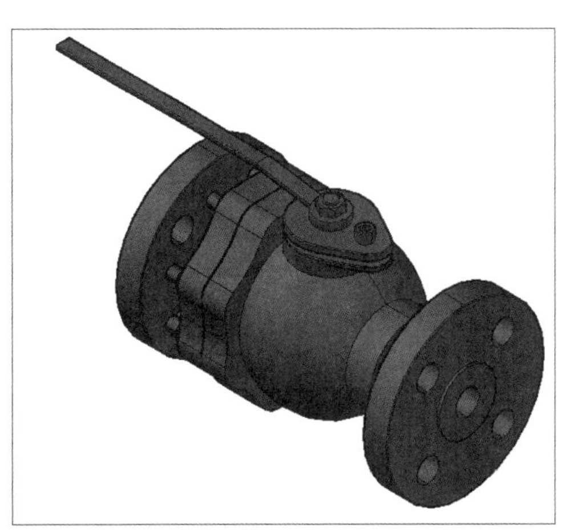

图 10-32 输出为 BMP 格式的文件

第11章 绘制室内施工图

课题概述 本章以一套室内施工图的绘制为例，详细讲述了家装建筑室内设计施工图中原始结构图、平面布置图、地面铺装图、地面布置图等的绘制过程。

教学目标 通过学习本章内容，用户能够了解室内施工图的绘制要点，能够综合运用多种绘图工具进行图纸绘制。

核心知识点

★☆☆☆ | 室内施工图的绘制技巧
★★☆☆ | 平面图的画法
★★★☆ | 立面图的画法
★★★★ | 多种绘图工具的综合运用

本章文件路径

绘制室内施工图：实例文件 \ 第 11 章 \ 绘制室内施工图 .dwg

本章内容图解链接

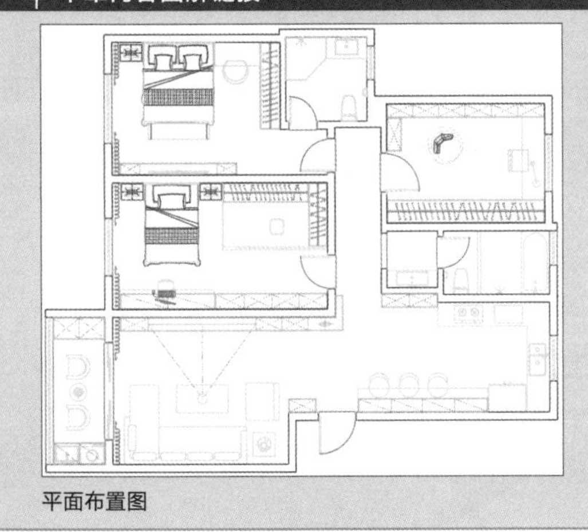

平面布置图

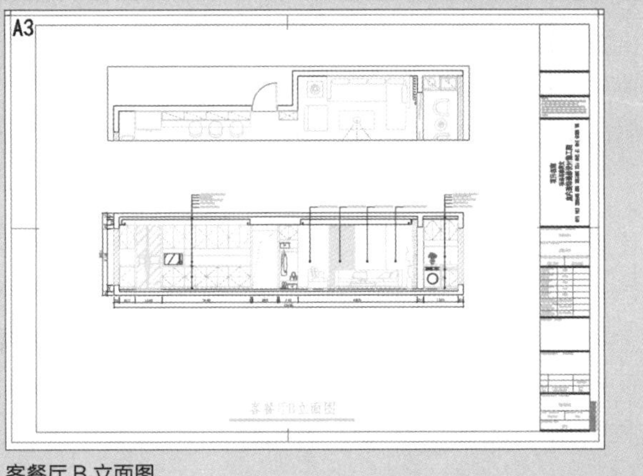

客餐厅 B 立面图

11.1 绘制室内施工平面图

室内施工平面图是室内空间的直接表现，同样也是施工图纸的效果表现。它能够反映出在当前图纸的户型中，各空间布局以及家具摆放是否合理，并展示各空间的功能与用途。

11.1.1 绘制原始结构图

原始结构图是室内空间的基础框架，设计师便是在原始结构图上进行深入的设计，从而绘制出一套完整的室内施工图，其具体绘制步骤如下。

步骤 01 启动AutoCAD 2022软件，打开“图层特性管理器”面板，如图11-1所示。

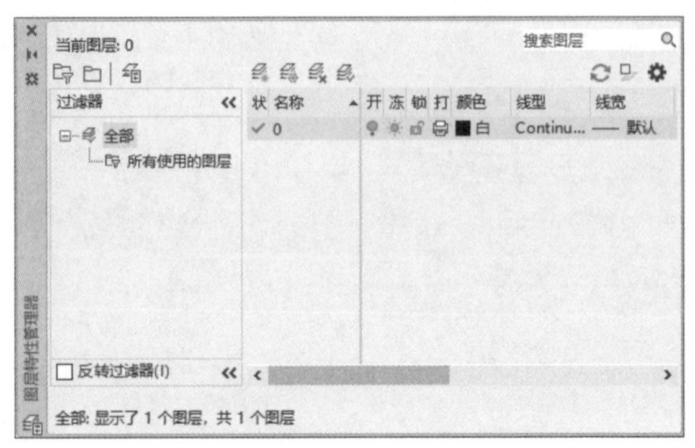

图 11-1 “图层特性管理器”面板

步骤02 新建“0-轴线”图层，颜色为1号，线型为ACAD-ISO03W100，线宽保持默认；新建“0-墙体”图层，颜色为7号，线型为Continuous，线宽为0.50mm；新建“0-文字”图层，颜色为3号，线型为Continuous，线宽为0.30mm；新建“0-标高”图层，颜色为3号，线型为ACAD-ISO03W100，线宽为0.30mm；新建“0-家具”图层，颜色为4号，线型为Continuous，线宽为0.13mm；新建“0-辅助线”图层，颜色为250号，线型为ACAD-ISO03W100，线宽为0.05mm；新建“0-填充”图层，颜色为8号，线型为Continuous，线宽为0.05mm。将“0-轴线”图层置为当前，如图11-2所示。

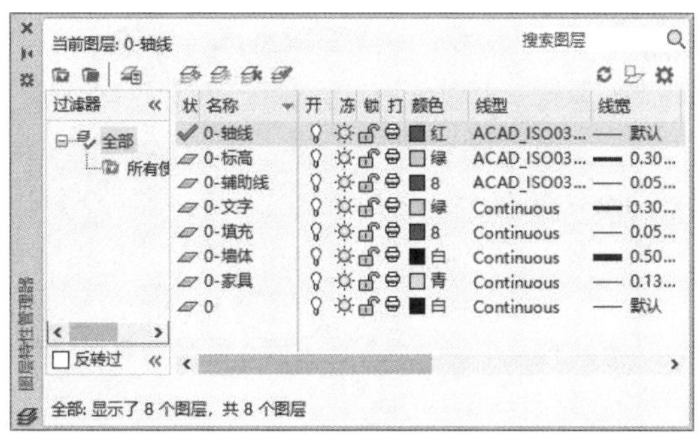

图 11-2 新建图层

步骤03 利用“直线”“偏移”与“修剪”命令，绘制出室内原始结构图的轴线，如图11-3所示。

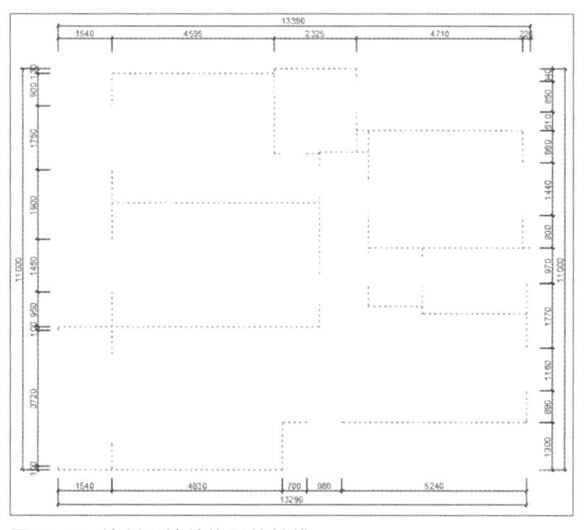

图 11-3 绘制原始结构图的轴线

步骤04 将“0-墙体”图层设置为当前，执行“格式>多线样式”命令，打开“多线样式”对话框，新建“墙体”样式，如图11-4所示。

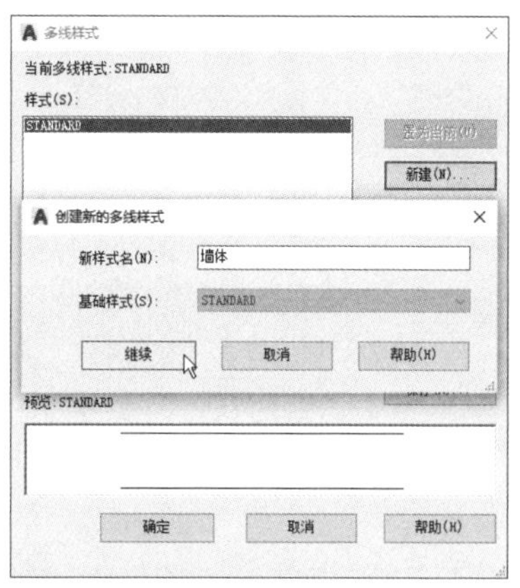

图 11-4 新建“墙体”样式

步骤05 在“新建多线样式：墙体”对话框中，勾选直线的“起点”与“端点”复选框，如图11-5所示。

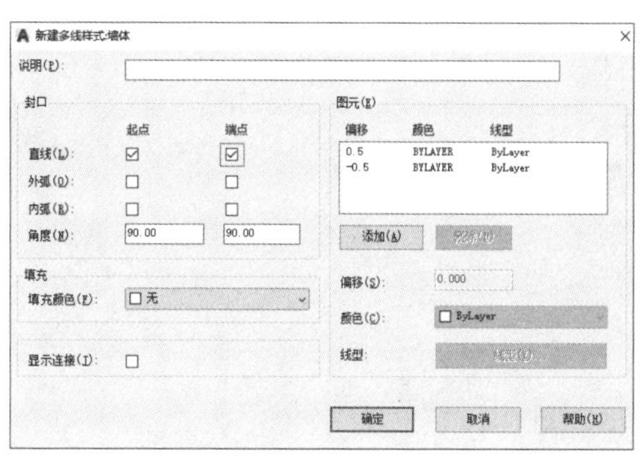

图 11-5 “新建多线样式：墙体”对话框

步骤06 设置完成后单击“确定”按钮关闭对话框，返回绘图区。执行“绘图>多线”命令，在命令窗口中设置“比例”为200，选择“对正”方式为“无”，沿着轴线方向绘制厚墙体，如图11-6所示。

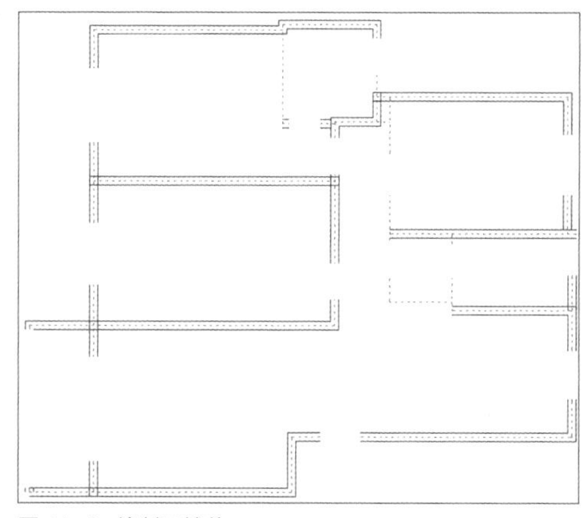

图 11-6 绘制厚墙体

步骤07 使用“直线”工具对厚墙体进行封口，如图11-7所示。

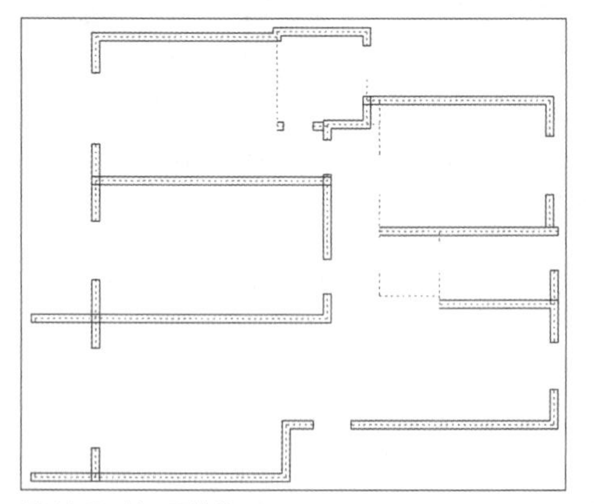

图 11-7 封口厚墙体

步骤08 执行“修改>对象>多线”命令或在命令窗口中输入mledit命令后，按下空格键，打开“多线编辑工具”对话框，如图11-8所示。

图 11-8 “多线编辑工具”对话框

步骤09 使用“多线编辑工具”对话框中的十字工具与T形工具对多线进行修剪编辑，如图11-9所示。

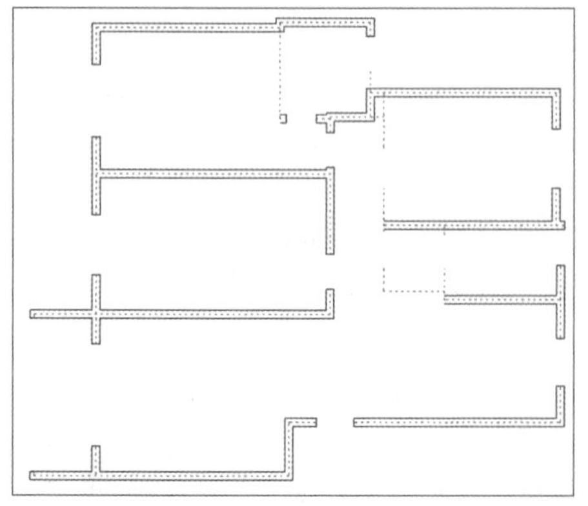

图 11-9 修剪图形

步骤10 再执行“多线”命令，设置多线“比例”为150，沿着剩下的轴线方向绘制薄墙体，如图11-10所示。

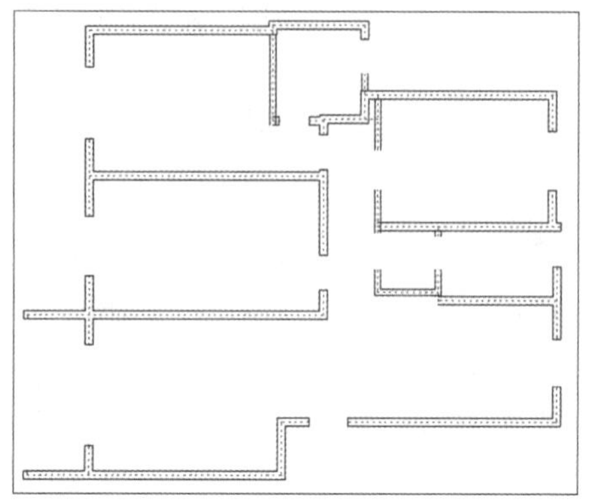

图 11-10 绘制薄墙体

步骤11 再次使用“多线编辑工具”中的十字工具与T形工具（也要执行“炸开”“倒圆”“修剪”命令），对多线进行修剪编辑，再对墙体进行封口，如图11-11所示。

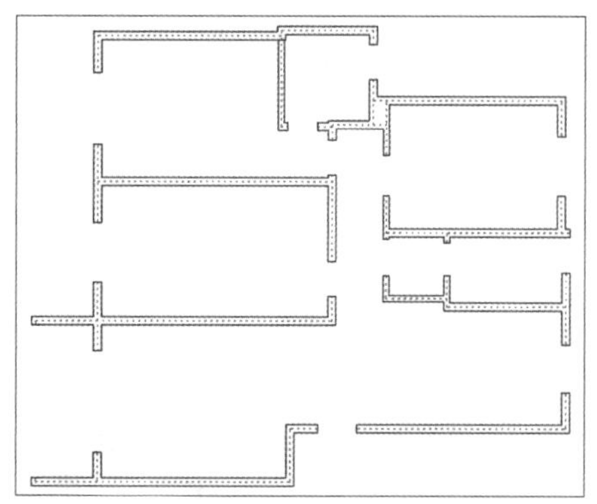

图 11-11 封口墙体

步骤12 将“0-辅助线”图层置为当前，使用“直线”“偏移”命令填补窗洞，如图11-12所示。

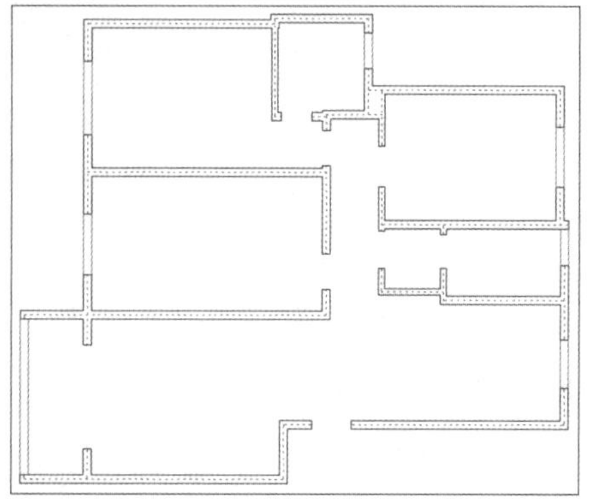

图 11-12 填补窗洞

步骤 13 将“0-家具”图层置为当前，使用“直线”“偏移”命令绘制玻璃，如图11-13所示。

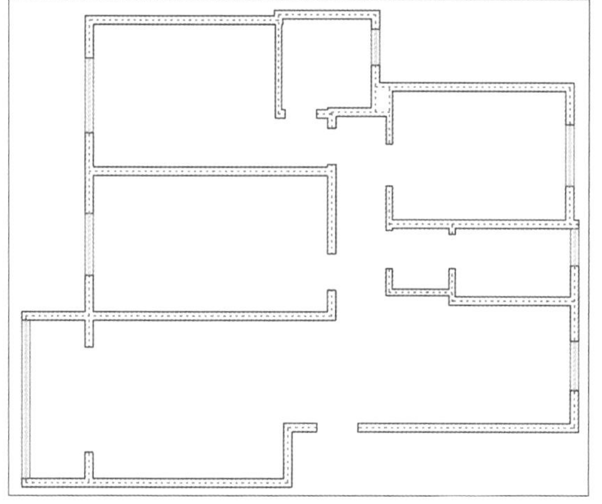

图 11-13 绘制玻璃

步骤 14 使用多段线工具绘制大门门框，具体数据如图11-14所示。

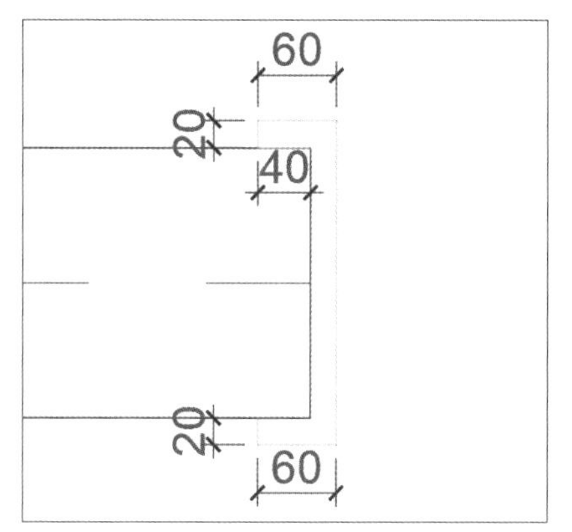

图 11-14 绘制大门门框

步骤 15 使用“镜像”工具或是在另一侧重新绘制门框，使用“矩形”工具绘制一个长40mm、宽940mm的矩形，如图11-15所示。

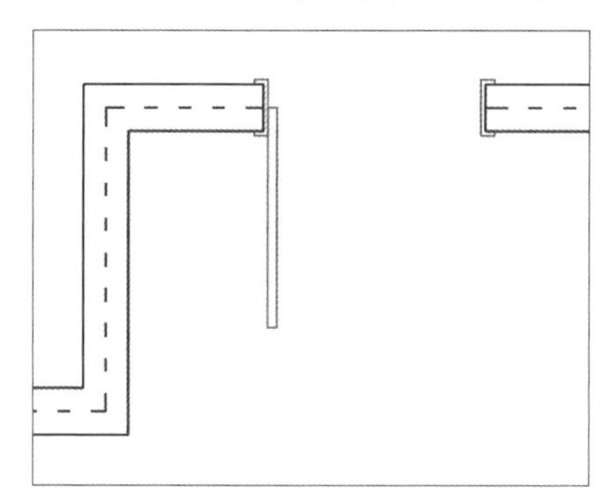

图 11-15 重新绘制门框

步骤 16 将“0-辅助线”图层置为当前，使用“直线”“圆弧”工具绘制大门辅助线，如图11-16所示。

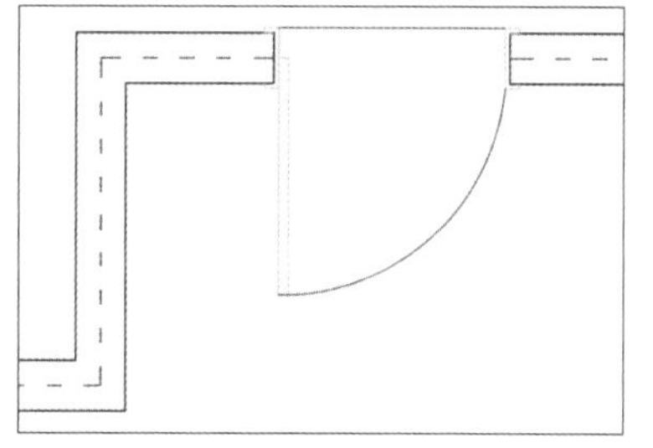

图 11-16 绘制大门辅助

步骤 17 设置一个标准的建筑标记，首先将“0-文字”图层置为当前，执行“格式>标注样式”命令，打开“标注样式管理器”对话框，单击“新建”按钮，打开“创建新标注样式”对话框，在“新样式名”下的文本框中输入“平面标注1-70”文本，如图11-17所示。

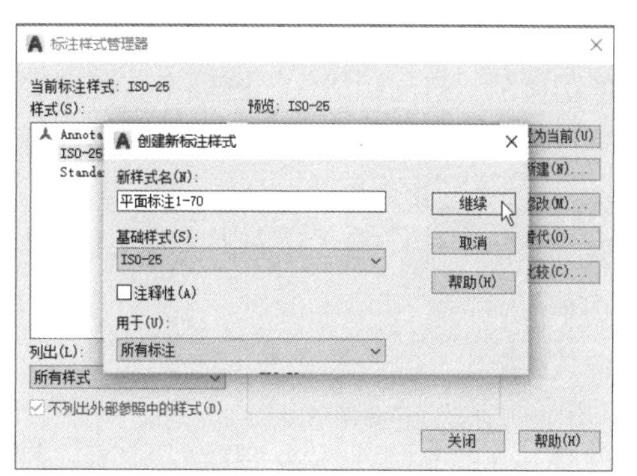

图 11-17 新建标注样式

步骤 18 单击“继续”按钮，打开“新建标注样式：平面标注1-70”对话框，如图11-18所示。

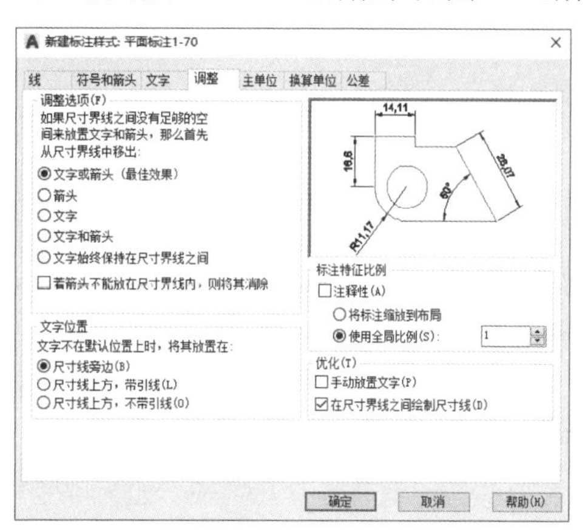

图 11-18 打开对话框

步骤19 切换至“线”选项卡，在“尺寸线”选项区域中，将“颜色”设置为251号，将“基线间距”修改为5。在“尺寸界线”选项区域中，将“颜色”设置为251号，将“超出尺寸线”设置为1，将“起点偏移量”设置为1，勾选“固定长度的尺寸界线”复选项，将“长度”设置为5，如图11-19所示。

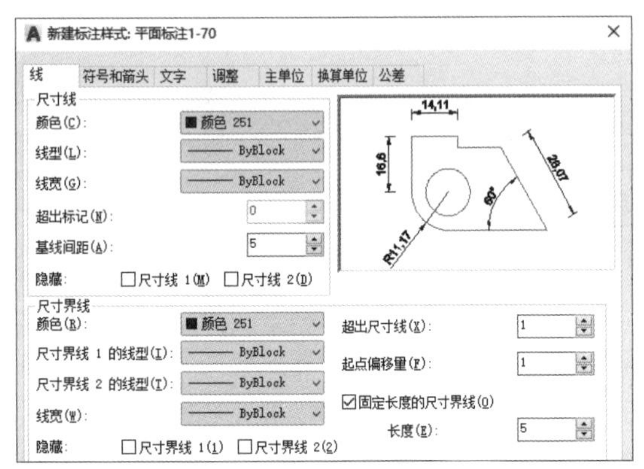

图 11-19 设置线

步骤20 切换至“符号和箭头”选项卡，在“箭头”选项区域中，将“第一个”设置为“建筑标记”，将“第二个”设置为“建筑标记”，将“引线”设置为“点”，将“箭头大小”设置为1，如图11-20所示。

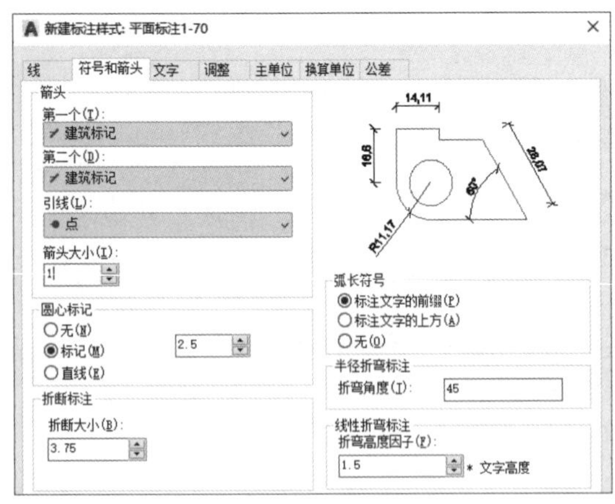

图 11-20 设置箭头

步骤21 切换至“文字”选项卡，在“文字外观”选项区域中，单击“文字样式”后的...按钮，打开“文字样式”对话框，设置“字体名”为“宋体”，设置“宽度因子”为0.8，如图11-21所示。

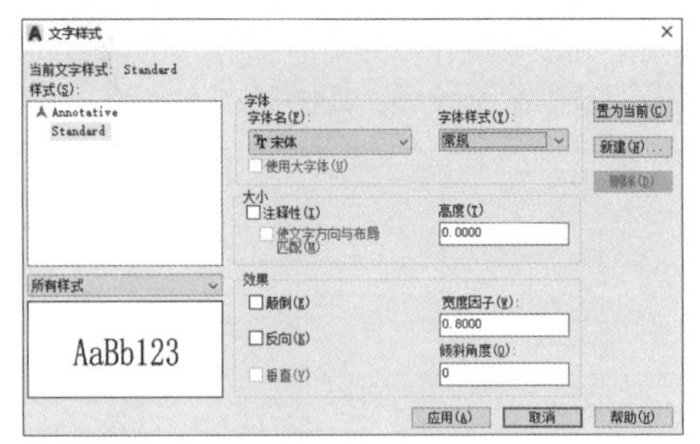

图 11-21 “文字样式”对话框

步骤22 单击“应用”按钮后，单击“取消”按钮返回“文字”选项卡，修改“文字颜色”为红色，如图11-22所示。

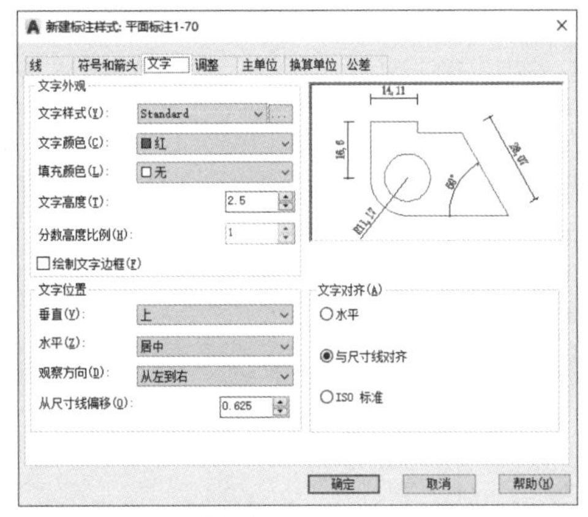

图 11-22 修改文字颜色

步骤23 切换至“调整”选项卡，在“调整选项”选项区域中，选中“文字始终保持在尺寸界线之间”单选按钮。在“文字位置”选项区域，选中“尺寸线上方，不带引线”单选按钮。在“标注特征比例”选项区域中，修改“使用全局比例”为70，如图11-23所示。

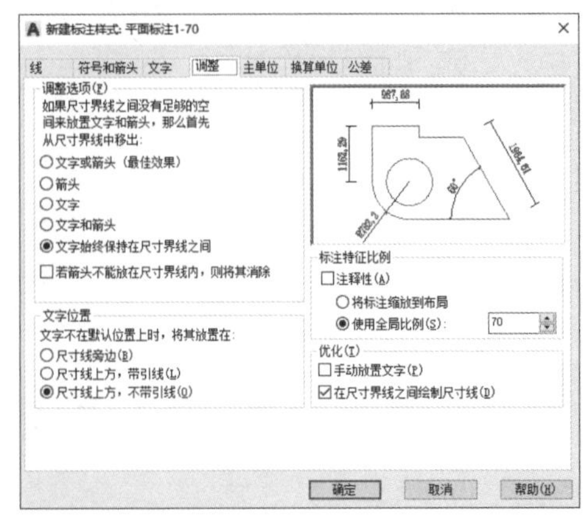

图 11-23 “调整”选项卡

步骤 24 切换至“主单位”选项卡，在“线性标注”选项区域中，修改“精度”为0，如图11-24所示。

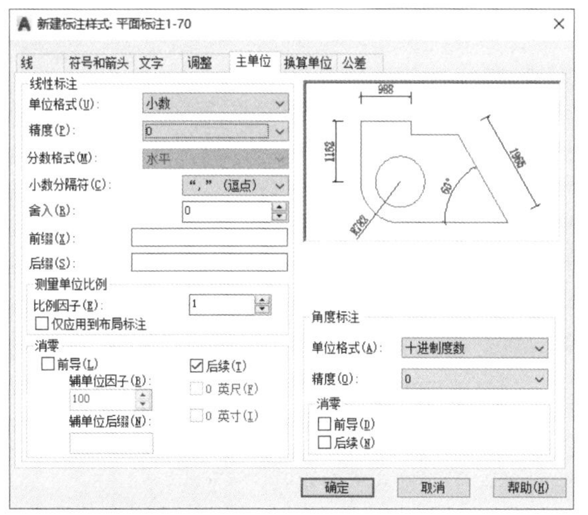

图 11-24 “主单位”选项卡

步骤 25 单击“确定”按钮完成设置，将“平面标注1-70”标注置为当前，使用“文字”命令对室内尺寸进行标注，使用“标注”工具对墙体尺寸进行标注，如图11-25所示。

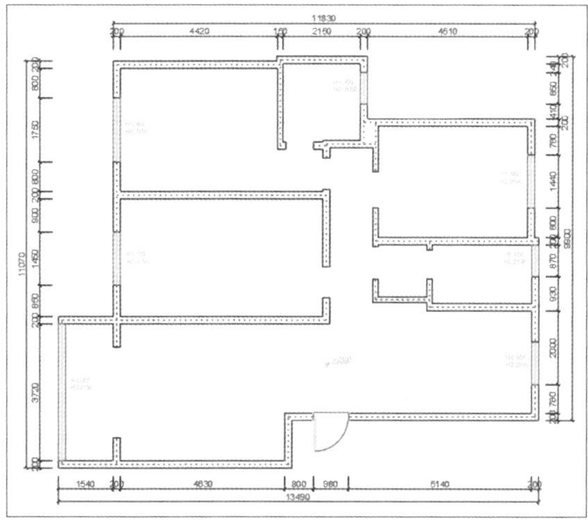

图 11-25 标注墙体

步骤 26 删除轴线，导入图框，在底部输入图名，一张简化的原始结构图就完成了，如图11-26所示。

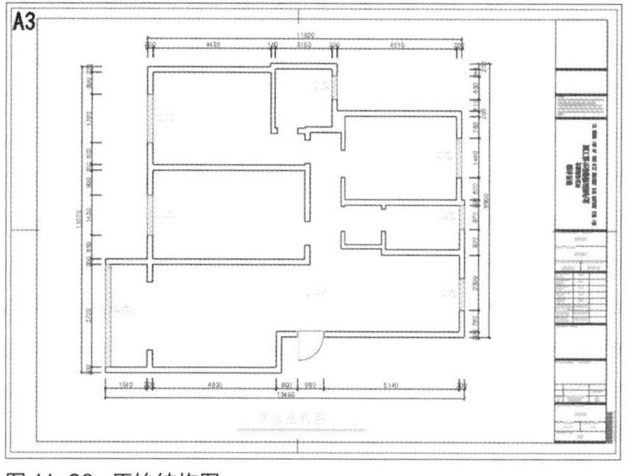

图 11-26 原始结构图

11.1.2 绘制平面布置图

原始结构图是进行室内施工的第一张图纸，而平面布置图是设计师在施工前期与客户沟通所绘制的图纸，通过平面的方式展现室内空间的布置和安排。本小节将详细展示一套平面布置图的基本画法。

步骤 01 在原始结构图的图框右上角，使用“矩形”工具，用0图层下的线段绘制一个2000mm×1000mm的矩形。该矩形将被用作分页间隔，如图11-27所示。

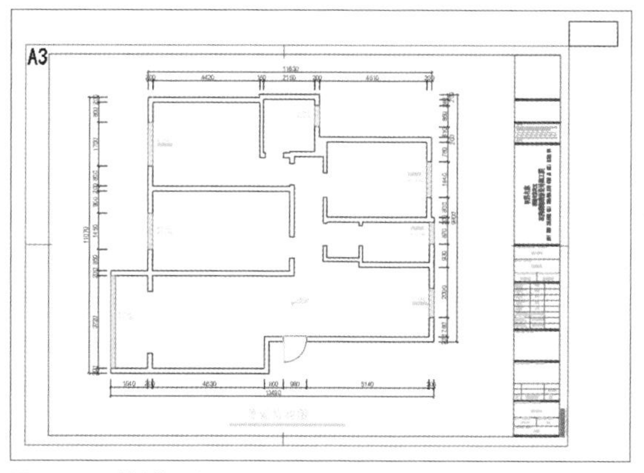

图 11-27 绘制矩形

步骤 02 全选原始结构图并复制，以左上角的图框为参照点，复制分页间隔的矩形右下角，如下页图11-28所示。

步骤 03 修改复制的图名为“平面布置图”，删除内部尺寸标记与文字，如下页图11-29所示。

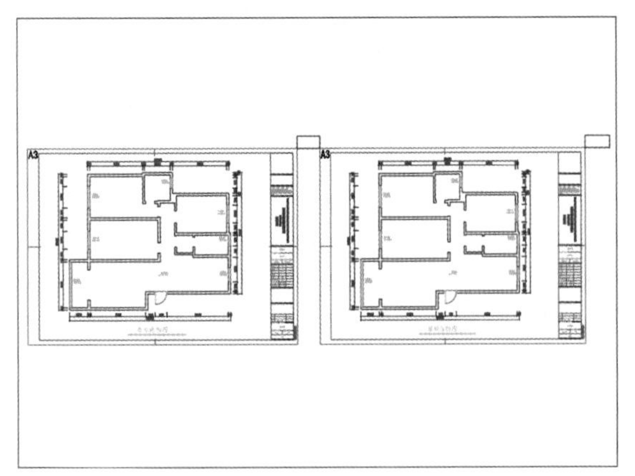

图 11-28　复制结构图

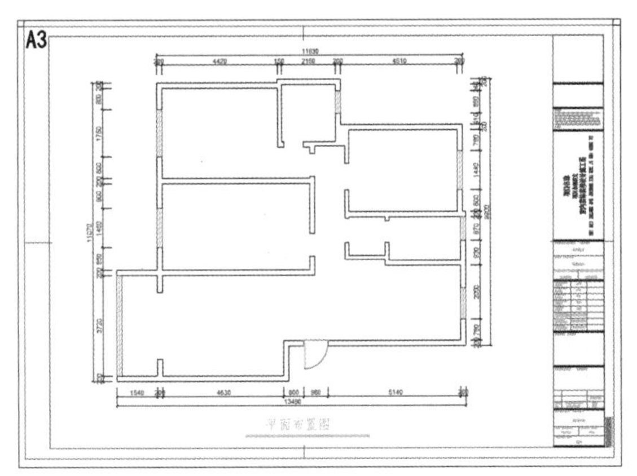

图 11-29　修改名称

步骤 04 确定好布局规划后，首先绘制室内门，方法同大门一样，如图11-30所示。

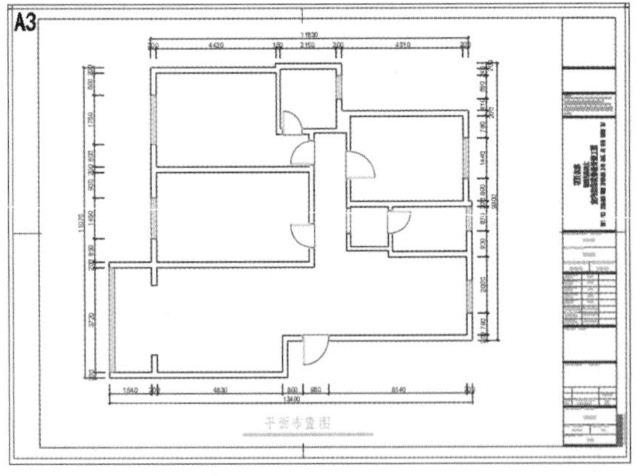

图 11-30　绘制室内大门

步骤 05 绘制阳台四扇推拉门，数据如图11-31所示。

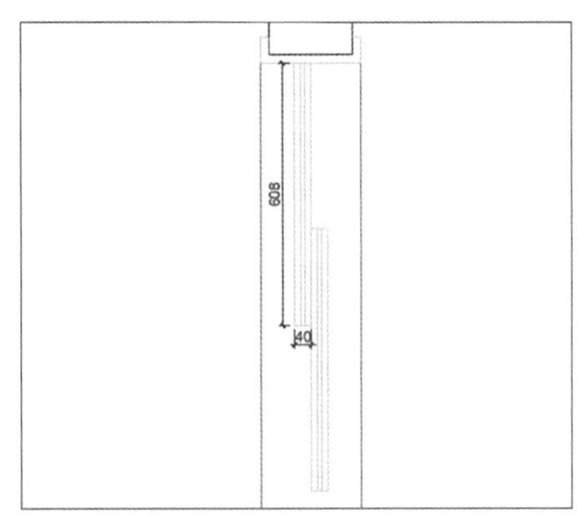

图 11-31　绘制阳台推拉门

步骤 06 在“0-家具”图层上新建“0-柜子”图层，修改图层颜色为40号，将“0-柜子”图层设为当前。使用“直线”“矩形”工具在阳台的位置绘制储物柜与洗衣柜，如图11-32所示。

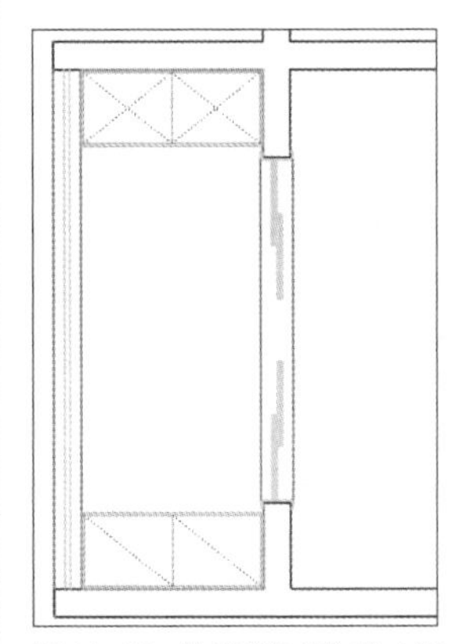

图 11-32　绘制储物柜与洗衣柜

步骤 07 使用“直线”“矩形”“多段线”“椭圆弧”“圆”工具绘制电视背景墙、储物柜造型与入户鞋柜，如图11-33所示。

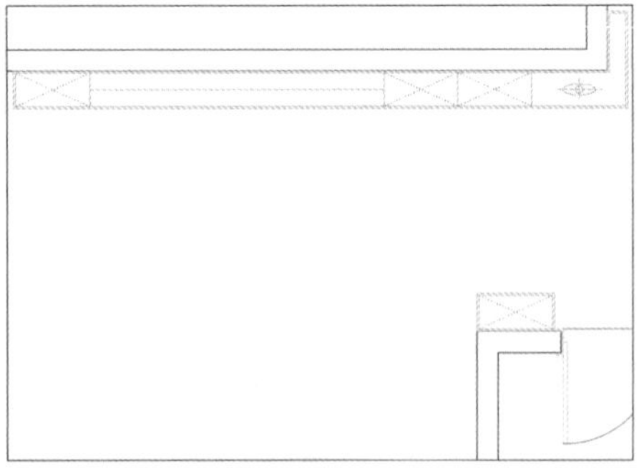

图 11-33　绘制电视背景墙等

步骤 08 使用“矩形”“直线”工具绘制吧台吊柜与展示柜，如下页图11-34所示。

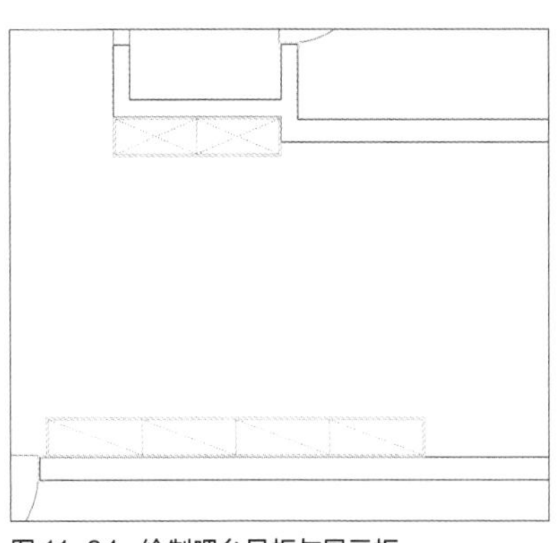

图 11-34 绘制吧台吊柜与展示柜

步骤 09 使用“矩形”“直线”工具绘制房间里的其他柜子，如图11-35所示。

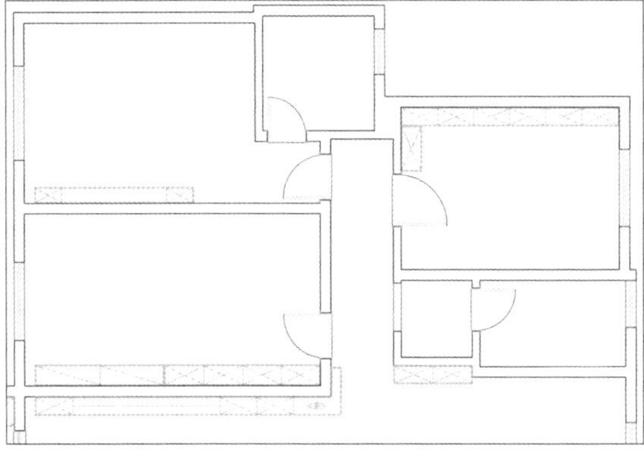

图 11-35 绘制柜子

步骤 10 调用成品衣柜图块，将衣柜图形添加到相应的位置，如图11-36所示。

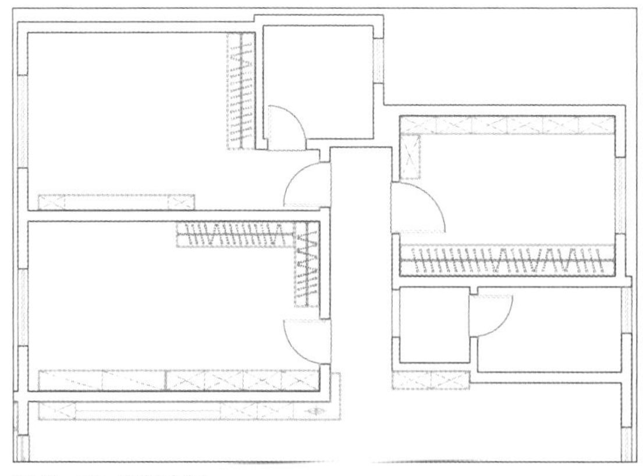

图 11-36 添加衣柜

步骤 11 将“0-家具”图层置为当前，使用“矩形”“直线”“修剪”工具绘制剩下的吧台、厨房台面、挡水条、三个房间的书桌与衣帽间结构，如图11-37所示。

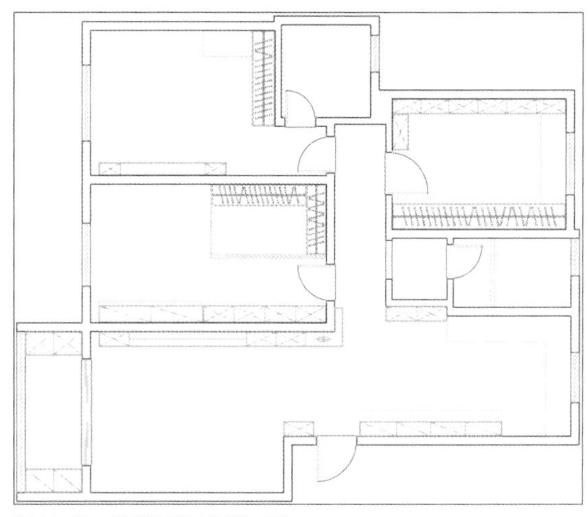

图 11-37 绘制厨房台面等图形

步骤 12 调入合适的休闲桌椅组合图块、台盆图块与洗衣机图块，将其放置在阳台合适的位置，如图11-38所示。

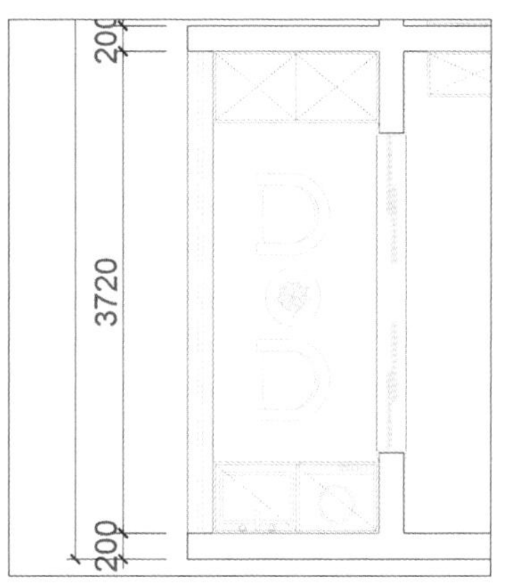

图 11-38 放置休闲桌椅等图块

步骤 13 调入合适的组合沙发图块，放置在客厅合适的位置，如图11-39所示。

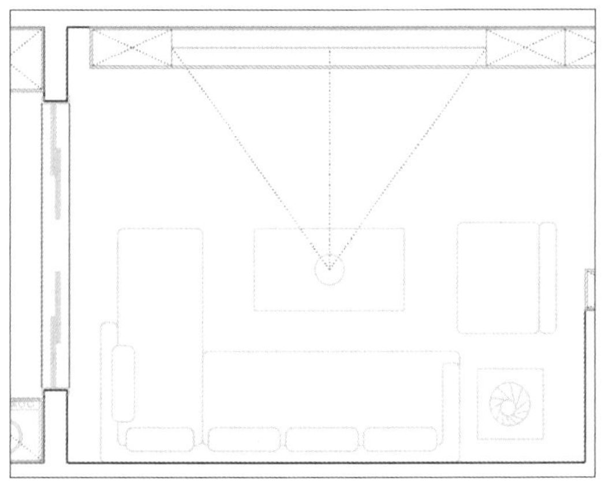

图 11-39 放置沙发图块

步骤 14 调入合适的高脚凳图块、双开门冰箱图块、台盆图块与煤气灶图块，将其放置在开放式厨房的合适位置，如图11-40所示。

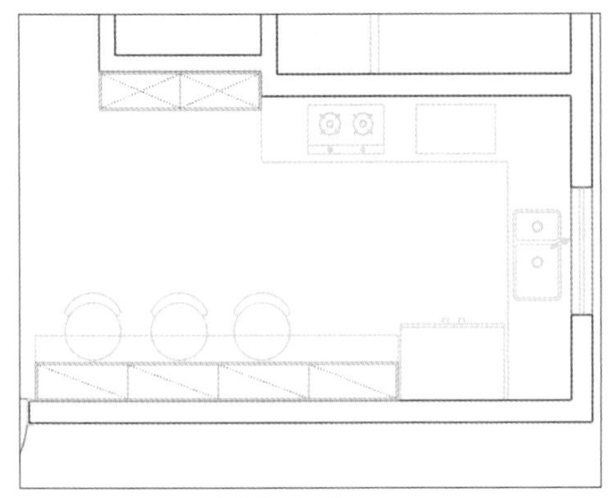

图 11-40 放置厨房的相关图块

步骤 15 调入合适的台盆图块、马桶图块、淋浴器图块与浴缸图块，将其放置在次卫的合适位置，如图11-41所示。

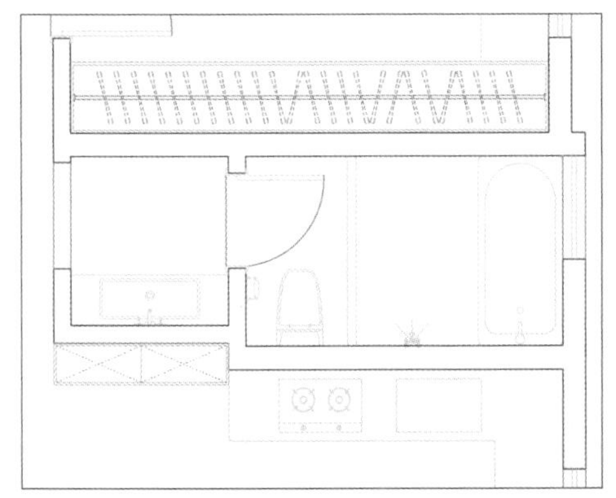

图 11-41 放置次卫中的相关图块

步骤 16 调入合适的懒人沙发图块、椅子图块与台灯图块，放置在书房的合适位置，如图11-42所示。

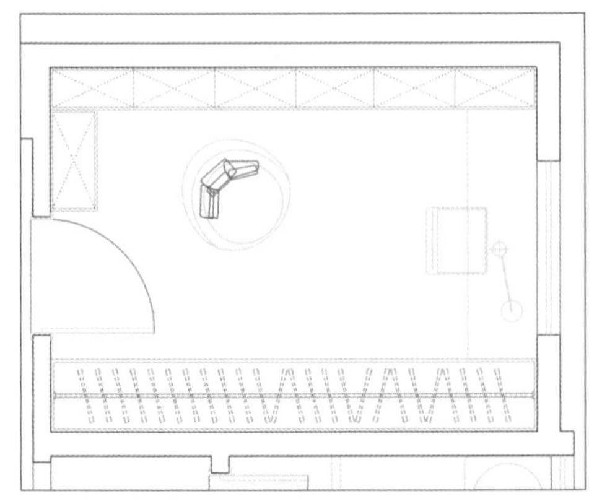

图 11-42 放置书房中的相关图块

步骤 17 调入合适的组合浴室图块、台盆图块、马桶图块，放置在主卫的合适位置，如图11-43所示。

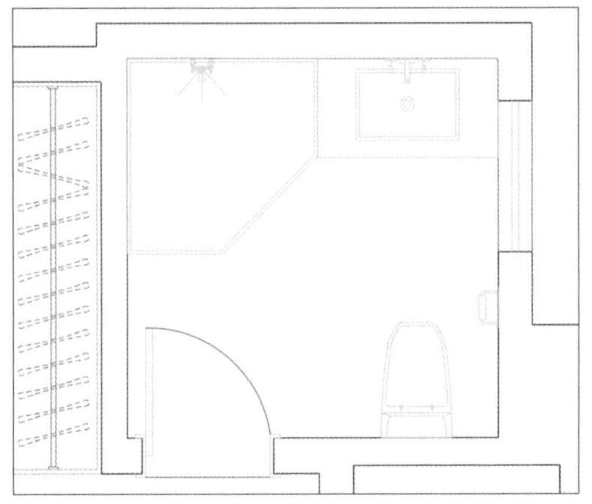

图 11-43 放置主卫中的相关图块

步骤 18 调入合适的床图块、座椅图块与电视图块，放置在主卧合适的位置，如图11-44所示。

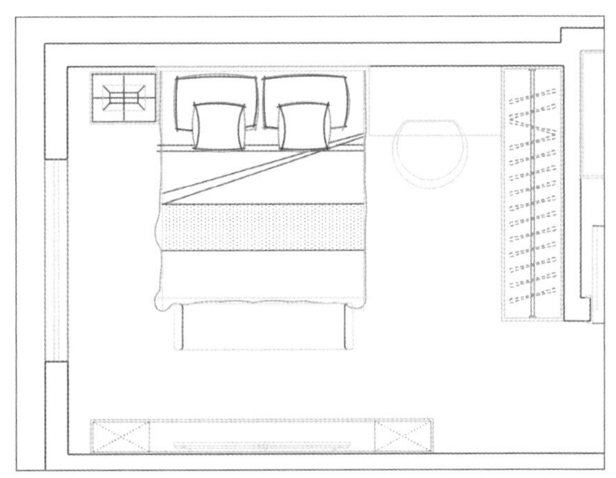

图 11-44 放置主卧中的相关图块

步骤 19 调入合适的床图块、椅子图块与电脑图块，放置在次卧合适的位置，如图11-45所示。

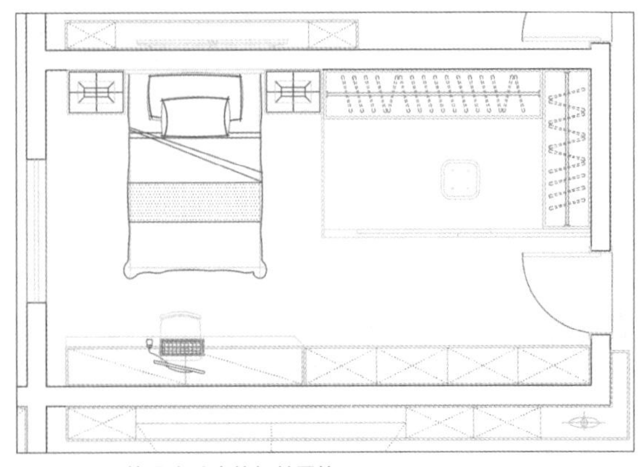

图 11-45 放置次卧中的相关图块

步骤 20 最后调入窗帘图块，放置在合适的位置，平面布置图绘制完成后的效果如图11-46所示。

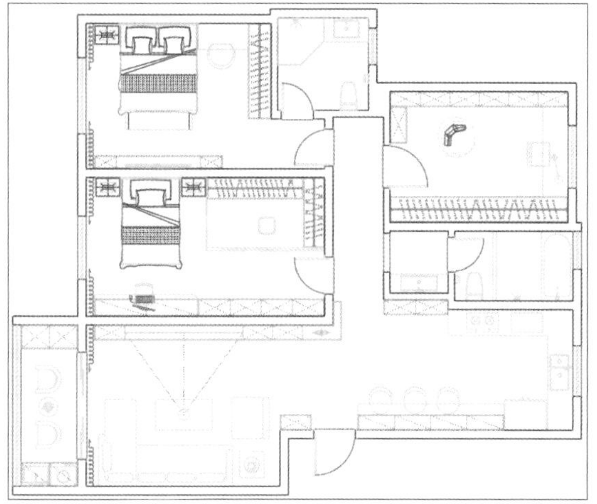

图 11-46 查看效果

11.1.3 绘制地面铺装图

绘制地面铺装图时，主要是在“图案填充和渐变色”对话框中设置图案填充，然后将图案填充到指定的图形中。下面将详细介绍地面铺装图的绘制步骤。

步骤 01 使用“复制”命令，以分页间隔矩形为参照对原始结构图进行复制，删除内部的文字与标注，修改图名为“地面铺装图”，如图11-47所示。

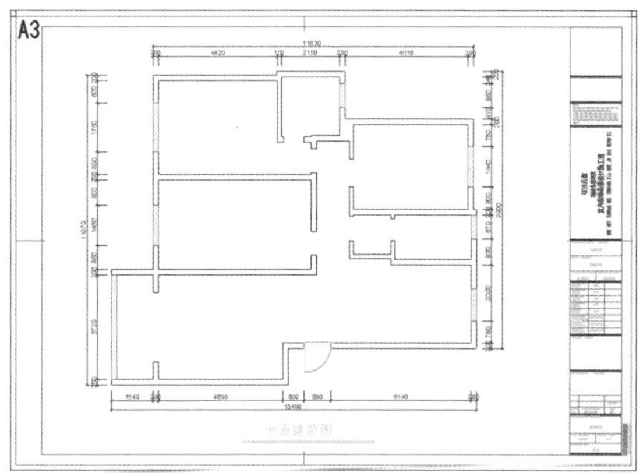

图 11-47 重命名图名

步骤 02 将“0-填充”图层置为当前，使用“直线”命令对所有的门洞进行封闭，效果如图11-48所示。

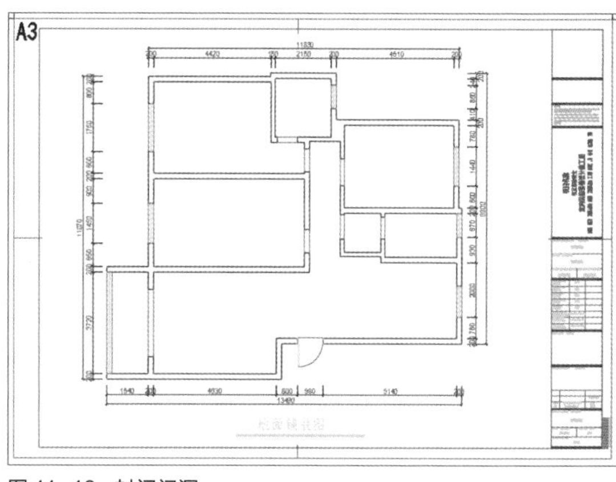

图 11-48 封闭门洞

步骤 03 接下来填充卫生间与阳台，材质为300×300的防滑地砖。激活“填充”工具，打开“图案填充和渐变色”对话框，在“类型和图案”选项区域中，将“类型”设置为“用户定义”；在“角度和比例”选项区域中，勾选“双向”复选项，修改“间距”为300；在“图案填充原点”选项区域中，选中“指定的原点”单选按钮后，勾选“默认为边界范围”复选项，修改默认边界范围为“左下”，具体设置如图11-49所示。

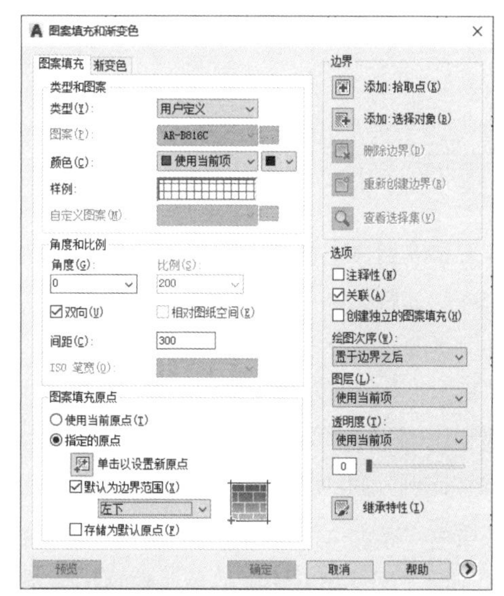

图 11-49 设置防滑地砖图案填充

步骤 04 单击“添加:拾取点”按钮后，单击需要填充的闭合空间。这里选择主卫空间，选择完成后按空格键，返回“图案填充和渐变色”对话框，单击下方的“确定”按钮，即可完成填充，效果如下页图11-50所示。

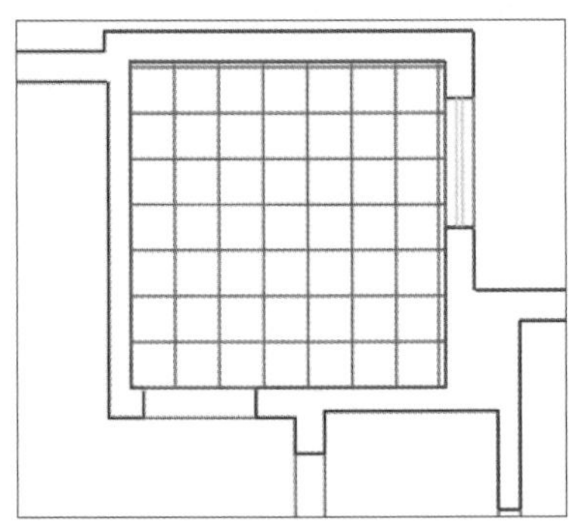

图 11-50 填充主卫

步骤 05 系统会自动保存上一次的填充数据，接着再分别填充剩下的卫生间与阳台，完成后的效果如图11-51所示。

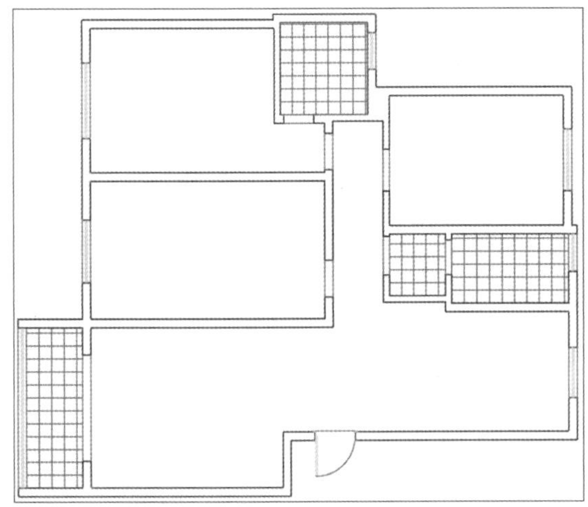

图 11-51 填充卫生间的效果

步骤 06 客餐厅与走廊选用竖向实木地板铺贴。激活“填充”工具，打开“图案填充和渐变色”对话框，在“类型和图案”选项区域中，将“类型”设置为“预定义”，选择“图案”为“DOLMIT”；在“角度和比例”选项区域中，修改“角度”为90，修改“比例”为20，如图11-52所示。

步骤 07 单击“添加:拾取点”按钮，选择客餐厅空间，返回“图案填充和渐变色”对话框完成填充，效果如图11-53所示。

步骤 08 卧室与书房选用横向实木地板铺贴。用户仅需要在竖向实木地板铺贴的设置下，将“角度和比例”选项区域中的“角度”改为0即可。卧室与书房的填充效果，如图11-54所示。

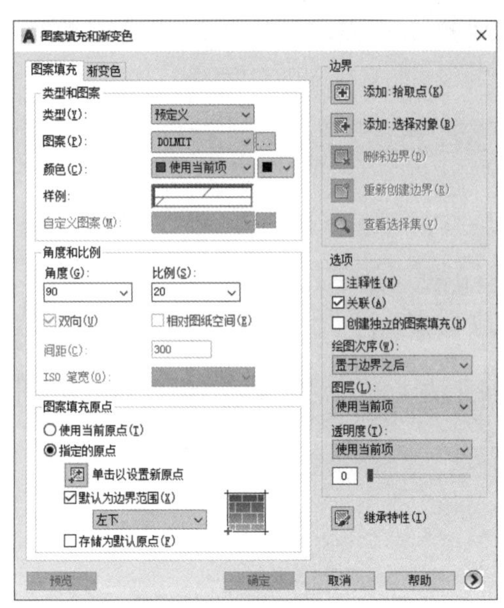

图 11-52 设置横向实木地板图案填充

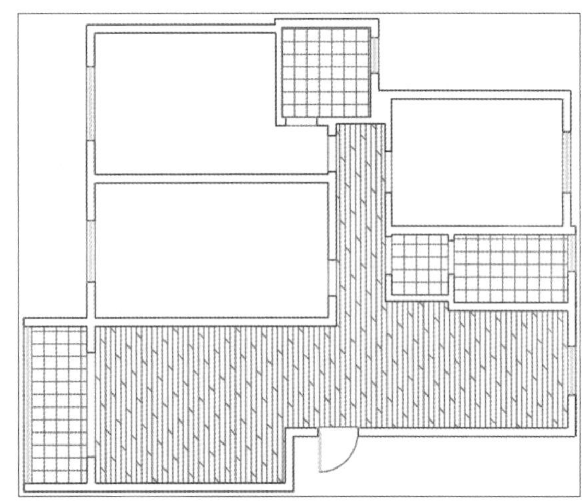

图 11-53 填充客餐厅

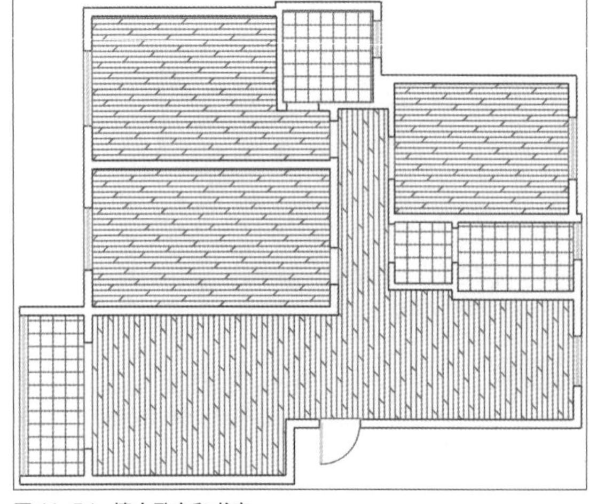

图 11-54 填充卧室和书房

步骤 09 各个房间门洞的过门石选择大理石材质。激活“填充”工具，打开“图案填充和渐变色”对话框，在“类型和图案”选项区域中，将“类型”设置为“预定义”，选择“图案”为“GRAVEL”；在“角度和比例”选项区域中，修改“角度”为45，修改“比例”为10，具体设置如图11-55所示。

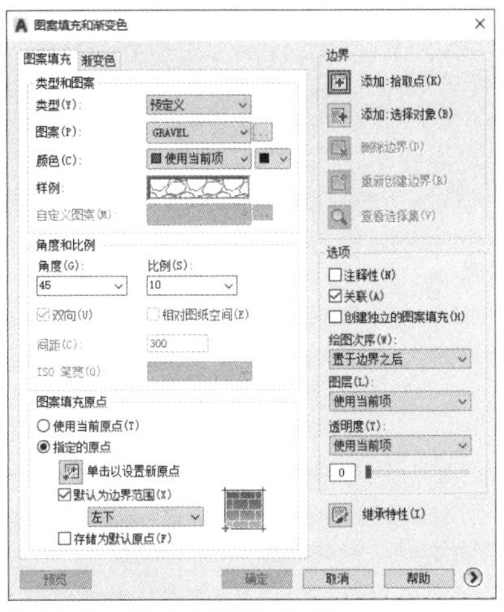

图 11-55 设置大理石填充图案

步骤 10 单击“添加:拾取点”按钮，选择过门石空间，返回“图案填充和渐变色”对话框完成填充，全部完成后的效果如图11-56所示。

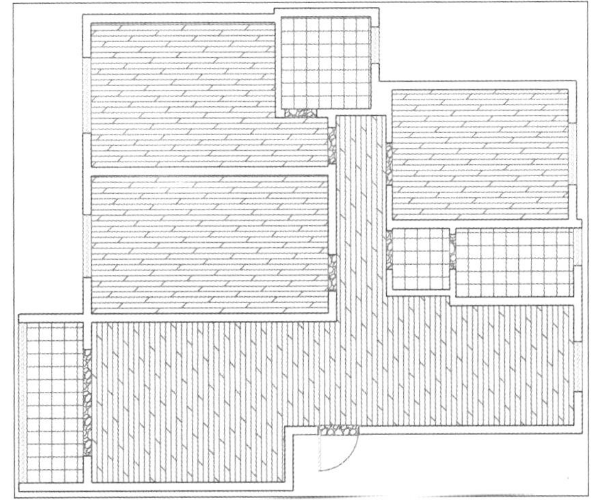

图 11-56 填充过门石

步骤 11 填充完成后，接下来对各个空间进行材质标注与面积标注。这里以主卧为例，首先使用“边界创建”命令，打开“边界创建”对话框，如图11-57所示。

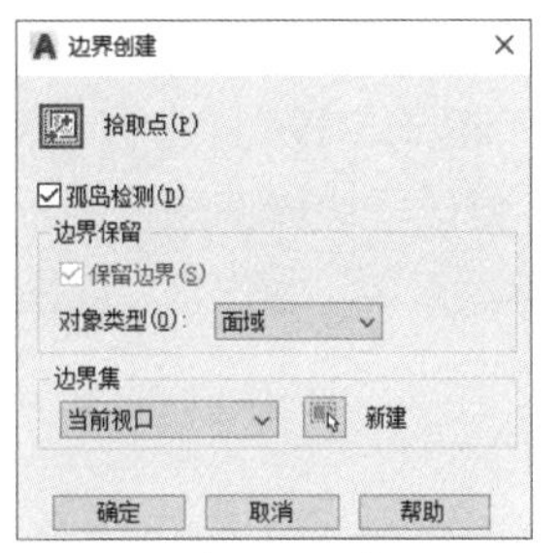

图 11-57 “边界创建”对话框

步骤 12 单击“拾取点”按钮，在需要创建边界的闭合空间单击即可。这里选择主卧，选择完成后单击空格按键，即可完成边界创建，如图11-58所示。

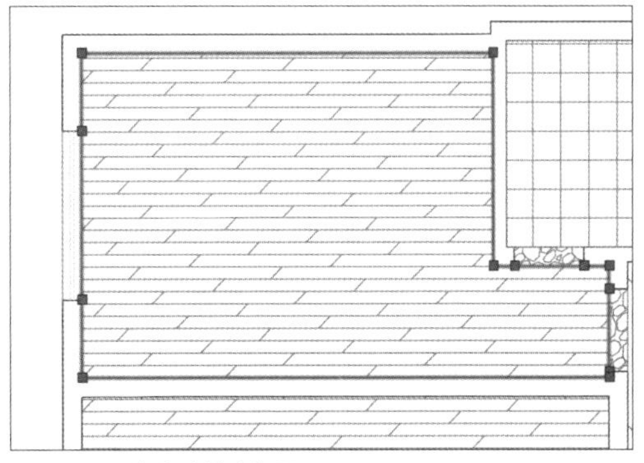

图 11-58 为主卧创建边界

步骤 13 创建完边界后，输入li命令来进行面积计算。选中边界，按空格键，在弹出的AutoCAD文本窗口中可以查看具体数据，如图11-59所示。面积的读取方式为小数点向前6位，周长的读取方式为小数点向前3位，由此可知保留小数点后一位后主卧的面积为16.2m^2。

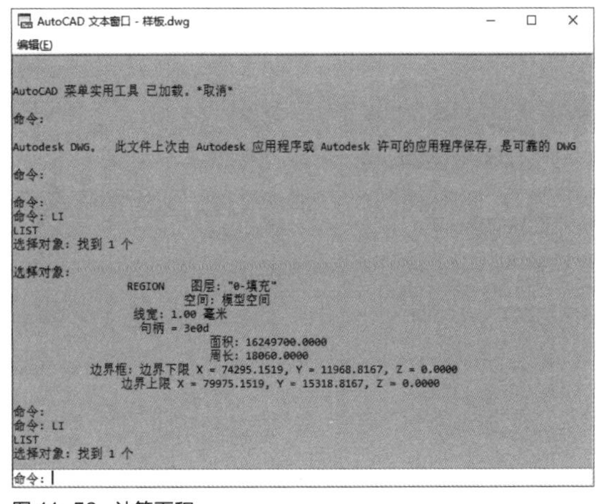

图 11-59 计算面积

步骤14 使用“多行文字”工具，在主卧内框选文字输入范围后，单击“遮罩”按钮 A 遮罩，打开“背景遮罩”对话框，修改“边界偏移因子”为1.0，勾选“使用图形背景颜色”复选项，如图11-60所示。

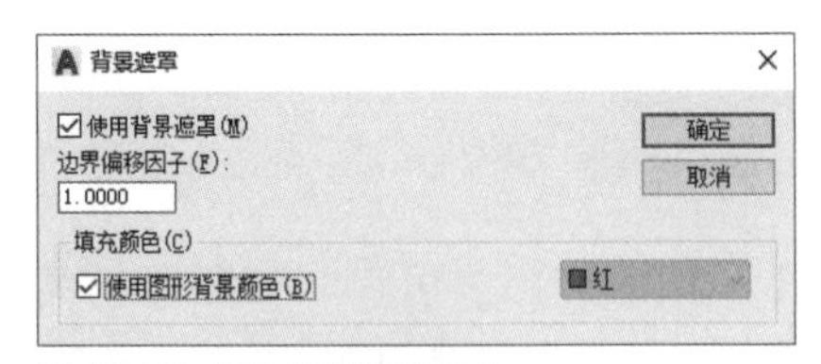

图 11-60　修改边界偏移因子

步骤15 单击“确定”按钮完成设置，输入“主卧室实木地板铺贴（16.2m^2）”文本，设置文字注释性为100，单击文本框外完成输入，调整文字大小，效果如图11-61所示。

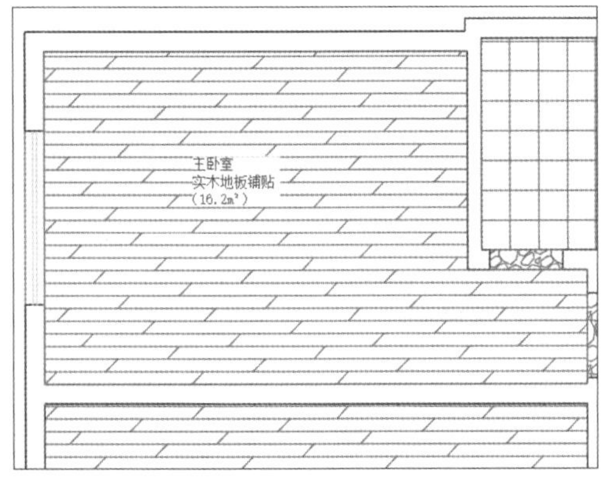

图 11-61　添加文字

步骤16 使用同样的方法，对所有房间进行测绘并标注，完成后的效果如图11-62所示。

图 11-62　添加标注

11.1.4　绘制顶面布置图

要绘制顶面布置图，首先为各区域填充合适的图案，然后在不同的房门放置图块。下面将为用户介绍顶面布置图的绘制方法。

步骤01 使用“复制”命令，以分页间隔矩形为参照对原始结构图进行复制，删除内部的文字与标注，修改图名为“顶面布置图”。使用“直线”工具对门洞进行封口，调入窗帘作为参照，如图11-63所示。

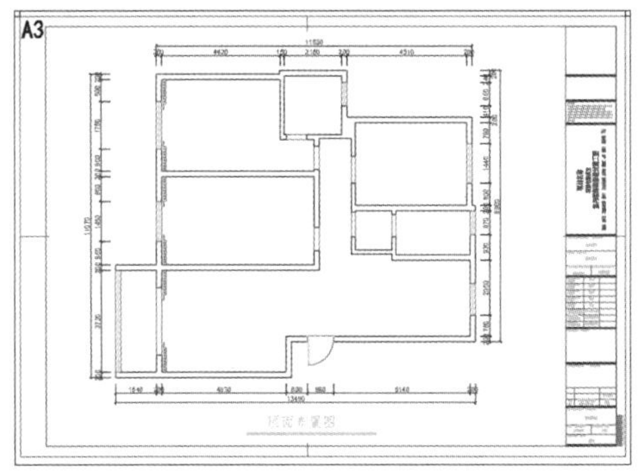

图 11-63　命名图名

步骤02 接下来，将填充生活阳台图形区域的杉木吊顶。新建“0-吊顶”图层，颜色为1号，线型为Continuous，线宽为0.30mm。将“0-吊顶”置为当前图层，激活“填充”工具，打开“图案填充和渐变色”对话框，在“类型和图案”选项区域中，将“类型”设置为“用户定义”；在“角度和比例”选项区域中，修改“间距”为80，具体设置如图11-64所示。

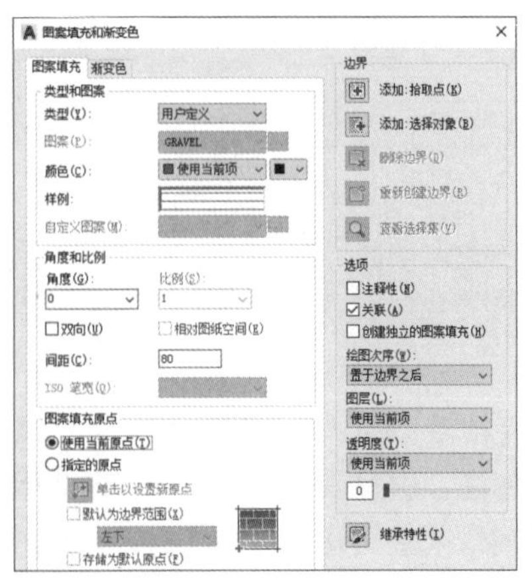

图 11-64　设置图案填充参数

步骤 03 单击“添加:拾取点”按钮，选择生活阳台图形区域进行填充，效果如图11-65所示。

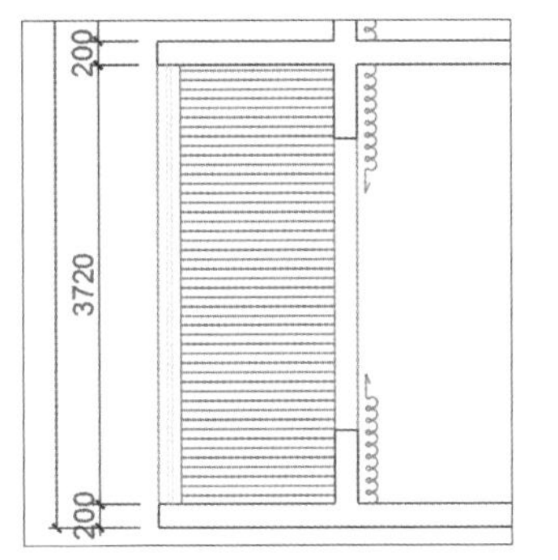

图 11-65 填充阳台图形区域

步骤 04 填充卫生间集成吊顶图形区域，大小设置同300mm×300mm防滑地砖相同，对卫生间分别进行填充，效果如图11-66所示。

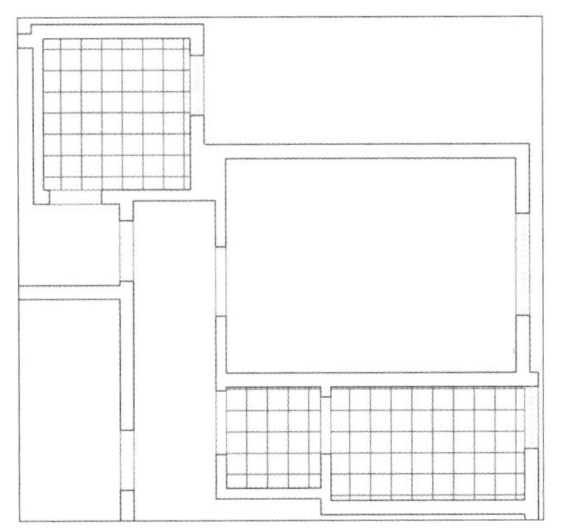

图 11-66 填充卫生间图形区域

步骤 05 使用“偏移”“延伸”命令绘制窗帘盒，如图11-67所示。

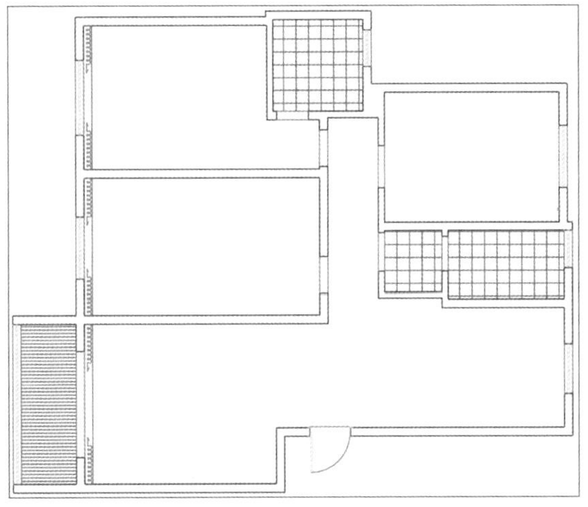

图 11-67 绘制窗帘盒

步骤 06 使用“直线”“偏移”“倒圆”命令绘制客厅石膏板吊顶与磁吸灯灯槽，如图11-68所示。

图 11-68 绘制客厅石膏板吊顶与磁吸灯灯槽

步骤 07 使用“直线”“偏移”“倒圆”命令绘制餐厅石膏板吊顶与磁吸灯灯槽，如图11-69所示。

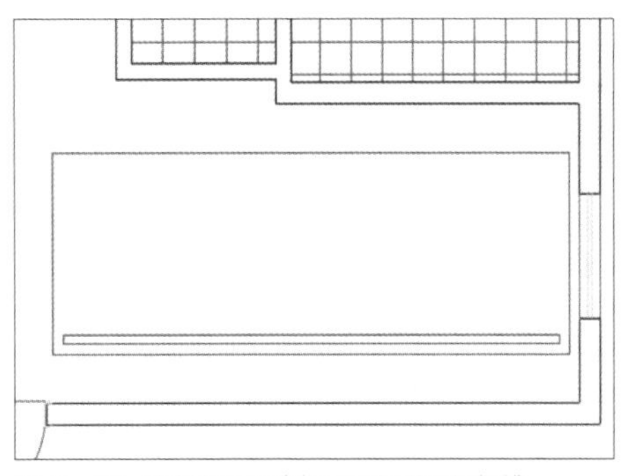

图 11-69 绘制餐厅石膏板吊顶与磁吸灯灯槽

步骤 08 使用“偏移”“矩形”“修剪”命令绘制走廊石膏板吊顶，如图11-70所示。

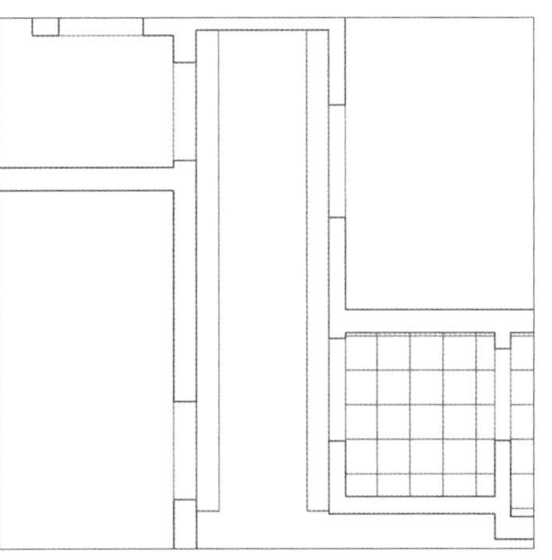

图 11-70 绘制走廊石膏板吊顶

步骤 09 使用“偏移”“直线”“倒圆”命令绘制书房石膏板吊顶，如下页图11-71所示。

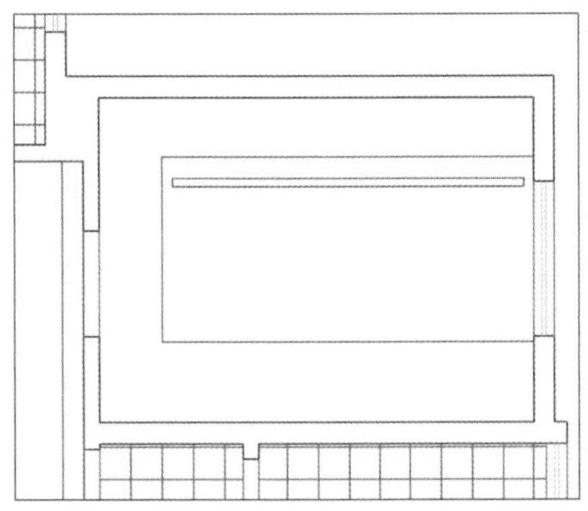

图 11-71　绘制书房石膏板吊顶

步骤 10 使用“偏移”“倒圆”“直线”命令绘制卧室石膏板吊顶与磁吸灯灯槽，如图11-72所示。

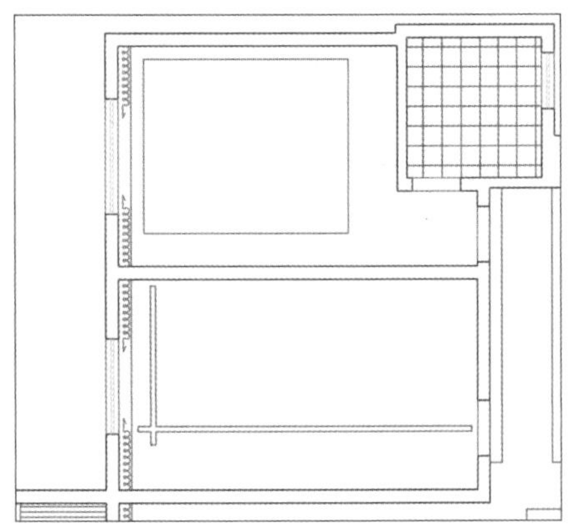

图 11-72　绘制卧室石膏板吊顶与磁吸灯灯槽

步骤 11 调入灯具图块，放置在顶面布置图的右下角，如图11-73所示。

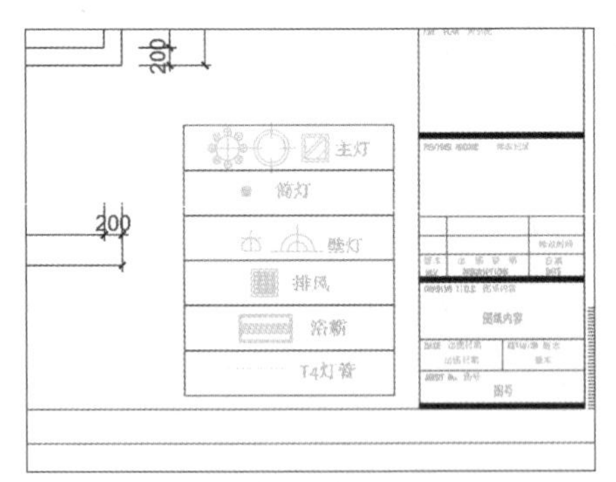

图 11-73　放入灯具图块

步骤 12 将平面布置图复制一份出来，执行“炸开”命令，将平面布置图多次炸开。新建“0-参照”图层，颜色为54号，其他属性保持默认即可。将炸开的平面布置图放入“0-参照”图层，使用“成块”命令将其成块，如图11-74所示。

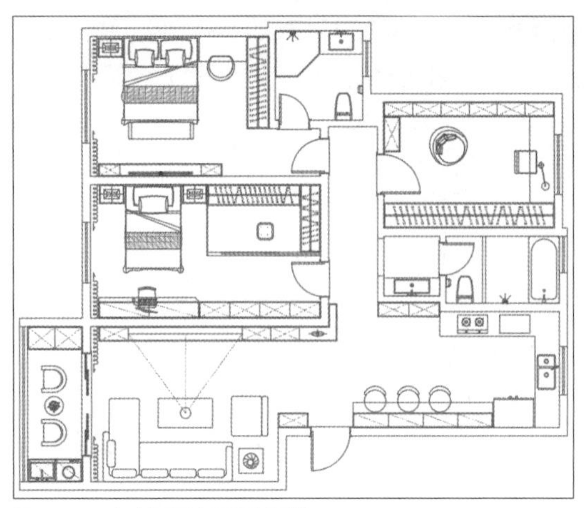

图 11-74　复制平面布置图并调整

步骤 13 将参照图块放置在与地面布置图重合的位置，如图11-75所示。

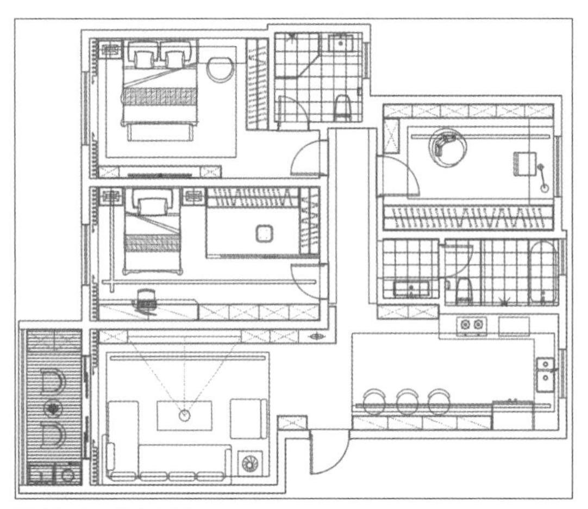

图 11-75　放入图块

步骤 14 复制“主灯”“筒灯”“排风”“浴霸”图块，以参照图块为参照，将灯具放置在主卫合适的位置，如图11-76所示。

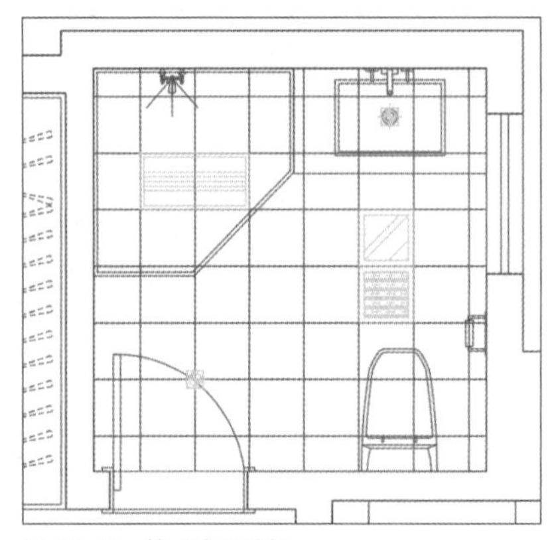

图 11-76　放置主卫图块

步骤 15 复制“壁灯”“主灯”“筒灯”“T4-灯管”图块，以参照图块为参照，将灯具放置在主卧室合适的位置，如图11-77所示。

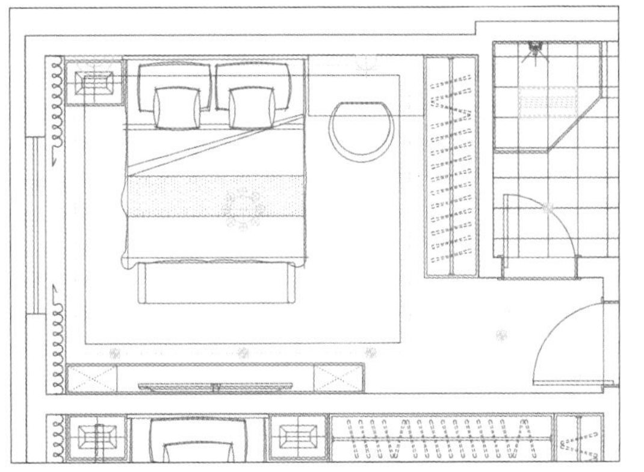

图 11-77 放置主卧图块

步骤 16 复制“壁灯”“主灯”“筒灯”图块，以参照图块为参照，将灯具放置在次卧室合适的位置，如图11-78所示。

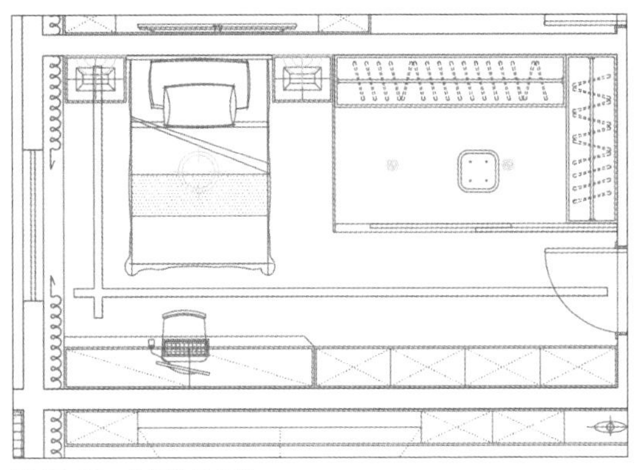

图 11-78 放置次卧图块

步骤 17 复制“主灯”“筒灯”“T4-灯管”图块，以参照图块为参照，将灯具放置在客厅与生活阳台的合适位置，如图11-79所示。

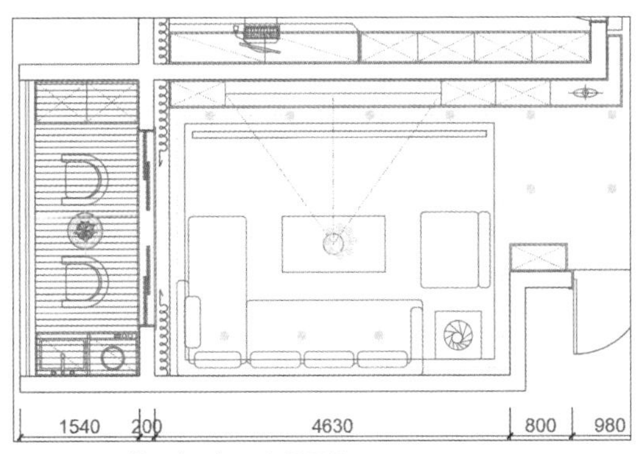

图 11-79 放置客厅与阳台的图块

步骤 18 复制“主灯”“筒灯”图块，以参照图块为参照，将灯具放置在开放式厨房的合适位置，如图11-80所示。

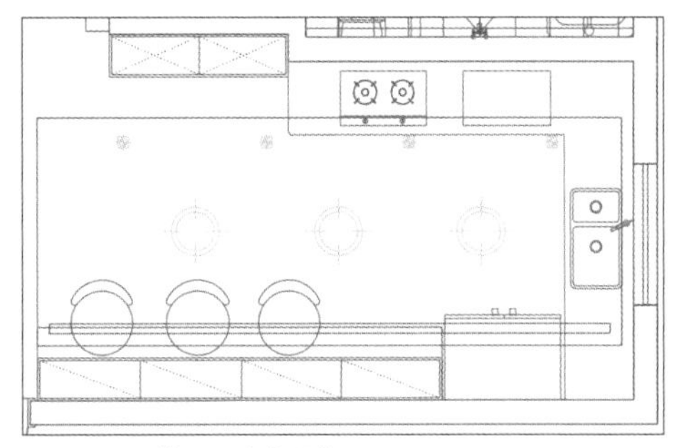

图 11-80 放置厨房的图块

步骤 19 复制“主灯”“筒灯”“排风”“浴霸”“T4-灯管”图块，以参照图块为参照，将灯具放置在过道、次卫与书房的合适位置，如图11-81所示。

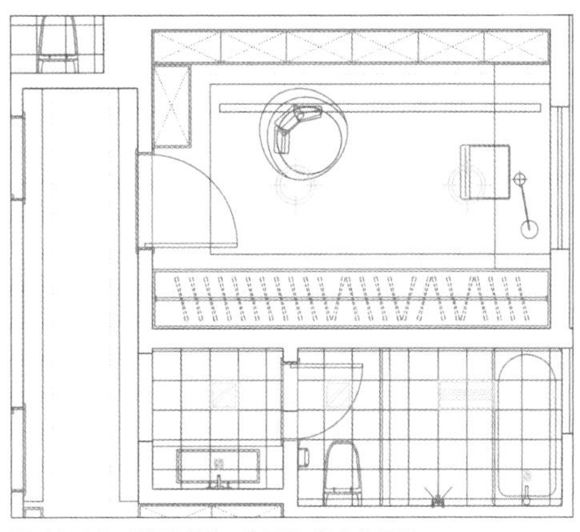

图 11-81 放置过道、次卫与书房的图块

步骤 20 将“0-文字”图层置为当前，使用“文字”工具对层高进行标注，效果如图11-82所示。

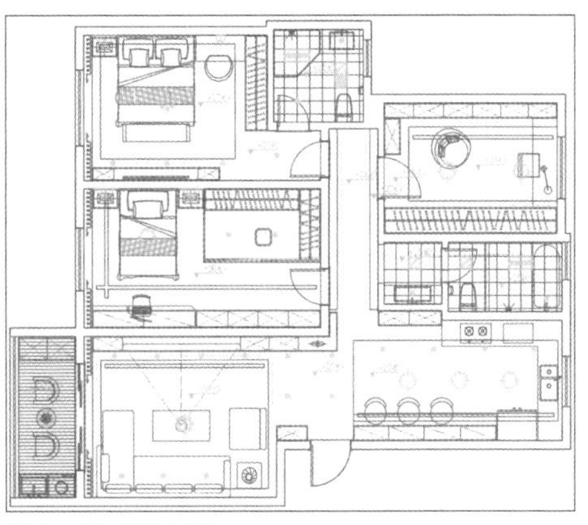

图 11-82 标注层高

步骤 21 关闭“0-参照”图层，完整的顶面布置图就绘制完成了，如图11-83所示。

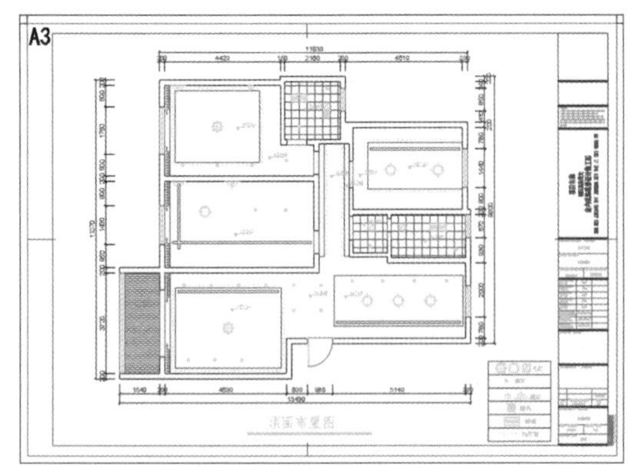

图 11-83　顶面布置图的效果

11.2　绘制室内施工立面图

室内施工图不仅有平面部分，还有立面部分，不同空间的立面图也是施工图中必不可少的一部分，本小节将为用户介绍客餐厅立面图的画法。

11.2.1　绘制客餐厅 A 立面图 ↔

在绘制客餐厅前，要先对绘图环境与界线进行定位，然后再根据平面布置图中客餐厅的布局结构进行立面图形的绘制，具体操作步骤如下。

步骤 01 沿参照矩形复制图框，复制一份平面布置图并将其成块，如图11-84所示。

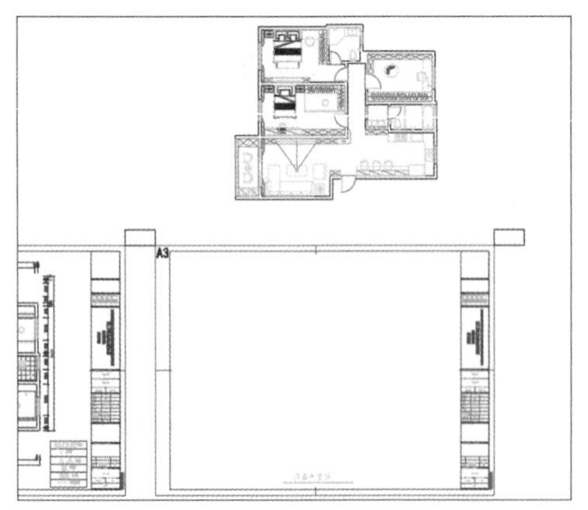

图 11-84　复制平面布置图并成块

步骤 02 使用矩形工具将需要绘制的客餐厅A立面部分框出，如图11-85所示。

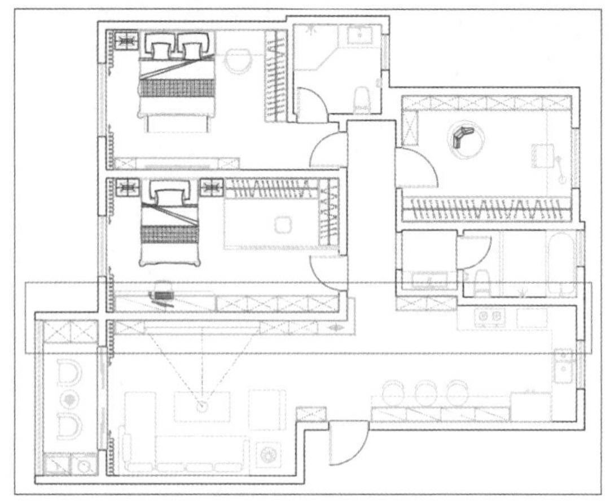

图 11-85　框出客餐厅 A 立面部分

步骤 03 使用裁剪工具将需要绘制部分裁剪出来，放置的图框内，再次成块并修改图名，如图11-86所示。

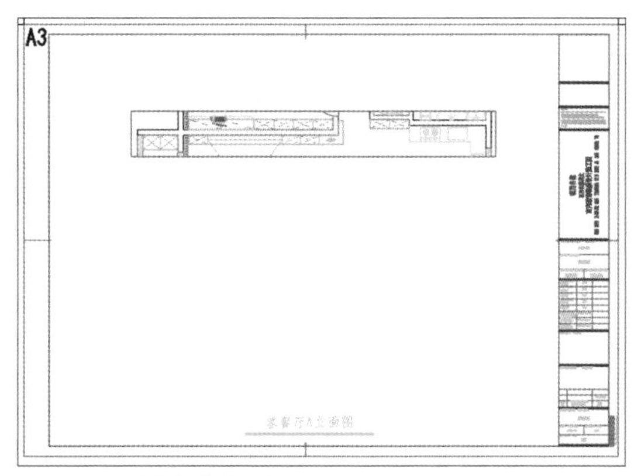

图 11-86　成块并修改图名

步骤 04 切换至“0-墙体”图层，使用直线工具沿平面图外侧墙体绘制出立面外墙，加入楼板厚度为140mm，偏移层高为2800mm，如图11-87所示。

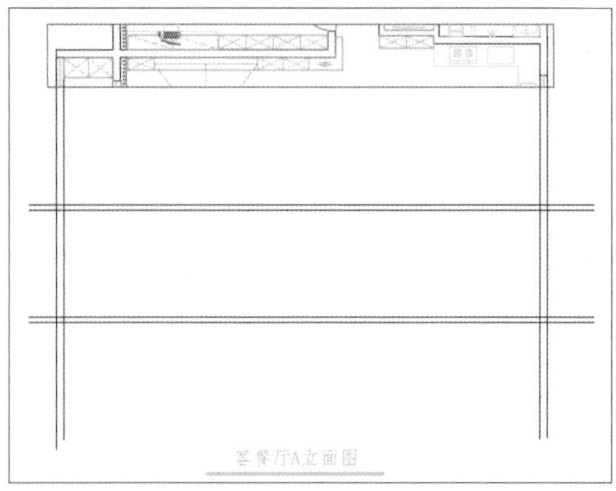

图 11-87　绘制立面外墙

步骤05 使用偏移工具偏移出立面外墙体，如图11-88所示。

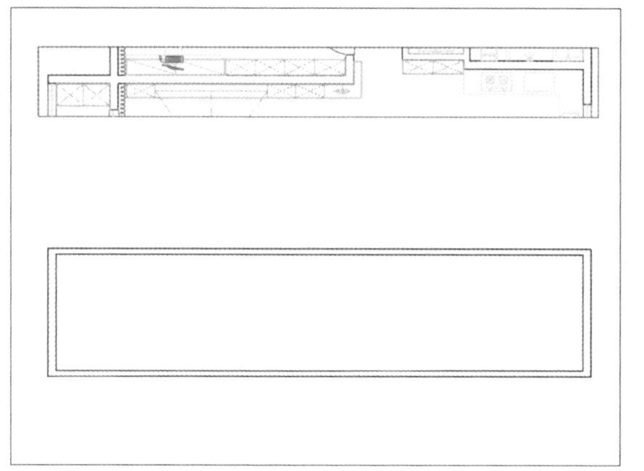

图11-88 绘制立面外墙体

步骤06 使用偏移工具绘制出地板高度，切换至“0-家具”图层，根据原始结构图绘制出立面窗户，如图11-89所示。

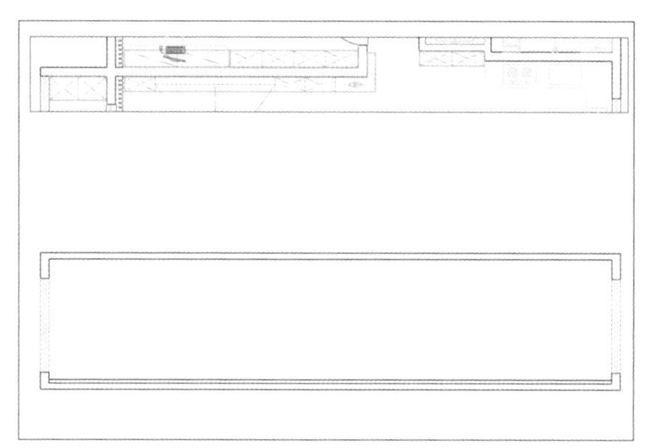

图11-89 绘制立面窗户

步骤07 使用直线工具与偏移工具绘制出阳台房梁与房梁包边，如图11-90所示。

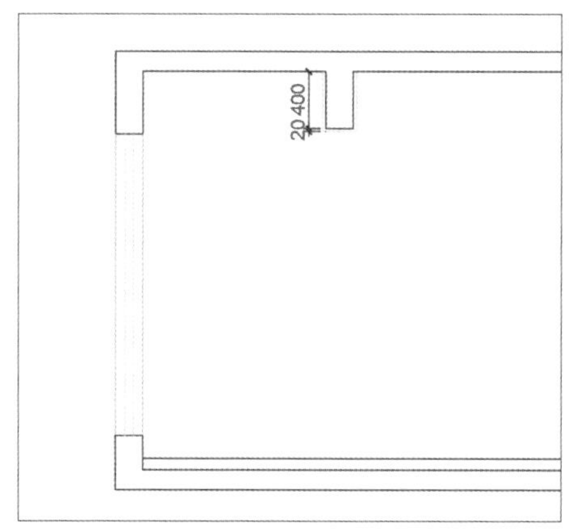

图11-90 绘制阳台房梁与房梁包边

步骤08 使用偏移工具绘制简易吊顶，如图11-91所示。

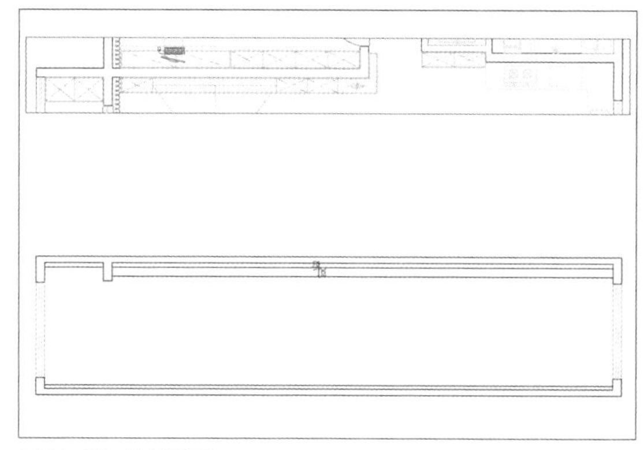

图11-91 绘制吊顶

步骤09 使用矩形工具与直线工具绘制出阳台储物柜，如图11-92所示。

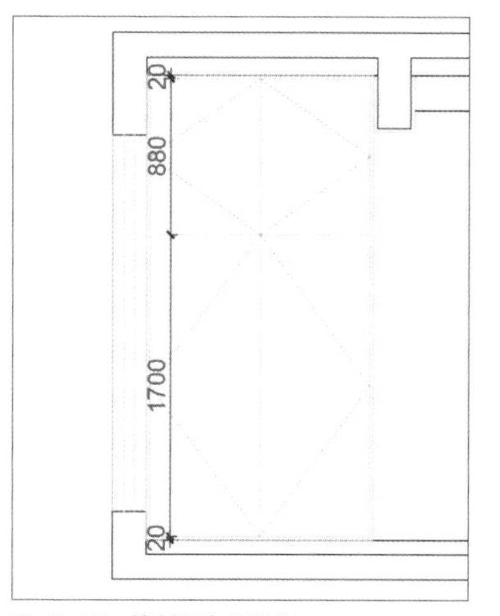

图11-92 绘制阳台储物柜

步骤10 使用直线工具沿平面布置图向下绘出客厅辅助线，如图11-93所示。

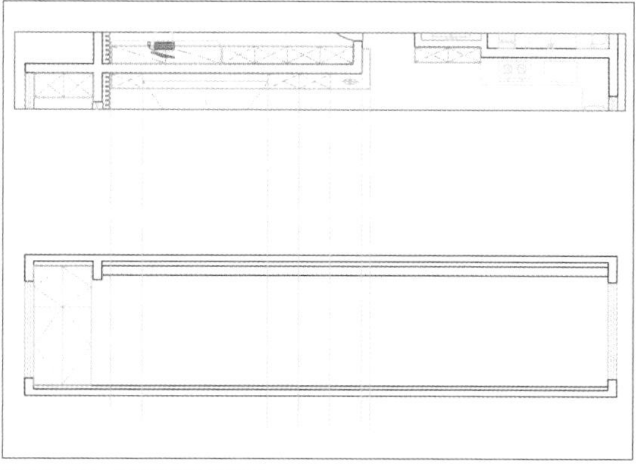

图11-93 绘制客厅辅助线

步骤 11 使用偏移、矩形与直线工具绘制出客厅立面框架，效果如图11-94所示。

图 11-94　绘制客厅立面框架

步骤 12 深入绘制客厅立面框架的细节，效果如图11-95所示。

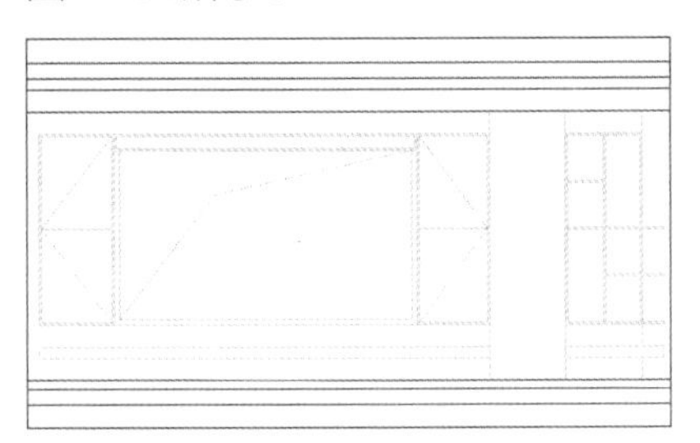

图 11-95　绘制客厅立面框架的细节

步骤 13 以平面布置图为参照，使用直线、矩形与偏移工具绘制出餐厅立面部分框架，如图11-96所示。

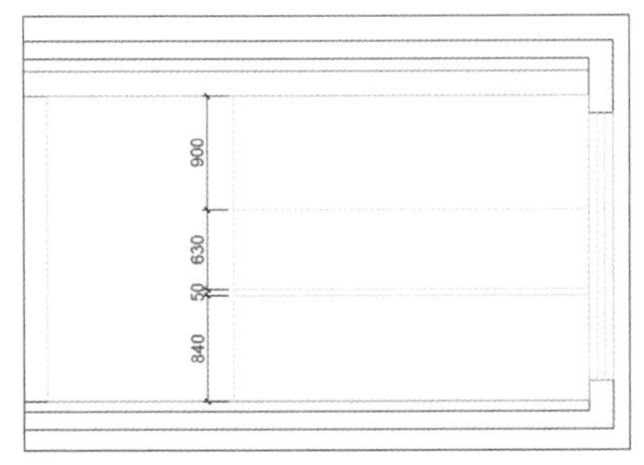

图 11-96　绘制餐厅立面部分框架

步骤 14 深入绘制餐厅立面框架的细节，效果如图11-97所示。

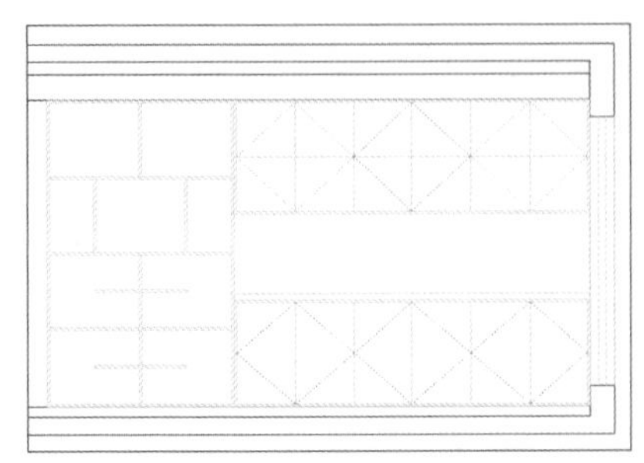

图 11-97　绘制餐厅立面框架的细节

步骤 15 以顶面布置图为参照，绘制藏灯带与灯条，如图11-98所示。

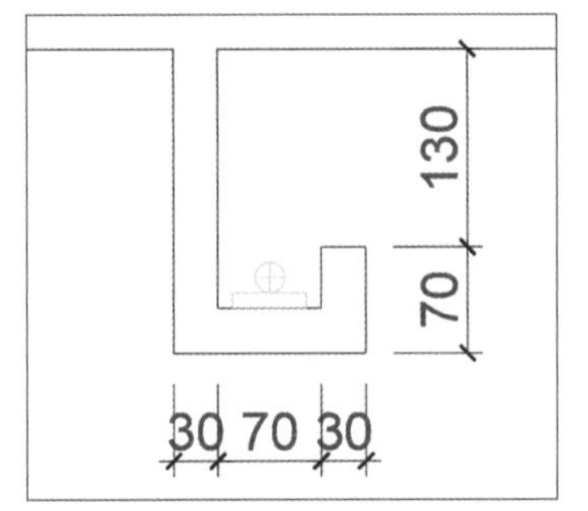

图 11-98　绘制藏灯带与灯条

步骤 16 在所有灯条位置绘制藏灯带与灯条，效果如图11-99所示。

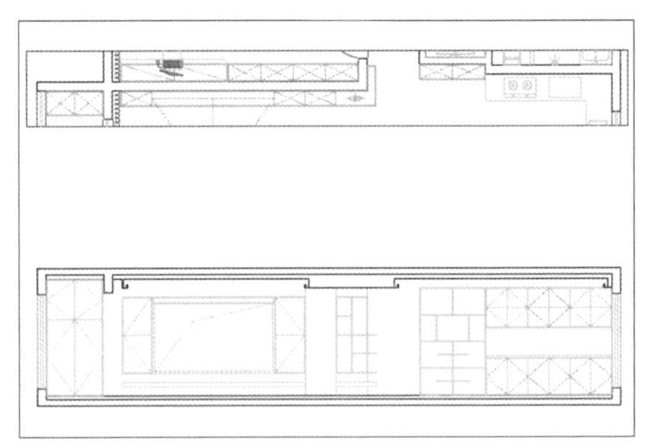

图 11-99　藏灯带与灯条的效果

步骤 17 节点大样图是施工流程中的重要部分，其主要功能是详细展示某一部分细节与制作工艺。首先将需要绘制节点大样的部分圈起来，如图11-100所示。

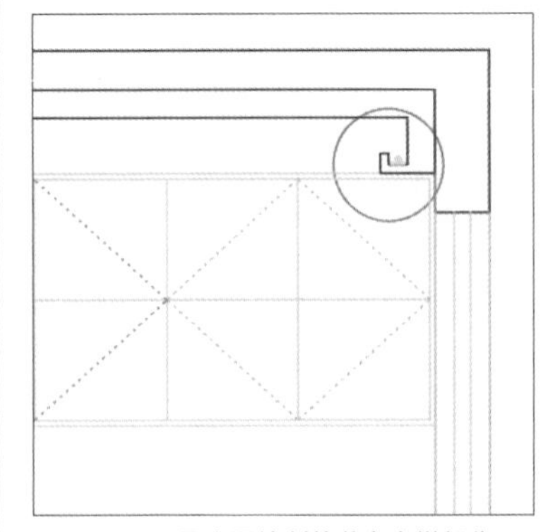

图 11-100　圈出要绘制的节点大样部分

步骤 18 将圈出部分复制一份，标注尺寸，成块，放大到合适的大小，如下页图11-101所示。

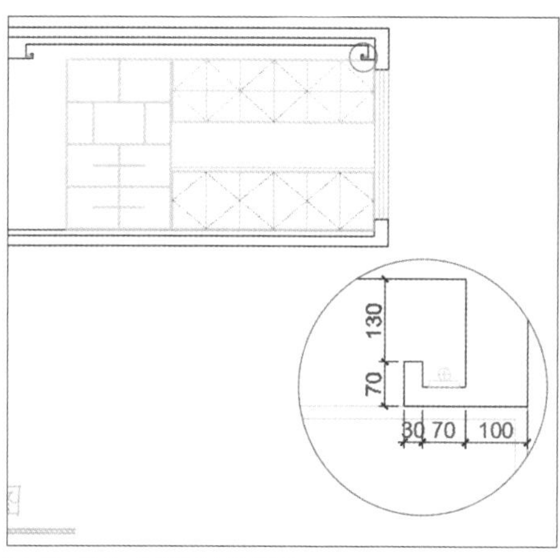

图 11-101 复制圈中的部分

步骤19 使用SPL线将两者连接，进行图名标注，如图11-102所示。

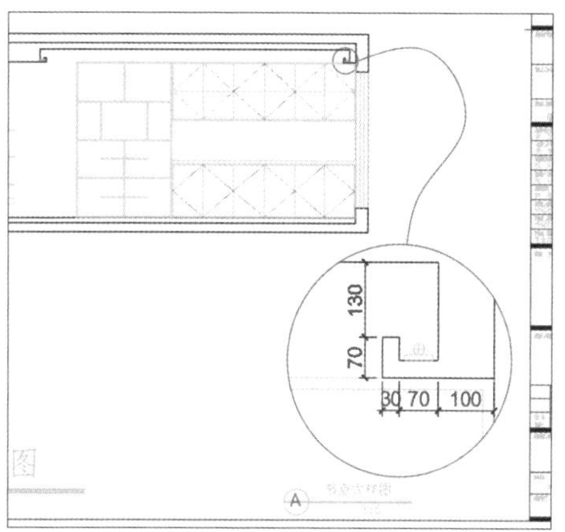

图 11-102 标注图名

步骤20 新建“0-装饰”图层，调入装饰品图块来美化立面图，如图11-103所示。

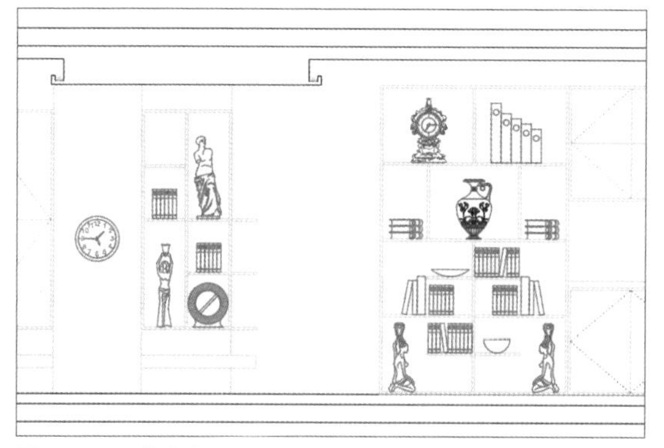
图 11-103 美化立面图

步骤21 调用偏移工具与伸缩工具，添加80mm的踢脚线，如图11-104所示。

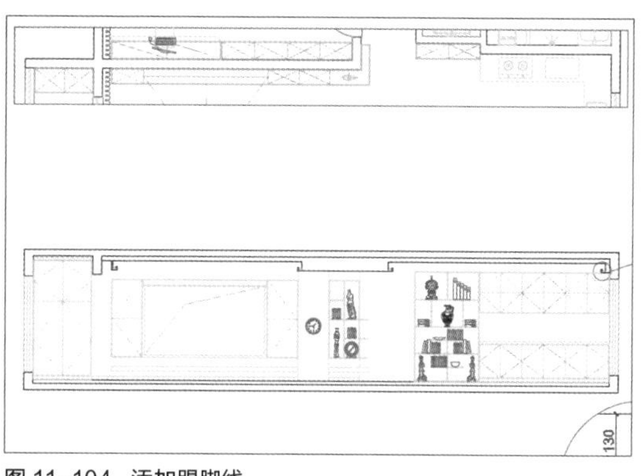
图 11-104 添加踢脚线

步骤22 使用引线标注工具对客厅与阳台材质进行标注，如图11-105所示。

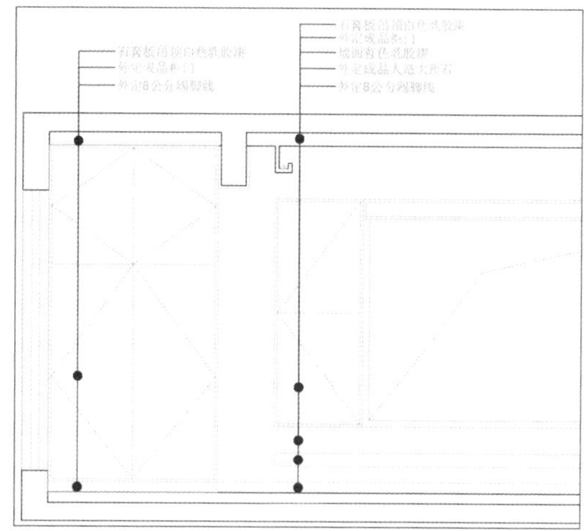
图 11-105 添加标注

步骤23 使用引线标注工具对餐厅材质进行标注，如图11-106所示。

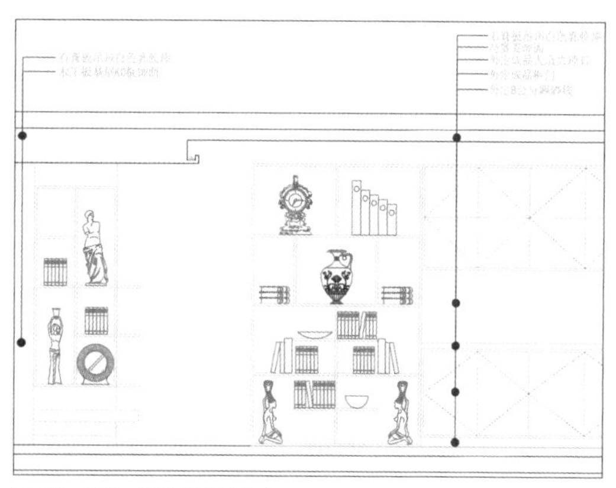
图 11-106 标注餐厅材质

步骤24 使用标注工具对外围数据进行标注，如下页图11-107所示。

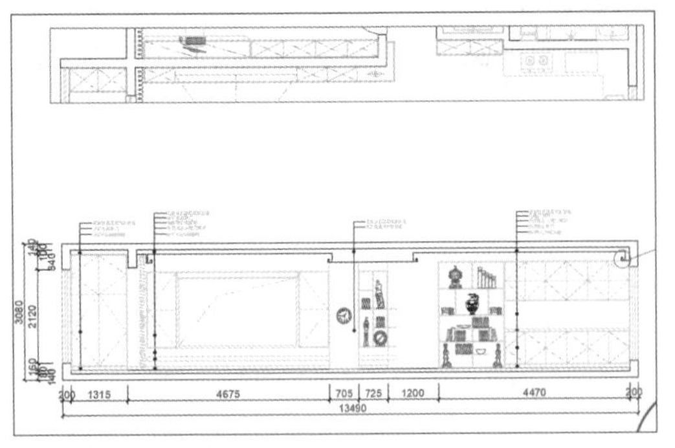

图 11-107 标注外围数据

步骤 25 使用移动工具调整图形至合适位置，完成后的效果如图11-108所示。

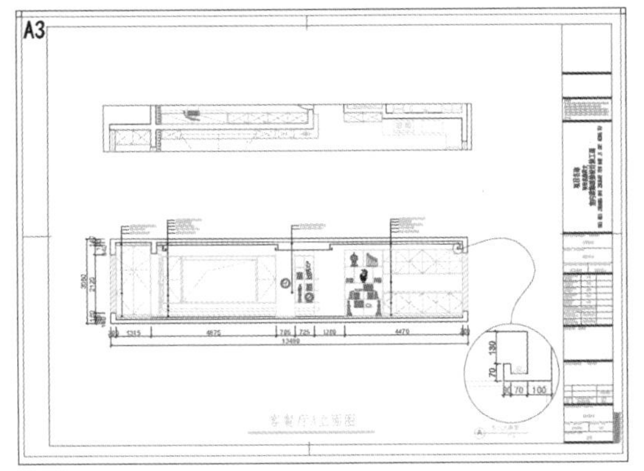

图 11-108 客餐厅 A 立面图效果

11.2.2 绘制客餐厅 B 立面图

客餐厅B立面图和A立面图类似，先复制平面布置图并旋转，然后再添加各种图块和标注。本小节将介绍客餐厅B立面图的绘制方法，具体步骤如下。

步骤 01 同A立面图一样，首先复制图框与平面布置图，裁剪后放置在合适的位置，如图11-109所示。

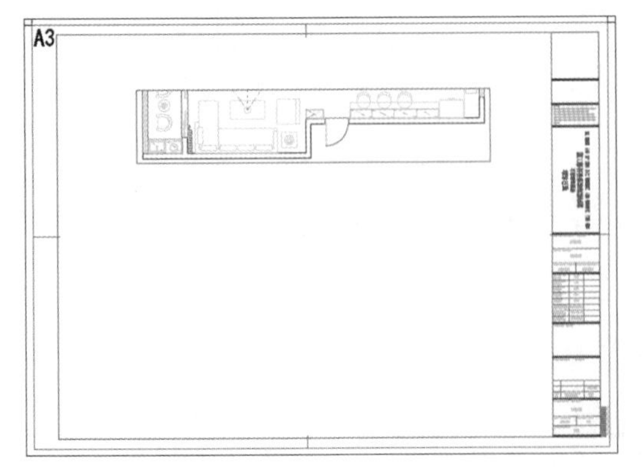

图 11-109 复制并调整图形

步骤 02 使用旋转工具将参照图旋转至正确的方向，然后添加图名，如图11-110所示。

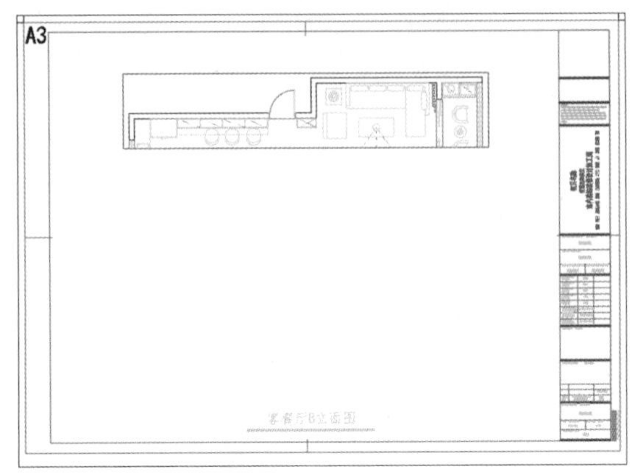

图 11-110 旋转参照图

步骤 03 接下来绘制外框架，如图11-111所示。

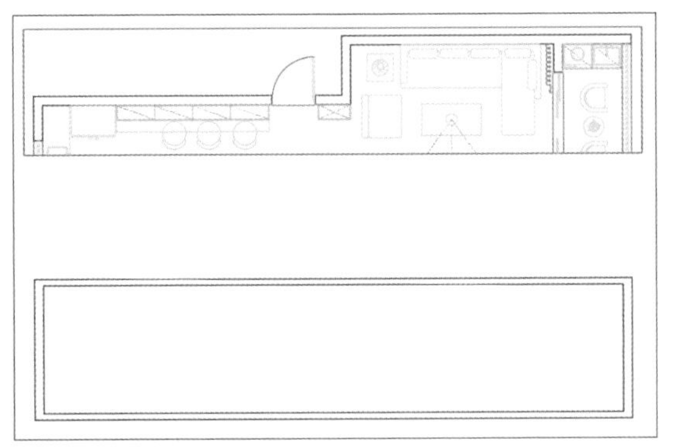

图 11-111 绘制外框架

步骤 04 绘制窗户、阳台房梁与地板，如图11-112所示。

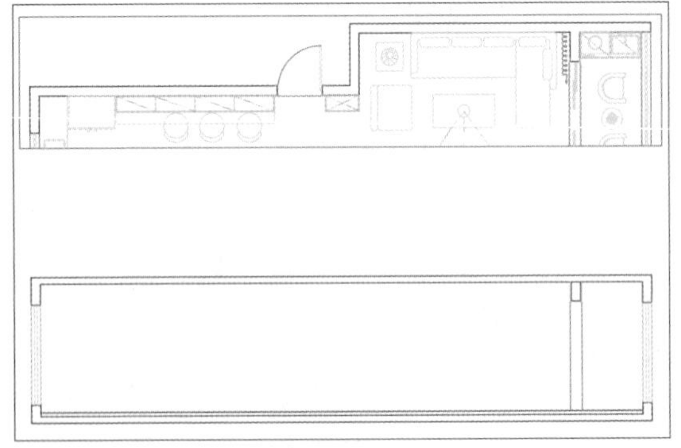

图 11-112 绘制窗户、阳台房梁与地板

步骤 05 以顶面布置图为参照绘制吊顶，如下页图11-113所示。

步骤 06 绘制阳台储物造型，如下页图11-114所示。

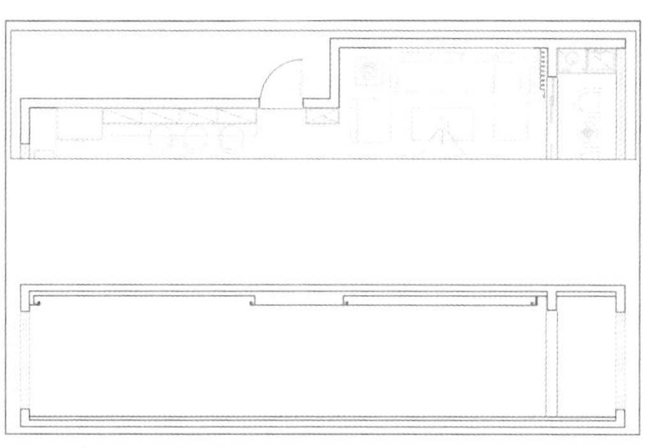

图 11-113 绘制吊顶

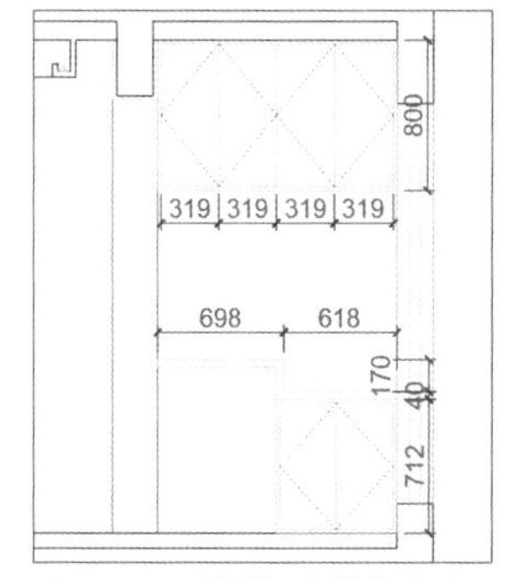

图 11-114 绘制阳台储物造型

步骤 07 参照平面布置图，绘制厨房柜体造型，如图11-115所示。

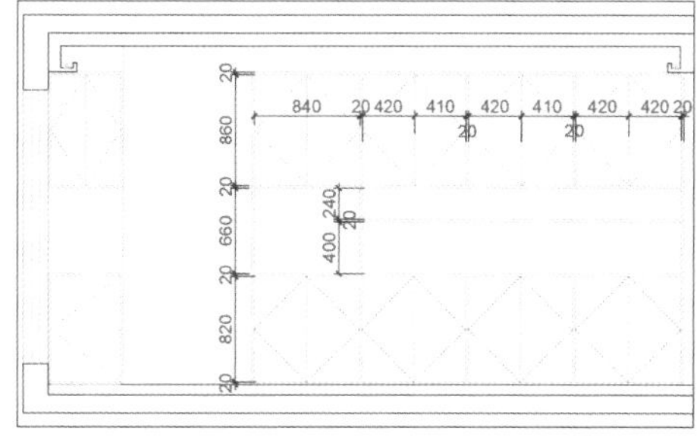

图 11-115 绘制厨房柜体造型

步骤 08 参照平面布置图，绘制大门与鞋柜造型，如图11-116所示。

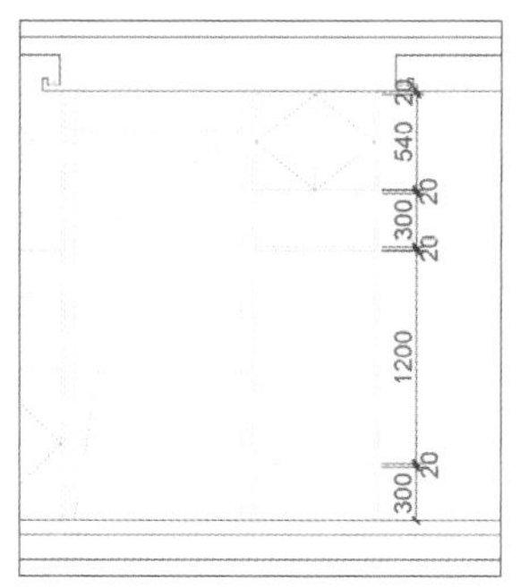

图 11-116 绘制大门与鞋柜造型

步骤 09 接下来，绘制客厅墙面背景切线，如图11-117所示。

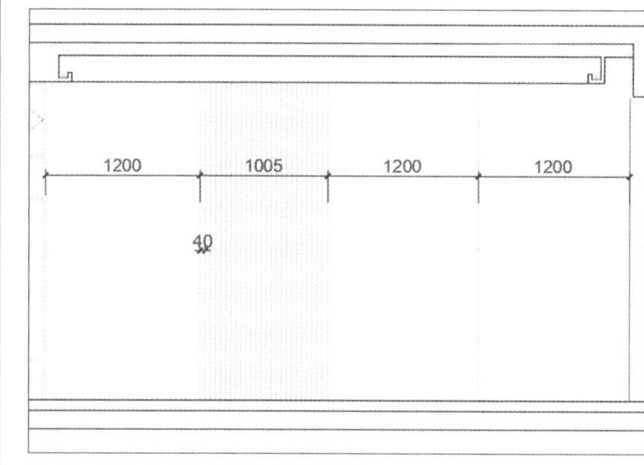

图 11-117 绘制客厅墙面背景切线

步骤 10 绘制踢脚线，如图11-118所示。

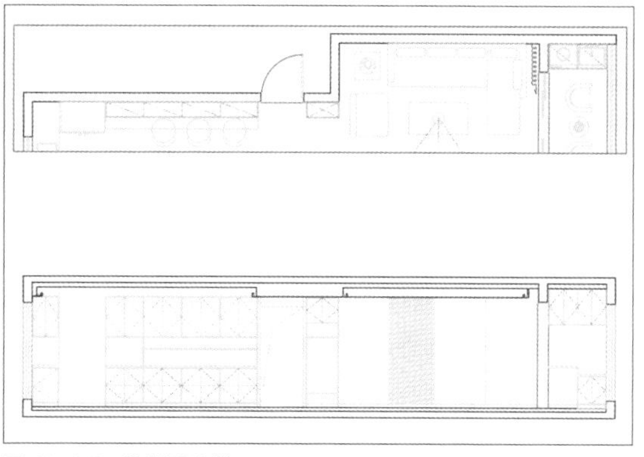

图 11-118 绘制踢脚线

步骤 11 调入洗衣机、台盆、成品扶手与装饰花盆图块，放置在阳台的合适位置，如图11-119所示。

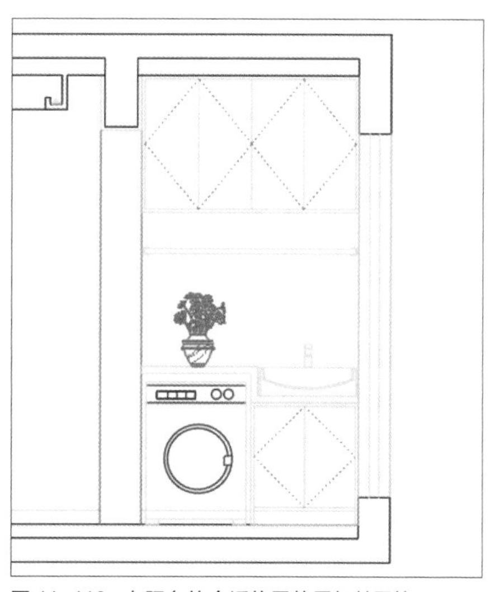

图 11-119 在阳台的合适位置放置相关图块

步骤 12 调入组合沙发、窗帘、装饰摆件与成品衣架挂件图块，放置在合适位置，如图11-120所示。

图 11-120 放置组合沙发等图块

步骤 13 调入冰箱与烤箱图块，放置在厨房的合适位置，如图11-121所示。

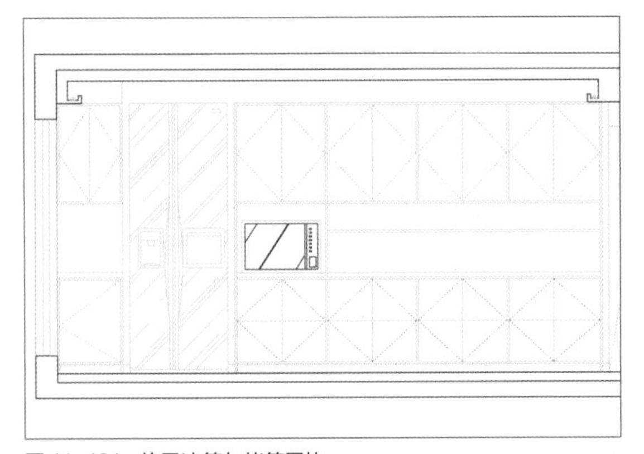

图 11-121 放置冰箱与烤箱图块

步骤 14 使用引线标注工具对餐厅材质进行标注，如图11-122所示。

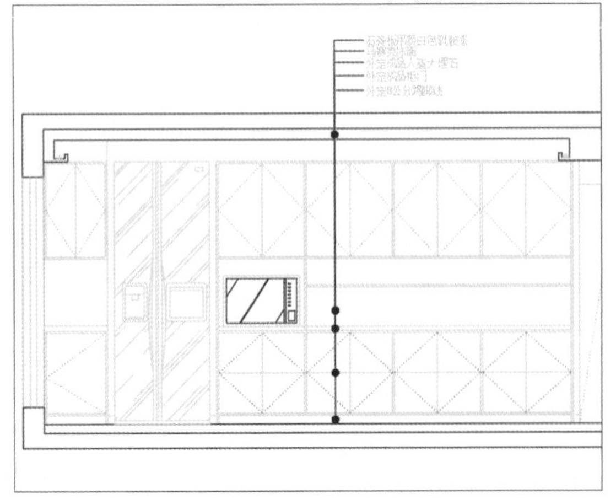

图 11-122 标注餐厅材质

步骤 15 使用引线标注工具对客厅与阳台材质进行标注，如图11-123所示。

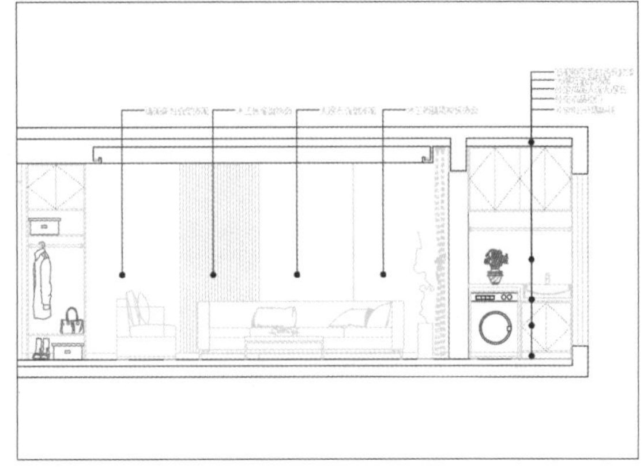

图 11-123 标注客厅和阳台材质

步骤 16 使用标注工具对外围数据进行标注，如图11-124所示。

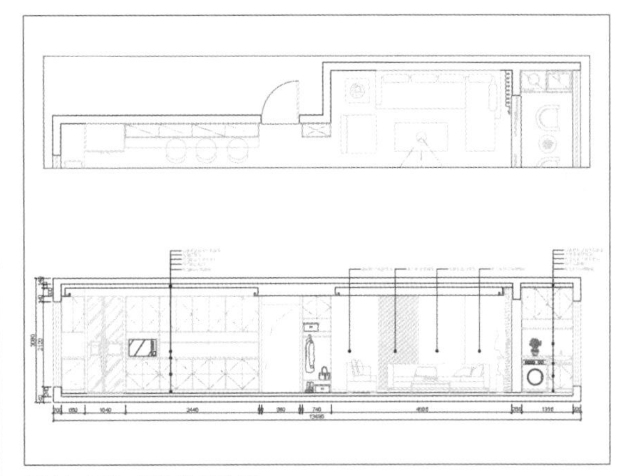

图 11-124 标注外围数据

步骤 17 使用移动工具调整立面图的位置，完成后的效果如图11-125所示。

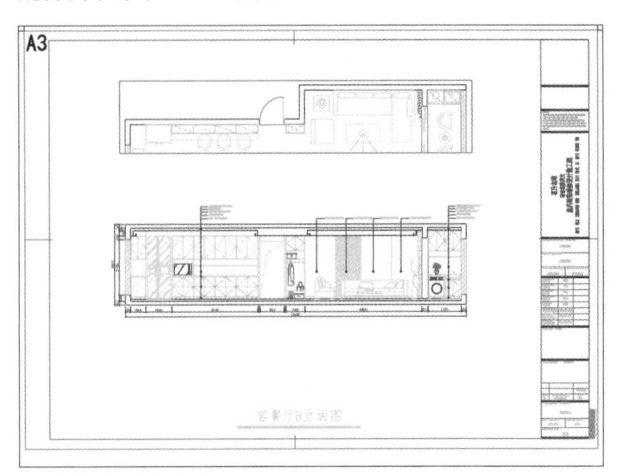

图 11-125 客餐厅 B 立面图

第12章 绘制别墅结构图

课题概述 本章以别墅结构设计为例，详细介绍了建筑结构设计施工图的绘制过程，其中包含桩平面图绘制、基础平面图绘制、钢筋大样图绘制及尺寸标注等。

教学目标 通过本章内容的学习，用户不仅可以对前面章节所学内容进行复习与巩固，还将掌握建筑结构设计的相关绘图知识与技巧。

核心知识点

- ★☆☆☆ | 利用多线绘制钢筋图
- ★★☆☆ | 尺寸标注与文字说明
- ★★★☆ | 绘制基础平面布置图
- ★★★★ | 绘制桩平面布置图

本章文件路径

绘制别墅结构图：实例文件 \ 第 12 章 \ 绘制别墅结构图 .dwg

本章内容图解链接

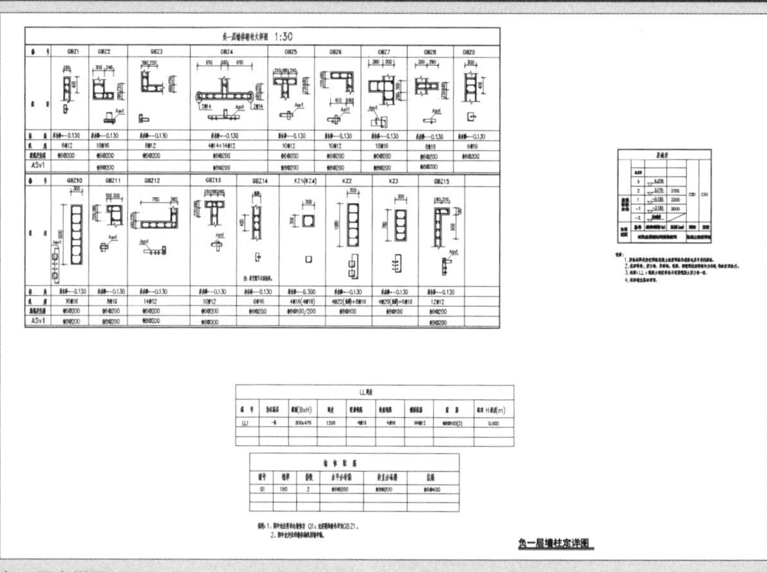

负一层大样图

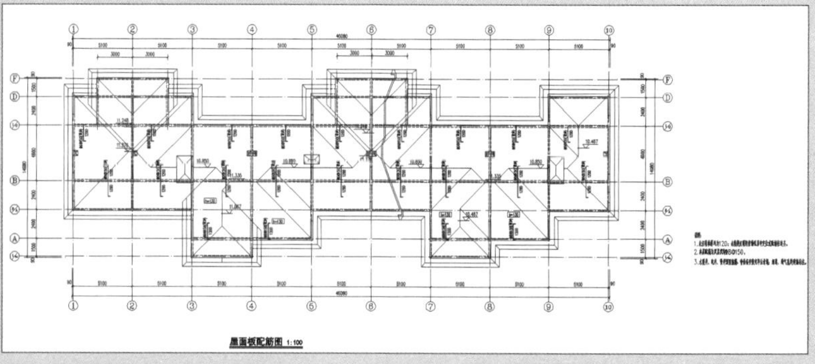

屋顶板配筋图

12.1 绘制桩平面布置图

首先绘制的是别墅建筑结构图中的桩平面布置图，即别墅在施工过程中需要布置的桩的布置平面图，下面介绍具体操作方法。

12.1.1 绘制轴线

要绘制桩平面布置图，首先需要创建轴线，并绘制轴网，本小节将介绍桩平面布置图的具体绘制方法。

步骤 01 首先需要设置图纸尺寸，即在命令行中输入limits命令，按下Enter键后输入0.0000、0.0000，按下Enter后再次输入42000、297000。接下来将图纸设置成A3尺寸、1/100的比例，如图12-1所示。

图 12-1　设定图形边界及图形比例

步骤 02 在“默认”选项卡的“图层”面板中单击“图层特性”按钮，在弹出的“图层特性管理器”面板中单击“新建图层”按钮，新建图层，如图12-2所示。

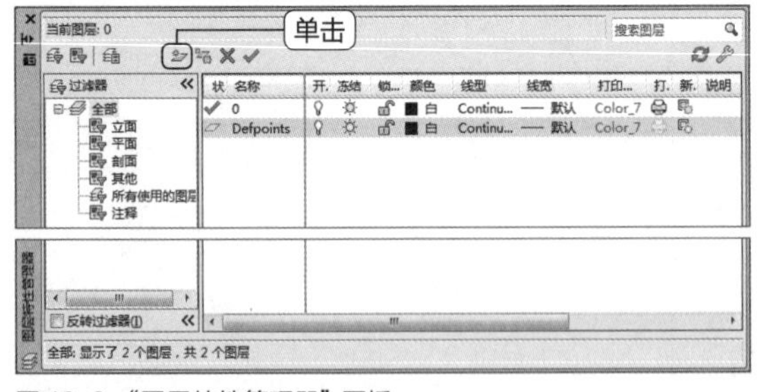

图 12-2 “图层特性管理器”面板

步骤 03 将图层分别命名为“DOTE”（轴线）、“墙体”“门窗”“楼梯”“标注”“柱子”和“文字”等，并修改各图层的颜色、线型、线宽，如图12-3所示。

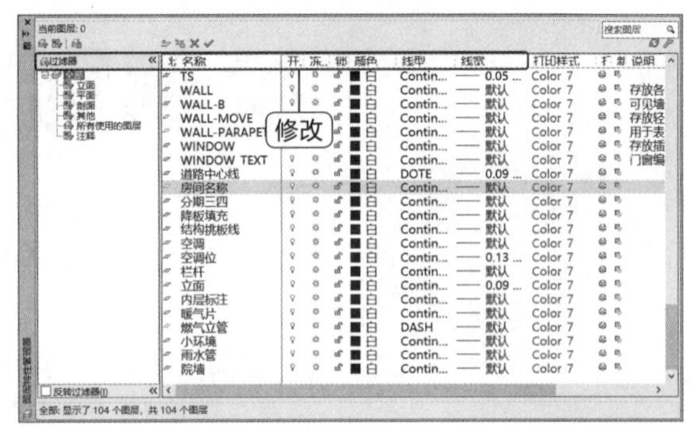

图 12-3　新建图层并重命名

步骤 04 将“DOTE”图层设为当前图层，在命令行中输入l命令，按键盘上的F8功能键开启“正交限制光标”模式。先绘制一条垂直方向的轴线，再绘制一条水平轴线，如图12-4所示。

图 12-4　绘制基准轴线

步骤 05 调用“偏移”命令，将垂直方向的直线向右分别偏移5100、1800、3300、3300、1800、1800、3300、3300、1800、1800、3300、3300、1800、1800、3300、3300、1800，将1800的线条修改短一些，如图12-5所示。

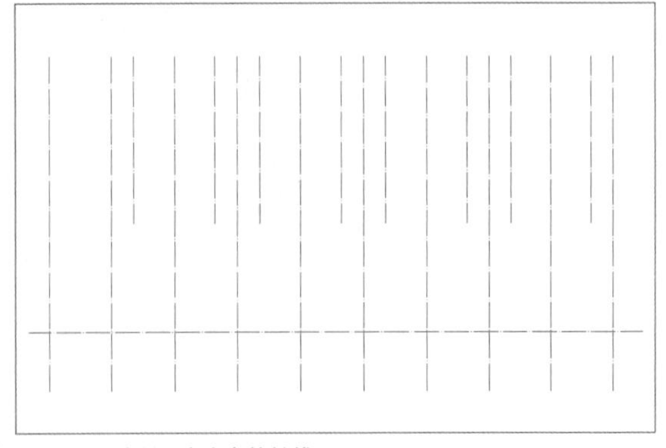

图 12-5　绘制垂直方向的轴线

步骤 06 绘制水平方向轴线后，继续使用偏移工具，将水平直线向上分别偏移3700、2000、2800、3700、3300、600、900、500、1000，将最后500、1000线条分别修剪改短，然后整理一下线条，如图12-6所示。

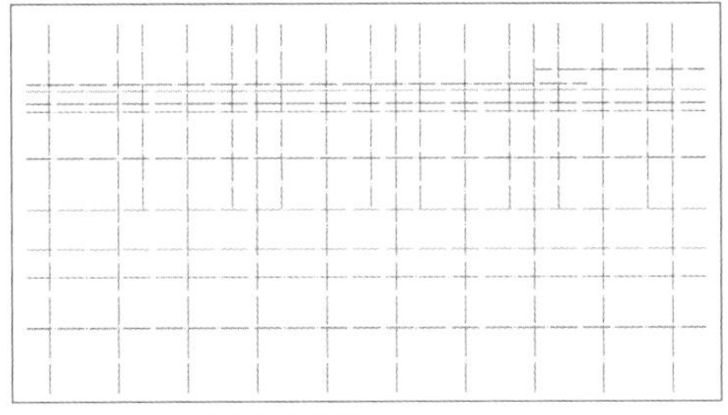

图 12-6 绘制水平方向轴线

12.1.2 绘制轴号

轴网绘制完成之后，需要绘制对应的轴号便于下一步的操作，下面介绍绘制轴号的具体操作方法。

步骤 01 将“AXIS”图层设为当前图层，选择“圆”工具，在适当位置绘制直径为500的圆。选择“直线”工具，在圆下方绘制长度为1500的直线。在命令行中输入att命令，在打开的“属性定义”对话框中进行属性定义。首先在“标记”数值框中填入“1”❶，在“提示”文本框中填入“请输入轴号”❷，在“默认”数值框中填入“1”❸，“对正”选择“中间”❹，“文字高度”设置为900❺，单击“确定”按钮❻，如图12-7所示。

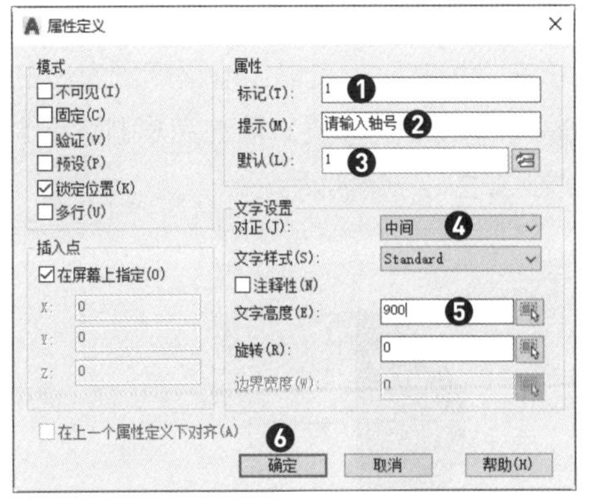

图 12-7 “属性定义”对话框

步骤 02 同时选择绘制的图形和属性定义文字块，在命令行中输入w命令，打开“写块”对话框。拾取点选择线条最下端为基点❶，单击“确定”按钮❷，如图12-8所示。

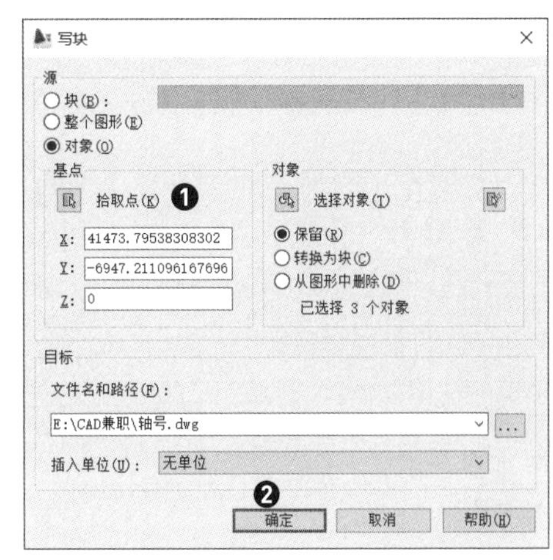

图 12-8 “写块”对话框

步骤 03 在命令行中输入i命令并按Enter键，在打开的“块”面板中选择所需的轴号，将其移动到合适的位置，如图12-9所示。

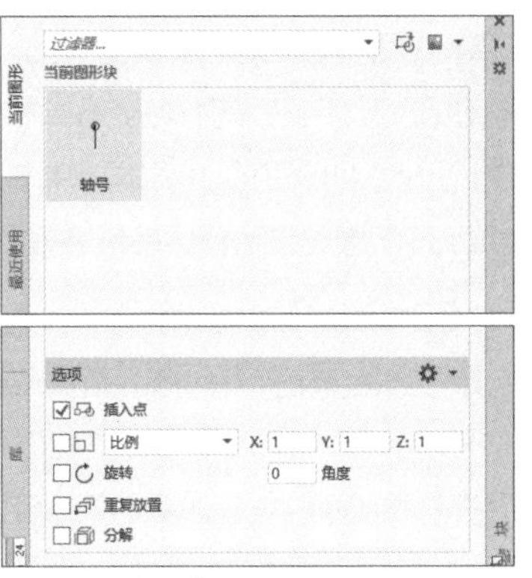

图 12-9 “插入”对话框

步骤 04 插入的块旋转以后文字方向会改变，双击插入的块，会打开“增强属性编辑器”对话框。在“文字特性”选项卡下❶将文字“倾斜角度”设置为0❷，然后单击“确定”按钮❸，如图12-10所示。

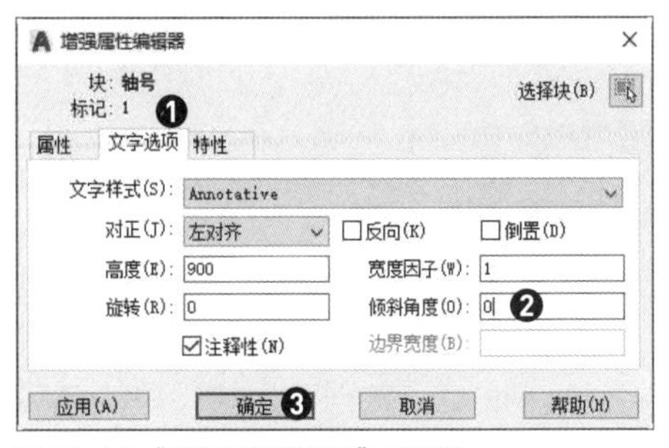

图 12-10 “增强属性编辑器”对话框

步骤 05 使用相同的方法绘制所有的轴号，如图12-11所示。具体操作步骤，请参考对应的视频讲解。

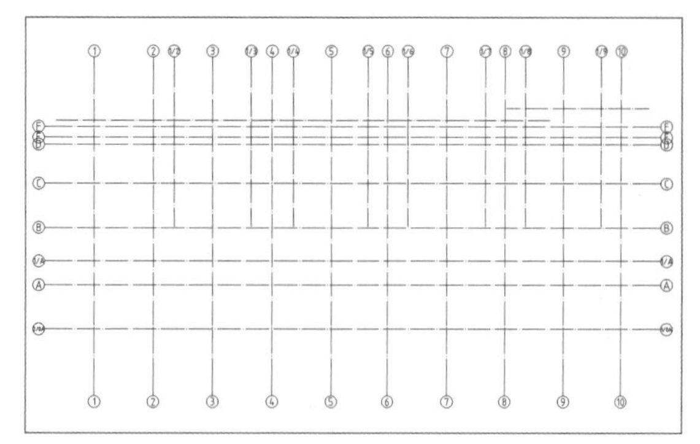

图 12-11　绘制轴号

12.1.3　绘制桩基础

本节要绘制的桩基础为桩承台基础，ZJ1桩型为PHC400AB95-XXa，桩顶标高为-3.680，未注明的桩基均为ZJ1；ZJ2桩型为PHC500AB125-XXa，桩顶标高为-3.680；PHC400AB95单桩承载力特征值按1000kN，PHC500AB125单桩承载力特征值按1400kN；桩长20m；共计86根。

步骤 01 选定图层“5B填充2”为当前图层，选择“圆”工具，单击空白区域进行绘制。首先在命令行中输入c并按Enter键，输入半径值为200并按Enter键。然后在圆中心通过正交模式来绘制十字线。绘制完成后，在命令行输入h命令，对圆进行填充，绘制完成的效果如图12-12所示。

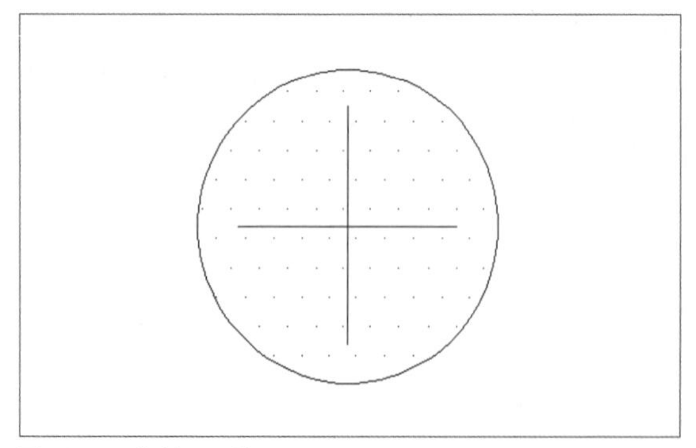

图 12-12　绘制 ZJ1 桩

步骤 02 将所绘制的ZJ1桩创建为块，块的名称可自拟，如图12-13所示。

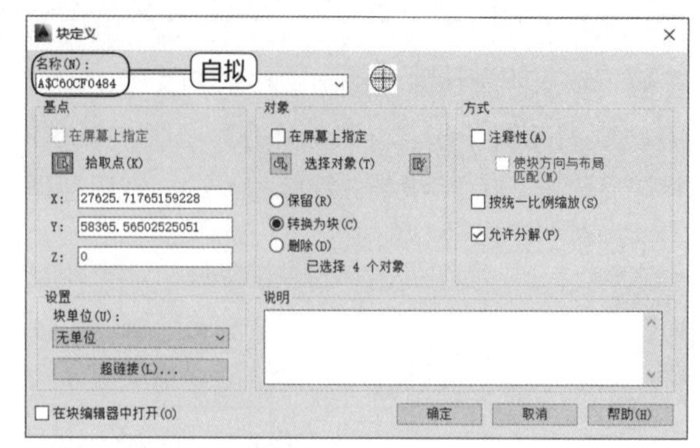

图 12-13　“块定义”对话框

步骤 03 在命令行中输入i命令，将创建好的ZJ1块插入相应的轴线相交处，如图12-14所示。

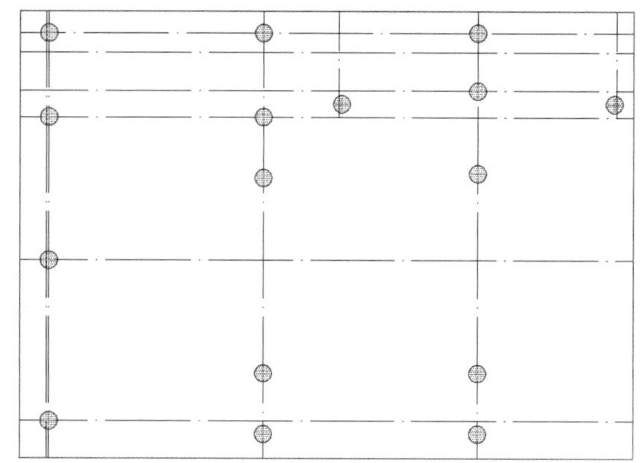

图 12-14　插入块

步骤 04 选定图层“5B填充2”为当前图层，选择“圆”工具，单击空白区域进行绘制。首先在命令行中输入c并按Enter键，输入半径值为250并按Enter键。接着使用正交模式来绘制十字线。绘制完成后，在命令行输入h命令，对圆左半部分进行填充。填充时，可以绘制横切圆左右的竖线，再输入h命令进行填充。填充完毕删除所绘制的辅助线，如图12-15所示。

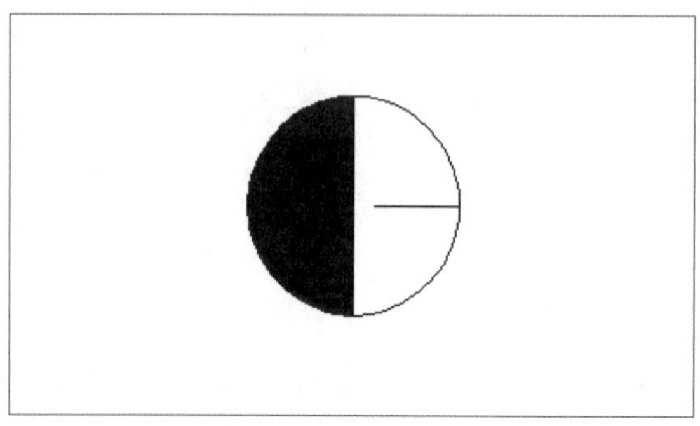

图 12-15　绘制 ZJ2 桩

步骤 05 将绘制完成的ZJ2桩创建块，块的名称可以自拟。在命令行中输入I命令，将创建好的ZJ2块插入相应的轴线相交处，如图12-16所示。具体绘制步骤，请参考对应的视频讲解。

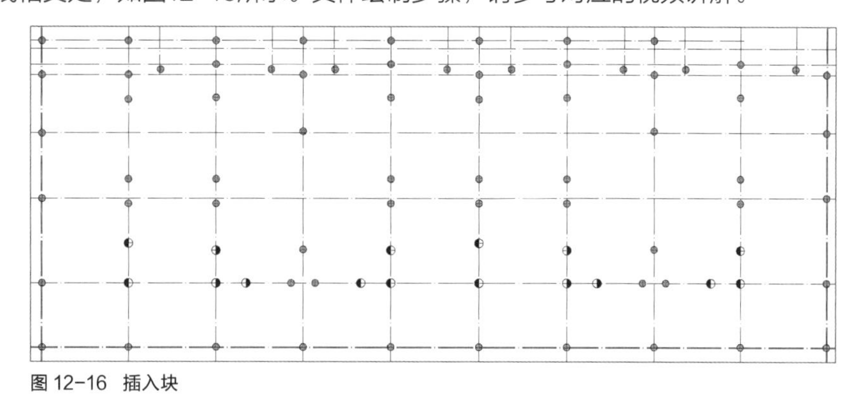

图 12-16 插入块

12.1.4 标注桩基础

接下来，我们介绍如何应用标注命令对桩基础进行标注，并添加对应的说明文字，具体操作步骤如下。

步骤 01 将“柱标注”图层置为当前，要在ZJ2桩边缘插入文字，则首先在菜单中执行“绘图>文字>单行文字”命令，在ZJ2桩附近单击，输入“ZJ2”文字，如图12-17所示。

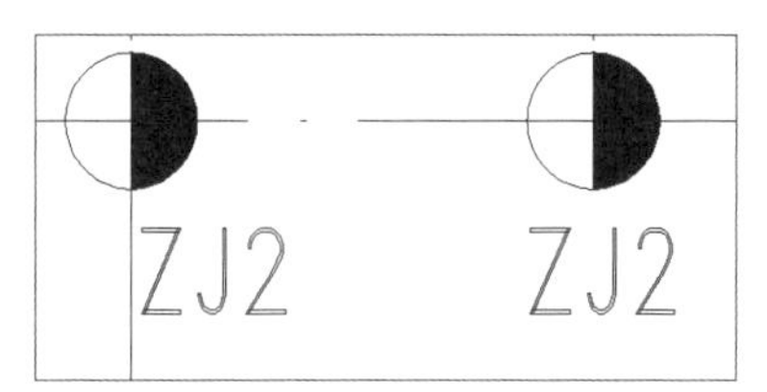

图 12-17 输入桩号

步骤 02 将“PUB_DIM”图层设为当前图层，在菜单栏中执行“标注>快速标注”命令，对相邻两桩基进行尺寸标注，如图12-18所示。

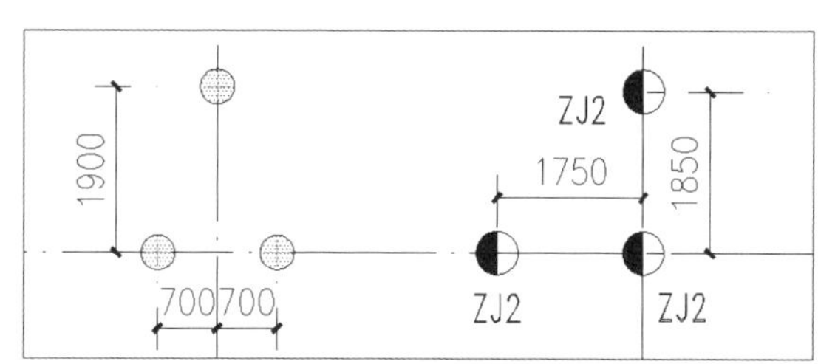

图 12-18 添加标注

步骤 03 选定“AXIS”图层，在菜单栏中执行“标注>快速标注”命令，对轴线进行尺寸标注，即可完成桩基图的绘制，如图12-19所示。

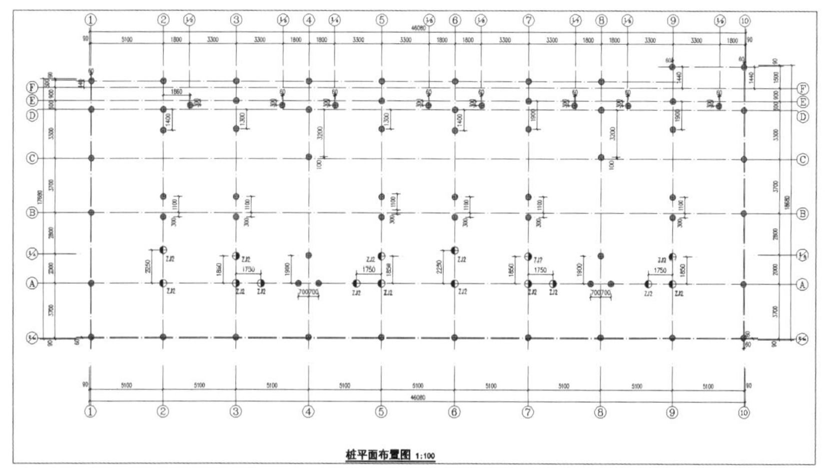

图 12-19 添加标注

步骤04 选定“PUB_TEXT”图层，输入需要标注的文字。必要时可以绘制表格进行标注，如图12-20所示。至此，整个桩基图绘制完成。

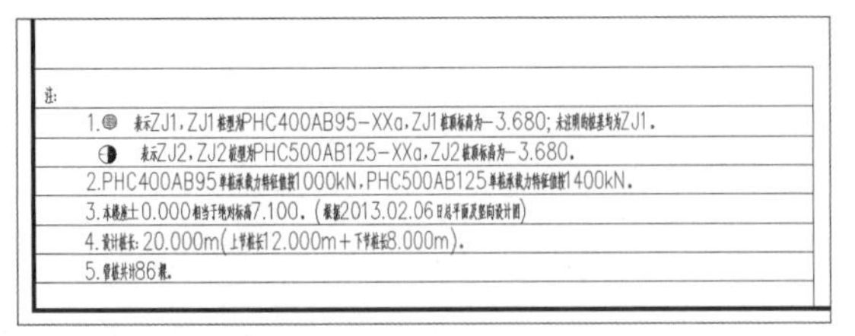

图 12-20　添加文字标注

12.2　绘制基础平面布置图

本节将介绍如何绘制基础平面配置图，这里将沿用上一节绘制的轴网和轴号，来绘制虚桩、承台、基础梁等结构。下面将介绍具体操作方法。

12.2.1　绘制虚桩

本节将介绍如何在上一节绘制的桩ZJ1、ZJ2基础上绘制虚桩，下面介绍具体操作方法。

步骤01 将“1C虚桩”图层设为当前图层，在页面空的区域使用“圆”工具，绘制半径为200的圆。使用直线工具，在正交模式下绘制十字线。然后将绘制的圆线选定，改为虚线，绘制完成的效果如图12-21所示。

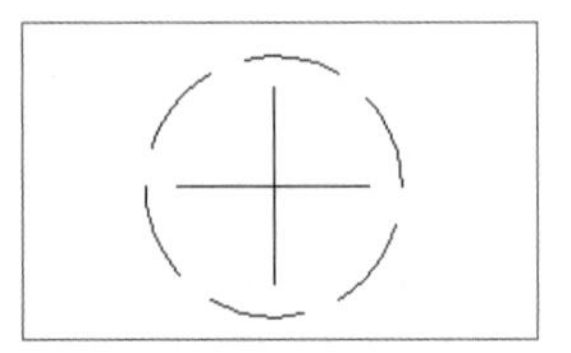

图 12-21　绘制虚桩

步骤02 对绘制完成的虚桩图形创建块，块的名称可以自拟。在命令行中输入I命令，将创建好的虚桩块插入对应的轴线相交处，如图12-22所示。

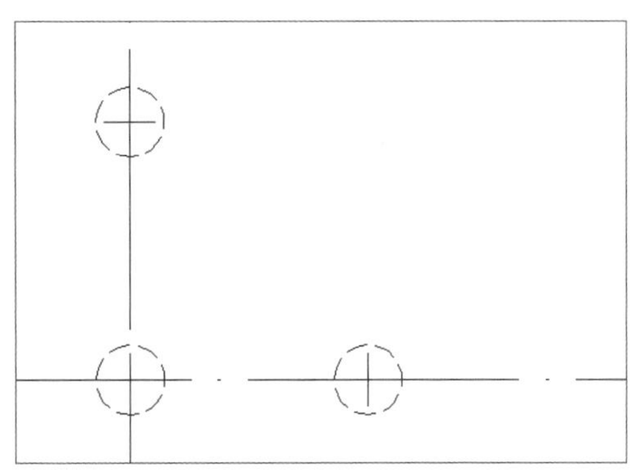

图 12-22　插入虚桩块

步骤03 将所有的虚桩绘制完成，效果如图12-23所示。

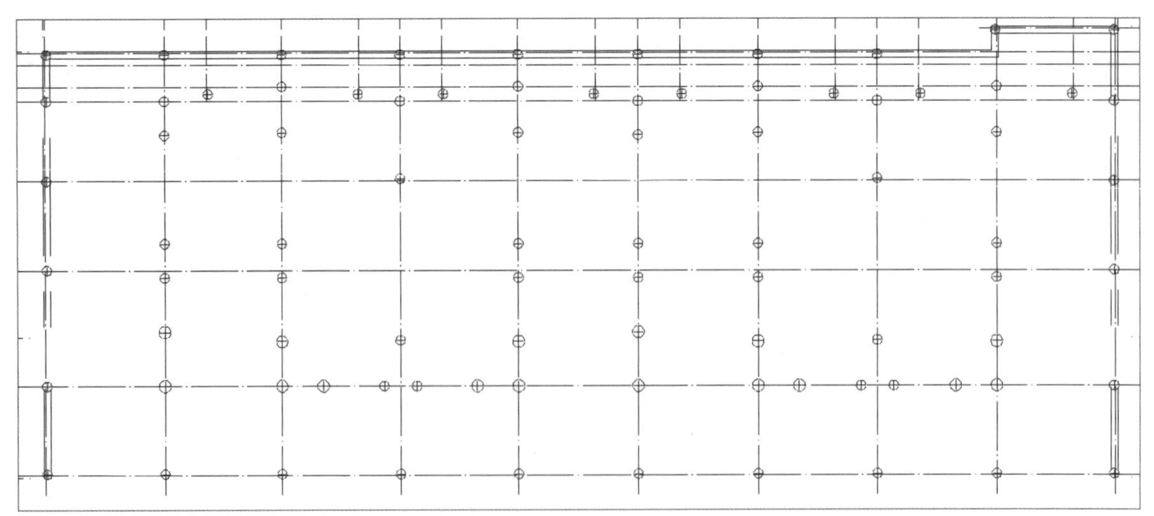

图 12-23　绘制其他虚桩

12.2.2 绘制承台

虚桩绘制完成之后，用户需要根据虚桩的位置绘制对应的承台，下面介绍具体的操作方法。

步骤 01 首先将“承台-2”图层置为当前图层，来绘制桩基相对应的承台。绘制之前，将图层的线型修改为“DASH”。矩形承台可以利用矩形工具绘制，承台边缘距轴线的距离为500，如图12-24所示。

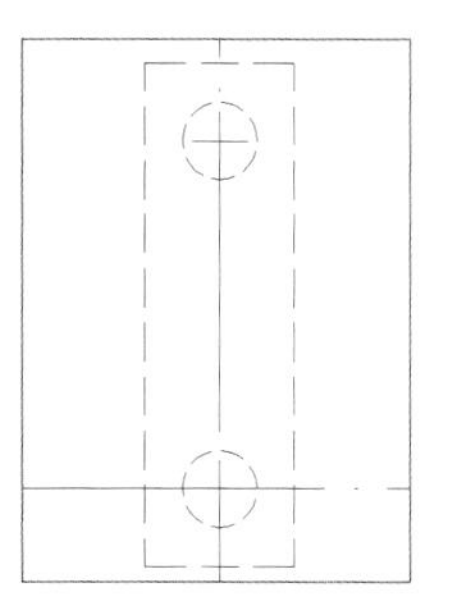

图 12-24 绘制矩形承台

步骤 02 接下来根据桩的类型，绘制异形承台。承台边缘距轴线或桩的圆心距离为500，绘制异形承台的效果如图12-25所示。

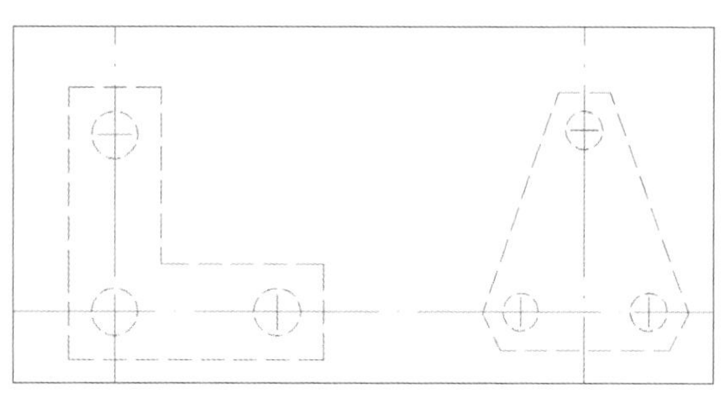

图 12-25 绘制异形承台

步骤 03 同样的方法，完成所有承台的绘制，效果如图12-26所示。

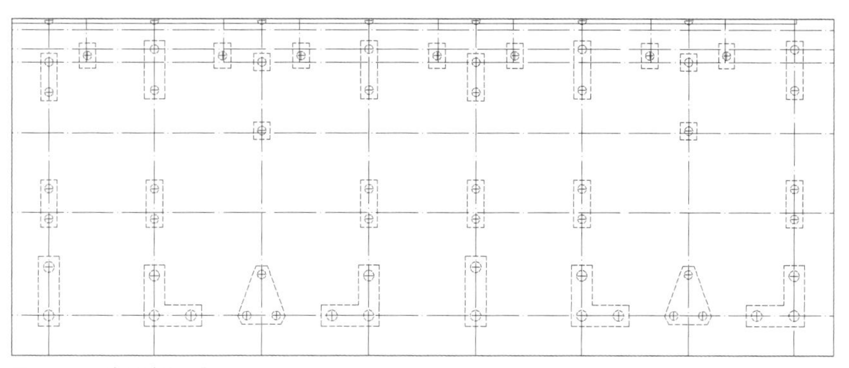

图 12-26 绘制其他承台

步骤 04 将“TEXT-350”图层置为当前，对承台内容进行标注编辑。要利用多段线绘制引出标注，则在菜单栏中执行“绘图>文字>单行文字”命令，在多段线平行线上部插入相应的文字，如图12-27所示。

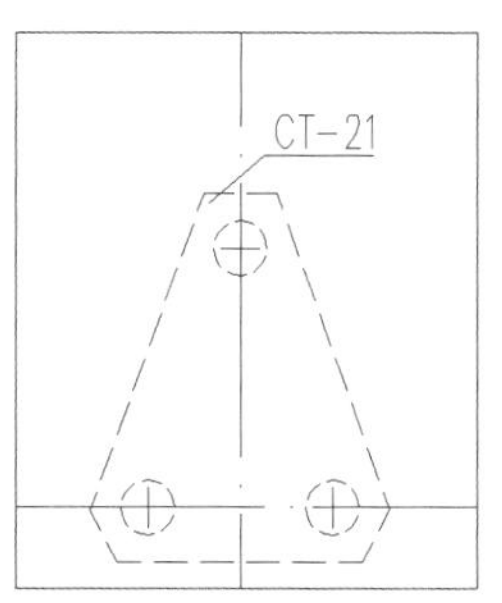

图 12-27 添加标注

步骤 05 完成所有的引出标注后，将“PUB_DIM”图层设为当前图层。在菜单栏中执行“标注>快速标注”命令，对桩以及承台进行尺寸标注，如图12-28所示。

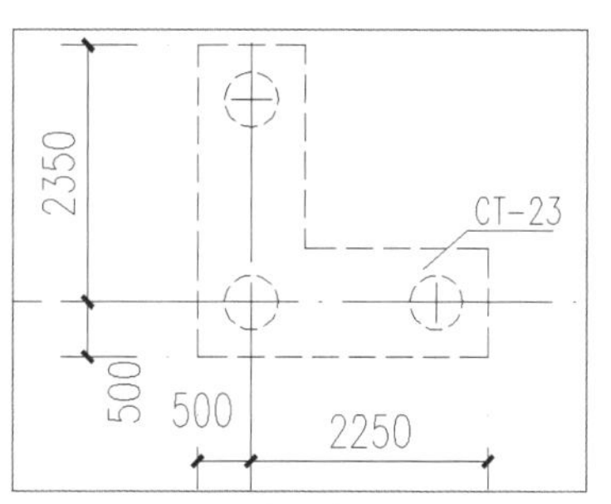

图 12-28 添加承台距离标注

步骤06 同样的方法，标注余下的承台。至此，承台绘制完毕，如图12-29所示。

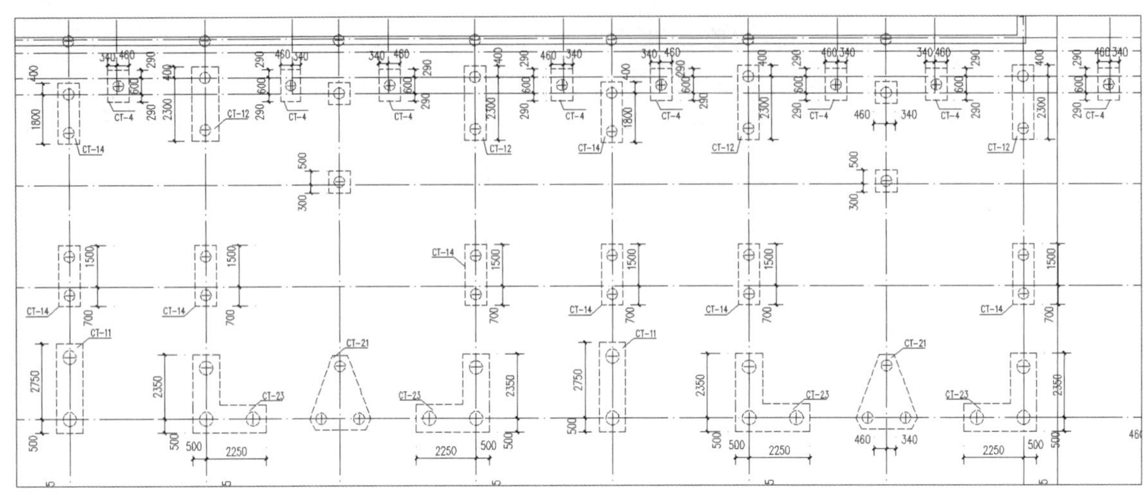

图 12-29　添加其他标注

12.2.3　绘制基础梁、柱和墙

承台绘制完成之后，接下来介绍如何绘制基础梁、柱和墙。

步骤01 将基础梁图层置为当前。此处绘制的基础梁主要存在于外边缘、虚墙附近，首先在命令行中输入mlstyle命令，对多线样式进行设定。创建相对应的多线样式后，在命令行输入ml命令并按Enter键后，输入“J”，再输入“T”，绘制所需的多线，如图12-30所示。

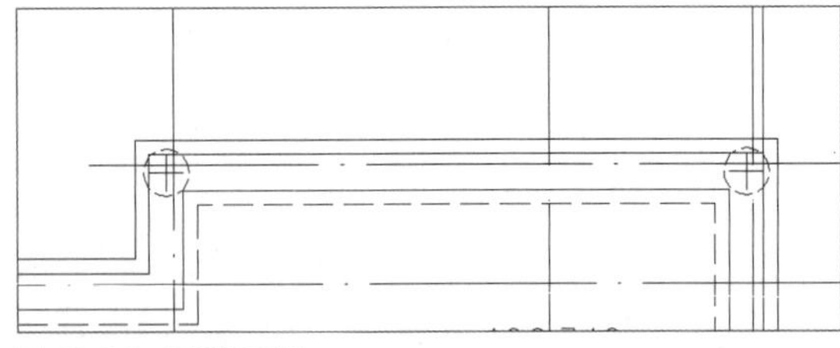

图 12-30　绘制基础梁

步骤02 柱的绘制同平面图一样，先选定图层“3A实柱”，输入pl命令后，选定多线绘制柱或者利用矩形绘制柱，将柱绘制在相应的位置，如图12-31所示。

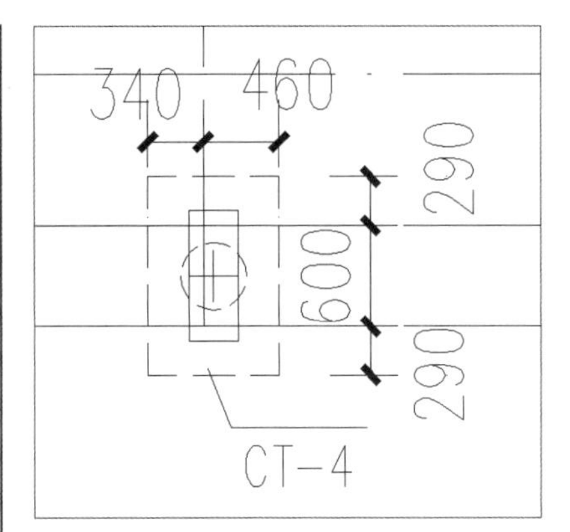

图 12-31　绘制实柱

步骤03 选定图层“3B实墙”来绘制墙体。利用平面图相同的方法，先输入pl以及mlstyle命令，对墙体进行绘制，此绘制方法需要提前设置多线样式。用户也可以直接利用直线、多线、矩形等命令绘制墙体，再利用“偏移”等修改工具进行多线修改，绘制出图12-32的墙体。

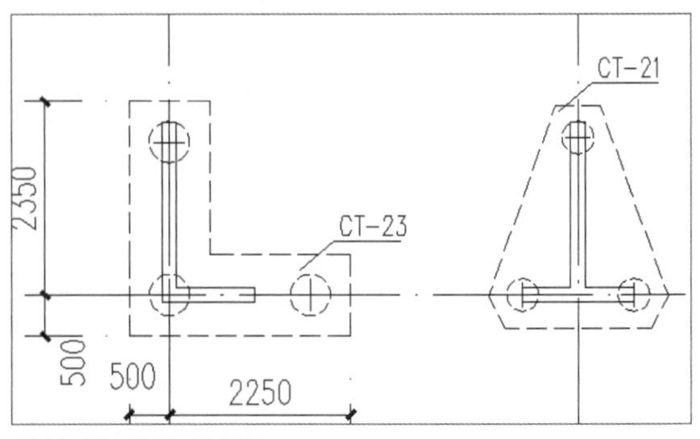

图 12-32　绘制 3B 墙体

步骤04 选定“3B虚墙”图层来绘制虚墙，用户可以使用绘制实墙的方法或者基础梁的方法进行绘制，绘制完成的效果如图12-33所示。

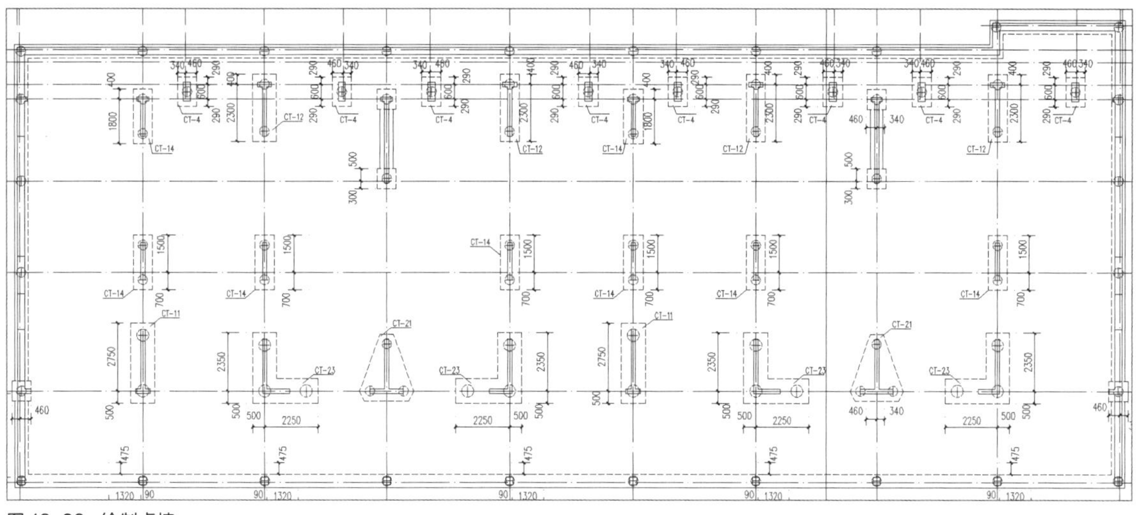

图12-33 绘制虚墙

12.2.4 标注其他建筑结构

本小节将绘制集水坑、实墙等其他建筑结构，并在对应的位置添加标注，下面介绍具体操作方法。

步骤01 将“0S-集水坑”图层设为当前图层，在命令行中输入pl命令或利用矩形工具绘制集水坑。绘制一个集水坑之后，可以利用“co”命令进行复制。绘制集水坑后，选定“PUB_DIM”图层，对集水坑的尺寸进行标注，如图12-34所示。

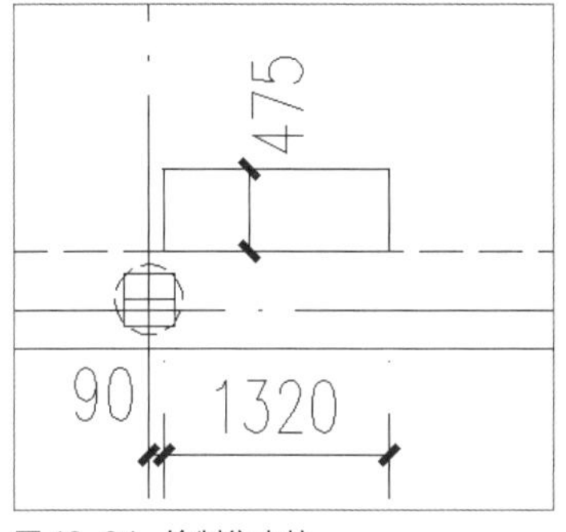

图12-34 绘制集水坑

步骤02 将“HATCH”图层设为当前图层。首先对实墙进行填充，在命令行中输入h命令并按Enter键，选择“其他预定义>solid”填充图案，对实墙进行填充，如图12-35所示。

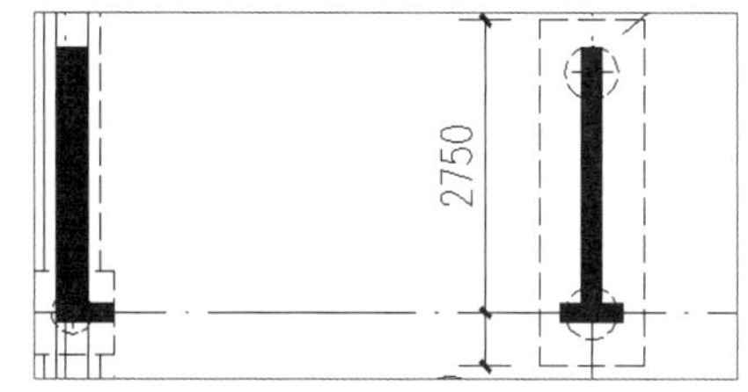

图12-35 填充实墙

步骤03 将“PUB_TEXT”图层设为当前图层，对相关承台梁进行标注。在命令行中输入i命令，绘制直线作为引出标注线，在菜单栏中执行“绘图>文字>单行文字”或“多行文字”命令，角度设置为270°，输入相应的钢筋符号，如图12-36所示。

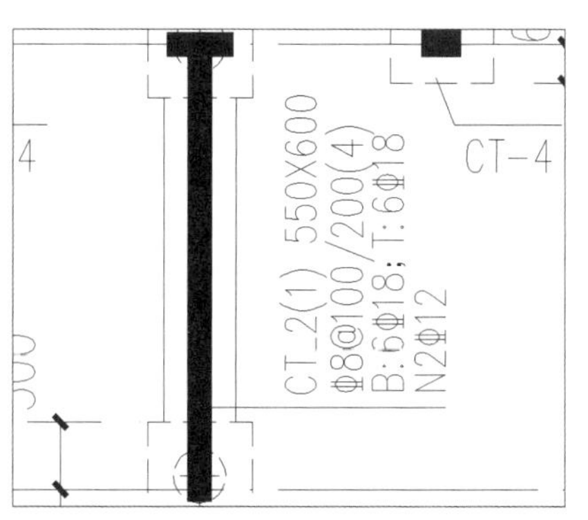

图12-36 输入钢筋符号

步骤 04 选定图层“THICK”，在菜单栏中执行“绘图>文字>单行文字”命令，输入“DQ3”文本，对挡墙进行文字标注，如图12-37所示。

图 12-37　挡墙文字标注

步骤 05 接下来对轴网进行尺寸标注，首先选定“AXIS”图层，在菜单栏中执行“标注>连续标注”命令，对轴网进行标注。将所有的标注以及文字绘制完成，即完成基础平面布置图的绘制，如图12-38所示。

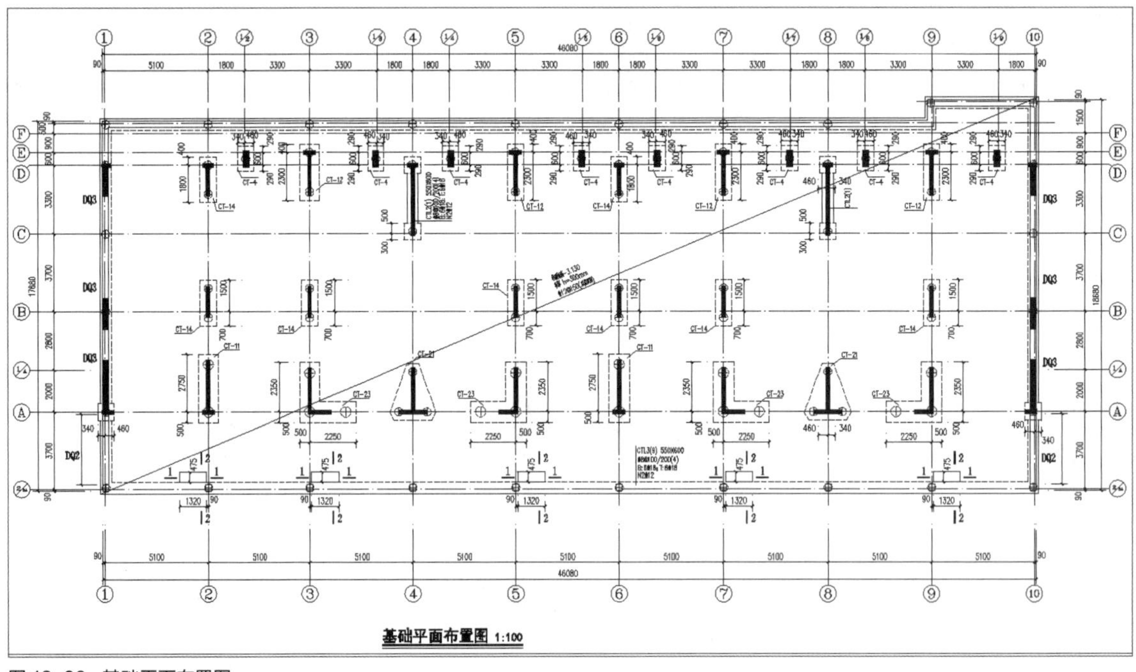

图 12-38　基础平面布置图

步骤 06 最后，在绘制完成的平面布置图下方执行“绘图>文字>单行文字”命令，输入相对应的说明文字，如图12-39所示。

基础平面布置图 1:100

说明：1.图中 ✚ 所示为承台的形心，未注明的承台均为CT-1，未注明的挡墙均为DQ1。
2.承台的形心同桩的形心，未标注承台均对轴线居中布置。
3.承台顶标高 -3.130m(相对标高)。
4.承台、承台梁、防水板、挡墙混凝土强度：C45。
5.未注明承台梁截面及配筋均同CTL1。

图 12-39　添加说明文字

12.3　绘制负一层墙柱定位图

绘制负一层墙柱定位图时，将沿用第一节绘制的轴网和轴号，同时需要根据设计要求绘制相关柱子、墙体等结构，并输入连梁表、墙体配筋表、层高表等相关文字说明。下面将介绍具体操作方法。

12.3.1　绘制柱子和墙体

绘制柱子和墙体时，主要应用矩形、填充和多段线等命令，下面介绍具体操作方法。

步骤01 将“3A实柱”图层设为当前图层，单击绘图区域，在命令行中输入rec命令，绘制长为300、宽为300的矩形，如图12-40所示。

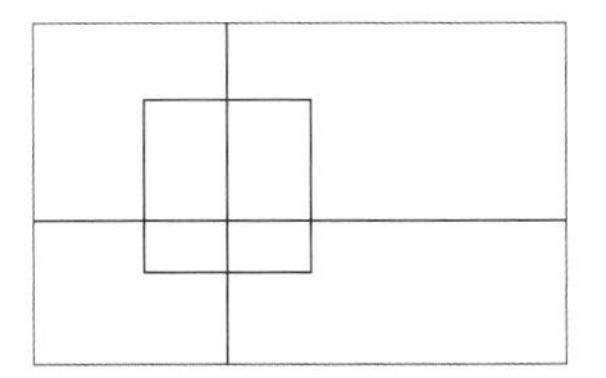
图 12-40 绘制墙柱

步骤02 相同的方法绘制其他矩形柱。在命令行输入pl命令进行绘制即可，绘制柱子时可输入相应的数值，用鼠标调节方向，必要时可以按“F8”功能键打开正交模式，绘制完成的效果如图12-41所示。

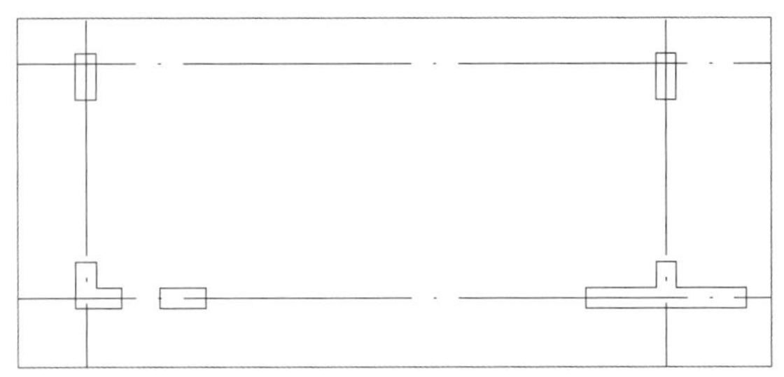
图 12-41 绘制异形柱

步骤03 将“HATCH”图层设为当前图层，并在命令行中输入h命令对柱子进行填充，填充图案选择“填充图案选项板”对话框“其他预定义”选项卡❶下的“SOLID”选项❷，然后单击“确定”按钮❸，如图12-42所示。

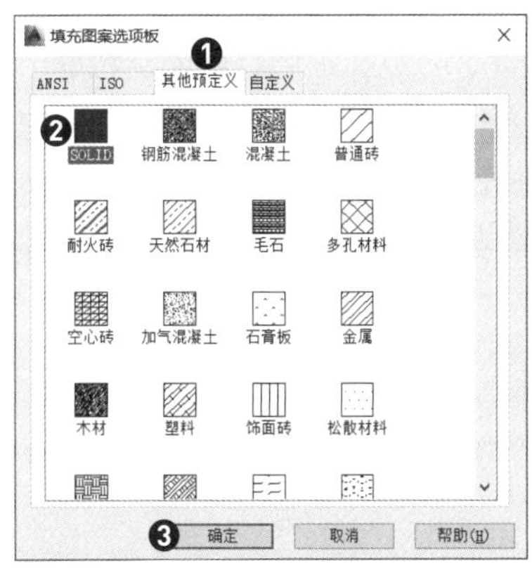

图 12-42 “填充图案选项板”对话框

步骤04 对所有柱子进行填充后，效果如图12-43所示。

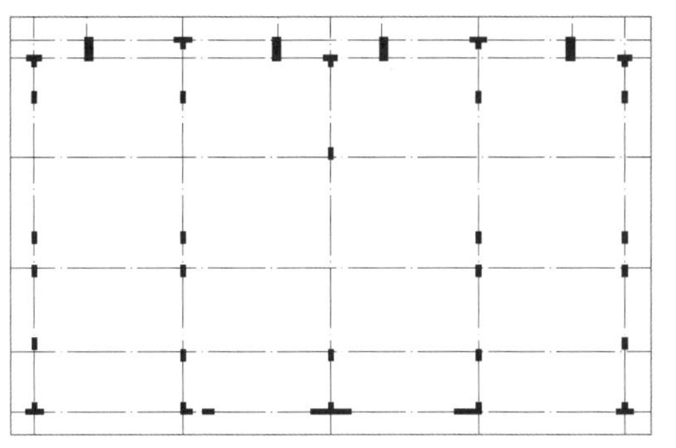
图 12-43 对墙柱进行填充

步骤05 将“3B实墙”图层设为当前图层后，在命令行中输入ml命令绘制实墙，绘制完成之后利用“偏移”“修剪”等修改工具对多线进行修改，如图12-44所示。

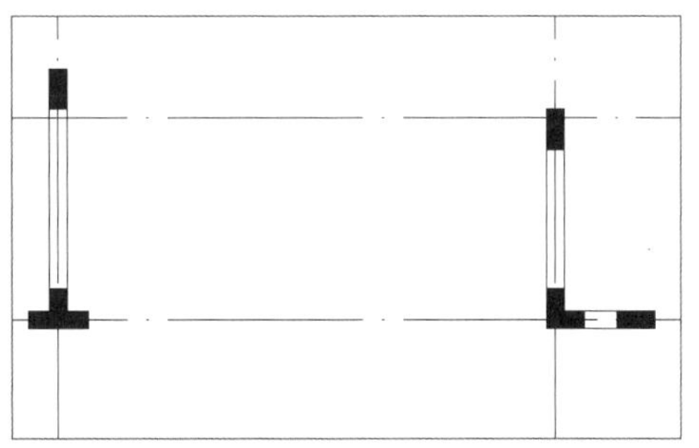
图 12-44 绘制实墙

步骤06 将“3B虚墙”图层设为当前图层后，用绘制实墙的方法绘制虚墙，绘制完成之后的效果如图12-45所示。

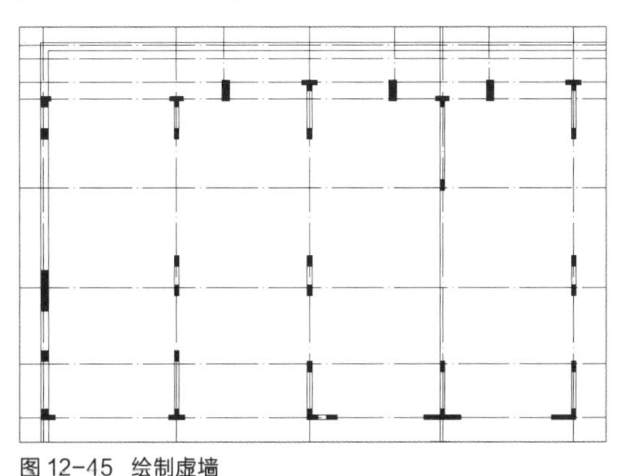
图 12-45 绘制虚墙

12.3.2 标注柱子和墙体

柱子和墙体绘制完成之后，接下来需要对柱子和墙体进行尺寸标注，下面介绍具体操作方法。

步骤01 将“PUB_DIM”图层设为当前图层，在菜单栏中执行“标注>快速标注”命令，对桩以及承台进行尺寸标注，如图12-46所示。

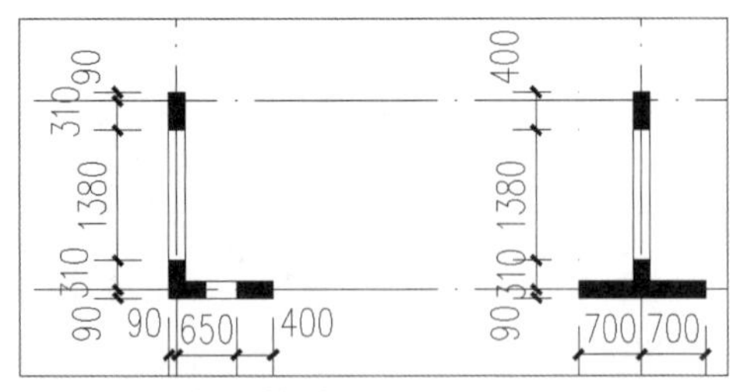

图 12-46　添加尺寸标注

步骤02 将“柱标注”图层设为当前图层，在菜单栏中执行“绘图>文字>单行文字”命令，对柱进行标注，如图12-47所示。

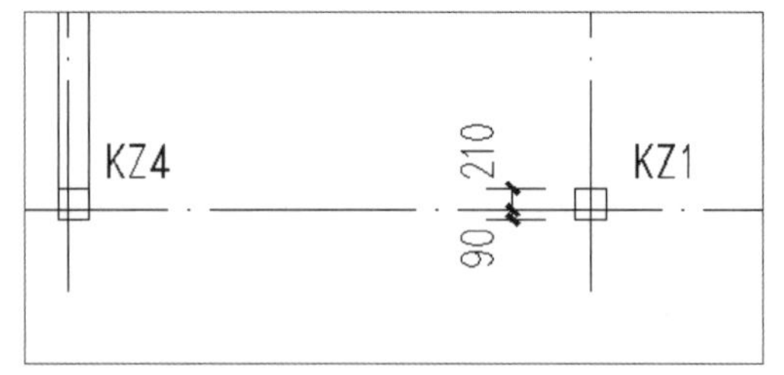

图 12-47　添加文字标注

步骤03 选定“AXIS”图层，在菜单栏中执行“标注>连续标注”命令，对轴网进行标注。将所有的标注以及文字绘制完成后，即完成负一层墙柱定位图的绘制，如图12-48所示。

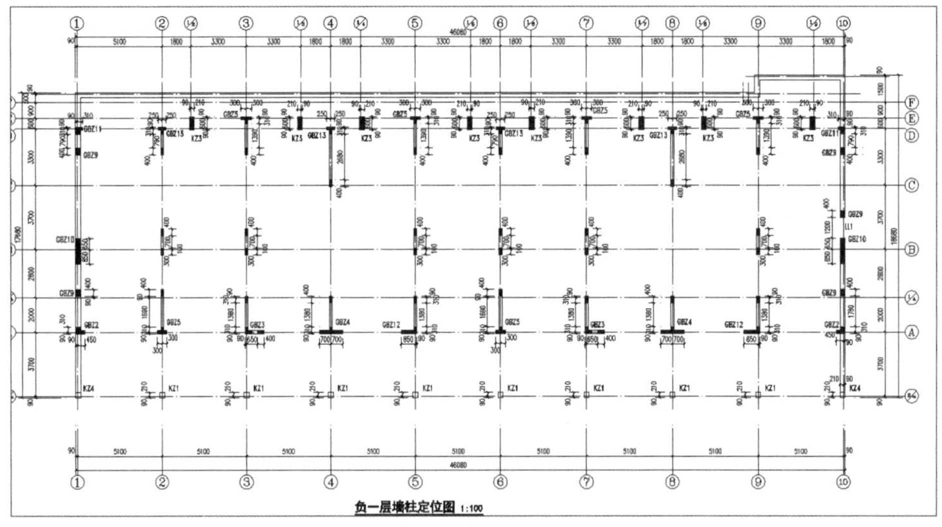

图 12-48　添加轴网标注

12.3.3　绘制负一层墙柱大样图

在完成尺寸标注之后，这一节将学习绘制负一层墙柱大样图。首先需要绘制配置表，接下来需要绘制连梁表和墙柱大样图，下面介绍具体操作方法。

（1）绘制柱子GBZ1大样图

在尺寸标注完成之后，接下来将绘制负一层墙柱大样图。首先绘制配置表，再绘制钢筋、箍筋等结构，具体操作步骤如下。

步骤01 首先绘制GBZ1柱子钢筋大样，需要分别绘制编号、截面、标高、纵筋、箍筋及拉筋、ASv1。用户可以利用矩形命令绘制表格来包含这些内容，如图12-49所示。

负一层墙体暗柱大样图　1:30

编　号	GBZ1					
截　面						
标　高						
纵　筋						
箍筋及拉筋						
ASv1						
编　号						

图 12-49　绘制表格

步骤02 要绘制GBZ1截面图，则首先选用多段线进行钢筋绘制，利用矩形工具绘制柱子外边框。将“COLU”图层设为当前图层，选择矩形工具绘制长为180、宽为400的矩形，在命令行中输入rec命令绘制矩形另一侧边缘以及断面图样。断面图样可用多段线命令绘制，在命令行中输入pl命令即可，如图12-50所示。

图 12-50 绘制钢筋

步骤03 将“REIN”图层设为当前图层，以绘制柱钢筋图。在命令行输入pl命令，设置线宽为10，绘制多段线矩形图样，如图12-51所示。在命令行中输入f命令，设置倒角半径为15，对矩形边角进行倒角，如图12-52所示。

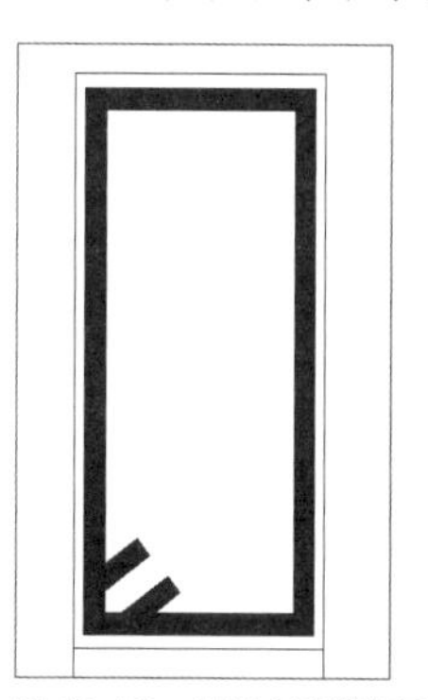

图 12-51 绘制多段线矩形

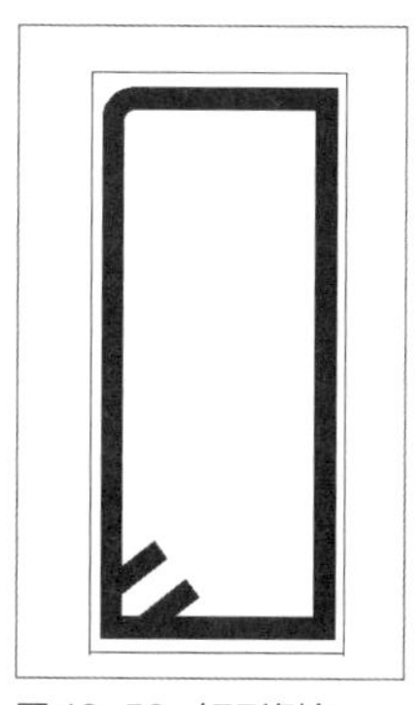

图 12-52 矩形倒角

步骤04 用相同的方法对其他角进行倒角，即可完成其中一个箍筋的绘制，如图12-53所示。同样的方法绘制另一个箍筋，即在命令行中输入pl命令绘制即可。因绘制第一个箍筋时已经设置好线宽，因此可以直接绘制第二个箍筋，如图12-54所示。

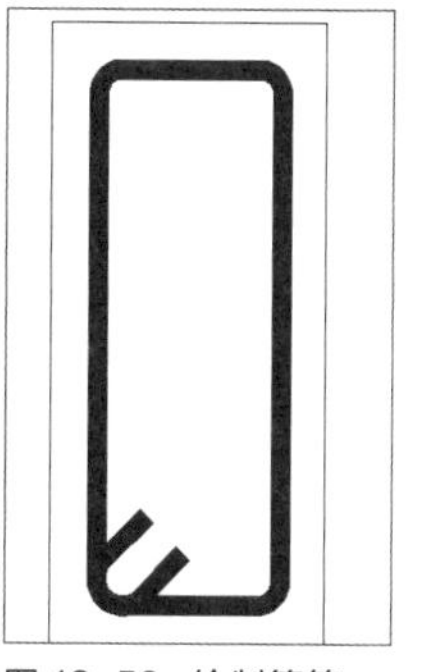

图 12-53 绘制箍筋

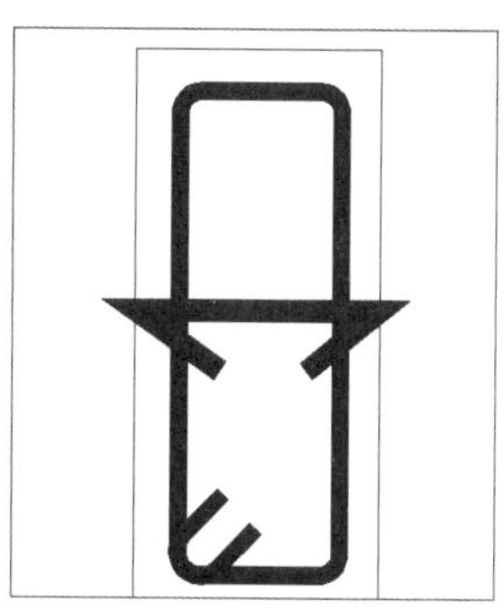

图 12-54 绘制其他箍筋

步骤05 在命令行中输入f命令并按Enter键，对矩形边角进行倒角，如图12-55所示。接下来绘制钢筋的通长筋。通长筋在截面图上看就是一点，因此我们可以绘制半径为40的圆，然后在命令行输入h命令，对圆进行填充，通长筋绘制到所布筋位置即可，如图12-56所示。最后，将所有通长筋绘制完成。

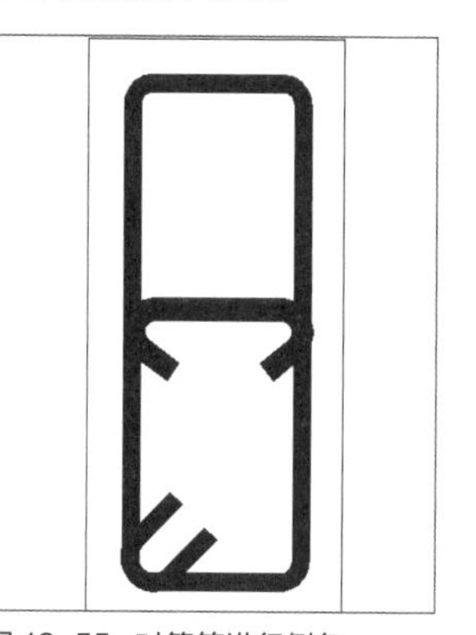

图 12-55 对箍筋进行倒角

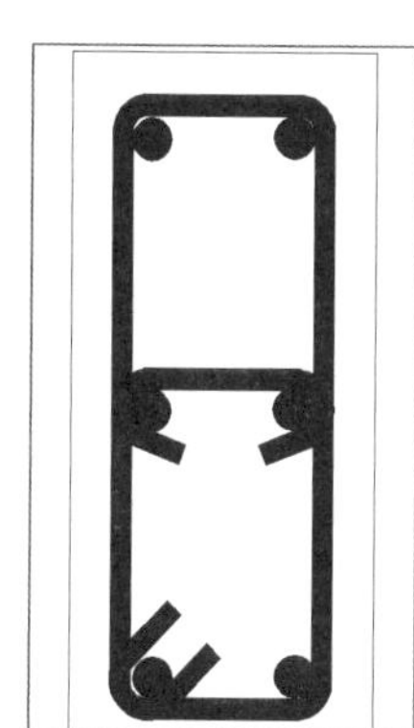

图 12-56 绘制通长筋

步骤06 将“C3墙体通长筋”图层设为当前图层，执行多线命令来绘制断面钢筋图，如图12-57所示。在所绘制的截面图中，标注出柱及钢筋分布的尺寸，如图12-58所示。

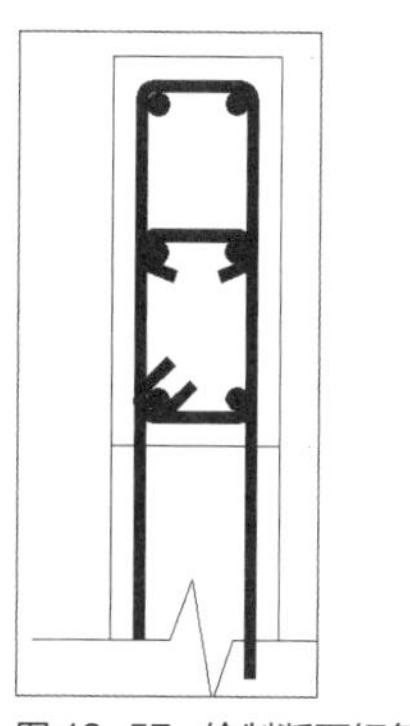

图 12-57 绘制断面钢筋

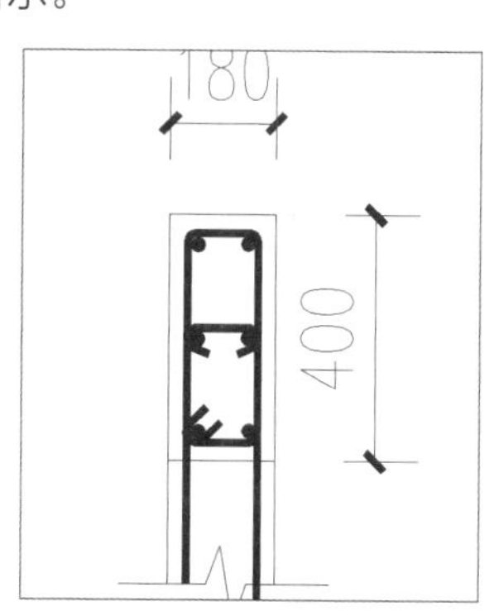

图 12-58 添加尺寸标注

步骤 07 在所绘制的截面图下方绘制箍筋分布样图，可以更清楚地分辨出箍筋以及箍筋样式。同样地，使用多线命令进行绘制后，在命令行中输入f命令进行倒角，绘制的箍筋不需要尺寸一样，能看懂即可，绘制完成的效果如图12-59所示。

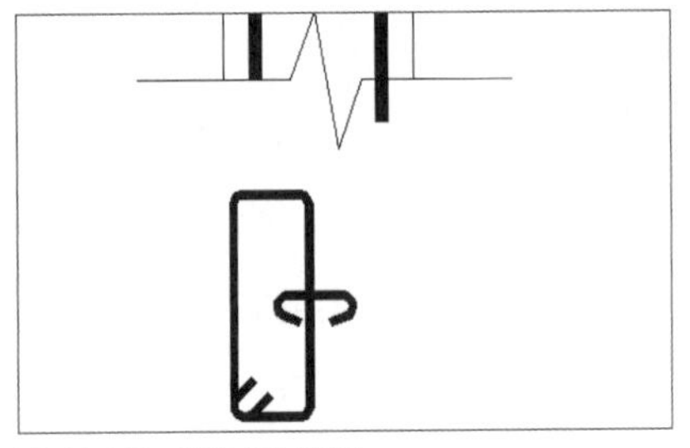

图 12-59 箍筋分布样图

步骤 08 将“PUB_TEXT”图层设为当前图层，在表中输入标高、纵筋等其他说明，如图12-60所示。

标　　高	承台顶~-0.130
纵　　筋	6Φ12
箍筋及拉筋	Φ6@200
ASv1	

图 12-60 绘制标高表

（2）绘制柱子GBZ2大样图

步骤 01 要绘制GBZ2截面图，则首先执行多段线命令进行钢筋绘制，利用矩形工具绘制柱子外边框。将“COLU”图层设为当前图层，使用矩形工具绘制300×400和180×540的矩形。在命令行中输入rec命令，绘制矩形另一侧边缘。执行多段线命令，绘制断面图样。绘制完的矩形边框如图12-61所示。

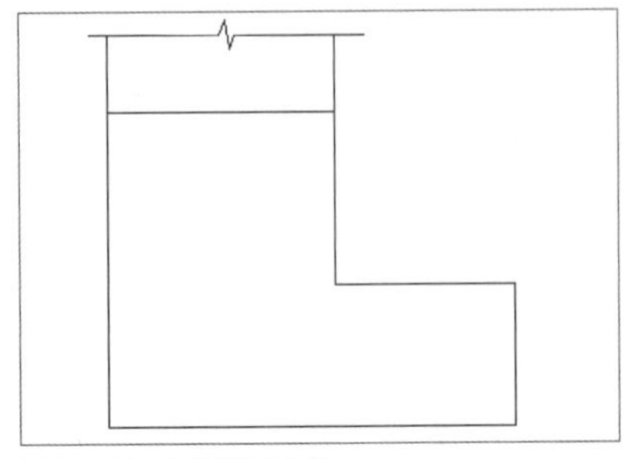

图 12-61 绘制柱子大样

步骤 02 将rein图层设为当前图层，以绘制柱钢筋图，即在命令行输入pl命令，绘制多段线矩形图样，如图12-62所示。

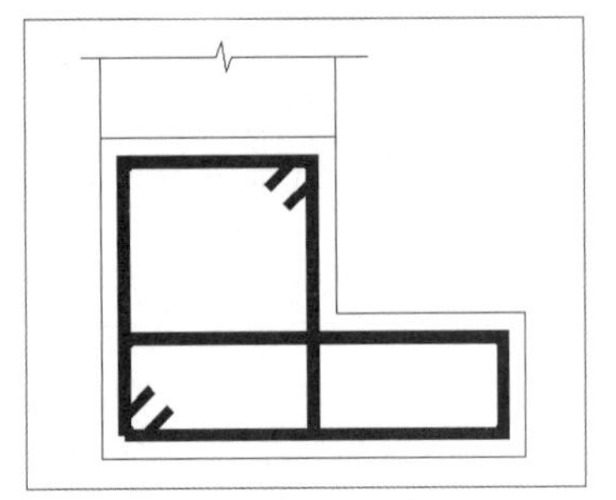

图 12-62 绘制多线矩形钢筋

步骤 03 在命令行中输入f命令，对矩形边角进行倒角，倒角半径为50。同样的方法，对另一角进行倒角操作，如图12-63所示。

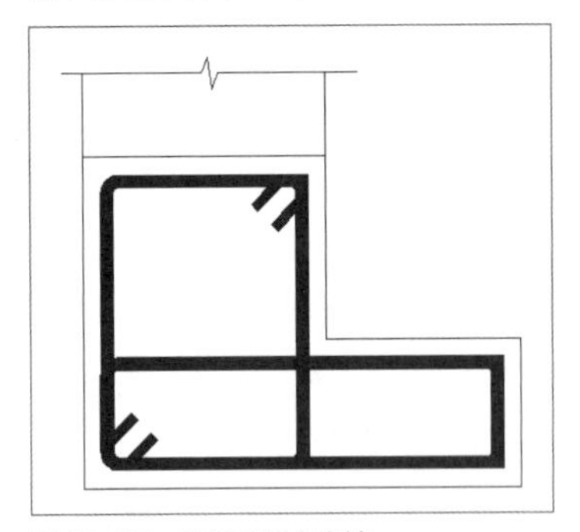

图 12-63 对矩形进行倒角

步骤 04 用相同的方法对其他角进行倒角后，完成其中一个箍筋的绘制，如图12-64所示。

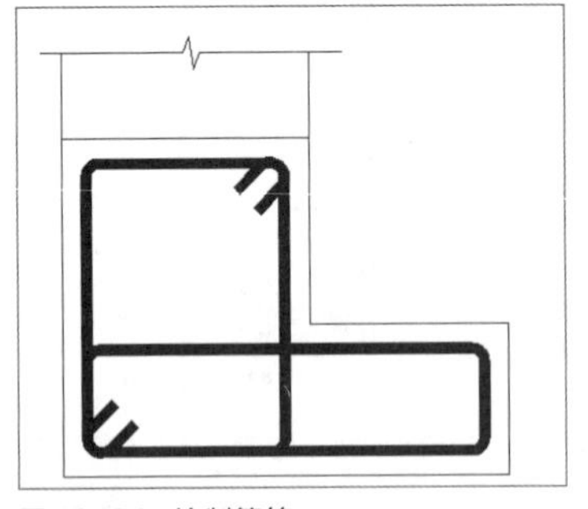

图 12-64 绘制箍筋

步骤 05 使用同样的方法，绘制另一个箍筋，即在命令行中输入pl命令进行绘制。因绘制第一个箍筋时已经设置好线宽，因此可以直接绘制第二个箍筋，不需要重新设置线宽，如下页图12-65所示。

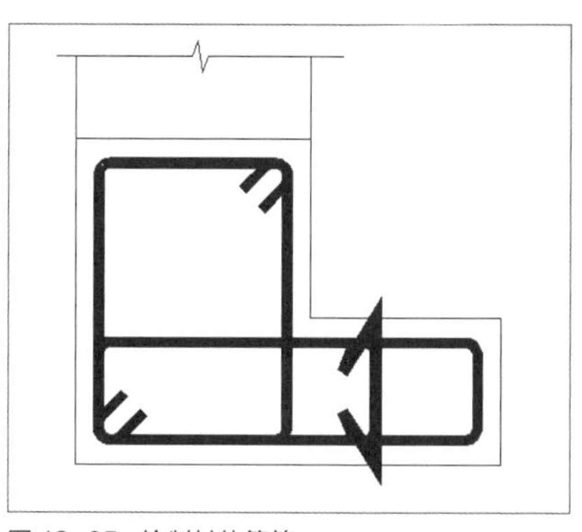

图 12-65 绘制其他箍筋

步骤06 在命令行中输入f命令，对箍筋执行倒角操作，如图12-66所示。

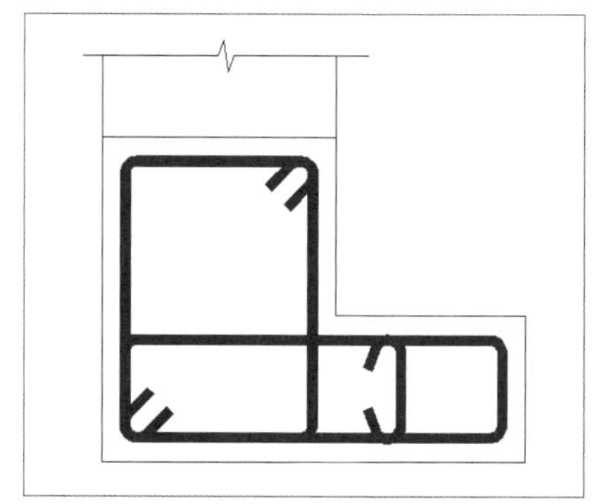

图 12-66 对箍筋进行倒角处理

步骤07 钢筋的通长筋在截面图上看就是一点，因此我们可以绘制半径为40的圆，然后在命令行输入h命令，对圆进行填充，再将通长筋移动到所布筋位置即可。同样的方法绘制所有通长筋，如图12-67所示。

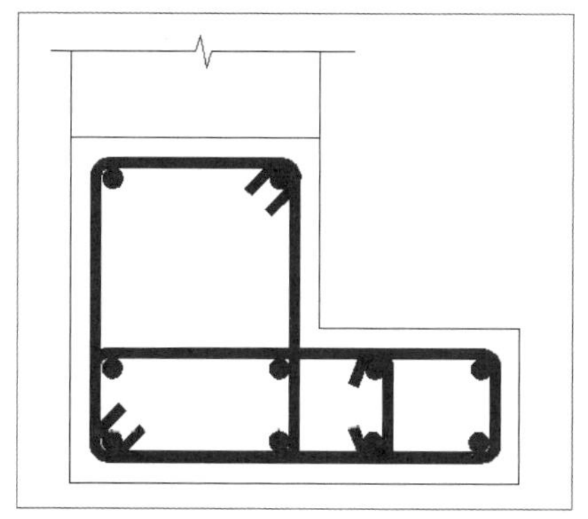

图 12-67 绘制通长筋

步骤08 将“C3墙体通长筋”图层设为当前图层，执行多线命令，绘制出断面钢筋图，绘制完成的效果如图12-68所示。

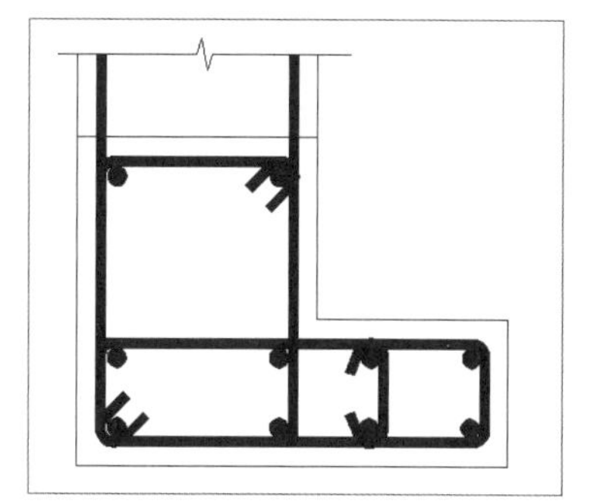

图 12-68 绘制断面钢筋

步骤09 在所绘制的截面图中进行尺寸标注，标注出柱及钢筋分布的尺寸，如图12-69所示。

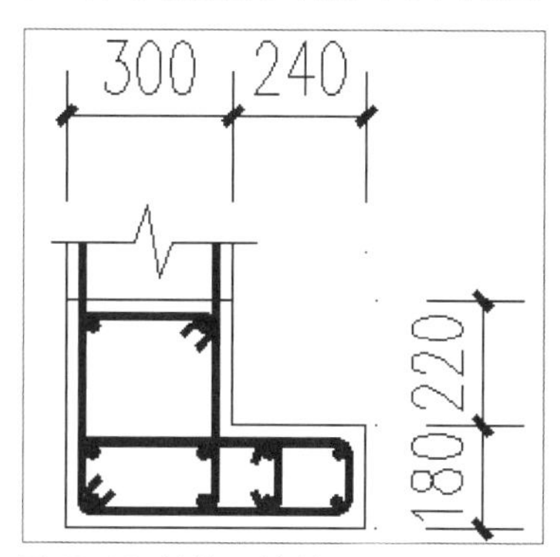

图 12-69 绘制尺寸标注

步骤10 在所绘制的截面图下方绘制箍筋分布样图，可以更清楚地分辨出箍筋以及箍筋样式。同样执行多线命令进行绘制，然后在命令行中输入f命令进行倒角。绘制的箍筋不需要尺寸一样，只需能看懂即可，绘制完成的效果如图12-70所示。将“PUB_TEXT”图层设为当前图层，在表中输入标高、纵筋等其他说明，如图12-71所示。

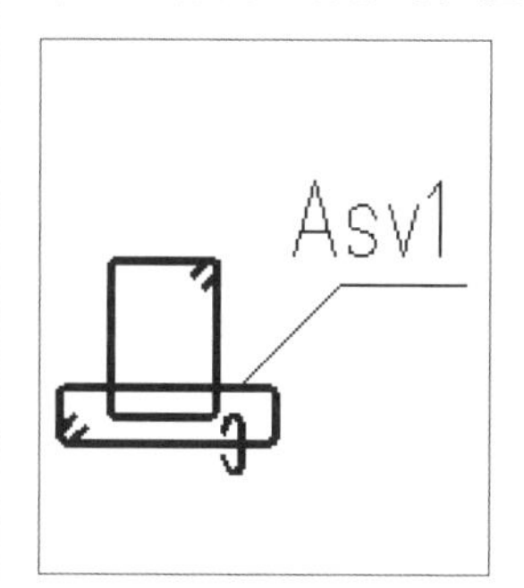

图 12-70 绘制箍筋分样图

承台顶~-0.130
10Φ16
Φ6@200
Φ8@200

图 12-71 绘制表格说明

（3）绘制柱子GBZ4大样图

步骤01 绘制GBZ4截面图时，首先执行多段线命令进行钢筋绘制，再利用矩形工具绘制柱子外边框。将“COLU”图层设为当前图层，使用矩形工具绘制1400×180和180×400的矩形。在命令行中输入rec命令，绘制矩形另一侧边缘以及断面图样。断面图样也可以用多段线命令绘制，绘制完成的矩形边框如图12-72所示。

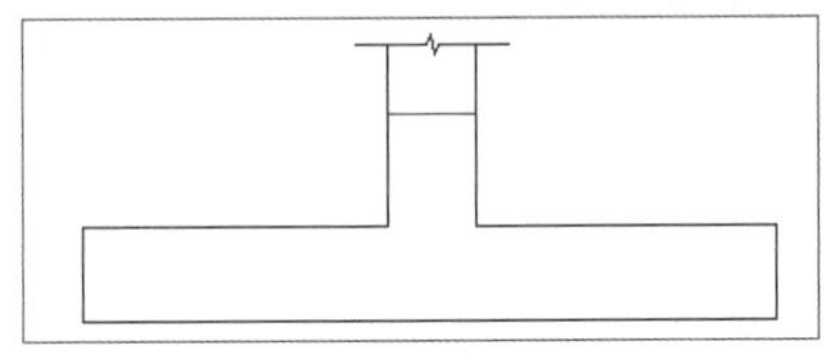

图 12-72　绘制柱子大样

步骤02 将“REIN”图层设为当前图层以绘制柱钢筋图，在命令行输入pl命令，绘制矩形图样，如图12-73所示。

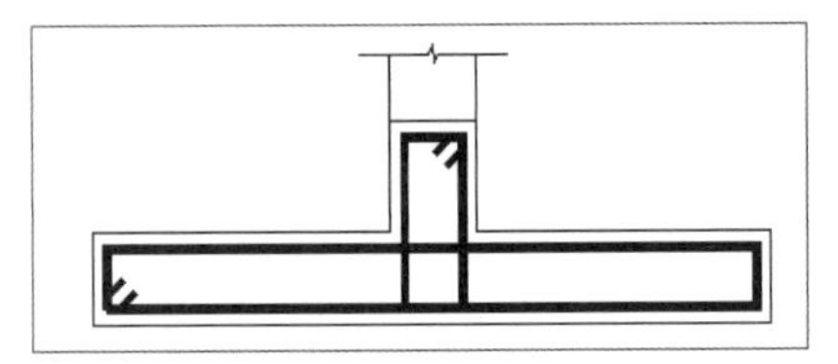

图 12-73　绘制钢筋图

步骤03 在命令行中输入“F”命令，对矩形边角进行倒角，倒角半径为50。倒角完成后选定另一需要倒角的边线，完成另一角的倒角，如图12-74所示。

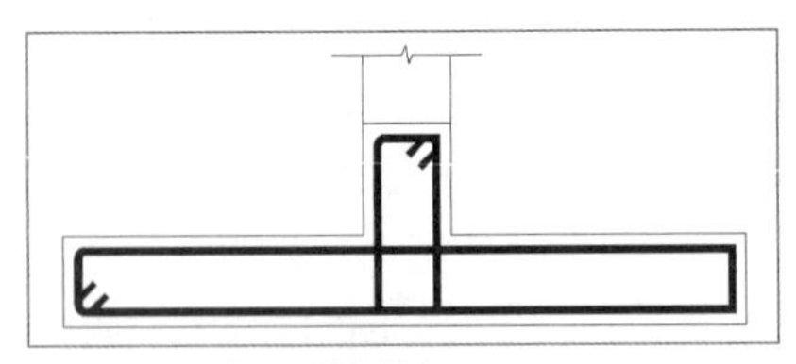

图 12-74　对矩形进行倒角

步骤04 使用相同的方法，对其他角进行倒角，即可完成其中一个箍筋的绘制，如图12-75所示。

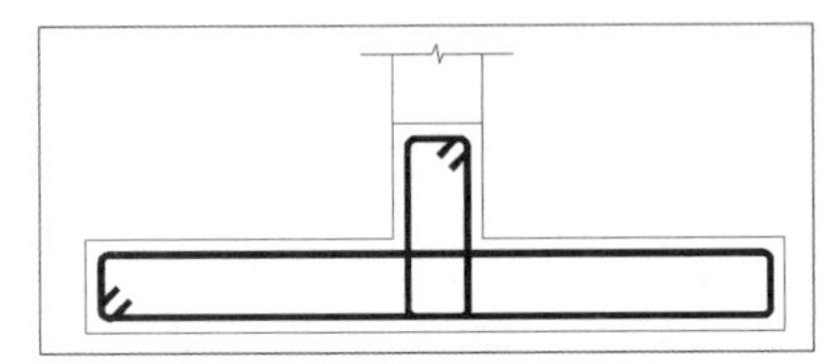

图 12-75　绘制箍筋

步骤05 采用相同的方法绘制另一个箍筋，在命令行中输入pl命令进行绘制即可。因绘制第一个箍筋时已经设置好线宽，因此可以直接绘制第二个箍筋，不需要重新输入线宽，如图12-76所示。

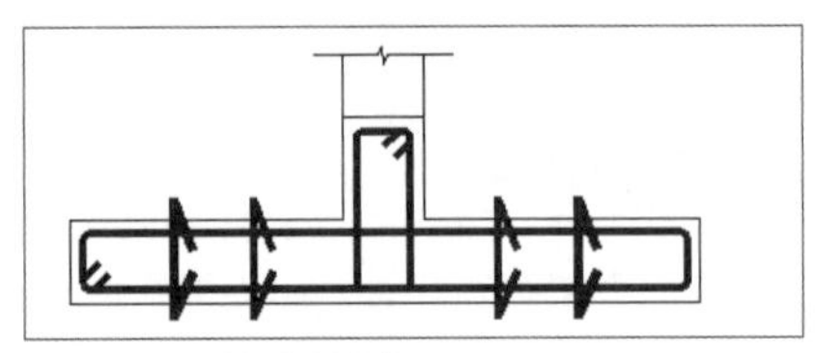

图 12-76　绘制其他箍筋

步骤06 在命令行中输入“F”命令，对矩形进行倒角操作。然后选定另一需要倒角的边线，因绘制第一个倒角时已经设置过倒角半径，因此可以直接进行倒角操作，如图12-77所示。

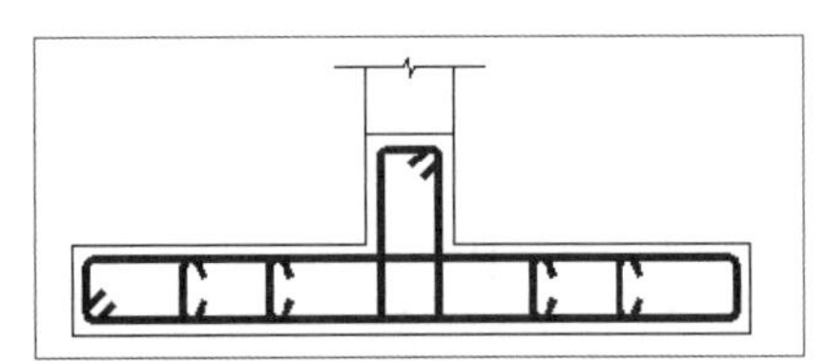

图 12-77　对箍筋进行倒角处理

步骤07 接下来，绘制钢筋的通长筋。通长筋在截面图上看就是一点，因此绘制半径为40的圆，然后在命令行输入“H”命令，对圆进行填充。通长筋绘制完成后移动到所布筋位置即可，将所有通长筋绘制完成，如图12-78所示。

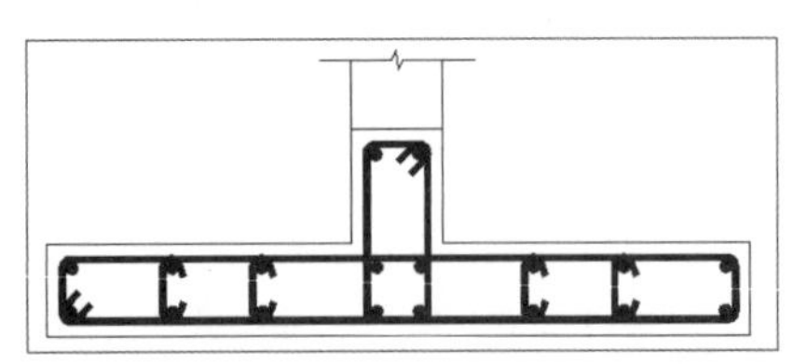

图 12-78　绘制通长筋

步骤08 将“C3墙体通长筋”图层设为当前图层，执行多线命令，绘制断面钢筋，绘制完成的效果如图12-79所示。

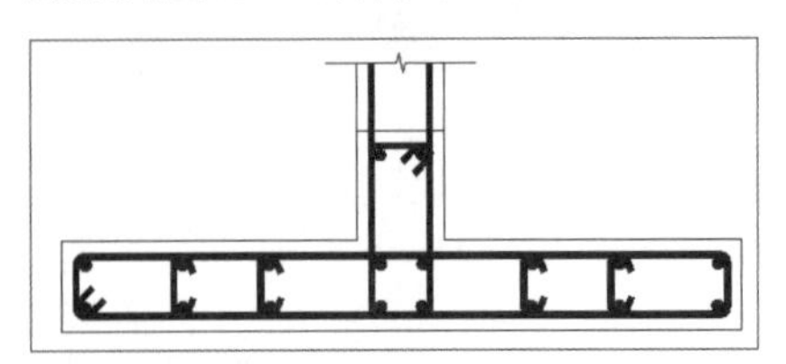

图 12-79　绘制断面钢筋

步骤 09 在所绘制的截面图中标注出柱及钢筋分布的尺寸，如图12-80所示。

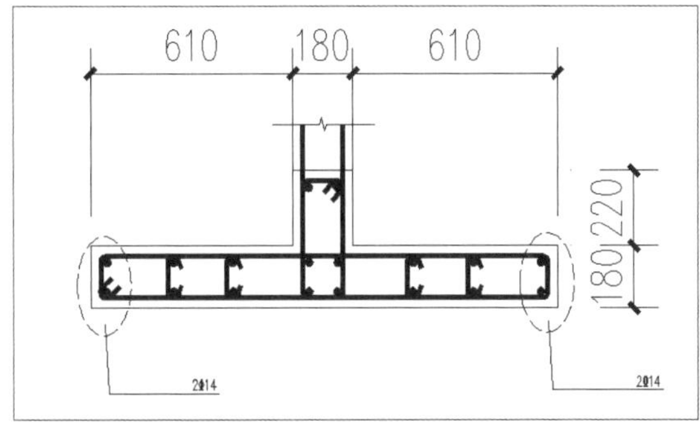

图 12-80 标注尺寸

步骤 10 执行多线命令，在所绘制的截面图下方绘制箍筋分布样图，以便可清楚地分辨出箍筋以及箍筋样式。然后在命令行中输入f命令进行倒角，绘制的箍筋不需要尺寸一样，能看懂即可，绘制完成的效果如图12-81所示。

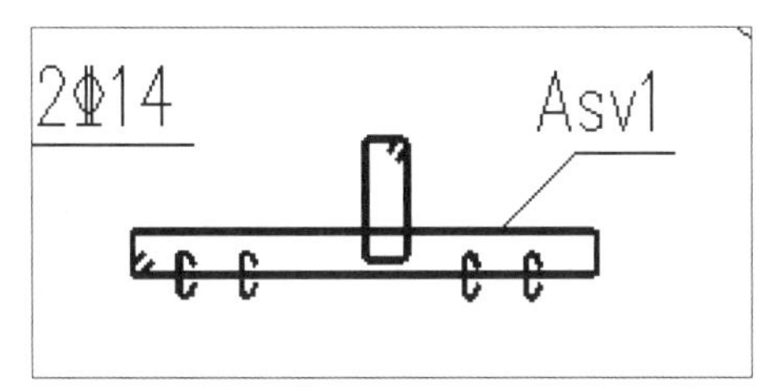

图 12-81 绘制箍筋分布样图

步骤 11 将“PUB_TEXT”图层设为当前图层，绘制表格并输入标高和纵筋等其他说明，如图12-82所示。

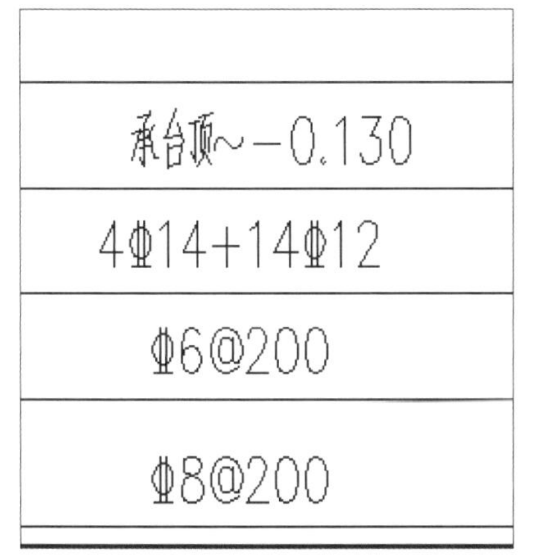

承台顶~-0.130
4Φ14+14Φ12
Φ6@200
Φ8@200

图 12-82 添加表格说明

（4）绘制柱子GBZ7大样图

步骤 01 接下来绘制GBZ7截面图。首先执行多段线命令进行钢筋绘制，再利用矩形工具绘制柱子外边框。将“COLU”图层设为当前图层，使用矩形工具绘制300×660和300×500的矩形。在命令行中输入rec命令，绘制矩形另一侧边缘以及断面图样。用户也可以在命令行中输入pl命令，使用多段线绘制断面图样。绘制完成的效果如图12-83所示。

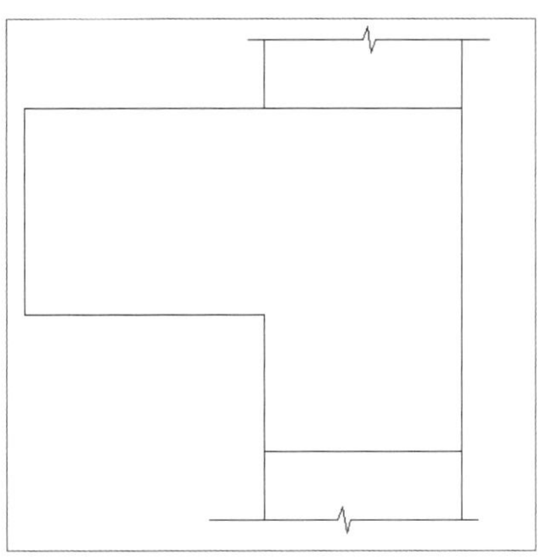

图 12-83 绘制柱子大样

步骤 02 将rein图层设为当前图层，在命令行输入pl命令，使用多段线绘制矩形柱钢筋图样，如图12-84所示。

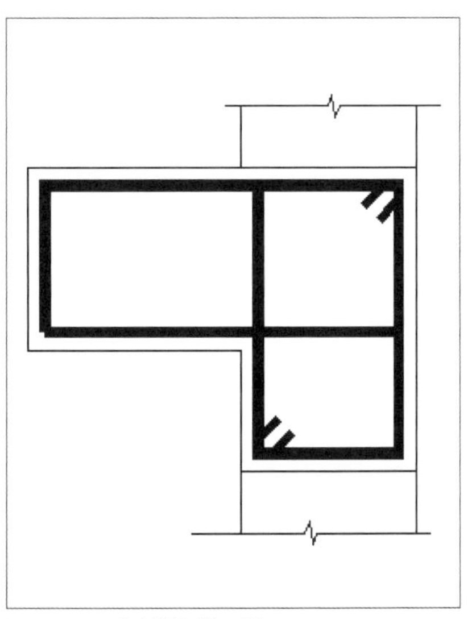

图 12-84 绘制柱钢筋图样

步骤 03 在命令行中输入f命令，设置倒角半径为50，对矩形边角进行倒角，如下页图12-85所示。

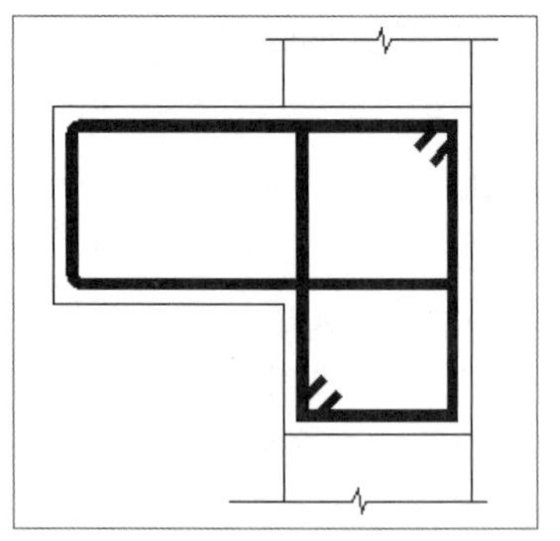

图 12-85　对柱钢筋进行倒角

步骤 04 使用相同的方法对其他角进行倒角，即可完成其中一个箍筋的绘制，如图12-86所示。

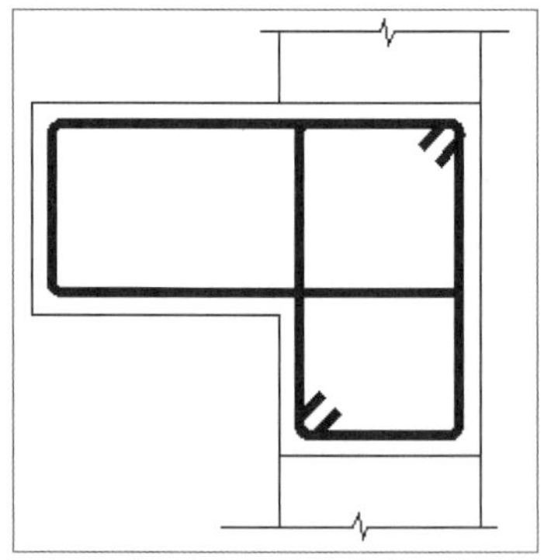

图 12-86　绘制箍筋

步骤 05 继续在命令行中输入pl命令，绘制另一个箍筋。因绘制第一个箍筋时已经设置好线宽，因此可以直接绘制第二个箍筋，不需要重新输入线宽值，如图12-87所示。

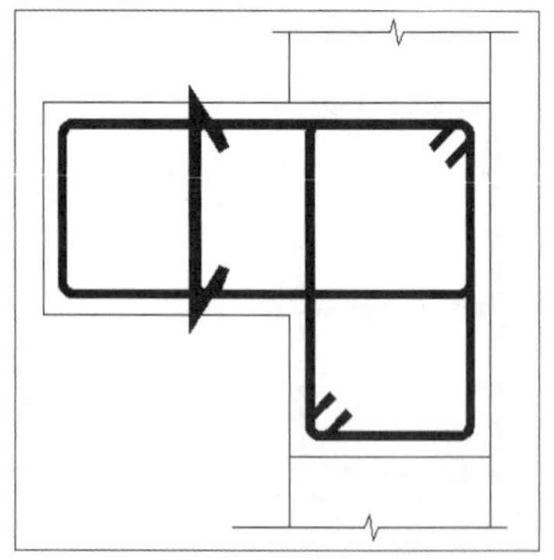

图 12-87　绘制其他箍筋

步骤 06 在命令行中输入f命令，对矩形的其中一个角进行倒角。然后选定另一边需要倒角的边线，因为绘制第一个倒角时已经设置过倒角半径，因此可以直接进行倒角操作，如图12-88所示。

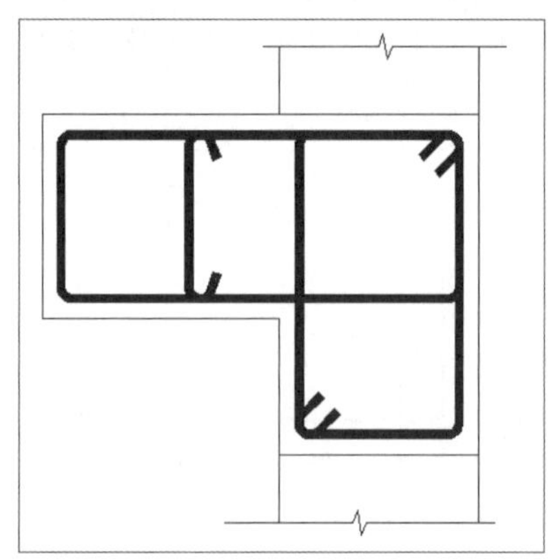

图 12-88　对箍筋进行倒角处理

步骤 07 钢筋的通长筋在截面图上看是一点，因此我们可以绘制半径为40的圆，然后在命令行输入h命令，对圆进行填充，通长筋绘制后移动到所布筋位置即可。将所有通长筋绘制完成，效果如图12-89所示。

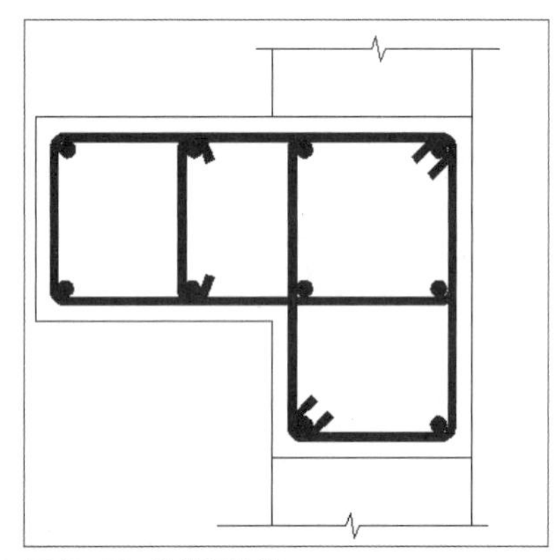

图 12-89　绘制通长筋

步骤 08 将“C3墙体通长筋”图层设为当前图层，执行多线命令，绘制断面钢筋，绘制完成的效果如图12-90所示。

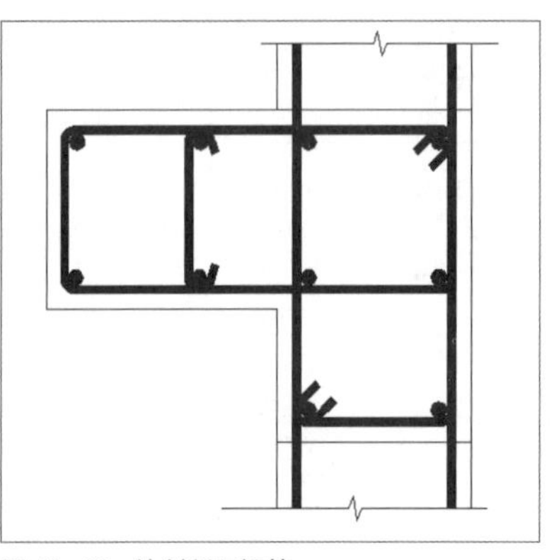

图 12-90　绘制断面钢筋

步骤 09 在所绘制的截面图中进行尺寸标注，标注出柱及钢筋分布的尺寸，如图12-91所示。

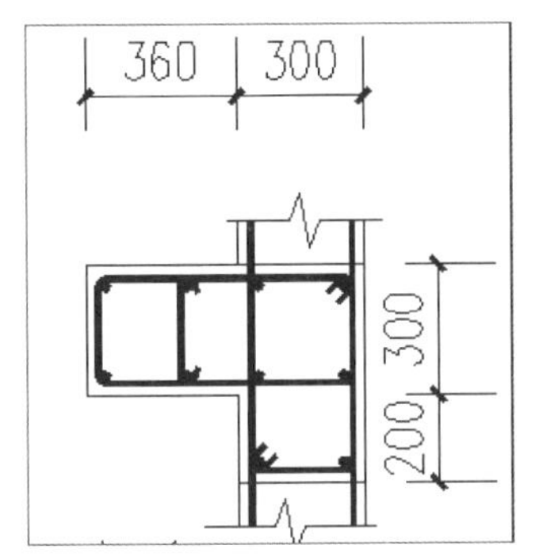

图 12-91 标注柱和钢筋分布的尺寸

步骤 10 在所绘制的截面图下方绘制箍筋分布样图，可以更清楚地分辨出箍筋以及箍筋样式。同样是执行多线命令进行绘制，然后在命令行中输入f命令进行倒角。绘制的箍筋不需要尺寸一样，只需能看懂即可，绘制完成的效果如图12-92所示。

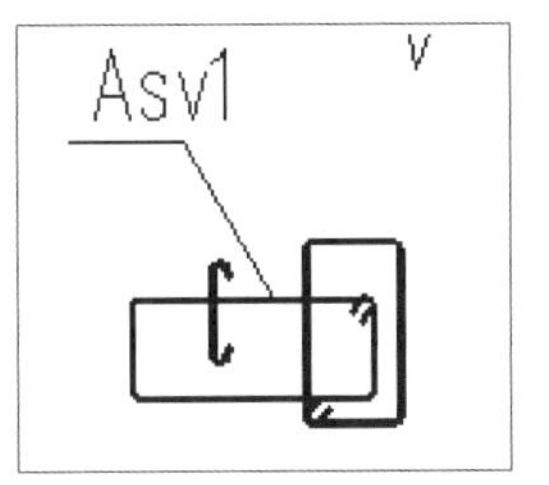

图 12-92 绘制箍筋分样图

步骤 11 将“PUB_TEXT”图层设为当前图层，绘制表格并输入标高、纵筋、箍筋及拉筋等其他说明，如图12-93所示。

承台顶~-0.130
10Φ16
Φ6@200
Φ8@200

图 12-93 绘制表格

步骤 12 使用相同的方法将其他柱大样图绘制完成，如图12-94所示。

负一层墙体暗柱大样图 1:30

编号	GBZ1	GBZ2	GBZ3	GBZ4	GBZ5	GBZ6	GBZ7	GBZ8	GBZ9
截面									
标高	承台顶~-0.130	承台顶~-0.130	承台顶~-0.130	承台顶~-0.130	承台顶~-0.130	承台顶~-0.130	承台顶~-0.130	承台顶~-0.130	承台顶~-0.130
纵筋	6Φ12	10Φ16	8Φ12	4Φ14+14Φ12	10Φ12	10Φ12	10Φ16	8Φ16	6Φ16
箍筋及拉筋	Φ6@200	Φ6@200	Φ6@200	Φ6@200	Φ6@200	Φ6@200	Φ6@200	Φ6@200	Φ6@200
ASv1		Φ8@200		Φ8@200	Φ8@200	Φ8@200	Φ8@200	Φ8@200	

编号	GBZ10	GBZ11	GBZ12	GBZ13	GBZ14	KZ1(KZ4)	KZ2	KZ3	GBZ15	
截面					注：用于梯下无暗柱处。					
标高	承台顶~-0.130	承台顶~-0.130	承台顶~-0.130	承台顶~-0.130	承台顶~-0.130	承台顶~-0.300	承台顶~-0.130	承台顶~-0.130	承台顶~-0.130	
纵筋	16Φ16	8Φ16	14Φ12	10Φ12	6Φ16	4Φ16(4Φ18)	4Φ22(角筋)+8Φ16	4Φ20(角筋)+6Φ16	12Φ12	
箍筋及拉筋	Φ6@200	Φ6@200	Φ6@200	Φ6@200	Φ6@200	Φ8@100/200	Φ8@100	Φ8@100	Φ6@200	
ASv1	Φ8@200	Φ8@200	Φ8@200	Φ8@200					Φ8@200	

图 12-94 柱大样图表

12.3.4 绘制连梁表和墙体配筋表

标注完尺寸后，这一节将学习如何绘制连梁表和墙体配筋表。绘图时，首先需要绘制配置表，再绘制钢筋、箍筋等结构，下面介绍具体操作方法。

步骤01 首先利用直线、矩形等命令进行表格绘制，再利用打断、延伸等修改命令进行表格编辑，如图12-95所示。

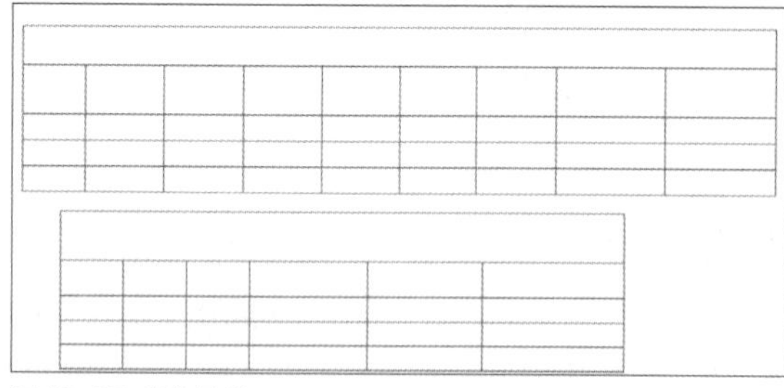

图 12-95 绘制表格

步骤02 绘制完表格后，在菜单栏中执行“绘图>文字>单行文字”命令，在相应区域输入文字即可。钢筋符号可以使用之前介绍的直接输入钢筋符号的方法，或利用输入文字时弹出的对话框里现有的钢筋符号单击进行输入，如图12-96所示。

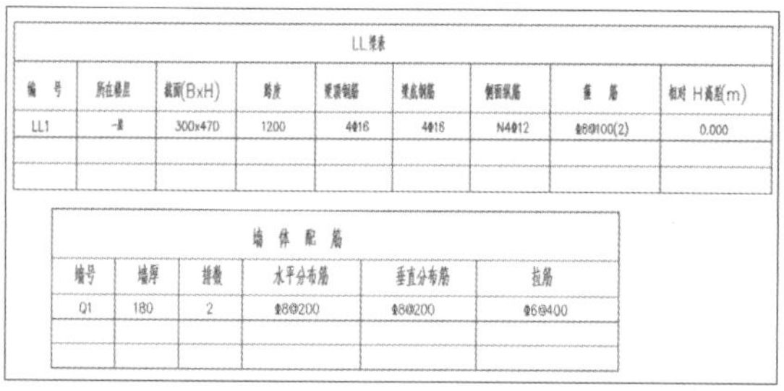

LL梁表

编号	所在楼层	截面(BxH)	跨度	梁顶钢筋	梁底钢筋	侧面纵筋	箍筋	相对H高差(m)
LL1	-层	300x470	1200	4Φ16	4Φ16	N4Φ12	Φ8@100(2)	0.000

墙体配筋

墙号	墙厚	排数	水平分布筋	垂直分布筋	拉筋
Q1	180	2	Φ8@200	Φ8@200	Φ6@400

图 12-96 输入文字

步骤03 如有其他说明，可以在表格下方备注说明。绘制完整的连梁表以及墙体配筋图后，效果如图12-97所示。

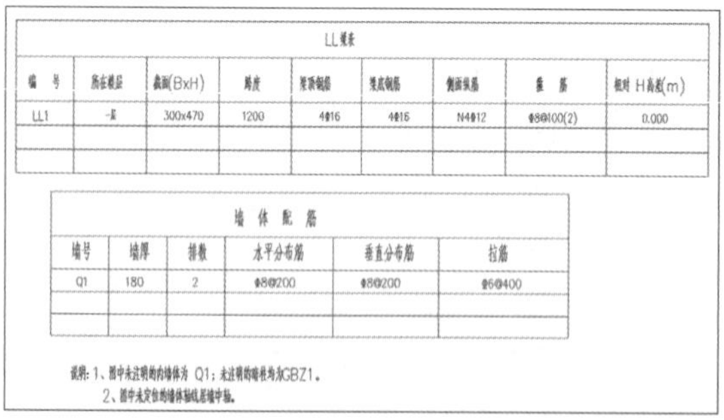

LL梁表

编号	所在楼层	截面(BxH)	跨度	梁顶钢筋	梁底钢筋	侧面纵筋	箍筋	相对H高差(m)
LL1	-层	300x470	1200	4Φ16	4Φ16	N4Φ12	Φ8@100(2)	0.000

墙体配筋

墙号	墙厚	排数	水平分布筋	垂直分布筋	拉筋
Q1	180	2	Φ8@200	Φ8@200	Φ6@400

说明：1、图中未注明的内墙体为 Q1；未注明的暗柱均为GBZ1。
2、图中未定位的墙体轴线居墙中轴。

图 12-97 连梁表以及墙体配筋图

12.3.5 绘制层高表

连梁表以及墙体配筋表绘制完成后，这一节将学习如何绘制负一层层高表。层高表绘制完成后，在表内添加相关说明即可，下面介绍具体操作方法。

步骤01 首先利用直线、矩形等命令绘制表格，再利用打断、延伸、偏移等修改命令进行表格编辑，如图12-98所示。

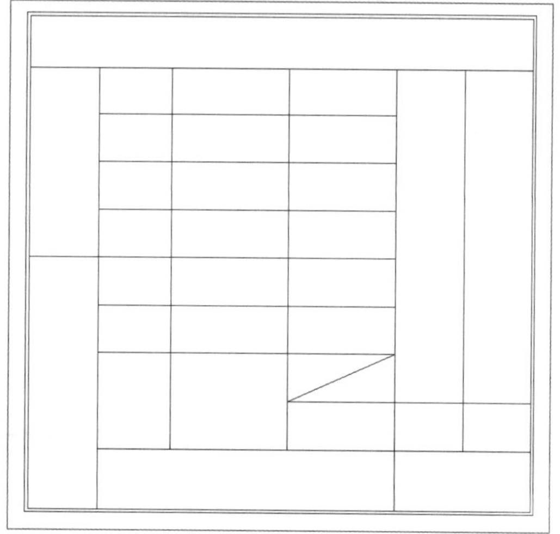

图 12-98 绘制表格

步骤02 绘制完表格后，在菜单栏中执行“绘图>文字>单行文字”命令，在相应的区域输入文字即可。表格中的标高可用之前绘制建筑图的方法进行绘制，即利用线段进行倒三角的绘制，然后输入文字即可，如图12-99所示。

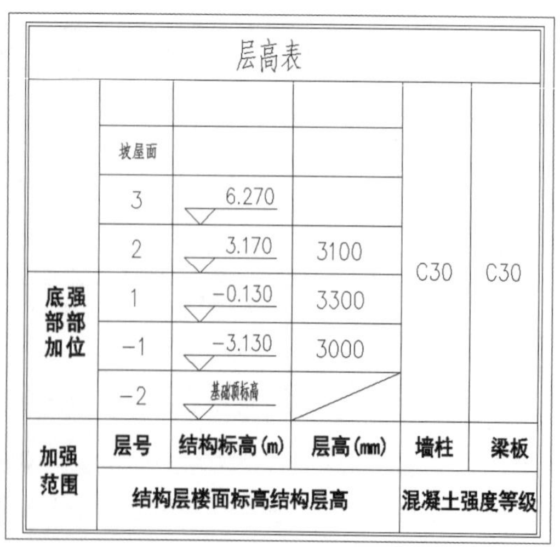

层高表

加强范围	层号	结构标高(m)	层高(mm)	墙柱	梁板
	坡屋面				
	3	6.270			
	2	3.170	3100	C30	C30
底部加强部位	1	-0.130	3300		
	-1	-3.130	3000		
	-2	基础顶标高			
加强范围	层号	结构标高(m)	层高(mm)	墙柱	梁板
	结构层楼面标高结构层高			混凝土强度等级	

图 12-99 绘制层高表

步骤 03 如有其他说明，可以在表格下方备注说明，完整的层高表如图12-100所示。

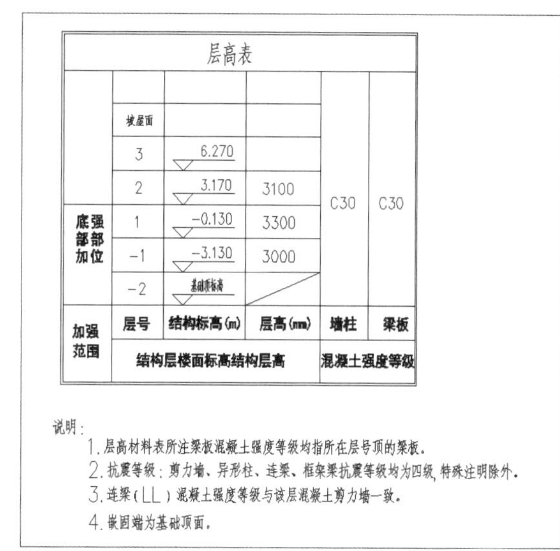

图 12-100 添加说明

步骤 04 至此，整个负一层的其他大样图绘制完成，因此图框绘制得略小，可以将其他详图绘制到另一个图框中。所有的详图绘制完成后，即完成负一层大样图的绘制，如图12-101所示。

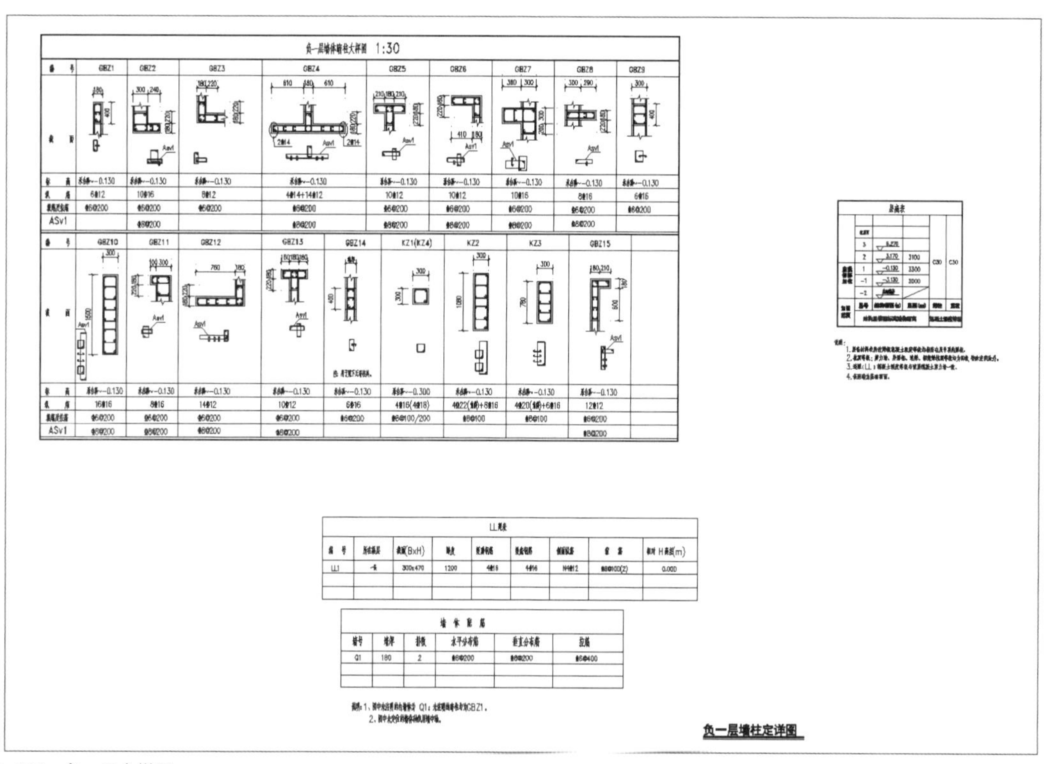

图 12-101 负一层大样图

12.4 绘制一层墙柱定位图

在学习如何绘制负一层墙柱定位图之后，本节将学习如何绘制一层墙柱定位图，下面介绍具体操作方法。

12.4.1 绘制柱子和墙体

在绘制柱子和墙体时，主要运用矩形、填充和多段线等绘图命令，下面介绍具体操作方法。

步骤01 选定图层“COLU”，在绘图区执行line命令绘制参考线，再执行pl命令绘制矩形。矩形柱的绘制效果，如图12-102所示。

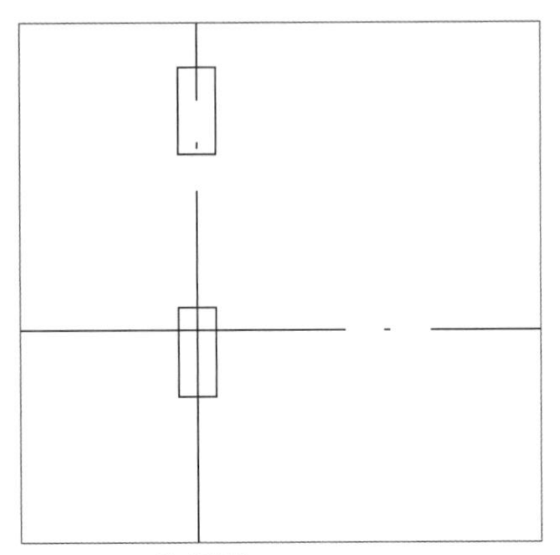

图 12-102 绘制墙柱

步骤02 使用相同的方法绘制其他矩形柱。绘制异形柱时，可以执行多线命令进行绘制。绘制柱子时可以在命令行中输入相应的数值，也可以使用鼠标调节方向，必要时可按“F8”功能键打开正交模式。绘制完成的效果如图12-103所示。

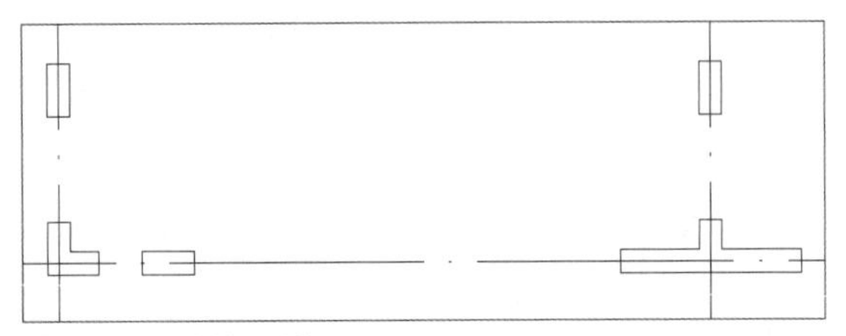

图 12-103 绘制异形柱

步骤03 接下来将“HATCH”图层设为当前图层来对柱子进行填充。将所有柱子绘制完成，在命令行中输入h命令对柱子进行填充，填充图案选择对话框中“其他预定义”选项卡❶下的“SOLID”选项❷，然后单击“确定”按钮，如图12-104所示。

步骤04 填充完所有柱子的效果，如图12-105所示。

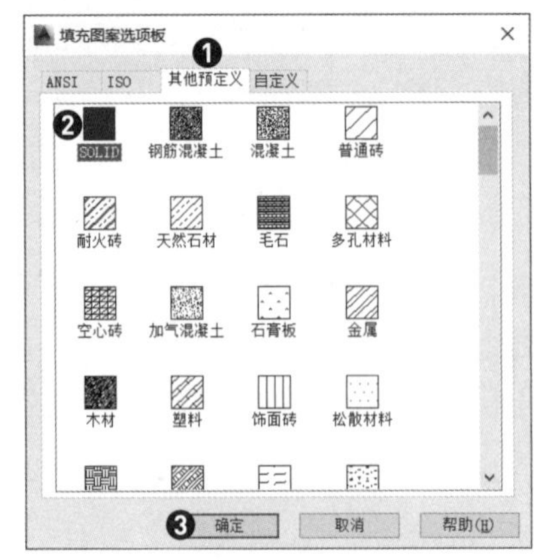

图 12-104 “填充图案选项板”对话框

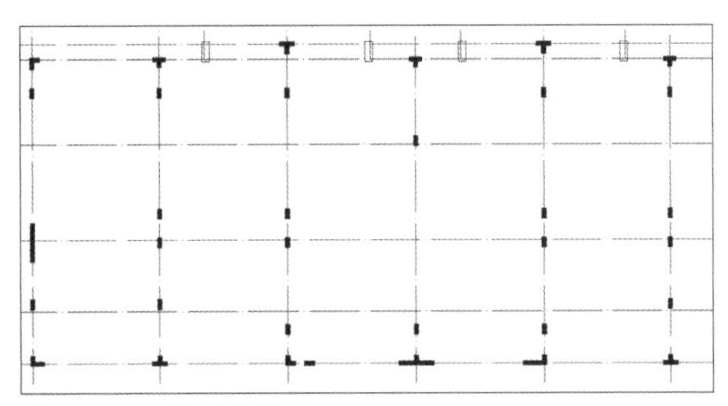

图 12-105 对墙柱进行填充

步骤05 将“3B实墙”图层设为当前图层，在命令行中输入pl命令以及“MLSTYLE”命令对墙体绘制，此绘制方法需要提前设置多线样式，再利用“偏移”等修改工具进行多线修改，绘制出图12-106的墙体效果。

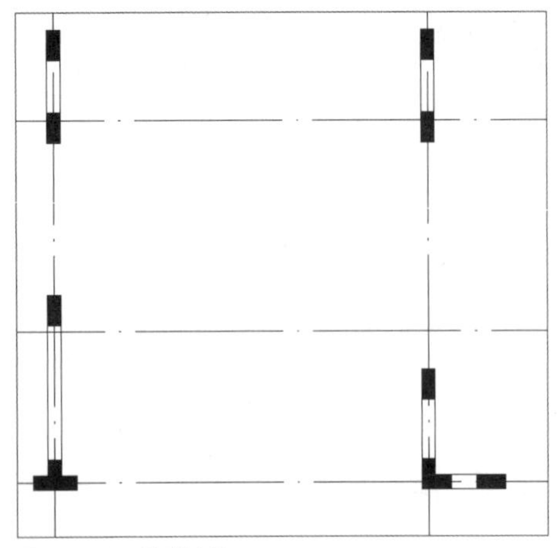

图 12-106 绘制实墙

步骤06 将“3B虚墙”图层设为当前图层，使用和绘制实墙或者基础梁相同的方法绘制虚墙。最后绘制完成的效果如下页图12-107所示。

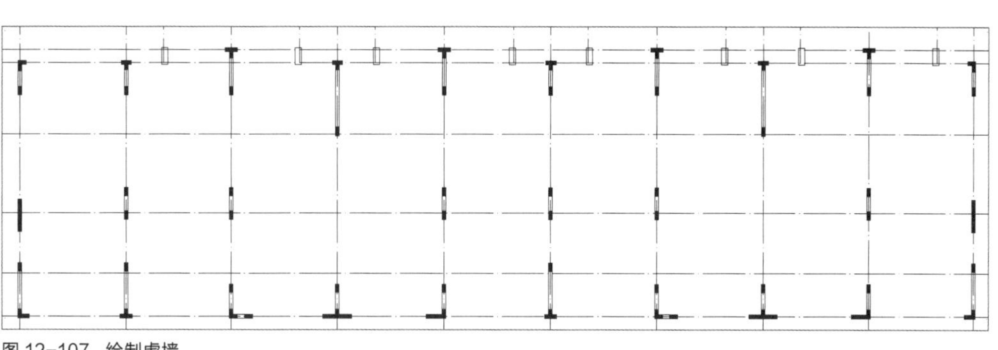

图 12-107 绘制虚墙

12.4.2 柱和墙的尺寸标注与文字注释

柱子和墙体绘制完成之后，本节将对柱子和墙体进行尺寸标注和文字注释，下面介绍具体操作方法。

步骤 01 将“PUB_DIM”图层设为当前图层，在菜单栏中执行“标注>快速标注”命令，对桩以及承台进行尺寸标注，如图12-108所示。

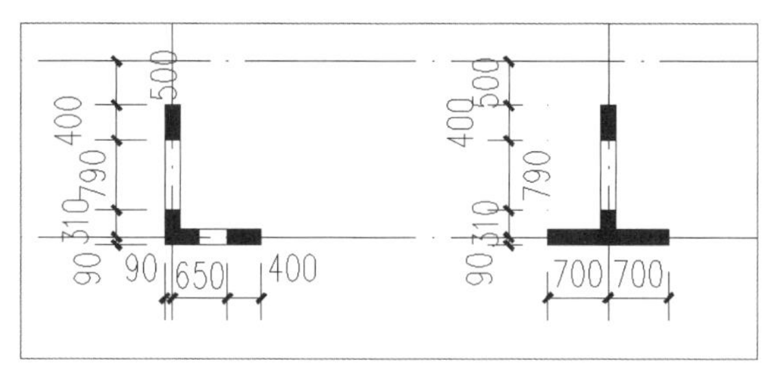

图 12-108 添加尺寸标注

步骤 02 将“柱标注”图层设为当前图层，在菜单栏中执行“绘图>文字>单行文字”命令，对柱进行标注，如图12-109所示。

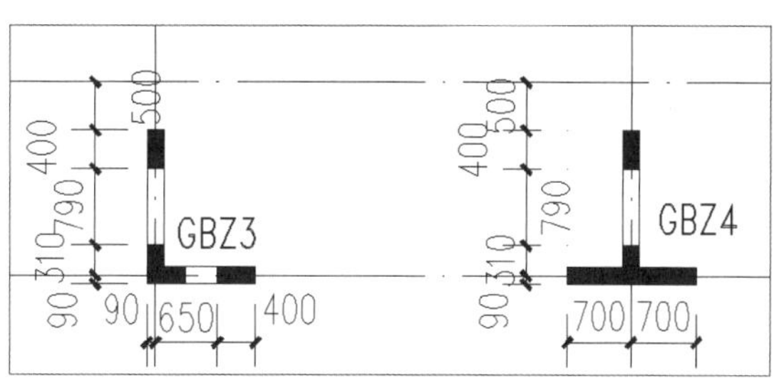

图 12-109 添加文字标注

步骤 03 将“AXIS”图层设为当前图层，在菜单栏中执行“标注>连续标注”命令，对轴网进行标注。将所有的尺寸标注以及文字注释添加完成，即完成一层墙柱定位图的绘制，如图12-110所示。

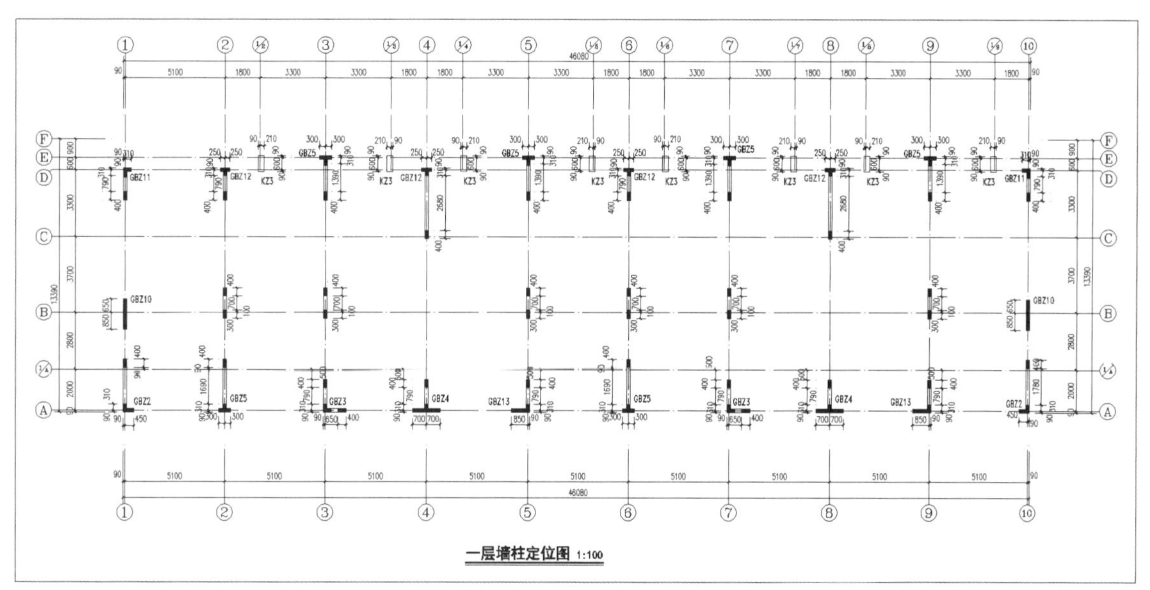

图 12-110 添加其他标注

12.4.3 绘制一层墙柱大样图

尺寸标注完成之后，这一节将学习如何绘制一层墙柱大样图。首先需要绘制配置表，接下来绘制钢筋、箍筋等结构，具体操作方法如下。

（1）绘制GBZ2柱子钢筋大样图

步骤 01 首先绘制GBZ2柱子钢筋大样图，需要分别绘制编号、截面、标高、纵筋、箍筋及拉筋等，用户可以利用矩形命令绘制这些表格内容，表格可用修改、打断、延伸等工具进行修改绘制，如图12-111所示。

负一层墙体暗柱大样图 1:30						
编 号	GBZ1					
截 面						
标 高						
纵 筋						
箍筋及拉筋						
ASv1						
编 号						

图 12-111 绘制表格

步骤 02 要绘制GBZ2截面图，则首先执行多段线命令进行钢筋绘制，利用矩形工具绘制柱子外边框。将COLU图层设为当前图层，执行矩形或多线命令绘制框柱图形。在命令行中输入rec命令绘制矩形另一侧边缘以及断面图样，断面图样也可在命令行中输入pl命令进行绘制，如图12-112所示。

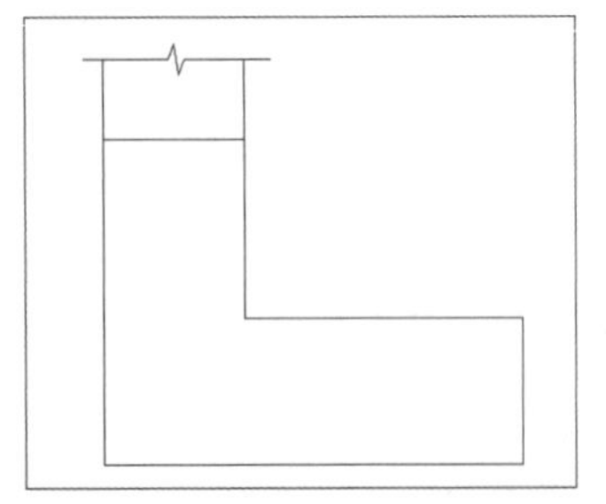

图 12-112 绘制钢筋

步骤 03 将rein图层设为当前图层来绘制柱钢筋图，即在命令行中输入pl命令，绘制多段线矩形图样，如图12-113所示。

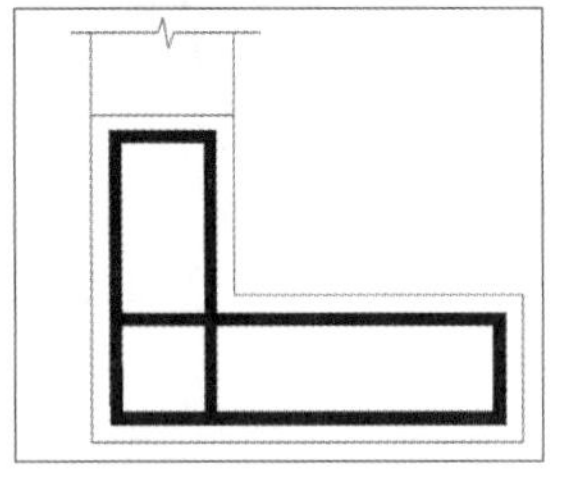

图 12-113 绘制柱钢筋图

步骤 04 在命令行中输入f命令，设置倒角半径为50，对矩形边角进行倒角。然后选定另一边需要倒角的边线，完成另一边角的倒角，如图12-114所示。

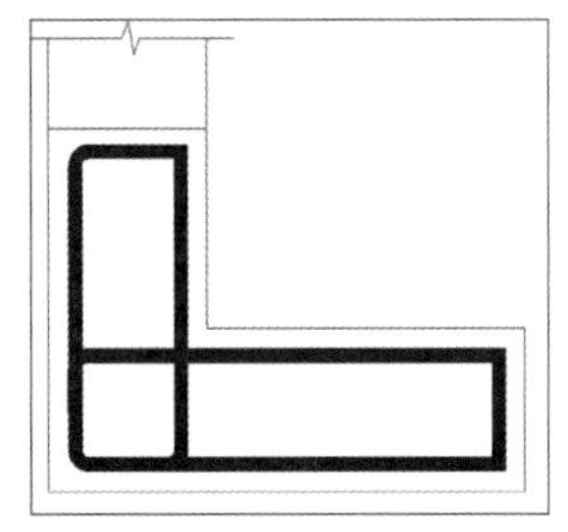

图 12-114 矩形倒角

步骤 05 用相同的方法对其他角进行倒角，即可完成其中一个箍筋的绘制，如图12-115所示。

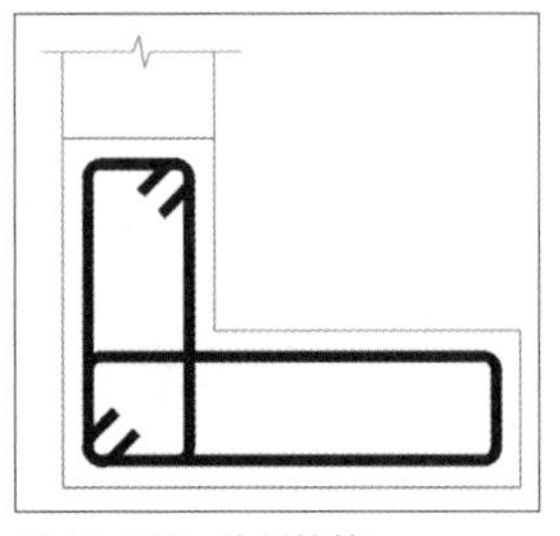

图 12-115 绘制箍筋

步骤 06 同样地，执行多线命令，绘制另一个箍筋。因绘制第一个箍筋时已经设置好线宽，因此可以直接绘制第二个箍筋，不需要重新输入线宽，如图12-116所示。

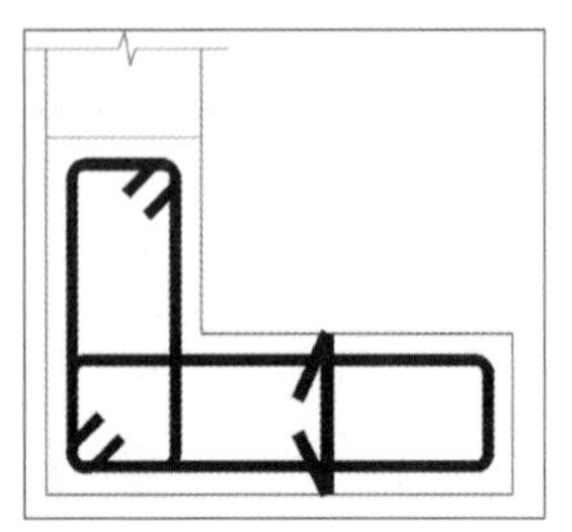

图 12-116 绘制其他箍筋

步骤 07 在命令行输入F命令，设置倒角半径为50，对矩形边角进行倒角。然后选定另一边需要倒角的边线，完成另一边角的倒角，如图12-117所示。

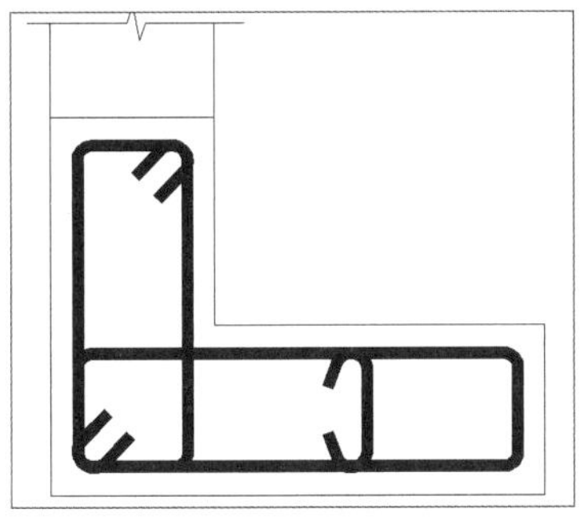

图 12-117 对箍筋进行倒角

步骤 08 钢筋的通长筋在截面图上看是一点，因此可以绘制半径为40的圆，然后在命令行中输入h命令对圆进行填充，通长筋绘制完成后移动到所布筋位置即可。将所有通长筋绘制完成，如图12-118所示。

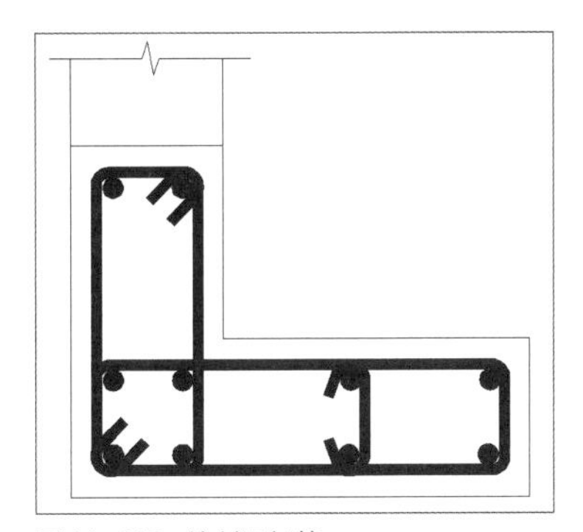

图 12-118 绘制通长筋

步骤 09 将“C3墙体通长筋”图层设为当前图层，同样使用多线命令来绘制断面钢筋图，绘制完成如图12-119所示。

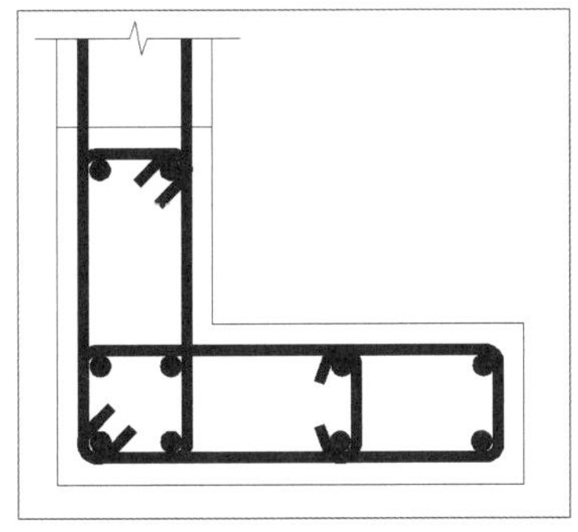

图 12-119 绘制断面钢筋

步骤 10 在所绘制的截面图中进行尺寸标注，标注出柱及钢筋分布的尺寸，如图12-120所示。

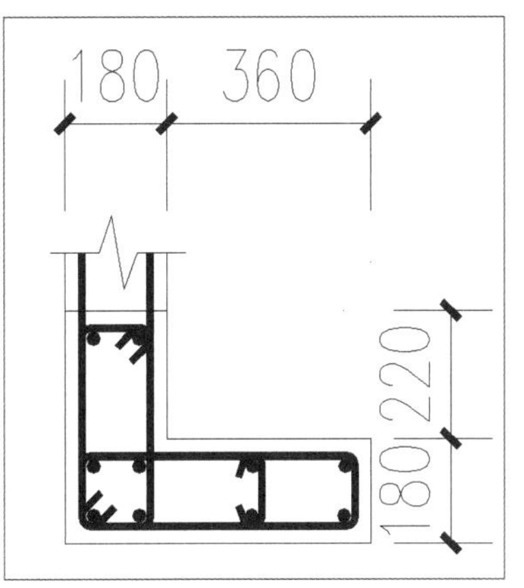

图 12-120 添加尺寸标注

步骤 11 执行多线命令，在所绘制的截面图下方绘制箍筋分布样图，可以更清楚地分辨出箍筋以及箍筋样式进行倒角。绘制的箍筋不需要尺寸一样，只需能看懂即可，绘制完成的效果如图12-121所示。

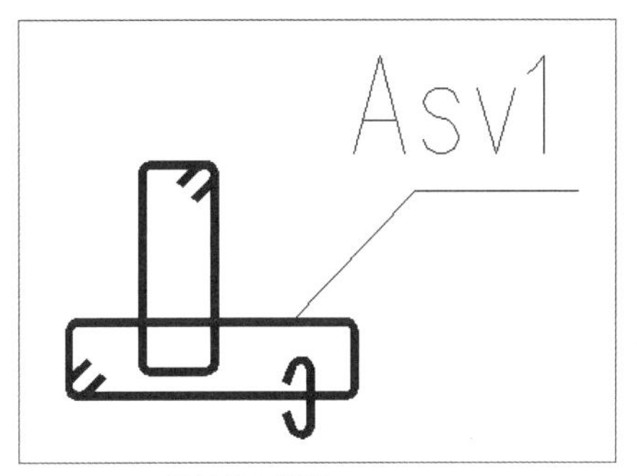

图 12-121 箍筋分布样图

步骤 12 选定“PUB_TEXT”图层，在表中输入标高、纵筋等说明，如图12-122所示。

	-0.130~3.170
	10Φ12
	Φ6@200
	Φ8@200

图 12-122 制作标高表

（2）绘制柱子GBZ5大样图

步骤01 绘制GBZ5截面图时，首先使用多段线命令进行钢筋的绘制，再利用矩形工具绘制柱子外边框。将“COLU”图层设为当前图层，使用矩形工具绘制600×220和180×400的矩形。在命令行中输入rec命令，绘制矩形另一侧边缘以及断面图样。用户可以在命令行中输入pl命令，利用多段线命令来绘制断面图样。绘制完矩形边框的效果，如图12-123所示。

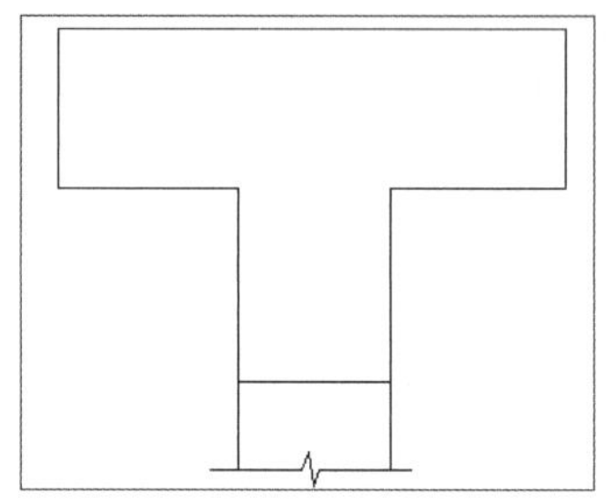

图 12-123 绘制柱子大样

步骤02 将“REIN”图层设为当前图层，在命令行输入pl命令，绘制多段线矩形钢筋图样，如图12-124所示。

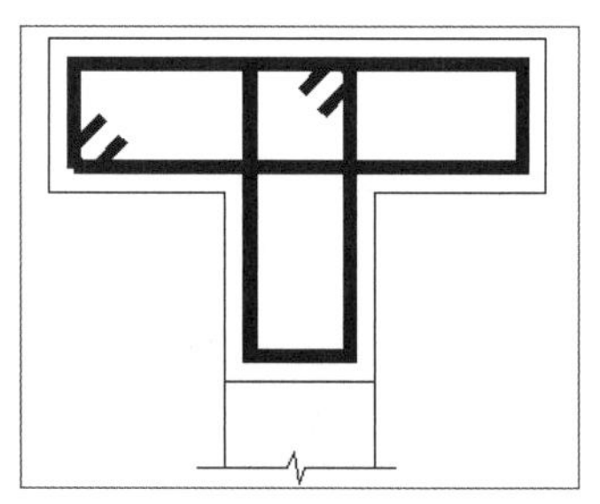

图 12-124 绘制钢筋图

步骤03 在命令行中输入f命令，设置倒角半径为50，对矩形边角进行倒角。倒角完成后，选定另一边需要倒角的边线，即可完成该角的倒角，如图12-125所示。

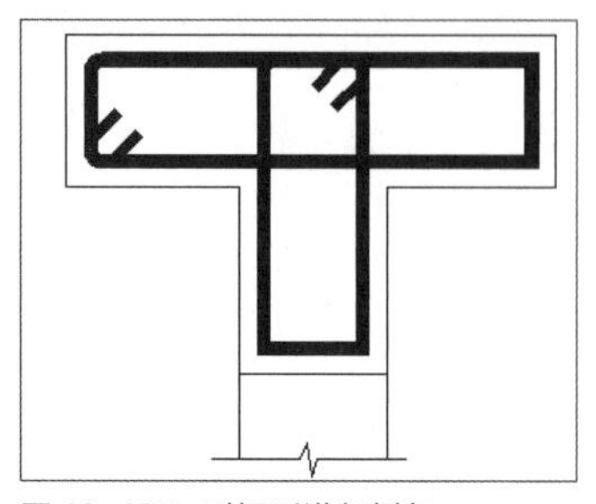

图 12-125 对矩形进行倒角

步骤04 用相同的方法对其他角进行倒角，即可完成其中一个箍筋的绘制，如图12-126所示。

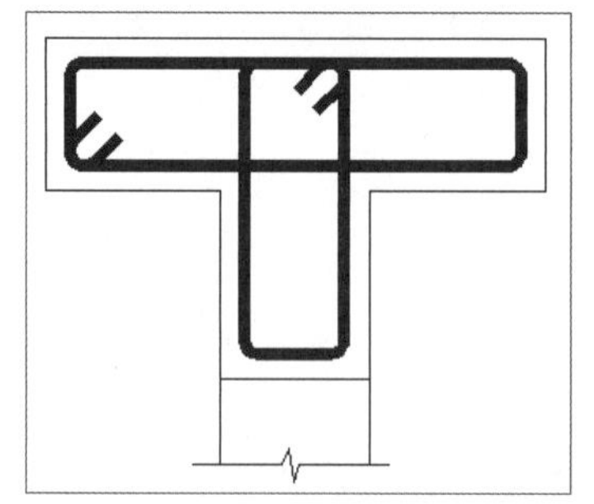

图 12-126 绘制箍筋

步骤05 钢筋的通长筋在截面图上看就是一点，因此我们可以绘制半径为40的圆，然后对圆进行填充。通长筋绘制完成后移动到所布筋位置即可。将所有通长筋绘制完成，效果如图12-127所示。

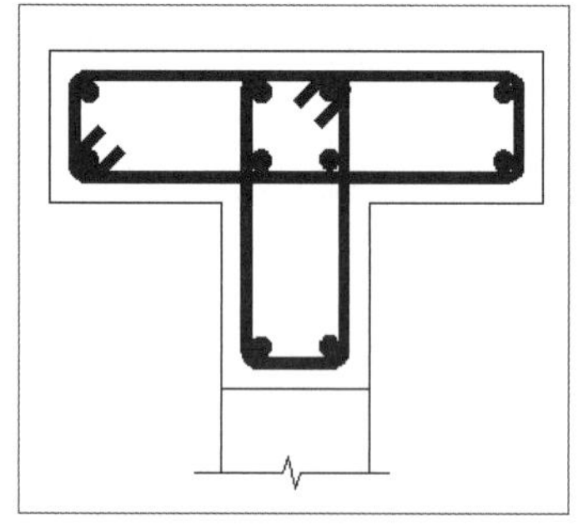

图 12-127 绘制通长筋

步骤06 将“C3墙体通长筋”图层设为当前图层，使用多线命令来绘制断面钢筋图，绘制完成的效果如图12-128所示。

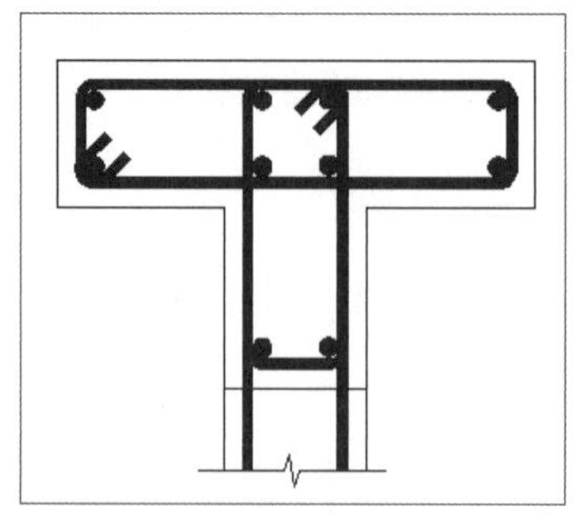

图 12-128 绘制断面钢筋

步骤07 在所绘制的截面图中进行尺寸标注，标注出柱及钢筋分布的尺寸，如下页图12-129所示。

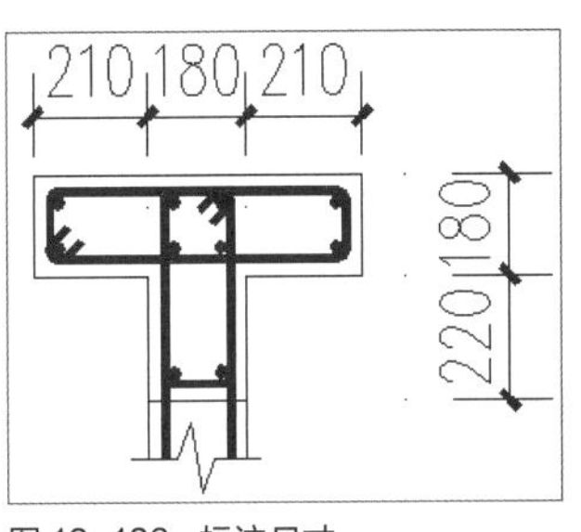

图 12-129 标注尺寸

步骤 08 在所绘制的截面图下方绘制箍筋分布样图，可以更清楚地分辨出箍筋以及箍筋样式。同样是使用多线命令进行绘制后，在命令行中输入f命令进行倒角。绘制的箍筋不需要尺寸一样，只需能看懂即可，绘制完成的效果如图12-130所示。

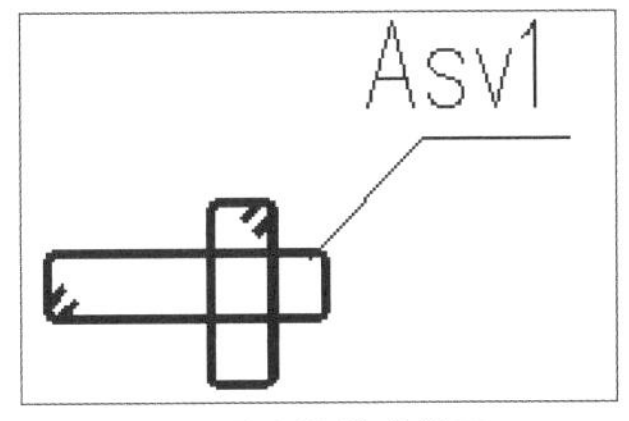

图 12-130 绘制箍筋分样图

步骤 09 将“PUB_TEXT”图层设为当前图层，绘制表格并输入标高和纵筋等说明，如图12-131所示。

-0.130~3.170
10Φ12
Φ6@200
Φ8@200

图 12-131 绘制表格说明

（3）绘制柱子GBZ6大样图

步骤 01 绘制GBZ6截面图时，使用多段线命令进行钢筋的绘制，再利用矩形工具绘制柱子外边框。将“COLU”图层设为当前图层，使用矩形工具绘制590×180和180×400的矩形。在命令行中输入rec命令，绘制矩形另一侧边缘以及断面图样用户也可以在命令行中输入pl命令，利用多段线命令来绘制断面图样。绘制完矩形边框的效果，如图12-132所示。

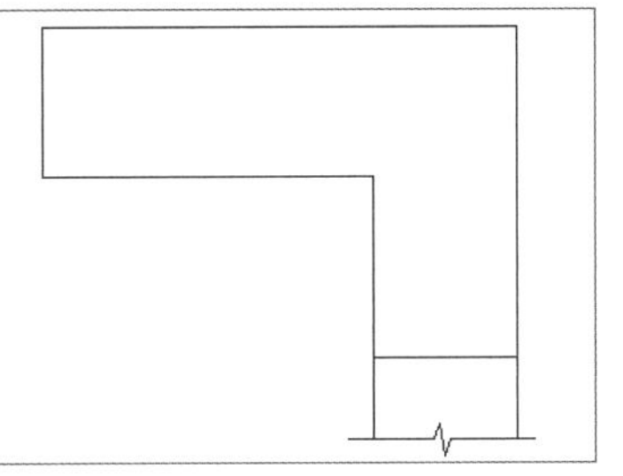
图 12-132 绘制柱子大样

步骤 02 将rein图层设为当前图层，在命令行输入pl命令，使用多段线绘制矩形柱钢筋图样，如图12-133所示。

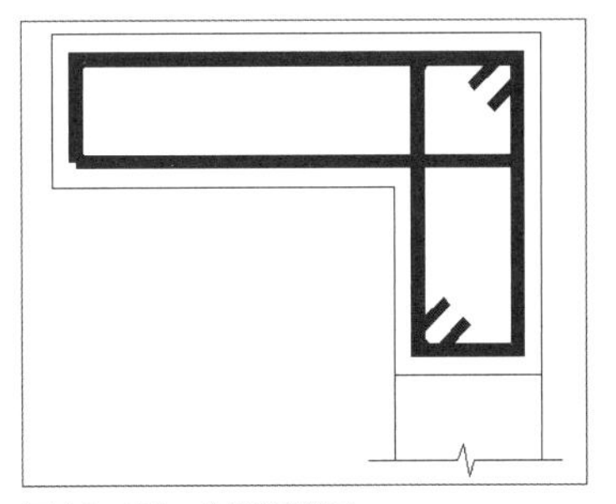
图 12-133 绘制钢筋图

步骤 03 在命令行中输入f命令，设置倒角半径为50，对矩形边角进行倒角。完成倒角后，选定另一边需要倒角的边线，即可完成该角的倒角，如图12-134所示。

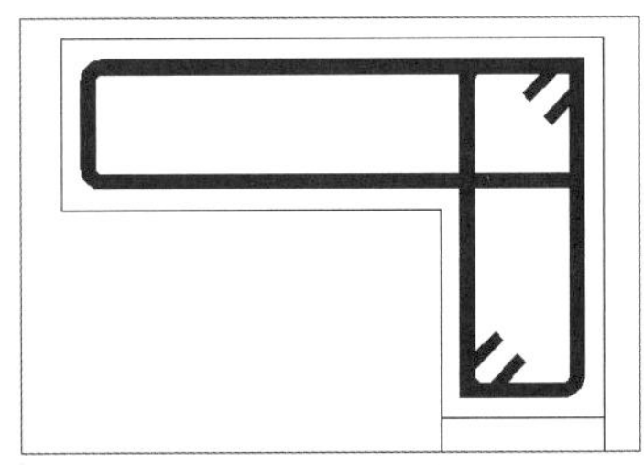
图 12-134 对矩形进行倒角

步骤 04 用相同的方法对其他角进行倒角，即可完成其中一个箍筋的绘制，如图12-135所示。

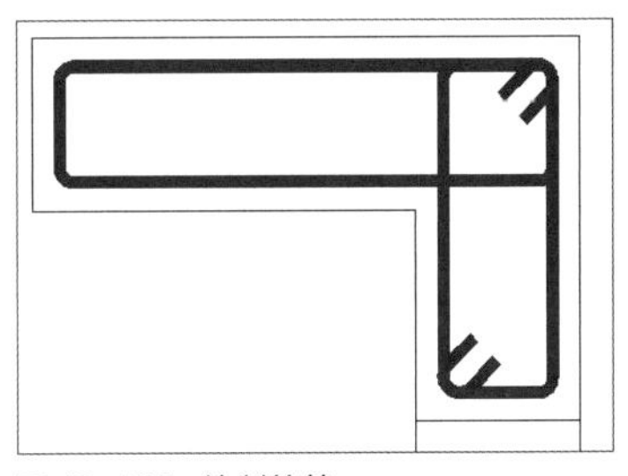
图 12-135 绘制箍筋

步骤05 同样的方法，在命令行中输入pl命令，绘制另一个箍筋，因绘制第一个箍筋时已经设置好线宽，因此可以直接绘制第二个箍筋，不需要重新输入线宽值，如图12-136所示。

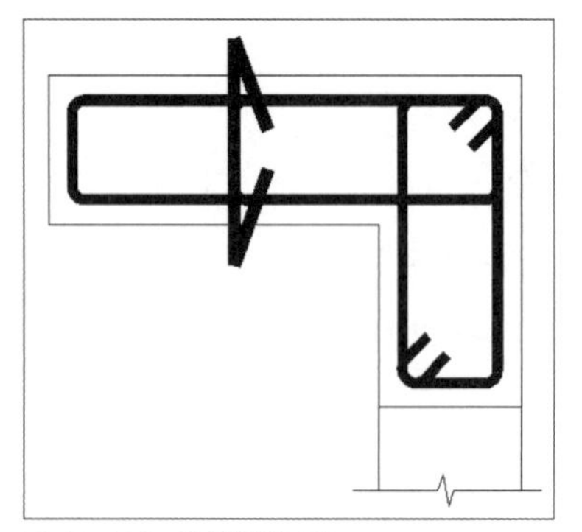

图 12-136　绘制其他箍筋

步骤06 在命令行中输入f命令，设置倒角半径为50，对矩形边角进行倒角。选定另一边需要倒角的边线，因绘制第一个倒角时已经设置过倒角半径，因此可直接进行倒角操作，如图12-137所示。

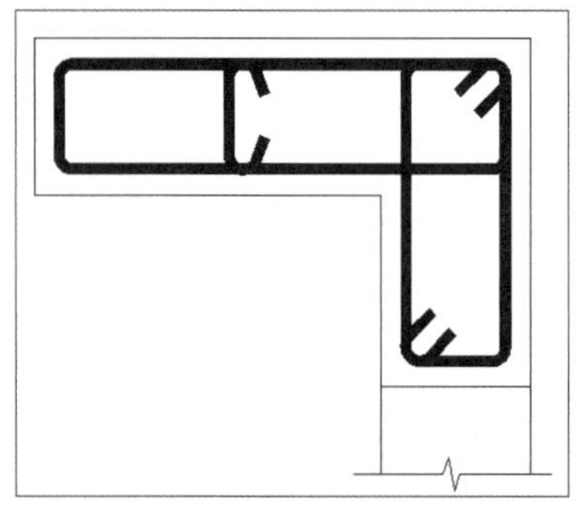

图 12-137　对箍筋进行倒角处理

步骤07 钢筋的通长筋在截面图上看就是一点，因此我们可以绘制半径为40的圆，然后对圆进行填充。通长筋绘制完成后移动到所布筋位置即可。将所有通长筋绘制完成，效果如图12-138所示。

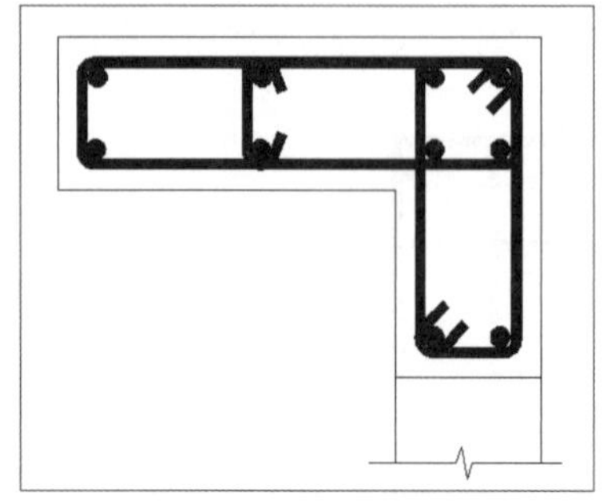

图 12-138　绘制通长筋

步骤08 将“C3墙体通长筋”图层设为当前图层，使用多线命令来绘制断面钢筋图，绘制完成的效果如图12-139所示。

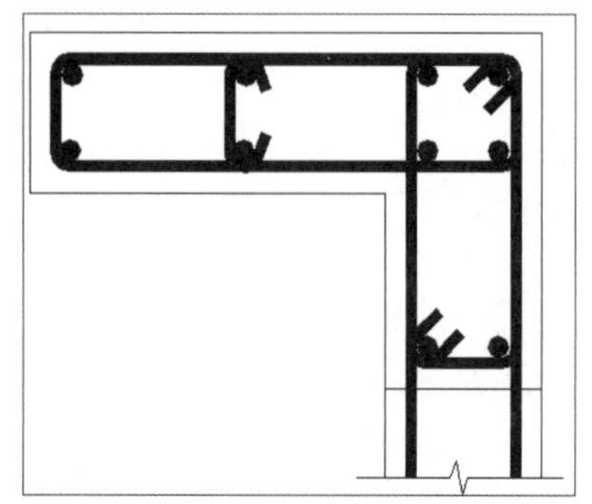

图 12-139　绘制断面钢筋

步骤09 在所绘制的截面图中进行尺寸标注，标注出柱及钢筋分布的尺寸，如图12-140所示。

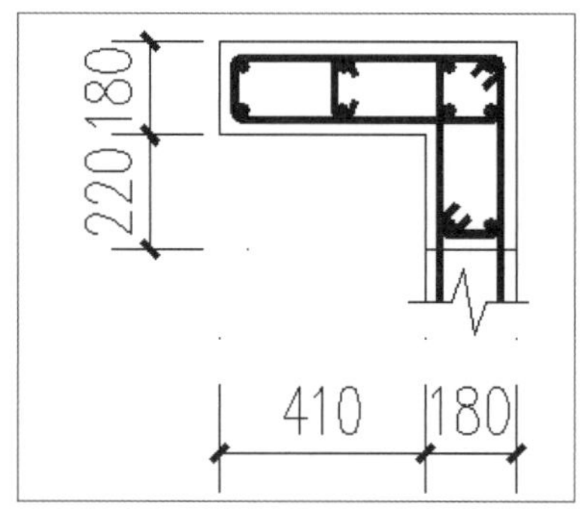

图 12-140　标注尺寸

步骤10 在所绘制的截面图下方绘制箍筋分布样图，可以更清楚地分辨出箍筋以及箍筋样式。同样使用多线命令进行绘制后，在命令行中输入f命令进行倒角。绘制的箍筋不需要尺寸一样，只需能看懂即可，效果如图12-141所示。

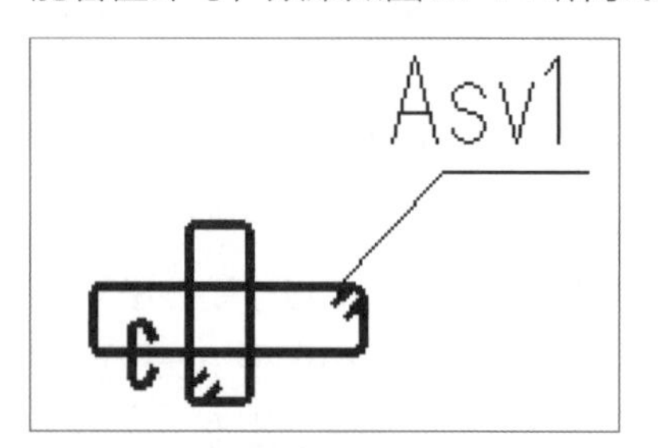

图 12-141　绘制箍筋分样图

步骤11 将“PUB_TEXT”图层设为当前图层，在表中输入标高和纵筋等说明，如下页图12-142所示。

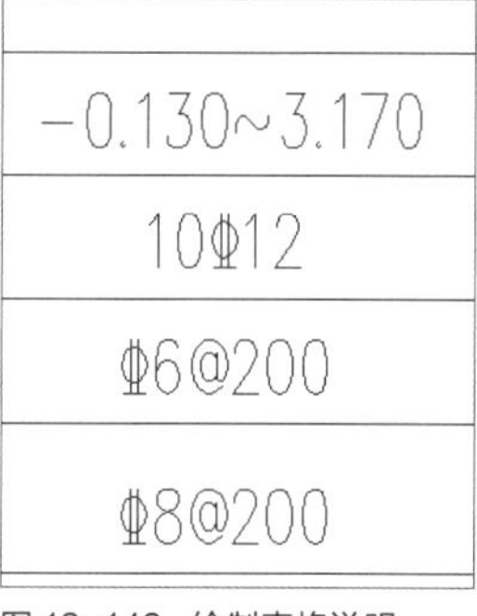

图 12-142 绘制表格说明

（4）绘制柱子GBZ14大样图

步骤01 绘制GBZ14截面图时，使用多段线命令进行钢筋的绘制，利用矩形工具绘制柱子外边框。将“COLU”图层设为当前图层，使用矩形工具绘制780×180和180×390的矩形。在命令行中输入rec命令，绘制矩形另一侧边缘以及断面图样。用户也可以在命令行中输入pl命令，绘制矩形边框，如图12-143所示。将rein图层设为当前图层，在命令行输入pl命令，利用多段线命令来绘制矩形柱钢筋图样，如图12-144所示。

图 12-143 绘制柱子大样

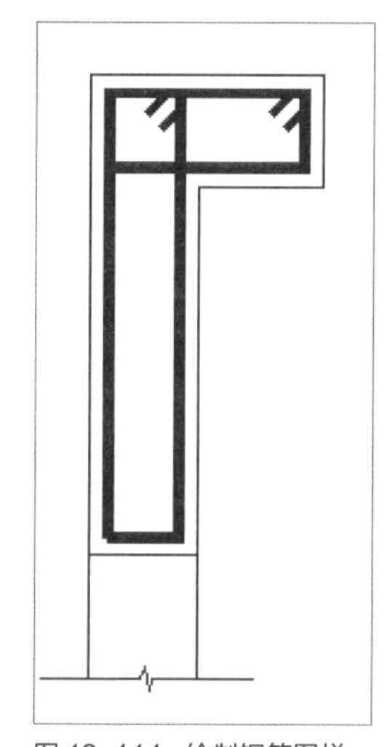

图 12-144 绘制钢筋图样

步骤02 在命令行中输入f命令，设置倒角半径为50，对矩形边角进行倒角。完成倒角后，选定另一边需要倒角的边线，即可完成该角的倒角,如图12-145所示。用相同的方法对其他角进行倒角，即可完成其中一个箍筋的绘制，如图12-146所示。

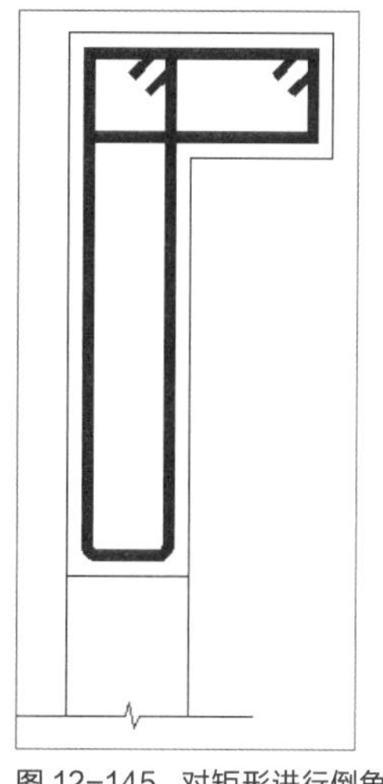

图 12-145 对矩形进行倒角　图 12-146 绘制箍筋

步骤03 在命令行中输入pl命令，绘制另一个箍筋。因绘制第一个箍筋时已经设置好线宽，因此可以直接绘制第二个箍筋，不需要重新输入线宽值，如图12-147所示。在命令行中输入f命令，对矩形边角进行倒角。选定另一边需要倒角的边线，因绘制第一个倒角时已经设置过倒角半径，因此可直接进行倒角操作，如图12-148所示。

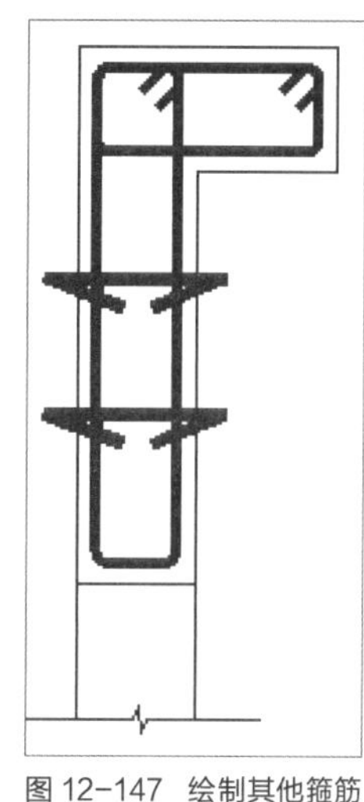

图 12-147 绘制其他箍筋

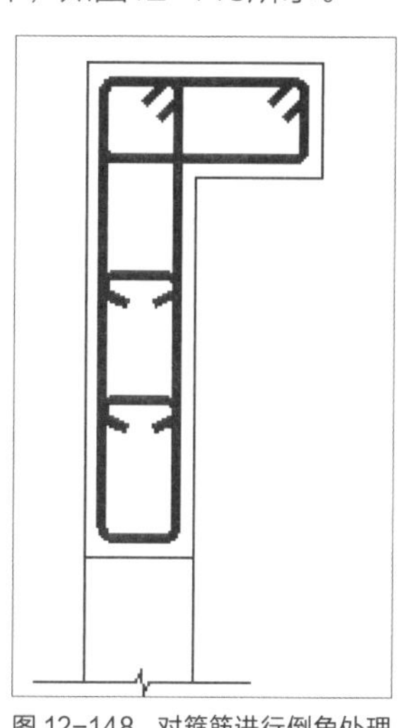

图 12-148 对箍筋进行倒角处理

步骤04 钢筋的通长筋在截面图上看是一点，因此我们可以绘制半径为40的圆，然后对圆进行填充。通长筋绘制完成后移动到所布筋位置。将所有通长筋绘制完成，效果如下页图12-149所示。将“C3墙体通长筋”图层设为当前图层，利用多线命令来绘制断面钢筋图，绘制完成的效果如下页图12-150所示。

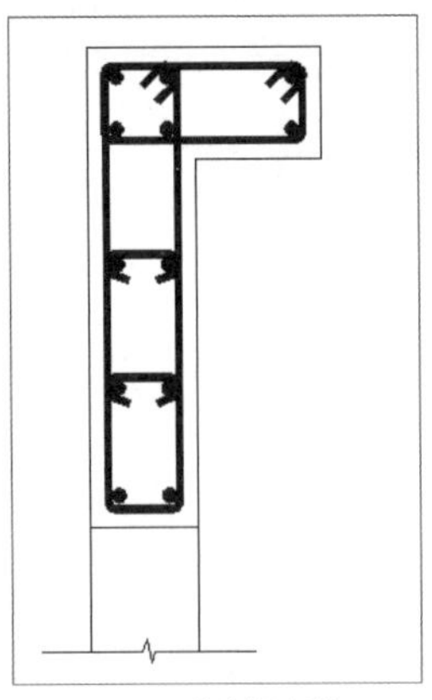

图 12-149 绘制通长筋

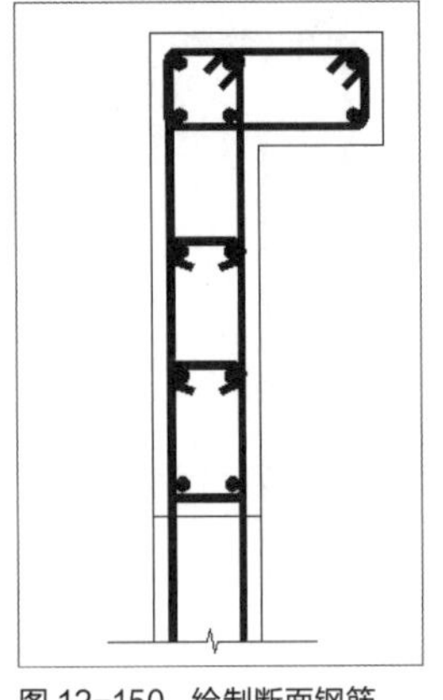

图 12-150 绘制断面钢筋

步骤 05 在所绘制的截面图中进行尺寸标注，标注出柱及钢筋分布的尺寸，如图12-151所示。在所绘制的截面图下方绘制箍筋分布样图，可以更清楚地分辨出箍筋以及箍筋样式。同样使用多线命令进行绘制后，在命令行中输入f命令进行倒角。绘制的箍筋不需要尺寸一样，只需能看懂即可，效果如图12-152所示。

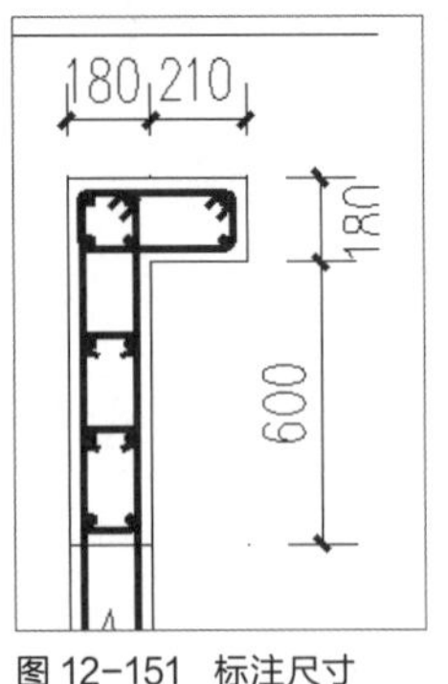

图 12-151 标注尺寸

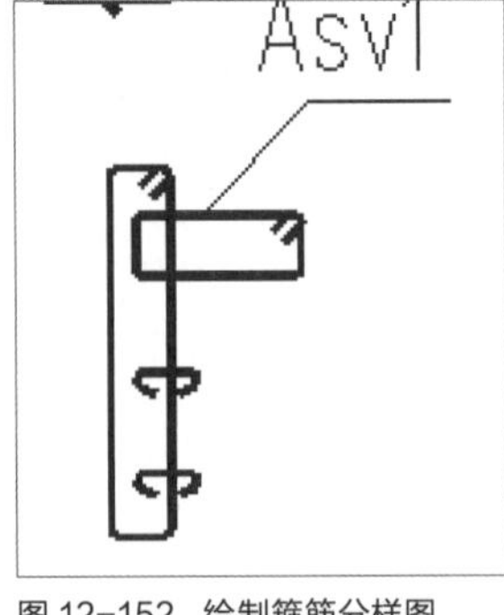

图 12-152 绘制箍筋分样图

步骤 06 将“PUB_TEXT”图层设为当前图层，在表中输入标高和纵筋等说明，如图12-153所示。

承台顶~-0.130
12Φ12
Φ6@200
Φ8@200

图 12-153 绘制表格说明

步骤 07 使用相同的方法，将其他柱大样图表绘制完成，如图12-154所示。

一层墙体暗柱大样图 1:30

编号	GBZ1	GBZ2	GBZ3	GBZ4	GBZ5	GBZ6	GBZ7	GBZ14
截面								
标高	-0.130~3.170	-0.130~3.170	-0.130~3.170	-0.130~3.170	-0.130~3.170	-0.130~3.170	-0.130~3.170	承台顶~-0.130
纵筋	6Φ12	10Φ12	8Φ12	4Φ14+14Φ12	10Φ12	10Φ12	20Φ14	12Φ12
箍筋及拉筋	Φ6@200	Φ6@200	Φ6@200	Φ6@200	Φ6@200	Φ6@200	Φ6@200	Φ6@200
ASv1		Φ8@200		Φ8@200	Φ8@200	Φ8@200	Φ8@200	Φ8@200

编号	GBZ8	GBZ9	GBZ10	GBZ11	GBZ12	GBZ13	KZ2	KZ3	
截面		注：用于梁下无暗柱处。							
标高	-0.130~3.170	-0.130~3.170	-0.130~3.170	-0.130~3.170	-0.130~3.170	-0.130~3.170	-0.130~3.170	-0.130~3.170	
纵筋	10Φ12	6Φ12	4Φ14+12Φ12	8Φ12	10Φ12	14Φ12	4Φ22(角筋)+8Φ16	4Φ20(角筋)+6Φ16	
箍筋及拉筋	Φ6@200	Φ8@200	Φ6@200	Φ6@200	Φ6@200	Φ6@200	Φ8@100	Φ8@100/200	
ASv1	Φ8@200		Φ8@200	Φ8@200	Φ8@200	Φ8@200			

图 12-154 柱大样图表

12.4.4 绘制墙体配筋表

完成尺寸标注后，这一节将学习如何绘制墙体配筋表。首先需要绘制配置表，再绘制钢筋、箍筋等结构，下面介绍具体操作方法。

步骤 01 首先利用直线、矩形等命令绘制表格，再利用打断、延伸等修改命令进行表格的编辑，如图12-155所示。

图 12-155 绘制表格

步骤 02 绘制完表格后，单击菜单栏中执行“绘图>文字>单行文字”命令，在相应要输入文字的区域输入文字即可。钢筋符号可以直接输入，也可以在输入文字时弹出的对话框里选择现有的钢筋符号，单击输入即可，如图12-156所示。

墙 体 配 筋				
墙号	墙厚	排数	水平分布筋	垂直分布筋
Q1	180	2	Φ8@200	Φ8@200

图 12-156 添加内容

步骤 03 如有其他说明，可在表格下方备注说明，完整的墙体配筋表如图12-157所示。

墙 体 配 筋				
墙号	墙厚	排数	水平分布筋	垂直分布筋
Q1	180	2	Φ8@200	Φ8@200

说明：1、图中未注明的墙体为 Q1；未注明的暗柱均为GBZ1。
2、图中未定位的墙体轴线居墙中轴。

图 12-157 添加说明

12.4.5 绘制层高表

墙体配筋表绘制完成之后，这一节将学习如何绘制层高表。首先需要绘制层高表的表格，接下来在表内添加相关说明即可，下面介绍具体操作方法。

步骤 01 首先利用直线、矩形等命令绘制表格，再利用打断、延伸、偏移等修改命令进行表格的编辑，如图12-158所示。

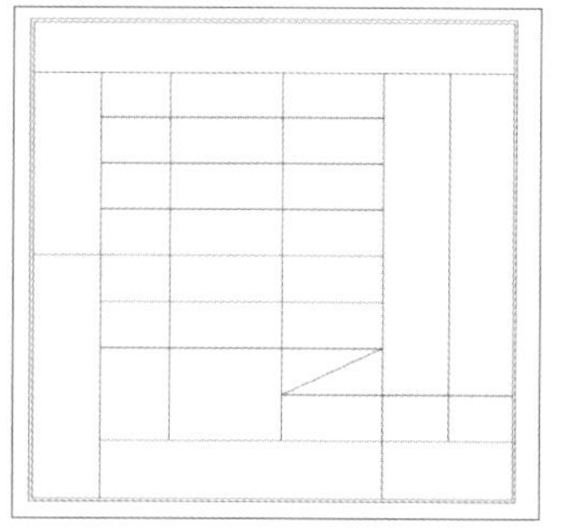

图 12-158 绘制表格

步骤 02 绘制完表格后，在菜单栏中执行“绘图>文字>单行文字”命令，在要输入文字的区域输入文字即可。图中标高可用之前建筑图的方法绘制，利用线段进行倒三角的绘制，然后在上方输入文字即可，如图12-159所示。

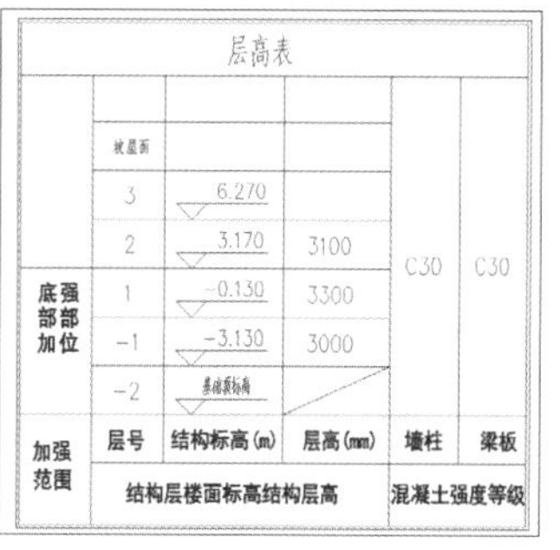

层高表					
	坡屋面			C30	C30
	3	6.270			
	2	3.170	3100		
底部加强部位	1	-0.130	3300		
	-1	-3.130	3000		
	-2	基础顶标高			
加强范围	层号	结构标高(m)	层高(mm)	墙柱	梁板
	结构层楼面标高结构层高			混凝土强度等级	

图 12-159 绘制层高表

步骤 03 如有其他说明，可以在表格下方备注说明。完整的层高表，如图12-160所示。

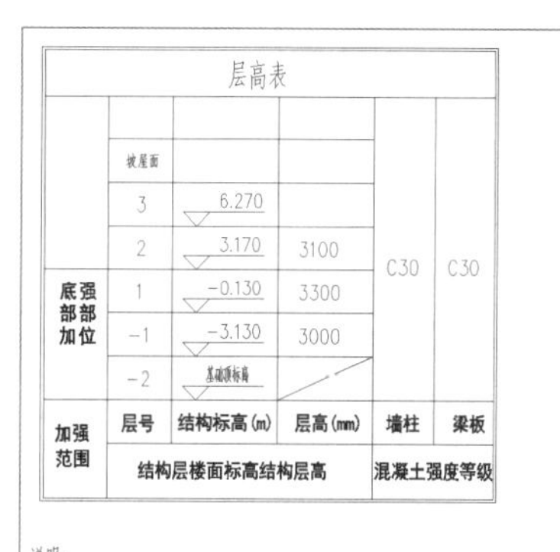

层高表					
	坡屋面			C30	C30
	3	6.270			
	2	3.170	3100		
底部加强部位	1	-0.130	3300		
	-1	-3.130	3000		
	-2	基础顶标高			
加强范围	层号	结构标高(m)	层高(mm)	墙柱	梁板
	结构层楼面标高结构层高			混凝土强度等级	

说明：
1. 层高材料表所注梁板混凝土强度等级均指所在层号顶的梁板。
2. 抗震等级：剪力墙、异形柱、连梁、框架梁抗震等级均为四级，特殊注明除外。
3. 连梁（LL）混凝土强度等级与该层混凝土剪力墙一致。
4. 嵌固端为基础顶面。

图 12-160 添加说明

至此，一层墙柱定位图绘制完成，因此图框大小绘制得略小，可以将其他详图绘制到另一个图框中，如图12-161所示。

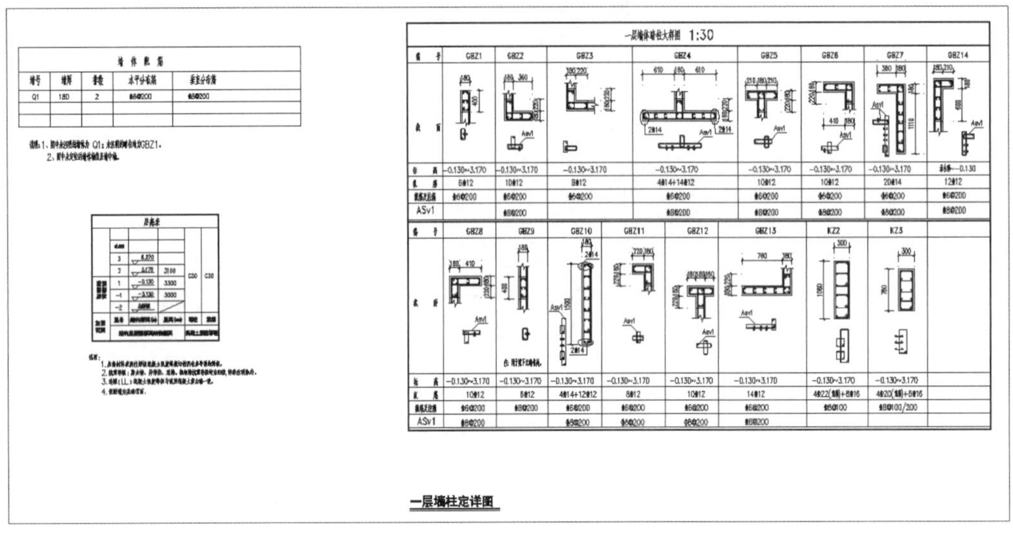

图 12-161 一层墙柱定位图

12.5 绘制其他层墙柱定位图

在学习如何绘制负一层、一层墙柱定位图以及墙柱定位详图之后，用户可以使用同样的方法绘制其他层墙柱定位图，本节将介绍二层和三层墙柱定位图的绘制。

12.5.1 绘制二层墙柱定位图

在学习如何绘制一层墙柱定位图和墙柱定位详图之后，用户可以使用同样的方法对二层墙柱定位图和墙柱定位详图进行绘制，包括柱子、墙体、钢筋的绘制以及柱和墙的尺寸标注等，如图12-162所示。

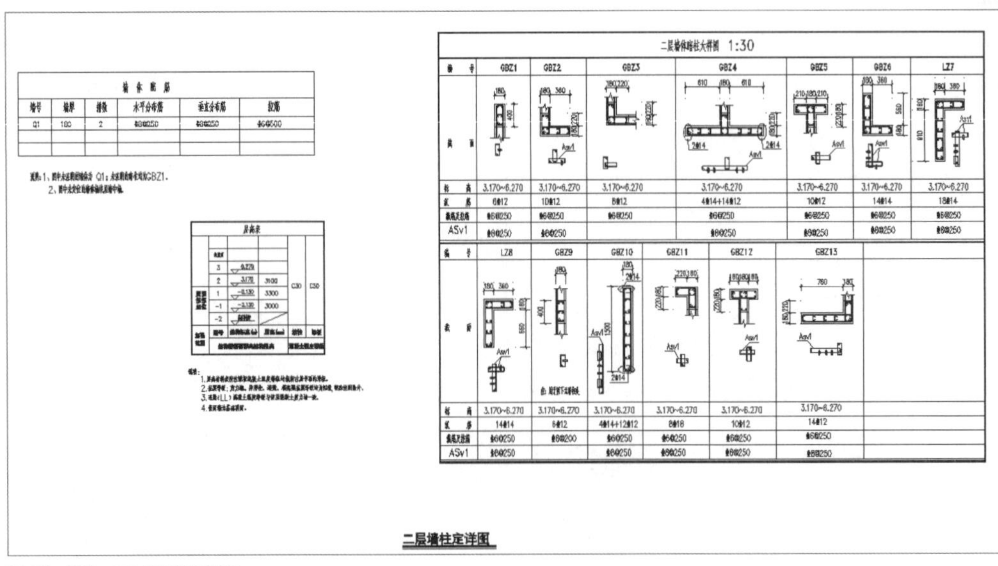

图 12-162 二层墙柱定位图

12.5.2 绘制三层墙柱定位图

在学习如何绘制一层、二层墙柱定位图及墙柱定位详图的绘制之后，本节将使用同样的方法绘制三层墙柱定位图和墙柱定位详图，包括柱子、墙体、钢筋的绘制，以及柱和墙的尺寸标注等，如图12-163所示。

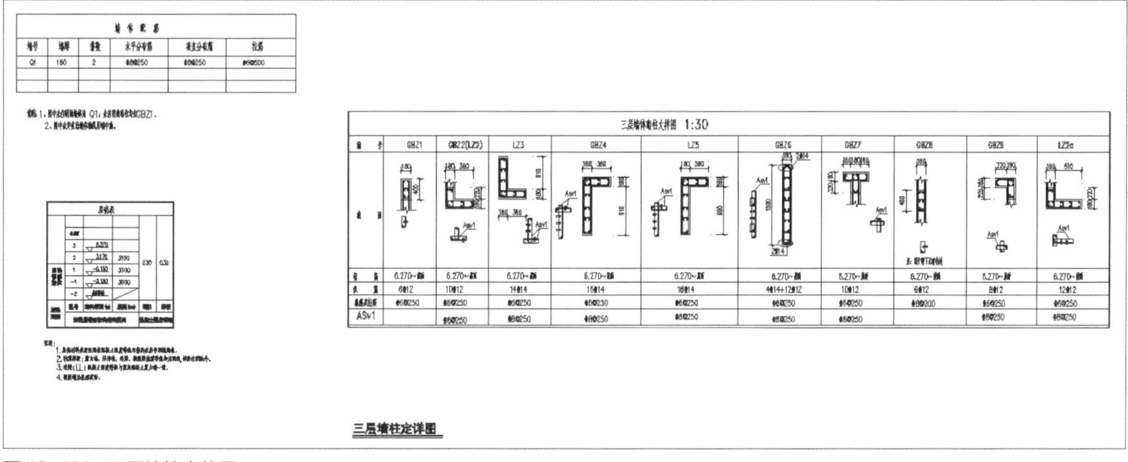

图 12-163 三层墙柱定位图

12.6 绘制一层梁配筋图和板配筋图

这一节将学习如何绘制一层的梁配筋图和板配筋图。在绘制梁配筋图和板配筋图时，均需要沿用一层的轴网、轴号和墙体等结构作为模板，下面将介绍具体操作方法。

12.6.1 插入图块

这一节将学习如何插入模块。首先将之前绘制的一层大样图复制并删除不需要的部分，创建块后直接插入即可进行下一步的操作，下面介绍具体操作方法。

步骤 01 对于之前绘制的轴网以及轴号，可以直接插入模块，之前我们已经绘制好建筑平面图，选择平面图中的基本模型（即除掉一些设备的楼层大样图），创建模块。在命令行中输入i命令，将其插入到结构图中，如图12-164所示。

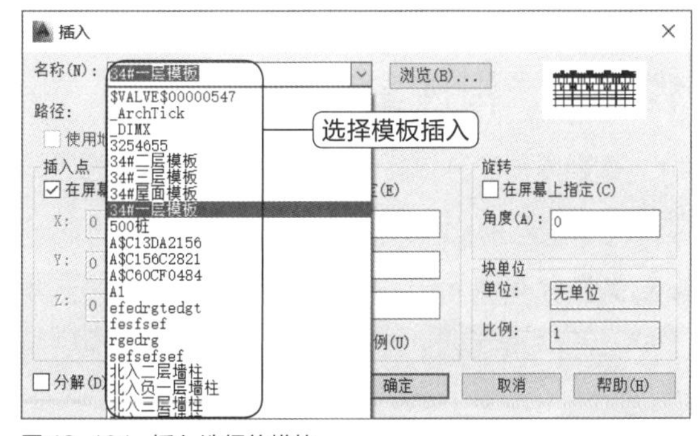

图 12-164 插入选择的模块

步骤 02 将模块插入后，效果如下页图12-165所示。

步骤 03 接下来对2/0A-A轴之间的板填充图样。首先将“5B填充1（细线）”图层设为当前图层，在命令行中输入h命令，按Enter键将弹出“图案填充和渐变色”对话框，设置填充样式以及比例，如下页图12-166所示。

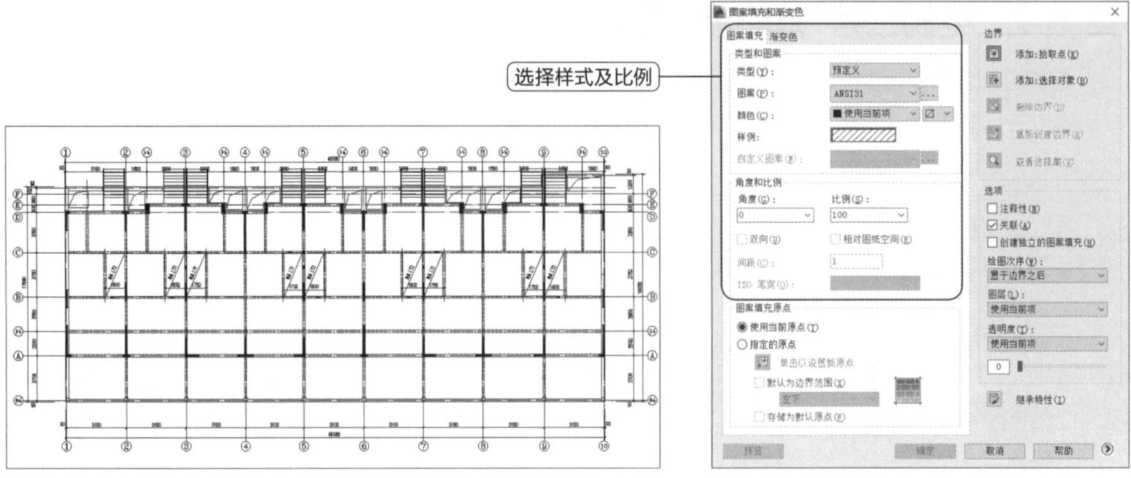

图 12-165 插入模块

图 12-166 “图案填充和渐变色”对话框

步骤 04 单击需要填充的位置，选择完毕后按Enter键，确认并填充，如图12-167所示。

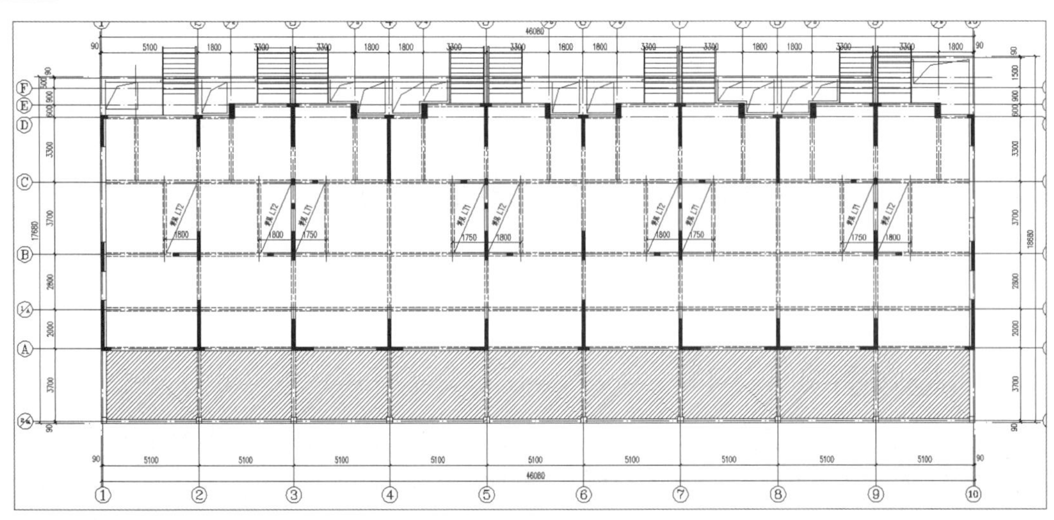

图 12-167 查看填充效果

12.6.2 标注梁和通长筋

在插入模块并进行填充处理后，本节将学习如何进行梁和通长筋标注，下面介绍具体操作方法。

步骤 01 图案填充后，开始绘制梁钢筋以及支座钢筋。首先需要确认梁的位置，下面以L1为例，将“HIDE”设为当前图层，在命令行中输入l命令绘制引出线，在引出线一侧执行“绘图>文字>单行文字”命令，添加梁型号的说明文字。钢筋符号的绘制，可以直接输入或在文字弹出窗口中选择钢筋符号进行绘制，如图12-168所示。

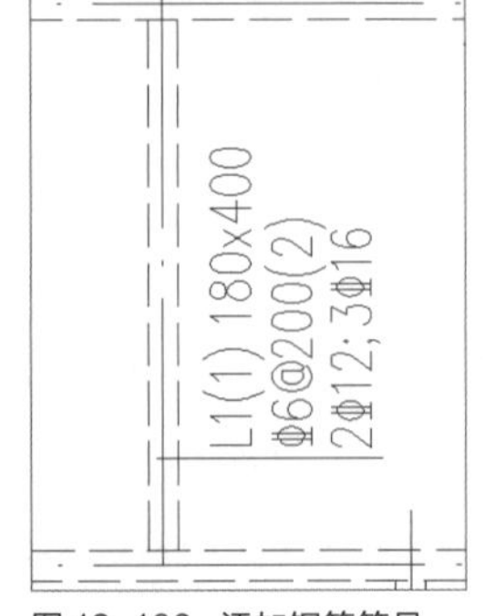

图 12-168 添加钢筋符号

步骤 02 相同的梁，可以直接引出直线标注。这样在绘制完成之后不会因梁的具体标注太多而显得整个图乱且杂，如图12-169所示。

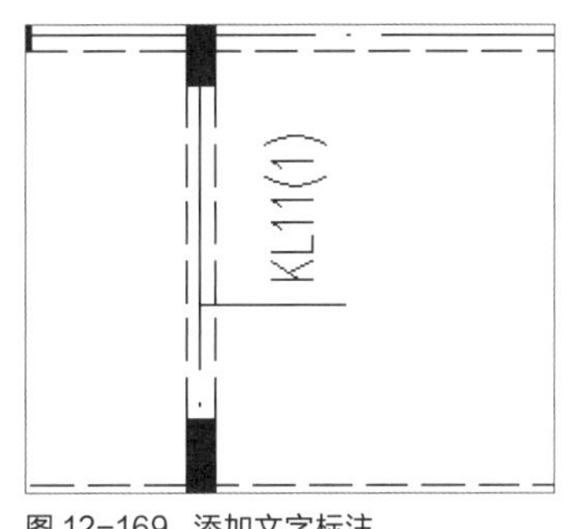

图 12-169 添加文字标注

步骤 03 使用相同的方法将其他梁绘制完成，同样的梁我们也直接用梁型号标注，如图12-170所示。绘制梁的通长筋时，不需要直线标注，直接在梁上输入文字即可，文字方向同梁方向一致，如图12-171所示。

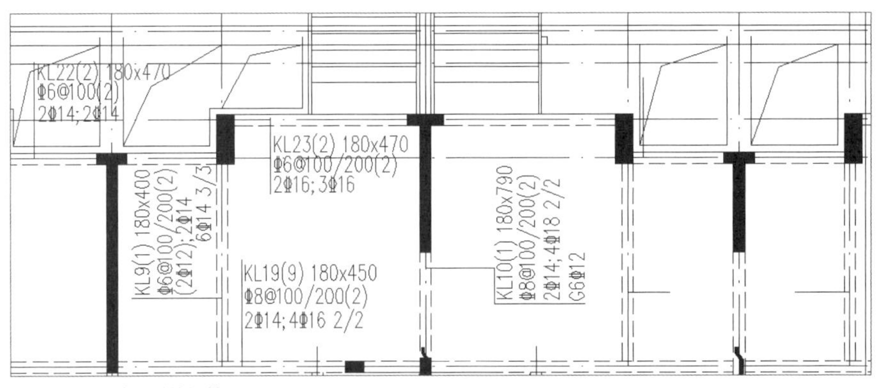

图 12-170 绘制其他梁符号

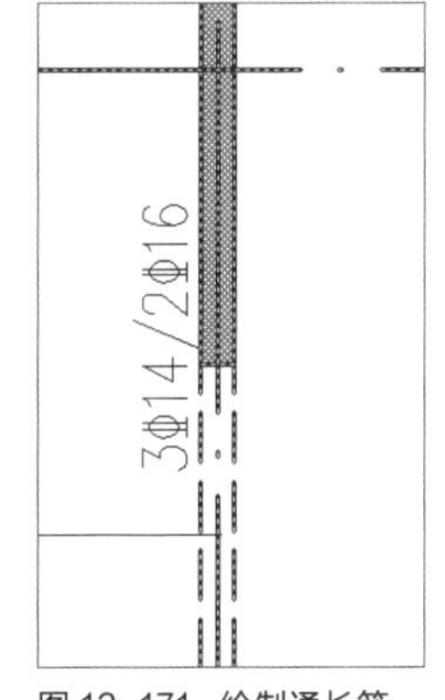

图 12-171 绘制通长筋

步骤 04 标注所有的梁后，效果如图12-172所示。

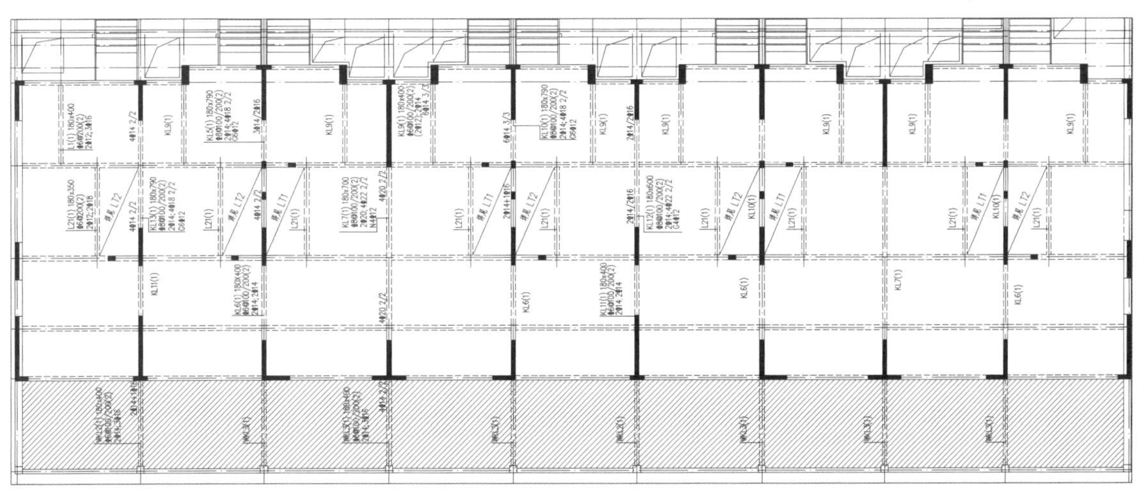

图 12-172 标注其他的梁

12.6.3 标注次梁吊筋

完成梁标注和通长筋标注后，这一节将学习如何标注次梁吊筋以及尺寸，下面介绍具体操作方法。

步骤 01 次梁吊筋的绘制同之前的柱钢筋相同，将“次梁吊筋”图层设为当前图层，执行多段线命令进行绘制即可，如图12-173所示。

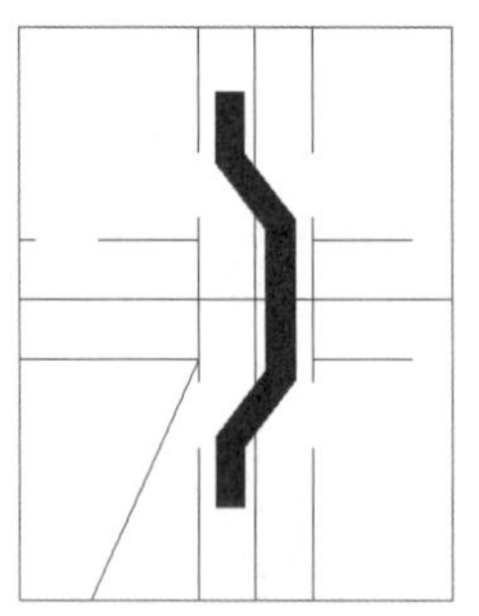

图 12-173　绘制次梁吊筋

步骤 02 绘制完次梁吊筋后，为其添加文字说明。操作方法与通梁标注一样，选定图层“S”，执行“绘图>文字>单行文字”命令，文字高度根据需要调整，绘制出截面尺寸以及梁钢筋型号根数等，如图12-174所示。

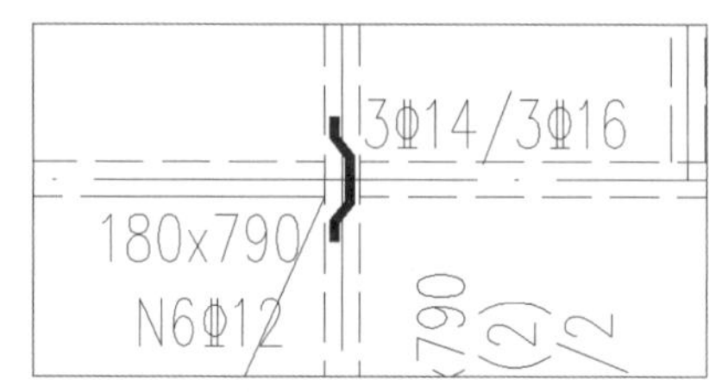

图 12-174　添加说明以及标注

步骤 03 将所有的次梁吊筋及标注绘制完成，接着进行尺寸标注。将“PUM_DIM”图层设为当前图层，在菜单栏中执行“标注>连续标注”命令，添加尺寸标注。查看绘制完成的一层梁配筋图，效果如图12-175所示。

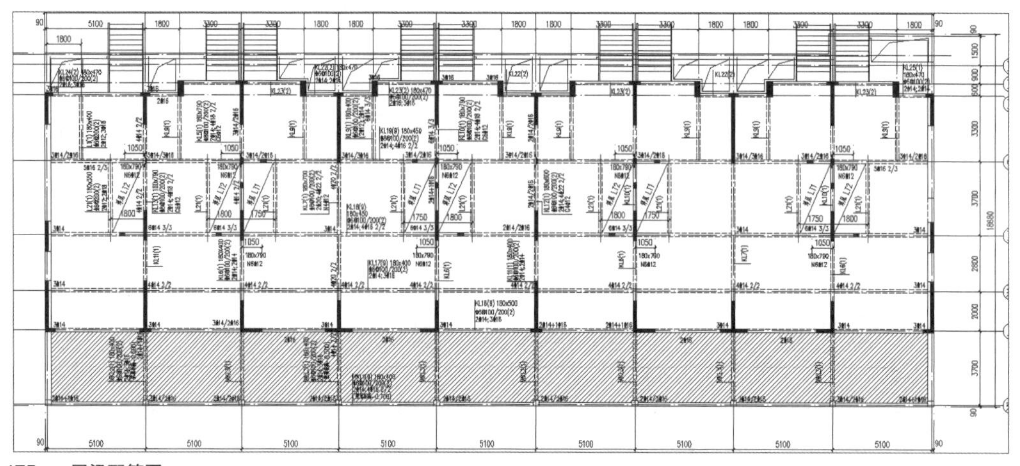

图 12-175　一层梁配筋图

步骤 04 最后，将“TEXT”图层设为当前图层并添加一层梁配筋图说明，即在菜单栏中执行“绘图>文字>单行文字”命令，分行输入文字说明，如图12-176所示。

说明：
1. 除注明外，梁顶标高同本层板顶标高。
2. 主次梁相交时，主梁在次梁每侧加密箍3道，密箍直径肢数同主梁箍筋。
3. 悬挑梁（XL）底部钢筋按框架梁锚固。
4. KL搭于梁的一端箍筋不加密。
5. 未注明的吊筋均为2Φ14。
6. WKL中的非屋面梁部分按照框架梁施工。

图 12-176　添加文字说明

12.6.4　绘制板配筋图

梁配筋图绘制完成之后需要绘制板配筋图，这里一样需要插入模块，并在模块上绘制对应的板配筋及相关标注，下面介绍具体操作方法。

步骤 01 板配筋中主要是通常配筋以及附加筋，首先绘制填充部位的双向附加筋。我们知道图中整体有通常钢筋，因通常钢筋是所有的板底都有的钢筋，因此可以省略绘制，直接在说明中说明通常钢筋的尺寸以及间距。绘制双向附加筋时，将“4C板顶筋”图层设为当前图层，在命令行中输入pl命令，绘制出板顶筋，如下页图12-177所示。

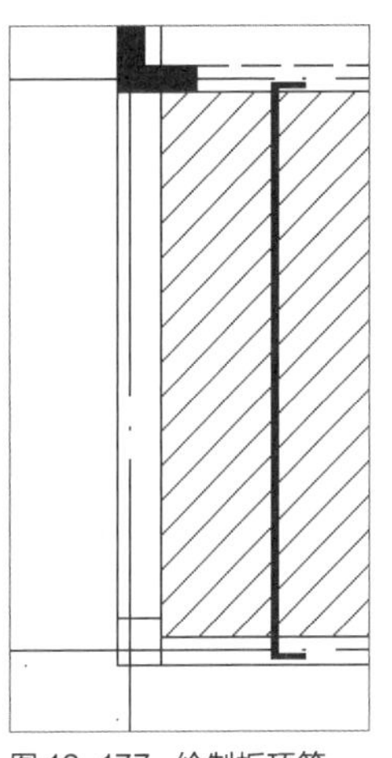

图 12-177 绘制板顶筋

步骤 02 绘制出另一形状附加筋（即楼板正筋）如图12-178所示。

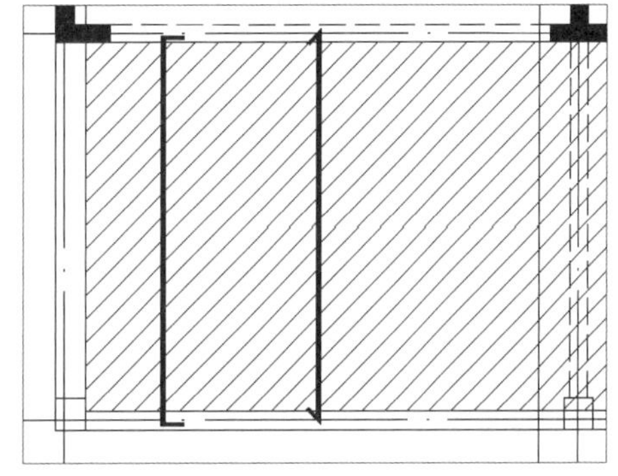

图 12-178 绘制附加筋

步骤 03 在命令行中输入CO命令，绘制出其他板负筋，最后复制板水平方向负筋、水平方向负筋也是两种，一个是楼板正筋，一个是楼板负筋，是贯穿于整个板的，如图12-179所示。

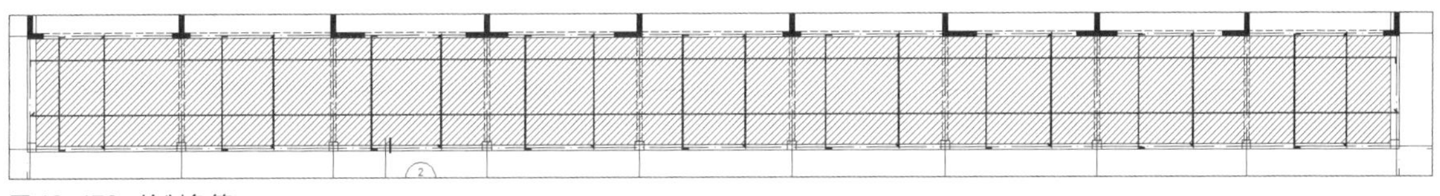

图 12-179 绘制负筋

步骤 04 选定楼板负筋图层或楼板正筋图层，在对应的位置输入钢筋符号及间距，如图12-180所示。

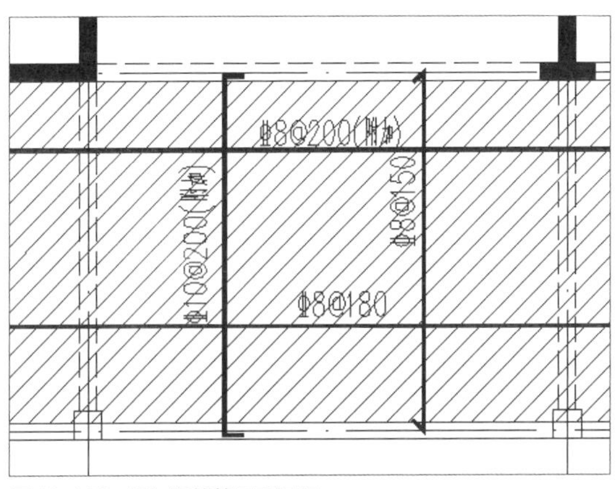

图 12-180 添加钢筋符号及间距

步骤 05 绘制楼板悬挑筋时，文字说明同样要标注上悬挑筋的型号间距，还要标注悬挑筋的悬挑尺寸。绘制悬挑筋时，同样是选择“4C板顶筋”图层，利用多线命令进行绘制，如图12-181所示。

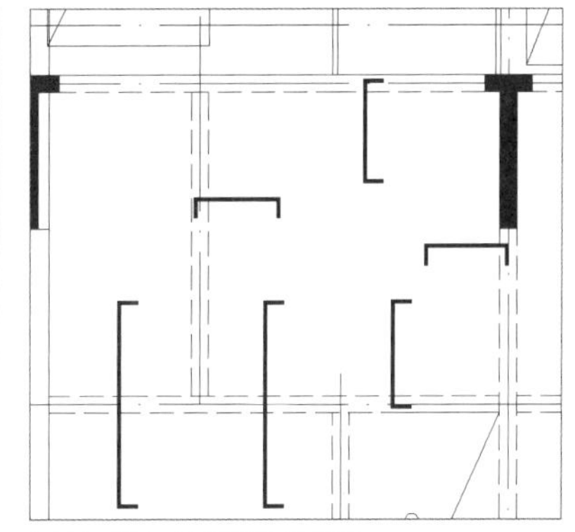

图 12-181 绘制楼板悬挑筋

步骤 06 分别绘制出两边的悬挑筋，然后添加标注及尺寸说明，如图12-182所示。

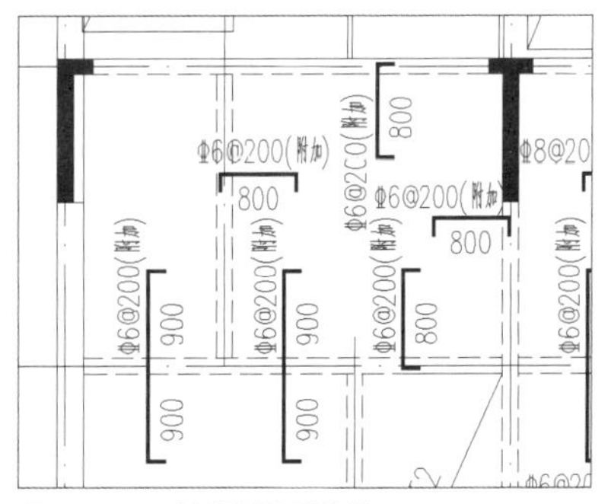

图 12-182 绘制其他悬挑筋

步骤 07 绘制完整个楼板钢筋后，在图外侧添加文字说明，如图12-183所示。

说明：
1. 未注明板厚均为120；未注明板顶标高为-0.130；未特别注明梁按轴线居中定位或贴墙柱边齐。
2. 本层板顶配筋为采用"通长配筋+局部附加"的配筋方式，通长配筋为Φ8@200，
附加钢筋与通长钢筋间隔布置。未示意板底钢筋为Φ8@200双向。
3. 水暖井、电井、管井预留插筋，待设备安装完毕后封堵；烟道、通气孔详建施标注。
4. 隔墙下端未设置梁时，在该处板底附加 2Φ14钢筋，锚入两侧梁内或墙内。
5. ▨ 填充部分板厚为130，板顶标高为-0.500。

图 12-183　添加文字说明

步骤 08 至此，整个板配筋图绘制完成，如图12-184所示。

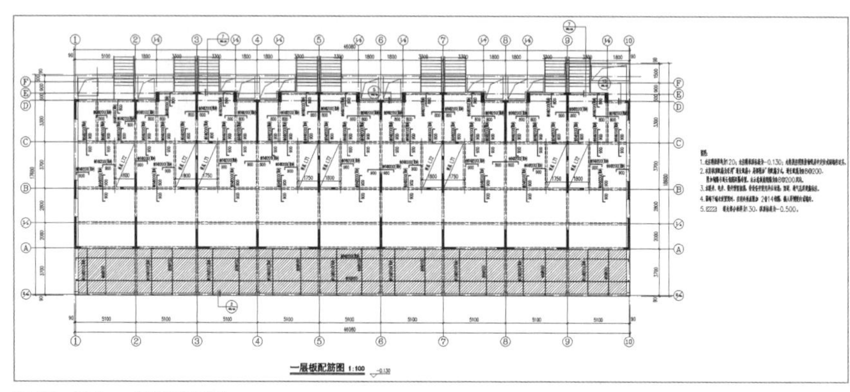

图 12-184　一层板配筋图

12.7　绘制其他层梁配筋图和板配筋图

在一层梁配筋图和板配筋图层绘制和标注完成之后，用户可以采用同样的方法绘制其他层的梁配筋图和板配筋图层，本节将展示绘制之后的效果图。

12.7.1　绘制二层梁配筋图和板配筋图

在学习如何绘制一层梁配筋图和板配筋图之后，用户可以使用同样的方法，通过执行插入模块、多段线、复制、文字及尺寸标注等命令，绘制二层梁配筋图和板配筋图。

步骤 01 采用绘制一层梁配筋图的方法，绘制二层梁配筋图，如图12-185所示。

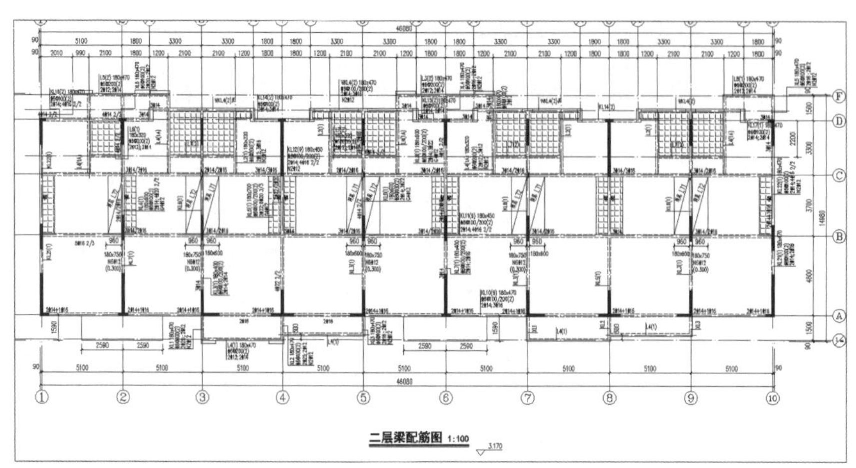

图 12-185　绘制二层梁配筋图

步骤 02 采用绘制一层板配筋图的方式，绘制二层板配筋图，如图12-186所示。

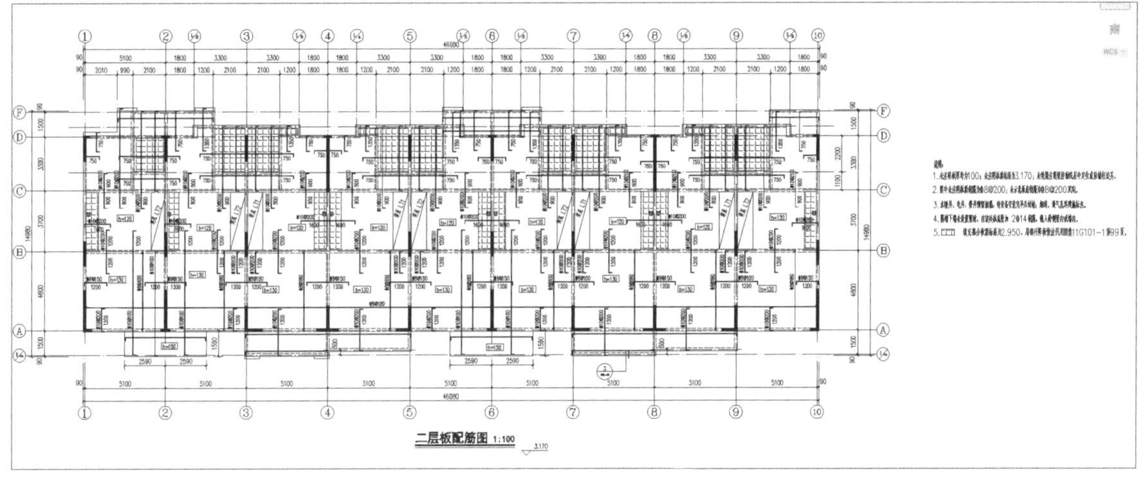

图 12-186 绘制二层板配筋图

12.7.2 绘制三层梁配筋图和板配筋图

在学习如何绘制一层、二层梁配筋图和板配筋图之后，用户可以使用同样的方法，通过执行插入模块、多段线、复制、文字注释和尺寸标注等命令，绘制三层梁配筋图和板配筋图。

步骤 01 采用绘制一层梁配筋图的方式绘制三层梁配筋图，如图12-187所示。

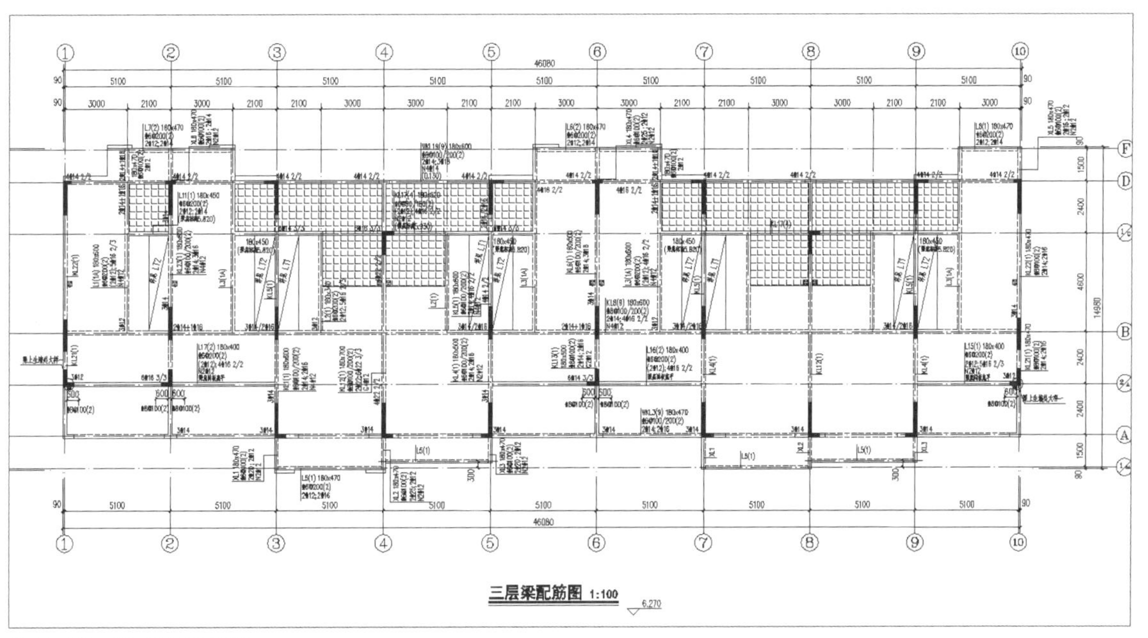

图 12-187 绘制三层梁配筋图

步骤 02 采用绘制一层板配筋图的方式绘制三层板配筋图，如下页图12-188所示。

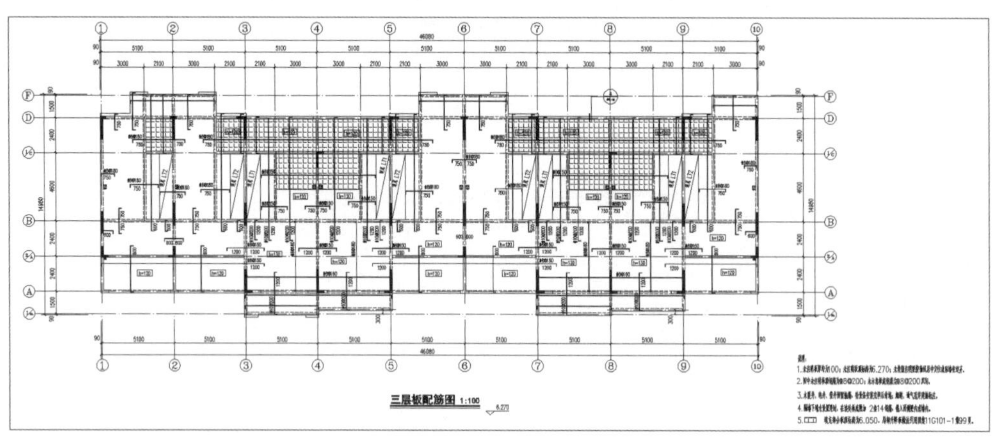

图 12-188　绘制三层板配筋图

12.8　绘制屋顶梁配筋图和板配筋图

这一节将学习如何绘制屋顶的梁配筋图和板配筋图。在绘制梁配筋图和板配筋图时均需要沿用屋顶平面图的轴网、轴号和屋脊等结构作为模板，下面介绍具体操作方法。

12.8.1　插入图块

这一节将学习如何插入模块，即将之前绘制的屋顶平面图复制并删除不需要的部分，创建块后直接插入即可进行下一步的操作，下面介绍具体操作方法。

步骤 01 对于之前绘制的轴网以及轴号，可以保存为模块并插入到当前图纸中。之前我们已经绘制好了建筑平面图，选择平面图中的基本模型，删除一些设备的楼层大样图，创建模块。在命令行中输入i命令，将该模块插入到结构图中，如图12-189所示。

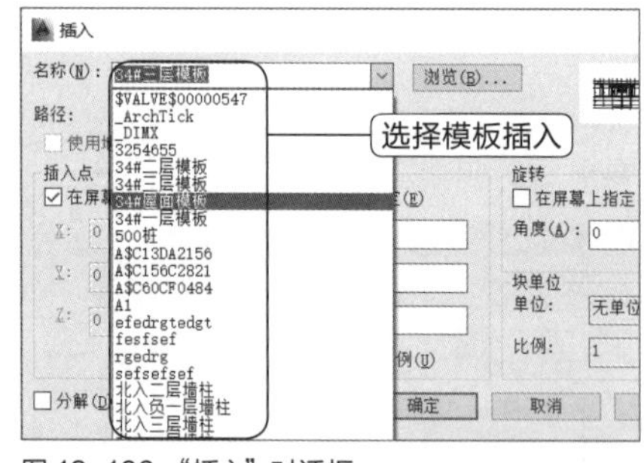

图 12-189 "插入"对话框

步骤 02 将模板块入到结构图中，效果如图12-190所示。

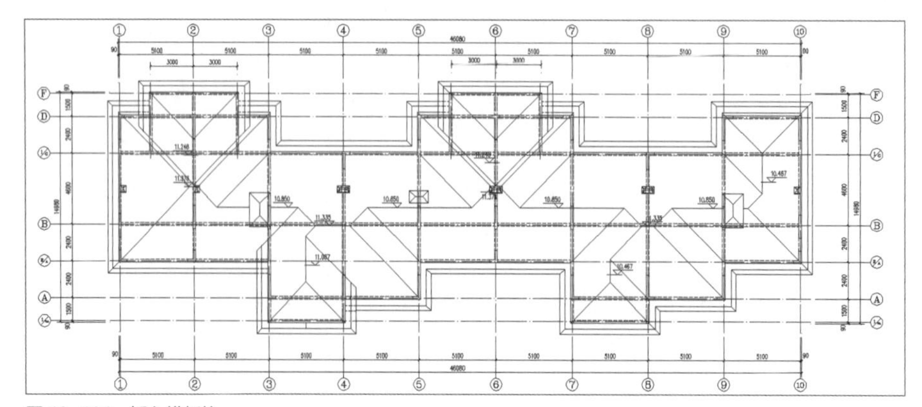

图 12-190　插入模板块

12.8.2 标注梁和通长筋

将模块插入结构图中并进行填充处理后，这一节将学习如何标注梁和通长筋，下面介绍具体操作方法。

步骤 01 要绘制梁钢筋和支座钢筋，首先需要确认梁的位置。下面以L1为例，将“HIDE”设为当前图层，在命令行中输入l命令绘制引出线，在引出线一侧添加梁型号说明，在菜单栏中执行“绘图>文字>单行文字”命令，钢筋符号可以直接输入，绘制完的梁1如图12-191所示。

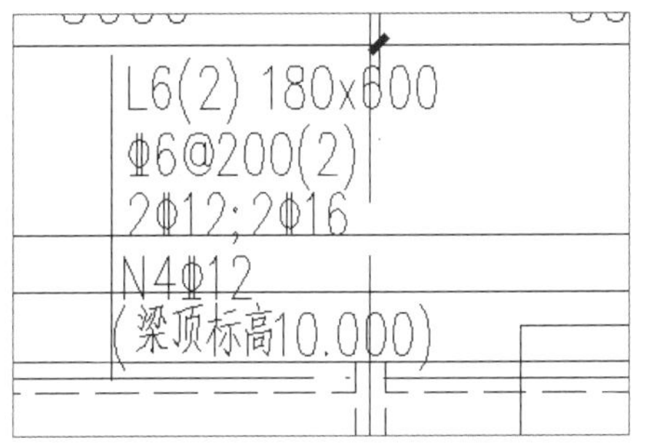

图 12-191 添加钢筋符号

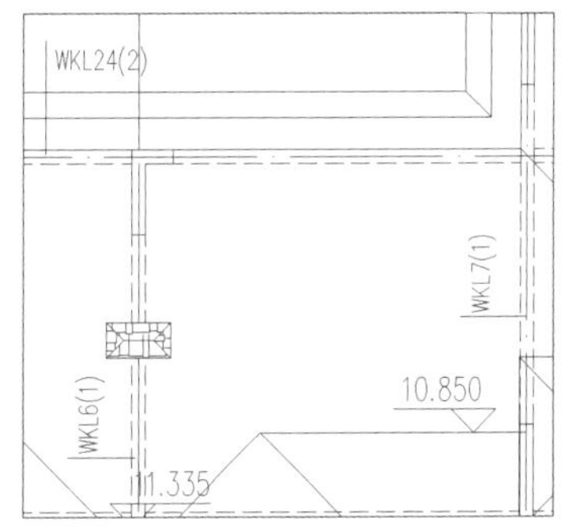

图 12-192 添加文字标注

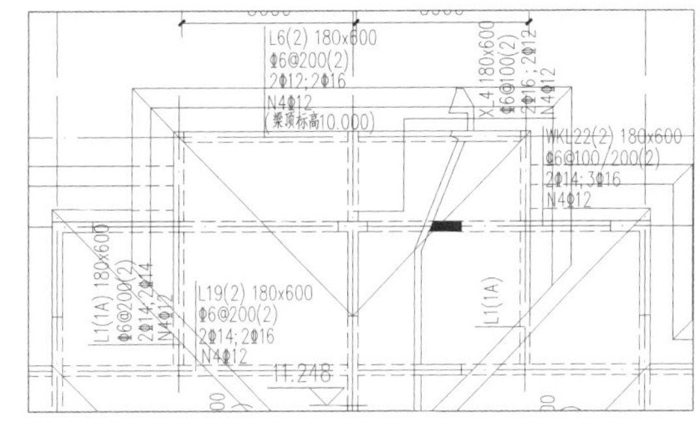

图 12-193 绘制其他梁符号

步骤 02 相同的梁直接引出直线标注，输入L1即可，这样在绘制完成之后不会因梁的具体标注太多而显得整个图乱且杂，如图12-192所示。用相同的方法将其他梁绘制完成，同样的梁也直接用梁型号标注，如图12-193所示。绘制梁的通长筋，不需要直线标注，直接在梁上输入文字即可，文字方向同梁方向一致，如图12-194所示。

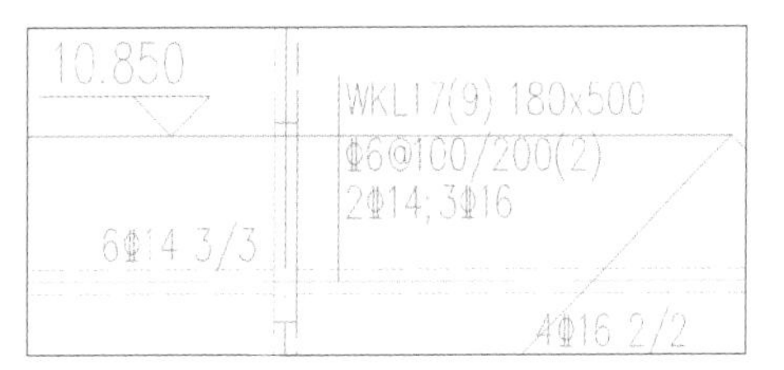

图 12-194 绘制通长筋

步骤 03 完成所有的梁标注，效果如图12-195所示。

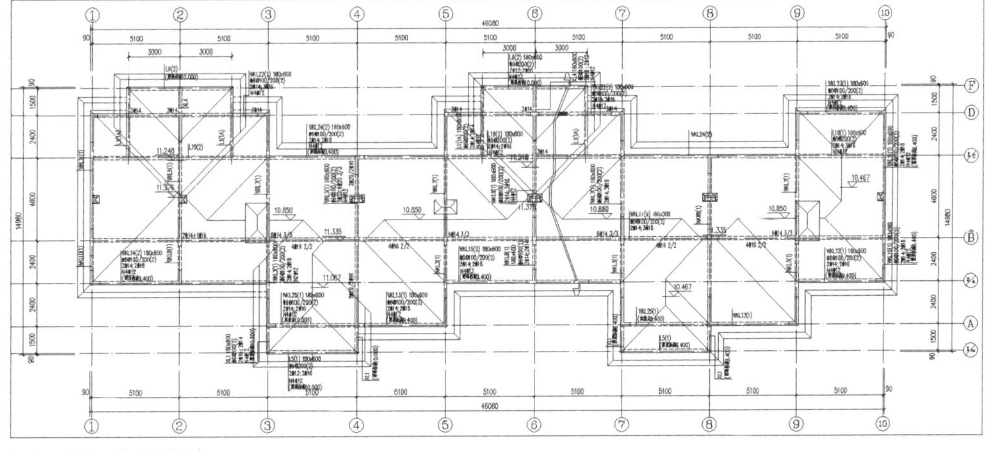

图 12-195 完成梁标注

步骤04 将“TEXT”图层设为当前图层，在菜单栏中执行“绘图>文字>单行文字”命令，分行输入一层梁配筋图的文字说明，如图12-196所示。

说明：
1.除注明外，梁顶标高同本层板顶标高。
2.主次梁相交时，主梁在次梁每侧加密箍3道，密箍直径肢数同主梁箍筋。
3.悬挑梁（XL）底部钢筋按框架梁锚固。
4.KL搭于梁的一端箍筋不加密。
5.未注明的吊筋均为2Φ14。
6.WKL中的非屋面梁部分按照框架梁施工。

图 12-196 添加文字说明

12.8.3 绘制板配筋图

完成梁配筋图绘制之后需要绘制板配筋图，这里一样通过插入模块，并在模块上添加对应的板配筋及相关标注，下面介绍具体操作方法。

步骤01 板配筋中主要是通常配筋以及附加筋，首先我们绘制填充部位的双向附加筋因为图中整体有通常钢筋，而通常钢筋所有的板底都有钢筋，因此我们可以将其省略，直接在说明中输入通常钢筋的尺寸以及间距。绘制双向附加筋时，将“4C板顶筋”图层设为当前图层，在命令行中输入pl命令，绘制出板顶筋，如图12-197所示。

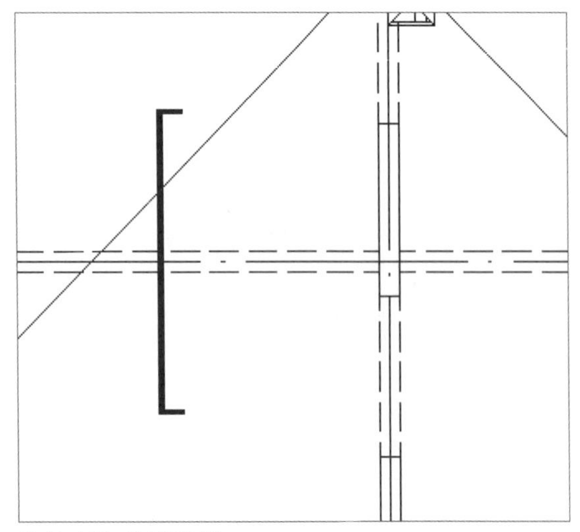

图 12-197 绘制板顶筋

步骤02 在命令行中输入co命令，绘制出其他板负筋。最后复制板水平方向的两种负筋，一个是楼板正筋，一个是楼板负筋，是贯穿于整个板的，如图12-198所示。

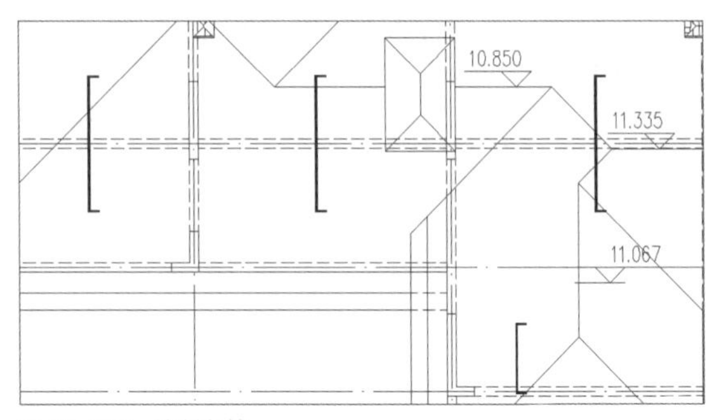

图 12-198 绘制负筋

步骤03 选定楼板负筋图层或楼板正筋图层，在对应的位置输入钢筋符号及间距，如图12-199所示。

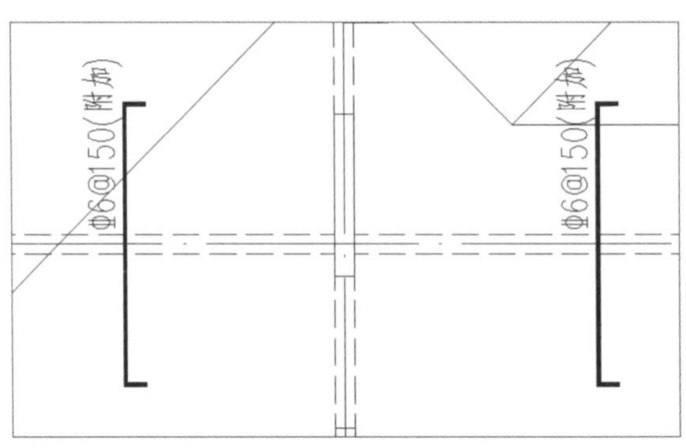

图 12-199 添加钢筋符号及间距

步骤04 分别绘制出一边悬挑和两边悬挑，然后添加标注及尺寸说明，如图12-200所示。

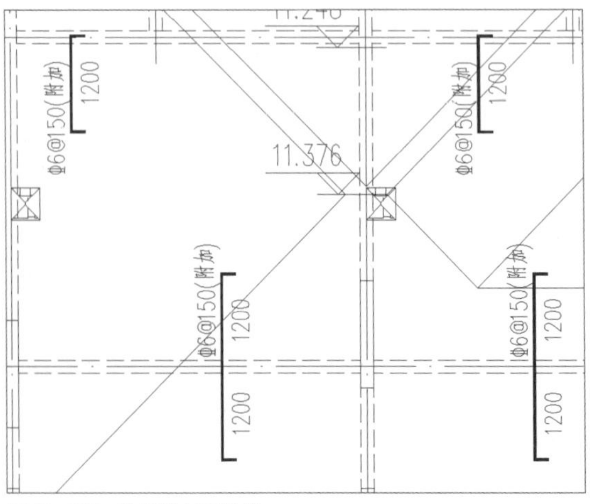

图 12-200 绘制楼板悬挑筋

步骤 05 将整个楼板钢筋绘制完成，在图外侧输入说明文字，如图12-201所示。

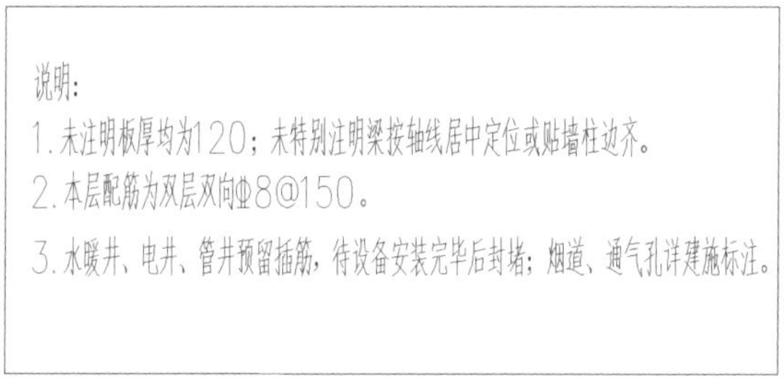

说明:
1.未注明板厚均为120；未特别注明梁按轴线居中定位或贴墙柱边齐。
2.本层配筋为双层双向Φ8@150。
3.水暖井、电井、管井预留插筋，待设备安装完毕后封堵；烟道、通气孔详建施标注。

图 12-201 添加说明

步骤 06 将“4F板厚标注”图层设为当前图层，选择绘图区域中绘制的矩形，将文字输入矩形框内，再将板厚值输入到每个板上，如图12-202所示。

h=130
11.067
Φ6@150(附加)
1200
h=130
Φ6@150(附加)
1200

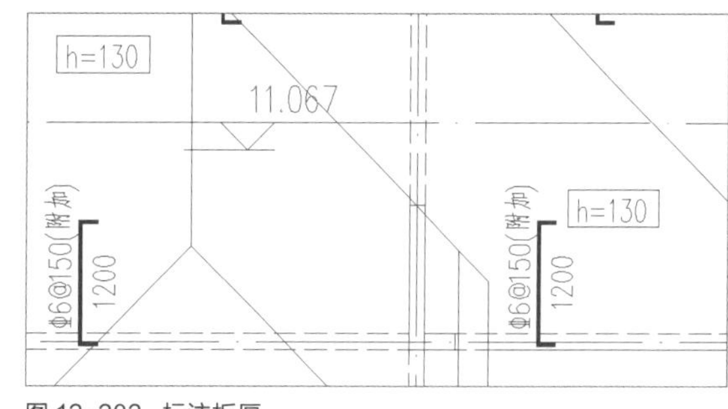

图 12-202 标注板厚

步骤 07 至此，屋顶板配筋图绘制完成，如图12-203所示。

46080
屋面板配筋图 1:100

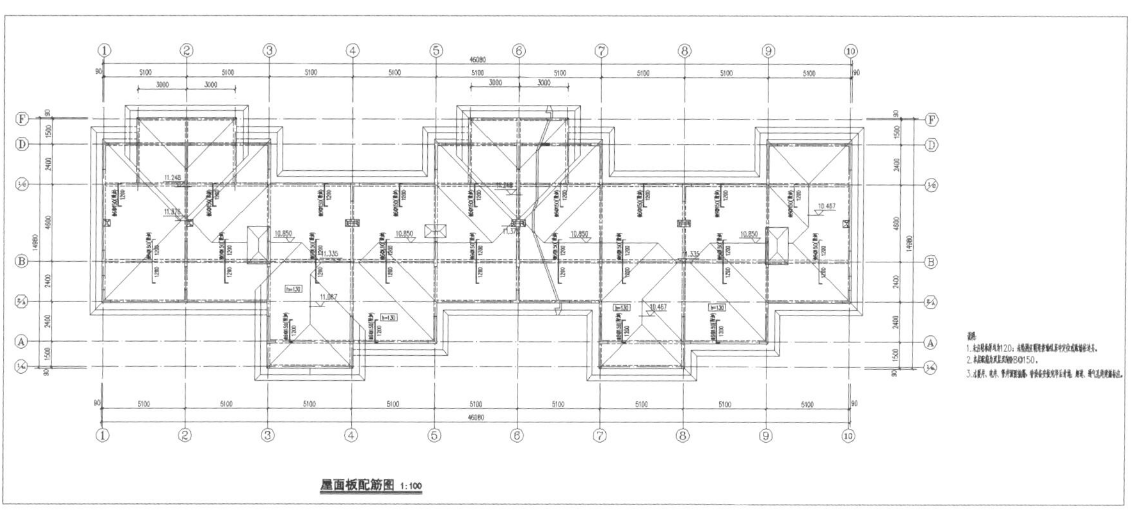

图 12-203 屋顶板配筋图

课后练习参考答案

第1章

一、选择题

(1) D (2) C (3) A (4) B (5) D

二、填空题

(1) 二维草图与注释
(2) “显示”
(3) 文本

第2章

一、选择题

(1) B (2) A (3) D (4) B (5) D

二、填空题

(1) “特性”
(2) 面积
(3) “图层特性管理器”

第3章

一、选择题

(1) D (2) D (3) B (4) A (5) C

二、填空题

(1) “直线”；“多线样式”
(2) ray
(3) 内接于圆；外切于圆
(4) 中心点方式；轴、端点方式；椭圆弧方式

第4章

一、选择题

(1) A (2) C (3) A (4) B (5) D

二、填空题

(1) 矩形阵列；环形阵列；路径阵列
(2) 偏移
(3) 镜像

第5章

一、选择题

(1) B (2) A (3) A (4) D (5) C

二、填空题

(1) 属性对象
(2) 创建块
(3) 文件夹

第6章

一、选择题

(1) B (2) A (3) A (4) B (5) D

二、填空题

(1) 圆锥体
(2) 并集
(3) 放样实体

第7章

一、选择题

(1) D (2) D (3) D (4) B

二、填空题

(1) 矩形阵列；环形阵列
(2) “剖切”
(3) “提取边”命令

第8章

一、选择题

(1) D (2) C (3) A (4) B (5) D

二、填空题

(1) ch
(2) 拾取框
(3) 对齐标注

第9章

一、选择题

(1) A (2) C (3) B (4) B (5) D

二、填空题

(1) %%C
(2) 符号
(3) %%P

第10章

一、选择题

(1) D (2) C (3) A (4) B (5) D

二、填空题

(1) 模型空间、图纸空间
(2) 图形方向
(3) plot